Günter Merker, Christian Schwarz,
Gunnar Stiesch, Frank Otto

Verbrennungsmotoren

Simulation der Verbrennung und Schadstoffbildung

Günter Merker, Christian Schwarz,
Gunnar Stiesch, Frank Otto

Verbrennungsmotoren

Simulation der Verbrennung und Schadstoffbildung

3., überarbeitete und aktualisierte Auflage

Mit 245 Abbildungen und 15 Tabellen

Teubner

Bibliografische Information der Deutschen Bibliothek
Die Deutsche Bibliothek verzeichnet diese Publikation in der Deutschen Nationalbibliografie; detaillierte bibliografische Daten sind im Internet über <http://dnb.ddb.de> abrufbar.

Univ.-Prof. Dr.-Ing. habil. Günter Merker war bis zu seiner Pensionierung am 30.09.2005 Leiter des Instituts für Technische Verbrennung an der Universität Hannover

apl. Prof. Dr.-Ing. habil. Christian Schwarz ist Abteilungsleiter bei der BMW AG München, zuständig für Ladungswechsel und Verbrennung in der Ottomotoren-Serienentwicklung

apl. Prof. Dr.-Ing. habil. Gunnar Stiesch ist Teamleiter in der Entwicklung der MTU Friedrichshafen GmbH

Dr. rer. nat. Frank Otto arbeitet als Teamleiter im Ottomotoren-Versuch der Forschung und Vorentwicklung der DaimlerChrysler AG

1. Auflage 2001
2. Auflage 2004
3., überarbeitete und aktualisierte Auflage November 2006

Der B. G. Teubner Verlag ist ein Unternehmen von Springer Science+Business Media.
www.teubner.de

Umschlaggestaltung: Ulrike Weigel, www.CorporateDesignGroup.de
Druck und buchbinderische Verarbeitung: Strauss Offsetdruck, Mörlenbach
Gedruckt auf säurefreiem und chlorfrei gebleichtem Papier.
Printed in Germany

ISBN-10 3-8351-0080-7
ISBN-13 978-3-8351-0080-0

Vorwort

Für die zweite Auflage wurde der Inhalt der ersten Auflage vollständig überarbeitet und wesentlich erweitert. Insbesondere wurden neben den Grundlagen der Hubkolbenmaschinen die für das Verständnis und die Simulation der verbrennungstechnischen Abläufe im Motor wichtigen Kapitel Einspritzung, Gemischbildung, Verbrennungsablauf und Schadstoffbildung mit aufgenommen. Die zweite Auflage war damit gewissermaßen eine Symbiose aus den drei Büchern "G. P. Merker/U. Kessen (1999): Verbrennungsmotoren", "G. P. Merker/G. Stiesch (1999): Motorische Verbrennung" und "G. P. Merker/Ch. Schwarz (2001): Simulation verbrennungsmotorischer Prozesse".

Kapitel 2 bringt eine Einführung in die Funktionsweise von Verbrennungsmotoren. Kapitel 3 ist eine Zusammenstellung der wesentlichen reaktionskinetischen Grundlagen, Kapitel 4 beschreibt die im Brennraum ablaufenden physikalischen und chemischen Prozesse. Kapitel 5 ist den phänomenologischen Mehrzonen-Verbrennungsmodellen gewidmet; in Kapitel 6 sind die Grundlagen der Schadstoffbildung beschrieben. Kapitel 7 und 8 sind eine überarbeitete und gestraffte Darstellung der früheren Kapitel "Reale Arbeitsprozessrechnung" und "Gesamtprozessanalyse". Kapitel 9 ist eine vollständige Neufassung der entsprechenden früheren Kapitel "Dreidimensionale, instationäre Strömungsfelder" und "Verbrennungsmodelle" und wurde im Wesentlichen von Frank Otto verfasst. Es erscheint uns jedoch wichtig darauf hinzuweisen, dass sich jeder von uns für alle Kapitel verantwortlich fühlt.

Für die dritte Auflage haben wir Unklarheiten und Druckfehler behoben und den Text an einigen Stellen aktualisiert. Herrn Dr. Christian Krüger und Herrn Andreas Hermann von der Daimler Chrysler AG sowie Herrn Dr. Claus Reulein danken wir für nützliche Hinweise und das neue Bildmaterial. Wir hoffen, dass auch diese Auflage sowohl für Studenten und Doktoranden, aber auch für den in der Forschung und Entwicklung tätigen Ingenieur von Nutzen für die tägliche Arbeit sein wird.

Frau Dr. Britta Settmacher sind wir für die Erstellung des druckreifen Manuskriptes wieder zu großem Dank verpflichtet. Dem B. G. Teubner Verlag danken wir für die stets gute Zusammenarbeit.

Tettnang/München/Friedrichshafen/Stuttgart,
im Oktober 2006

Günter P. Merker
Christian Schwarz
Gunnar Stiesch
Frank Otto

Inhaltsverzeichnis

Abkürzungen

AGR	Abgasrückführung
AÖ	Auslass öffnet
ATL	Abgasturbo-Aufladung
AV	Auslassventil
BB	Brennbeginn
	Blow-By
BD	Brenndauer
BR	Brennraum
BV	Brennverlauf
CAI	Controlled Auto-Ignition
CFD	Computational Fluid Dynamics
DE, DI	Direkteinspritzung (direct injection)
DK	Drosselklappe
EB	Einspritzbeginn
ED	Einspritzdauer
EP	Einspritzpumpe
ES	Einlass schließt
ESV	Einspritzverlauf
EV	Einlassventil
	Einspritzverzug
FB	Förderbeginn
FEM	Finite Elemente Methode
FES	frühes Einlass schließt
HCCI	Homogeneous Charge Compression Ignition
Kst	Kraftstoff
KW	Kurbelwinkel
LDA	ladedruckabhängiger Volllastanschlag
LES	Large-Eddy-Simulation
LLK	Ladeluftkühler
LWOT	Ladungswechsel-OT
MOT	Motorblock
MSL	Motorschlucklinie
MUP	Massenumsatzpunkt
NFZ	Nutzfahrzeug
N.N.	Neuronales Netz
OHC-GG	Sauerstoff-Wasserstoff-Kohlenstoff-Gleichgewicht
ÖK	Ölkühler
OT	oberer Totpunkt
ÖW	Ölwanne
PAK	Polyzyklische, aromatische Kohlenwasserstoffe
PDF	Wahrscheinlichkeitsdichteverteilung (probability density function)
RG	Restgas
RK	Rückblaseklappe

SES	spätes Einlass schließt
SP	Schwerpunkt
TL	Turbolader
UT	unterer Totpunkt
VSL	Verdichterschlucklinie
VTG	variable Turbinengeometrie
ZOT	Zünd-OT (oberer Totpunkt)
ZV	Zündverzug
ZZP	Zündzeitpunkt

Formelzeichen

A	Fläche [m^2]
	Kinematik der Variablen α der Boltzmanngleichung
	Parameter Zacharias
	Temperaturdifferenz Heider [K]
A^*	Temperaturdifferenz Heider [K]
A_{id}	Zündmodellparameter
A_{prem}	Verbrennungsmodellparameter
AGR	Abgasrückführrate [%]
a	Konstante Vibe-Brennverlauf
	Schallgeschwindigkeit [m / s]
	Temperaturleitfähigkeit [m^2 / s]
	Gradient „schiefe Koordinaten"
	Parameter Klopfkriterium
	Bezogener Öffnungsweg Thermostat
B	Funktion Heider
B_0, B_1	Modellkonstanten des Tropfenzerfallsmodells
BD	Brenndauer [Grad]
b	Lagerbreite [m]
	Parameter Klopfkriterium
b_e	spezifischer Brennstoffverbrauch [g / kWh]
C	Funktion Lax Wendroff
	Konstante
	Konstante Wärmeübergang Woschni
C_1	Konstante Woschni
C_2	Konstante Woschni [m / (s K)]
C_3	Konstante Vogel
	Konstante Teilchenbahn
C_4	Konstante Teilchenbahn
C_A	Kontraktionsbeiwert
C_{gl}	Konstante Heider
C_v	Geschwindigkeitsbeiwert
C_w	Widerstandsbeiwert

Cou	Courant-Zahl
c	Anteil Kohlenstoff [kg / kg Kst]
	Federkonstante [N / m]
	Fortschrittsvariable
	Geschwindigkeit [m / s]
	Konstante
	Länge [m]
	Parameter Klopfkriterium
	spezifische Wärme [J / (kg K)]
$c_{(i)}$	Speziesmassenbruch der Spezies Nr. i
ci	Stoffkonzentration
c_K	Kolbengeschwindigkeit [m / s]
c_l	Konstante Reibungsansatz Lüfter
c_m	mittlere Kolbengeschwindigkeit [m / s]
c_p	spezifische Wärme bei konst. Druck [J / (kg K)]
c_u / c_m	Drallzahl
c_x	Modellkonstanten in Transportgleichung der Mischungsbruchvarianz
$c_{\varepsilon_1}, c_{\varepsilon_2}, c_{\varepsilon_3}$	Modellkonstanten in der ε-Gleichung
c_μ	Konstante des Turbulenzmodells
c_v	spezifische Wärme bei konst. Volumen [J / (kg K)]
D	Diffusionskonstante
	Durchmesser [m]
	Parameter Zacharias
	Zylinderdurchmesser [m]
D_R	inverse Relaxationszeitskala eines Tropfens in turbul. Strömung [s^{-1}]
$\frac{\partial}{\partial t}$	partielles Differential
d	Wanddicke [m]
	Durchmesser [m]
	Dämpfungskonstante [kg / s]
d_l	Lüfterdurchmesser
d_m	mittlerer Turbinendurchmesser [m]
E	Energie [J]
	Elastizität des Motors [Nm s]
$\dot{E}$	Energiestrom [J / s]
E_A	Aktivierungsenergie
E_{id}	Zündenergie [K]
E_{kin}	kinetische Strahlenergie [J]
EB	Energiebilanz
ED	Einspritzdauer [Grad]
e	Exzentrizität, Schränkung [m]
F	Kraft [N]
	Funktion
	Funktion Lax Wendroff
FA	Parameter Zacharias

F_G	Gaskraft [N]
f	allgemeine Funktion
	Kraftdichte [N/m^3]
	Verteilungsfunktion
f_R	Restgasanteil
G	formale Feldvariable, deren Nullstelle die Pos. der Flammfront bestimmt
	freie Enthalpie [J]
	Funktion Lax Wendroff
	Gibbs-Funktion [J]
g	spezifische freie Enthalpie [J / kg]
H	Enthalpie [J]
	Heizwert [J / kg]
H_u	unterer Heizwert [J / kg]
h	Anteil Wasserstoff [kg / kg Kst]
	spezifische Enthalpie [J / kg]
	Hub [m]
h_1	Parameter Polygon-Hyperbel-Brennverlauf
h_2	Parameter Polygon-Hyperbel-Brennverlauf
h_3	Parameter Polygon-Hyperbel-Brennverlauf
I	Impuls [(kg m) / s]
	Strom [A]
I_K	Klopfauslösender, kritischer Vorreaktionszustand
ila	Übersetzungsverhältnis Lüfter
iz	Anzahl Leitungsabschnitte
L	Drehimpuls [N m s]
	Längenskala [m]
K	Brennraumabhängige Konstante (Franzke)
K_d	Differentialbeiwert
K_i	Integralbeiwert
K_p	Proportionalbeiwert
	Gleichgewichtskonstante
K_L	Konstante Lagerreibung
KW	Klopfwahrscheinlichkeit
K_η	Konstante [m^3]
K_ρ	Faktor Spaltdicke
k	Konstante
	turbulente kinetische Energie [m^2 / s^2]
	Wärmedurchgangszahl [W / (m^2 K)]
	Zählindex
k_c	Behältersteifigkeit [N / m^5]
k_f	Geschwindigkeitskoeffizient für Vorwärtsreaktion
k_R	Rohrreibungskoeffizient [m / s^2]
k_r	Geschwindigkeitskoeffizient für Rückwärtsreaktion
L	Wirbellänge [m]
$L_{\min}$	stöchiometrisches Luft-Brennstoff-Verhältnis

l	Pleuellänge [m]
	Länge [m]
l_F	Dicke der turbulenten Flammenfront [m]
l_I	integrale Längenskala
l_t	turbulente Längenskala [m]
M	Masse [kg]
	Molmasse [kg / kmol]
	Moment [Nm]
Ma	Machzahl
m	Masse [kg]
	Vibe-Parameter
$\dot{m}$	Massenstrom
N	Normierungskonstante
Nu	Nußelt-Zahl
n	Anzahl Mole
	Drehzahl [U / min]
	Polytropenexponent
n_A	Arbeitsspiele pro Umdrehung
n_i	Stoffmenge von i [mol]
Oh	Ohnesorge-Zahl
P	Leistung [W]
	Produktionsterm in k-Gleichung [W]
Pe	Peclet-Zahl
Pr	Prandtl-Zahl
Pr_k	turbulente Prandtl-Zahl für k -Transport
Pr_ε	turbulente Prandtl-Zahl für ε -Transport
p	Druck [N / m^2]
	Partialdruck [N / m^2]
	Wahrscheinlichkeitsdichte, Verteilungsfunktion
p_0	Schleppdruck [N / m^2]
p_{Gauss}	Verteilungsfunktion mit Form einer Gaussverteilung
p_{inj}	Einspritzdruck [N / m^2]
$p_{m,e}$	effektiver Mitteldruck [N / m^2]
p_{mr}	Reibmitteldruck [bar]
p_β	Verteilungsfunktion, die die Form einer β -Funktion hat
Q	Quellterm einer Skalartransportgleichung
	Wärmemenge [J]
$\dot{Q}$	Wärmestrom [W]
Q_B, Q_{chem}	Wärmefreisetzung [kJ / KW]
q	spezifische Wärmeenergie [J / m^3]
	Wärmequelle [W]
R	elektrischer Widerstand [Ohm;Ω]
	Gaskonstante [J / (kg K)]
	Tropfenradius [m]
$\widetilde{R}$	universelle Gaskonstante

R_0	universelle Gaskonstante [J / (mol K)]
R_m	molare Gaskonstante [J / (mol K)]
R_{th}	thermischer Ersatzleitkoeffizient [W / (m^2 K)]
$\dot{R}_V$	Änderung des Tropfenradius aufgrund von Verdampfung [m / s]
$\dot{R}_Z$	Änderung des Tropfenradius aufgrund von Zerfall [m / s]
Re	Reynolds-Zahl
r	Kurbelwellenradius [m]
	Luftgehalt
	Radius [m]
S	Entropie [J / K]
	Strahleindringtiefe [m]
S_{ij}	Scherungstensor [s^{-1}]
Sc	Schmidt-Zahl
SF	Spülfaktor
Sh	Sherwood-Zahl
SMD	Sauterdurchmesser (Sauter Mean Diameter) [m]
s	Kolbenweg, Hub [m]
	Flammengeschwindigkeit [m / s]
	spezifische Entropie [J / (kg K)]
s_L	laminare Flammengeschwindigkeit [m / s]
s_M	Muldentiefe [m]
s_t	turbulente Flammengeschwindigkeit [m / s]
T	Taylor-Zahl
	Temperatur [K]
$\dot{T}_A$	Änderung der Tropfentemperatur aufgrund von Aufheizung [K / s]
t	Zeit [s]
U	Innere Energie [J]
u	spezifische Innere Energie [J / kg]
	Geschwindigkeitskomponente [m / s]
u'	turbulente Geschwindigkeitsfluktuation [m / s]
u / c_0	Laufzahl
V	Geschwindigkeitsskala [m / s]
	Volumen [m^3]
V_H	Hubvolumen [m^3]
v	Geschwindigkeit [m / s]
	spezifisches Volumen [m^3 / kg]
v^+	normierte Geschwindigkeit (turbulentes Wandgesetz)
v_{inj}	Einspritzgeschwindigkeit [m / s]
v_τ	Schubspannungsgeschwindigkeit [m / s]
W	Arbeit [J]
$\dot{W}$	Leistung [W]
We	Weber-Zahl
w	Geschwindigkeit [m / s]
	spezifische Arbeit [J / kg]
w_i	indizierte Arbeit [kJ / l]

X	Regelgröße
	Stellgröße
X_d	Regelabweichung
x	Anteil
	Koordinate
	Weg [m]
	Zufallszahl
x_{RG}	Restgasanteil
y	Koordinate
	Anteil
y^+	normierter Wandabstand (turbulentes Wandgesetz)
y_2^*	Parameter Polygon-Hyperbel-Brennverlauf
y_4	Parameter Polygon-Hyperbel-Brennverlauf
y_6	Parameter Polygon-Hyperbel-Brennverlauf
z	Anteil
	Koordinate
	Mischungsbruch
	Zahl der Zylinder
	Zufallszahl

Griechische Symbole

α	allgemeiner Parameter
	Durchflusskoeffizient
	Koeffizient Lax Wendroff
	Variablensatz der strahladaptierten Boltzmanngleichung
	Wärmeübergangskoeffizient [W / (m^2 K)]
a_F	Modellparameter des Flammflächenverbrennungsmodells
β	allgemeiner Parameter
	Koeffizient Lax Wendroff
	reduzierter Variablensatz der strahladaptierten Boltzmanngleichung
	Winkel [°]
β_F	Modellparameter des Flammflächenverbrennungsmodells
γ	Winkel [°]
Δ	Differenz
	Verbrennungsterm
Δ_m	Vibe-Parameter
$\Delta\eta$	Wirkungsgraddifferenz
Δt	Zeitinkrement [s]
Δx	Längeninkrement [m]
$\Delta\phi$	Brenndauer [Grad]
δ_0	Dicke der laminaren Flammenfront [m]
ε	Dissipationsrate [m^2 / s^2]
	Kühlziffer

	Verdichtungsverhältnis
Γ	Gammafunktion
	ITNFS-Funktion (Vormischverbrennungsmodell)
η_{th}	thermischer Wirkungsgrad
η	dynamische Viskosität [$(\text{N s}) / \text{m}^2$]
η_U	Umsetzungsgrad
Θ	polares Massenträgheitsmoment [kg / m^2]
ϑ	Temperatur [K]
κ	Isentropenexponent
	von-Karman-Konstante (Turbulenzmodell)
Λ	Wellenlänge im Tropfenzerfallsmodell [m]
λ	Verbrennungsluftverhältnis
	Wärmeleitfähigkeit [W / (m K)]
λ^*	Mischungsstöchiometrie
λ_0	Verbrennungsluftverhältnis Heider
λ_a	Luftaufwand
λ_L	Liefergrad
λ_S	Schubstangenverhältnis
λ_R	Rohrreibungszahl
μ	chemisches Potential
	Durchflusskoeffizient
	erster Viskositätskoeffizient (ohne Index: laminar) [$(\text{N s}) / \text{m}^2$]
ν	kinematische Viskosität [m^2 / s]
	Stoffmenge [mol]
ν_i	stöchiometrischer Koeffizient
Π_{str}	Strangdruckverhältnis
π	Druckverhältnis
	Kreiszahl (3,14159)
π_T^*	Reziprokwert Turbinendruckverhältnis
π_V	Verdichterdruckverhältnis
ρ	Dichte [kg / m^3]
σ	spezifische Flammfront [m^2 / kg]
	Übergangsfunktion in Boltzmanngleichung
	Varianz
τ	Flugzeit [s]
	Spannung (auch als Tensor) [N / m^2]
	Zeit (Zündverzug) [s]
τ_{corr}	Korrelationszeit der auf einen Tropfen einwirk. Geschw.fluktuation [s]
τ_{trb}	turbulente Zeitskala
τ_{zu}	Zündverzug [s]
Φ	allgemeine Transportvariable
	Äquivalenzverhältnis
	spezifische Kühlleistung [W / K]
ξ	Anteil
	zweiter laminarer Viskositätskoeffizient[$(\text{N s}) / \text{m}^2$]

φ	Kurbelwinkel [°KW]
Ψ	Ausflussfunktion
ψ	relatives Lagerspiel [m]
Ω	Wachstumsrate der Wellenlänge Λ im Tropfenzerfallsmodell [s^{-1}]
ω	Winkelgeschwindigkeit [s^{-1}]
	Drallzahl
ζ	Rohrreibungszahl

Operatoren

$\langle\ \rangle$	Ensemblemittelung
$\langle\ \rangle_F$	Favre-Mittelung
$'$	Fluktuation im Ensemble-Mittel
$''$	Fluktuation im Favre-Mittel

Indices

$*$	dimensionslose Größe
$\bullet$	Ableitung nach der Zeit
$-$	molare Größe
$\circ$	Referenzdruck 1 atm.
	Standartzustand
$\sim$	molare Größen
0	Ruhezustand
	Schlepp
	Index Runge Kutta
01	Ruhezustand
1	eintretend
	nach Drosselstelle
	vor Strömungsmaschine
	Zone 1
	Index Runge Kutta
	bei Einlass schließt
	Konstante Reibung
1′	Fußpunkt
15	bei 15°C
2	austretend
	nach Strömungsmaschine
	Zone 2
	Index Runge Kutta
	Konstante Reibung

$2'$	Fußpunkt
3	Index Runge Kutta
	Konstante Reibung
4	Konstante Reibung
5	Konstante Reibung
6	Konstante Reibung
75	bei 75% Umsatzrate
$(i), (j), (k)$	Speziesnummer
A	Ausgangspunkt
	Auslass
	Strang A
	Abgas
ATL	Abgasturbolader
AÖ	Auslass öffnet
a	außen
	austretend
	axial
ab	abströmend
	abgeführt
B	Brennstoff
	Strang B
BB	Blow-By
	Brennbeginn
BD	Brenndauer
BE	Brennende
Beh.	Behälter
Br	Brennstoff
bez.	Bezug
C	Kohlenstoff
C_3H_8	Propan
CO	Kohlenmonoxid
CO_2	Kohlendioxid
c	Carnot-Prozess
	Kompression
ch, chem	chemisch
cyl	Zylinder
D	Düse
diff.	Diffusion
dx	Längeninkrement
E	Einlass
	Endgas, charakteristischer Kurbelwinkel Klopfkriterium
EB	Einspritzbeginn
ES	Einlass schließt
ESV	Einspritzverlauf
EV	Einlassventil

	Einspritzverzug
e	eintretend
	effektiv
F	Flamme, Flammenfront
FB	Förderbeginn
f	fuel
	Fußpunkt
fl	Flüssigphase
G	Gas, Gaskraft
Ges., *ges*	gesamt
Gl	Glysantin
g	Gasphase
gl	global
H_2	Wasserstoff
H_2O	Wasser
Hub , *h*	Hub
IK	klopfauslösend
i	innere, innen
	Zählindex
ind	indiziert
inj	Einspritzung (injiziert, Injektion)
is	isentrop
j	Zählindex
K	Klopfen, charakteristischer Kurbelwinkel Klopfkriterium
	Kolben
	Kühler
KHB	Klopfhäufigkeitsbereich
Ko , *Kol*	Kolben
Komp	Kompression
KS	Kurzschluss
Kst	Kraftstoff
Kur	Kurbel
KW	Kühlwasser
	Kurbelwelle
k	Kühlmedium
korr.	Korrektur, korrigiert
krit.	kritisch
L	Lagerbolzen
	Leitung
	Luft, Ladeluft
LLK	Ladeluftkühler
l, *lam*	laminar
m	mechanisch
	Mittel-, mittlerer
	molar

	Mulde
max	maximal
min	minimal
N_2	Stickstoff
n	Drehzahl
	Anteil C
n. T.	nach Turbine
n. V.	nach Verdichter
nenn	Nenn-
OT	oberer Totpunkt
o	obere
	Standardzustand
osz	oszillierend
P	Pleuel
p	Gleichdruckprozess
	(konstanter) Druck
pre	premixed
q	Quell-, Quetsch-
R	Reibung
RB	Rechenbeginn
Reib	Reibung
RG	Restgas
r	radial
	Reibung
	Rückwärtsreaktion
ref	Referenz
rot	rotierend
SP	Schwerpunkt
s	isentrop
sys	System
T	tangential
	Temperatur
	Turbine
TG	Gastangentialkraft
TH	Thermostat
TL	Turbolader
TM	Massentangentialkraft
Tr	Tropfen
t	technisch
	turbulent
tats.	tatsächlich
th	thermisch
th., theo.	theoretisch
tr	Tropfen
turb	turbulent

U	Umfang
$U, Umg.$	Umgebung
UT	unterer Totpunkt
u	untere
$u, unvollk$	unvollkommen
u, uv	unverbrannt
V	Verdichter
	Verbrennungsgas
v	Gleichraumprozess
	spezifisches Volumen
	verbrannt
	Vergleichsprozess
	Vorwärtsreaktion
v_p	Seiligerprozess
$v.T.$	vor Turbine
$v.V.$	vor Verdichter
$v.Verbr.$	vor Verbrennung
$verd.$	verdampft
W	Wand
x	an der Stelle x
	Ausgangspunkt
x_{RG}	Restgas
y	Anteil H
$Z, Zyl.$	Zylinder
ZV	Zündverzug
$Zyl.W$	Zylinderwand
ZZP	Zündzeitpunkt
z	Anteil O
	Taktzahl
zk	zu kühlendes Medium
zu	zugeführt
	zuströmend
zus	Zusatz
α	konvektiv
ε	Strahlung

1 Einleitung

1.1 Vorbemerkungen

Eine der zentralen Aufgaben der Ingenieurwissenschaften ist die möglichst exakte Beschreibung technischer Prozesse mit dem Ziel, das dynamische Verhalten komplexer Systeme zu verstehen, Gesetzmäßigkeiten zu erkennen und damit zuverlässige Aussagen über das künftige Verhalten dieser Systeme zu ermöglichen. Im Hinblick auf Verbrennungsmotoren als Antriebssysteme für Land-, Wasser- und Luftfahrzeuge, für Dauer- und Notstromaggregate, sowie für Klima- und Kälteanlagen kommt dabei der Gesamtprozessanalyse bzw. -simulation eine besondere Bedeutung zu.

Bei der modellbasierten Parameteroptimierung wird das Motorverhalten durch ein mathematisches Modell beschrieben. Die Optimierung erfolgt also nicht am realen Motor, sondern an einem Modell, das alle für die konkrete Optimierungsaufgabe relevanten Effekte berücksichtigt. Die Vorteile dieses Vorhabens sind eine drastische Reduzierung des Versuchsaufwands und damit eine deutliche Zeiteinsparung bei Entwicklungsaufgaben, vgl. Kuder und Kruse (2000).

Voraussetzung für die Simulation sind mechanische, thermodynamische und chemische Modelle zur Beschreibung von technischen Prozessen, wobei für die Modellierung von motorischen Prozessen das Verständnis der Grundlagen der Thermodynamik und der chemischen Reaktionskinetik eine wesentliche Voraussetzung ist.

1.2 Modellbildung

Der erste Schritt bei der numerischen Simulation besteht in der Erstellung des den technischen Prozess beschreibenden Modells. Unter Modellbildung versteht man eine zielorientierte Vereinfachung der Realität durch Abstraktion. Voraussetzung dafür ist, dass der reale Prozess in einzelne Prozessabschnitte zerlegt und damit in Teilprobleme aufgespaltet werden kann. Diese Teilprobleme müssen dann physikalisch beschreibbar und mathematisch formulierbar sein.

An das resultierende Modell müssen eine Reihe von Forderungen gestellt werden:

- Das Modell muss formal richtig, d.h. widerspruchsfrei sein. Zur Frage "richtig oder falsch" wäre anzumerken, dass Modelle zwar formal richtig sein können, aber nicht den zu untersuchenden Prozess beschreiben, bzw. auf diesen nicht anwendbar sind. Es gibt auch Fälle, in denen das Modell physikalisch nicht korrekt ist, aber trotzdem den Prozess hinreichend genau beschreibt, z.B. das Ptolemäische Modell zur Simulation der Dynamik des Sonnensystems, d.h. Berechnung der Planeten- und der Mondbewegung.
- Das Modell muss die Realität möglichst genau beschreiben und es muss darüber hinaus auch mathematisch lösbar sein. Man sollte sich immer bewusst sein, dass jedes Modell ei-

ne Annäherung an die Realität ist und deshalb niemals mit der Realität vollkommen übereinstimmen kann.

- Der für die Lösung des Modells erforderliche Aufwand in Hinblick auf die Rechenzeit muss im Rahmen der Aufgabenstellung vertretbar sein.
- Im Hinblick auf die Modelltiefe gilt die Forderung: So einfach wie möglich und so komplex wie nötig. So genannte Universal-Modelle sind mit Vorsicht zu betrachten.

Erst mit Hilfe von Modellvorstellungen sind wir in der Lage, physikalische Abläufe wirklich zu verstehen.

Im Folgenden wird etwas näher auf die Arten von Modellen im Hinblick auf den Verbrennungsmotor eingegangen. Zunächst ist festzuhalten, dass sowohl der eigentliche thermodynamische Kreisprozess (insbesondere die Verbrennung) als auch die Laständerung des Motors instationäre Vorgänge sind. Selbst wenn der Motor in einem bestimmten Betriebszustand stationär betrieben wird (d.h. Last und Drehzahl sind konstant) läuft der thermodynamische Kreisprozess instationär ab. Damit wird erkennbar, dass es zwei Kategorien von Motormodellen gibt, nämlich solche, die den Betriebszustand des Motors (Gesamtprozessmodelle) und solche, die den eigentlichen Arbeitsprozess beschreiben (Verbrennungsmodelle).

Im Hinblick auf Modellarten unterscheidet man zwischen:

- *Linguistischen Modellen*, d.h. auf empirisch gefundenen Regeln aufgebaute regelbasierte Verfahren, die nicht in mathematische Gleichungen erfasst sind, und
- *Mathematischen Modellen*, d.h. auf einem mathematischen Formalismus beruhende Verfahren.

Linguistische Modelle sind in der letzten Zeit unter den Begriffen "Expertensysteme" und "Fuzzy-logic-models" bekannt geworden. Dabei ist aber zu beachten, dass regelbasierte Verfahren nur interpolieren und nicht extrapolieren können. Wir werden auf diese Art von Modellen nicht weiter eingehen.

Mathematische Modelle lassen sich in:

- parametrische und
- nichtparametrische

Modelle unterteilen. Parametrische Modelle sind kompakte mathematische Formalismen zur Beschreibung des Systemverhaltens, welche auf physikalischen und chemischen Grundgesetzen beruhen und nur relativ wenige experimentell zu bestimmende Parameter aufweisen. Diese Modelle werden typischerweise durch einen Satz von partiellen oder gewöhnlichen Differentialgleichungen beschrieben.

Nichtparametrische Modelle sind durch Tabellen gegeben, welche das Systemverhalten auf spezielle Testeingangssignale festhalten. Typische Vertreter dieser Art von Modellen sind Sprungantworten oder Frequenzgänge. Mit Hilfe geeigneter mathematischer Verfahren, z.B. der Fouriertransformation kann das Verhalten des Systems auf beliebige Eingangssignale berechnet werden.

Nichtparametrische Modelle können wie auch die linguistischen Modelle nur interpolieren. Für die Simulation des motorischen Prozesses werden nur mathematische Modelle verwendet. Weil aber auch bei diesen Modellen die Modellparameter an experimentelle Messwerte angepasst werden müssen, sind diese Modelle grundsätzlich mit Fehlern behaftet. Bei der Analyse von Simulationsergebnissen sind diese Fehler kritisch zu bewerten. Auch damit wird nochmals deutlich, dass jedes Modell nur eine Approximation des betrachteten realen Systems darstellt.

1.3 Simulation

Für die Erstellung parametrischer mathematischer Modelle zur Simulation der zeitlich- und räumlich veränderlichen Strömungs-, Temperatur- und Konzentrationsfelder mit chemischen Reaktionen ist die Kenntnis der Grundlagen der Thermodynamik, der Fluiddynamik und der Verbrennungstechnik eine wesentliche Voraussetzung, siehe Abb. 1.1.

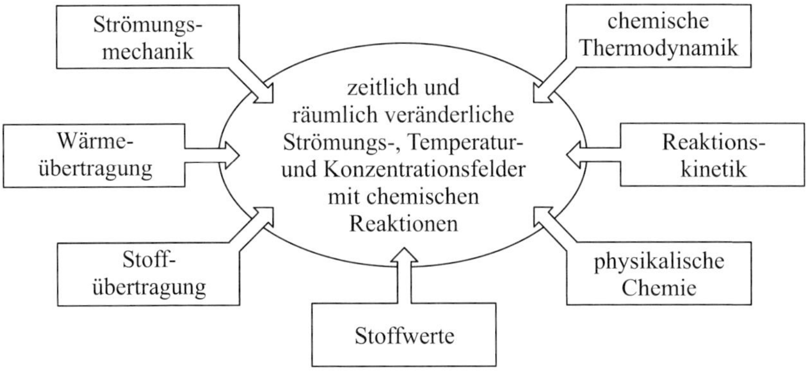

Abb. 1.1: Prozess-Simulation

Bei der Simulation von Strömungsfeldern mit chemischen Reaktionen ist zu beachten, dass physikalische und chemische Prozesse auf sehr unterschiedlichen Zeit- und Längenskalen ablaufen können. Die Beschreibung dieser Prozessabläufe ist meist einfacher, wenn die Zeitskalen sehr unterschiedlich sind, weil dann für den physikalischen oder chemischen Prozess vereinfachende Annahmen getroffen werden können, und sie ist in der Regel sehr komplex, wenn die Zeitskalen von gleicher Größenordnung sind. Dieser Sachverhalt wird durch die in Abb. 1.2 angegebenen Beispiele verdeutlicht.

Darüber hinaus sind aber auch Kenntnisse über Modellierungsmethoden erforderlich. Obwohl sich dafür einige allgemein gültige Regeln angeben lassen, lässt dieser Schritt der Kreativität und dem Einfallsreichtum des Modellierers einen erheblichen Freiraum. Im Wesentlichen lässt sich das Vorgehen bei der Modellierung in folgende Schritte unterteilen:

1. Schritt: Das System definieren und von der Umwelt abgrenzen, relevante Speicher sowie Massen- und Energieströme zwischen diesen festlegen.

2. Schritt: Bilanzgleichungen aufstellen nach dem einheitlichen Schema: zeitliche Änderung des Speichers ist gleich dem Zufluss minus dem Abfluss.

3. Schritt: Mit Hilfe von physikalischen Gesetzen die Massen- und Energieströme beschreiben.

4. Schritt: Das resultierende Modell ggf. durch Vernachlässigung von Nebeneinflüssen vereinfachen.

5. Schritt: Das Modell numerisch integrieren, d. h. Simulation durchführen.

6. Schritt: Das Modell validieren, berechnete Daten mit experimentell ermittelten vergleichen und das Modell ggf. modifizieren.

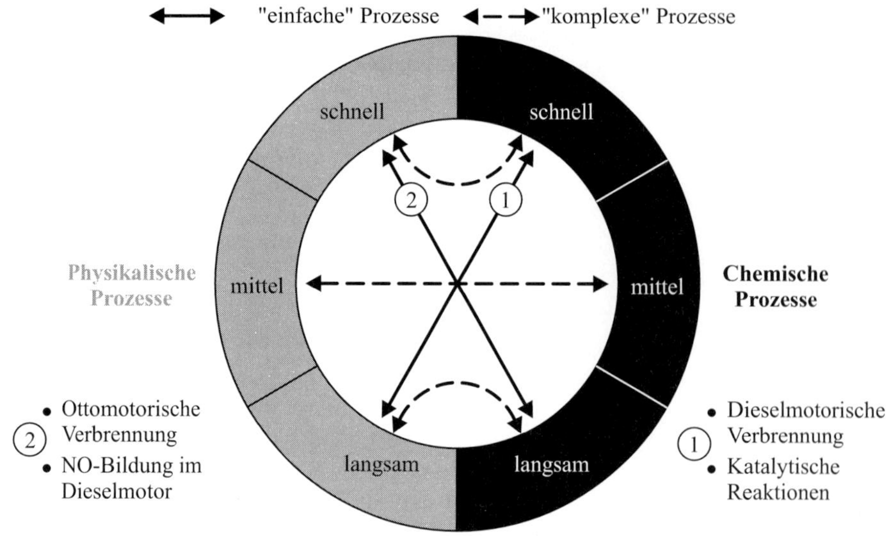

Abb. 1.2: Prozess-Simulation

Bei der Verwendung eines vorhandenen Simulations-Programms zur Lösung neuer Aufgabenstellungen sind stets die Voraussetzungen, die bei der Erstellung des Modells getroffen wurden, kritisch zu überprüfen. Dabei ist zu klären, ob und wie weit das vorhandene Programm zur Lösung des neuen Problems tatsächlich geeignet ist. Man sollte sich dabei immer der Tatsache bewusst sein, dass "schöne bunte Bilder" eine enorme Suggestivkraft auf den "unkritischen" Betrachter ausüben.

Voraussetzung für die Akzeptanz dessen, was wir heute mit Computersimulation bezeichnen, war eine allmähliche Veränderung im philosophischen Denken und im Begreifen und Verstehen der Welt, in der wir leben. Der Mensch hat die Welt und die in ihr ablaufenden Prozesse in der Vergangenheit überwiegend als linear und kausal aufgefasst und wir begreifen allmählich, dass entscheidende Prozesse nichtlinear und chaotisch ablaufen. Erst mit dem Aufblühen der Naturwissenschaften und mit der Entwicklung ihrer methodischen Ansätze wurden die Grundlagen für die Computersimulation geschaffen.

Die numerische Simulation eröffnet ungeahnte Möglichkeiten. Wir bekommen eine Ahnung dessen, was uns auf diesem Gebiet in der Zukunft erwartet, wenn wir uns die stürmische Entwicklung auf dem Informationssektor vor Augen halten und den heutigen Stand von "E-Mail" und "Internet" mit dem vor 10 Jahren vergleichen.

Im Hinblick auf den technischen Fortschritt und die damit verbundenen ökologischen Perspektiven sei der interessierte Leser auf Jischa (1993) verwiesen. Einen interessanten Einblick in das Thema Simulation haben Kaufmann und Smarr (1994) gegeben.

2 Einführung in die Funktionsweise von Verbrennungsmotoren

2.1 Energiewandlung

Bei der Energiewandlung kann man im Sinne einer hierarchischen Ordnung zwischen allgemeiner, thermischer und motorischer Energiewandlung unterscheiden.

Unter *allgemeiner Energiewandlung* wird dabei die Umsetzung von Primär- in Sekundärenergie durch einen technischen Prozess in einer Energiewandlungsanlage verstanden, siehe Abb. 2.1.

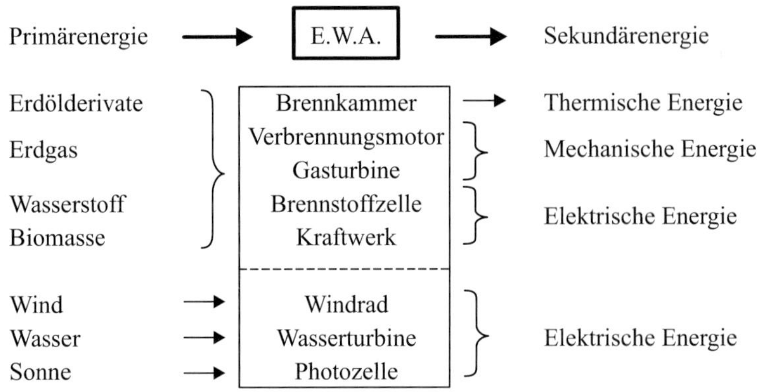

Abb. 2.1: Schema der allgemeinen Energiewandlung

Die *thermische Energiewandlung* unterliegt den Hauptsätzen der Thermodynamik und kann formal, wie in Abb. 2.2 gezeigt, beschrieben werden.

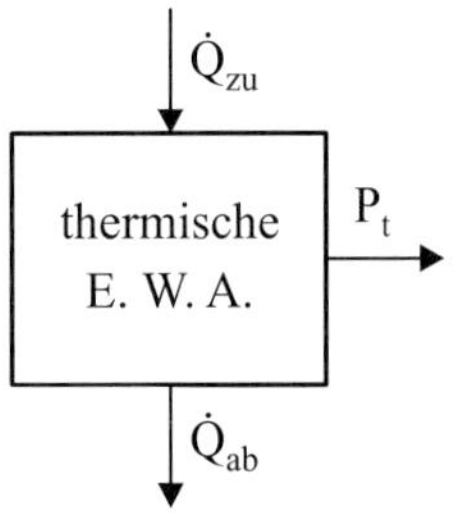

1. Hauptsatz der Thermodynamik:

$$P_t = \dot{Q}_{zu} - \dot{Q}_{ab}$$

aus dem 2. Hauptsatz der Thermodynamik folgt:

$$\dot{Q}_{ab} > 0!$$

Thermischer Wirkungsgrad:

$$\eta_{th} = \frac{P_t}{\dot{Q}_{zu}} = 1 - \frac{\dot{Q}_{ab}}{\dot{Q}_{zu}} < 1$$

Abb. 2.2: Schema der thermischen Energiewandlung

Der *Verbrennungsmotor* bzw. die *Gasturbine* sind spezielle Energieumwandlungsanlagen, bei denen im Brennraum bzw. in der Brennkammer die im Brennstoff gebundene chemische

Energie zunächst in thermische und diese anschließend durch das Triebwerk in mechanische Energie gewandelt wird. Bei der stationären Gasturbinenanlage wird diese dann durch den nachgeschalteten Generator in elektrische Energie umgewandelt.

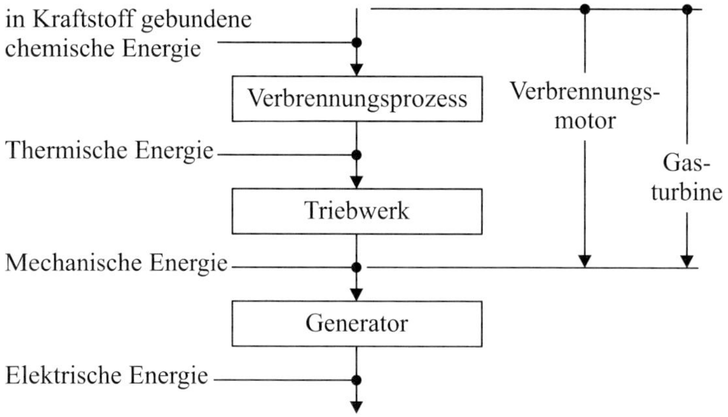

Abb. 2.3: Schema der Energiewandlung im Verbrennungsmotor bzw. in der Gasturbine

2.2 Hubkolbenmotoren

Verbrennungsmotoren sind Kolbenmaschinen, bei denen man je nach Ausbildung des Brennraums bzw. des Kolbens zwischen Hubkolbenmotoren und Rotationskolbenmotoren mit rotierender Kolbenbewegung unterscheidet. Abb. 2.4 zeigt Prinzipskizzen möglicher Bauformen des Hubkolbenmotors, wobei heute praktisch nur noch die Varianten 1, 2 und 4 gebaut werden.

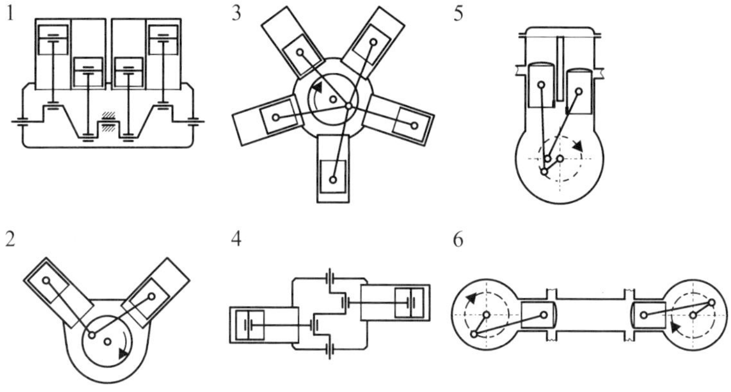

1 Reihenmotor
2 V-Motor

3 Sternmotor
4 Boxermotor

Mehrkolben-Arbeitseinheit:
5 U-Motor
6 Gegenkolbenmotor

Abb. 2.4: Bauarten des Hubkolbenmotors

Für eine ausführliche Beschreibung anderer Ausführungen des Verbrennungsmotors sei z. B. auf van Basshuysen und Schäfer (2003), Maas (1979) und Zima (1987, 2005) verwiesen.

2.2.1 Der Kurbeltrieb

Das Triebwerk setzt die oszillierende Bewegung des Kolbens in die rotierende Bewegung der Kurbelwelle um, siehe Abb. 2.5. Der Kolben kehrt seine Bewegung im oberen Totpunkt (OT) und im unteren Totpunkt (UT) um. In diesen beiden Totpunkten ist die Geschwindigkeit des Kolbens jeweils gleich Null, die Beschleunigung hat dort jedoch ein Maximum. Zwischen dem oberen Totpunkt und der Unterseite des Zylinderkopfes verbleibt das Kompressionsvolumen V_c (bei Hubkolbenverdichtern auch der so genannte schädliche Raum).

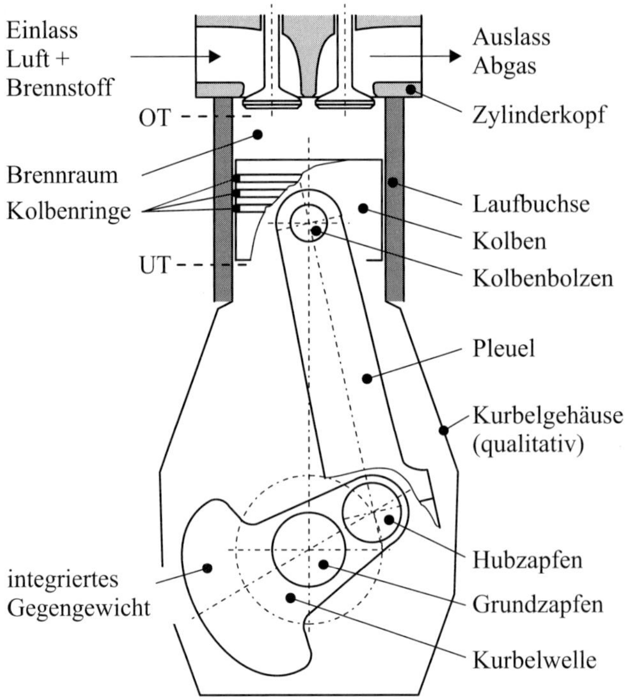

Abb. 2.5: Triebwerk des Hubkolbenmotors

Abb. 2.6 zeigt die Kinematik eines Kurbeltriebs mit Schränkung, bei dem sich die Kurbelwellenlängsachse nicht mit der Zylinderlängsachse schneidet, sondern um die Länge e versetzt ist.

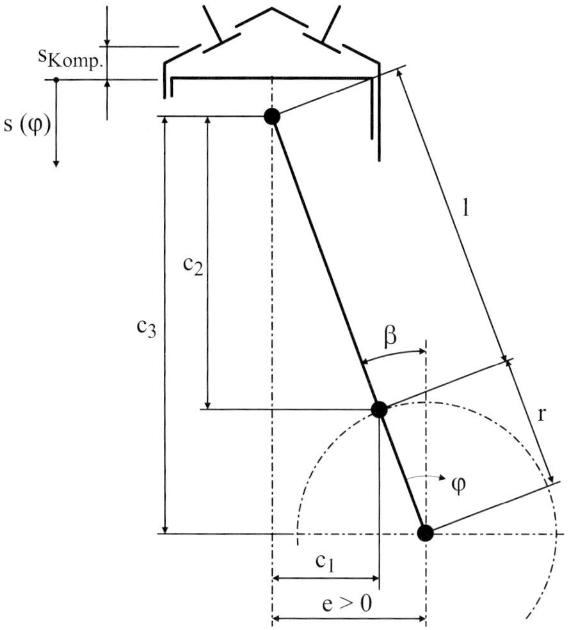

Abb. 2.6: Kinematik des Kurbeltriebs

Für den Kolbenweg $s(\varphi)$ folgt aus Abb. 2.6:

$$s(\varphi) = c_3 - c_2 - r\cos(\varphi - \beta) \qquad (2.1)$$

woraus sich mit

$$\sin\beta = \frac{e}{r+l} \qquad \text{bzw.} \qquad \beta = arc\sin\left(\frac{e}{r+l}\right),$$

$$c_1 = e - r\sin(\beta - \varphi),$$

$$c_2 = \sqrt{l^2 - {c_1}^2} \qquad \text{und}$$

$$c_3 = \sqrt{(r+l)^2 - e^2}$$

schließlich

$$s(\varphi) = \sqrt{(r+l)^2 - e^2} - \sqrt{l^2 - [e + r\sin(\varphi - \beta)]^2} - r\cos(\varphi - \beta) \qquad (2.2)$$

ergibt. Die Ableitung liefert für die Kolbengeschwindigkeit die Beziehung

$$\frac{\mathrm{d}s}{\mathrm{d}\varphi} = r\sin(\varphi - \beta) + \frac{r\left[e + r\sin(\varphi - \beta)\right]\cos(\varphi - \beta)}{\sqrt{l^2 - \left[e + r\sin(\varphi - \beta)^2\right]}} \;. \qquad (2.3)$$

Mit der Definition des Zylindervolumens

$$V(\varphi) = V_{Komp} + D^2 \frac{\pi}{4} s(\varphi) \tag{2.4}$$

folgt für die Änderung des Zylindervolumens

$$\frac{dV}{d\varphi} = D^2 \frac{\pi}{4} \frac{ds}{d\varphi} . \tag{2.5}$$

Mit dem Schubstangenverhältnis $\lambda_s = r/l$ folgt schließlich für den Grenzfall $e = 0$

$$s(\varphi) = r\left\{[1 - \cos(\varphi)] + \frac{1}{\lambda_s}\left[1 - \sqrt{1 - \lambda_s^2 \sin^2(\varphi)}\right]\right\} \tag{2.6}$$

und

$$\frac{ds}{d\varphi} = r\left[\sin(\varphi) + \frac{\lambda_s}{2} \frac{\sin(2\varphi)}{\sqrt{1 - \lambda_s^2 \sin^2(\varphi)}}\right] . \tag{2.7}$$

2.2.2 Gas- und Massenkräfte

Das Triebwerk wird durch den im Brennraum herrschenden Gasdruck $p(\varphi)$ angetrieben. Mit der Kolbenfläche $A_K = D^2 \pi/4$ erhält man damit für die Gaskraft

$$F_G = D^2 \frac{\pi}{4} p(\varphi) \tag{2.8}$$

Durch die bewegten Massen des Triebwerks entstehen darüber hinaus zusätzliche und zeitlich veränderliche Massenkräfte, die zu rotierenden und oszillierenden Unwuchten führen und mindestens zum Teil ausgeglichen werden müssen, um die geforderte Laufruhe des Triebwerks zu gewährleisten. Die einzelnen Bauteile des Triebwerks führen rotierende (Kurbelzapfen, m_{Kur}), oszillierende (Kolbenverband, m_K) oder gemischte (Pleuel) Bewegungen aus. Teilt man die Pleuelmasse in einen rotierenden ($m_{P,rot}$) und einen oszillierenden ($m_{P,osz}$) Anteil auf, dann erhält man für die rotierenden und die oszillierenden Massen des Triebwerks

$$m_{rot} = m_{P,rot} + m_{Kur} ,$$

$$m_{osz} = m_{P,osz} + m_K .$$

Für kleine λ_s kann der Ausdruck unter der Wurzel in (2.6) entsprechend

$$\sqrt{1 - \lambda_s^2 \sin^2(\varphi)} = 1 - \frac{\lambda_s^2}{2} \sin^2(\varphi) - \frac{\lambda_s^4}{8} \sin^4(\varphi) - ...$$

in eine Taylor-Reihe entwickelt werden, wobei der dritte Term für $\lambda_s = 0{,}25$ bereits kleiner als $0{,}00048$ wird und deshalb in der Regel vernachlässigt werden kann. Mit Hilfe einfacher trigonometrischer Umformungen erhält man damit schließlich für den *Kolbenweg*

$$\frac{s}{r} = 1 - \cos(\varphi) + \frac{\lambda_s}{4}\left(1 - \cos(2\varphi)\right) . \tag{2.9}$$

Mit der Winkelgeschwindigkeit ω

$$\frac{\mathrm{d}\varphi}{\mathrm{d}t} = \omega$$

erhält man für die *Kolbengeschwindigkeit*

$$\frac{\mathrm{d}s}{\mathrm{d}t} = \frac{\mathrm{d}s}{\mathrm{d}\varphi}\frac{\mathrm{d}\varphi}{\mathrm{d}t} = \omega\frac{\mathrm{d}s}{\mathrm{d}\varphi}$$

den Ausdruck

$$\frac{\mathrm{d}s}{\mathrm{d}t} = r\omega\left[\sin(\varphi) + \frac{\lambda_s}{2}\sin(2\varphi)\right] \tag{2.10}$$

und für die *Kolbenbeschleunigung*

$$\frac{\mathrm{d}^2 s}{\mathrm{d}t^2} = \frac{\mathrm{d}^2 s}{\mathrm{d}\varphi^2}\left(\frac{\mathrm{d}\varphi}{\mathrm{d}t}\right)^2 = \omega^2\frac{\mathrm{d}^2 s}{\mathrm{d}\varphi^2}$$

schließlich

$$\frac{\mathrm{d}^2 s}{\mathrm{d}t^2} = r\omega^2\left[\cos(\varphi) + \lambda_s\cos(2\varphi)\right] . \tag{2.11}$$

Damit erhält man den Ausdruck

$$F_{M,rot} = m_{rot}\, r\omega^2 \tag{2.12}$$

für die *rotierende Massenkraft*, die eine in der Kurbelwellenachse angreifende und mit der Kurbelwellendrehzahl rotierende Unwucht hervorruft. Für die *oszillierende Massenkraft* erhält man den Ausdruck

$$F_{M,osz} = m_{osz}\, r\omega^2\left[\cos(\varphi) + \lambda_s\cos(2\varphi)\right] . \tag{2.13}$$

Diese besteht aus zwei Anteilen, wobei der erste mit der einfachen und der zweite mit der doppelten Kurbelwellendrehzahl rotiert. Man unterscheidet deshalb zwischen Massenkräften erster und zweiter Ordnung,

$$F_1 = m_{osz}\, r\omega^2\cos(\varphi) ,$$

$$F_2 = m_{osz}\, r\omega^2\,\lambda_s\cos(2\omega) .$$

Die Massenkräfte sind proportional zu ω^2 und damit stark drehzahlabhängig. Die resultierende Kolbenkraft setzt sich aus der Gaskraft und der oszillierenden Massenkraft zusammen,

$$F_K = D^2\frac{\pi}{4}p(\varphi) + m_{osz}\, r\omega^2\left[\cos(\varphi) + \lambda_s\cos(2\varphi)\right] . \tag{2.14}$$

Abb. 2.7 zeigt den Verlauf der Gaskraft und der oszillierenden Massenkraft für einen 4-Takt-Hubkolbenmotor über ein volles Arbeitsspiel. Man erkennt, dass die durch die Gaskraft verursachte Spitzenbelastung des Triebwerks mit steigender Drehzahl wegen der proportional mit ω^2 zunehmenden Massenkraft schnell abgebaut wird.

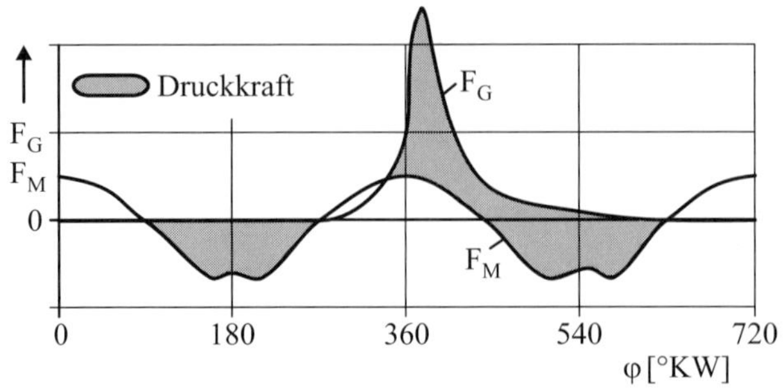

Abb. 2.7: Gas- und oszillierende Massenkraft eines 4-Takt-Hubkolbenmotors

2.2.3 Arbeitsverfahren

Im Hinblick auf den Ladungswechsel unterscheidet man beim Hubkolbenmotor zwischen dem 4-Takt- und dem 2-Takt-Verfahren und bezüglich des Brennverfahrens zwischen Diesel- und Ottomotoren. Beim *4-Takt-Verfahren*, siehe auch Abb. 2.8-links, findet der Ladungswechsel in den beiden Takten Ausschieben und Ansaugen statt, was durch die Verdrängerwirkung des Kolbens und durch die Ventile geregelt wird. Die Aus- und Einlassventile öffnen vor und schließen nach den Totpunkten, wobei ein frühes Öffnen des Auslassventils zwar zu Verlusten bei der Expansionsarbeit aber auch zu einer Verringerung der Ausschiebearbeit führt. Mit zunehmender Ventilüberschneidung steigen die Spülverluste an, und der effektive Wirkungsgrad nimmt ab. Moderne 4-Takt-Motoren sind in der Regel mit je zwei Einlass- und Auslassventilen ausgerüstet.

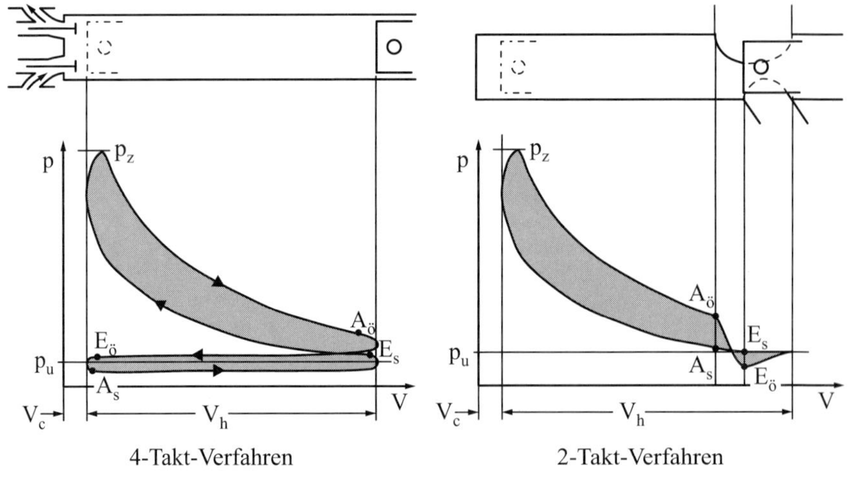

Abb. 2.8: *p,V*-Diagramm für das 4-Takt- und das 2-Takt-Verfahren

Beim *2-Takt-Motor* erfolgt der Ladungswechsel während sich der Kolben in der Nähe des unteren Totpunktes befindet. Bei so genannten schlitzgesteuerten Motoren wird das Abgas vom einströmenden Frischgas aus dem Zylinder geschoben, wenn der Kolben die im unteren Bereich des Zylinders angeordneten Ein- und Auslassquerschnitte (Schlitze) überstreicht. Bei größeren Motoren werden statt der Auslassschlitze meist Auslassventile verwendet, die dann im Zylinderkopf untergebracht sind. Statt der so genannten Umkehrspülung hat man dann die wesentlich effektivere Gleichstromspülung. Für weitere Details sei auf Merker und Gerstle (1997) verwiesen.

2.3 Thermodynamik des Verbrennungsmotors

2.3.1 Grundlagen

In diesem Kapitel werden die für unsere Zielsetzung wesentlichen Grundlagen der Thermodynamik kurz erläutert, ohne zu sehr ins Detail zu gehen. Eine ausführliche Darstellung findet sich bei Baehr (2000), Hahne (2000), Lucas (2001) und Stephan und Mayinger (1998, 1999).

Zur Simulation verbrennungsmotorischer Prozesse wird der Verbrennungsmotor in einzelne Komponenten bzw. Teilsysteme zerlegt, die man grundsätzlich entweder als geschlossene oder offene thermodynamische Systeme betrachten kann. Zur Bilanzierung dieser Systeme verwendet man die *Massenbilanz* (Kontinuitätsgleichung)

$$\frac{\mathrm{d}m}{\mathrm{d}t} = \dot{m}_1 - \dot{m}_2 \tag{2.15}$$

und die *Energiebilanz* (1. Hauptsatz der Thermodynamik)

$$\frac{\mathrm{d}U}{\mathrm{d}t} = \dot{Q} + \dot{W} + \dot{E}_1 + \dot{E}_2 \tag{2.16}$$

mit

$$\dot{E} = \dot{m}\left(h + \frac{c^2}{2}\right)$$

für das in Abb. 2.9 gezeigte *offene, stationär durchströmte System* (Fließsystem), bzw.

$$\frac{\mathrm{d}U}{\mathrm{d}t} = \dot{Q} + \dot{W} \tag{2.17}$$

für das in Abb. 2.10 gezeigte *geschlossene System* (Brennraum).

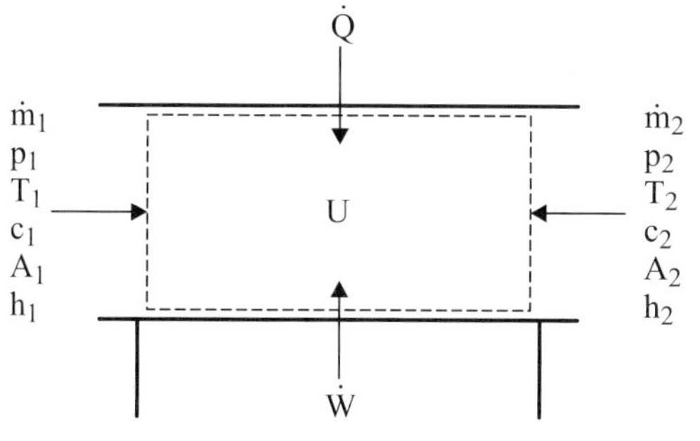

Abb. 2.9: Offenes thermodynamisches System (----- Systemgrenzen)

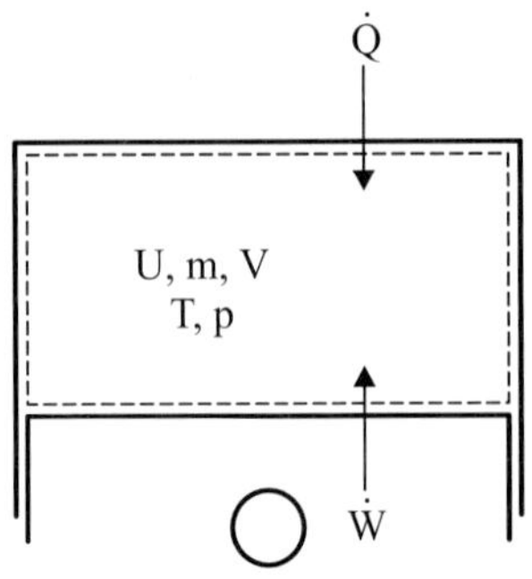

Abb. 2.10: Geschlossenes thermodynamisches System (----- Systemgrenzen)

Bei geschlossenen Systemen fließt über die Systemgrenze keine Masse und somit auch keine Enthalpie. Unter Vernachlässigung der Blow-By-Verluste kann der *Brennraum* (Zylinder) während des so genannten Hochdruckprozesses (Kompressions- und Expansionstakt) als geschlossenes System betrachtet werden. Im Gegensatz dazu stellt ein offenes System z.B. einen *Behälter* oder einen *Leitungsabschnitt* dar, bei dem Masse über die Systemgrenze fließen kann.

Bei Vernachlässigung der Reibung bzw. Dissipation mechanischer Arbeit in Wärme erhält man für die *Volumenarbeit*

$$\dot{W} = -p\frac{\mathrm{d}V}{\mathrm{d}t}\,. \tag{2.18}$$

Beim offenen System fasst man die an den Systemgrenzen übertragene thermische Energie und die Ein- bzw. Ausschiebearbeit zweckmäßigerweise zur Enthalpie

$$h \equiv u + pv \tag{2.19}$$

zusammen.

Die *thermische Zustandsgleichung*

$$f(p,T,v) = 0 \tag{2.20}$$

verknüpft die drei thermischen Zustandsgrößen Druck, Temperatur und Volumen und die *kalorische Zustandsgleichung*

$$\begin{aligned} u &= u(T,v) \text{ bzw.} \\ h &= h(p,T) \end{aligned} \tag{2.21}$$

beschreibt die innere Energie als Funktion von Temperatur und Volumen bzw. die Enthalpie als Funktion von Druck und Temperatur. Im Folgenden wollen wir die zu betrachtenden Stoffe zunächst als *ideale Gase* betrachten, wofür die thermische Zustandsgleichung

$$pv = RT \tag{2.22}$$

gilt. Weil die innere Energie des idealen Gases nur von der Temperatur abhängig ist, folgt mit (2.22) aus (2.19), dass dies auch für die Enthalpie zutrifft. Für die differentielle Änderung der *kalorischen Größen des idealen Gases* gilt damit

$$\mathrm{d}u = c_v(T)\,\mathrm{d}T \text{ bzw.}$$
$$\mathrm{d}h = c_p(T)\,\mathrm{d}T \;. \tag{2.23}$$

Für ideales Gas gilt

$$R = c_p(T) - c_v(T) \tag{2.24}$$

und

$$\kappa = \frac{c_p}{c_v} \;. \tag{2.25}$$

Für reversible Zustandsänderungen gilt der 2. Hauptsatz der Thermodynamik in der Form

$$T\,\mathrm{d}s = \mathrm{d}q \;. \tag{2.26}$$

Damit folgt mit (2.18) aus (2.17)

$$\mathrm{d}u = -p\mathrm{d}v + T\,\mathrm{d}s \;. \tag{2.27}$$

Mit (2.23) folgt daraus für die Steigung der Isochoren eines perfekten Gases

$$\left(\frac{\mathrm{d}T}{\mathrm{d}s}\right)_s = \frac{T}{c_v} \;. \tag{2.28}$$

In Analogie dazu folgt für die Steigung der Isobaren

$$\left(\frac{\mathrm{d}T}{\mathrm{d}s}\right)_s = \frac{T}{c_p} \;,$$

für die Isotherme und die Isentrope folgt

$$\frac{\mathrm{d}p}{\mathrm{d}v} = -\frac{p}{v} \text{ bzw. } \frac{\mathrm{d}p}{\mathrm{d}v} = -\kappa\frac{p}{v} .$$

Abb. 2.11 zeigt den Verlauf der einfachen Zustandsänderungen im *p*, *v*- und *T*, *s*-Diagramm.

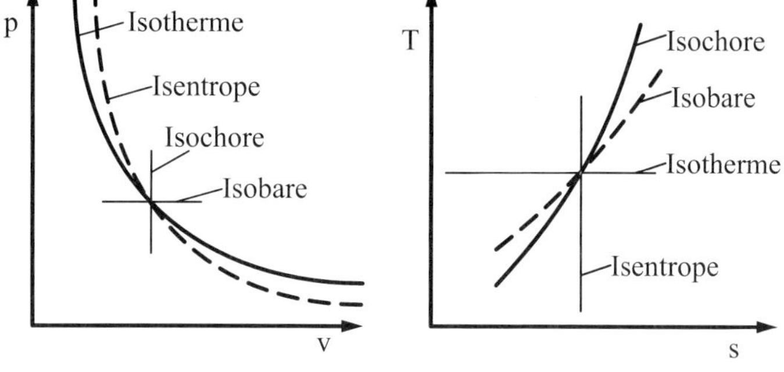

Abb. 2.11: Verlauf der einfachen Zustandsänderung im *p*, *v*- und im *T*, *s*-Diagramm

Mit den obigen Beziehungen erhält man schließlich für die *Energiebilanz des geschlossenen Systems*

$$m\,c_v \frac{\mathrm{d}T}{\mathrm{d}t} = \frac{\mathrm{d}Q}{\mathrm{d}t} - p\frac{\mathrm{d}v}{\mathrm{d}t}\ . \tag{2.29}$$

Unter Berücksichtigung der Enthalpieströme und der übertragenen kinetischen Energie an den Systemgrenzen erhält man für die *Energiebilanz des offenen Systems*

$$m\,c_v \frac{\mathrm{d}T}{\mathrm{d}t} + c_v\,T\frac{\mathrm{d}m}{\mathrm{d}t} = \frac{\mathrm{d}Q}{\mathrm{d}t} + \frac{\mathrm{d}W}{\mathrm{d}t} + \dot{m}_1\left(h_1 + \frac{c_1^2}{2}\right) - \dot{m}_2\left(h_2 + \frac{c_2^2}{2}\right)\ . \tag{2.30}$$

Für *stationär* durchströmte offene Systeme folgt daraus für den Fall, dass keine Arbeit übertragen wird,

$$\dot{m}\left[(h_2 - h_1) + \left(\frac{c_2^2}{2} - \frac{c_1^2}{2}\right)\right] = \frac{\mathrm{d}Q}{\mathrm{d}t}\ . \tag{2.31}$$

Mit dieser Beziehung kann die Durchfluss- bzw. Ausflussgleichung zur Berechnung der Massenströme durch Drosselstellen bzw. durch Ventile abgeleitet werden. Wir betrachten den Ausströmvorgang aus einem unendlich großen Behälter und setzen voraus, dass die Strömung adiabat verläuft. Mit den Indizes "0" für das Innere des Behälters und "1" für den Ausströmungsquerschnitt folgt mit $c_0 = 0$ aus (2.31)

$$\frac{c_1^2}{2} = h_0 - h_1\ . \tag{2.32}$$

Mit der Adiabatenbeziehung

$$\frac{T_1}{T_0} = \left(\frac{p_1}{p_0}\right)^{\frac{\kappa-1}{\kappa}} \tag{2.33}$$

folgt daraus zunächst

$$\frac{c_1^2}{2} = c_p\,T_0\left(1 - \frac{T_1}{T_0}\right) = c_p\,T_0\left[1 - \left(\frac{p_1}{p_0}\right)^{\frac{\kappa-1}{\kappa}}\right] \tag{2.34}$$

und weiter für die Geschwindigkeit c_1 im Ausströmungsquerschnitt

$$c_1 = \sqrt{\frac{2\kappa}{\kappa - 1}R\,T_0\left[1 - \left(\frac{p_1}{p_0}\right)^{\frac{\kappa-1}{\kappa}}\right]}\ . \tag{2.35}$$

Mit der Gleichung für das ideale Gas folgt aus (2.33) für das Dichteverhältnis

$$\frac{\rho_1}{\rho_0} = \left(\frac{p_1}{p_0}\right)^{\frac{1}{\kappa}} . \tag{2.36}$$

Damit ergibt sich für den Massenstrom

$$\dot{m} = A_1\, \rho_1\, c_1$$

im Austrittquerschnitt die Beziehung

$$\dot{m} = A_1 \sqrt{\rho_0\, p_0}\; \Psi\left(\frac{p_1}{p_0}, \kappa\right) \tag{2.37}$$

wobei

$$\Psi\left(\frac{p_1}{p_0}, \kappa\right) = \sqrt{\frac{2\kappa}{\kappa - 1}\left[\left(\frac{p_1}{p_0}\right)^{\frac{2}{\kappa}} - \left(\frac{p_1}{p_0}\right)^{\frac{\kappa+1}{\kappa}}\right]} \tag{2.38}$$

die so genannte Ausflussfunktion ist, die lediglich vom Druckverhältnis p_1/p_0 und vom Isentropenexponenten κ abhängt. Abb. 2.12 zeigt den Verlauf der Ausflussfunktion für die verschiedenen Isentropenexponenten.

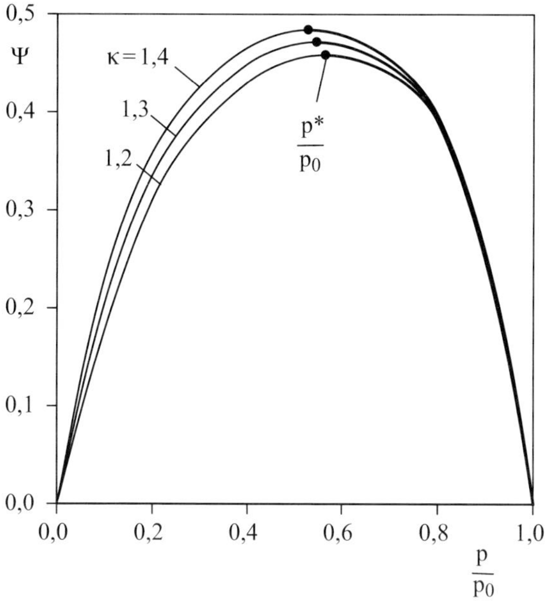

Abb. 2.12: Ausflussfunktion $\Psi\left(\frac{p_1}{p_0}, \kappa\right)$

Die Maxima der Ausflussfunktion ergeben sich aus der Beziehung

$$\frac{\partial \Psi}{\partial \left(\frac{p_1}{p_0} \right)} = 0 \qquad \text{für} \qquad \Psi = \Psi_{max} \ . \tag{2.39}$$

Damit erhält man für das so genannte kritische Druckverhältnis die Beziehung

$$\left(\frac{p_1}{p_0} \right)_{krit} = \left(\frac{2}{\kappa + 1} \right)^{\frac{\kappa}{\kappa - 1}} \qquad \text{bzw.} \qquad \left(\frac{T_1}{T_0} \right)_{krit} = \frac{2}{\kappa + 1} \ . \tag{2.40}$$

Setzt man diese Beziehung in (2.35) für die isentrope Ausströmgeschwindigkeit ein, dann folgt schließlich

$$c_{1,krit} = \sqrt{\kappa R T_1} \ . \tag{2.41}$$

Für die isentrope Strömung folgt aus (2.36)

$$\frac{\mathrm{d}p}{\mathrm{d}\rho} = \kappa \frac{p}{\rho} = \kappa R T \ . \tag{2.42}$$

Mit der Definition der Schallgeschwindigkeit

$$a \equiv \sqrt{\frac{\mathrm{d}p}{\mathrm{d}\rho}} \tag{2.43}$$

folgt damit für die Geschwindigkeit im Ausflussquerschnitt

$$a_1 = \sqrt{\kappa R T_1} \ . \tag{2.44}$$

Die Strömungsgeschwindigkeit im engsten Querschnitt einer Drosselstelle oder im Ventil kann damit maximal Schallgeschwindigkeit erreichen.

2.3.2 Geschlossene Kreisprozesse

Die einfachsten Modelle für den tatsächlichen Motorprozess sind geschlossene, innerlich reversible Kreisprozesse mit Wärmezu- und -abfuhr, die durch folgende Eigenschaften gekennzeichnet sind:

- die chemische Umwandlung der Brennstoffe infolge Verbrennung wird durch eine entsprechende Wärmezufuhr ersetzt,
- der Ladungswechsel wird durch eine entsprechende Wärmeabfuhr ersetzt,
- als Arbeitsmedium wird Luft gewählt, die als perfektes Gas betrachtet wird.

- **Carnot-Prozess**

Der in Abb. 2.13 dargestellte Carnot-Prozess ist der Kreisprozess mit dem höchsten thermischen Wirkungsgrad und somit der Idealprozess. Die Wärmezufuhr erfolgt aus einem Wärmebad mit der Temperatur T_3, die Wärmeabfuhr an ein Wärmebad mit der Temperatur T_1. Die Verdichtung von $2 \rightarrow 3$ und $4 \rightarrow 1$ erfolgen jeweils isentrop.

Mit dem thermischen Wirkungsgrad

$$\eta_{th} = 1 - \frac{q_{ab}}{q_{zu}}$$

erhält man die bekannte Beziehung

$$\eta_{th,c} = 1 - \frac{T_1}{T_3} = f\left(\frac{T_1}{T_3}\right) \tag{2.45}$$

für den Carnot-Prozess.

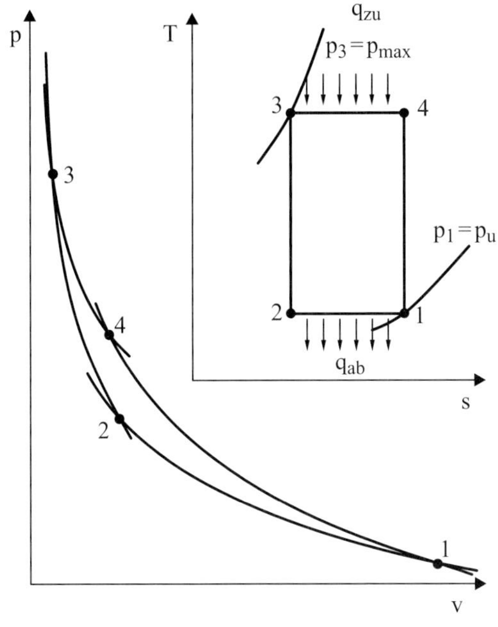

Abb. 2.13: Carnot-Prozess

Der Carnot-Prozess lässt sich in Verbrennungsmotoren jedoch nicht verwirklichen, weil

- die isotherme Expansion mit q_{zu} bei T_3 = const. und die isotherme Kompression mit q_{ab} bei T_1 = const. praktisch nicht durchführbar sind und
- die Fläche im *p*, *v*-Diagramm und damit die innere Arbeit selbst bei hohen Druckverhältnissen extrem klein ist.

Für den Mitteldruck des Prozesses gilt definitionsgemäß

$$p_m = \frac{w}{v_1 - v_3} \; . \tag{2.46}$$

Für die zu- und abgeführten Wärmemengen bei isothermer Verdichtung bzw. Expansion gilt

$$q_{zu} = q_{34} = R\,T_3 \ln\frac{p_3}{p_4} \,,$$

$$q_{ab} = q_{12} = R\,T_1 \ln\frac{p_2}{p_1} \; .$$

Mit dem thermisch und kalorisch idealen (perfekten) Gas erhält man für die Isentrope

$$\frac{p_3}{p_2} = \left(\frac{T_3}{T_2}\right)^{\frac{\kappa}{\kappa-1}} \quad \text{und} \quad \frac{p_4}{p_1} = \left(\frac{T_4}{T_1}\right)^{\frac{\kappa}{\kappa-1}} \,,$$

woraus wegen $T_1 = T_2$ und $T_3 = T_4$

$$\frac{p_3}{p_2} = \frac{p_4}{p_1} \quad \text{bzw.} \quad \frac{p_3}{p_4} = \frac{p_2}{p_1}$$

folgen. Für den Mitteldruck erhält man damit zunächst

$$p_m = \frac{R(T_3 - T_1)\ln\dfrac{p_3}{p_4}}{v_1 - v_3}$$

und mittels einfacher Umformung schließlich

$$\frac{p_m}{p_1} = \frac{\dfrac{p_3}{p_1}\left(\dfrac{T_3}{T_1} - 1\right)\left(\ln\dfrac{p_3}{p_1} - \dfrac{\kappa}{\kappa - 1}\ln\dfrac{T_3}{T_1}\right)}{\dfrac{p_3}{p_1} - \dfrac{T_3}{T_1}} \; . \tag{2.47}$$

Die Beziehung

$$\frac{p_m}{p_1} = f\left(\frac{T_3}{T_1}, \frac{p_3}{p_1}, \kappa\right)$$

mit Nullstellen und Extremwerten ist in Abb. 2.14 für $\kappa = 1{,}4$ grafisch dargestellt.

Während der thermische Wirkungsgrad in einem optimal geführten Prozess bei einem Druckverhältnis von 200 mit 0,6 relativ hohe Werte erreicht, beträgt der erreichbare Mitteldruck dafür nur $p_m = 3{,}18\,p_1$. Die gewinnbare Arbeit ist also so gering, dass ein den Carnot-Prozess verwirklichender Motor bestenfalls die innere Reibung überwinden könnte und damit praktisch keine Leistung abgeben kann.

Der Carnot-Prozess ist deshalb nur als theoretischer Vergleichsprozess von Interesse. Auf seine fundamentale Bedeutung im Zusammenhang mit Betrachtungen zur Energie kann hier nur hingewiesen werden.

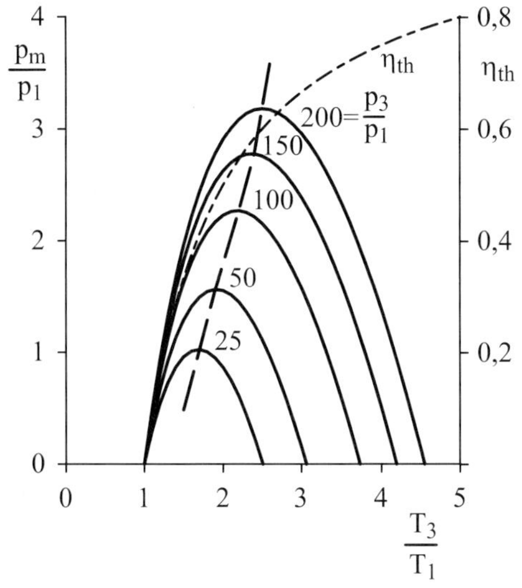

Abb. 2.14: Mitteldruck des Carnot-Prozesses

- **Gleichraumprozess**

Ein thermodynamisch günstiger und im Prinzip auch zu verwirklichende Kreisprozess ist der Gleichraumprozess (siehe Abb. 2.15). Im Gegensatz zum Carnot-Prozess vermeidet er die isotherme Expansion und Kompression und das unrealistisch hohe Druckverhältnis. Er besteht aus zwei Isentropen und zwei Isochoren.

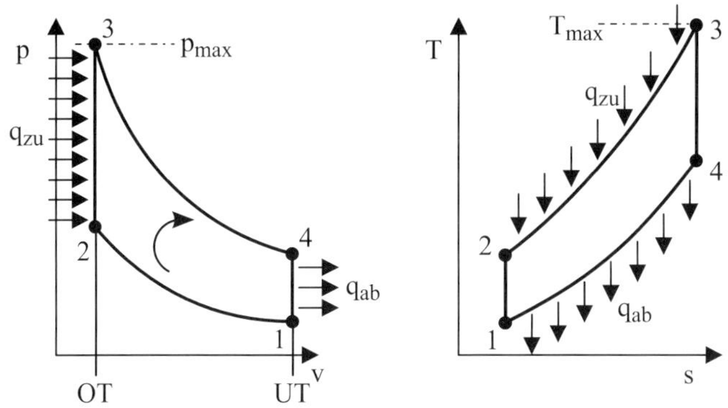

Abb. 2.15: Darstellung des Gleichraumprozesses im p,v- und T,s-Diagramm

Der Prozess wird als Gleichraumprozess bezeichnet, weil die Wärmezufuhr (statt Verbrennung) bei gleichem Raum, d. h. bei konstantem Volumen erfolgt. Weil sich der Kolben kontinuierlich bewegt, müsste die Wärmezufuhr unendlich schnell, d.h. schlagartig erfolgen – das ist jedoch praktisch nicht durchführbar. Für den thermischen Wirkungsgrad dieses Prozesses folgt

$$\eta_{th,v} = 1 - \frac{q_{ab}}{q_{zu}} = 1 - \frac{c_v\,(T_4 - T_1)}{c_v\,(T_3 - T_2)} = 1 - \frac{T_1}{T_2}\,\frac{\dfrac{T_4}{T_1} - 1}{\dfrac{T_3}{T_2} - 1}\;.$$

Mit den Beziehungen für die Adiabate

$$\left.\begin{aligned} \frac{T_1}{T_2} &= \left(\frac{v_1}{v_2}\right)^{\kappa - 1} \\ \frac{T_3}{T_4} &= \left(\frac{v_4}{v_3}\right)^{\kappa - 1} = \left(\frac{v_1}{v_2}\right)^{\kappa - 1} \end{aligned}\right\} = \frac{T_4}{T_1} = \frac{T_3}{T_2}$$

und dem Verdichtungsverhältnis $\varepsilon = v_1 / v_2$ folgt schließlich für den thermischen Wirkungsgrad des Gleichraumprozesses

$$\eta_{th,v} = 1 - \left(\frac{1}{\varepsilon}\right)^{\kappa - 1}\;. \tag{2.48}$$

Diese in Abb. 2.16 dargestellte Beziehung macht deutlich, dass ab einem bestimmten Verdichtungsverhältnis keine wesentliche Erhöhung des thermischen Wirkungsgrades mehr erreichbar ist.

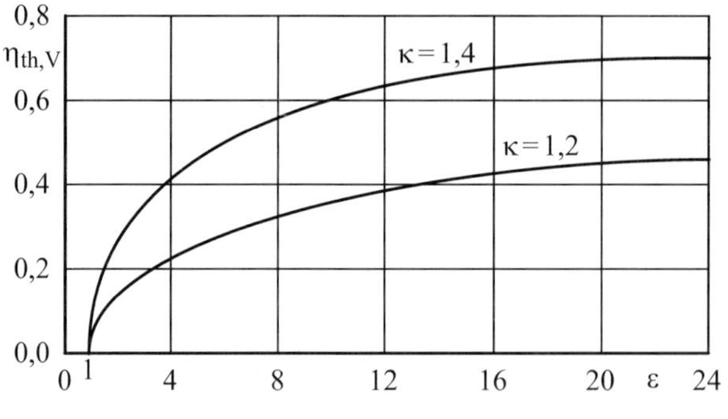

Abb. 2.16: Wirkungsgrad des Gleichraumprozesses

- **Gleichdruckprozess**

Bei hochverdichtenden Motoren ist der Verdichtungsdruck p_2 bereits sehr hoch. Um den Druck nicht weiter ansteigen zu lassen, wird die Wärmezufuhr (statt Verbrennung) bei konstantem Druck statt konstantem Volumen durchgeführt. Der Prozess setzt sich damit aus zwei Isentropen, einer Isobaren und einer Isochoren zusammen, siehe Abb. 2.17.

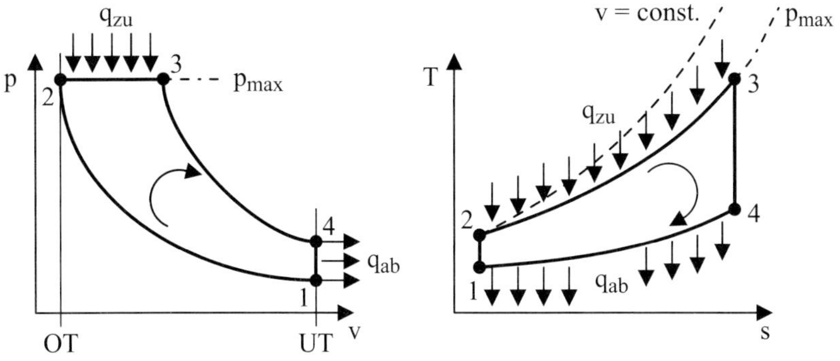

Abb. 2.17: Gleichdruckprozess im p, v- und T, s-Diagramm

Für den thermischen Wirkungsgrad gilt wieder

$$\eta_{th,p} = 1 - \frac{q_{ab}}{q_{zu}} = 1 - \frac{c_v\,(T_4 - T_1)}{q_{zu}} \quad .$$

Im Gegensatz zum Gleichraumprozess treten jetzt aber drei ausgezeichnete Volumina auf. Deshalb ist ein weiterer Parameter zur Festlegung von $\eta_{th,p}$ notwendig. Zweckmäßigerweise wählt man dafür

$$q^* = \frac{q_{zu}}{c_p\,T_1} \quad .$$

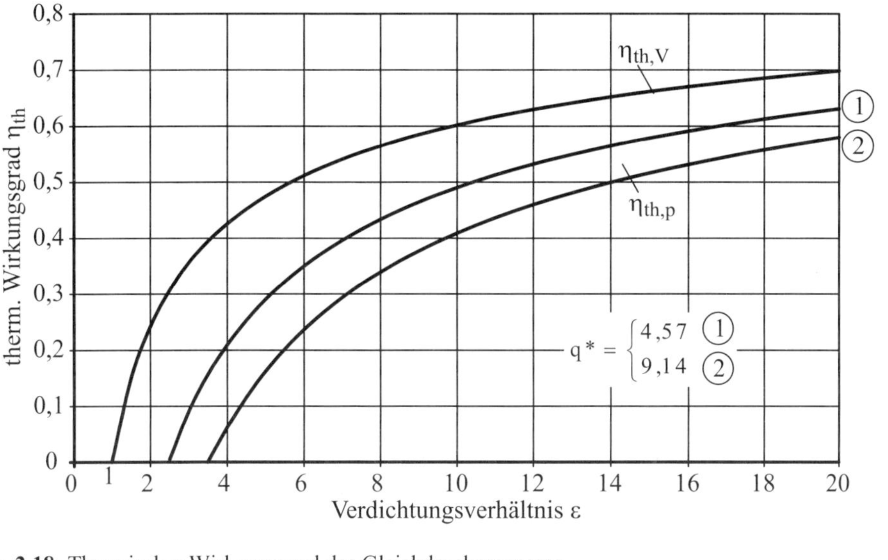

Abb. 2.18: Thermischer Wirkungsgrad des Gleichdruckprozesses

Damit erhält man zunächst

$$\eta_{th,p} = 1 - \frac{c_v\,(T_4 - T_1)}{c_p\,T_1\,q^*} = 1 - \frac{1}{\kappa q^*}\left(\frac{T_4}{T_1} - 1\right).$$

Und nach einigen Umformungen schließlich

$$\eta_{th,p} = 1 - \frac{1}{\kappa q^*}\left[\left(\frac{q^*}{\varepsilon^{\kappa-1}} + 1\right)^{\kappa} - 1\right]. \tag{2.49}$$

Der Verlauf des thermischen Wirkungsgrades des Gleichdruckprozesses in Abhängigkeit von ε und q^* ist in Abb. 2.18 dargestellt.

- **Seiligerprozess**

Der in Abb. 2.19 dargestellte Seiligerprozess stellt eine Kombination aus Gleichraum- und Gleichdruckprozess dar.

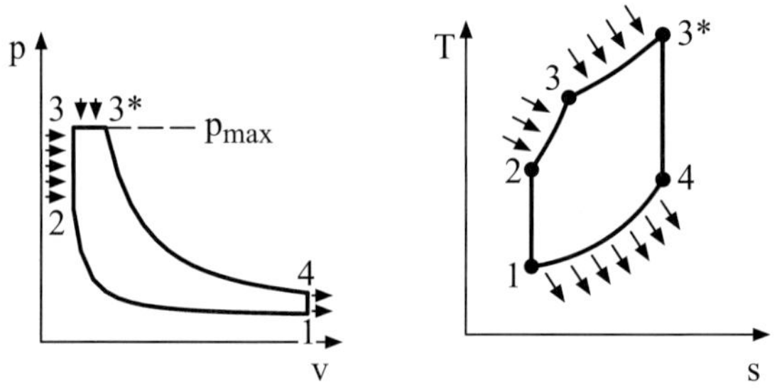

Abb. 2.19: Der Seiligerprozess im p, v- und T, s-Diagramm

Man verwendet diesen Vergleichsprozess, wenn bei gegebenem Verdichtungsverhältnis zusätzlich der Höchstdruck begrenzt werden soll. Die Wärmezufuhr (statt Verbrennung) erfolgt isochor und isobar. Mit dem Druckverhältnis $\pi = p_3/p_1$ erhält man schließlich für den thermischen Wirkungsgrad die Beziehung

$$\eta_{th,vp} = 1 - \frac{1}{\kappa q^*}\left\{\left[q^* - \frac{1}{\kappa\varepsilon}(\pi - \varepsilon^{\kappa}) + \frac{\pi}{\varepsilon}\right]^{\kappa}\left(\frac{1}{\pi}\right)^{\kappa-1} - 1\right\}, \tag{2.50}$$

die in Abb. 2.20 grafisch dargestellt ist. Daraus wird deutlich, dass bei einem konstant vorgegebenem Verdichtungsverhältnis ε der Gleichraumprozess und bei konstant vorgegebenem Druckverhältnis π der Gleichdruckprozess den höchsten Wirkungsgrad hat. Der Isentropenexponent κ beträgt für Luft 1,4 bei 25°C bzw. 1,31 bei 1400°C und für Abgas etwa 1,33, sein Einfluss kann deshalb nicht vernachlässigt werden.

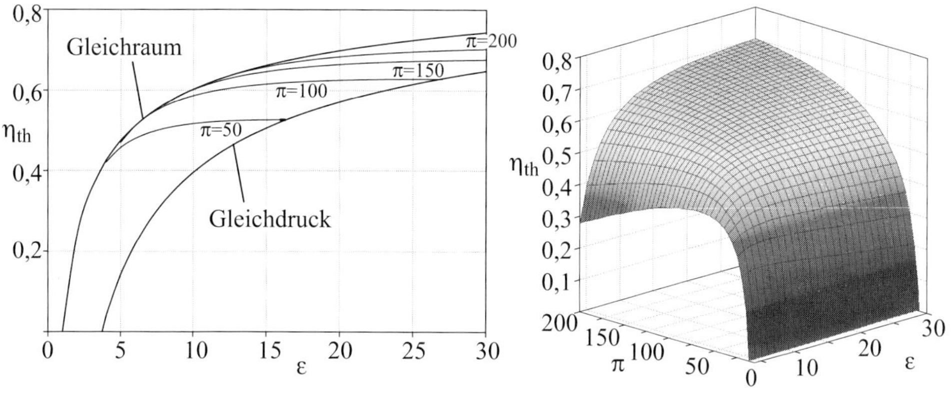

Abb. 2.20: Thermischer Wirkungsgrad des Seiligerprozesses

- **Vergleich der Kreisprozesse**

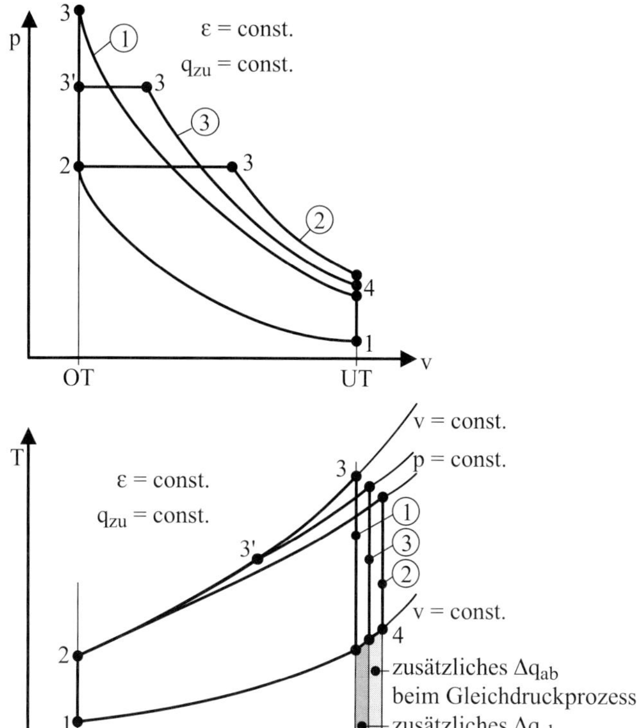

Abb. 2.21: Vergleich der geschlossenen Kreisprozesse, ① = Gleichraum, ② = Gleichdruck, ③ = Seiliger Prozess

Für die Wirkungsgrade der einzelnen Vergleichsprozesse resultieren die folgenden Abhängigkeiten

$$\eta_{th,c} = f\left(\frac{T_1}{T_3}, \kappa\right) \qquad \text{Carnot,}$$

$$\eta_{th,v} = f(\varepsilon, \kappa) \qquad \text{Gleichraum,}$$

$$\eta_{th,p} = f(\varepsilon, q^*, \kappa) \qquad \text{Gleichdruck,}$$

$$\eta_{th,vp} = f\left(\varepsilon, q^*, \frac{p_3}{p_1}, \kappa\right) \qquad \text{Seiliger.}$$

In Abb. 2.21 sind der Gleichraum-, der Gleichdruck- und der Seiligerprozess zusammen in einem *p*, *v*- und *T*, *s*-Diagramm dargestellt. Der Gleichraumprozess hat den höchsten und der Gleichdruckprozess den niedrigsten Wirkungsgrad. Der Wirkungsgrad des Seiligerprozesses liegt dazwischen. Bei diesem Vergleich sind das Verdichtungsverhältnis und die zugeführte Wärmemenge für alle drei Kreisprozesse gleich groß. Damit wird deutlich, dass beim Seiligerprozess etwas und beim Gleichdruckprozess deutlich mehr Wärme abgeführt werden muss als beim Gleichraumprozess und deshalb die thermischen Wirkungsgrade dieser Prozesse niedriger sind.

2.3.3 Offene Vergleichsprozesse

- **Prozess des vollkommenen Motors**

Die einfachen Kreisprozesse weichen zum Teil doch erheblich vom realen Motorprozess ab, sodass keine detaillierten Aussagen über den tatsächlichen Motorprozess möglich sind, siehe Urlaub (1994). Deshalb betrachtet man für weitergehende Untersuchungen auch offene Vergleichsprozesse, die statt der Wärmezu- und -abfuhr der geschlossenen Kreisprozesse die chemische Umwandlung der Verbrennung berücksichtigen.

Im Gegensatz zu den geschlossenen Kreisprozessen lassen die offenen Vergleichsprozesse einen Ladungswechsel zu, und sie berechnen den Hochdruckprozess schrittweise und damit mehr oder weniger realistisch. Der Ladungswechsel wird jedoch auch dabei in der Regel nicht näher betrachtet. Der wesentliche Unterschied zu den geschlossenen Kreisprozessen besteht darin, dass

- die Verdichtung und die Expansion entweder wie auch schon bisher als isentrop betrachtet werden oder durch polytrope Zustandsänderungen beschrieben werden,
- die Energiefreisetzung durch die Verbrennung schrittweise berechnet wird, wenn auch mit gewissen Idealisierungen im Hinblick auf die Verbrennung selbst,
- die Energieverluste infolge Wärmeübertragung näherungsweise berücksichtigt werden.

Abb. 2.22 zeigt einen offenen Vergleichsprozess im *T*, *s*-Diagramm. Genaugenommen "erscheint" die Frischladung im Punkt 1 und Abgas, das als beliebig vollständig verbranntes Gemisch betrachtet wird, "verschwindet" in Punkt 4.

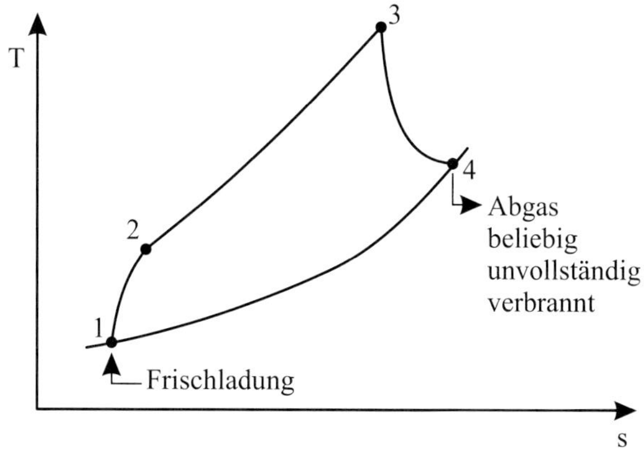

Abb. 2.22: Offener Vergleichsprozess

Der Ladungswechsel wird hierbei nicht weiter betrachtet. Für weitere Details sei auf Pischinger et al. (2002) verwiesen.

- **Wärmefreisetzung durch die Verbrennung**

Man unterscheidet die Begriffe vollständige/unvollständige und vollkommene/unvollkommene Verbrennung.

Für Luftverhältnisse $\lambda \geq 1$ könnte der Brennstoff prinzipiell vollständig verbrennen, d. h. die zugeführte Energie $m_B H_u$ wird vollständig in thermische Energie umgewandelt

$$Q_{\max} = Q_{th} = m_B H_u \;.$$

Für die vollständige Verbrennung von Kohlenwasserstoff-Verbindungen gelten die Bruttoreaktionsgleichungen

$$\begin{aligned} H_2 + \tfrac{1}{2} O_2 &= H_2O \\ C + \quad O_2 &= CO_2 \;. \end{aligned}$$

Es entstehen also nur die beiden Produkte Wasser und Kohlendioxid.

Tatsächlich läuft jedoch auch für Luftverhältnisse $\lambda \geq 1$ die Verbrennung maximal bis zum chemischen Gleichgewicht, also immer unvollständig ab.

Für Luftverhältnisse $\lambda < 1$ kann der Brennstoff infolge von O_2-Mangel nicht vollständig verbrennen. Bei dieser unvollständigen Verbrennung läuft die Verbrennung bestenfalls bis zum chemischen Gleichgewicht.

Bei allen Luftverhältnissen kann die Verbrennung darüber hinaus unvollkommen ablaufen, sei es, dass der vorhandene Sauerstoff nicht hinreichend optimal verteilt ist (Gemischbildung), sei es, dass einzelne Reaktionen langsam ablaufen und dadurch das chemische Gleichgewicht nicht erreicht wird. Im Abgas findet man deshalb neben CO_2 und H_2O auch Kohlenmonoxid, unverbrannte Kohlenwasserstoffe, Rußpartikel und Stickstoffverbindungen.

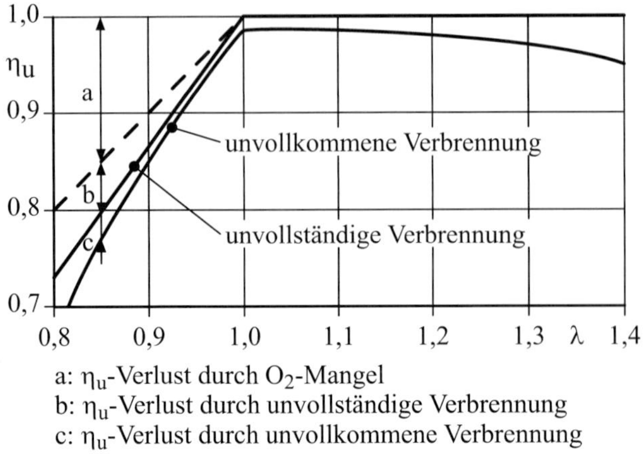

Abb. 2.23: Energiefreisetzung und Umsetzungsgrad

Der Umsetzungsgrad ist definiert als:

$$\eta_u = 1 - \frac{Q_{uv}}{m_B\, H_u} \; .$$

Nach Pischinger et al. (1989) lässt sich für den Gesamtumsetzungsgrad schreiben

$$\eta_{u,ges} = \eta_{u,ch} \cdot \eta_u \; .$$

Anhand reaktionskinetischer Abschätzungen geben Schmidt et al. (1996) für den Umsetzungsgrad $\eta_{u,ch}$ die Bezeichnung

$$\eta_{u,ch} = \begin{cases} 1 & \text{für} \quad \lambda \geq 1 \\ 1{,}3773\,\lambda - 0{,}3773 & \text{für} \quad \lambda \leq 1 \end{cases}$$

an. Die Verhältnisse sind in Abb. 2.23 anschaulich erläutert.

- **Realer Motorprozess**

Ausgehend vom Prozess des vollkommenen Motors kann der effektive Wirkungsgrad des realen Motorprozesses durch schrittweises Fallenlassen der einzelnen Idealisierungen ermittelt werden. Zweckmäßigerweise werden die einzelnen Verluste dabei durch entsprechende Abschläge am Wirkungsgrad berücksichtigt, z. B.

Liefergrad $\Delta\eta_{rL}$	Verlust gegenüber dem vollkommenen Motor, weil die tatsächliche Zylinderfüllung bei "Einlass schließt" kleiner als die ideale des vollkommenen Motors ist
Verbrennung $\Delta\eta_{uv}$	Verlust infolge unvollständiger bzw. unvollkommener Verbrennung
Wärmeübertragung $\Delta\eta_{Ww}$	Wärmeverluste durch Wärmeübertragung an die brennraumbegrenzenden Wände
Ladungswechsel $\Delta\eta_{LW}$	Ladungswechselverluste

Blow-By $\Delta\eta_{Bb}$ Leckage

Reibung $\Delta\eta_m$ Mechanische Verluste infolge Triebwerksreibung (Kolben-Kolbenringe-Laufbuchse, Lager) und Hilfsantriebe (Ventiltrieb, Öl- und Wasserpumpe, ggf. Einspritzpumpe).

Die einzelnen Verluste sind anschaulich in Abb. 2.24 dargestellt. Auf weitere Details wird hier verzichtet, auch deshalb, weil diese einfachen Betrachtungen zunehmend an Bedeutung verlieren.

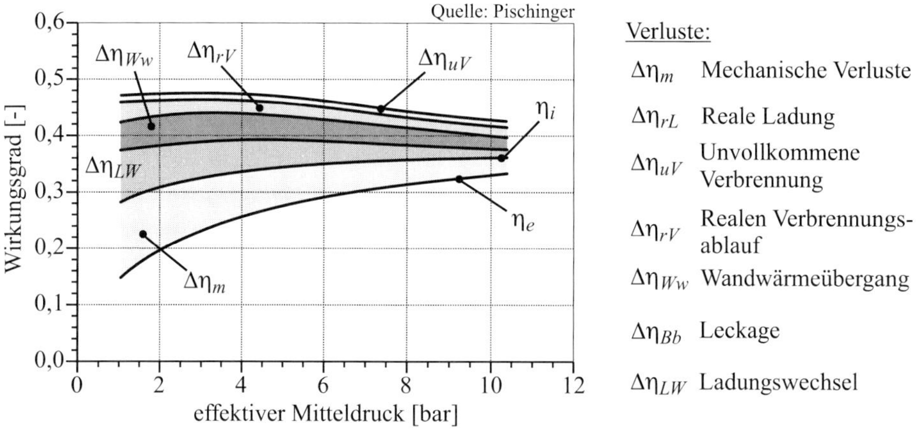

$$\eta_e = \eta_i - \Delta\eta_m \qquad \eta_i = \eta_V - \Delta\eta_g$$

$$\Delta\eta_g = \Delta\eta_{rL} + \Delta\eta_{uV} + \Delta\eta_{rV} + \Delta\eta_{Ww} + \Delta\eta_{Bb} + \Delta\eta_{LW}$$

Abb. 2.24: Verlustteilung des realen Verbrennungsmotors

2.4 Kenngrößen und Kennwerte

Kenngrößen von Verbrennungsmotoren sind als charakteristische Größen wichtig im Hinblick auf die Auslegung und die Festlegung der Motorenabmessungen, die Nachrechnung und die Ermittlung der tatsächlichen Leistung und die Beurteilung und der Vergleich verschiedener Verbrennungskraftmaschinen.

Der *Mitteldruck* ist eine wichtige Kenngröße zur Beurteilung der Leistung und des technologischen Stands eines Verbrennungsmotors. Aus der Definition für die Kolbenarbeit

$$\mathrm{d}W = p\,A_k\,\mathrm{d}x = p\,\mathrm{d}V$$

erhält man durch Integration über ein Arbeitsspiel für die indizierte Arbeit pro Arbeitsspiel

$$W_i = \oint p\,\mathrm{d}V$$

und daraus mit der Definition

$$W_i = p_{m,i}\,V_h$$

für den indizierten Mitteldruck

$$p_{m,i} = \frac{1}{V_h} \oint p \, \mathrm{d}V \; . \tag{2.51}$$

Für die indizierte oder auch innere Leistung eines Mehrzylinder-Motors folgt

$$P_i = P_{i,z} \, z = z \, n_A \, p_{m,i} \, V_h \; .$$

Mit der Zahl der Arbeitsspiele pro Zeit

$$n_A = i \cdot n \qquad \text{mit} \qquad i = \begin{cases} 0{,}5 & \text{für 4-Takt} \\ 1 & \text{für 2-Takt} \end{cases}$$

erhält man schließlich für die indizierte Gesamtleistung

$$P_i = i \, z \, n \, p_{m,i} \, V_h \; . \tag{2.52}$$

Analog dazu erhält man mit dem effektiven Mitteldruck $p_{m,e}$ für die effektive Gesamtleistung

$$P_e = i \, z \, n \, p_{m,e} \, V_h \; . \tag{2.53}$$

Die effektive Leistung ist die Differenz aus indizierter Leistung und Reibleistung

$$P_e = P_i - P_r \; , \tag{2.54}$$

woraus für den Reibmitteldruck die Beziehung

$$p_{m,r} = p_{m,i} - p_{m,e} \tag{2.55}$$

folgt.

Die innere Leistung des Motors folgt aus dem so genannten Indikatordiagramm, die effektive Leistung folgt aus

$$P_e = M \, 2\pi \, n \; , \tag{2.56}$$

wobei das Drehmoment M und die Drehzahl n auf einem Motorprüfstand ermittelt werden.

Der *Wirkungsgrad* einer thermischen Energiewandlungsmaschine ist ganz allgemein das Verhältnis von Nutzen zu Aufwand. Beim Verbrennungsmotor ist der Nutzen die indizierte bzw. effektive Motorleistung und der Aufwand die mit dem Brennstoffmassenstrom zugeführte Energie $\dot{m}_B H_u$. Damit folgt

$$\eta_{i,e} = \frac{P_{i,e}}{\dot{m}_B H_u} \; . \tag{2.57}$$

Das Verhältnis aus effektiver und indizierter Leistung ist der mechanische Wirkungsgrad

$$\eta_m = \frac{\eta_e}{\eta_i} = \frac{P_e}{P_i} = \frac{p_{m,e}}{p_{m,i}} \; . \tag{2.58}$$

Der *spezifische Brennstoffverbrauch* ist der auf die Motorleistung bezogene Brennstoffverbrauch

$$b_e = \frac{\dot{m}_B}{P_e} = \frac{1}{\eta_e H_u} \ . \tag{2.59}$$

Mit einem mittleren Wert für den unteren Heizwert von Benzin und Dieselöl von etwa

$$H_u \approx 42.000 \left[\frac{\text{kJ}}{\text{kg}}\right]$$

erhält man daraus die einfache Faustformel zwischen dem spezifischen Brennstoffverbrauch und dem effektiven Wirkungsgrad

$$b_e \approx \frac{86}{\eta_e} \left[\frac{\text{g}}{\text{kWh}}\right] .$$

Ein effektiver Wirkungsgrad von beispielsweise $\eta_e = 40\%$ führt auf einen spezifischen Brennstoffverbrauch von $b_e = 215\,\text{g/kWh}$.

Man unterscheidet zwischen oberem und unterem Heizwert. Bei der Bestimmung des oberen Heizwertes werden die Verbrennungsprodukte auf Ansaugtemperatur zurückgekühlt, das darin enthaltene Wasser wird auskondensiert, ist also flüssig. Im Gegensatz dazu wird bei der Bestimmung des unteren Heizwertes das Wasser nicht auskondensiert und liegt somit dampfförmig vor. Für Verbrennungsmotoren ist wegen der relativ hohen Abgastemperatur der untere Heizwert zu verwenden.

Man verwendet gelegentlich einen so genannten Gemischheizwert und meint damit den auf die Frischladung bezogenen zugeführten Energiestrom. Für den Otto- und den Dieselmotor erhält man dafür unterschiedliche Ausdrücke, weil der eine ein Benzin-Luft-Gemisch und der andere reine Luft ansaugt

$$H_G = \frac{m_B H_u}{V_G} \quad \text{mit} \quad V_G = \frac{m_L + m_B}{\rho_G} \qquad \text{Ottomotor}$$

$$H_G = \frac{m_B H_u}{V_L} \quad \text{mit} \quad V_L = \frac{m_L}{\rho_L} \qquad \text{Dieselmotor.}$$

Als *Luftaufwand* wird das Verhältnis der zugeführten Frischladung zur theoretisch möglichen Ladungsmasse m_{th} bezeichnet,

$$\lambda_a = \frac{m_G}{m_{th}} = \frac{m_G}{V_h \rho_{th}} \ . \tag{2.60}$$

Die theoretische Ladungsdichte ist die Dichte vor Einlassventil.

Im Gegensatz zum Luftaufwand bezeichnet der *Liefergrad* das Verhältnis der nach Abschluss des Ladungswechsels tatsächlich im Zylinder befindlichen Ladungsmasse im Vergleich zur theoretisch möglichen Ladungsmasse

$$\lambda_l = \frac{m_z}{m_{th}} = \frac{m_z}{V_h \rho_{th}} \ . \tag{2.61}$$

Der Liefergrad λ_l ist erster Linie von der Ventilüberschneidung im Ladungswechsel-OT abhängig. Eine Optimierung des Liefergrades kann mit festen Steuerzeiten nur für eine Drehzahl erfolgen. Mit variablen Ventilsteuerungen (z. B. durch Verdrehen der Nockenwelle) kann der Liefergrad über den gesamten Drehzahlbereich optimiert werden. Für 4-Takt-Motoren mit kleiner Ventilüberschneidung gilt $\lambda_l \approx \lambda_a$.

Zusätzlich zu den oben aufgeführten Größen werden noch einige charakteristische Größen verwendet. Die mittlere Kolbengeschwindigkeit ist eine für Verbrennungsmotoren charakteristische Geschwindigkeit,

$$c_m = 2\,s\,n\ . \tag{2.62}$$

Die maximale Kolbengeschwindigkeit ist vom Schubstangenverhältnis abhängig und liegt im Bereich $c_{\max} = (1{,}6 - 1{,}7)\,c_m$.

Das Verdichtungsverhältnis ist das auf das Kompressionsvolumen bezogene gesamte Zylindervolumen,

$$\varepsilon = 1 + \frac{V_h}{V_c}\ . \tag{2.63}$$

Das Hubvolumen (Hubraum) ist die Differenz zwischen Gesamtvolumen und Kompressionsvolumen. Mit dem Kolbenweg s ergibt sich dafür

$$V_h = \frac{\pi}{4} D^2\, s\,. \tag{2.64}$$

Als weitere charakteristische Größe wird das Hub/Bohrungsverhältnis

$$\frac{s}{D} \tag{2.65}$$

verwendet.

2.5 Motorenkennfelder

2.5.1 Ottomotoren

Beim konventionellen *Ottomotor* wird während des Ansaughubes Benzin in den Einlasskanal unmittelbar vor das Einlassventil gespritzt (Saugrohreinspritzung), dadurch wird ein Gemisch aus Luft und Brennstoff angesaugt und nach Schließen des Einlassventils im Kompressionshub verdichtet. Vor Erreichen des oberen Totpunkts wird das verdichtete Gemisch mittels einer Zündkerze gezündet (Fremdzündung). Weil für die Gemischbildung zwei Arbeitstakte, Ansaug- und Kompressionshub zur Verfügung stehen, ist das Gemisch am Ende der Verdichtung nahezu homogen. Bei herkömmlichen Motoren wird die Menge der angesaugten Luft mittels einer in der Ansaugleitung angeordneten Drosselklappe geregelt. Im unteren Teillastbereich ist diese Drosselklappe nahezu geschlossen, bei Volllast dagegen vollständig geöffnet. Die angesaugte Luftmenge wird gemessen und der Brennstoff proportional zur Luftmenge eingespritzt und zwar so, dass normalerweise das mittlere Luftverhältnis $\lambda = 1$ eingehalten wird (siehe Kap. 4). Weil beim Ottomotor die Menge des Gemischs geregelt wird, spricht man von einer Quantitätsregelung. Damit im verdichteten Gemisch keine Selbstzündung einsetzt, muss das Verdichtungsverhältnis ε begrenzt werden.

Abb. 2.25 zeigt das p, v-Diagramm für einen 4-Takt-Ottomotor bei Teillast (links) und Volllast (rechts). Die bei Teillast nahezu geschlossene Drosselklappe resultiert in hohen Druckverlusten in der Ansaugleitung. Sie führt damit zu einer "großen Ladungswechselschleife" und damit letztlich zu einem schlechten Wirkungsgrad.

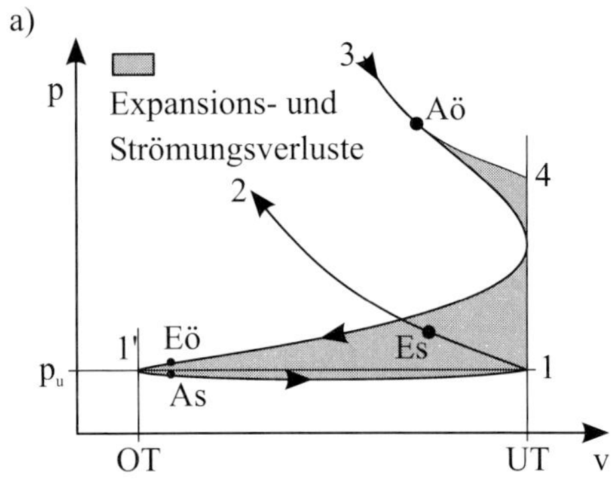

Abb. 2.25: p, v-Diagramm für einen 4-Takt-Ottomotor bei a) Volllast und b) Teillast

Abb. 2.26 zeigt das Motorenkennfeld für einen 4-Takt-Ottomotor. Das Kennfeld wird begrenzt durch die Leerlauf- und die Abregeldrehzahl sowie die Linie für das maximale Drehmoment. Die Linien konstanter Leistung sind wegen $P \sim M \cdot n$ Hyperbeln im Motorkennfeld. Die so genannten Muschelkurven sind Linien konstanten spezifischen Verbrauchs.

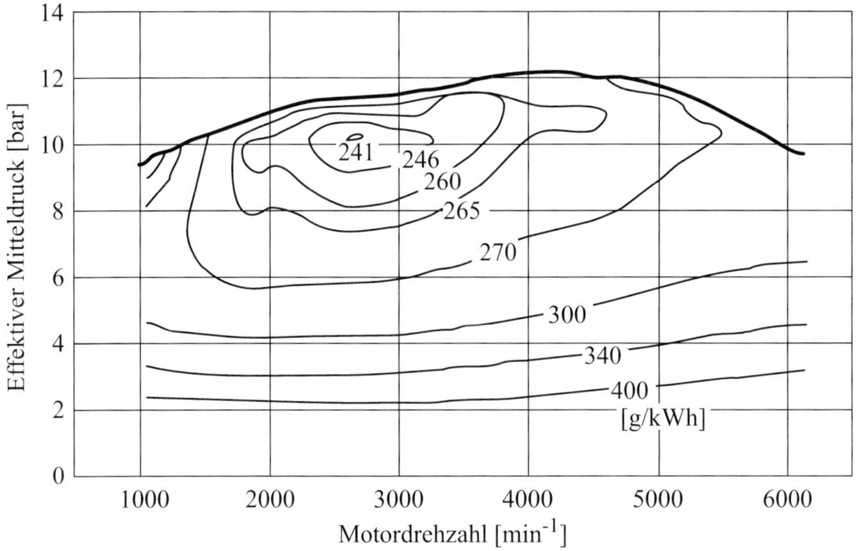

Abb. 2.26: Motorkennfeld für einen 4-Takt-Ottomotor mit Linien konstanten Verbrauchs [g/kWh]

Aus dem Motorenkennfeld kann das Verhalten bzw. die Charakteristik des Verbrennungsmotors im gesamten Drehzahl-Leistungs-Bereich abgelesen werden. Aus den Beziehungen für die Leistung und für das Drehmoment (Last)

$$P_e = i\,n\,z\,p_{m,e}\,V_h = M_e\,2\pi n$$

erhält man die Abhängigkeiten

$$\text{Leistung:} \qquad P_e \sim n\,p_{m,e}$$

$$\text{Last:} \qquad M_e \sim p_{m,e}\;.$$

Die Last entspricht dabei dem Drehmoment und nicht der Leistung!

Für das Verhältnis effektiver zu indizierter Brennstoffverbrauch folgt

$$\frac{b_e}{b_i} = \frac{P_i}{P_e} = \frac{P_e + P_r}{P_e} = 1 + \frac{P_r}{P_e} = 1 + \frac{p_{m,r}}{p_{m,e}}\;.$$

Der Reibmitteldruck $p_{m,r}$ ist näherungsweise proportional zur Drehzahl. Bei konstanter Drehzahl muss deshalb b_e mit sinkendem effektiven Mitteldruck ansteigen.

Die Elastizität E des Verbrennungsmotors ist die Steigung des Drehmoments im Nennlastpunkt

$$E \equiv -\left(\frac{\mathrm{d}M}{\mathrm{d}n}\right)_{n_n}\;. \tag{2.66}$$

Näherungsweise wird dafür häufig auch

$$E^* \equiv \frac{M_{\max}}{M_n}\,\frac{n_n}{n_{M_{\max}}} \tag{2.67}$$

verwendet.

Bei einem elastischen Motor fällt die Drehzahl bei zunehmender Last aber konstanter Leistung weniger stark ab als bei einem unelastischen.

2.5.2 Dieselmotoren

Beim konventionellen Dieselmotor wird ausschließlich Luft angesaugt und verdichtet. Der Brennstoff (Dieselöl) wird kurz vor dem oberen Totpunkt in die heiße Luft eingespritzt. Aufgrund des hohen Verdichtungsverhältnisses liegt die Temperatur der verdichteten Luft deutlich über der Selbstzündungstemperatur des Brennstoffs und nach der so genannten Zündverzugszeit (siehe Kap. 4) setzt Selbstzündung ein. Im Gegensatz zum Ottomotor kann sich jedoch in der kurzen Zeit zwischen Einspritzbeginn und Selbstzündung kein homogenes Gemisch ausbilden: Einspritzung, Gemischbildung und Verbrennung laufen deshalb zum Teil simultan ab. Die Regelung des Dieselmotors erfolgt mit der Menge des eingespritzten Brennstoffs, mach spricht deshalb von einer Qualitätsregelung. Während beim konventionellen Ottomotor das Luftverhältnis stets $\lambda = 1$ ist, variiert es beim Dieselmotor mit der Last und bewegt sich im Bereich $1{,}1 \le \lambda \le 10$.

Abb. 2.27 zeigt das Motorenkennfeld für einen 4-Takt-Dieselmotor. Man erkennt, dass die Drehzahlspreizung deutlich geringer und der effektive Mitteldruck deutlich höher als beim Ottomotor sind.

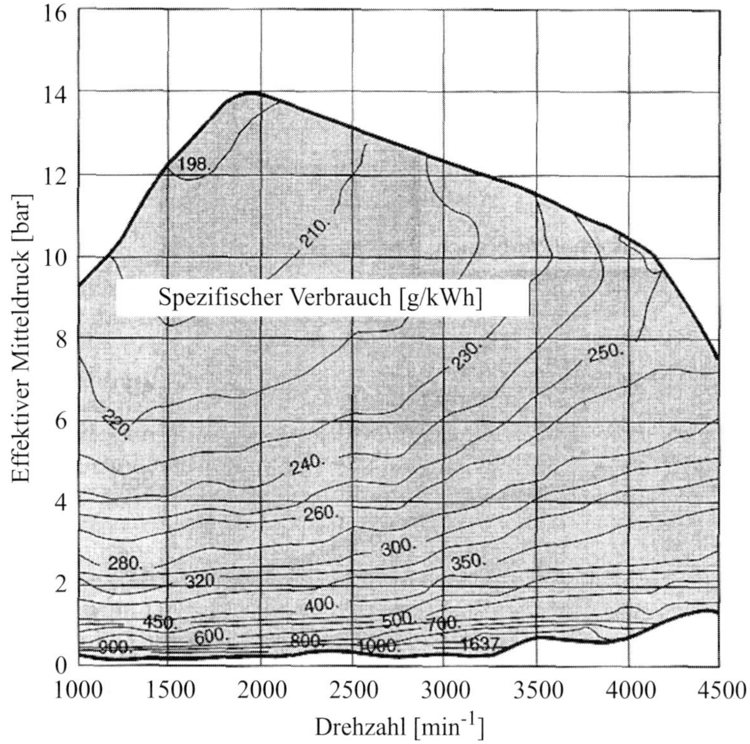

Abb. 2.27: Motorenkennfeld für einen 4-Takt-Dieselmotor

Mit Bezug auf ihre Drehzahl werden Verbrennungsmotoren in Schnellläufer, Mittelschnellläufer und Langsamläufer, mit Bezug auf ihre Baugröße jedoch auch in Fahrzeug-, Industrie- und Großmotoren eingeteilt. Motoren für den Rennsport nehmen dagegen eine gewisse Sonderstellung ein, insbesondere deshalb, weil dabei extremer Leichtbau und hohe Leistung im Vordergrund stehen. Damit erhält man die in Abb. 2.28 angegebene Einteilung.

Diese Einteilung ist sicherlich nicht zwingend und entbehrt auch nicht einer gewissen Willkür, sie ist jedoch zweckmäßig und verständlich. Man kann sie prinzipiell noch um die Kategorien Kleinstmotoren (Modellflugzeuge), Kleinmotoren (Kettensägen) und Motorradmotoren erweitern.

Typ	$\frac{n}{U/min}$	$\frac{p_{m,e}}{bar}$	η_e	ε	$\frac{c_m}{m/s}$
Pkw - Otto	< 7000	8 - 13	0,25 - 0,35	6 - 12	9 - 20
Pkw - Diesel	< 5000	7 - 22	0,30 - 0,40	16 - 22	9 - 16
Lkw - Diesel	< 3000	15 - 25	0,30 - 0,45	10 - 22	9 - 14
Schnellläufer	1000 - 2500	10 - 30	0,30 - 0,45	11 - 20	7 - 12
Mittelschnellläufer	150 - 1000	15 - 25	< 0,5	11 - 15	5 - 10
Langsamläufer	50 - 150	9 - 15	< 0,55	11 - 15	5 - 7
Rennmotoren		12 - 35	- 0,3	7 - 11	< 25

Abb. 2.28: Einteilung der Verbrennungsmotoren

2.6 Aufladung

Die Aufladung war ursprünglich ausschließlich als Verfahren zur Leistungssteigerung gedacht. Sie nimmt aber zunehmend einen immer größeren Stellenwert ein, wobei Verbrauchs- und Emissionsfragen stärker in den Vordergrund treten. Für eine ausführliche Darstellung wird auf Zinner (1985) und Pischinger et al. (2002) verwiesen. Eine interessante Darstellung der geschichtlichen Entwicklung der Aufladung hat Jenni (1993) gegeben.

2.6.1 Aufladeverfahren

Man unterscheidet zwischen Fremd- und Selbstaufladung, siehe Abb. 2.29.

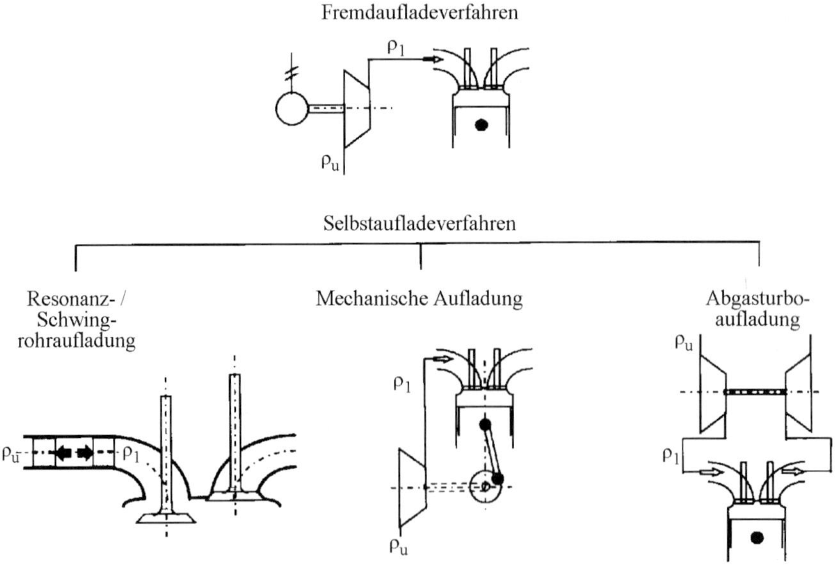

Abb. 2.29: Einteilung der Aufladeverfahren

Unter den Begriff Fremdaufladung fallen der extern angetriebene Ladeluftverdichter bei Einzylinder-Versuchsmotoren und das Spülgebläse bei großen 2-Takt-Motoren. Die Selbstaufladung lässt sich unterteilen in:

- *Resonanz- oder Schwingrohraufladung,*
  dabei werden die Rohrschwingungen in der Ansaugleitung durch Abstimmung der Länge und des Durchmessers dieser Leitung für die Aufladung genutzt,
- *mechanische Aufladung,*
  dabei wird ein am Motor angebrachter Lader / Kompressor mechanisch angetrieben,
- *Abgasturbo-Aufladung (ATL),*
  dabei wird ein Ladeluftverdichter unter Ausnutzung der Abgasenergie mittels einer Abgasturbine angetrieben, d. h. der Hubkolbenmotor wird mit der Strömungsmaschine "Abgasturbolader" lediglich strömungstechnisch verbunden, siehe Abb. 2.30.

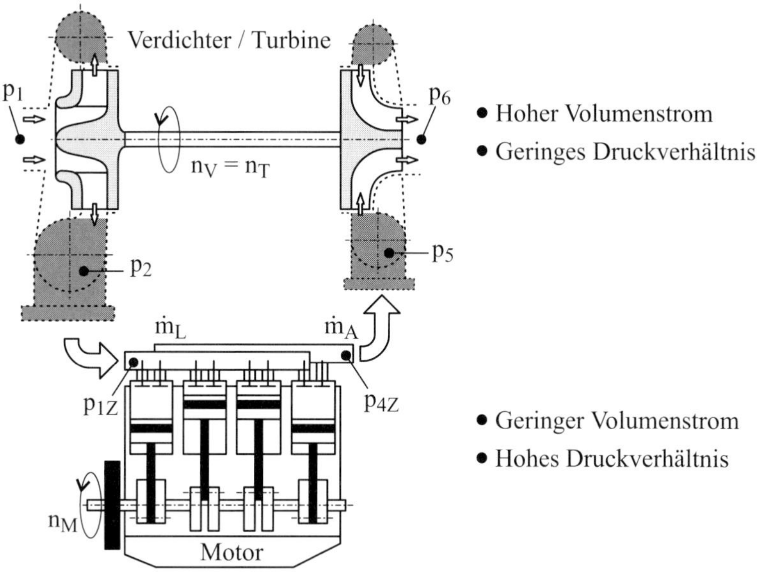

Abb. 2.30: Hubkolbenmotor und Strömungsmaschine. Indizes: 1: v. V., 2: n. V., 5: v. T., 6: n. T.

Bei der Abgasturbo-Aufladung unterscheidet man zwischen der:

- Stauaufladung, wobei lediglich die thermische Energie des Abgases genutzt wird; und dabei wieder zwischen
  - einstufiger und
  - zweistufiger Aufladung

  und der
- Stoßaufladung, wobei sowohl die thermische als auch die kinetische Energie des Abgases genutzt werden.

Die *Registeraufladung* ist eine ein- oder zweistufige Stauaufladung, bei der

- mehrere gleich große Abgasturbolader, oder
- mehrere Abgasturbolader verschiedener Größe

nacheinander, d. h. mit steigender Motorlast und -drehzahl zugeschaltet werden. Sie wird bei großen mittelschnell- und schnelllaufenden Hochleistungsdieselmotoren eingesetzt, die *zweistufige Register-Stauaufladung* dagegen nur bei schnelllaufenden Hochleistungsdieselmotoren.

Unter *Verbundverfahren* versteht man eine Kombination unterschiedlicher Aufladeverfahren an ein- und demselben Motor, z. B.:

- mechanische Aufladung für den Schwachlastbetrieb,
- ATL für den Mittellastbetrieb und
- ATL und Nutzturbine für den Volllastbetrieb.

Abb. 2.31 zeigt das Prinzipschema der ein- und zweistufigen Abgasturbo-Aufladung mit Zwischenkühlung. Unter der Voraussetzung, dass jeweils der gleiche Ladedruck erreicht wird, ist infolge der Zwischenkühlung (=Niederdruck-LLK) die Verdichterarbeit bei der zweistufigen Aufladung geringer als bei der einstufigen, dementsprechend sind die insgesamt abzuführenden Wärmemengen ebenfalls kleiner. Bei Verwendung von unendlich vielen Zwischenkühlern würde theoretisch eine isotherme Verdichtung erreicht werden.

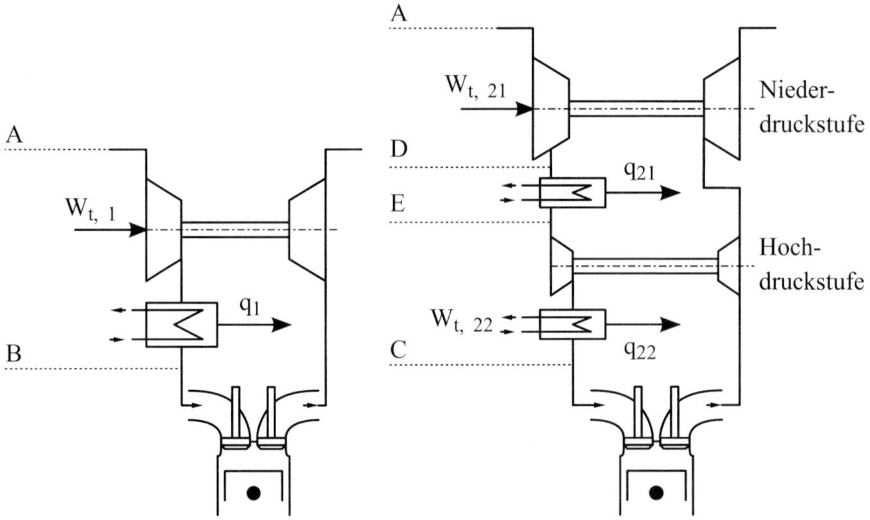

Abb. 2.31: Einstufige und zweistufige Abgasturbo-Aufladung

2.6.2 Mechanische Aufladung

Bei der mechanischen Aufladung sind Motor- und Verdichterdrehzahl starr gekoppelt. Die effektive Leistung des Motors ergibt sich bei Antrieb eines mechanisch angetriebenen Laders zu

$$P_e = P_i\,\eta_m - P_V\,\frac{1}{\eta_G} \tag{2.68}$$

mit dem Getriebewirkungsgrad η_G. Für die Verdichterleistung erhält man

$$P_V = \dot{m}_V\,\Delta h_{is,V}\,\frac{1}{\eta_{is,V}}\,\frac{1}{\eta_{m,V}}\ . \tag{2.69}$$

Sind die Strömungsgeschwindigkeiten vor und hinter dem Verdichter etwa gleich, dann folgt aus dem 1. Hauptsatz der Thermodynamik für das isentrope Gefälle

$$\Delta h_{is,V} = c_p\,T_{v.V.}\left[\left(\frac{p_{n.V.}}{p_{v.V.}}\right)^{\frac{\kappa-1}{\kappa}} - 1\right]$$

und den isentropen Wirkungsgrad

$$\eta_{is,V} = \frac{\Delta h_{is,V}}{\Delta h_V} = \frac{T_{n.V.s} - T_{v.V.}}{T_{n.V.} - T_{v.V.}}\ .$$

Mit diesen Beziehungen erhält man für das Temperaturverhältnis am Verdichter

$$\frac{T_{n.V.}}{T_{v.V.}} = 1 + \frac{1}{\eta_{is,V}}\left[\left(\frac{p_{n.V.}}{p_{v.V.}}\right)^{\frac{\kappa-1}{\kappa}} - 1\right]. \tag{2.70}$$

2.6.3 Abgasturbo-Stauaufladung

Bei der Abgasturbo-Aufladung ist der Hubkolbenmotor (Verdrängermaschine) nur strömungstechnisch mit dem ATL (Strömungsmaschine) verbunden, die Drehzahl des ATL ist deshalb vollkommen unabhängig von der Motordrehzahl. Beim stationär laufenden ATL muss die von der Turbine abgegebene Leistung gleich der vom Verdichter aufgenommenen sein. Damit gilt für die Leistungsbilanz am ATL, siehe auch Abb. 2.32,

$$P_V = P_T\ . \tag{2.71}$$

mit der Leistung des Verdichters aus (2.69)

$$P_V = \dot{m}_V\,\Delta h_{is,V}\,\frac{1}{\eta_{is,V}\,\eta_{m,V}}$$

und der Leistung der Turbine

$$P_T = \dot{m}_T\,\Delta h_{is,T}\,\eta_{is,T}\,\eta_{m,T}\ , \tag{2.72}$$

wenn die Reibleistung des Laufzeugs im mechanischen Wirkungsgrad von Turbine und Verdichter berücksichtigt sind.

In Abb. 2.33 sind die Zustände vor und nach Verdichter bzw. Turbine im *h, s*-Diagramm dargestellt.

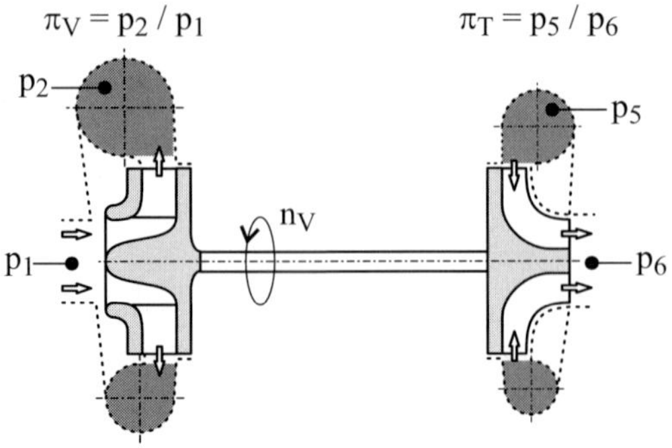

Abb. 2.32: Leistungsbilanz eines ATL, Indizes: 1: v. V., 2: n. V., 5: v. T., 6: n. T.

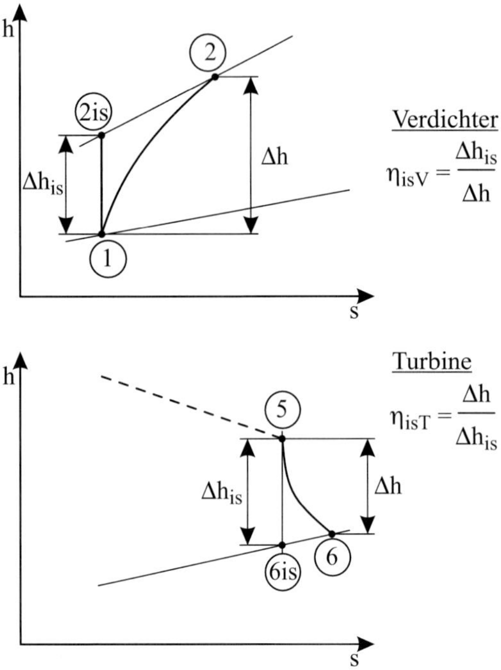

Abb. 2.33: *h, s*-Diagramm für Verdichter und Turbine

Durch Gleichsetzen der Verdichter- und Turbinenleistung folgt aus (2.71)

$$\underbrace{\frac{\dot{m}_T}{\dot{m}_V}\underbrace{\eta_{is,T}\,\eta_{is,V}\,\underbrace{\eta_{m,T}\,\eta_{m,V}}_{\eta_{n,\,ATL}}}_{\eta_{ATL}}}_{\eta^*_{ATL}} = \frac{\Delta h_{is,V}}{\Delta h_{is,T}}\,. \tag{2.73}$$

Mit dem isentropen Gefälle für den Verdichter

$$\Delta h_{is,V} = c_{pV}\, T_{v.V.} \left(\frac{T_{n.V.}}{T_{v.V.}} - 1 \right) = c_{pV}\, T_{v.V.} \left[\left(\frac{p_{n.V.}}{p_{v.V.}} \right)^{\frac{\kappa_V - 1}{\kappa_V}} - 1 \right] \tag{2.74}$$

und für die Turbine

$$\Delta h_{is,T} = c_{pT}\, T_{v.T.} \left(1 - \frac{T_{n.T.}}{T_{v.T.}} \right) = c_{pT}\, T_{v.T.} \left[1 - \left(\frac{p_{n.T.}}{p_{v.T.}} \right)^{\frac{\kappa_T - 1}{\kappa_T}} \right] \tag{2.75}$$

erhält man schließlich die Freilaufbedingung oder auch die so genannte 1. Hauptgleichung der Abgasturbo-Aufladung

$$\frac{c_{pT}}{c_{pV}}\, \eta^*_{ATL}\, \frac{T_{v.T.}}{T_{v.V.}} = \frac{\left(\frac{p_{n.V.}}{p_{v.V.}} \right)^{\frac{\kappa_V - 1}{\kappa_V}} - 1}{1 - \left(\frac{p_{n.T.}}{p_{v.T.}} \right)^{\frac{\kappa_T - 1}{\kappa_T}}} \,. \tag{2.76}$$

Für das Druckverhältnis am Verdichter folgt daraus

$$\frac{p_{n.V.}}{p_{v.V.}} = f\left(\frac{p_{v.T.}}{p_{n.T.}}, \eta^*_{ATL}\, \frac{T_{v.T.}}{T_{v.V.}} \right) . \tag{2.77}$$

Weil die Zusammensetzung der durch den Verdichter strömenden Frischluft und des durch die Turbine strömenden Abgases verschieden ist, muss zwischen den Stoffwerten c_p und κ für diese beiden Gasströme unterschieden werden, was durch den zusätzlichen Index V bzw. T zum Ausdruck gebracht werden soll. Da sowohl die Massenströme $\dot{m}_V$ und $\dot{m}_T$ als auch die spezifischen Wärmekapazitäten c_{pV} und c_{pT} nur geringfügig differieren, können diese Unterschiede näherungsweise im modifizierten Wirkungsgrad η^*_{ATL} mit berücksichtigt werden.

Der Massenstrom durch die Turbine, das so genannte Turbinenschluckvermögen, lässt sich näherungsweise mit der Beziehung für die Strömung durch Verengung (Drossel) ermitteln. Mit dem isentropen Ersatzquerschnitt der Turbine erhält man damit

$$\dot{m}_T = A_{is,T}\, \rho_{is}\, v_{is} ,$$

mit

$$\rho_{is} = \frac{p_{v.T.}}{R_T\, T_{v.T.}} \left(\frac{p_{n.T.}}{p_{v.T.}} \right)^{\frac{1}{\kappa_T}}$$

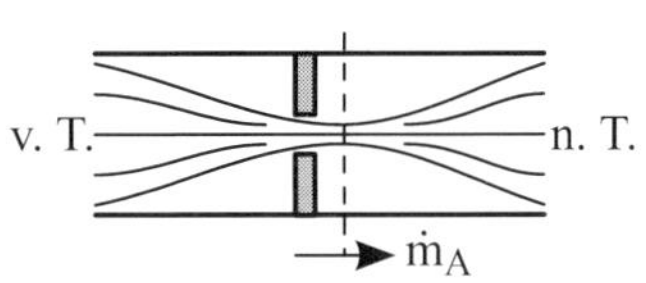

und

$$v_{is} = \sqrt{\frac{2\,\kappa_T}{\kappa_T - 1} R_T\, T_{v.T.} \left[1 - \left(\frac{p_{n.T.}}{p_{v.T.}} \right)^{\frac{\kappa_T - 1}{\kappa_T}} \right]} \;.$$

Einsetzen von ρ_{is} und v_{is} in die Beziehung für $\dot{m}_T$ und Umformung liefert schließlich den Ausdruck

$$\dot{m}_T \frac{\sqrt{T_{v.T.}}}{p_{v.T.}} = A_{is,T} \sqrt{\frac{2\,\kappa_T}{R_T\,(\kappa_T - 1)} \left[\left(\frac{p_{n.T.}}{p_{v.T.}} \right)^{\frac{2}{\kappa_T}} - \left(\frac{p_{n.T.}}{p_{v.T.}} \right)^{\frac{\kappa_T + 1}{\kappa_T}} \right]} \;. \tag{2.78}$$

Dies ist die so genannte 2. Hauptgleichung der Abgasturbo-Aufladung

$$\dot{m}_T \frac{\sqrt{T_{v.T.}}}{p_{v.T.}} = A_{is,T}\, f\left(\frac{p_{n.T.}}{p_{v.T.}}, \kappa_T \right) \;. \tag{2.79}$$

Mit Hilfe dieser Beziehung lassen sich bezogene bzw. dimensionslose Größen bilden auf die in Kap. 7 noch näher eingegangen wird.

Der isentrope Turbinen-Ersatzquerschnitt ist näherungsweise konstant und nur vom geometrischen Turbinenquerschnitt abhängig; die Abhängigkeit von der Drehzahl des Abgasturboladers und vom Druckverhältnis $p_{v.T.}/p_{n.T.}$ wird dabei vernachlässigt.

Man überlegt sich leicht, dass der gewählte Turbinenquerschnitt und damit die gewählte Turbine nur für einen bestimmten Betriebspunkt optimal ist. Für kleinere als die gewählte Motordrehzahl wäre eine Turbine mit kleinerem Querschnitt und für höhere Drehzahlen eine größere Turbine erforderlich. Bei kleineren Drehzahlen führt die zu große Turbine zu einem Drehmomenten- bzw. Leistungsabfall. Eine für einen größeren Drehzahlbereich gültige Abstimmung kann durch

- Ladeluftabblasung (Ladedruckbegrenzung),
- Abgasabblasung (wastegate),
- Turbine mit verstellbarer Geometrie (VTG-Lader), d. h. mit variablem Turbinenquerschnitt oder
- Registeraufladung

erreicht werden.

2.6.4 Abgasturbo-Stoßaufladung

Bei der Stoßaufladung hält man das Volumen der Abgasleitung sehr klein. Damit wird eine sehr schnelle Füllung der Leitung erreicht und ein großer Teil der kinetischen Energie des Abgases bleibt dadurch erhalten. Im Gegensatz dazu ist bei der Stauaufladung die Wandlung von kinetischer Energie in Druckenergie mit Verlusten behaftet. In Abb. 2.34 sind Stau- und Stoßaufladung im *h,s*-Diagramm dargestellt. Die prinzipiellen Unterschiede sind deutlich erkennbar. Das Enthalpiegefälle an der Turbine ist bei der Stoßaufladung deutlich größer als bei der Stauaufladung. Die Turbine ist allerdings instationär beaufschlagt.

Weil der Druck in der Abgasleitung nicht mehr konstant ist, kann man bei Mehrzylindermotoren nur solche Zylinder zusammenfassen, bei denen die Druckstöße im Abgassystem nicht gegenseitig den Ladungswechsel stören. Deshalb sollte der Zündabstand von zusammengefassten Zylindern größer sein als die Öffnungsdauer eines Auslassventils, woraus sich für einen störungsfreien Betrieb erfahrungsgemäß ein Zündabstand von mindestens 240° KW ergibt.

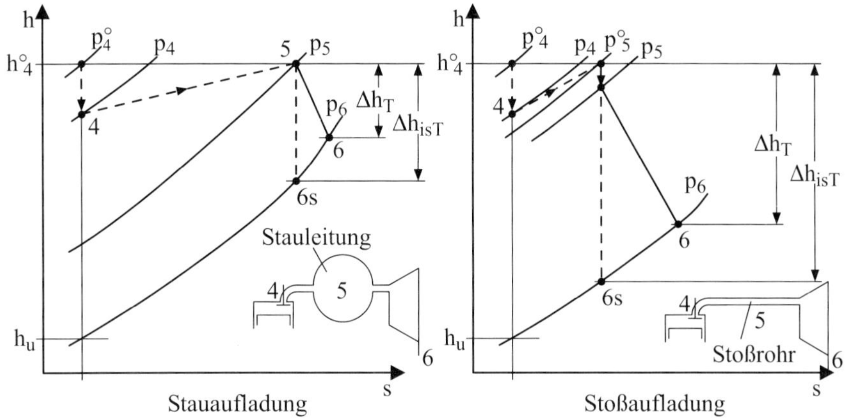

Abb. 2.34: Stau- und Stoßaufladung im *h,s*-Diagramm

Abb. 2.35 zeigt das Schema eines stoßaufgeladenen 6-Zylinder-4-Takt-Dieselmotors, wobei die Abgasleitungen der Zylinder 1, 2 und 3 sowie diejenigen der Zylinder 4, 5 und 6 jeweils zusammengefasst sind. Diese beiden Sammelabgasleitungen werden getrennt zur Turbine geführt. Die Turbine ist mit einem so genannten Zwillings-Spiralgehäuse ausgestattet.

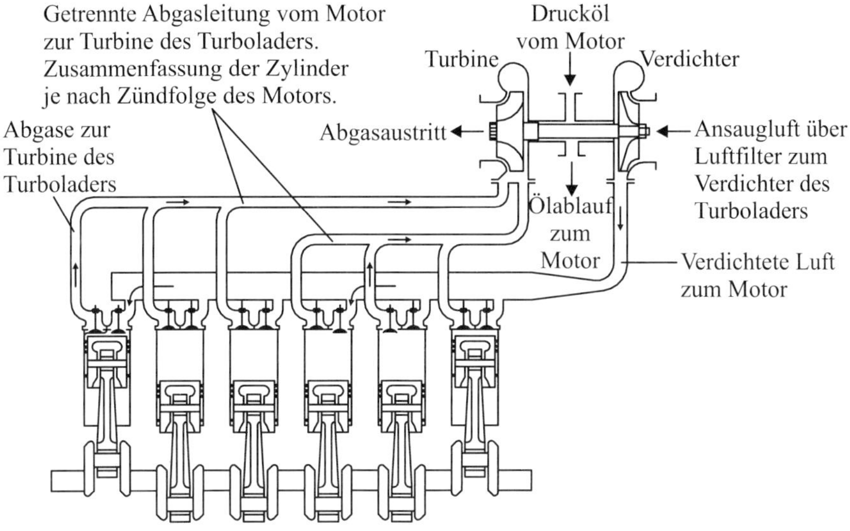

Abb. 2.35: Stoßaufgeladener 6-Zylinder-4-Taktmotor

Abschließend zeigt Abb. 2.36 das mit unterschiedlichen Aufladeverfahren erreichbare Motorkennfeld für einen schnelllaufenden Hochleistungsdieselmotor. Mit der 2-stufigen Stauaufladung in Registerausführung lässt sich ein sehr breites Kennfeld darstellen, mit der 1-stufigen Stoßaufladung dagegen ein relativ konstantes Drehmoment bei hoher Leistung.

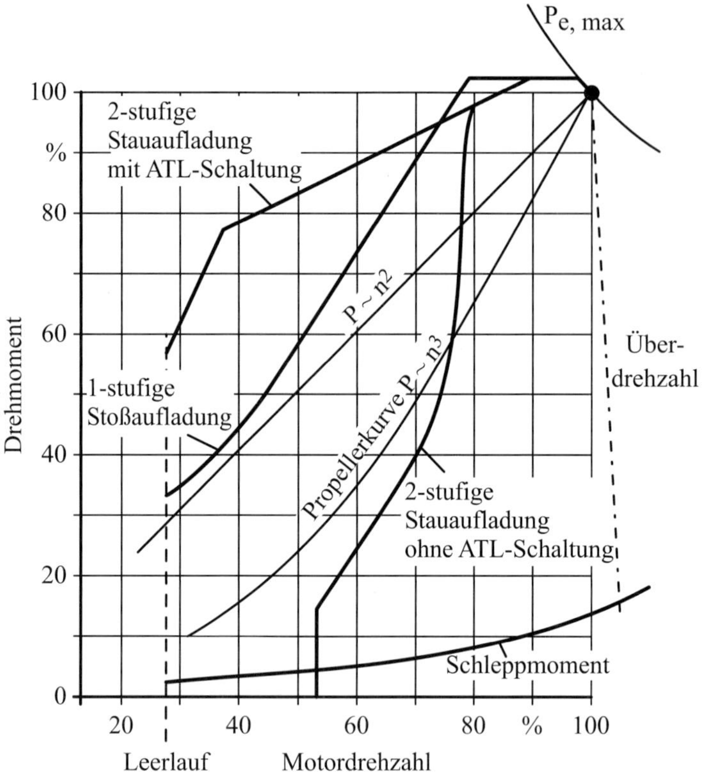

Abb. 2.36: Vergleich verschiedener Aufladeverfahren

Für weitere Details, insbesondere auch zu Aufladeverfahren im Zusammenhang mit Downsizing bei Verbrennungsmotoren, sei auf Golloch (2005) verwiesen.

3 Grundlagen der Reaktionskinetik

Im Hinblick auf die im Späteren beschriebenen Vorgänge der Verbrennung und der Schadstoffbildung werden im Folgenden die Grundlagen der Reaktionskinetik eingeführt.

3.1 Chemisches Gleichgewicht

Eine chemische Reaktion zwischen den Edukten A_a, A_b, usw., die die Produkte A_c, A_d, usw. bildet, kann in der folgenden Form beschrieben werden

$$\nu_a A_a + \nu_b A_b + \cdots \rightarrow \nu_c A_c + \nu_d A_d + \cdots . \qquad (3.1)$$

Dabei bezeichnen die ν_i die so genannten stöchiometrischen Koeffizienten der Reaktion. Da jede chemische Reaktion grundsätzlich sowohl vorwärts als auch rückwärts ablaufen kann, kann der Reaktionspfeil in (3.1) durch ein Gleichheitszeichen ersetzt werden. Dadurch erhält man die allgemeine Form der Reaktionsgleichung

$$\sum_i \nu_i A_i = 0 , \qquad (3.2)$$

wobei die stöchiometrischen Koeffizienten konventionsgemäß für alle Edukte negativ und für alle Produkte positiv sind.

Jede chemische Reaktion strebt immer ihrem Gleichgewichtszustand entgegen, der unter der Voraussetzung erreicht wird, dass ausreichend Zeit zur Verfügung steht. Dieser Gleichgewichtszustand kann als eine Situation interpretiert werden, in der sowohl die Vorwärts- als auch die Rückwärtsreaktionen mit identischer Geschwindigkeit ablaufen. Dadurch wird die makroskopisch sichtbare Reaktionsrate zu Null, und die Stoffzusammensetzung ändert sich nicht mehr. Diese Stoffzusammensetzung im Gleichgewichtszustand kann mit Hilfe der beiden Hauptsätze der Thermodynamik in Abhängigkeit der Randbedingungen Temperatur und Druck bestimmt werden. Dieses Vorgehen wird im Folgenden aufgezeigt.

Für ein geschlossenes, kompressibles System mit konstanter Temperatur und konstantem Druck lauten der 1. und der 2. Hauptsatz der Thermodynamik

$$\mathrm{d}U = \mathrm{d}Q + \mathrm{d}W = \mathrm{d}Q - p\,\mathrm{d}V , \qquad (3.3)$$

$$\mathrm{d}S = \frac{\mathrm{d}Q}{T} + \mathrm{d}S_{irr} . \qquad (3.4)$$

Dabei bezeichnet $\mathrm{d}S_{irr}$ die Entropiezunahme aufgrund von Irreversibilitäten, die grundsätzlich größer oder gleich Null ist. Die Kombination von (3.3) und (3.4) ergibt daher die Ungleichung

$$T\,\mathrm{d}S - \mathrm{d}U - p\,\mathrm{d}V \geq 0 . \qquad (3.5)$$

Führt man dazu die freie Enthalpie G ein,

$$G = H - T\,S = U + pV - T\,S , \qquad (3.6)$$

dann erhält man nach Differenziation und entsprechender Umformung

$$\mathrm{d}G - V\,\mathrm{d}p + S\,\mathrm{d}T \leq 0 \ . \tag{3.7}$$

Für ein geschlossenes System mit konstanter Temperatur und konstantem Druck ist die Ableitung der freien Enthalpie also immer kleiner oder gleich Null. Das bedeutet, dass jede Änderung der Zusammensetzung durch chemische Reaktionen den Wert von G reduziert und dass im chemischen Gleichgewicht die Bedingung

$$\mathrm{d}G\big|_{T,\,p} = 0 \tag{3.8}$$

erfüllt ist.

Für ein einphasiges Mehrkomponenten-System wie z. B. ein Verbrennungsgas ist die freie Enthalpie eine Funktion von Temperatur, Druck und Zusammensetzung,

$$G = G\left(T, p, n_1, n_2, n_3, \ldots\right) \ , \tag{3.9}$$

wobei die n_i die Stoffmengen der verschiedenen Spezies i kennzeichnen. Es wird nun das chemische Potenzial μ_i einer Stoffkomponente i eingeführt. Dieses ist definiert als die partielle Ableitung der freien Enthalpie nach der Stoffmenge von i,

$$\mu_i = \left.\frac{\partial G}{\partial n_i}\right|_{T,\,p,\,n_j} \ , \ j \neq i \ . \tag{3.10}$$

Für ein ideales Gas – und dies ist eine akzeptable Annahme für die meisten Verbrennungsgase – kann gezeigt werden, dass das chemische Potenzial identisch der molaren freien Enthalpie ist, Moran and Shapiro (1992),

$$\mu_i = \tilde{g}_i\left(T, p_i\right) = \tilde{g}_i^\circ + \tilde{R}\,T \ln \frac{p_i}{p^\circ} \ . \tag{3.11}$$

Der Index "$^\circ$" kennzeichnet dabei den Zustand beim Referenzdruck von 1 atm. Der erste Term auf der rechten Seite von Gleichung (3.11) steht für

$$\tilde{g}_i^\circ = \tilde{h}_i\left(T\right) - T\,s_i^\circ\left(T\right) \tag{3.12}$$

und kann daher aus tabellierten thermodynamischen Zustandsdaten entnommen werden. Es wird darauf hingewiesen, dass sich die molare Enthalpie hier aus der molaren Standard-Bildungsenthalpie und einem temperaturabhängigen Term zusammensetzt

$$\tilde{h}_i\,(T) = \tilde{h}_{f,i}^\circ + \Delta\tilde{h}_i\left(T\right) \ . \tag{3.13}$$

Setzt man das in (3.10) eingeführte chemische Potenzial in die Gleichgewichtsbedingung (3.8) ein, erhält man die Form

$$\mathrm{d}G\big|_{T,\,p} = \sum_i \mu_i \,\mathrm{d}n_i = 0 \ . \tag{3.14}$$

Für eine allgemeine chemische Reaktion entsprechend (3.2) sind die Änderungen der Stoffmengen $\mathrm{d}n_i$ jedoch proportional zu den entsprechenden stöchiometrischen Koeffizienten, sodass die Gleichung

$$\mathrm{d}n_i = \nu_i \,\mathrm{d}\varepsilon \,, \tag{3.15}$$

mit dem Proportionalitätsfaktor $\mathrm{d}\varepsilon$, für alle Komponenten i erfüllt ist. Die Gleichung (3.14) erhält also die vereinfachte Form

$$\sum_i \mu_i \nu_i = 0 \,, \tag{3.16}$$

die alle zur Bestimmung der Gleichgewichtszusammensetzung notwendigen Informationen enthält. Allerdings ist die Lösung von (3.16) nach den verschiedenen Stoffkonzentrationen nur iterativ möglich und daher sehr aufwändig. Um dieses Problem zu umgehen, wird das Konzept der Gleichgewichtskonstante eingeführt. Durch Einsetzen von (3.11) in (3.16) erhält man die Beziehung

$$\sum_i \nu_i \tilde{g}_i^\circ + RT \ln \prod_i \left(\frac{p_i}{p^\circ} \right)^{\nu_i} = 0 \,, \tag{3.17}$$

wobei der logarithmische Term der Gleichgewichtskonstante entspricht

$$K_p = \prod_i \left(\frac{p_i}{p^\circ} \right)^{\nu_i} . \tag{3.18}$$

Diese Gleichgewichtskonstante K_p enthält nun die Informationen über die Stoffzusammensetzung im Gleichgewicht anhand der Partialdrücke p_i der verschiedenen Spezies i. Da der erste Term von (3.17) ausschließlich von der Temperatur abhängt (vgl. (3.12)), ist es offensichtlich, dass auch die Gleichgewichtskonstante K_p nur eine Funktion von T ist. Sie kann mit Hilfe von thermodynamischen Zustandsdaten leicht berechnet und für jede beliebige Reaktion tabelliert werden. Mit (3.18) folgt aus (3.17)

$$\ln K_p = \frac{-\sum_i \nu_i \tilde{g}_i^\circ}{\tilde{R} T} = \frac{-\Delta_R \tilde{g}^\circ}{\tilde{R} T} \,. \tag{3.19}$$

Der Zähler in (3.19) wird dabei üblicherweise als freie molare Reaktionsenthalpie bezeichnet. Gleichung (3.18) wird auch Massenwirkungsgesetz genannt. Mit Hilfe von (3.18) kann die Gleichgewichtszusammensetzung für ein System, in dem eine einzige chemische Reaktion abläuft, z.B. $\left(CO + \tfrac{1}{2} O_2 = CO_2\right)$, nun für bestimmte Temperatur- und Druckrandbedingungen gelöst werden. Allerdings werden zusätzlich zu (3.18) noch zwei weitere Bedingungen benötigt, da insgesamt drei Unbekannte, nämlich die Partialdrücke von CO, O_2 und CO_2 berechnet werden müssen. Diese beiden Bedingungen ergeben sich aus den Atombilanzen für die beiden beteiligten Elemente C und O, d. h. aus der Tatsache, dass sich die absolute Anzahl der Atome eines Elements während einer chemischen Reaktion nicht ändert. Da üblicherweise mit den Partialdrücken der Komponenten und nicht mit deren absoluter Atom- bzw. Molekülanzahl gearbeitet wird, ist es zweckmäßig, die Atombilanzen als Verhältnis auszudrücken. Dies ist möglich, weil das Verhältnis zweier Konstanten selbst auch stets eine Konstante ist. Für die Beispiel-Reaktion $\left(CO + \tfrac{1}{2} O_2 = CO_2\right)$ erhält man demnach für das Atomzahlverhältnis $\xi_{C/O}$ von Kohlenstoff- zu Sauerstoffatomen vor und nach der Reaktion

$$\xi_{C/O}\big|_{\text{Edukte}} \equiv \xi_{C/O}\big|_{\text{Produkte}} = \frac{p_{CO} + p_{CO_2}}{p_{CO} + 2p_{O_2} + 2p_{CO_2}} ,$$

wobei das Atomzahlverhältnis vor der Reaktion aus der Stoffmenge der miteinander reagierenden Edukte bekannt ist

$$\xi_{C/O}\big|_{\text{Edukte}} = \frac{n_{CO}}{n_{CO} + 2n_{O_2}} .$$

Durch die Verhältnisbildung der beiden Atombilanzen hat man jedoch eine unabhängige Gleichung verloren. Diese kann durch das Dalton'sche Gesetz ersetzt werden, das aussagt, dass die Summe aller Partialdrücke dem Systemdruck entspricht

$$\sum_i p_i = p_{sys} .$$

3.2 Reaktionsgeschwindigkeit

Auf der Mikroskala, d.h. auf der Molekularebene, läuft eine chemische Reaktion, wie sie z.B. in (3.1) gegeben ist, immer sowohl in Vorwärts- als auch in Rückwärtsrichtung ab. Die makroskopische Reaktionsrichtung ergibt sich dann aus der einfachen Differenz zwischen Vor- und Rückreaktionen. Daher stellt das chemische Gleichgewicht lediglich einen Sonderfall dar, in dem Vor- und Rückreaktionen jeweils gleich schnell ablaufen, sodass kein makroskopisch sichtbarer Stoffumsatz mehr stattfindet. Auf Molekularebene laufen jedoch nach wie vor Reaktionen ab. Während die makroskopische Reaktionsrate immer in Richtung des chemischen Gleichgewichts gerichtet ist, liefert die Gleichgewichtsanalyse jedoch keine Informationen über die absoluten Reaktionsraten, d.h. über die Zeit, die bis zum Erreichen des Gleichgewichts notwendig ist. Diese Information liefert die so genannte *Reaktionskinetik.*

Für die in (3.1) angegebene chemische Reaktion kann die zeitliche Änderung einer Spezies-Konzentration, z.B. für $[A_c]$, mit dem empirischen Ansatz

$$\frac{d[A_c]}{dt} = \nu_c \left(\underbrace{k_f [A_a]^{\nu_a} [A_b]^{\nu_b}}_{\text{vorwärts}} - \underbrace{k_r [A_c]^{\nu_c} [A_d]^{\nu_d}}_{\text{rückwärts}} \right) \tag{3.20}$$

angegeben werden, wobei der erste Term auf der rechten Seite die Reaktionsrate der Vorwärtsreaktion und der zweite Term die Rate der Rückwärtsreaktion beschreibt. Dabei sind k_f und k_r die so genannte Geschwindigkeitskoeffizienten der Vor- bzw. Rückwärtsreaktion. Sie müssen für jede einzelne chemische Reaktion experimentell, z.B. mit Versuchen in Stoßwellenreaktoren, ermittelt werden. Da die Geschwindigkeitskoeffizienten der meisten Reaktionen extrem temperaturabhängig sind, werden sie üblicherweise mit einem Arrhenius-Ansatz der Form

$$k = A T^b \exp\left(-\frac{E_A}{\tilde{R} T} \right) \tag{3.21}$$

dargestellt. Die Konstante A und der Exponent b sowie die so genannte Aktivierungsenergie E_A sind für viele chemische Reaktionen in umfangreichen Tabellenwerken zusammengefasst, siehe z. B. Warnatz et al. (2001).

Es ist grundsätzlich ausreichend, entweder den Geschwindigkeitskoeffizienten der Vorwärts- oder den der Rückwärtsreaktion zu kennen. Der jeweils andere kann dann einfach unter Einbeziehung der entsprechenden Gleichgewichtskonstante ermittelt werden. Dies wird klar, wenn man berücksichtigt, dass im Sonderfall des chemischen Gleichgewichts die integrale Umsatzrate zu Null wird, da die Reaktion in beiden Richtungen gleich schnell abläuft. Setzt man diese Bedingungen in (3.20) ein, erhält man

$$\frac{k_f}{k_r} = \frac{[A_c]^{\nu_c}\,[A_d]^{\nu_d}}{[A_a]^{\nu_a}\,[A_b]^{\nu_b}} \equiv K_c\,, \tag{3.22}$$

wobei K_c die in Abhängigkeit der Stoffkonzentrationen definierte Gleichgewichtskonstante ist. Sie ist über die Beziehung

$$K_c = K_p\left(\frac{p^\circ}{\tilde{R}T}\right)^{\sum\limits_i \nu_i} \tag{3.23}$$

eindeutig an die in Abhängigkeit der Partialdrücke definierte Gleichgewichtskonstante K_p gekoppelt, die in (3.18) und (3.19) eingeführt wurde. Da sowohl die Geschwindigkeitskoeffizienten als auch die Gleichgewichtskonstante ausschließlich von der Temperatur und nicht von den tatsächlichen Stoffkonzentrationen abhängen, gilt die Beziehung

$$\frac{k_f}{k_r} = K_p\left(\frac{p^\circ}{\tilde{R}T}\right)^{\sum\limits_i \nu_i} \tag{3.24}$$

nicht nur für den Gleichgewichtszustand sondern auch allgemein.

3.3 Partielles Gleichgewicht und Quasi-Stationarität

In einem umfangreichen Reaktionssystem mit einer großen Anzahl von Reaktionen zwischen vielen beteiligten Spezies spricht man von einem *partiellen Gleichgewicht*, wenn einige Reaktionen (aber nicht notwendigerweise alle) derart schnell ablaufen, dass die Annahme des Gleichgewichts zwischen den in diesen Reaktionen auftretenden Spezies zu jedem Zeitpunkt gerechtfertigt ist. Dies bedeutet jedoch nicht, dass die absoluten Konzentrationen der Spezies, die sich im partiellen Gleichgewicht befinden, zeitlich konstant sein müssen. Bei veränderten Randbedingungen können sich die Spezieskonzentrationen sehr wohl zeitlich verändern. Allerdings sind diese Konzentrationsänderungen aller beteiligten Spezies über die Annahme von unendlich schnellen Hin- und Rückreaktionen fest aneinander gekoppelt, sodass die Bestimmung der Spezieskonzentrationen wesentlich vereinfacht werden kann: Im Fall des partiellen Gleichgewichts können die Partialdrücke der entsprechenden Spezies in Analogie zu der Vorgehensweise für eine Einzelreaktion bestimmt werden. Allerdings ist nun die Zahl der Unbekannten (d. h. der Partialdrücke der Spezies) größer, sodass zusätzliche Gleichungen aufgestellt werden müssen, um das System lösen zu können. Diese Gleichungen erhält man, wenn man für jede Reaktion, die sich im partiellen Gleichgewicht befindet, eine Gleichgewichtskonstante gemäß (3.19) bestimmt und diese gemäß (3.18) zu den entsprechenden Partialdrücken in Beziehung setzt.

Ein Beispiel für das Auftreten von partiellen Gleichgewichten sind die Reaktionen zwischen den Spezies $CO, CO_2, H, H_2, H_2O, O, O_2$ und OH direkt innerhalb der Flamme und auch innerhalb der heißen Verbrennungsprodukte in Verbrennungsmotoren. Die Konzentrationen dieser acht Spezies, die insgesamt drei verschiedene Elemente enthalten $(C, O \text{ und } H)$, können durch fünf linear unabhängige Reaktionsgleichungen, die sich jeweils im partiellen Gleichgewicht befinden, berechnet werden. Diese Reaktionen sind z. B.

$$\begin{aligned}
2\mathrm{H} &+ \mathrm{M} = \mathrm{H_2} + \mathrm{M}, \\
2\mathrm{O} &+ \mathrm{M} = \mathrm{O_2} + \mathrm{M}, \\
\tfrac{1}{2}\mathrm{H} &+ \mathrm{OH} = \mathrm{H_2O}, \\
\tfrac{1}{2}\mathrm{O_2} &+ \mathrm{H_2} = \mathrm{H_2O}, \\
\tfrac{1}{2}\mathrm{O_2} &+ \mathrm{CO} = \mathrm{CO_2},
\end{aligned} \tag{3.25}$$

wobei M ein an der Reaktion unbeteiligter Stoßpartner ist. Für eine ausführlichere Darstellung sei auf Warnatz et al. (2001) verwiesen. Die weiteren zur Lösung der acht unbekannten Partialdrücke benötigten drei Gleichungen erhält man aus den Atombilanzen der drei beteiligten Atome.

Ein Zustand wird allgemein als *quasi-stationär* bezeichnet, wenn bei einer Folgereaktion

$$A \xrightarrow{k_{f,1}} B \xrightarrow{k_{f,2}} C \tag{3.26}$$

der zweite Reaktionsschritt sehr viel schneller abläuft als der erste, d. h. wenn $k_{f,1} << k_{f,2}$. In diesem Fall kann näherungsweise angenommen werden, dass die gesamte Stoffmenge von B, die in der ersten Teilreaktion gebildet wird, sofort durch die sehr viel schnellere zweite Teilreaktion abgebaut wird. Damit ist die zeitliche Änderungsrate der Konzentration von B näherungsweise gleich Null, d. h. B ist quasi-stationär

$$\frac{\mathrm{d}[B]}{\mathrm{d}t} \approx 0 . \tag{3.27}$$

Durch diese Annahme kann die zeitabhängige Bestimmung der Konzentrationen der beteiligten Stoffe A, B und C sehr stark vereinfacht werden, wie im Folgenden dargestellt werden soll. Gemäß Kapitel 3.2 ergeben sich für die Reaktion (3.26) die Konzentrationsänderungsraten

$$\frac{\mathrm{d}[A]}{\mathrm{d}t} = -k_{f,1}[A], \qquad \frac{\mathrm{d}[B]}{\mathrm{d}t} = k_{f,1}[A] - k_{f,2}[B], \qquad \frac{\mathrm{d}[C]}{\mathrm{d}t} = k_{f,2}[B] . \tag{3.28}$$

Die Integration der Gleichungen (3.28) unter Berücksichtigung der Anfangsbedingungen

$$[A]_{t=0} = A_0, \qquad [B]_{t=0} = [C]_{t=0} = 0 \tag{3.29}$$

ergibt dann den zeitabhängigen Verlauf der Konzentrationen von A, B und C, die für den Fall $k_{f,1} << k_{f,2}$ in Abb. 3.1 a) schematisch dargestellt sind

$$[A] = A_0 \exp\left(-k_{f,1}\, t\right), \tag{3.30}$$

$$[B] = A_0 \frac{k_{f,1}}{k_{f,1} - k_{f,2}} \left[\exp\left(-k_{f,2}\, t\right) - \exp\left(-k_{f,1}\, t\right)\right], \tag{3.31}$$

$$[C] = A_0 \left[1 - \frac{k_{f,1}}{k_{f,1} - k_{f,2}} \exp\left(-k_{f,2}\, t\right) + \frac{k_{f,2}}{k_{f,1} - k_{f,2}} \exp\left(-k_{f,1}\, t\right)\right]. \tag{3.32}$$

Setzt man nun die Vereinfachung (3.27) in die Änderungsrate von $[B]$ in (3.28) ein, erhält man anstelle von (3.31)

$$k_{f,1} [A] = k_{f,2} [B] \quad \Leftrightarrow \quad [B] = \frac{k_{f,1}}{k_{f,2}} A_0 \exp\left[-k_{f,1}\, t\right]. \tag{3.33}$$

Damit vereinfacht sich schließlich auch (3.32) zu

$$[C] = A_0 \left[1 - \exp\left(-k_{f,1}\, t\right)\right] . \tag{3.34}$$

Die Konzentrationsverläufe von A, B und C für die Annahme der Quasi-Stationarität von B sind in Abb. 3.1 b) dargestellt. Im Vergleich zu der exakten Lösung in Abb. 3.1 a) wird deutlich, dass lediglich ganz zu Beginn der Reaktion die Konzentration von B nicht korrekt abgebildet wird. Während des Großteils der Reaktionszeit stimmt die mit Hilfe der Quasi-Stationaritätsannahme ermittelte Lösung jedoch sehr genau mit der exakten Lösung überein. Ein typisches Beispiel für einen quasi-stationären Zustand bei der motorischen Verbrennung stellt das Stickstoffatom N bei der thermischen NO-Bildung dar. Auf dieses Beispiel wird in Kapitel 6.5 noch einmal näher eingegangen.

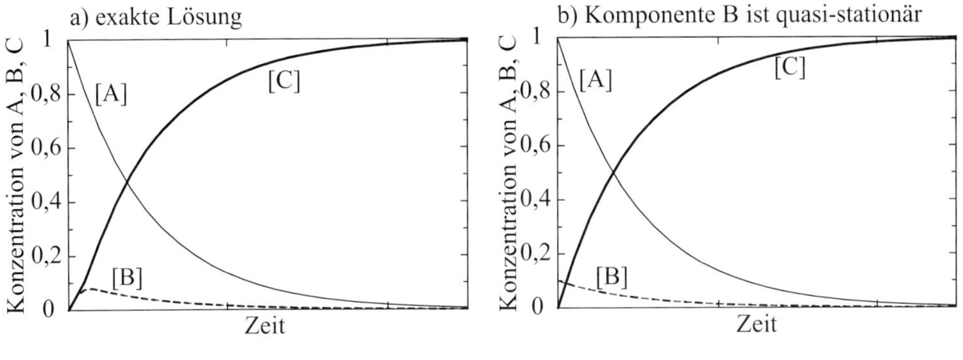

Abb. 3.1: Verlauf der Konzentrationen von A, B und C unter der Bedingung $k_{f,1} << k_{f,2}$ bei der Folgereaktion ($A \xrightarrow{k_{f,1}} B \xrightarrow{k_{f,2}} C$). a) Exakte Lösung b) Annahme der Quasi-Stationarität von B

3.4 Brennstoffe

3.4.1 Chemischer Aufbau

Otto- und dieselmotorische Brennstoffe sind Gemische aus jeweils mehreren hundert verschiedenen Kohlenwasserstoffkomponenten ($C_x H_y$). Diese Komponenten unterscheiden sich bezüglich der Molekülgröße und -struktur und haben daraus resultierend z. T. stark unterschiedliche physikalische und chemische Eigenschaften. Im Folgenden wird der chemische Aufbau der wichtigsten $C_x H_y$ -Verbindungen beschrieben. Zusätzlich werden einige sauerstoffhaltige ($C_x H_y O_z$ -) Komponenten dargestellt, die während des Verbrennungsablaufs von Bedeutung sind.

Alkane C_nH_{2n+2} (früher: Paraffine)
Kettenförmig aufgebaute Kohlenwasserstoffe mit nur Einfach-Bindungen

Normal-Paraffine: gerad-kettenförmig

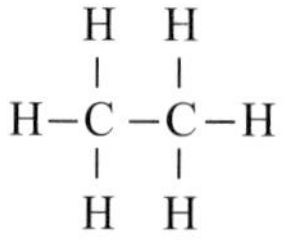

Ethan

Iso-Paraffine: verzweigt-kettenförmig

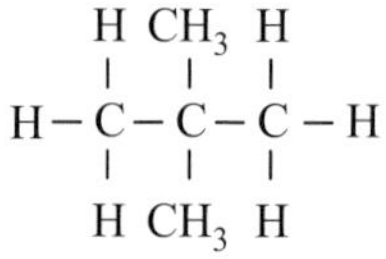

2,2 Dimethylpropan

Alkene C_nH_{2n} (früher: Olefine)
Kettenförmig aufgebaute Kohlenwasserstoffe mit Doppel-Bindung (DB)

Alkene (Monoolefine): kettenförmig, eine DB

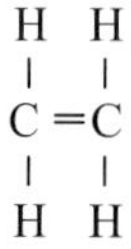

Ethen

Alkadiene (Diolefine): kettenförmig, zwei DB

C_nH_{2n-2}

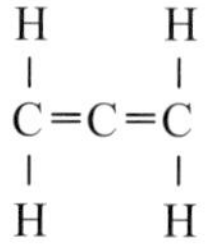

Propadien (Allen)

Alkine C_nH_{2n-2} (früher: Acetylene)
Kettenförmig aufgebaute Kohlenwasserstoffe mit einer Dreifach-Bindung

H−C≡C−H Ethin

Abb. 3.2: Aliphatische Kohlenwasserstoffe

Bei den $C_x H_y$ -Verbindungen unterscheidet man üblicherweise Alkane (früher: Paraffine), Alkene (Olefine), Alkine (Acetylene), Zyklo-Alkane (Naphtene) und Aromaten.

Alkane sind kettenförmig aufgebaute Kohlenwasserstoffe mit ausschließlich Einfach-Bindungen. Man unterscheidet zwischen:

- n-Alkanen mit gerad-kettenförmiger Struktur und
- Iso-Alkanen mit verzweigt-kettenförmiger Struktur.

Alkene sind kettenförmig aufgebaute Kohlenwasserstoffe mit einer oder zwei Doppelbindungen, wobei

- Alkene eine Doppelbindung und
- Alkadiene zwei Doppelbindungen aufweisen.

Zyklo-Alkane sind ringförmig aufgebaute Kohlenwasserstoffe mit ausschließlich Einfach-Bindungen.

Aromaten sind ringförmig aufgebaute Kohlenwasserstoffe mit konjugierten Doppelbindungen, der Grundbaustein ist dabei der Benzolring.

In Abb. 3.2 sind für kettenförmige Kohlenwasserstoffe und in Abb. 3.3 für ringförmige Kohlenwasserstoffe die Strukturformeln für einige einfache Verbindungen angegeben

Zyklo-Alkane C_nH_{2n} (früher Naphtene)

Ringförmig aufgebaute Kohlenwasserstoffe mit

Einfach-Bindungen

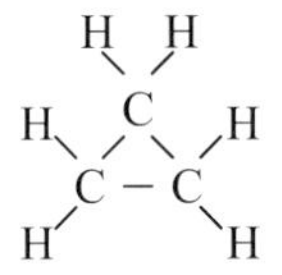

Zyklopropan

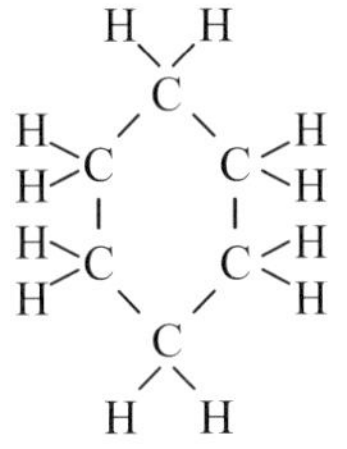

Zyklohexan

Aromaten

Ringförmig aufgebaute Kohlenwasserstoffe mit

konjungierten Doppel-Bindungen

Grundbaustein ist der Benzolring

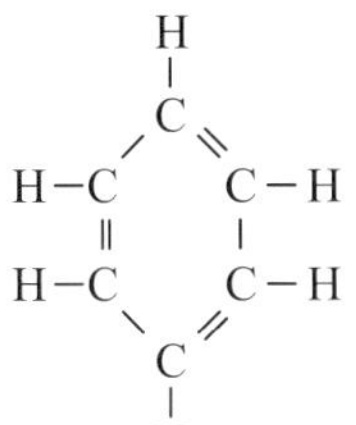

Benzol

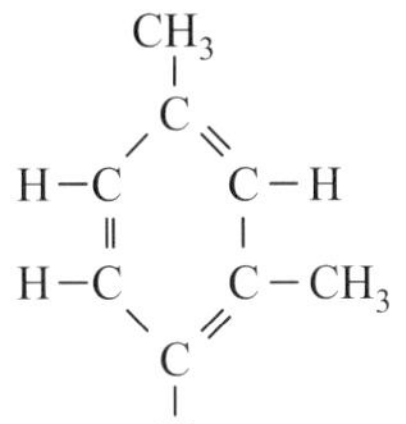

1,3 Dimethylbenzol

Abb. 3.3: Alizyklische und aromatische Kohlenwasserstoffe

Sauerstoffhaltige Kohlenwasserstoff-Verbindungen sind kettenförmig aufgebaute Verbindungen, bei denen man zwischen Alkoholen, Ethern, Ketonen und Aldehyden unterscheidet.

Alkohole enthalten eine Hydroxylgruppe ($R-OH$). Die einfachsten Alkohole sind der Methylalkohol (Methanol, CH_3OH) und der Ethylalkohol (Ethanol, C_2H_5OH). *Ether* sind über eine Sauerstoff-Brücke (R_1-O-R_2) miteinander verbundene Kohlenwasserstoff-Ketten. *Ketone* sind über eine Carbonylgruppe (R_1-CO-R_2) miteinander verbundene Kohlenwasserstoff-Reste. *Aldehyde* enthalten eine CHO-Gruppe, z.B. Formaldehyd $HCHO$. Man sollte die CHO-Gruppe nicht mit der am Kohlenstoff hängenden OH-Gruppe ($-COH$) verwechseln. Die Unterschiede werden durch die beiden Strukturformeln

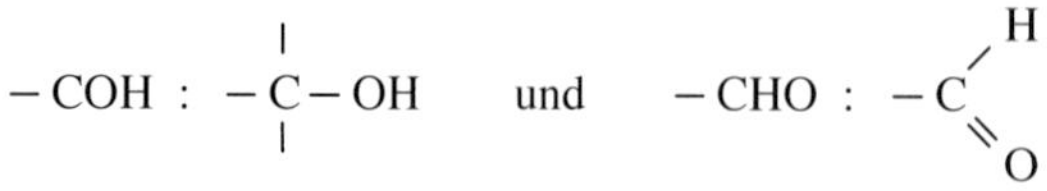

verdeutlicht.

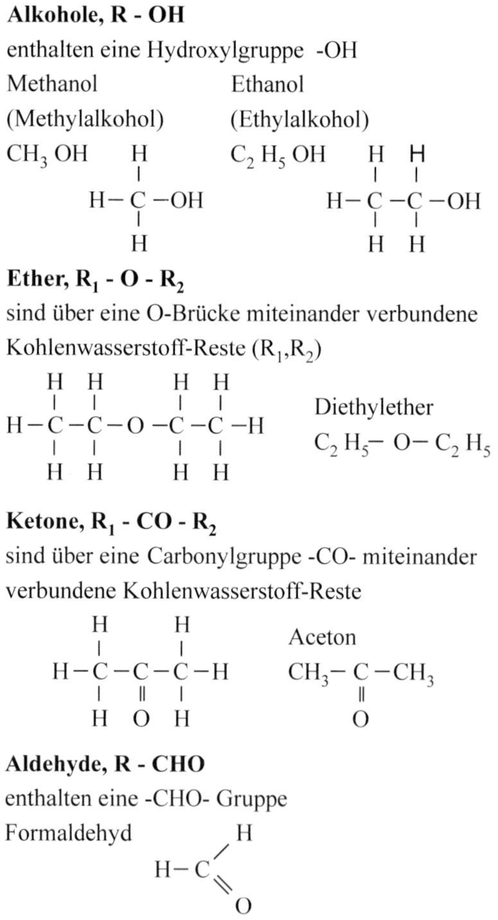

Abb. 3.4: Strukturformeln für sauerstoffhaltige Kohlenwasserstoffverbindungen

In Abb. 3.4 ist anhand einfacher Beispiele der chemische Aufbau der sauerstoffhaltigen Kohlenwasserstoff-Verbindungen dargestellt.

3.4.2 Physikalisch-chemische Eigenschaften

Die *Siedetemperatur* der Kohlenwasserstoffe steigt mit der Zahl der Kohlenstoff-Atome an, die Struktur des Moleküls selbst ist dabei von untergeordneter Bedeutung. Die Siedekurven für Otto- und Diesel-Brennstoffe sowie für Petroleum und Wasser sind in Abb. 3.5 dargestellt. Otto-Brennstoff ist wesentlich leichter flüchtig als Diesel-Brennstoff, das Petroleum liegt etwa zwischen diesen beiden Brennstoffen. Zum Vergleich ist die Siedekurve des Wassers mit eingezeichnet.

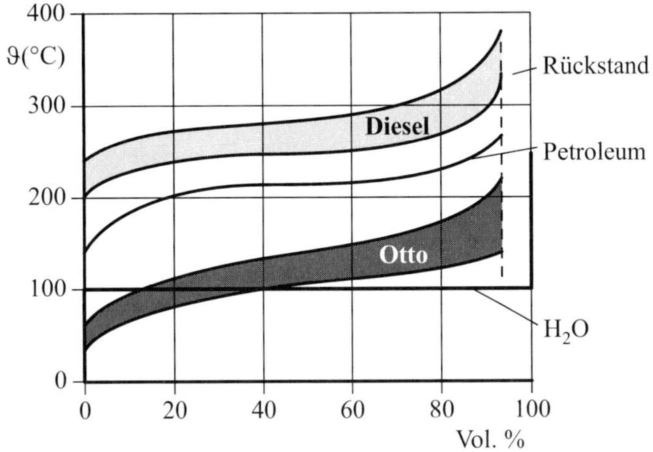

Abb. 3.5: Siedekurven für Otto- und Dieselbrennstoffe, sowie für Petroleum und Wasser

Der *untere Heizwert* dieser Verbindungen liegt im Bereich

$$40.200\,\text{kJ/kg}\,(\text{Benzol}) < H_u < 45.400\,\text{kJ/kg}\,(\text{n-Pentan})\ .$$

Die *Dichte* steigt ebenfalls mit der Zahl der Kohlenstoff-Atome an und liegt im Bereich

$$600\,\text{kg/m}^3 < \rho < 900\,\text{kg/m}^3\ .$$

Auch die *Viskosität* steigt mit der Zahl der Kohlenstoff-Atome an. Die *Zündwilligkeit* der Otto- und Diesel-Brennstoffe wird durch die Oktan- bzw. die Cetan-Zahl beschrieben.

- **Definition der Oktan-Zahl (OZ) für Otto-Brennstoffe**

Zur Feststellung der Zündwilligkeit verwendet man einen so genannte Ersatzbrennstoff, d. h. einen Zweikomponenten-Brennstoff, der aus

- n-Heptan (C_7H_{16}) mit der OZ = 0 und
- Iso-Oktan (C_8H_{18}) mit der OZ = 100

besteht.

Die Oktan-Zahl ist definiert als der Iso-Oktan-Anteil des Ersatzbrennstoffes. Sie wird mit dem in Tab. 3.1 näher beschriebenen, genormten Einzylinder-Prüfmotor mit $V_H = 0{,}66\,\mathrm{dm}^3$ nach folgendem Verfahren bestimmt:

1. Das Verdichtungsverhältnis ε des mit dem zu untersuchenden Otto-Brennstoff betriebenen Prüfmotors wird so lange erhöht, bis Klopfen auftritt.
2. Dann wird das Luftverhältnis λ so eingestellt, dass maximale Klopfintensität auftritt.
3. Anschließend wird der Prüfmotor mit dem Ersatzbrennstoff betrieben, wobei der Iso-Oktan-Anteil so gewählt wird, dass die gleiche Klopfintensität wie beim Betrieb mit Otto-Brennstoff auftritt.

Tab. 3.1: Prüfmotor zur Bestimmung der Motor- bzw. Research-Oktan-Zahl für Otto-Brennstoffe

	Motor-OZ (MOZ)	Research-OZ (ROZ)
Drehzahl n	600	900
Verdichtungsverhältnis ε	4-10	4-10
Zündbeginn	13°KW vor OT	26°KW vor OT ($\varepsilon = 4$)
		14°KW vor OT ($\varepsilon = 10$)
Gemisch-Vorwärmung	keine	149°C
Luftvorwärmung	52°C	25°C
Messgenauigkeit	± 1%	± 1%

Zur Erhöhung der Klopffestigkeit von Otto-Brennstoffen werden so genannte *Additive* verwendet. Das sind metallorganische Verbindungen, die bei hohem Druck und hoher Temperatur zerfallen, wobei der Metalldampf wegen seiner großen Oberfläche als reaktionshemmender Katalysator während der Zündverzugsphase wirkt.

- **Definition der Cetan-Zahl (CZ) für Diesel-Brennstoffe**

Zur Feststellung der Zündwilligkeit verwendet man einen Ersatzbrennstoff, der in diesem Fall ein Zweikomponenten-Brennstoff aus:

- α-Methyl-Naphthalin ($C_{11}H_{10}$) mit der CZ = 0 und
- n-Hexadekan (Cetan) ($C_{16}H_{34}$) mit der CZ = 100

ist. Die Komponenten der Vergleichsbrennstoffe zur Bestimmung der Cetan- und Oktan-Zahl sind in Abb. 3.6 zusammengestellt.

Die Cetan-Zahl ist gleich dem Cetan-Anteil des Ersatzbrennstoffes. Die Cetan-Zahl wird in einem Einzylinder-Wirbelkammer-Prüfmotor mit $V_H = 0{,}613\,\mathrm{dm}^3$ bei $n = 900\,\mathrm{min}^{-1}$ und $\mathrm{EB} = 13°\,\mathrm{KW}$ vor OT (wobei das Verdichtungsverhältnis im Bereich $7 < \varepsilon < 28$ verstellt werden kann) nach folgendem Verfahren bestimmt:

- Betrieb des Prüfmotors mit dem zu untersuchenden Diesel-Brennstoff. Einstellen des Verbrennungsbeginns in OT durch Veränderung des Verdichtungsverhältnisses.
- Betrieb des Prüfmotors mit Vergleichsbrennstoff und Veränderung der Cetanzahl bis die Verbrennung ebenfalls in OT beginnt.

Während für den Otto-Brennstoff eine geringere Zündwilligkeit und damit eine hohe Klopffestigkeit erwünscht ist, ist es beim Diesel-Brennstoff gerade umgekehrt. Zwischen der Cetan- und Oktan-Zahl besteht folgender Zusammenhang

$$CZ = 60 - 0{,}5\,MOZ$$

$$CZ = 100 - ROZ \quad \text{für} \quad ROZ > 80\,.$$

Die ROZ sinkt mit steigender Anzahl der Kohlenstoffatome bei n-Alkanen und Alkenen und steigt mit zunehmenden Verzweigungen bei Iso-Alkanen und mit der Zahl der Komponenten mit Doppelbindungen.

Komponenten des Vergleichsbrennstoffes zur Cetanzahlbestimmung

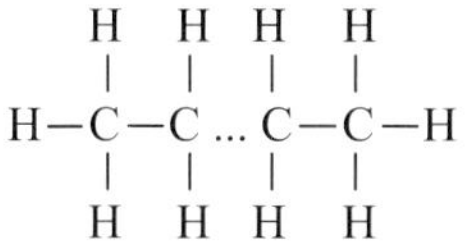

Cetan $C_{16}\,H_{34}$

CZ = 100

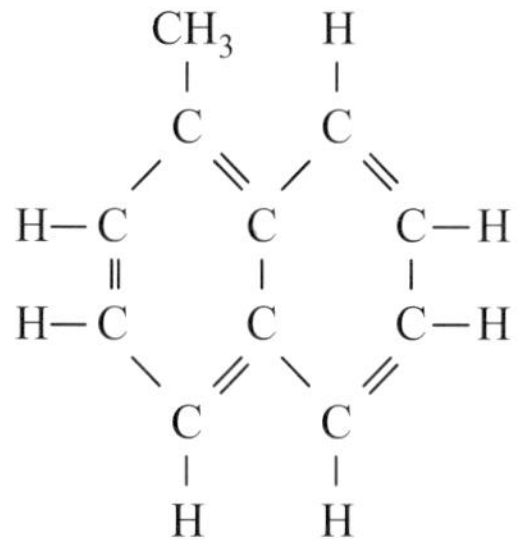

α-Methylnaphthalin $C_{11}\,H_{10}$

CZ = 0

Komponenten des Vergleichsbrennstoffes zur Oktanzahlbestimmung

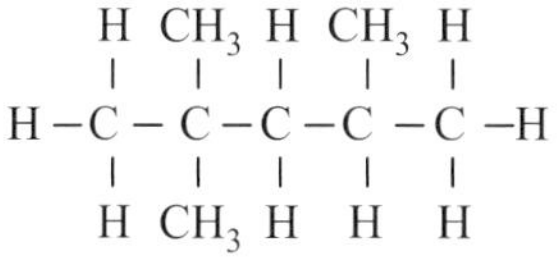

ISO-Oktan $C_8\,H_{18}$

OZ = 100

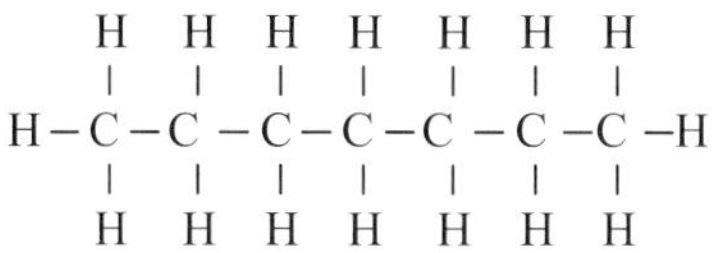

n-Heptan $C_7\,H_{16}$

OZ = 0

Abb. 3.6: Strukturformeln der Komponenten der Ersatzbrennstoffe zur Bestimmung der Cetan- bzw. Oktan-Zahl

3.5 Oxidation von Kohlenwasserstoffen

Die Verbrennung einer Kohlenwasserstoffkomponente C_xH_y kann pauschal durch die Bruttoreaktionsgleichung

$$(1) \quad C_xH_y + \left(x + \frac{y}{4}\right) O_2 \rightarrow x\,CO_2 + \frac{y}{2} H_2O \qquad (3.35)$$

beschrieben werden. Chemische Reaktionen laufen aber im allgemeinen nicht nach dem Reaktionsschema dieser Bruttoreaktion ab, wie man am Beispiel der Methanoxidation

$$(2) \quad CH_4 + 2O_2 \rightarrow CO_2 + 2H_2O$$

sofort erkennen kann.

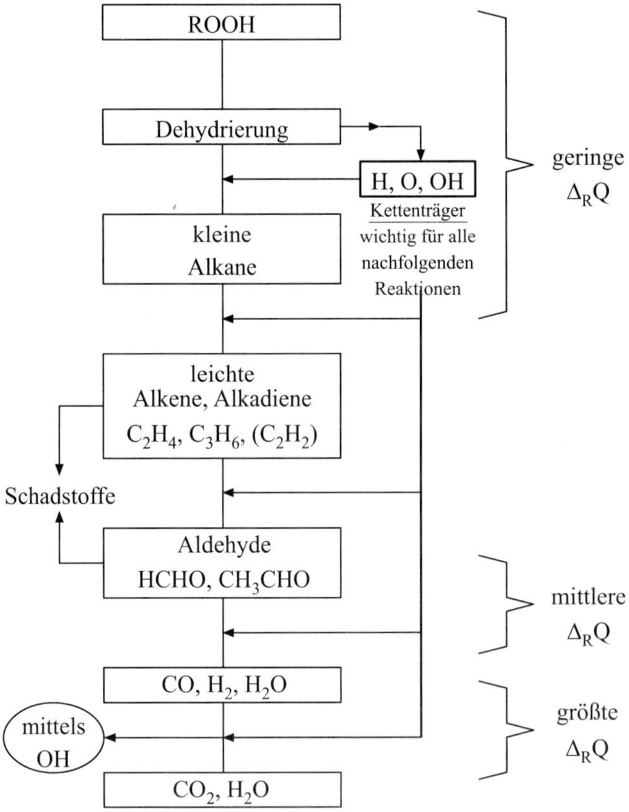

Abb. 3.7: Kohlenwasserstoff-Oxidationsschema

Damit diese Reaktion abliefe, müssten drei Moleküle, zwei Sauerstoff- und ein Methanmolekül in einer für die Reaktion geeigneten Konfiguration zusammenstoßen. Dreierstöße sind jedoch relativ selten. Bei höheren Kohlenwasserstoffen müssten wesentlich mehr Moleküle zusammenstoßen. Die Wahrscheinlichkeit, dass wesentlich mehr als drei Moleküle gleichzeitig zusammentreffen ist jedoch praktisch gleich Null. Tatsächlich läuft die Oxidation von Kohlenwasserstoffen über eine Vielzahl von Elementarreaktionen ab, bei denen ein Dreierstoß schon relativ selten auftritt. Man betrachtet als einfaches Beispiel die Knallgasreaktion mit der Bruttoreaktionsgleichung

(3) $2H_2 + O_2 \rightarrow 2H_2O$.

Diese Reaktion wird durch die Elementarreaktionen

(4) $H_2 \rightarrow H^\bullet + H^\bullet$

(5) $H^\bullet + O_2 \rightarrow OH^\bullet + O^\bullet$

(6) $O^\bullet + H_2 \rightarrow OH^\bullet + H^\bullet$

(7) $OH^\bullet + H_2 \rightarrow H^\bullet + H_2O$

relativ gut beschrieben. Während Reaktion (4) einen Dissoziationsprozess darstellt, sind die Reaktionen (5) und (6) Kettenverzweigungsreaktionen, bei denen aus einem Radikal zwei neue gebildet werden. Die letzte Reaktion (7) ist eine Kettenfortpflanzungsreaktion, bei der das Endprodukt Wasser gebildet wird.

Die Kohlenwasserstoffverbrennung ist außerordentlich komplex und heute erst in groben Zügen verstanden. Sie läuft etwa nach dem in Abb. 3.7 dargestellten Oxidationsschema ab.

In einer ersten Reaktionsphase entstehen Kohlenwasserstoffperoxide (ROOH), die durch Dehydrierung in kleine Alkane zerfallen. Durch nachfolgende Reaktionen mit den Radikalen $H^\bullet, O^\bullet$ und $OH^\bullet$ (Kettenträger) entstehen zunächst leichte Alkene und Alkadiene und schließlich Aldehyde, wie Formaldehyd HCHO und Acetaldehyd CH_3CHO. Die Bildung der Aldehyde, bei der nur etwa 10 % der insgesamt freigesetzten Wärme entsteht, wird durch das Auftreten einer kalten Flamme begleitet. In der daran anschließenden blauen Flamme werden CO, H_2 und H_2O und in der letzten Stufe, der heißen Flamme schließlich CO_2 und H_2O gebildet. Bei der Oxidation der Kohlenwasserstoffe zu CO werden etwa weitere 30 % und bei Oxidation von CO zu CO_2 schließlich die restlichen 60 % der im Brennstoff gespeicherten thermischen Energie freigesetzt.

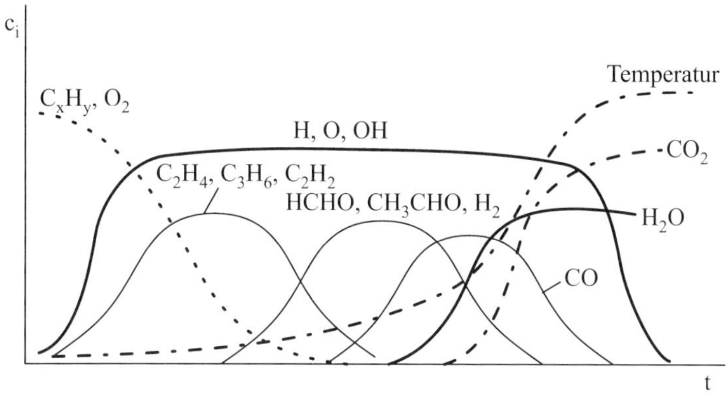

Abb. 3.8: Zeitlicher Konzentrationsverlauf bei der Kohlenwasserstoffverbrennung

Die wesentliche Wärmefreisetzung erfolgt also erst am Ende des Reaktionsschemas bei der Oxidation von CO zu CO_2. Abb. 3.8 beschreibt qualitativ den Verlauf der oben beschriebenen Gruppen und der Temperatur als Funktion über der Zeit. Man erkennt, dass erst mit der Bildung des CO_2 die Temperatur deutlich ansteigt. Es ist zu beachten, dass die Konzentrationen der Spezies nicht maßstäblich dargestellt sind.

Die Reaktionsgeschwindigkeit bei der motorischen Verbrennung hängt wesentlich von den lokalen Randbedingungen wie Temperatur, Druck und Zusammensetzung ab, und ergibt sich aus den Reaktionsraten der vielen hundert bis tausend beteiligten Elementarreaktionen unter diesen Randbedingungen, siehe z. B. Warnatz et al. (2001). Eine Abbildung aller auftretenden Elementarreaktionen ist jedoch gerade bei dreidimensionalen turbulenten Flammen, wie sie in Verbrennungsmotoren auftreten, extrem aufwändig und außerdem nach wie vor mit Unsicherheiten verbunden. Da die chemischen Reaktionen darüber hinaus oft wesentlich schneller sind als die physikalischen Mechanismen wie Turbulenz und Mischung, begnügt man sich häufig mit stark vereinfachten Ansätzen für eine globale Reaktionsrate. Westbrook und Dryer (1981) haben z. B. eine Beziehung für die Reaktionsrate der globalen Reaktion (3.35) für eine Auswahl von Kohlenwasserstoffen vorgeschlagen

$$\frac{\mathrm{d}[C_xH_y]}{\mathrm{d}t} = -A\exp\left(-\frac{E_A}{RT}\right)[C_xH_y]^m [O_2]^n . \tag{3.36}$$

Die entsprechenden Parameter A, m und n sowie die so genannte Aktivierungstemperatur E_A/R sind in Tab. 3.2 angegeben.

Tab. 3.2: Reaktionsraten-Parameter für die Einschritt-Reaktion (3.36) nach Westbrook und Dryer (1981)

Brennstoff	*A* (mol, cm, s)	*Aktivierungstemp.* E_A/R (K)	*m* (-)	*n* (-)
CH_4	$8{,}3\cdot10^{5}$	15,098	-0,3	1,3
C_2H_6	$1{,}1\cdot10^{12}$	15,098	0,1	1,65
C_3H_8	$8{,}6\cdot10^{11}$	15,098	0,1	1,65
C_4H_{10}	$7{,}4\cdot10^{11}$	15,098	0,15	1,6
C_5H_{12}	$6{,}4\cdot10^{11}$	15,098	0,25	1,5
C_6H_{14}	$5{,}7\cdot10^{11}$	15,098	0,25	1,5
C_7H_{16}	$5{,}1\cdot10^{11}$	15,098	0,25	1,5
C_8H_{18}	$4{,}6\cdot10^{11}$	15,098	0,25	1,5
C_9H_{20}	$4{,}2\cdot10^{11}$	15,098	0,25	1,5
$C_{10}H_{22}$	$3{,}8\cdot10^{11}$	15,098	0,25	1,5
C_2H_4	$2{,}0\cdot10^{12}$	15,098	0,1	1,65
C_3H_6	$4{,}2\cdot10^{11}$	15,098	-0,1	1,85
C_2H_2	$6{,}5\cdot10^{12}$	15,098	0,5	1,25
CH_3OH	$3{,}2\cdot10^{12}$	15,098	0,25	1,5
C_2H_5OH	$1{,}5\cdot10^{12}$	15,098	0,15	1,6
C_6H_6	$2{,}0\cdot10^{11}$	15,098	-0,1	1,85
C_7H_8	$1{,}6\cdot10^{11}$	15,098	-0,1	1,85

4 Motorische Verbrennung

4.1 Ottomotor

4.1.1 Gemischbildung

- **Grundsätzliches**

Beim konventionellen Ottomotor wird der Brennstoff in der Regel außerhalb des Brennraums der Luft zugeführt, bei älteren Motoren mittels Vergaser und bei neueren durch Einspritzung des Brennstoffs in den Einlasskanal vor das Einlassventil. Die Lastregelung des Motors erfolgt quantitativ, d. h. Luft und Brennstoff liegen global immer im selben (stöchiometrischen) Mischungsverhältnis vor, die Last wird durch die Menge des Gemisches eingestellt. Bei der Otto-Direkteinspritzung wird der Brennstoff direkt in den Brennraum eingespritzt. Hier erfolgt die Lastregelung sowohl quantitativ als auch qualitativ, d. h. über das Mischungsverhältnis von Luft und Brennstoff. Die Motorleistung wird lastabhängig sowohl über die Brennstoffmenge als auch über die Luftmasse geregelt.

Das Gemischbildungsverfahren hat die Aufgabe, eine für das jeweilige Brennverfahren optimale Gemischverteilung zu erzeugen, z. B. ein möglichst homogenes Gemisch für das normale Brennverfahren und eine so genannte Schichtladung beim Magerbrennverfahren.

- **Saugrohreinspritzung**

Für die Zuführung des Brennstoffes wird beim konventionellen Verfahren mit äußerer Gemischbildung (Saugrohreinspritzung) die so genannte Einzel- oder Multi-Point-Einspritzung verwendet, deren Arbeitsweise im Folgenden kurz beschrieben werden soll. Abb. 4.1 zeigt das Prinzipschema der Multi-Point-Einspritzung, bei der für eine gleichmäßige Gemischbildung jeder Zylindereinlass mit einem separaten Einspritzventil ausgestattet ist. Dabei wird die durch das elektronische Motorsteuergerät vorgegebene Brennstoffmenge mit einem konstanten Druck von bis zu 7 bar absolut durch das Einspritzventil mit Zerstäuberdüsen in das Saugrohr direkt vor das Einlassventil eingespritzt. Um eine möglichst schnelle Verdampfung des Brennstoffs zu erreichen und die Bildung eines flüssigen Wandfilms weitgehend zu unterdrücken, ist die Einspritzung direkt auf das heiße Einlassventil gerichtet. Dadurch kann die größtmögliche Zeit zur Verdampfung des Brennstoffs bereits vor dem Einströmen in den Brennraum ausgenutzt werden. Bei einer saugrohrsynchronen Einspritzung wird versucht, direkt durch das offene Einlassventil zu spritzen.

Eine schnelle Verdampfung des Brennstoffs und eine möglichst gleichmäßige Durchmischung von Brennstoff und Luft zum Zündzeitpunkt im Brennraum sind wesentliche Voraussetzungen, um die für den Ottomotor charakteristischen zyklischen Schwankungen, die im schlimmsten Fall zu Motorklopfen oder Zündaussetzern führen können (siehe Kap. 4.1.3 und 4.1.4), zu begrenzen. Neben dem Einspritzvorgang ist für die Qualität der Gemischbildung insbesondere auch die Einlassströmung vom Saugrohr in den Brennraum von Bedeutung. Die Gemischbildung im Brennraum läuft etwa nach folgendem Schema ab:

- Während des Ansaug-Taktes findet eine großräumige Mischung zwischen Luft und Brennstoff statt, wobei kleine Tropfen mit $d_T \leq 20$ µm vollständig verdampfen.
- Während des Verdichtungs-Taktes erfolgt eine intensive, kleinskalige Mischung, wobei auch die großen Tropfen mit Durchmessern bis zu $d_T \approx 200$ µm vollständig verdampfen.
- Im Zünd-OT (ZOT) sind zwar keine Tropfen mehr feststellbar, trotzdem treten aber weiterhin Inhomogenitäten auf. Die Standard-Schwankung der Brennstoff-Konzentration im Brennraum beträgt etwa 10-15 %.

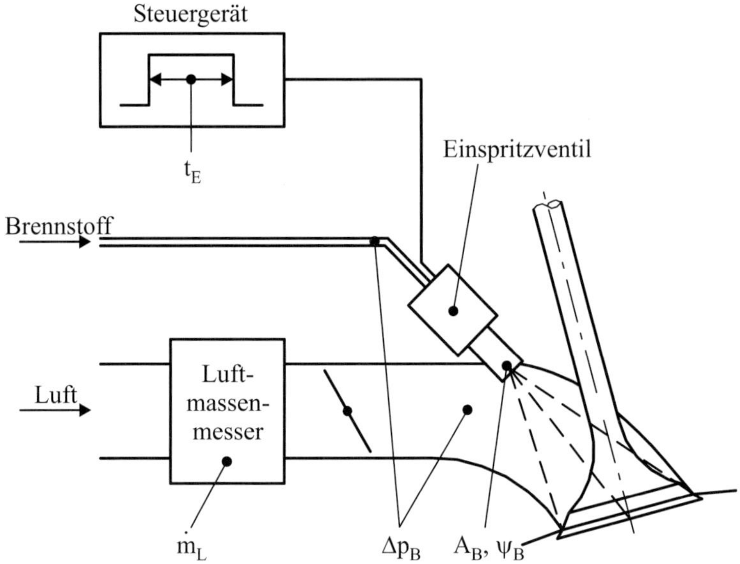

Abb. 4.1: Prinzipschema der Einzeleinspritzung

Grundsätzlich führt eine hohe Strömungsgeschwindigkeit und ein hohes Turbulenzniveau beim Einlassvorgang zu einer intensiven Gemischaufbereitung und damit zu geringen zyklischen Schwankungen. Dieses Verhalten lässt sich z. B. durch Variabilitäten in der Einlassventil-Steuerung wie variable Nockenwellenverstellungen oder variable Ventilhübe ausnutzen, die bei Teillast nur einen kleineren Strömungsquerschnitt freigeben und damit die Strömungsgeschwindigkeit erhöhen.

- **Direkteinspritzung**

Die Forderung nach einer deutlichen Senkung des spezifischen Brennstoffverbrauchs beim Ottomotor führt zur Entwicklung von Brennverfahren mit innerer Gemischbildung, d. h. mit Direkteinspritzung in den Brennraum (auch als Otto-DE-Verfahren bezeichnet). Der primäre Vorteil, den die Direkteinspritzung gegenüber dem konventionellen Otto-Verfahren mit äußerer Gemischbildung bietet, ist die Möglichkeit, im Teillastbereich des Motors anstelle der quantitativen Lastregelung mit Drosselklappe eine qualitative Lastregelung durchzuführen. Dabei kann der Motor nahezu ungedrosselt Luft ansaugen, sodass die Ladungswechselverluste deutlich reduziert werden. Aufgrund des hierbei erforderlichen mageren globalen Luftverhältnisses ($\lambda > 1$) muss im Brennraum eine so genannte Ladungsschichtung realisiert werden, die sicherstellt, dass im Bereich der Zündkerze zum Zündzeitpunkt ausreichend fettes und damit zündfähiges Gemisch vorliegt. Man unterscheidet grundsätzlich drei Einspritzverfahren in Abhängigkeit der Steuerung der Ladungsschichtung. Diese Verfahren sind schematisch in Abb. 4.2 dargestellt.

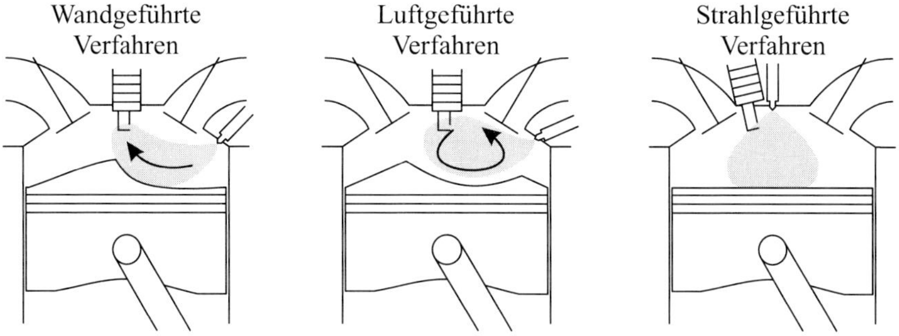

Abb. 4.2: Brennverfahren bei der Benzin-Direkteinspritzung

Beim wandgeführten Verfahren wird die aus dem Einspritzstrahl resultierende Gemischwolke über eine entsprechende Verformung ("Nase") im Kolben zur Zündkerze geleitet. Beim luftgeführten Verfahren übernimmt diese Aufgabe ein dem Einspritzstrahl entgegen gerichteter Tumble (das ist ein Luftwirbel um eine horizontale Achse), der über die Geometrie der Einlasskanäle und Ventile beim Einströmvorgang in den Brennraum erzeugt werden muss. Beim strahlgeführten Verfahren liegen Einspritzventil und Zündkerze schließlich sehr dicht beieinander, und die Steuerung der Gemischbildung und damit die Sicherstellung eines zündfähigen Gemisches an der Zündkerze kann ausschließlich über den Einspritzstrahl selbst erfolgen. Es ist offensichtlich, dass dieses Verfahren bei sich auf Grund von Drehzahl und Last ändernden Strömungsbedingungen im Brennraum die größte Herausforderung darstellt. Auf der anderen Seite bietet das strahlgeführte Einspritzverfahren jedoch das größte Potenzial sowohl bezüglich der Senkung von Brennstoffverbrauch und Rohemissionen, als auch des möglichen Schichtbereichs im Motorkennfeld.

Die Abb. 4.3 zeigt den möglichen Schichtbereich für ein strahlgeführtes Brennverfahren nach Fröhlich et al. (2003). Wie daraus hervorgeht, kann der direkteinspritzende Ottomotor nicht im gesamten Drehzahl/Last-Kennfeld im Schicht-Modus betrieben werden. Bei hoher Last und der damit verbundenen großen einzuspritzenden Brennstoffmenge würde die Gemischwolke zu fett werden und eine unakzeptabel hohe Partikelemission resultieren. Bei hoher Motordrehzahl wird die absolut zur Verfügung stehende Zeit zur Gemischbildung dagegen zu kurz, um eine ausreichende Gemischbildungsqualität sicherzustellen.

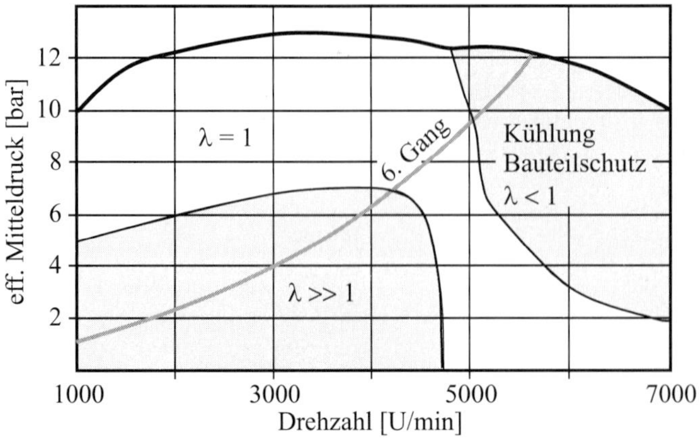

Abb. 4.3: Betriebsarten im Kennfeld eines direkteinspritzenden Ottomotors nach Fröhlich et al. (2003)

Neben dem höheren Wirkungsgrad kann der Otto-DE-Motor bei höheren Verdichtungsverhältnissen (1-2 Einheiten) betrieben werden, da die Klopfgefahr aufgrund der Innenkühlung (Verdampfung mit Wärmeentzug) des direkt in den Brennraum eingespritzten Brennstoffs sinkt. Aus der Innenkühlung resultiert auch eine größere Füllung und damit ein um ca. 3-5% höheres Vollastdrehmoment gegenüber einem Motor mit Saugrohreinspritzung, da dieser einen Teil des Effektes durch die Einspritzung durch das Einlassventil bereits nutzt. Wie in Kapitel 2 beschrieben, steigt mit dem Verdichtungsverhältnis auch der thermische Wirkungsgrad des Motors im gesamten Betriebsbereich.

Die hier beschriebenen Vorteile des direkteinspritzenden Ottomotors führen in der Summe dazu, dass für den in Europa gesetzlich vorgeschriebenen Neuen Europäischen Fahrzyklus (NEFZ), ein potenzieller Verbrauchsvorteil von ca. 15 % gegenüber einem herkömmlichen Ottomotor mit Saugrohreinspritzung resultiert.

Eine der größten Herausforderungen ist nach wie vor in der Abgasnachbehandlung zur Reduzierung der Schadstoffemissionen zu sehen. Aufgrund des global mageren Luftverhältnisses im Schichtladebetrieb kann beim Otto-DE-Motor nicht der vom Saugrohreinspritzer bekannte, sehr effektive und relativ kostengünstige Drei-Wege-Katalysator eingesetzt werden. Stattdessen wird ein Speicher-Reduktions-Katalysator zur Reduzierung der Stickoxide im Abgas verwendet, der jedoch in kurzen Abständen durch fetten (brennstoffreichen) Motorbetrieb regeneriert werden muss, wodurch der Brennstoffverbrauch negativ beeinflusst wird, siehe hierzu auch Merker und Stiesch (1999). Eine besondere Bedeutung kommt hierbei auch dem Schwefelgehalt des verwendeten Brennstoffs zu, weil Schwefelverbindungen die Katalysatorfunktion auch in geringsten Konzentrationen stark beeinträchtigen. Zum einen blockieren diese Verbindungen die NO_x-Speicherplätze im Katalysator, sodass die verbrauchsintensive Regeneration des Katalysators in kürzeren Abständen durchgeführt werden muss, zum anderen greifen sie auch die Katalysatoroberfläche insgesamt an, sodass diese unwirksam werden kann und die Lebensdauer des Katalysators bei höheren Brennstoffschwefelgehalten stark verkürzt wird. In diesem Zusammenhang spricht man von einem Vergiften des Katalysators. Aus diesem Grund kommt der Einsatz von Ottomotoren mit Direkteinspritzung im Wesentlichen in Märkten in Frage, in denen schwefelarmer Brennstoff flächendeckend verfügbar ist (z. B. West-Europa). In den USA ist dies bis heute jedoch nicht der Fall, sodass der Einsatz von direkteinspritzenden Ottomotoren mit magerem Schichtladungskonzept dort zurzeit nicht zielführend ist.

4.1.2 Zündung

Beim konventionellen Ottomotor erfolgt die Zündung des Brennstoff-Luft-Gemisches kurz vor dem oberen Totpunkt durch den Funkenüberschlag zwischen den Elektroden der Zündkerze. Durch den Funkenüberschlag muss soviel Energie an das Gemisch übertragen werden, dass eine so genannte thermische Explosion eingeleitet wird. Die thermische Explosion wird durch die Theorie von Semenov (1935) erklärt, siehe unten.

Zum Zeitpunkt der Einleitung der Zündung muss ein zündfähiges Gemisch an der Zündkerze vorhanden sein. Zu magere und zu fette Gemische zünden nicht. Für Ottokraftstoff liegen die Zündgrenzen im Bereich von $0{,}6 \le \lambda \le 1{,}6$. Im Bereich des Zündfunkens muss die Zündtemperatur des Gemisches lokal überschritten sein. Aus Versuchen folgt $3.000\ \mathrm{K} \le T \le 6.000\ \mathrm{K}$.

Der *Brennverzug* ist die Zeitspanne zwischen Zündzeitpunkt und Verbrennungsbeginn, wobei letzterer im Allgemeinen durch einen 5%igen Brennstoffmassenumsatz definiert ist. Der Brennverzug beträgt etwa 1 Millisekunde. Für eine sichere Zündeinleitung muss die Zündkerze folgende Anforderungen erfüllen: Die Zündspannung beträgt etwa 15 kV (normal) bzw. 25 kV (Kaltstart), die Zündenergie liegt dabei im Bereich 30 - 150 mJ und die *Zünddauer* beträgt etwa 0,3 - 1 ms.

Die für die Zündung erforderlichen Zündsysteme lassen sich prinzipiell in zwei Gruppen einteilen, nämlich in Batteriezündanlagen und in Magnetzündanlagen. Batteriezündanlagen sind heute Standard bei Ottomotoren. Magnetzündanlagen findet man nur in kleinen und preiswerten Motoren und auch dort, wo die Wartung der Batterie nicht sichergestellt werden kann.

Vom Motorsteuergerät werden die so genannten Leistungsendstufen der Zündspulen in Abhängigkeit von Drehzahl, Last, Kühlwassertemperatur usw. angesteuert vgl. Abb. 4.4.

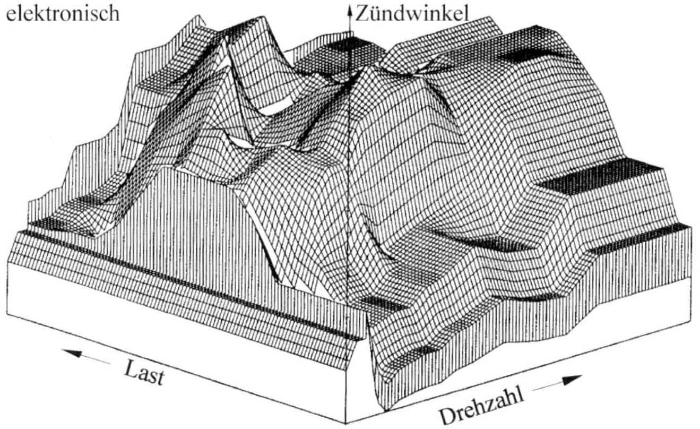

Abb. 4.4: Elektronisches Zündwinkelkennfeld

Es handelt sich heutzutage um eine ruhende – also elektronisch geregelte – Zündverteilung, bei der keine bewegten Teile (vgl. Zündverteiler, Unterbrecher) mehr Verwendung finden.

Der *Zündzeitpunkt* ist kein konstanter Wert, sondern er wird dem Motorbetrieb so angepasst, dass die Verbrennung optimal abläuft, d. h. dass der Verbrennungsschwerpunkt verbrauchsoptimal eingestellt wird. Sofern dies nicht möglich ist, wie z. B. bei Volllast, wird die Zündung so lange von spätem Zündbeginn nach früh verstellt, bis eine Klopfsensorik eine abnormale Verbrennung (Klopfen) detektiert. Dann wird der Zündzeitpunkt um einen bestimmten Betrag (ca. 6°KW) nach spät verstellt und der Annäherungsprozess an die Klopfgrenze erneut gestartet. Durch die vollelektronische Zündung wird somit ein verbrauchsoptimaler Betrieb bei unterschiedlichen Randbedingungen (Temperatur, Druck der Ansaugluft) und für unterschiedliche Brennstoffe ermöglicht.

Für eine umfangreichere Beschreibung der Zündphänomene sei auf Stiesch (2003) verwiesen.

4.1.3 Verbrennungsablauf

Im homogen betriebenen Ottomotor wird die Flamme wie oben beschrieben durch die Energieeinleitung mit Hilfe des Zündfunkens initiiert. Daran anschließend breitet sich eine zusammenhängende so genannte vorgemischte Flammenfront aus, die von der Zündkerzenposition durch den gesamten Brennraum läuft. In Abb. 4.5 sind die Aufenthaltsorte dieser Flammenfront zu verschiedenen Zeitpunkten beispielhaft für einen modernen 4-Ventil-Motor mit zentraler Zündkerzenlage dargestellt. Die Abbildung entspricht einer Draufsicht auf den Brennraum, wobei die kleine Fläche in der Mitte des Zylinders die Position der Zündkerze kennzeichnet, die beiden großen Kreise die Projektionen der Einlassventile darstellen und die beiden kleineren Kreise die Projektionen der Auslassventile.

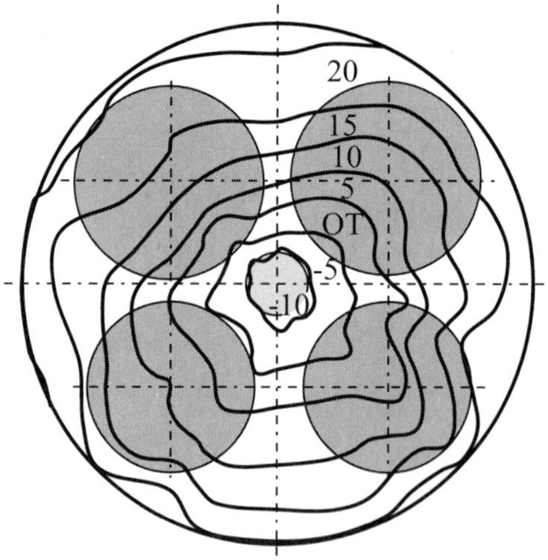

Abb. 4.5: Kurbelwinkelabhängige Lage der Flammenfront bei einem 4-Ventil-Motor mit zentraler Zündkerze

- **Laminare und turbulente Flammengeschwindigkeit**

Für die zeitliche Energiefreisetzungsrate und damit auch für den Druckanstieg im Zylinder, der aus der Verbrennung resultiert, ist die Ausbreitungsgeschwindigkeit der vorgemischten Flammenfront – die so genannte Flammengeschwindigkeit – von besonderer Bedeutung. Dabei unterscheidet man zwischen der laminaren Flammengeschwindigkeit s_l und der turbulenten Flammengeschwindigkeit s_t. Die laminare Flammengeschwindigkeit bezeichnet die Ausbreitungsgeschwindigkeit einer dünnen vorgemischten Flammenfront in einem ruhenden Brennstoff-Luft-Gemisch. Sie ist neben der Reaktionskinetik von Wärmeleitungs- und Diffusionsprozessen innerhalb der Flamme abhängig, und kann als Funktion des Brennstoffs, des Mischungsverhältnisses von Brennstoff und Luft, des Restgasgehaltes sowie des Systemdrucks und der Temperatur der Edukte abgeschätzt werden. Häufig wird die von Metghalchi und Keck (1980, 1982) angegebene Beziehung

$$s_l = s_{l,0} \left(\frac{T_u}{T_0} \right)^{\alpha} \left(\frac{p}{p_0} \right)^{\beta} \left(1 - 2{,}1\, f_R \right) \tag{4.1}$$

verwendet, wobei λ_R das Luftverhältnis des Restgases bezeichnet und T_0 und p_0 die Referenzbedingungen bei 298 K und 101,3 kPa. Sowohl die Exponenten α und β als auch die Flammengeschwindigkeit unter atmosphärischen Bedingungen $s_{l,0}$ sind brennstoffabhängige Größen. Für Propan, Iso-Oktan und Methanol gelten die Beziehungen

$$\alpha = 2{,}18 - 0{,}8 \left(\frac{1}{\lambda} - 1 \right), \tag{4.2}$$

$$\beta = -0{,}16 + 0{,}22 \left(\frac{1}{\lambda} - 1 \right), \tag{4.3}$$

$$s_{l,0} = B_m + B_\lambda \left(\frac{1}{\lambda} - \frac{1}{\lambda_m} \right)^2, \tag{4.4}$$

wobei λ_m das Luft-Verhältnis ist, bei dem $s_{l,0}$ seinen maximalen Wert von B_m erreicht. Die in Gleichungen (4.4) enthaltenen Parameter sind in (Tab. 4.1) zusammengefasst.

Tab. 4.1. Parameter für Gleichung (4.4)

Brennstoff	λ_m	B_m [cm/s]	B_λ [cm/s]
Methanol	0,9	36,9	-140,5
Propan	0,93	34,2	-138,7
Iso-Oktan	0,88	26,3	-84,7
Benzin	0,83	30,5	-54,9

In realen Motorbrennräumen ist das Strömungsfeld jedoch nicht laminar sondern turbulent. Deshalb muss zusätzlich der Einfluss der Turbulenz auf die Ausbreitungsgeschwindigkeit der Flammenfront berücksichtigt werden.

Durch die Interaktion mit den turbulenten Wirbeln wird die im laminaren Fall glatte Flammenfront "gefaltet" (Flame-Wrinkling), sodass sich ihre Oberfläche A_l vergrößert. Lokal brennt die Flamme aber immer noch mit der laminaren Geschwindigkeit. Die Vergrößerung der Oberfläche durch die turbulente Flammen-Faltung trägt somit effektiv zur Erhöhung der Brenngeschwindigkeit bei. Man führt aus diesem Grund die turbulente Brenngeschwindigkeit s_t ein, die sich aus s_l und dem lokalen Turbulenzniveau

$$u' = \sqrt{\frac{2k}{3}} \ ,$$

das ist eine mittlere, lokale Geschwindigkeitskomponente aufgrund turbulenter Fluktuationen, siehe Kap. 9.1.2, berechnet. Einen Basisansatz hierfür stellt die Damköhler-Beziehung (Damköhler (1940)) dar

$$s_t = \left(1 + C\frac{u'}{s_l}\right) s_l \ . \tag{4.5}$$

Gleichung (4.5) macht deutlich, dass die turbulente (effektive) Flammengeschwindigkeit mit höherem Turbulenzniveau ansteigt. Dies ist der Grund dafür, dass Ottomotoren mit wesentlich höheren Drehzahlen betrieben werden können als z. B. Dieselmotoren. Dies ist nur deshalb möglich, weil das durch den Einströmvorgang hervorgerufene Turbulenzniveau im Brennraum mit zunehmender Drehzahl ansteigt, sodass die Flammengeschwindigkeit zunimmt und das Gemisch trotz der kurzen zur Verfügung stehenden Zeit noch vollständig umgesetzt werden kann.

- **Mitteldruck und Brennstoffverbrauch**

Wie bereits dargestellt beeinflusst das Luftverhältnis λ wesentlich die Flammengeschwindigkeit und damit über den Verbrennungsablauf den erreichbaren Mitteldruck und den spezifischen Brennstoffverbrauch. Für $\lambda > 1{,}1$ läuft die Verbrennung wegen der durch die Erwärmung der überschüssigen Luft niedrigeren Verbrennungstemperatur und der dadurch langsameren Flammengeschwindigkeit zunehmend schleppender ab. Der minimale Brennstoffverbrauch wird für Luftverhältnisse von etwa $\lambda = 1{,}1$ erreicht. Weil die Brenngeschwindigkeit bei $\lambda = 0{,}9 - 0{,}85$ am größten ist, stellt sich hier der maximale Mitteldruck ein. Das optimale Luftverhältnis liegt damit im Bereich $0{,}85 < \lambda < 1{,}1$. Die in Abb. 4.6 dargestellte "Fischhaken-Kurve" zeigt den Verlauf des spezifischen Brennstoffverbrauchs b_e in Abhängigkeit vom effektiven Mitteldruck $p_{m\,e}$, wobei verschiedene Luftverhältnisse λ für einen Ottomotor bei konstanter Drehzahl und konstanter Drosselklappenstellung eingetragen sind. Die Auswirkungen des Luftverhältnisses auf die Schadstoffbildung werden in Kapitel 6 erläutert.

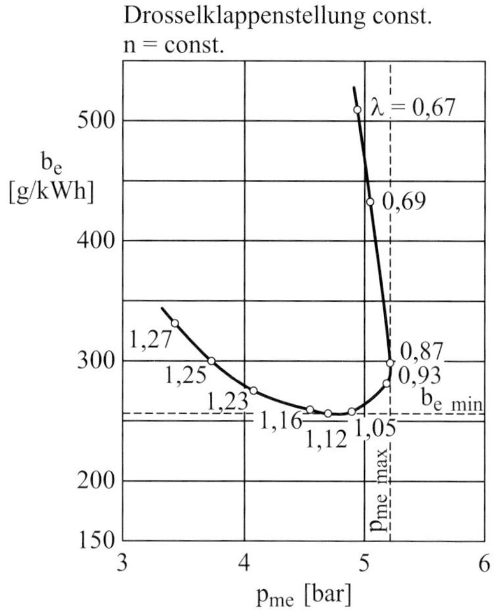

Abb. 4.6: Spezifischer Brennstoffverbrauch und effektiver Mitteldruck in Abhängigkeit des mittleren Luftverhältnisses

- **Zyklische Schwankungen**

Relativ große Schwankungen des Druckverlaufs von Arbeitsspiel zu Arbeitsspiel, so genannte zyklische Schwankungen, sind ein typisches Merkmal der ottomotorischen Verbrennung. Die Ursachen dafür sind zeitliche und örtliche Schwankungen im Geschwindigkeitsfeld und in der Gemischzusammensetzung im Brennraum und damit auch im Bereich des Zündfunkens der Zündkerze. Daraus resultieren zyklische Schwankungen im Zündverzug. Diese können zu Schwankungen der Flammenausbreitung und damit auch zu mehr oder weniger vollständiger Verbrennung führen.

In Abb. 4.7 sind oben die Auswirkungen der zyklischen Schwankungen bei der Verbrennung von Methanol und unten der Einfluss des Zündwinkels auf den Druckverlauf dargestellt. Der Vergleich der beiden Diagramme zeigt, dass sich die zyklischen Schwankungen ähnlich wie eine Verstellung des Zündwinkels auswirken.

Die Reduzierung der zyklischen Schwankungen bei der ottomotorischen Verbrennung durch Optimierung der Gemischbildung, der Zündung und der Flammenausbreitung ist ein lohnendes Ziel auch in Hinblick auf die Reduzierung des spezifischen Verbrauchs und der HC-Emission, siehe Bargende et al. (1997).

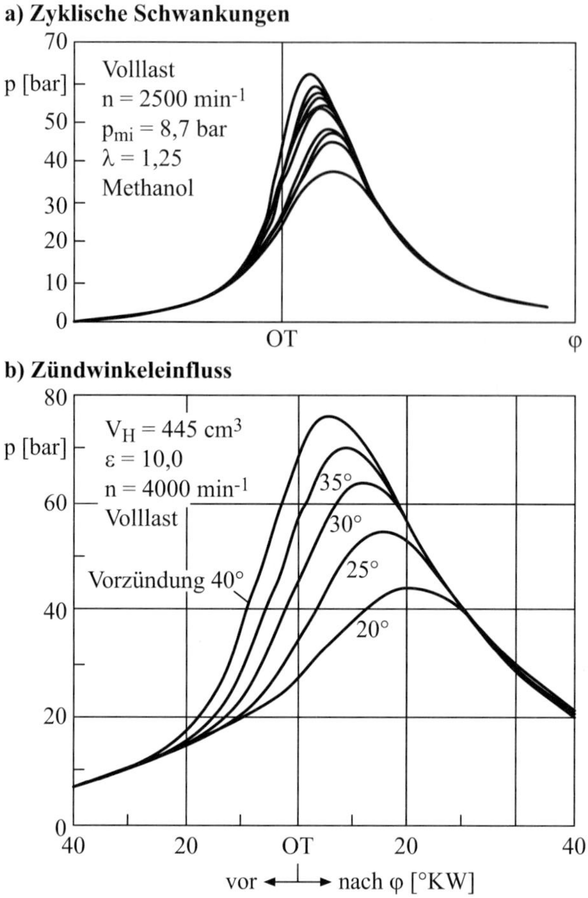

Abb. 4.7: Druckverlauf im Brennraum a) Zyklische Schwankungen, b) Zündwinkeleinfluss

4.1.4 Abnormale Verbrennung

Bisher wurde eine "normale" Verbrennung betrachtet, bei der sich die Flamme mit einer Geschwindigkeit von etwa 25 m/s einigermaßen gleichmäßig über den Brennraum ausbildet. Dies führt zu einem so genannten weichen Druckverlauf mit einer Druckanstiegsgeschwindigkeit von maximal 2 bar/°KW. Im Gegensatz dazu treten bei der *klopfenden Verbrennung* starke Druckschwankungen im Brennraum auf. Hierbei werden die schon während des Verdichtungshubes im unverbrannten Gemisch anlaufenden chemischen Vorreaktionen sehr stark beschleunigt. Nach Einleitung der Verbrennung durch den Zündfunken wird das unverbrannte Restgemisch (Endgas) durch die sich ausbreitende Flamme weiter komprimiert und dadurch zusätzlich soweit aufgeheizt, dass die Zündgrenze überschritten wird und im Endgas schließlich eine spontane Selbstzündung einsetzt, vgl. Abb. 4.8. Diese dann fast isochor ablaufende Verbrennung führt zu steilen Druckgradienten, die sich in Form von Druckwellen im Brennraum ausbreiten und das bekannte klopfende oder klingelnde Geräusch hervorrufen.

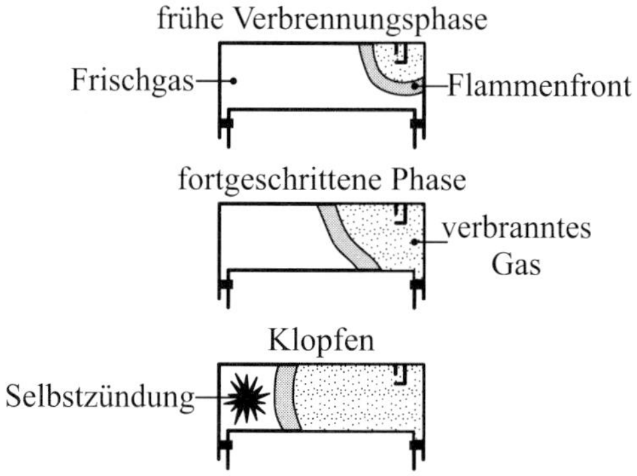

Abb. 4.8: Schematische Darstellung von Motorklopfen

Eine weitere Art des unerwünschten Verbrennungsablaufes ist die *Glühzündung*. Sie wird ausgelöst durch extrem heiße Zonen der Brennraum-begrenzenden Wände, so genannte "hot spots", mit Temperaturen von etwa 1.200 K, die deutlich über der Selbstzündtemperatur liegen. Die häufigsten "hot spots" sind Verbrennungsrückstände, die sich als heiße Schuppen an den Wänden ablagern. In Abb. 4.9 ist qualitativ der Druckverlauf bei klopfender Verbrennung skizziert, wobei der Beginn der klopfenden Verbrennung und der Glühzündung eingezeichnet sind. Die klopfende Verbrennung kann erst nach Einleitung der Verbrennung durch den Zündfunken auftreten, die Glühzündung dagegen bereits vorher. Durch die sowohl bei der klopfenden Verbrennung als auch bei Glühzündung auftretenden Druckwellen kann es zu mechanischen Materialschäden kommen und durch die erhöhte thermische Belastung auch zu Anschmelzungen am Kolben und am Zylinderkopf.

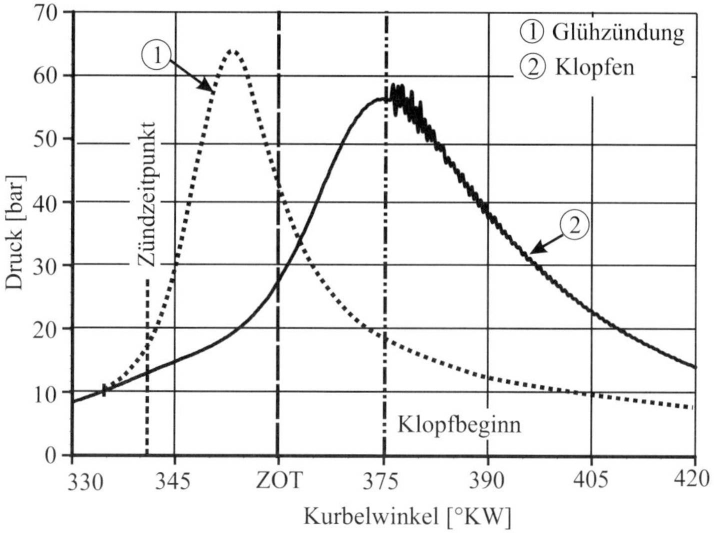

Abb. 4.9: Druckverlauf bei klopfender Verbrennung

Für eine detaillierte Beschreibung der reaktionskinetischen Vorgänge beim Klopfen sei auch auf Warnatz et al. (2001) verwiesen. Die vielfältigen Erscheinungsformen der Glühzündung sowie der Vorgänge bei der Überlagerung von Glühzündung und klopfender Verbrennung sind ausführlich bei Urlaub (1994) beschrieben.

Wesentlichen Einfluss auf die Klopfneigung hat die Geometrie des Brennraums. Brennräume mit geringer Klopfneigung haben

- kurze Flammenwege durch kompakte Gestaltung und durch die zentral angeordnete Zündkerze,
- keine heißen Stellen am Ende des Flammenweges durch die Anordnung der Zündkerze in der Nähe des Auslassventils,
- große Strömungsgeschwindigkeiten und damit eine gute Gemischbildung infolge von Drall-, Tumble- und Quetschströmungen und eine
- Ladungsbewegung, um ein Verweilen von Gemisch an heißen Stellen zu vermeiden.

4.1.5 Kontrollierte Selbstzündung

In der jüngeren Zeit werden verstärkt Forschungsaktivitäten unternommen, die das Ziel haben, eine weitgehend homogene Verbrennung von Ottokraftstoff mit Selbstzündung darzustellen. Dabei verschwimmen zunehmend die Grenzen zwischen den konventionellen otto- und dieselmotorischen Brennverfahren und die Systeme bewegen sich aufeinander zu. Bei den Dieselmotoren spricht man von der so genannten homogenen Kompressionszündung (HCCI = Homogeneous Charge Compression Ignition), vgl. Kapitel 4.2.5, während man die vom Ottomotor ausgehende Variante oft als kontrollierte Selbstzündung (CAI = Controlled Auto-Ignition) bezeichnet. Beide Verfahren haben das gemeinsame Ziel, die Verbrennung insbesondere im Teillastbereich gleichzeitig homogen und mager zu betreiben, um dadurch sowohl niedrige Verbrauchswerte als auch geringste Schadstoffrohemissionen zu realisieren, sodass auch ohne aufwändige Abgasnachbehandlung niedrigste Stickoxidemissionen erreicht werden können, vgl. Kapitel 6.5.

Bei einer Magerverbrennung mit Zündkerze treten im Normalfall (wie oben beschrieben) sehr niedrige Flammengeschwindigkeiten bis hin zur Flammenlöschung auf. Daraus resultiert eine verschleppte Verbrennung, die einen Verbrauchsanstieg zur Folge hat. Gelingt es jedoch, dass sich das Gemisch – idealerweise an unendlich vielen Stellen im Brennraum – von selbst entzündet (man spricht auch von Raumzündung), kann das Gemisch dennoch sehr schnell vollständig von der Flamme erfasst werden, und die globale, über den gesamten Brennraum integrierte Wärmefreisetzungsrate ist ausreichend hoch, um einen günstigen Brennstoffverbrauch zu ermöglichen. Die Kontrolle der Selbstzündung unter verschiedenen Drehzahl- und Lastbedingungen stellt jedoch ein zentrales Problem dar. Die Grenze zwischen zu früher und zu später Zündung bzw. sogar Zündaussetzern ist sehr schmal. Nicht zuletzt deshalb befinden sich die homogenisierten Brennverfahren bis heute noch im Forschungsstadium.

Der ottomotorische Brennstoff hat im Vergleich zu Dieselbrennstoff den Vorteil, dass er bereits bei wesentlich geringeren Temperaturen verdampft. Dadurch wird eine weitgehend homogene Gemischbildung begünstigt. Allerdings ist der Ottobrennstoff sehr zündunwillig, weshalb eine Selbstzündung des Gemisches erst bei einer Temperatur zwischen etwa 1.000 und 1.200°C möglich ist, die weit oberhalb der typischen Verdichtungsendtemperatur eines

Ottomotors liegt. Da das Verdichtungsverhältnis des Motors aufgrund der Klopfgefahr bei Volllast nicht ohne weiteres angehoben werden kann, ist die notwendige Erhöhung der Verdichtungsendtemperatur nur durch eine Vorwärmung der Ansaugluft oder durch eine Rückführung von heißem Abgas, z. B. durch negative Ventilüberschneidungen (Brennraumrückführung) oder durch Auslasskanalrückführung zu erreichen. Abb. 4.10 vergleicht diese Möglichkeiten bei jeweils konstant gehaltenen Randbedingungen: Verdichtungsverhältnis (ε = 11,5), Restgastemperatur (T_{RG} = 500°C) und Abgasrückführrate (EGR = 40%). Bei einer Ansauglufttemperatur von 20°C beträgt die homogene Mischungstemperatur von Frischluft und rückgeführtem Abgas am unteren Totpunkt 210°C, und es ergibt sich eine Verdichtungsendtemperatur von ca. 850°C, siehe Abb. 4.10 links. Dies ist jedoch deutlich zu niedrig für eine Selbstzündung. Um bei vollständiger Vermischung von Frischluft und rückgeführtem Abgas die zur Selbstzündung notwendigen knapp 1.200°C Verdichtungsendtemperatur zu erreichen, müsste man also die Mischungstemperatur am unteren Totpunkt auf 290°C erhöhen. Bei konstant gehaltener AGR-Rate und Restgastemperatur bedeutet dies eine Vorwärmung der Ansauglufttemperatur auf 150°C, siehe Abb. 4.10 Mitte. Ähnlich hohe Temperaturen bei Verdichtungsende und damit Selbstzündung sind jedoch auch ohne Ansaugluftvorwärmung zu erzielen, wenn das rückgeführte Abgas nicht völlig homogen mit der Frischluft vermischt wird, sondern wenn es nur zu einer teilweisen Vermischung kommt und heiße Restgasnester im Brennraum verbleiben, siehe Abb. 4.10 rechts.

Für die Realisierung der notwendigen gezielten inneren Abgasrückführung stellt die variable Ventilsteuerung eine Schlüsseltechnologie dar. Insbesondere die Notwendigkeit, das Brennverfahren auch bei wechselnder Last und Drehzahl sowie im transienten Motorbetrieb zu beherrschen, stellt erhebliche Anforderungen an die Variabilitäten bei der Steuerung der Ein- und Auslassventile. Damit wird die Realisierung des Brennverfahrens mit kontrollierter Selbstzündung ganz entscheidend an die Fortschritte geknüpft sein, die auf dem Gebiet der vollvariablen Ventiltriebe erreicht werden.

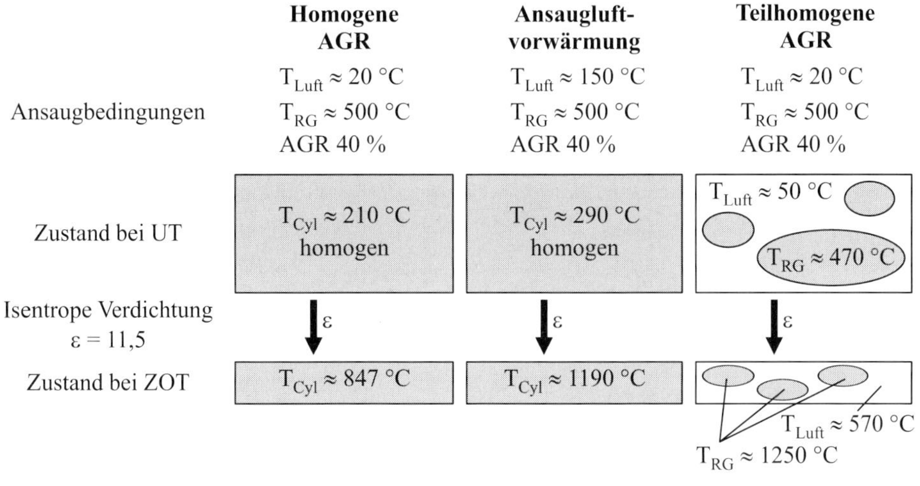

Abb. 4.10: Modellvorstellung zur kontrollierten Selbstzündung (CAI), Wolters et al. (2003)

4.2 Dieselmotor

Die dieselmotorische Verbrennung ist durch folgende Merkmale gekennzeichnet. Der Brennstoff wird gegen Ende der Verdichtung, in der Regel kurz vor dem oberen Totpunkt, in den Hauptbrennraum (direkte Einspritzung) oder bei älteren Motoren in eine Vorkammer (indirekte Einspritzung) unter hohem Druck eingespritzt. Das sich dabei bildende Brennstoffspray verdampft, vermischt sich mit der verdichteten heißen Luft und entzündet sich von selbst. Im Gegensatz zum Ottomotor steht beim Dieselmotor nur eine sehr kurze Zeitspanne für die Gemischbildung zur Verfügung. Eine schnelle Einspritzung und eine möglichst gute Zerstäubung des Brennstoffs sind deshalb Voraussetzung für eine schnelle und intensive Durchmischung von Brennstoff und Luft.

Abb. 4.11 zeigt qualitativ die bei der dieselmotorischen Gemischbildung und Verbrennung ablaufenden Teilprozesse. Die einzelnen Teilprozesse laufen weitgehend simultan ab und stehen in Wechselwirkung miteinander. Die Modellierung der dieselmotorischen Verbrennung ist deshalb äußerst komplex.

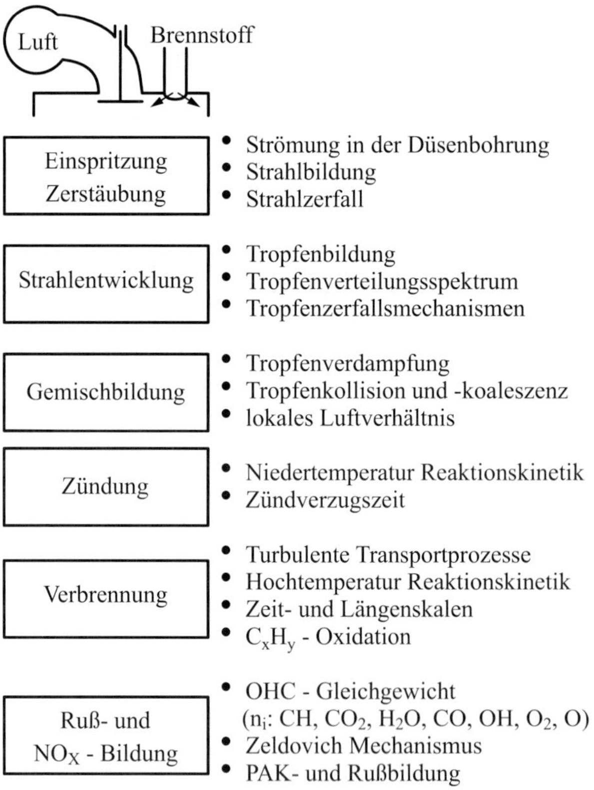

Abb. 4.11: Teilprozesse der dieselmotorischen Gemischbildung und Verbrennung

4.2.1 Einspritzverfahren und -systeme

- **Einspritzverfahren**

Im Gegensatz zur früher verwendeten Einspritzung in eine Vor- oder Wirbelkammer wird heute fast ausschließlich die direkte Einspritzung in den Brennraum eingesetzt. Dabei ist der Brennraum als Mulde im Kolben untergebracht. Der Brennstoff wird mit einer zentral angeordneten Mehrlochdüse eingespritzt. Hohe Einspritzdrücke und viele kleine Bohrungen in der Einspritzdüse sorgen für eine gute Gemischbildung, die durch eine Drallströmung der Brennraumgase unterstützt werden kann. Der eingespritzte Brennstoff sollte möglichst nicht auf die relativ kalte Kolbenwand auftreffen, weil dadurch die Verdampfung und anschließende Gemischbildung verzögert und die Bildung von HC-Emission begünstigt wird.

Die direkten Einspritzverfahren haben im Vergleich zu den indirekten einen deutlich geringeren spezifischen Brennstoffverbrauch, wegen der hohen Druckanstiegsgeschwindigkeiten zu Beginn der Verbrennung jedoch ein wesentlich höheres Geräusch (so genannte harte Verbrennung). Darüber hinaus wird die Gemischaufbereitung nicht wie bei den Kammermotoren durch die schnelle Ladungsbewegung im Schusskanal (200-500 m/s) unterstützt. Die gesamte Energie für die Vermischung von Brennstoff und Luft wird zum großen Teil durch die Einspritzstrahlen in den Brennraum eingebracht werden, wodurch ein erheblich höherer Einspritzdruck erforderlich wird. Während bei Kammermotoren Einspritzdrücke von ca. 400 bar ausreichen, müssen sie bei der direkten Einspritzung zwischen 1.200 und 2.000 bar liegen. Für Fahrzeugdieselmotoren sind auch noch höhere Einspritzdrücke in der Diskussion.

- **Einspritzsysteme**

Bei Einspritzsystemen unterscheidet man zwischen konventionellen nockengetriebenen Systemen wie Reihen-, Einzel- und Verteilereinspritzpumpe, Pumpe-Leitung-Düse- und Pumpe-Düse-System sowie dem in den letzten Jahren entwickelten Common-Rail-Einspritzsystem. Bei den *nockengetriebenen Einspritzsystemen* sind die Druckerhöhung und die Mengendosierung mechanisch gekoppelt. Der Nocken bewegt den Stößel der Einspritzpumpe, der seinerseits ein Brennstoffvolumen "komprimiert". Der dadurch ansteigende Druck öffnet ein Ventil und gibt damit die Zuleitung zur Einspritzdüse frei. Über eine Absteuerkante wird die Rücklaufleitung geöffnet, damit fällt der Brennstoffdruck, das Ventil schließt und die Einspritzung ist beendet, siehe Abb. 4.12.

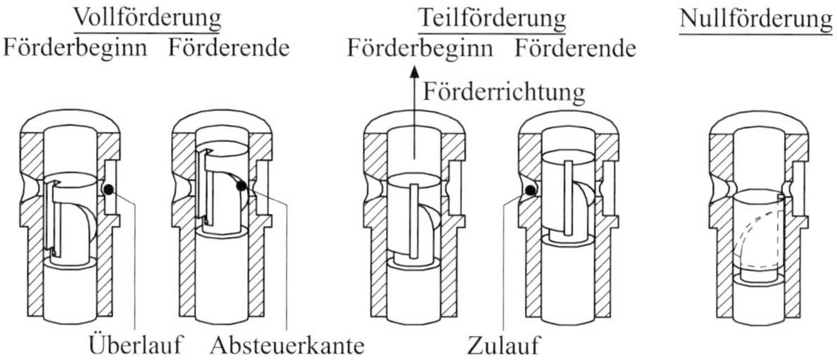

Abb. 4.12: Funktionsprinzip der Fördermengenregelung

Im Gegensatz dazu sind die Druckerhöhung und die Mengendosierung beim *Common-Rail-Einspritzsystem* vollständig getrennt. Mittels einer mechanisch oder elektrisch angetriebenen Hochdruckpumpe wird kontinuierlich Brennstoff in einen Hochdruckspeicher (Common-Rail) gefördert. Mit einem elektronisch gesteuerten Injektor wird Brennstoff aus dem Common-Rail entnommen und in den Brennraum eingespritzt.

Im Folgenden werden die Verteilereinspritzpumpe (VEP), das Pumpe-Leitung-Düse (PLD) und das Pumpe-Düse-System (PD) sowie das Common-Rail-Einspritzsystem (CR) kurz erläutert, für eine ausführliche Beschreibung sei auf van Basshuysen und Schäfer (2003) verwiesen.

- **Verteilereinspritzpumpe (VEP)**

Bei der Verteilereinspritzpumpe ist nur ein Pumpenelement für alle Zylinder des Motors vorhanden. Während einer Motorumdrehung macht der Kolben der VEP so viele Hübe (2-Takt-Motor) bzw. halb so viele Hübe (4-Takt-Motor) wie Zylinder vorhanden sind, und durch eine Drehbewegung des Verteilerkopfes wird der Brennstoff den einzelnen Einspritzleitungen zugeführt.

Abb. 4.13 zeigt das Funktionsschema einer Verteilereinspritzpumpe sowie deren wichtigsten Baugruppen. Für kleinere Motoren ist die VEP kostengünstiger als Einzel- oder Reiheneinspritzpumpen. Daher ist sie heute in Pkw-Dieselmotoren mit konventionellen Einspritzsystem (PLD) Stand der Technik.

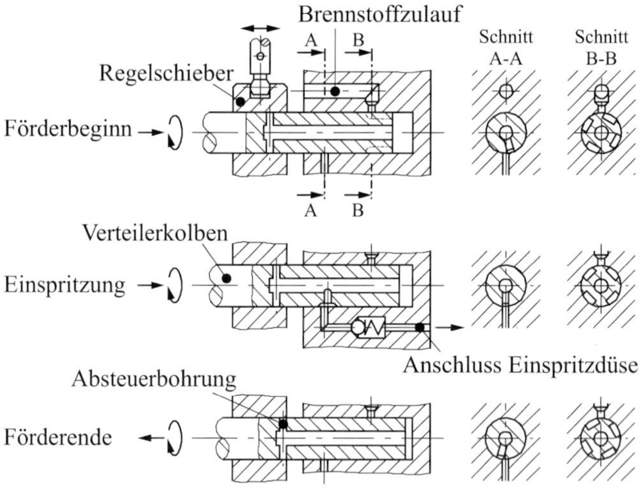

Abb. 4.13: Funktionsschema einer Verteilereinspritzpumpe

Moderne Verteilereinspritzpumpen können einen maximalen Pumpendruck von 800 - 1.000 bar erzeugen. Durch gezieltes Ausnutzen der sich in der Einspritzleitung ausbreitenden Druckwellen ist mit heutigen Systemen jedoch eine Steigerung dieses maximalen Drucks auf ca. 1.500 bar am Düseneintritt möglich.

- **Pumpe-Leitung-Düse (PLD)**

Das PLD-System ist ein modular aufgebautes Hochdruckeinspritzsystem, das aus Einspritzpumpe, einer kurzen Hochdruckeinspritzleitung und der Düsenhalterkombination besteht, siehe Abb. 4.14. Der Einspritzbeginn und die Einspritzmenge werden mittels Magnetventil für jeden Zylinder bemessen. Mit Hilfe des Magnetventils wird der Zugang zu einem Ausgleichsvolumen geöffnet bzw. geschlossen. Ein Öffnen dieses Ventils bewirkt einen rapiden Abfall des Drucks vor der Einspritzdüse und führt damit zum Schließen der Düse.

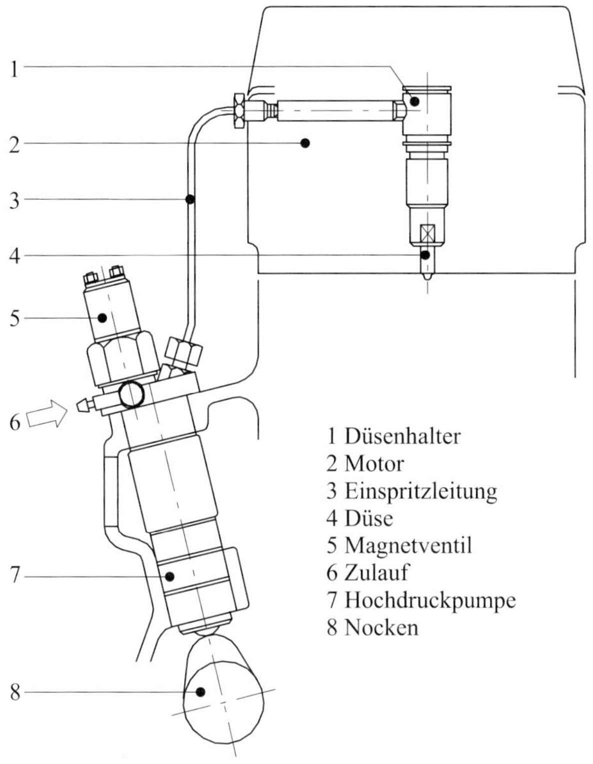

Abb. 4.14: Aufbau eines PLD-Systems

- **Pumpe-Düse (PD)**

Einspritzpumpe und Einspritzdüse bilden bei diesem Einspritzsystem eine Einheit, die an jedem Zylinder separat installiert wird. Ein schnell schaltendes Magnetventil steuert Einspritzbeginn und -ende. Es erhält seinen Schaltimpuls von einem elektronischen Steuergerät, in dessen Elektronik-Modul ein Einspritzkennfeld abgespeichert ist.

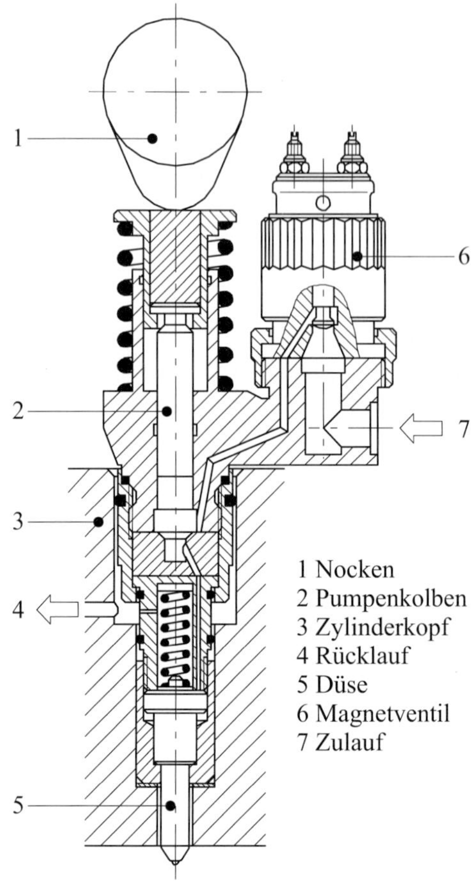

Abb. 4.15: Funktionsschema einer Pumpe-Düse-Einheit

Beim PD-Einspritzsystem sind Einspritzdrücke bis 2.000 bar darstellbar, dies ermöglicht gute Verbrauchs- und Emissionswerte. Abb. 4.15 zeigt das Funktionsschema des PD-Einspritzsystems, das auch im TDI-Dieselmotor der Volkswagen AG für PKW eingesetzt wird.

- **Common-Rail-System (CR)**

Die bisher beschriebenen Einspritzsysteme sind integrierte Systeme zur Druckerhöhung und Mengenregelung. Diese beiden Funktionen sind beim Common-Rail-System vollständig getrennt. Beim elektronisch gesteuerten Common-Rail-System wird dem Common-Rail ("gemeinsame Schiene"), einem als "Rohr" ausgebildeten Hochdruckspeicher, mit Drücken im Bereich $1.200 < p < 2.000$ bar Brennstoff zugeführt und von dort geregelt an die einzelnen Zylinder weitergeleitet. Abb. 4.16 zeigt das Funktionsprinzip des CR-Einspritzsystems.

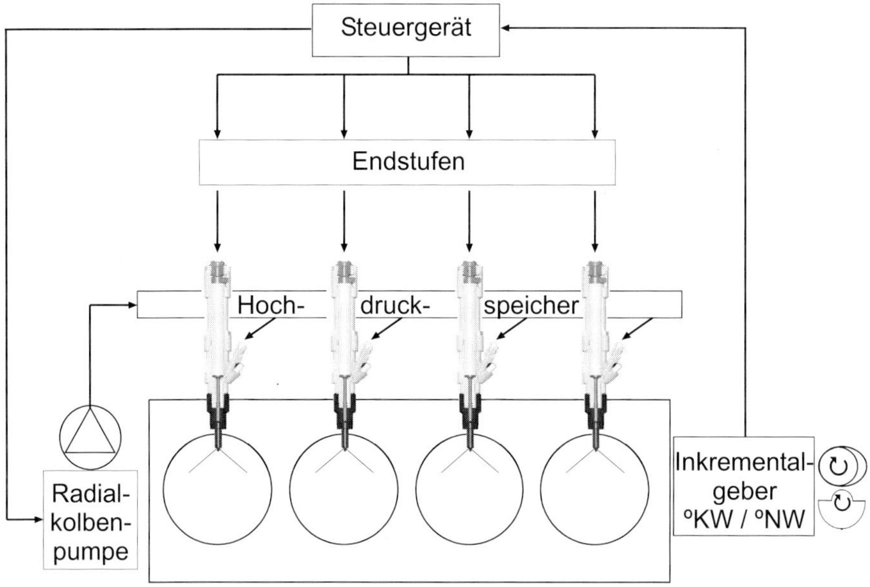

Abb. 4.16: Prinzipskizze eines Common-Rail-Systems

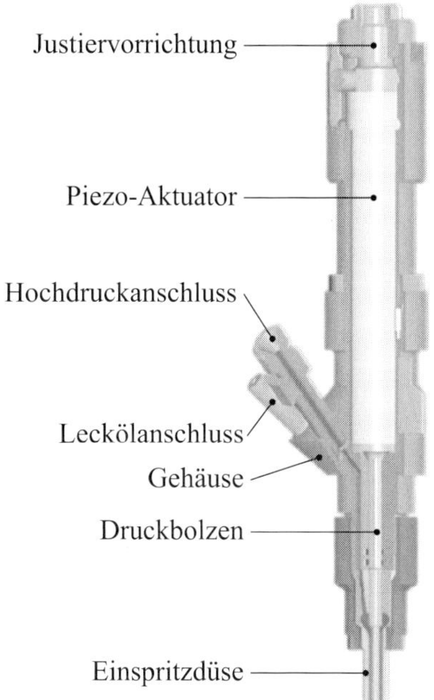

Abb. 4.17: Piezo-Injektor mit direkter Betätigung der Düsennadel

Mit Common-Rail-Einspritzsystemen sind nahezu beliebige Einspritzverläufe darstellbar, wobei die Vorteile der CR-Einspritzsysteme erst dann voll zum Tragen kommen, wenn die heutigen Magnetventil- bzw. Piezoventil-gesteuerten Injektoren durch elektronisch gesteuerte direktwirkende Piezo-Common-Rail-Injektoren ersetzt werden, siehe Meyer et al. (2002), wobei druckmodulierte Piezo-CR-Injektoren eine viel versprechende Weiterentwicklung darstellen, vgl. Stegemann (2003, 2004). Abb. 4.17 zeigt den Querschnitt eines direktwirkenden Piezo-Common-Rail-Injektors.

Im Gegensatz zu den nockengetriebenen Einspritzsystemen muss die Antriebsdrehzahl der Hochdruckpumpe wegen der Entkopplung von Druckerzeugung und Steuerfunktionen beim Common-Rail-System nicht starr an die Motordrehzahl gekoppelt sein. Dadurch können auch schon bei geringerer Motordrehzahl höhere Einspritzdrücke realisiert werden, die eine bessere Gemischaufbereitung und damit ein verbessertes Emissionsverhalten bewirken. Das Common-Rail-Einspritzsystem dürfte sich in der nahen Zukunft wegen der im Hinblick sowohl auf die Schadstoffreduzierung als auch auf die konstruktive Ausführung wesentlichen Vorteile allgemein durchsetzen, wobei Einspritzdrücke weit über 2.000 bar im Gespräch sind.

- **Einspritzdüsen**

Durch die Bohrungen in der Einspritzdüse wird der Brennstoff in den Brennraum eingespritzt. Beim Einspritzvorgang soll der Brennstoff möglichst gut zerstäubt (luftverteilendes Verfahren) oder gezielt auf die Oberfläche der Brennstoffmulde im Kolben aufgebracht werden (wandanlagerndes Verfahren).

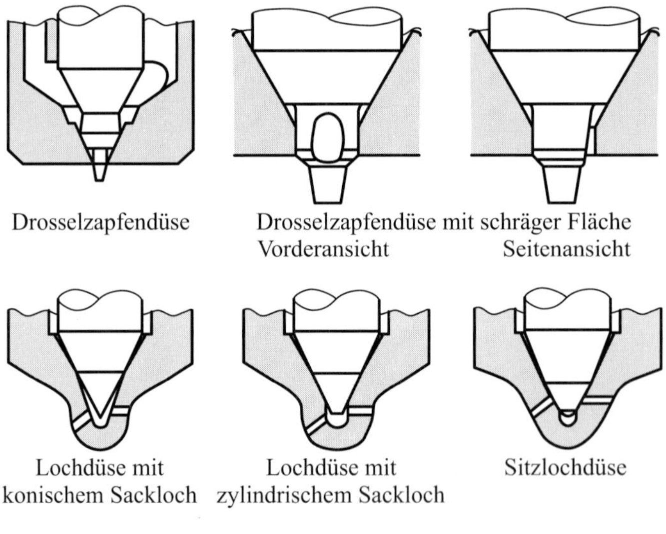

Abb. 4.18: Ausführungen von Einspritzdüsen

Für unterschiedliche Brennverfahren und Brennstoffe werden unterschiedliche Düsenformen verwendet, siehe Abb. 4.18:

- Drosselzapfendüsen werden in Vor- und Wirbelkammermotoren eingesetzt. Sie haben einen hubabhängigen Öffnungsquerschnitt, sind vorteilhaft im Hinblick auf das

Verbrennungsgeräusch, neigen aber zur Verkokung (geringer bei Flächenzapfendüsen).

- Lochdüsen werden in direkt einspritzenden Dieselmotoren eingesetzt und zwar Sacklochdüsen für konventionelle Einspritzsysteme und Minisackloch- und Sitzlochdüsen für Common-Rail-Einspritzsysteme.

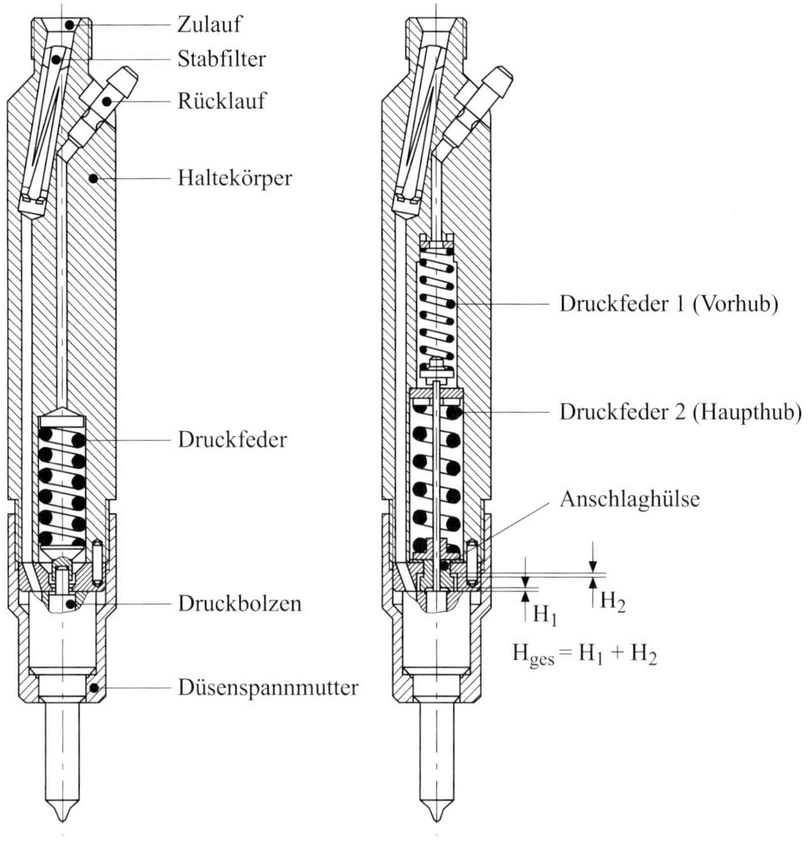

Abb. 4.19: Standard- und Zweifederdüsenhalter

Die Einspritzdüse ist in einem Düsenhalter integriert, der als Baugruppe in den Zylinder eingeschraubt wird. In Abb. 4.19 sind zwei Düsenhalter dargestellt, links im Bild ein Standarddüsenhalter und rechts im Bild ein Zweifeder-Düsenhalter für direkteinspritzende Dieselmotoren mit Voreinspritzung. Beim letztgenannten werden zwei Federn mit unterschiedlicher Federkonstante eingesetzt. Die schwächere Feder lässt bei Einspritzbeginn nur einen eingeschränkten Nadelhub und damit eine begrenzte Förderrate zu. Erst wenn der Einspritzdruck auch die Federkraft der zweiten Feder überschreitet, wird der volle Nadelhub und damit die maximale Einspritzrate ermöglicht. Durch die so erzeugte Voreinspritzung einer kleineren Brennstoffmenge wird ein sanfterer Druckanstieg im Brennraum und damit eine geringere Geräuschentwicklung erreicht.

4.2.2 Gemischbildung

- **Phänomenologie**

Die Einspritzstrahlen treten mit hoher Geschwindigkeit aus der Einspritzdüse aus, zerfallen infolge der hohen Relativgeschwindigkeit zur umgebenden hochverdichteten Luft und der hohen Turbulenz im Strahl in kleine Tröpfchen und werden mit fortschreitendem Eindringen in den Brennraum zerstäubt. Abb. 4.20 zeigt eine qualitative Skizze des aus der Einspritzdüse austretenden Brennstoffstrahls.

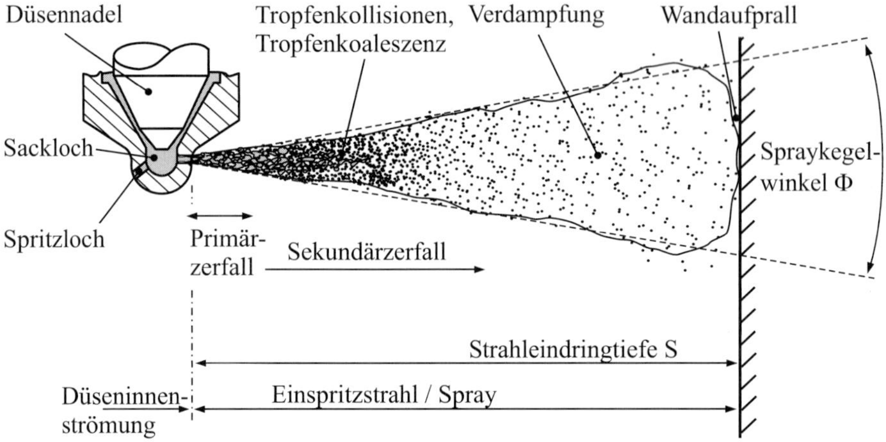

Abb. 4.20: Schematische Darstellung der Strahlausbreitung

Die Strahlausbreitung und die damit verbundene Gemischbildung werden durch die Einspritzparameter und das Strömungsfeld (Drall, Turbulenz) im Brennraum bestimmt. Die turbulente kinetische Energie der Einspritzstrahlen liegt jedoch um mindestens eine Größenordnung über der kinetischen Energie der Verbrennungsluft, sodass das Strömungsfeld im Zylinder erst gegen Ende der Einspritzung, wenn der Strahl bereits stark abgebremst ist, an Bedeutung gewinnt.

Während der Einspritzdruck beim herkömmlichen Pumpe-Leitung-Düse-System gegen Ende der Einspritzdauer stark abnimmt und dadurch eine schlechtere Zerstäubung in dieser Phase verursacht, bleibt der Druck beim Common-Rail-System bis zum Schluss auf konstant hohem Niveau und gewährleistet so eine durchgehend feine Zerstäubung.

Am Strahlrand vermischen sich die Brennstofftropfen mit der heißen Luft im Brennraum (*Air Entrainment*). Dadurch werden die Tropfen infolge von konvektiver Wärmeübertragung und Temperaturstrahlung der heißen Brennraumwände aufgeheizt, und der Brennstoff beginnt schließlich zu verdampfen. Neben der Temperatur wird die Rate der *Tropfenverdampfung* durch die Diffusion des Brennstoffs von der Tropfen-Oberfläche (hohe Dampfkonzentrationen) in die Tropfenumgebung (niedrige Dampfkonzentration) bestimmt.

Beim Dieselmotor kann die Gemischbildung nicht unabhängig von der Strahlausbreitung einerseits und der Verbrennung andererseits betrachtet werden. Es ist gerade die Besonderheit der dieselmotorischen Verbrennung, dass Strahlausbreitung, Gemischbildung und Verbrennung teilweise simultan ablaufen. Nur ein geringer Anteil des eingespritzten Brennstoffs mischt sich während des Zündverzugs nahezu homogen mit der Luft im Brennraum. Bei Zündung verbrennt diese Menge fast schlagartig (Dieselschlag). Anschließend laufen Gemischbildung und Verbrennung simultan ab, und die Verbrennung wird durch die für die Gemischbildung entscheidenden Diffusionsvorgänge kontrolliert.

Die Strahlausbreitung und die Gemischbildung sind heute zumindest qualitativ gut verstanden und können mit halbempirischen Modellen relativ gut beschrieben werden, siehe Baumgarten (2003), Ramos (1989) und Stiesch (2003).

4.2.3 Selbstzündung

Die Zeitspanne zwischen Einspritz- und Brennbeginn wird als *Zündverzugszeit* bezeichnet. Die dabei ablaufenden physikalischen und chemischen Prozesse sind sehr komplex, die wesentlichen *physikalischen Vorgänge* sind die Zerstäubung des Brennstoffes, die Verdampfung und die Mischung von Brennstoffdampf und Luft bis zur Bildung eines zündfähigen Gemisches. Die *chemischen Vorgänge* sind die unten beschriebenen Vorreaktionen im Gemisch bis zur Selbstzündung, die bei einem lokalen Luftverhältnis von $0{,}5 < \lambda < 0{,}7$, erfolgt.

Die Oxidation von C_xH_y-Brennstoffen kann als verzweigter Kettenfortpflanzungsprozess aufgefasst werden, bei welchem die im Zuge des Reaktionsablaufs gebildeten Zwischenprodukte als Kettenträger agieren. Die Oxidation läuft über Hunderte von Zwischenprodukten. Der Reaktionsablauf bzw. Reaktionsweg ist stark von der Temperatur abhängig und kann in die drei nachfolgend beschriebenen Temperaturbereiche eingeteilt werden, siehe Warnatz et al. (2001).

Bei hohen Temperaturen oberhalb von $T >$ 1.100 K ist die Kettenverzweigung

$$(1) \quad H^\bullet + O_2 \rightarrow OH^\bullet + O^\bullet \qquad (4.6)$$

dominierend. Diese Reaktion verliert bei niedrigen Temperaturen schnell an Bedeutung.

Im mittleren Temperatur-Bereich $900 < T <$ 1.100 K gewinnen die zusätzlichen Verzweigungen

$$(2) \quad HO_2^\bullet + RH \rightarrow H_2O_2 + R^\bullet \text{ und} \qquad (4.7)$$

$$(3) \quad H_2O_2 + M \rightarrow OH^\bullet + OH^\bullet + M \qquad (4.8)$$

an Bedeutung, wobei die $OH^\bullet$-Radikale z. T. wieder in das ursprünglich eingesetzte $HO_2^\bullet$-Radikal zurückgebildet werden.

Im Niedertemperatur-Bereich unterhalb $T < 900$ K ist der H_2O_2-Zerfall relativ langsam und es gewinnen entartete Verzweigungsprozesse an Bedeutung, die dadurch gekennzeichnet sind, dass Vorläufer der Kettenverzweigung (z. B. RO_2) bei höheren Temperaturen wieder zerfallen. Dadurch wird eine inverse Temperaturabhängigkeit der Reaktionsrate verursacht, die als 2-Schritt-Reaktionsmechanismus beschrieben werden kann, Warnatz et al. (2001). Dieser 2-Schritt-Reaktionsmechanismus, der ursprünglich zur Beschreibung der klopfenden Verbrennung im Ottomotor entwickelt wurde, führt zu einem umfangreichen Reaktionsschema, weil die Restmoleküle viele isomere Strukturen haben können. Allein für die Oxidation von n-$C_{16}H_{34}$ müssen etwa 6.000 Elementar-Reaktionen mit 2.000 Spezies berücksichtigt werden.

Zur Simulation des Selbstzündungsprozesses wurden verschiedene Modelle entwickelt. Ein Modell ist das von Fieweger und Ciezki (1991), mit dessen Hilfe die Selbstzündung in stöchiometrischen n-Heptan-Luftgemischen bei verschiedenen Drücken berechnet werden kann. Die gute Übereinstimmung mit experimentellen Daten beweist die Konsistenz dieses Modells, siehe Abb. 4.21.

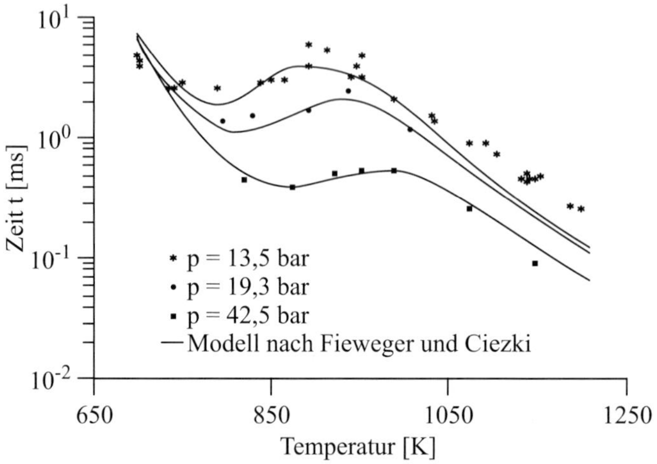

Abb. 4.21: Modell für die Selbstzündung nach Fieweger und Ciezki (1991)

Das Shell-Modell von Halstead et al. (1977) umfasst einen Kettenfortpflanzungsmechanismus, erweitert um einen entarteten Verzweigungsprozess mit zwei Reaktionspfaden zur Bildung von Verzweigungsprodukten, sowie zwei Kettenabbruchreaktionen. Die Reaktionskoeffizienten k_i sind entweder vom Standard-Arrhenius-Typ

$$k_i = A_i \exp\left(-\frac{E_i}{RT}\right) \tag{4.9}$$

oder eine Kombination separater Reaktionskoeffizienten (für die dreistufige Kettenfortpflanzung)

$$\frac{1}{k_i} = \frac{1}{k_{i1}[O_2]} + \frac{1}{k_{i2}} + \frac{1}{k_{i3}[RH]} \quad . \tag{4.10}$$

Die Reaktionsraten $\dot{x}_i$ ergeben sich in der Form

$$\frac{dx_i}{dt} = A_i \exp\left(-\frac{E_i}{RT}\right)[O_2]^{a_i}[RH]^{b_i} . \tag{4.11}$$

Dieses Selbstzündungsmodell erfordert die Anpassung von 26 Reaktionsparametern. Es wird z. B. im FIRE-Code verwendet und ist ausführlich bei Fuchs et al. (1996) beschrieben. Eine ausführliche Diskussion und ein Vergleich verschiedener Selbstzündmodelle findet man bei Klaiß (2003).

Für die dieselmotorische Anwendung bei typischerweise höheren Temperaturen sind die oben angeführten komplexen Modelle oft nicht zwingend erforderlich, zumal diese Modelle auch nicht fundamental gültig sind und die Eichung von Modellkonstanten erfordern. Daher wird in der Praxis häufig ein *1-Gleichungsmodell* mit gutem Erfolg angewendet, das den Zündverzug mit Hilfe nur einer Arrhenius-Gleichung

$$\Delta t_{ZV} = A\frac{\lambda}{p^2}\exp\left[\frac{-E}{RT}\right] \tag{4.12}$$

in Abhängigkeit von Druck, Temperatur und Luftverhältnis beschreibt.

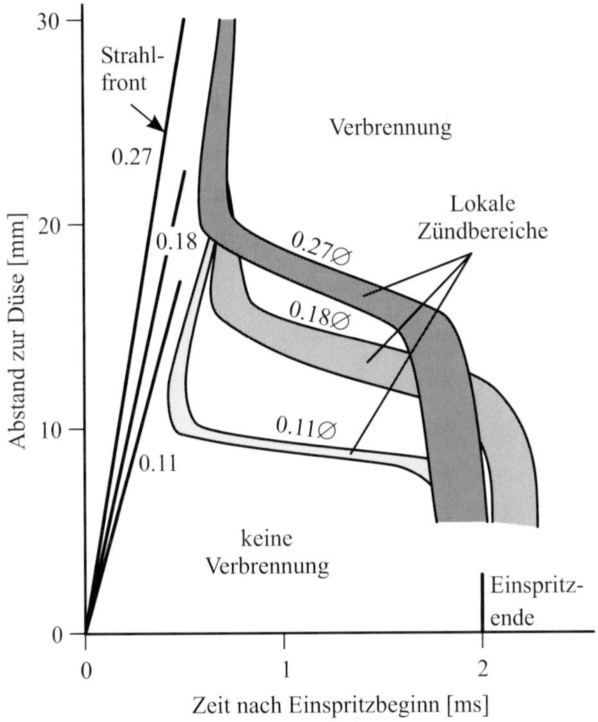

Abb. 4.22: Lokale Zündbereiche in Abhängigkeit der Zeit nach Einspritzbeginn und dem Abstand zur Mündung der Einspritzbohrung nach Winkelhofer et al. (1991)

Zusammenfassend zeigt Abb. 4.22 lokale Zündbereiche in Abhängigkeit der Zeit nach Einspritzung und dem Abstand von der Düse für drei verschiedene Durchmesser der Einspritzbohrung nach Winkelhofer et al. (1991). Man erkennt, dass das Gemisch nach etwa einer halben Millisekunde zündet und der Zündbereich desto näher an der Düsenmündung liegt, je kleiner der Durchmesser der Einspritzbohrung ist.

4.2.4 Verbrennungsablauf

Der Ablauf der dieselmotorischen Verbrennung lässt sich, grob gesehen, in drei Phasen unterteilen, siehe Abb. 4.23.

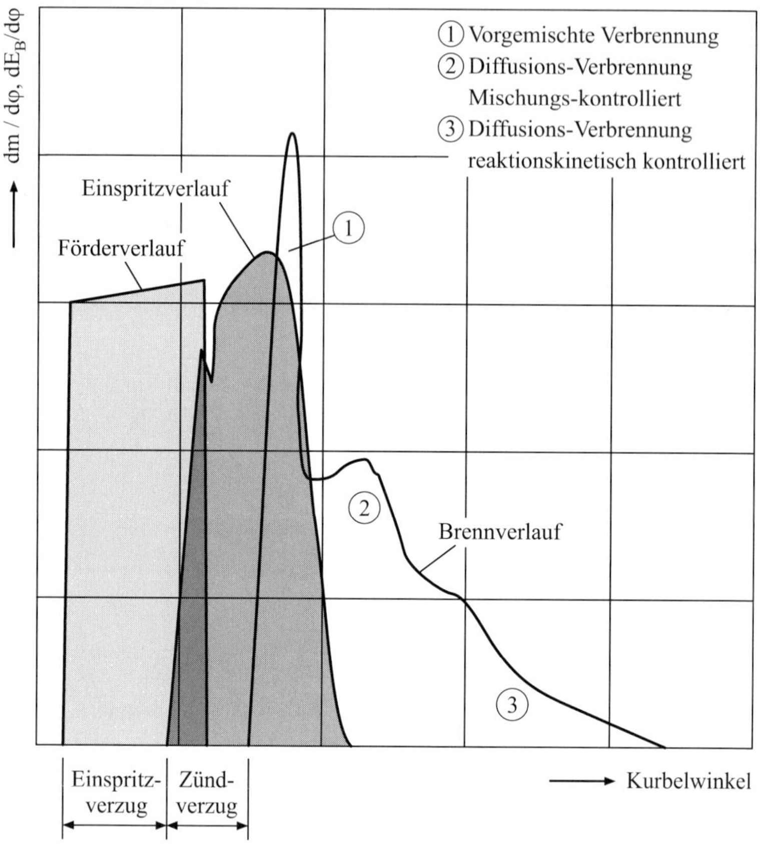

Abb. 4.23: Förder-, Einspritz- und Brennverlauf im Dieselmotor

- **Phase I: Vorgemischte (premixed) Verbrennung**

Der während der Zündverzugszeit eingespritzte Brennstoff mischt sich mit der Luft im Brennraum und bildet ein nahezu homogenes und reaktionsfähiges Gemisch. Nach der Zündverzugszeit, die physikalisch und chemisch kontrolliert ist, verbrennt dieses Gemisch sehr schnell (Dieselschlag). Diese Vormisch-Verbrennung ähnelt damit der ottomotorischen Verbrennung. Das für den Dieselmotor typische Verbrennungsgeräusch wird durch die hohe Druckanstiegsgeschwindigkeit $\mathrm{d}p/\mathrm{d}\varphi$ zu Beginn der Verbrennung verursacht. Diese Druckanstiegsgeschwindigkeit kann durch Veränderung des Einspritzzeitpunktes beeinflusst werden, wobei gilt: ein früher Einspritzbeginn führt zu einer "harten" und ein später zu einer "weichen" Verbrennung, siehe Abb. 4.24. Darüber hinaus kann das Verbrennungsgeräusch durch eine Voreinspritzung wesentlich reduziert werden. Dabei wird zunächst nur eine geringe Brennstoffmenge von etwa 5 % eingespritzt, und erst nach erfolgter Selbstzündung beginnt die Haupteinspritzung.

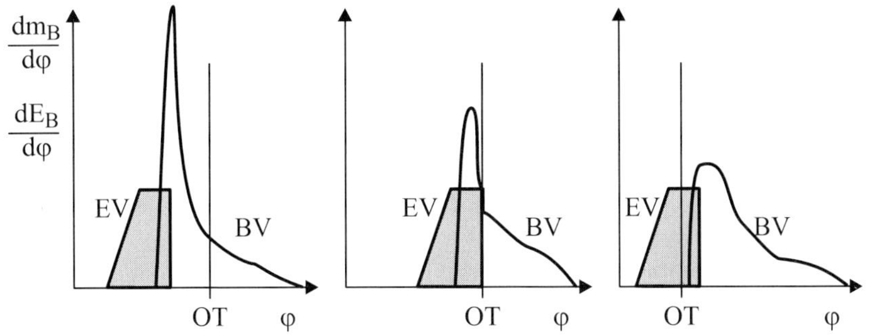

Abb. 4.24: Einspritz (EV)- und Brennverlauf (BV) bei früher (links) und später (rechts) Verbrennung

- **Phase II: Hauptverbrennung**

Die Gemischbildungsvorgänge dauern während der Hauptverbrennung an und beeinflussen sowohl den Verbrennungsablauf selbst als auch die Schadstoffbildung entscheidend. In dieser Phase ist die Chemie schnell, der Verbrennungsablauf ist Mischungs-kontrolliert. Man spricht deshalb auch von Mischungs-kontrollierter Diffusionsverbrennung. Das Ende der Hauptverbrennung ist durch das Erreichen der maximalen Temperatur im Brennraum gekennzeichnet.

- **Phase III: Nachverbrennung**

Gegen Ende der Verbrennung sind Druck und Temperatur in der Flammenfront soweit abgesunken, dass die Chemie langsam wird im Vergleich zu den simultan ablaufenden Mischungsvorgängen. Die Diffusionsverbrennung wird deshalb zunehmend reaktionskinetisch kontrolliert. Neben der zum Ende hin stark abnehmenden Umsetzung von bis dahin unverbranntem Brennstoff werden während der Nachverbrennung auch Zwischenprodukte weiteroxidiert, die während der Hauptverbrennung aufgrund von lokalem Sauerstoffmangel entstanden sind. So ist diese letzte Verbrennungsphase insbesondere für die Oxidation des zuvor gebildeten Rußes entscheidend. Über 90 % des insgesamt gebildeten Rußes werden während dieser Phase im Brennraum wieder abgebaut.

Maßgebend für die thermodynamische Qualität des gesamten Verbrennungsprozesses ist die freigesetzte thermische Energie

$$\frac{dE_B}{d\varphi} = f(\varphi). \tag{4.13}$$

Sie führt zur Aufheizung des Brennstoff-Luft-Gemisches im Zylinder und damit zum Temperatur- und Druckanstieg. Als Beispiel zeigt Abb. 4.25 den Druck- und den Brennverlauf bei Voll- und bei Teillast in einem schnelllaufenden Hochleistungsdieselmotor mit relativ später Einspritzung.

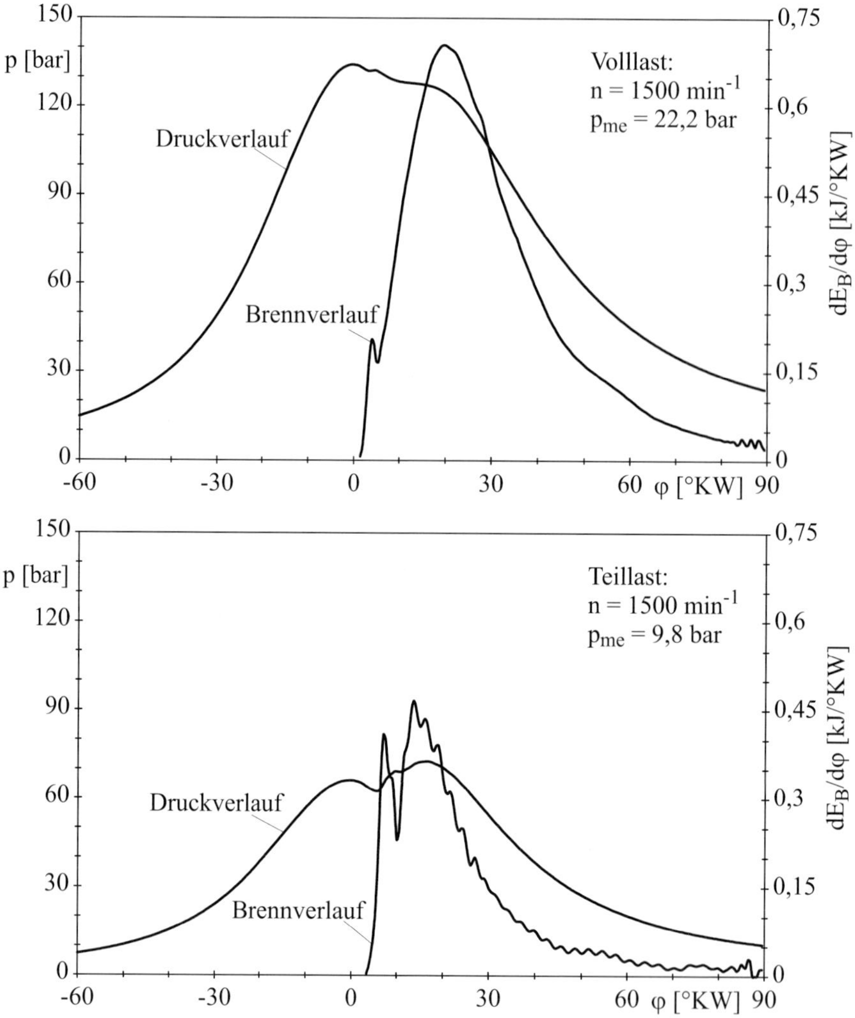

Abb. 4.25: Druck- und Brennverlauf in einem schnelllaufenden Dieselmotor bei Voll- und Teillast

4.2.5 Homogene Verbrennung

Um die Bildung der bei der dieselmotorischen Verbrennung dominanten Schadstoffkomponenten Stickoxide (NO_X) und Ruß möglichst zu verhindern, wird an der Entwicklung eines neuen Brennverfahrens, der so genannten homogenen Dieselverbrennung (HCCI-Verfahren, Homogeneous Charge Compression Ignition) gearbeitet. Die so genannte thermische NO-Bildung findet bei Temperaturen oberhalb von 2.000 K, die Rußbildung dagegen in fetten Bereichen des Gemisches mit $\lambda < 0{,}8$ und bei Temperaturen oberhalb von 1.400 K statt. Beim HCCI-Verfahren werden diese Bereiche vermieden, siehe Abb. 4.26.

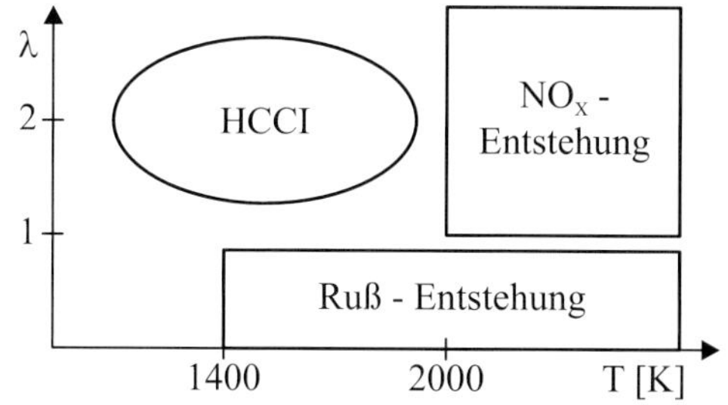

Abb. 4.26: Der λ, T - Bereich des HCCI-Verfahrens

Bei der homogenen Dieselverbrennung wird der Brennstoff im Gegensatz zum konventionellen Dieselverfahren bereits sehr früh in den Brennraum eingespritzt, sodass relativ viel Zeit für die Gemischbildung zur Verfügung steht. Dieses sehr magere Gemisch zündet gleichzeitig an vielen Stellen im Brennraum (Raumzündung) und brennt deshalb sehr schnell durch. Wegen des mageren Gemisches treten keine lokalen Temperaturspitzen auf und deshalb wird die thermische NO-Bildung verhindert; im weitgehend homogenen Gemisch existieren des Weiteren keine lokalen fetten Bereiche und deshalb wird praktisch kein Ruß gebildet.

Abb. 4.27 zeigt die Einspritz- und die Wärmefreisetzungsrate in Abhängigkeit des Kurbelwinkels für das konventionelle und das HCCI-Verfahren. Beim HCCI-Verfahren erfolgt die Einspritzung durch eine Sequenz einzelner Einspritzimpulse (getaktete Einspritzung), die Wärmefreisetzung erfolgt sehr schnell im OT-Bereich. Die getaktete Einspritzung lässt sich sehr einfach mit einem Common-Rail-Einspritzsystem darstellen.

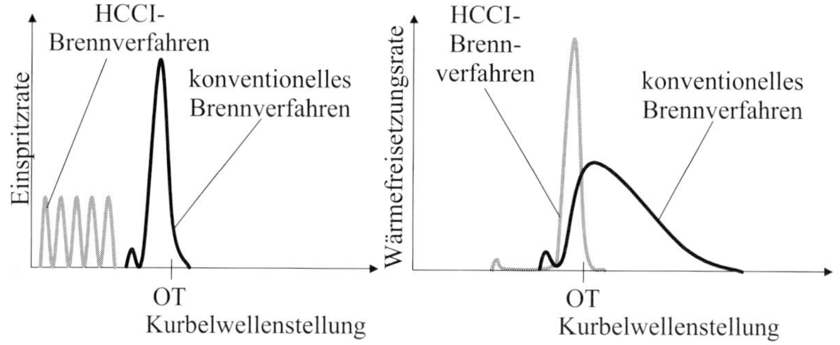

Abb. 4.27: Einspritz- und Wärmefreisetzungsrate für das konventionelle und das HCCI-Verfahren

Zur Steuerung des HCCI-Verfahrens lässt sich zweckmäßigerweise die Abgasrückführungsrate verwerden. Infolge der hohen Ladungsverdünnung und der sehr niedrigen Verbrennungstemperaturen kommt es zu einer deutlichen Erhöhung der CO- und HC-Emission. Diese beiden Schadstoffkomponenten müssen gegebenenfalls mit Hilfe eines nachgeschalteten Katalysators reduziert werden.

4.3 Druckverlaufsanalyse

Die Analyse des Zylinderdruckverlaufes ist trotz der Weiterentwicklung optischer Messverfahren bei der heutigen Entwicklung von Verbrennungsmotoren nicht wegzudenken. Zum einen ist der Zylinderdruckverlauf die wichtigste Größe zur Erkennung von klopfender Verbrennung online am Prüfstand und zum anderen können aus der thermodynamischen Analyse des Drucksignals wichtige Erkenntnisse hinsichtlich der Verbrennung (Entflammungsdauer, Zündverzug, Heiz- und Brennverlauf) sowie der so genannten Verlustteilung gewonnen werden. Zudem gibt der Druckverlauf Aufschluss über die Einhaltung des vorgegebenen Spitzendruckes, die indizierte Arbeit sowie über das Ladungswechselverhalten des Motors (Füllung) und das Restgas im Brennraum.

4.3.1 Bestimmung des Brennverlaufs

- **Erfassung des Drucksignals**

Zur Bestimmung des Zylinderdrucks werden heutzutage wassergekühlte Messgeber verwendet, die nach dem piezoelektrischen Messprinzip arbeiten. Diese besitzen eine hohe mechanische Robustheit bei dennoch kleinem Bauvolumen und sehr hoher Signalauflösung. Der Druckgeber ist zum Brennraum über eine Membran abgeschlossen, die mit dem Brennraumdruck beaufschlagt wird und zu einer druckproportionalen Kraft auf die Piezoelemente führt. Ausgehend vom Zylinderdruck wird im Druckaufnehmer eine Ladung erzeugt, die in einem Ladungsverstärker in eine der Ladung proportionale Spannung gewandelt wird. Diese Spannung kann einem Analog-Digital-Wandler zugeführt werden; der Zylinderdruck steht somit für eine thermodynamische Auswertung zur Verfügung.

Die Zuordnung des Drucksignals zum Motorprozess (Triggerung) erfolgt über einen so genannten Drehwinkelgeber, der an die Motorkurbelwelle angeflanscht ist und sich am Kurbelgehäuse verdrehfest abstützt. Für thermodynamische Auswertungen erweist sich eine Auflösung von ca. 1°KW als ausreichend. Da die Lage des Drehwinkelgebers zum OT mechanisch nicht exakt festgelegt werden kann, wird meist über einen kapazitiven Sensor bei geschlepptem Motor der Abstand zwischen der Sensorspitze und dem Kolben gemessen und damit der geometrische OT des Motors für jede Drehzahl bestimmt. Die Genauigkeitsanforderung für diesen Prozess beträgt ± 0,1°KW.

Bei fremdgezündeten Motoren (Ottomotor) kommt es durch Gemisch-Inhomogenitäten an der Zündkerze zu sehr starken Unterschieden bei der Verbrennung, da diese je nach Gemischzustand im Zündkerzenspalt einige Grad Kurbelwinkel früher oder später startet. Diese so genannten Zyklenschwankungen werden für eine thermodynamische Auswertung durch eine Mittelung über eine große Anzahl von Arbeitsspielen geglättet. Beim Ottomotor ist eine Mittelung von bis zu 250 Arbeitsspielen anzustreben, vgl. Abb. 4.9. Beim Dieselmotor sind aufgrund der Selbstzündung diese Schwankungen weniger ausgeprägt, weshalb eine Mittelung über weniger als 50 Arbeitsspiele meist ausreicht.

- **Auswertung des Drucksignals**

Setzt man zunächst den Brennraum des Verbrennungsmotors als Bilanzvolumen an, können die Zustände des eingeschlossenen Gases, also Druck, Temperatur und die Innere Energie, über die thermische Zustandsgleichung sowie über die Massenbilanz und die Energiebilanz eindeutig beschrieben werden (vgl. Kap. 7.1).

Die im Brennraum eingeschlossene Gasmasse kann im einfachsten Fall über die Messung der Frischgasmasse bestimmt werden. Es ergibt sich jedoch das Problem, dass der Fanggrad meist nur unzureichend bekannt ist. Bei Mehrzylindermotoren stellt sich zudem die Aufteilung der Frischgasmasse auf die einzelnen Zylinder als problematisch dar, da diese Größe meist nur integral über alle Zylinder gemessen werden kann. Hier kann z. B. eine Ladungswechselrechnung unterstützend helfen, für die eine Messung der Niederdruckverläufe im Ansaug- und Abgastrakt notwendig ist. Diese Messung erfolgt meist mittels piezoresistiver Drucksensoren. Die Drucksignale werden als Randbedingungen einem so genannten Minimodell aufgeprägt, das, über die in Kapitel 7.4 beschriebenen gasdynamischen Zusammenhänge, das Rohrleitungssystem zwischen der einlassseitigen Messstelle und der abgasseitigen Messstelle beschreibt.

Bei Motoren mit hohen Restgasanteilen hat sich zur Ermittlung der Restgasmasse bei äußerer Abgasrückführung eine Messung der CO_2-Konzentration im Abgas und im vom Zylinder angesaugten Gasgemisch – also im Ansaugtrakt nach der Zumischungsstelle – als zielführend herausgestellt. Die innere Abgasrückführrate kann praktisch nur über die oben beschriebene Ladungswechselrechnung bestimmt werden.

Da die Verbrennung normalerweise nur während des Hochdruckteiles stattfindet (Ausnahme: später Ausbrand durch z. B. Nacheinspritzung), kann man den Brennraum für den Hochdruckteil als geschlossenes System betrachten. Damit sind die Enthalpieströme über die Systemgrenze Null und auch die Blowby-Verluste und die Verdampfungsenthalpie bei Benzin-Direkteinspritzung können in erster Näherung zu Null gesetzt werden.

$$\frac{dQ_B}{dt} = \frac{dU}{dt} - \frac{dQ_W}{dt} + p\frac{dV}{dt}\left[-\frac{dm_{BB}}{dt}h_{BB}\left(-\frac{dm_{Br.,verd.}}{dt}\Delta h_{verd.}\right)\right] \tag{4.14}$$

Die Innere Energie in (4.14) kann in Abhängigkeit von Druck, Temperatur und Gaszusammensetzung beschrieben werden. Auch die Wandwärmeverluste von Kolben, Zylinderkopf und der Laufbüchse können als Funktionen von Druck und Temperatur dargestellt werden. Zur Beschreibung des brennraumwandseitigen Wärmestromes sind die Wandtemperaturen notwendig, die durch Messung oder Berechung bestimmt werden können. Das Zylindervolumen ist ohnehin nur von geometrischen Größen abhängig. Die zugehörigen physikalischen Gesetzmäßigkeiten sind in Kapitel 7.1 ausführlich beschrieben.

Die mittlere Gastemperatur kann bei Kenntnis des momentanen Brennraumvolumens, des Druckes und der im Brennraum befindlichen Gesamtgasmasse über die thermische Zustandsgleichung leicht bestimmt werden. Als einzige Unbekannte für die Ermittlung des Brennverlaufes – also der freigesetzten Verbrennungswärme – verbleibt der Druck im Zylinder. Die Fragestellung zur Ermittlung des Brennverlaufes richtet sich somit auf die Ermittlung des Druckes im Zylinder, die bereits beschrieben ist.

Druckaufnehmer, die nach dem piezoelektrischen Prinzip arbeiten, können keine Absolutdrücke messen. Deshalb muss das Druckniveau des gemessenen Drucksignals nach bestimmten thermodynamischen Kriterien eingepasst werden.

Die Einpassung kann im Bereich der Kompressionsphase, in der die Gastemperatur in der gleichen Größenordnung wie die Zylinderwandtemperatur liegt, über eine polytrope Verdichtung erfolgen. Begünstigt wird dies dadurch, dass in diesem Bereich der Wärmeübergangskoeffizient sehr niedrig ist. Ein Bereich zwischen ca. 100°KW und ca. 65°KW vor OT erweist sich bei einer Vielzahl von Motoren als günstig, kann jedoch nicht verallgemeinert werden. Für den Dieselmotor ist ein Polytropenexponent von 1,37 und für den gemischansaugenden Ottomotor aufgrund des Brennstoffanteiles im angesaugten Gemisch ein Polytropenexponent von 1,32 zu wählen.

Eine weitere Möglichkeit stellt eine Einpassung über den 1. Hauptsatz der Thermodynamik dar. Zwischen dem Schließen des Einlassventils und dem Zündzeitpunkt muss die durch die Verbrennung integral und zeitlich freigesetzte Wärmemenge identisch Null sein. Versieht man nun den gemessenen Druck mit einem additiven Druckkorrekturglied, kann man nach diesem auflösen und erhält iterativ eine sehr exakte Lösung für die Druckeinpassung.

Die höchste Genauigkeit ist mit der bereits beschriebenen Ladungswechselberechnung unter Vorgabe der gemessenen dynamischen Saugrohr- und Abgasgegendrücke möglich. Nach erfolgter Ladungswechselrechnung wird der gemessene Zylinderdruck an den Druck der Ladungswechselberechnung bei "Einlass schließt" angepasst. Mit diesem Verfahren ist zudem eine exakte Ermittlung des Restgasanteils und damit eine exakte Bestimmung der Zylindermasse möglich, was als weiterer Vorteil für eine deutlich verbesserte Auswertegenauigkeit genutzt werden kann.

Eine wesentliche Größe für die Beurteilung der Qualität der Brennverlaufsauswertung ist jedoch die so genannte Energiebilanz. Sie wird aus dem Quotienten der durch die Brennverlaufsauswertung ermittelten Energiemenge und der im Zylinder durch die Verbrennung des Brennstoffes maximal freigesetzten Energiemenge gebildet.

Dabei wird der Brennverlauf zum so genannten Summenbrennverlauf integriert, dessen Wert bei Verbrennungsende den Zähler des Quotienten der Energiebilanz darstellt.

Die maximal freigesetzte Energiemenge – also der Nenner – berechnet sich aus dem Produkt des pro Arbeitsspiel eingebrachten Brennstoffes und dem unteren Heizwert, wobei vor allem beim Ottomotor die Energie der nicht verbrannten Abgasbestandteile abgezogen werden muss

$$EB = \frac{\int_{\varphi_{BB}}^{\varphi_{BE}} \frac{\mathrm{d}Q_B}{\mathrm{d}\varphi}}{m_B H_u - Q_{uv}} = \frac{\int_{\varphi_{BB}}^{\varphi_{BE}} \frac{\mathrm{d}Q_B}{\mathrm{d}\varphi}}{m_B H_u \, \eta_u} , \tag{4.15}$$

$$\eta_u = 1 - \frac{Q_{uv}}{m_B \, H_u} . \tag{4.16}$$

Dabei gilt für die im Abgas enthaltenen unverbrannten Bestandteile wie CO, H_2, HC und Ruß folgender Zusammenhang.

$$Q_{uv} = m_{\mathrm{CO}} \, H_{u,\mathrm{CO}} + m_{\mathrm{H_2}} \, H_{u,\mathrm{H_2}} + m_{\mathrm{C_3H_8}} \, H_{u,\mathrm{C_3H_8}} + m_{\mathrm{C}} \, H_{u,\mathrm{C}} \tag{4.17}$$

Eine Schwankung der Energiebilanz im Bereich von 95-105 %, also im Bereich von ± 5 % kann im Rahmen der erreichbaren Genauigkeiten bei der Messung und bei der Beschreibung der thermodynamischen Zusammenhänge als sehr gut angesehen werden.

Neben dem Verlauf der Verbrennung können auch noch andere für die Charakterisierung des Brennverlaufs wichtige Größen ermittelt werden. Diese sind in Abb. 4.28 dargestellt.

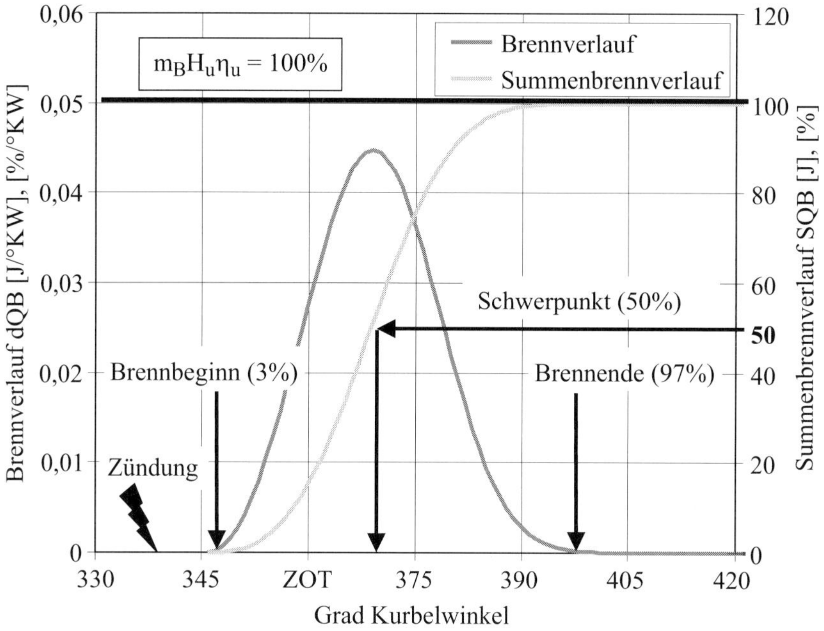

Abb. 4.28: Charakteristische Größen des Brennverlaufes

Die Zeit zwischen Zündung bzw. Einspritzung beim Dieselmotor und dem Brennbeginn, der bei ca. 3 bis 5 % des Summenbrennverlaufes festgelegt werden kann, wird Zündverzug genannt. Die Zeit zwischen Verbrennungsbeginn und Verbrennungsende bezeichnet man als Brenndauer. Der Schwerpunkt des Brennverlaufes ist als der Grad Kurbelwinkel definiert, bei dem 50 % der gesamten Wärmemenge umgesetzt wurden. Fast unabhängig vom Motortyp und vom Brennverfahren ergeben sich verbrauchsoptimale Betriebspunkte bei einer Schwerpunktlage des Brennverlaufes von ca. 8° KW nach dem Zünd-OT.

Abb. 4.29 zeigt die Auswertung eines Brennverlaufes für einen konventionellen Ottomotor bei einer Drehzahl von 1.000 U/min und einer Last von $p_i = 1$ bar. Dargestellt sind der Brennverlauf und die Einzelanteile des Brennverlaufs gemäß dem 1. Hauptsatz der Thermodynamik, vgl. (4.14). Die genaue Vorgehensweise zur Ermittlung des Brennverlaufes ist u. a. bei Witt et al. (1999) beschrieben.

Zusammenfassend kann man sagen, dass für eine thermodynamisch korrekte Auswertung eine hohe Präzision bei der Druckindizierung und Ermittlung aller Messgrößen nötig ist. Sind all diese Voraussetzungen erfüllt, dann gelingt es, neben dem indizierten Mitteldruck auch die zeitliche Freisetzung der Verbrennungswärme als entscheidende Voraussetzung für eine effiziente Simulation zu ermitteln.

Bei einer Kombination von Ladungswechselrechnung und Druckverlaufsanalyse kann über die Niederdruckindizierungen auch der Restgasanteil sehr sicher bestimmt werden.

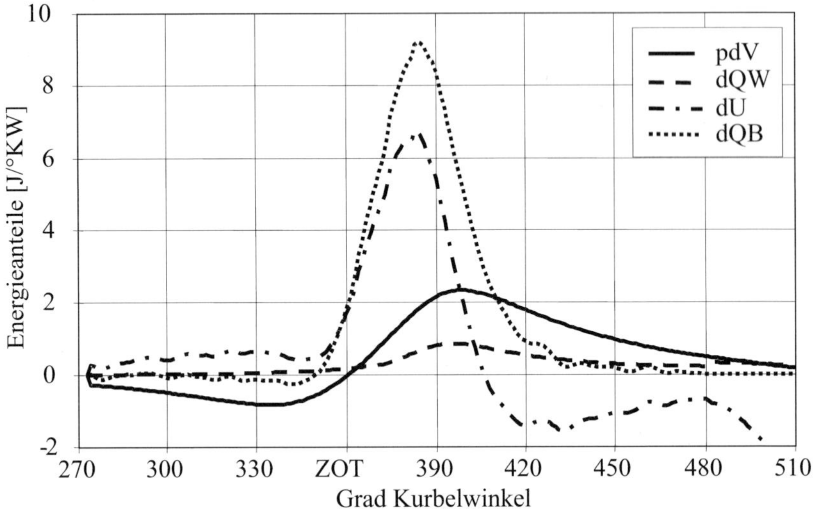

Abb. 4.29: Druckverlauf und Brennverlauf für einen Ottomotor bei 1.000 U/min und einer indizierten Last von $p_i = 1$ bar

4.3.2 Verlustteilung

Um unterschiedliche Brennverfahren hinsichtlich ihrer Potenziale bewerten zu können, bedient man sich der so genannten Verlustteilung. Dabei werden die Einzelverlustanteile ausgehend vom Prozess des vollkommenen Motors systematisch berechnet und bis zum realen Motorprozess nachvollzogen.

Der Prozess des vollkommenen Motors ähnelt dem des Gleichraumprozesses, da bei diesem auch an den oberen Totpunkten die gesamte Energie zu- bzw. abgeführt wird. Jedoch werden für den vollkommenen Motor einige abweichende Annahmen getroffen, die in folgender Aufstellung nach Witt (1999) zusammengefasst sind:

- Berechnung mit idealem Gas und realen Stoffwerten (c_v, c_p, $\kappa = f(T)$),
- Gleiches Verbrennungsluftverhältnis wie beim realen Prozess,
- Die Verbrennung verläuft bis zum chemischen Gleichgewicht mit Berücksichtigung der Dissoziation,
- Idealisierter Verbrennungsablauf (Wärmezufuhr am OT beim Ottomotor),
- Keine Wandwärmeverluste,
- Keine Reibung,
- Keine Strömungsverluste,

- Die Steuerzeiten liegen in den Totpunkten (AÖ im UT, AS und EÖ im OT, ES im UT),
- Druck und Temperatur zu Verdichtungsbeginn werden so festgelegt, dass sich die gleiche Verdichtungslinie zwischen dem vollkommenen und dem realen Prozess ergibt,
- Die Ladungsmasse ist die gleiche wie beim realen Prozess,
- Gleicher Restgasanteil wie beim realen Prozess.

Die Abb. 4.30 zeigt den Wirkungsgrad des vollkommenen Motors in Abhängigkeit vom Verdichtungsverhältnis und vom globalen Verbrennungsluftverhältnis nach Pischinger (1989).

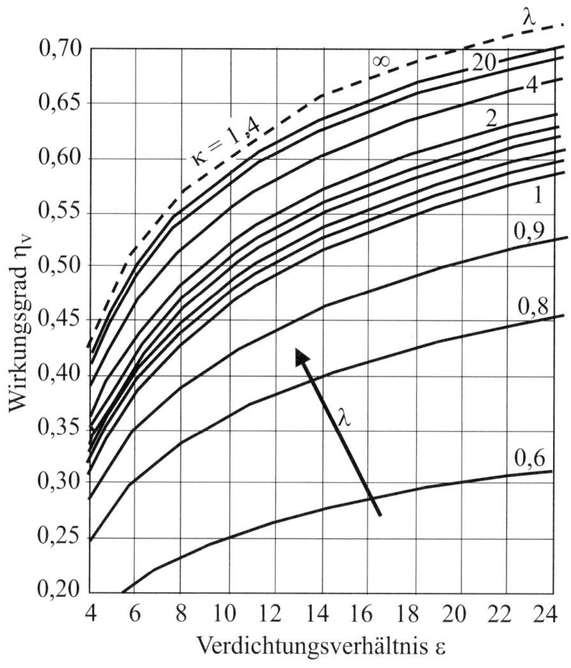

Abb. 4.30: Wirkungsgrad des vollkommenen Motors in Abhängigkeit vom Verdichtungsverhältnis und vom globalen Verbrennungsluftverhältnis nach Pischinger (1989)

Der reale Prozess unterscheidet sich vom vollkommenen durch Verluste aus unvollständiger bzw. unvollkommener Verbrennung, durch Verbrennungsverluste, durch Wandwärmeverluste, Ladungswechselverluste und Reibungsverluste. Um diese Verluste zu quantifizieren werden die Kreisprozesse unter Berücksichtigung der jeweiligen Verlustquellen neu berechnet und der Unterschied zum vorherigen Kreisprozess ausgewertet.

- **Verluste aus unvollständiger/unvollkommener Verbrennung**

Unter Verlusten aus unvollständiger Verbrennung versteht man Verluste, die durch unterstöchiometrische Verbrennung – also durch Sauerstoffmangel – entstehen. Diese Verluste sind im vollkommenen Motor bereits berücksichtigt, da hierbei ohnehin nur die Umsetzung des

Brennstoffs bis zum chemischen Gleichgewicht berücksichtigt wird. Verluste aus unvollkommener Verbrennung entstehen, wenn der Brennstoff nicht bis zum chemischen Gleichgewicht verbrennt. Aus dieser unvollkommenen Verbrennung resultieren zusätzliche Abgasbestandteile wie CO, H_2, HC und Ruß, die über das Niveau der Verbrennung bei Sauerstoffmangel hinausgehen. Diese Bestandteile aus unvollständiger und unvollkommener Verbrennung werden durch die Abgasanalyse in ihrer Gesamtheit erfasst. Die Verluste aus unvollkommener Verbrennung verringern die dem Prozess isochor zugeführte Wärmemenge (auf 1 kg Gemischmasse bezogen) und sind wie folgt zu quantifizieren

$$q_{uv,\,unvollk.} = q_{uv,\,ges} - q_{uv,\,chem} \,. \tag{4.18}$$

Dabei gilt für die gesamten Verluste aus unvollständiger und unvollkommener Verbrennung aus der Abgasanalyse

$$q_{uv,\,ges} = \left(\nu_{\mathrm{CO}}\, H_{u,\mathrm{CO}} + \nu_{\mathrm{H_2}}\, H_{u,\mathrm{H_2}} + \nu_{\mathrm{C_3H_8}}\, H_{u,\mathrm{C_3H_8}} + \nu_{\mathrm{C}} H_{u,\mathrm{C}}\right)\frac{1}{M_V} \tag{4.19}$$

mit

$$\begin{aligned} H_{u,\mathrm{CO}} &= 282.900 \text{ kJ/kmol}, \\ H_{u,\mathrm{H_2}} &= 241.700 \text{ kJ/kmol}, \\ H_{u,\mathrm{C_3H_8}} &= 406.900 \text{ kJ/kmol}, \\ H_{u,\mathrm{C}} &= 2.041.367 \text{ kJ/kmol}, \\ M_V &= 28{,}905 \text{ kg/kmol}. \end{aligned}$$

Für die unvollständige Verbrennung bis zum chemischen Gleichgewicht gilt nach Vogt (1975) folgender Zusammenhang

$$q_{uv,chem} = \left[1 - \left(1{,}3733\,\lambda - 0{,}3733\right)\right] h_u^* \tag{4.20}$$

mit

$$h_u^* = H_u \frac{1}{\lambda L_{\min} + 1} \,.$$

- **Verbrennungsverluste**

Verbrennungsverluste entstehen dadurch, dass beim realen Prozess die Verbrennungswärme nicht isochor am OT – also in unendlich kurzer Zeit – zugeführt wird, sondern in Form des Brennverlaufs (vgl. Kap. 4.3.1), der sich über einige Grad Kurbelwinkel erstreckt. Dabei wirkt die vor dem OT zugeführte Wärmemenge der Kompression entgegen, während die nach dem OT zugeführte Wärmemenge nicht mehr während der gesamten Expansion wirken kann. Dieser Verlust kann durch zweimalige Kreisprozessrechnung – einmal mit isochorer Wärmezufuhr und einmal mit Vorgabe der realen Verbrennung ermittelt werden. Hierbei ist anzumerken, dass eine Reduzierung der Verbrennungsverluste als näherungsweise isochore Verbrennung immer mit einer Zunahme der Wandwärmeverluste im realen Motorbetrieb einhergeht, weshalb das Gesamtoptimum aus Verbrennungs- und Wandwärmeverlusten nicht bei einer isochoren Verbrennung liegt.

- **Wandwärmeverluste**

Auch bei der Ermittlung der Wandwärmeverluste sind zwei Prozessrechnungen notwendig. Der Wandwärmestrom wird dabei über die bekannten Gesetzmäßigkeiten nach Woschni oder Bargende berechnet (siehe Kap. 7.1).

- **Ladungswechselverluste**

Der vollkommene Motor besitzt definitionsgemäß keine Ladungswechselverluste, da die Prozessführung von UT bis UT mit einer Wärmeabfuhr erfolgt. Um die Ladungswechselverluste exakt zu berücksichtigen, muss nach Witt (1999) eine Definition der Ladungswechselverluste nach der UT-UT-Methode unter zusätzlicher Berücksichtigung von Expansions- und Kompressionsverlusten gewählt werden. Dabei wird die Reduzierung der Arbeitsfläche im p, V-Diagramm durch den plötzlichen Druckabfall aufgrund des Öffnens des Auslassventils vor dem UT berücksichtigt. Genauso verhält es sich mit dem nach UT stattfindenden Schließen des Einlassventils. Hierbei sind entsprechende Kompressionsverluste zu berücksichtigen. Diese Verluste werden "verursachungsgemäß" den Ladungswechselverlusten zugeschlagen. Die Berücksichtigung der Ladungswechselverluste führt zum indizierten Druckverlauf und damit zum indizierten Wirkungsgrad. Verluste wie Leckagen etc. wirken sich nur marginal auf das Ergebnis der Verlustteilung aus.

4.3.3 Vergleich unterschiedlicher Brennverfahren

In diesem Kapitel sind beispielhaft die Brennverläufe und Verlustteilungen für unterschiedliche Brennverfahren dargestellt. Es handelt sich dabei um einen gedrosselten Ottomotor mit Saugrohreinspritzung (MPI), einen Ottomotor mit vollvariabler mechanischer Ventilhubsteuerung und Saugrohreinspritzung (VVH), einen direkteinspritzenden Ottomotor mit einem strahlgeführten Brennverfahren (DI), einem Ottomotor mit kontrollierter Selbstzündung (CAI) und einen Wasserstoffmotor mit Saugrohreinblasung (H_2). Allen Betriebspunkten gemeinsam ist eine Drehzahl von 2.000 U/min und ein indizierter Mitteldruck von ca. 2 bar.

- **Vergleich der Brennverläufe unterschiedlicher Brennverfahren**

Abb. 4.31 zeigt die Brennverläufe für die oben beschriebenen Brennverfahren. Der Unterschied der Brennverläufe zwischen dem gedrosselten und dem ungedrosselten Betrieb mit vollvariabler Ventilhubsteuerung ist im Vergleich zu den Brennverläufen für die kontrollierte Selbstzündung nur marginal.

Deutlich zu erkennen ist die sehr kurze Brenndauer bei der homogenen Selbstzündung von ca. 10-15°KW, was eine ca. dreimal niedrigere Brenndauer als beim Benzinsaugrohreinspritzer mit stöchiometrischer Verbrennung bedeutet. Dies ist durch die vielen eng beieinander liegenden Zündherde bedingt, deren umliegendes Gemisch praktisch gleichzeitig verbrennt.

Das direkteinspritzende strahlgeführte Brennverfahren besitzt eine relativ frühe Schwerpunktlage. Hier erkennt man den Zielkonflikt zwischen einer möglichst guten Gemischaufbereitung zur Sicherstellung des Ausbrandes mit geringen Emissionen (HC) und einer späten Einspritzung zur Erzielung einer verbrauchsoptimalen Schwerpunktlage.

Der Wasserstoffmotor besitzt eine im Vergleich zum saugrohreinspritzenden Benzinmotor relativ ähnliche Brenndauer, die sich aus der prinzipiell hohen Brenngeschwindigkeit des

Wasserstoffs und der hohen Abmagerung des Gemisches ($\lambda > 3$) mit der dadurch verbundenen Verzögerung der Brenngeschwindigkeit ergibt.

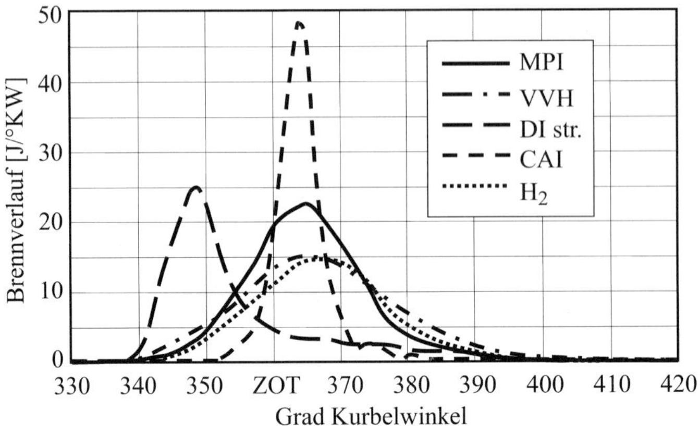

Abb. 4.31: Vergleich der charakteristischen Brennverläufe unterschiedlicher Brenn- und Laststeuerverfahren

- **Vergleich der Verlustteilung unterschiedlicher Brennverfahren**

Die Verlustteilungen für die oben beschriebenen Betriebspunkte sind in Abb. 4.32 dargestellt.

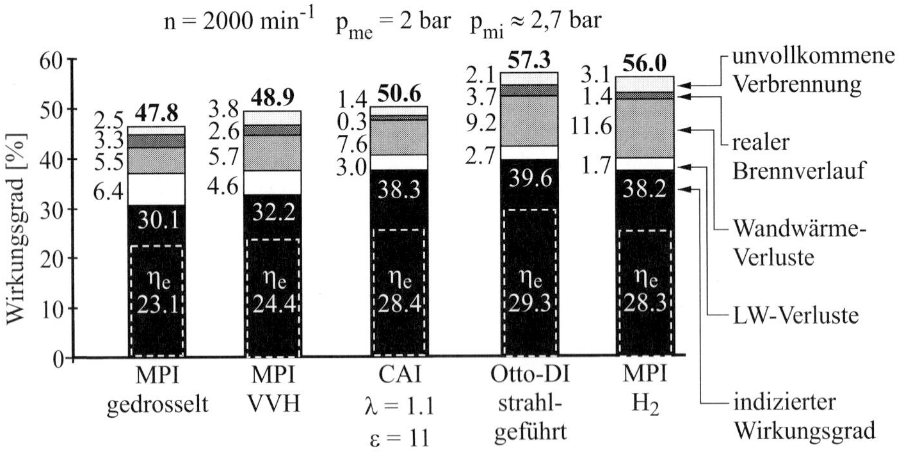

Abb. 4.32: Vergleich der Verlustteilungen unterschiedlicher Brenn- und Laststeuerverfahren

Das Brennverfahren mit der vollvariablen Einlassventilhubsteuerung besitzt aufgrund der höheren Restgasverträglichkeit gegenüber dem gedrosselten Motor das größere Potenzial für den vollkommenen Motorwirkungsgrad. Jedoch liegen die Verluste durch unvollkommene Verbrennung deutlich höher und kompensieren zum Teil die deutlich geringeren Ladungswechselverluste.

Das höchste Potenzial des vollkommenen Motors von über 57 % besitzt der direkteinspritzende strahlgeführte Ottomotor, da dieser in dem beschriebenen Betriebspunkt aufgrund der Schichtfähigkeit ein sehr hohes globales Verbrennungsluftverhältnis besitzt. Das höhere Verdichtungsverhältnis von 12 gegenüber 10,5 bei den anderen Brennverfahren verstärkt das größere Grundpotenzial. Bei diesem Betriebspunkt erkennt man die geringen Verluste aufgrund unvollkommener Verbrennung. Durch die frühe Schwerpunktlage sind die Verbrennungsverluste jedoch höher als die von Saugrohreinspritzern, was sich zudem noch in deutlich höheren Wandwärmeverlusten auswirkt. Diese Effekte kompensieren einen Teil des sehr großen Potenzials, zeigen jedoch gleichzeitig ein großes Weiterentwicklungspotenzial auf. Deutlich zu erkennen sind die geringen Ladungswechselverluste, die sich in Summe zu einem um ca. 7 % höheren indizierten Wirkungsgrad auswirken. Dies bedeutet in diesem Betriebspunkt eine Brennstoffverbrauchsverbesserung um ca. 20 % gegenüber der variablen Ventilhubsteuerung. Nicht berücksichtigt sind hierbei jedoch die Verluste durch Abgasnachbehandlungsmaßnahmen (Purging).

Deutlich zu erkennen ist das große Potenzial der kontrollierten Selbstzündung, bei der trotz geringerem Grundpotenzial aus der Betrachtung des vollkommenen Motors extrem geringe Verbrennungsverluste, relativ geringe Wandwärmeverluste und sehr geringe Ladungswechselverluste zu einem hohen indizierten Wirkungsgrad führen. Dieser liegt deutlich über der von variablen Ventilhubsteuerungen und nur knapp unter dem des direkteinspritzenden strahlgeführten Brennverfahrens.

Beim Wasserstoffmotor wirken sich das hohe Verdichtungsverhältnis und vor allem das hohe Verbrennungsluftverhältnis ($\lambda > 3$) aufgrund der extrem weiten Zündgrenzen von Wasserstoff sehr günstig auf das Grundpotenzial des vollkommenen Wirkungsgrades aus. Der Wirkungsgrad des vollkommenen Motors beträgt ca. 56 %. Die Verbrennung mit ihrer optimalen Schwerpunktlage reduziert zwar die Verbrennungsverluste, jedoch ergeben sich aus den höheren Verbrennungstemperaturen der Wasserstoffverbrennung auch deutlich höhere Wandwärmeverluste, die einen Großteil des Potenzials zunichte machen. Dennoch stellt sich ein vergleichsweise sehr hoher indizierter Wirkungsgrad ein.

Aus den Betriebspunkten ist zu erkennen, dass eine kurze Brenndauer und damit verbunden geringe Verbrennungsverluste höhere Wandwärmeverluste bewirken. Hier muss meist ein Kompromiss gefunden werden, um einen geringen Brennstoffverbrauch realisieren zu können. Dasselbe gilt für den Zusammenhang zwischen einem höheren Verdichtungsverhältnis zur Erzielung eines höheren Wirkungsgrades des vollkommenen Motors und den Wandwärmeverlusten.

5 Phänomenologische Verbrennungsmodelle

Für die Berechnung von motorischen Verbrennungsvorgängen kommen heute verschiedene Modellkategorien zum Einsatz, die sich z. T. sehr stark in ihrem Detaillierungsgrad aber auch in ihren Rechenzeiterfordernissen unterscheiden, siehe Stiesch (2003). Als phänomenologische Modelle werden dabei üblicherweise die Berechnungsmodelle bezeichnet, die die Verbrennung und Schadstoffbildung in Abhängigkeit wichtiger physikalischer und chemischer Phänomene wie Strahlausbreitung, Gemischbildung, Zündung, Reaktionskinetik usw. vorausberechnen können, siehe Abb. 4.11.

Weil hierfür häufig eine räumliche Aufteilung des Brennraums in Zonen verschiedener Temperatur und Zusammensetzung erforderlich ist, werden die Modelle teilweise auch als quasidimensionale Modelle bezeichnet. Die phänomenologischen (bzw. quasi-dimensionalen) Modelle grenzen sich auf der einen Seite von den null-dimensionalen (oder thermodynamischen) Modellen ab, die den Brennraum zu jedem Zeitpunkt vereinfachend als ideal durchmischt annehmen und die auf empirischen Ansätzen für die Brennrate beruhen. Beispiele dafür sind z. B. der VIBE- oder der Polygon-Hyberbel-Ersatzbrennverlauf, siehe Kap. 7.1. Auf der anderen Seite unterscheiden sich die phänomenologischen Verbrennungsmodelle von den CRFD-Codes (vgl. Kap. 9) dadurch, dass auf eine explizite Lösung des turbulenten dreidimensionalen Strömungsfeldes bewusst verzichtet wird, um die Rechenzeit zu reduzieren. Dadurch liegt die Rechenzeit für eine Motorumdrehung bei phänomenologischen Modellen im Bereich von Sekunden, während sie bei CRFD-Codes im Bereich von Stunden liegt.

Im Folgenden sollen einige der wichtigsten, aus der Literatur bekannten phänomenlogischen Verbrennungsmodelle vorgestellt werden. Primäres Ziel dieser Modelle ist es jeweils, den Brennverlauf in Abhängigkeit charakteristischer physikalischer und chemischer Größen vorauszuberechnen. Sollen darüber hinaus Aussagen über die Schadstoffbildung getroffen werden, ist es notwendig, eine Unterteilung des Brennraums in Zonen unterschiedlicher Temperatur und Zusammensetzung vorzunehmen. Dies ist darauf zurückzuführen, dass die Reaktionsraten der für die Schadstoffbildung entscheidenden chemischen Reaktionen im allgemeinen exponentiell von der Temperatur abhängen, sodass die Kenntnis der arithmetisch gemittelten Zylindertemperatur allein nicht ausreicht, vgl. Kap. 6. Einige der im Folgenden beschriebenen phänomenologischen Verbrennungsmodelle nehmen eine solche Unterteilung des Brennraums in Zonen unterschiedlicher Temperatur und Zusammensetzung automatisch vor, sodass die entsprechenden Schadstoffbildungsmodelle direkt daran angekoppelt werden können. Dazu gehören z. B. die in Kapitel 5.1.3 vorgestellten Paketmodelle. Bei anderen phänomenologischen Ansätzen ist diese Zoneneinteilung noch nicht implizit enthalten, sodass sie nachträglich vorgenommen werden muss, um neben der Verbrennungsrate auch Schadstoff-Emissionen berechnen zu können. Dazu können z. B. die in Kap. 7.2 erläuterten Zwei-Zonen-Zylindermodelle eingesetzt werden.

5.1 Dieselmotorische Verbrennung

5.1.1 Nulldimensionale Brennverlaufsfunktion

Ein relativ einfaches und damit rechenzeiteffizientes Modell für die Wärmefreisetzung im Dieselmotor haben Chmela et al. (1998, 2006) vorgestellt. Dieses Modell ist auf der Grenze zwischen nulldimensionalen und phänomenologischen Modellen anzusiedeln, da es keine quasidimensionale Unterteilung des Brennraums in Zonen unterschiedlicher Zusammensetzung und Temperatur vornimmt, aber dennoch den Brennverlauf nicht rein empirisch, z. B. mit einer VIBE-Funktion vorgibt, sondern an wenige charakteristische Einflussparameter von übergeordneter Bedeutung koppelt. Diese Parameter sind die zu jedem Zeitpunkt verfügbare Brennstoffmasse, also die Differenz aus eingespritzter und verbrannter Brennstoffmasse, sowie die spezifische turbulente kinetische Energie, die als repräsentativ für die Vermischungsgeschwindigkeit von Luft und Brennstoff angenommen wird. Abb. 5.1 zeigt eine typische zeitliche Entwicklung dieser beiden Größen sowie die aus dem Produkt resultierende Brennverlaufsrate

$$\frac{dQ_B}{d\varphi} = C\, f_1(M_B)\, f_2(k) = \left(M_B - \frac{Q_B}{Hu}\right) \exp\frac{\sqrt{k}}{\sqrt[3]{V_{cyl}}} \,. \tag{5.1}$$

Der zeitliche Verlauf der Einspritzrate $dM_B/d\varphi$ wird dabei als Randbedingung vorgegeben und die spezifische turbulente kinetischen Energie k kann mit Hilfe weniger Beziehungen leicht berechnet werden, siehe Chmela et al. (1998).

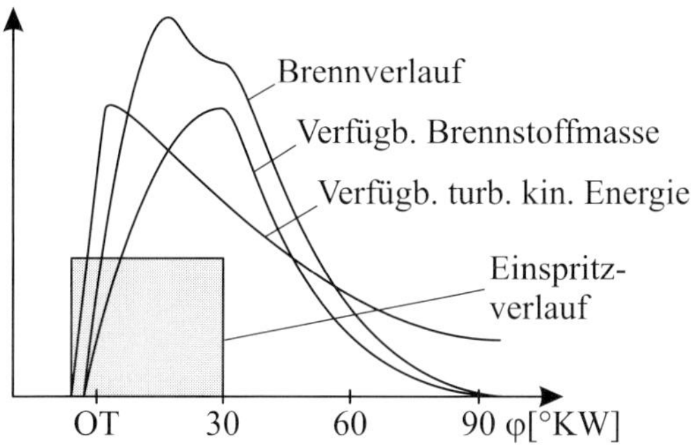

Abb. 5.1: Beschreibung der Brennrate als Funktion von verfügbarer Brennstoffmasse und turbulenter kinetischer Energie nach Chmela et al. (1998)

Als Vorteile dieses Modellansatzes sind die extrem kurze Rechenzeit und die einfache Handhabung anzusehen, sowie die Tatsache, dass die Auswirkungen des Einspritzsystems (z. B. Einspritzdruck, Düsenlochquerschnitt und -anzahl) auf den Brennverlauf in der Regel mit guter Näherung abgebildet werden können. Als Einschränkung steht dagegen, dass weder der Zündverzug noch der typische Vormischanteil der dieselmotorischen Verbrennung mit diesem Modell beschrieben werden können. Beide Phänomene werden maßgeblich durch die Verdampfungsgeschwindigkeit des Brennstoffs beeinflusst, deren zusätzliche Berücksichtigung im Modell einen erheblich größeren Rechenzeitbedarf bewirken würde.

5.1.2 Stationärer Gasstrahl

Umfangreichere Modellansätze, die jeweils auf der Freistrahl-Theorie von Abramovich (1963) beruhen, haben z.B. de Neef (1987) und Hohlbaum (1992) gewählt, um die Wärmefreisetzung im DI-Dieselmotor zu berechnen. Unter der Annahme, dass die Verdampfung schnell gegenüber der Gemischbildung abläuft, wird die Einspritzung als ein quasistationärer Gasstrahl in einer idealisierten Blockdrallströmung beschrieben, vgl. Abb. 5.2. Die Verbrennungsrate wird dann als direkte Funktion der Gemischbildungsrate, also der Durchmischung von Brennstoffdampf und Luft, berechnet.

Die Ausbreitungsgeschwindigkeit der Strahlfront sowie deren Richtungsänderung durch die Ladungsbewegung ergibt sich analytisch aus den Massen- und Impulsbilanzen des auf seine Mittelachse reduzierten Strahls. Gemäß Abb. 5.2 lauten die Impulsbilanzen in radialer, tangentialer und vertikaler Richtung des zylindrischen Koordinatensystems:

$$\frac{\mathrm{d}}{\mathrm{d}t}(\mathrm{d}m_{jet}\,\dot{r}) = \mathrm{d}F_r \ , \tag{5.2}$$

$$\frac{1}{r}\frac{\mathrm{d}}{\mathrm{d}t}\left(\mathrm{d}m_{jet}\,r^2\,\dot{\varphi}\right) = \frac{\mathrm{d}}{\mathrm{d}t}(\mathrm{d}m_a)\,r\omega + \mathrm{d}F_t \ , \tag{5.3}$$

$$\frac{\mathrm{d}}{\mathrm{d}t}(\mathrm{d}m_{jet}\,\dot{z}) = 0 \tag{5.4}$$

wobei $\mathrm{d}m_{jet}$ die Masse einer Strahl-Scheibe mit der Dicke $\mathrm{d}x$ bezeichnet. Die Größen $\mathrm{d}F_r$ und $\mathrm{d}F_t$ sind die radialen und tangentialen Kräfte, die auf die Spray-Scheibe wirken und der Index a kennzeichnet die unverbrannte Luft, die den Strahl umgibt. Die radiale Kraft wird durch den radialen Druckgradienten verursacht, der aus der Drallbewegung resultiert,

$$\mathrm{d}F_r = -\mathrm{d}V\frac{\mathrm{d}p}{\mathrm{d}r} = -\frac{\mathrm{d}m_{jet}}{\overline{\rho}}\rho_a\,r\,\omega^2 \tag{5.5}$$

und die tangentiale Kraft ist näherungsweise

$$\mathrm{d}F_t = 0{,}1\frac{1}{\overline{c}}\frac{v_{inj}}{b}r(\omega-\dot{\varphi})\,\mathrm{d}m_f \ , \tag{5.6}$$

mit $b = b(x)$ als positionsabhängigem Radius der kreisförmigen Sprayscheibe. Der Überstrich kennzeichnet den über dem Sprayquerschnitt massengemittelten Wert.

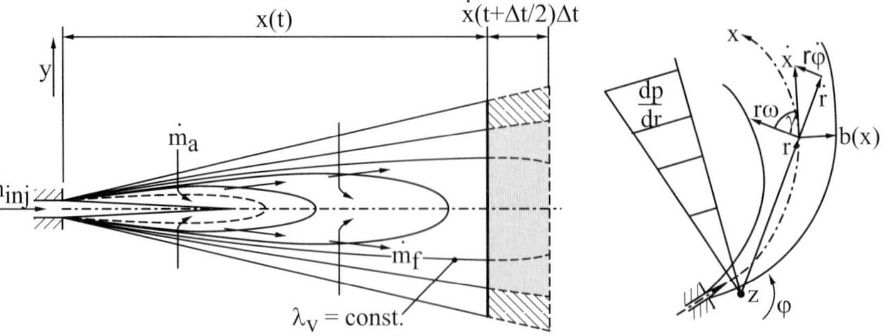

Abb. 5.2: Modell des quasistationären Gasstrahls in einer Blockdrallströmung

Mit Hilfe der oben genannten Beziehungen erhält man die Bewegungsgleichungen der Sprayfront in den drei Zylinder-Koordinaten,

$$\ddot{r} + \bar{c}\frac{\mathrm{d}}{\mathrm{d}t}\left(\frac{1}{\bar{c}}\right)\dot{r} = r\left[\dot{\varphi}^2 - (1-\bar{c})\,\omega^2\right], \tag{5.7}$$

$$\ddot{\varphi} + 2\frac{\dot{r}}{r}\dot{\varphi} = \left[\bar{c}\frac{\mathrm{d}}{\mathrm{d}t}\left(\frac{1}{\bar{c}}\right) + 0{,}1\frac{v_{inj}}{b}\right](\omega - \dot{\varphi}) \ , \tag{5.8}$$

$$\ddot{z} + \bar{c}\frac{\mathrm{d}}{\mathrm{d}t}\left(\frac{1}{\bar{c}}\right)\dot{z} = 0 \ , \tag{5.9}$$

mit der Strahlgeschwindigkeit $\dot{x}$ und der -eindringtiefe S,

$$\dot{x} = \sqrt{\dot{r}^2 + (r\,\dot{\varphi})^2 + \dot{z}^2} \ , \qquad S = x = \int_0^1 \dot{x}\,\mathrm{d}t \ . \tag{5.10}$$

Der Strahlwinkel und damit die Änderung des Strahlradius entlang der Strahlachse hat einen erheblichen Einfluss auf die Rate der Luftbeimischung in den Brennstoffstrahl. Für Brennverfahren mit keinem oder nur geringem Luftdrall wird ein Standardwert von

$$(\mathrm{d}b/\mathrm{d}x)_{\omega=0} = 0{,}16 \tag{5.11}$$

empfohlen. Allerdings muss dieser Wert gegebenenfalls angepasst werden, um reale Strahlwinkel abbilden zu können, die z. B. von Einspritzdruck, Düsengeometrie oder den Stoffwerten von Luft und Brennstoff beeinflusst werden. Für Brennverfahren mit ausgeprägter Drallströmung gibt de Neef (1987) die folgende Korrektur für den Strahlwinkel an

$$\frac{\mathrm{d}b}{\mathrm{d}x} = \frac{1 - C\left(r\,\omega/v_{inj}\right)}{1 + C\left(r\,\omega/v_{inj}\right)}\left(\frac{\mathrm{d}b}{\mathrm{d}x}\right)_{\varpi=0} , \tag{5.12}$$

mit

$$C = \frac{r\,\dot{\varphi}}{x} - \frac{1}{2}\sqrt{2}\,\frac{\dot{r}}{\dot{x}} \tag{5.13}$$

und

$$v_{inj} = c_D\sqrt{\frac{2\,\Delta p_{inj}}{\rho_f}} \ . \tag{5.14}$$

Um die Gemischverteilung innerhalb des Strahls bestimmen zu können, wird zunächst der über den Strahlquerschnitt gemittelte Brennstoffmassenbruch $\bar{c}$ entlang der Spraykoordinate x mit Hilfe der Massenerhaltung berechnet. Unter der Voraussetzung, dass die in einer Strahlscheibe mit Dicke $\mathrm{d}x$ enthaltene Brennstoffmasse konstant ist ($\mathrm{d}m_{strahl}\ \bar{c} = \text{const.}$) und dass die gemittelte Strahldichte $\bar{\rho}$ innerhalb dieser Scheibe sehr klein gegenüber der Dichte des flüssigen Brennstoffs ρ_f ist, kann die zeitliche Änderung des gemittelten Brennstoffmassenbruchs in Abhängigkeit des Strahlwinkels ($\mathrm{d}b/\mathrm{d}x$) wie folgt ausgedrückt werden

$$\frac{\mathrm{d}}{\mathrm{d}t}\left(\frac{1}{\overline{c}}\right) = \frac{4}{d_{noz}^2 \, v_{inj}} \frac{\rho_a}{\rho_f} \left[2\left(\frac{\mathrm{d}b}{\mathrm{d}x}\right) b\, \dot{x}^2 + b^2 \, \ddot{x} \right] . \tag{5.15}$$

Mit dem bekannten, über den Strahlquerschnitt gemittelten, Brennstoffmassenbruch $\overline{c}(x)$ kann in einem weiteren Schritt der lokale Brennstoffmassenbruch $c(x, y)$ berechnet werden. Dazu wird eine empirische Abhängigkeit von der radialen Position im Strahl angenommen

$$c = c_m \left[1 - \left(\frac{y}{b}\right)^{\frac{3}{2}} \right] , \tag{5.16}$$

wobei c_m dem Brennstoffmassenbruch auf der Mittelachse des Strahls entspricht.

Im Modell von de Neef (1987) wird nun angenommen, dass die Verbrennungsrate durch die Masse an Brennstoff begrenzt wird, die pro Zeiteinheit im stöchiometrischen Verhältnis mit Luft aufbereitet wird. Diese Größe wird wie folgt bestimmt. Da der Brennstoffmassenbruch an jeder Position im Strahl bekannt ist, können die in Abb. 5.2 dargestellten Iso-Konturen des Luftverhältnisses λ innerhalb des Strahls ermittelt werden. Der von der axialen Position im Strahl abhängige dimensionslose Radius y/b eines bestimmten Luftverhältnisses λ_v ist

$$\frac{y}{b}(\lambda_v, x) = \left[1 - \frac{c(\lambda_v)}{c_m(x)} \right]^{\frac{2}{3}} . \tag{5.17}$$

Da der Einspritzstrahl als stationär angenommen wird, verändert sich die λ-Verteilung innerhalb des Strahls nicht. In jedem numerischen Zeitschritt Δt wird dem Strahl lediglich eine neue Scheibe der Dicke Δx hinzugefügt, siehe Abb. 5.2. Aufgrund der Massenerhaltung ist die darin enthaltene Brennstoffmasse identisch zu der Einspritzmasse in diesem Zeitschritt ($\dot{m}_{inj}\,\Delta t$). Deshalb muss die Brennstoffmasse, die innerhalb eines Zeitschritts über eine bestimmte Grenze von λ_v = const. hinwegtritt (schraffierte Fläche in Abb. 5.2), gleich der Differenz zwischen eingespritzter Brennstoffmasse und dem Brennstoff sein, der sich innerhalb der λ_v-Grenze (graue Fläche), also in fetterem Gemisch, befindet

$$\Delta m_{f,\lambda_v} = \dot{m}_{inj}\,\Delta t - \pi\, y^2(\lambda_v)\,\rho_a\, c_m \left[1 - \frac{4}{7}\left(\frac{y(\lambda_v)}{b}\right)^{\frac{3}{2}} \right] \dot{x}\,\Delta t . \tag{5.18}$$

Um die Brennstoffmasse zu bestimmen, die im gesamten Strahl im stöchiometrischen Verhältnis mit Luft aufbereitet wird, muss (5.18) zwischen der fetten Zündgrenze λ_R und $\lambda = 1$ integriert werden. Da nur der Anteil $\mathrm{d}\lambda_v$ des Brennstoffs, der von ($\lambda = \lambda_v$) zu ($\lambda = \lambda_v + \mathrm{d}\lambda_v$) übertritt, neu mit Luft aufbereitet wird (der restliche Anteil wurde bereits in zurückliegenden Zeitschritten aufbereitet), erhält man die Beziehung

$$\Delta m_{f,stoic} = \lambda_{v,R}\, \dot{m}_{f,\lambda_{v,R}}\, \Delta t + \int\limits_{\lambda_{v,R}}^{\lambda_v = 1} \dot{m}_{f,\lambda_v}\, \mathrm{d}\lambda\, \Delta t . \tag{5.19}$$

Nach Einspritzende wird vereinfachend angenommen, dass der düsennahe Bereich des Strahls nicht mehr vorhanden ist, während sich der restliche, weiter stromabwärts gelegene Teil des Sprays immer noch stationär verhält. Dieses Verhalten wird dadurch berücksichtigt, dass ein zweiter (virtueller) Strahl berechnet wird, der bei Einspritzende anfängt, sich auszubreiten und der vom ursprünglichen Strahl subtrahiert wird.

Die Verbrennungsrate wird mit einem quasi-kinetischen Ansatz beschrieben, der den verbrannten Anteil der stöchiometrisch aufbereiteten Brennstoffmasse

$$X = \frac{m_{f,b}}{m_{f,stoic}} \tag{5.20}$$

mit der Arrhenius-Funktion

$$\mathrm{d}X = A\,\rho_{jet}\,T_{jet}^{\beta}\,\frac{af_{stoic}\,(1-X)^2}{af_{stoic}-1}\exp\left[-\frac{E_A}{R_m\,T_{jet}}\right]\mathrm{d}t \tag{5.21}$$

ausdrückt. Darin sind T_{jet} und ρ_{jet} die über den gesamten Strahl gemittelten Werte für Temperatur und Dichte. Die Arrhenius-Konstanten A, β und E_A müssen empirisch für einen bestimmten Motor angepasst werden, um experimentell ermittelte Brennverläufe abbilden zu können.

Da mit dem Modell des stationären Gasstrahls weder die Brennstoffzerstäubung noch die Tropfenverdampfung explizit beschrieben werden, ist es kaum möglich, den Zündverzug detailliert zu modellieren. Stattdessen wird angenommen, dass die Verbrennung zu dem Zeitpunkt einsetzt, an dem das Luftverhältnis auf der Strahlachse erstmals die untere Zündgrenze λ_R überschreitet. Zu diesem Zeitpunkt wurde jedoch bereits eine gewisse Menge an Brennstoff, die sich in den äußeren Strahlbereichen befindet, stöchiometrisch mit Luft aufbereitet. Diese kann nun sehr schnell umgesetzt werden, sodass der typische Vormisch-Peak (Dieselschlag) im Brennverlauf des Dieselmotors resultiert, siehe Abb. 5.3.

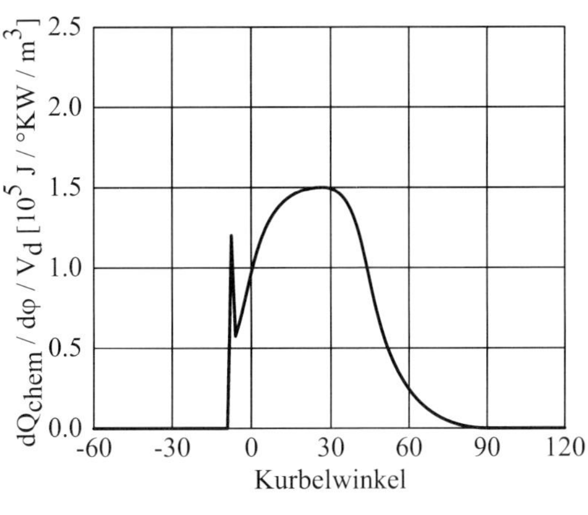

Abb. 5.3: Berechneter Brennverlauf eines schnelllaufenden Hochleistungsdieselmotors bei Nennlast nach Hohlbaum (1992)

Es ist zu beachten, dass der empirisch zu ermittelnde Strahlöffnungswinkel in diesem Verbrennungsmodell ein Parameter von entscheidender Bedeutung ist, da er die Mischungsgeschwindigkeit von Brennstoff und Luft und damit auch die Verbrennungsrate maßgeblich beeinflusst. Darüber hinaus ist es offensichtlich, dass die Annahme eines ungestörten stationären Gasstrahls dann nicht mehr zutrifft, wenn der Strahl auf eine Brennraumwand auftritt. Aus diesem Grund scheint das Modell am besten zur Beschreibung von Großmotoren mit deutlichem Luftdrall geeignet.

5.1.3 Paket-Modelle

Ein häufig eingesetzter Modellansatz zur Beschreibung der dieselmotorischen Verbrennung ist der so genannte Paketansatz nach Hiroyasu et al. (1983), der in Abb. 5.4 dargestellt ist. Hierbei wird der Einspritzstrahl in viele kleine Zonen, die so genannten Pakete, unterteilt, die in ihrer Summe die Kontur des gesamten Strahls abbilden. Jedes dieser einzelnen Strahlpakete wird nun als separater thermodynamischer Kontrollraum betrachtet, für den jeweils die Massen- und Energiebilanzen aufgestellt werden und innerhalb dessen Grenzen die wichtigsten Teilprozesse wie z. B. Tropfenverdampfung oder Verbrennungs- und Schadstoffbildungsraten berechnet werden (vgl. Abb. 4.11). Daraus resultiert für jedes Paket eine eigene Historie von Zusammensetzung und Temperatur. Durch einfache Addition der Brennraten in jedem einzelnen Paket erhält man schließlich den Gesamt-Brennverlauf für den Zylinder.

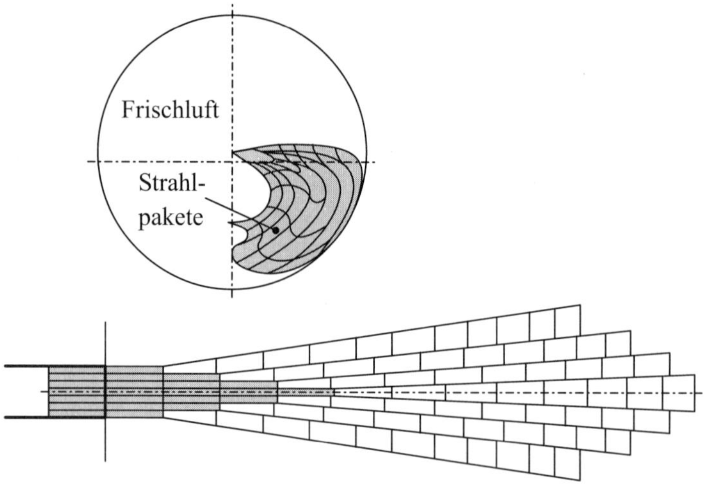

Abb. 5.4: Paketansatz nach Hiroyasu et al. (1983)

Das phänomenologische Verbrennungsmodell von Stiesch (1999), das im Folgenden näher erläutert wird, basiert auf dem grundsätzlichen Paketansatz von Hiroyasu. Während des Verdichtungstaktes existiert nur eine Zone, die sich über den gesamten Brennraum erstreckt und als ideal durchmischt betrachtet wird. In dieser Zone befinden sich angesaugte Frischluft und bei Abgasrückführung auch Verbrennungsprodukte. Während der Einspritzdauer werden zusätzlich kontinuierlich so genannten Strahlpakete generiert, die die globale Form des Einspritzstrahls nachbilden und ihn sowohl in axialer als auch in radialer Richtung unterteilen. Unabhängig von der Zahl der Düsenbohrungen wir nur ein einziger Brennstoffstrahl betrachtet, eine Interaktion verschiedener Strahlen kann deshalb nicht berücksichtigt werden. Während der Einspritzdauer wird in jedem Zeitintervall eine neue axiale "Scheibe" von Paketen generiert, wobei einzelne Pakete aufgrund ihrer radialen Unterteilung eine Ringform aufweisen. Zum Zeitpunkt der Generierung befindet sich ausschließlich Brennstoff im Paket. Nach Ablauf einer charakteristischen Zeit wird der flüssige Brennstoff in kleine Tropfen zerstäubt, und es beginnt die Beimischung von Gasen aus der umgebenden Frischluftzone in die einzelnen Strahlpakete. Die Brennstofftropfen werden durch die in die Pakete eingetragenen heißen Gase aufgeheizt und verdampfen. Nach Ablauf der Zündverzugszeit beginnt das Brennstoff-Luft-Gemisch zu verbrennen, wodurch die Pakettemperatur weiter ansteigt und auch die Schadstoffbildung (NO und Ruß) einsetzt.

Sowohl die Zerstäubung und die Tropfenverdampfung als auch die Zündung und die Verbrennung laufen innerhalb der Paketgrenzen ab und müssen deshalb separat für jedes einzelne Paket berechnet werden. Nach Beginn der Verbrennung können die Pakete deshalb neben flüssigem Brennstoff und Frischluft auch Brennstoffdampf und Verbrennungsprodukte enthalten, siehe Abb. 5.5. Eine Vermischung verschiedener oder ein Energieaustausch zwischen den Strahlpaketen findet nicht statt. Mit Ausnahme der Luftbeimischung in den Strahl (und damit in die Pakete) und der Wärmeübertragung laufen damit alle Transportprozesse innerhalb der Paketgrenzen ab.

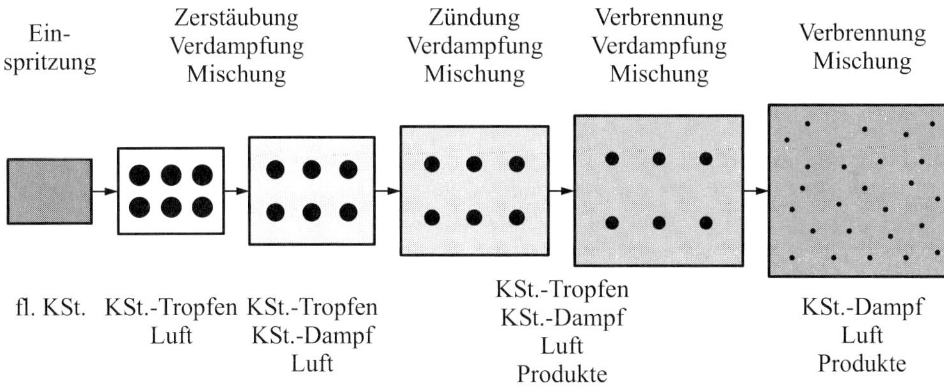

Abb. 5.5: Zusammensetzung der Strahlpakete

Mit Hilfe von Massen- und Energiebilanzen sowie einer Zustandsgleichung können für jedes einzelne Paket und auch für die Frischluftzone die Änderungsraten von Zusammensetzung, Temperatur und Volumen berechnet werden. Der Druck wird dagegen als ortsunabhängig und nur als Funktion der Zeit angesehen. Diese Annahme ist aufgrund der hohen Schallgeschwindigkeit bei den hohen Drücken während der Verbrennungsphase gerechtfertigt.

- **Strahlausbreitung und Gemischbildung**

Unmittelbar nach dem Einspritzbeginn wird ein Strahlpaket als zusammenhängende Flüssigkeit betrachtet, die sich solange mit der konstanten Geschwindigkeit

$$v_{inj} = 0{,}39 \sqrt{\frac{2\,\Delta p_D}{\rho_{B,fl}}} \tag{5.22}$$

in den Brennraum hinein bewegt, bis Zerstäubung einsetzt. Die flüssige Brennstoffmasse $m_{B,P}$ pro Paket ergibt sich mit der augenblicklichen Einspritzrate $\dot{m}_{inj}$, der Anzahl der Pakete in radialer Richtung $k_{\max}$ und der Länge des Zeitschritts Δt zu

$$m_{B,P} = \frac{\dot{m}_{inj}\ \Delta t}{k_{\max}} \quad . \tag{5.23}$$

Nach einer charakteristischen Zeitspanne zerfällt die flüssige Phase in kleine Tropfen. Diese so genannte Breakup-Zeit beträgt auf der Strahllachse

$$t_{bu,c} = 28{,}65\ \frac{\rho_{B,fl}\ D_D}{\sqrt{\rho_L\ \Delta p_D}} \quad . \tag{5.24}$$

Weil die Wechselwirkung zwischen Brennstoff und Luft am Strahlrand stärker ausgeprägt ist als auf der Strahlachse, tritt der Strahlaufbruch in den äußeren Paketen entsprechend

$$t_{bu,k} = t_{bu,c} \left(1 - \frac{k-1}{k_{\max}} \right) \tag{5.25}$$

früher ein, wenn eine lineare Abnahme der Breakup-Zeit über dem Strahlradius angenommen wird. Durch den Eintrag von Gasen aus der Frischluftzone in das Strahlpaket verringert sich die Paketgeschwindigkeit. Für Pakete auf der Strahlachse gilt

$$v_{tip,c} = 1{,}48 \left(\frac{\Delta p_D\ D_D^2}{\rho_L} \right)^{1/4} \frac{1}{\sqrt{t}} \tag{5.26}$$

und für weiter außenliegende wird näherungsweise angenommen, dass sich ein zum Strahlrand exponentiell abnehmendes Geschwindigkeitsprofil einstellt

$$v_{tip,k} = v_{tip,c}\ \exp\left(-C_{rad}\ (k-1)^2 \right) . \tag{5.27}$$

Wenn fünf Strahlpakete in radialer Richtung betrachtet werden ($k_{\max} = 5$) und weiter angenommen wird, dass die Geschwindigkeit des äußeren Pakets ca. 55% der Geschwindigkeit auf der Achse beträgt, ergibt sich ein Wert von 0,374 für die Konstante C_{rad}. Auch der Einspritzvorgang selbst verändert die Strömungsverhältnisse im Brennraum entscheidend. Die kinetische Energie der Einspritzstrahlen liegt etwa um zwei Größenordnungen über der kinetischen Energie der Drall- und Quetschströmungen bei Einspritzbeginn. Als Folge davon werden die zuerst generierten Strahlpakete sehr viel stärker von der umgebenden Gasphase abgebremst als die gegen Ende der Einspritzung erzeugten, die sich quasi im "Windschatten" bewegen. Die Paketausbreitungsgeschwindigkeit nach dem Strahlaufbruch wird deshalb entsprechend

$$v_{i,k} = C_1\ v_{tip,k} \left[1 + \left(\frac{i-1}{i_{\max} - 1} \right)^{C_2} \frac{\Delta t_{inj}}{C_3} \right] \tag{5.28}$$

korrigiert, wobei $i = 1$ die zuerst und $i = i_{\max}$ die zuletzt generierten Strahlpakete bezeichnet. Die Konstante C_1 kann geringfügig größer als 1 sein, C_2 hat etwa den Wert 0,5 und C_3 beschreibt die absolute Geschwindigkeitsdifferenz zwischen dem ersten und letzten Paket.

Die Luftbeimischungsrate wird mit dem Prinzip der Impulserhaltung der Strahlpakete

$$v_{i,k}\left(m_{B,P} + m_{L,P}\right) = \text{const.} \tag{5.29}$$

berechnet.

- **Tropfenverteilungsspektrum**

Nach der Breakup-Zeit zerfällt der flüssige Brennstoff des Strahlpakets in viele kleine Tropfen, deren integrales Verhalten mit dem mittleren Sauterdurchmesser beschrieben werden kann. Der Sauterdurchmesser ist dabei der Durchmesser eines repräsentativen Tropfens, dessen Verhältnis von Volumen zu Oberfläche gleich dem Verhältnis von Gesamtvolumen zu Gesamtoberfläche aller Tropfen im Spray ist. Dafür findet man die Beziehung

$$SMD = 6156 \cdot 10^{-6}\, \nu_{B,fl}^{0,385}\; \rho_{B,fl}^{0,737}\; \rho_{L}^{0,06}\; \Delta p_{D}^{-0,54} \tag{5.30}$$

mit SMD in [m], ν in $[\mathrm{m^2/s}]$, ρ in $[\mathrm{kg/m^3}]$ und der Druckdifferenz Δp in [kPa]. Die Anzahl der in einem Paket vorliegenden Brennstofftropfen ergibt sich unter der Annahme, dass alle Tropfen gleich groß sind, zu

$$N_{Tr,P} = \frac{m_{B,P}}{\rho_{B,fl}\,\dfrac{\pi}{6}\,SMD^3}\;. \tag{5.31}$$

Für eine genauere Beschreibung der Zerstäubung und damit auch der anschließenden Verdampfung kann die Tropfengrößenverteilungsfunktion

$$g(r) = \frac{r^3}{6\bar{r}^4}\,\exp\!\left(\frac{-r}{\bar{r}}\right) \tag{5.32}$$

mit dem Radius

$$\bar{r} = \frac{SMD}{6} \tag{5.33}$$

des am häufigsten auftretenden Tropfens verwendet werden.

- **Tropfenverdampfung**

Zur Beschreibung der Verdampfung wird häufig das Mischungsmodell verwendet, bei dem das Tropfeninnere stets als isotherm angenommen wird. Als Vergleichsbrennstoff wird im Folgenden reines Tetradekan ($C_{14}H_{30}$) verwendet, das ähnliche physikalische Eigenschaften wie realer Dieselbrennstoff aufweist. Für Untersuchungen mit Zweikomponenten-Vergleichsbrennstoffen, z. B. einem Gemisch aus 70 Vol.% n-Dekan ($C_{10}H_{22}$) und 30 Vol.% α-Methylnaphthalin ($C_{11}H_{20}$), sei auf Stiesch (1999) verwiesen.

Damit erhält man für den konvektiven Wärmeübergang von der Gasphase zum Tropfen mit Hilfe der Nußelt-Zahl

$$\frac{\mathrm{d}Q_{Tr}}{\mathrm{d}t} = \pi\; SMD\; \lambda_S\; (T_P - T_{Tr})\, \frac{z}{e^z - 1}\, \mathrm{Nu}\;, \tag{5.34}$$

wobei z einen dimensionslosen Korrekturfaktor darstellt, der den übertragenen Wärmestrom bei gleichzeitigem Auftreten des Stoffübergangs durch Verdampfung aufgrund der Kopplung von Wärme- und Stoffübertragung entsprechend

$$z = \frac{c_{p,B,g} \frac{\mathrm{d}m_{Tr}}{\mathrm{d}t}}{\pi \; SMD \; \lambda_S \; \mathrm{Nu}} \tag{5.35}$$

verringert. Die Verdampfungsrate eines Tropfens wird mit Hilfe der Beziehung für den Stoffübergang zu

$$\frac{\mathrm{d}m_{Tr}}{\mathrm{d}t} = -\pi \; SMD \; C_{diff} \; \rho_S \ln\left(\frac{p_{cyl}}{p_{cyl} - p_{B,g}}\right) \mathrm{Sh} \tag{5.36}$$

berechnet.

Für die Nußelt- und Sherwood-Zahlen gilt

$$\mathrm{Nu} = 2 + 0{,}6\,\mathrm{Re}^{1/2}\,\mathrm{Pr}^{1/3} \;, \tag{5.37}$$

$$\mathrm{Sh} = 2 + 0{,}6\,\mathrm{Re}^{1/2}\,\mathrm{Sc}^{1/3} \;, \tag{5.38}$$

wobei die Reynoldszahl mit einer Relativgeschwindigkeit zwischen Tropfen und Gasphase berechnet wird, die zu 30 % der momentanen Paketgeschwindigkeit $v_{i,k}$ angenommen wird.

Die Temperaturänderung des flüssigen Brennstofftropfens ergibt sich schließlich aus einer Energiebilanz über den Tropfen,

$$\frac{\mathrm{d}T_{Tr}}{\mathrm{d}t} = \frac{1}{m_{Tr} \; c_{p,Tr}} \left(\frac{\mathrm{d}Q_{Tr}}{\mathrm{d}t} + \frac{\mathrm{d}m_{Tr}}{\mathrm{d}t} \Delta h_v\right) , \tag{5.39}$$

mit der vom Durchmesser und der Tropfentemperatur abhängigen Tropfenmasse

$$m_{Tr} = \frac{\pi}{6} \rho_{Tr} \; SMD^3 \; . \tag{5.40}$$

- **Zündverzug**

Der Zündverzug wird häufig mit dem einfachen Arrhenius-Ansatz

$$\tau_{ZV} = C_1 \frac{\lambda_p}{p_{cyl}^2} \exp\left(\frac{C_2}{T_p}\right) \tag{5.41}$$

mit $C_1 = 18$ und $C_2 = 6.000$ beschrieben.

- **Wärmefreisetzung**

Vereinfachend wird angenommen, dass nach Erreichen der Zündverzugzeit der Brennstoff in nur einem Zeitschritt mit stöchiometrischem Luftverhältnis entsprechend der Bruttoreaktionsgleichung vollständig zu CO_2 und H_2O umgesetzt wird. Für eine detaillierte Betrachtung sei auf Stiesch (1999) verwiesen.

Die maximale Verbrennungsrate im Pakete wird durch das strengste der folgenden drei Kriterien begrenzt. Erstens kann nur der zum jeweiligen Zeitpunkt bereits verdampfte Brennstoff umgesetzt werden,

$$\dot{m}_{B,Ox,P} \leq \frac{m_{B,g,P}}{\Delta t} - \dot{m}_{Tr,P} \; N_{Tr,P} \; . \tag{5.42}$$

Zweitens limitiert aber auch die im Paket vorhandene Luftmenge die Umsatzrate entsprechend

$$\dot{m}_{B,Ox,P} \leq \frac{m_{L,P}}{L_{\min} \; \Delta t} + \frac{\dot{m}_{ent.,P}}{L_{\min}} \; . \tag{5.43}$$

Drittens muss noch eine maximale chemische Umsatzrate für vorgemischte Flammen berücksichtigt werden, die durch die Arrhenius-Funktion

$$\dot{m}_{B,Ox,P} \leq 5 \cdot 10^5 \; \rho_{mix} \; x_{B,g,P} \; x_{O_2,P}^5 \; \exp\left(-\frac{12.000}{T_P} \right) V_P \tag{5.44}$$

beschrieben wird und die in der späten Verbrennungsphase, wenn die Temperatur im Zylinder bereits stark abgesunken ist und die Chemie deshalb langsam wird, von Bedeutung ist.

Die für die weitere Berechnung notwendigen Bilanzgleichungen der Thermodynamik werden in Kap. 2 bzw. ausführlicher in Kap. 7 vorgestellt. Für die Ermittlung der thermodynamischen Zustandsgrößen der einzelnen, in den Paketen dargestellten Komponenten wird wieder auf Stiesch (1999) verwiesen.

- **Validierung des Modells**

Abb. 5.6 und Abb. 5.7 zeigen einen Vergleich der gemessenen und berechneten Brenn- und Druckverläufe für zwei Betriebspunkte eines schnelllaufenden Dieselmotors mit 3,96 dm^3 Hubvolumen, 165 mm Kolbendurchmesser und einer Drehzahl von 1.500 min^{-1}. Der in Abb. 5.6 dargestellte Betriebspunkt wurde als Referenzpunkt zum Abgleich des Modells gewählt, wobei allerdings mehr auf eine gute Übereinstimmung der Druckverläufe geachtet wurde als auf eine exakte Anpassung des Brennverlaufs. Insgesamt lässt sich eine gute Übereinstimmung zwischen Simulation und Messergebnissen erkennen. Detaillierte Untersuchungen zeigen allerdings, dass für eine weitere Verbesserung der Übereinstimmung ein komplexeres Wärmeübergangsmodell, das den Einfluss der Rußstrahlung explizit berücksichtigt, vorteilhaft ist.

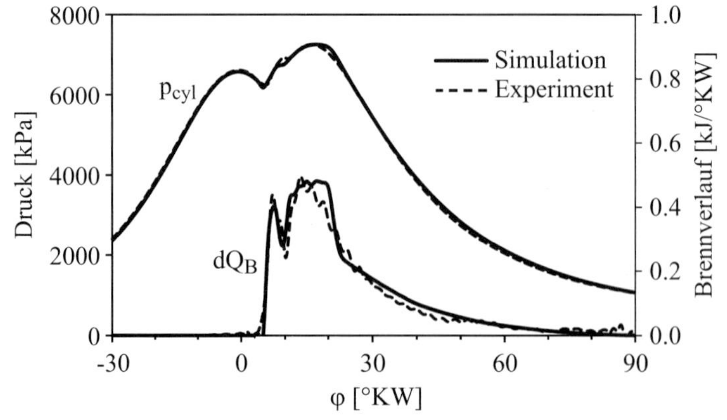

Abb. 5.6: Vergleich gemessener und berechneter Druck- und Brennverläufe für einen schnelllaufenden Dieselmotor mit 3,96 dm^3 Hubvolumen pro Zylinder bei $n = 1500\ min^{-1}$ und $p_{m,e} = 9{,}8$ bar

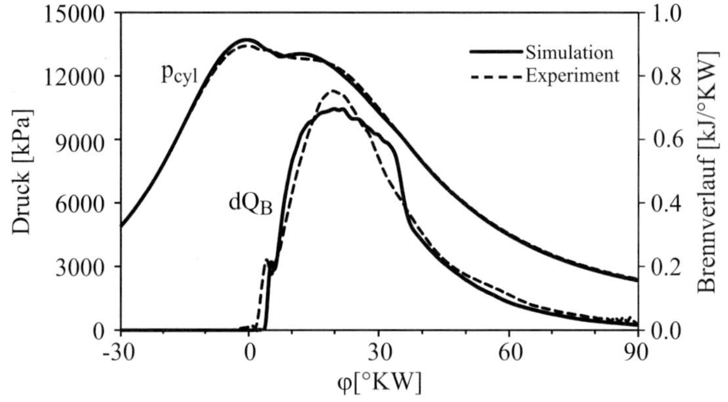

Abb. 5.7: Vergleich gemessener und berechneter Druck- und Brennverläufe für einen schnelllaufenden Dieselmotor mit 3,96 dm^3 Hubvolumen pro Zylinder bei $n = 1.500\ min^{-1}$ und $p_{m,e} = 22{,}2$ bar

- **Beschreibung einer Voreinspritzung**

Thoma et al. (2002) haben den erläuterten Paketansatz erweitert, um damit auch dieselmotorische Brennverfahren mit Voreinspritzung beschreiben zu können. Da die Strahleindringkurve (5.26) jedoch nur für kontinuierlich eingespritzte Sprays gilt und nicht für sehr kleine Brennstoffmengen, siehe Stegemann et al. (2002), schlagen Thoma et al. (2002) eine Änderung der Zeitabhängigkeit von $1/\sqrt{t}$ in $1/t$ für die Pakete der Voreinspritzung vor. Zu dem Zeitpunkt, an dem die Haupteinspritzung beginnt, werden die Pakete der Voreinspritzung darüber hinaus zu einer einzigen so genannten Voreinspritzzone zusammengefasst, siehe Abb. 5.8. Aufgrund der schnellen Abbremsung der Voreinspritzzone dringen die Pakete der Haupteinspritzung bald in die Voreinspritzzone ein, sodass dann anstelle von Frischluft die Gase der Voreinspritzzone in die Pakete der Haupteinspritzung beigemischt werden. Diese Beimischung von bereits heißen Gasen in die Strahlpakete bewirkt eine Verkürzung des Zündverzugs der Haupteinspritzung. Daraus resultiert die bekannte Wirkung der Voreinspritzung, nämlich die deutliche Reduzierung des Vormisch-Peaks im Brennverlauf. Abb. 5.9 zeigt, dass dieses Verhalten vom Modell sehr gut abgebildet werden kann.

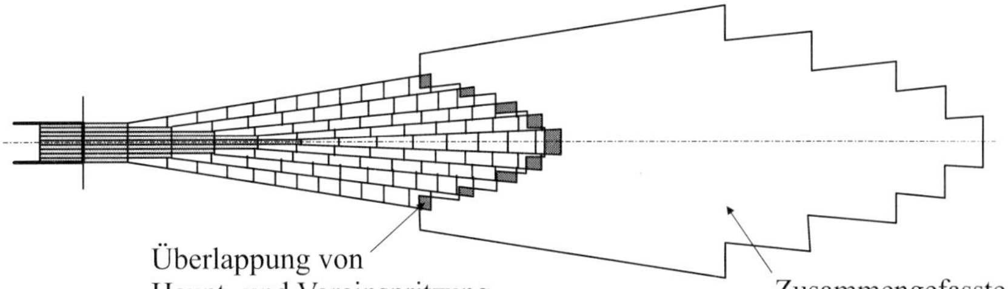

Abb. 5.8: Vermischung der Vor- und Haupteinspritzpulse nach Thoma et al. (2002)

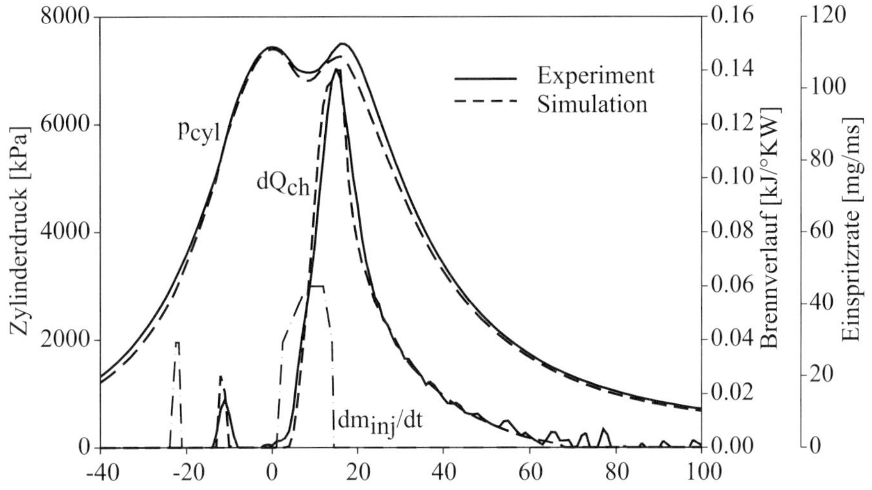

Abb. 5.9: Berechnete und gemessene Brenn- und Druckverläufe eines Nfz-Dieselmotors mit Voreinspritzung, Thoma et al. (2002)

5.1.4 Zeitskalen-Modelle

Weisser und Boulouchos (1995) haben ein phänomenologisches Modell für den Brennverlauf im Dieselmotor entwickelt, das ähnlich wie die häufig innerhalb von CFD-Codes eingesetzten Eddy-Breakup-Modelle auf charakteristischen Zeitskalen beruht (siehe Kap. 9). Dabei werden zwei unterschiedliche Zeitskalen für die Vormisch- und für die Diffusionsverbrennung berücksichtigt, da angenommen wird, dass die Vormischverbrennung im Wesentlichen von der Brennstoffverdampfung und der Reaktionskinetik beeinflusst wird, während die anschließende Diffusionsverbrennung in erster Linie von der Geschwindigkeit der turbulenten Vermischung von Kraftstoffdampf und Luft abhängt.

Die Zerstäubung und Verdampfung des Brennstoffs wird sehr ähnlich wie bei den oben vorgestellten Paketansätzen modelliert. Allerdings wird der Strahl hier nur in axialer Richtung diskretisiert, und die Strahleindringtiefe wird mit der Gleichung von Dent (1971) berechnet:

$$S = 3{,}07 \left(\frac{\Delta p_{inj}}{\rho_g} \right)^{1/4} \left(d_{noz}\, t \right)^{1/2} \left(\frac{294}{T_g} \right)^{1/4} . \tag{5.45}$$

Es wird nun angenommen, dass der Brennstoffanteil, der bereits vor der ersten Zündung verdampft, als Vormischverbrennung umgesetzt wird, während der übrige Brennstoff in der durch turbulente Mischung kontrollierten Diffusionsverbrennung umgesetzt wird. Der Zündverzug wird wieder ähnlich wie im Paketansatz auf Basis einer Arrhenius-Gleichung bestimmt, siehe (5.41).

Die für die reaktionskinetisch kontrollierte Vormisch- (Premixed-) Verbrennung charakteristische Zeitskala wird als proportional zum Zündverzug τ_{ZV} angenommen, sodass die Umsatzrate des Brennstoffs als

$$\frac{\mathrm{d}m_{prem}}{\mathrm{d}t} = C_{prem} \frac{1}{\tau_{ZV}} f_{prep}\, m_{prem,av} \tag{5.46}$$

angegeben werden kann, wobei $m_{prem,av}$ die gesamte, der Vormischverbrennung zugeschlagene Brennstoffmasse ist. Der Faktor f_{prep} trägt dafür Rechnung, dass zum betrachteten Zeitpunkt nur ein Teil dieser Masse den Zündverzug überschritten hat und tatsächlich umgesetzt werden kann.

Die Umsatzrate der Diffusionsverbrennung wird in Analogie zu (5.46) formuliert

$$\frac{\mathrm{d}m_{diff}}{\mathrm{d}t} = C_{diff} \frac{1}{\tau_{trb}} f_{A,turb}\, m_{diff,av} \, . \tag{5.47}$$

Hier besteht allerdings die Schwierigkeit, dass die turbulente Zeitskala τ_{trb} innerhalb des phänomenologischen Ansatzes nicht wie bei den CFD-Codes üblich (siehe Kap. 8) direkt aus der Kenntnis des turbulenten Strömungsfeldes ermittelt werden kann, sondern mit Hilfe eines geeigneten Ansatzes abgeschätzt werden muss. Dafür wird die turbulente Mischungsfrequenz – das ist der Kehrwert der turbulenten Zeitskala – als Verhältnis der turbulenten Viskosität und des Quadrats einer für das Problem charakteristischen Längenskala angenähert

$$\frac{1}{\tau_{trb}} = \frac{u' l_I}{\left(X_{char} \right)^2} \, . \tag{5.48}$$

Um die turbulente Viskosität $u' l_I$ im Brennraum abzuschätzen, wird ein vereinfachter Ansatz gewählt, der von zwei Turbulenzquellen ausgeht. Die erste Quelle ist die Einlassströmung der Ladeluft, für die die Turbulenzintensität u' als proportional zur mittleren Kolbengeschwindigkeit und die Längenskala l_I als proportional zum Kolbenrückstand gesetzt wird. Die zweite Quelle zur Turbulenzproduktion ist der Einspritzstrahl selbst, für den die Größen u' und l_I mit Hilfe von Erhaltungsgleichungen gelöst werden können, siehe Heywood (1988). Die Anfangswerte ergeben sich dabei aus der Einspritzgeschwindigkeit und dem Düsenlochdurchmesser.

Entsprechend gilt für die Summe der turbulenten Viskosität

$$u' l_1 = (u' l_1)_{charge} + (u' l_1)_{inj} \ . \tag{5.49}$$

Die charakteristische Längenskala für den Prozess der turbulenten Diffusion zwischen Brennstoffdampf und Luft wird in Abhängigkeit vom augenblicklichen Zylindervolumen, dem globalen Luftverhältnis und der Anzahl der Düsenlöcher bestimmt

$$X_{char} = \left(\frac{V_{cyl}}{\lambda N_{noz}} \right) \ . \tag{5.50}$$

Der Faktor $f_{A,turb}$ in (5.47) beschreibt die Vergrößerung der effektiven Oberfläche der Flammenfront durch turbulente Faltung (vgl. Kap. 4.1.3),

$$f_{A,turb} = \frac{u' l_I}{\nu} \ , \tag{5.51}$$

wobei ν die kinematische Viskosität der Verbrennungsgase angibt. Damit kann (5.47) als

$$\frac{\mathrm{d}m_{diff}}{\mathrm{d}t} = C_{diff} \frac{u' l_I}{X_{char}^2} \frac{u' l_I}{\nu} m_{diff,av} \tag{5.52}$$

geschrieben werden.

Schließlich werden die für die beiden Verbrennungstypen verfügbaren Brennstoffmassen $m_{pre,av}$ und $m_{diff,av}$ durch Integration von Verdampfungsrate und Verbrennungsrate bestimmt,

$$m_{i,av} \int_{t_{i,0}}^{t} \left(\frac{\mathrm{d}m_{i,evap}}{\mathrm{d}t} - \frac{\mathrm{d}m_i}{\mathrm{d}t} \right) \mathrm{d}t \ , \tag{5.53}$$

wobei der Index i für die beiden Verbrennungstypen *pre* und *diff* steht.

5.2 Ottomotorische Verbrennung

Zur Vorausberechnung der Wärmefreisetzung im Ottomotor wird häufig das von Blizard und Keck (1976) entwickelte und von Tabaczinsky (1980) erweiterte *Entrainment-Modell* verwendet, das im Folgenden kurz erläutert wird.

Bei diesem Modell wird die Wärmefreisetzung bzw. die Flammenausbreitung in zwei Teilschritte zerlegt. Der erste Teilschritt beschreibt das Eindringen der Flamme aufgrund des turbulenten Fortpflanzungsmechanismus ohne Wärmefreisetzung in das noch unverbrannte Gemisch. Die Eindringgeschwindigkeit setzt sich additiv aus der turbulenten Schwankungsgeschwindigkeit u' und der laminaren Brenngeschwindigkeit s_l zusammen und ergibt unter Beachtung der Kontinuitätsbedingung für die pro Zeitschritt erfasste Ladungsmasse

$$\frac{\mathrm{d}m_e}{\mathrm{d}t} = \rho_u \, A_{FF} \left(u' + s_l\right) , \tag{5.54}$$

wobei A_{FF} die Fläche der Flammenfront und ρ_u die Dichte des Unverbrannten ist.

Der zweite Teilschritt beschreibt die Wärmefreisetzung durch die Verbrennung, wobei die von der Flamme erfassten Frischgaswirbelbereiche mit laminarer Brenngeschwindigkeit umgesetzt werden. Die dominierende Wirbelgröße ist dabei die Taylor-Mikrolänge, die mit dem integralen Längenmaß l_I durch

$$l_T = \sqrt{\frac{15 l_I \, \nu}{u'}} \tag{5.55}$$

definiert ist. Damit folgt für die charakteristische Brennzeit

$$\tau = \frac{l_T}{s_l} \tag{5.56}$$

und mit dieser für die Umsatzrate der im Flammbereich befindlichen Brennstoffmasse

$$\frac{\mathrm{d}m_x}{\mathrm{d}t} = \frac{m_e - m_b}{\tau} \, . \tag{5.57}$$

Die Turbulenzintensität zum Zündzeitpunkt wird proportional zur mittleren Kolbengeschwindigkeit

$$u'_{ZZP} = c_T \, c_m \tag{5.58}$$

gesetzt und ändert sich im Laufe der Verbrennung mit der Gemischdichte entsprechend

$$u' = u'_{ZZP} \left(\frac{\rho_M}{\rho_{M,ZZP}} \right)^{1/3} . \tag{5.59}$$

Das integrale Längenmaß beschreibt die großräumige Wirbelstruktur und wird proportional zur Brennraumhöhe

$$l_{I,ZZP} = c_L \, h_{BR} \tag{5.60}$$

angenommen und ändert sich im Laufe der Verbrennung ebenfalls mit der Gemischdichte entsprechend

$$l_I = l_{I,ZZP} \left(\frac{\rho_{M,ZZP}}{\rho_M} \right)^{1/3} . \tag{5.61}$$

Dieses Entrainment-Modell setzt eine voll ausgebildete Flammenfront voraus. Deshalb wird als Startwert für die Verbrennung ein entflammtes Volumen vorgegeben, dessen Masse 1 % der gesamten Ladungsmasse entspricht. Zur Bestimmung des Zündzeitpunkts muss die Zeitspanne zwischen dem Zündzeitpunkt und dem 1 %-Massenumsatzpunkt, die so genannte Entflammungsdauer, berechnet werden. Man setzt dafür

$$\Delta t_{ED} = c_{ED} \, \tau \, . \tag{5.62}$$

Für die laminare Brenngeschwindigkeit wird der in Kap. 4.1.3 erläuterte Ansatz (Gl. (4.1) bis (4.4)) verwendet.

Für eine ausführlichere Darstellung der Verbrennungsmodellierung bei Ottomotoren wird wieder auf Stiesch (2003) verwiesen.

- **Zündmodell**

Beim Ottomotor wird die Verbrennung durch einen Funkenüberschlag an der Zündkerze eingeleitet. Mit der Annahme, dass eine konstante, die Zündgrenze charakterisierende, adiabate und isobare Entflammungstemperatur existiert, kann durch Bilanzierung eines kleinen Volumenelements im Zündkerzenbereich die Bedingung

$$h_{AG}\left(T_{ad,ZZP}, p_{ZZP}\right) = \frac{1-\kappa_{RG}}{1+\lambda\, L_{\min}}\, H_u + h_{FG}\left(T_{u,ZZP}, p_{ZZP}\right). \tag{5.63}$$

abgeleitet werden. Die damit berechneten Zündgrenzen stimmen in einem weiten Temperaturbereich mit Messwerten gut überein, vgl. Scheele (1999).

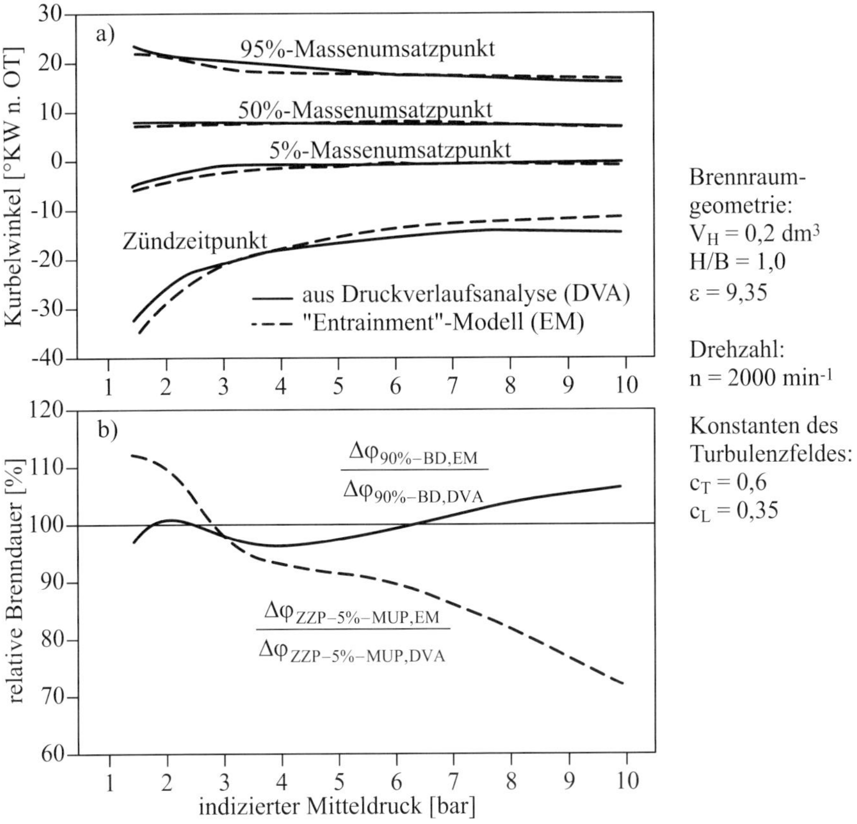

Abb. 5.10: Vergleich der aus der Druckverlaufsanalyse ermittelten, mit den mit dem Entrainment-Modell berechneten Massenumsätzen (aus: Scheele (1999))

Abb. 5.10 zeigt einen Vergleich der aus der Druckverlaufsanalyse ermittelten mit den mit dem Entrainment-Modell berechneten charakteristischen Massenumsätze. Die Konstante zur Berechnung der Turbulenzintensität ist mit $c_T = 0{,}6$ und die zur Berechnung des integralen Längenmaßes mit $c_L = 0{,}35$ so festgelegt, dass das Verhältnis der Zeitabschnitte zwischen den Massenumsatzpunkten mit den Werten aus der Druckverlaufsanalyse übereinstimmt. Die Annahme einer über der Last konstanten Turbulenzintensität bei Brennbeginn gibt die Änderung der Brenndauer hinreichend genau wieder.

6 Schadstoffbildung

6.1 Abgaszusammensetzung

Bei der vollständigen Verbrennung eines nur aus C- und H-Atomen bestehenden, so genannten C_xH_y-Brennstoffes, enthält das Abgas die Komponenten Sauerstoff (O_2), Stickstoff (N_2), Kohlendioxid (CO_2) und Wasserdampf (H_2O).

Bei der realen, unvollständigen Verbrennung treten zusätzlich zu diesen Bestandteilen auch Kohlenmonoxid (CO), unverbrannte Kohlenwasserstoffe (HC), Stickoxide (NO_x) sowie Partikel auf. Im Gegensatz zu diesen gesundheitsschädlichen Stoffen wird das für den Treibhauseffekt mitverantwortliche CO_2 nicht als Schadstoff angesehen, da es keine direkte Gefahr für die Gesundheit des Menschen darstellt und als Endprodukt jeder vollständigen Oxidation eines Kohlenwasserstoffs auftritt. Eine Reduktion von CO_2 im Abgas ist daher auch nur durch eine Verbrauchsreduzierung oder durch einen veränderten Brennstoff, der bezogen auf seinen Heizwert einen geringeren Kohlenstoffanteil aufweist, zu erreichen.

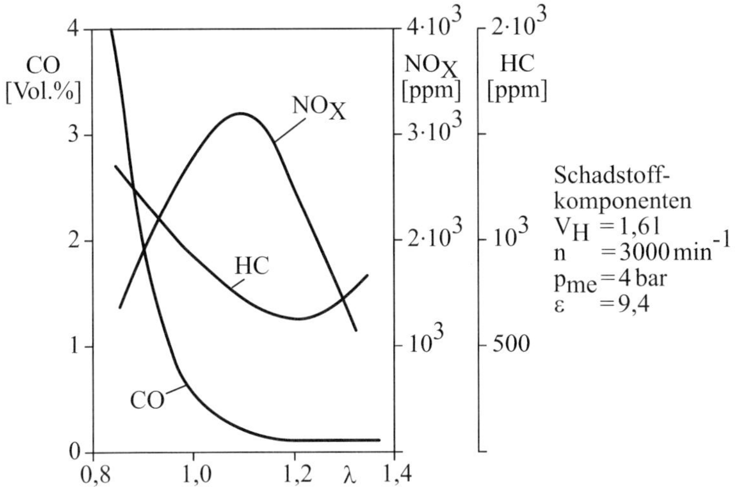

Abb. 6.1: Schadstoffbildung in Abhängigkeit des Luftverhältnisses

Die Bildung von CO,HC und NO_x ist in erster Linie vom Luftverhältnis λ und der damit gekoppelten Verbrennungstemperatur abhängig, siehe Abb. 6.1. Während CO und HC als Produkte der unvollständigen Verbrennung bei fettem Gemisch (λ<1,0) ansteigen, wird die NO_x -Bildung durch eine hohe Temperatur bei ausreichendem Sauerstoffangebot begünstigt ($\lambda \approx 1,1$). Bei magerem Gemisch (λ>1,2) sinkt die Verbrennungstemperatur, sodass die NO_x -Emission abfällt und die HC -Emission ansteigt.

In Abb. 6.2 sind exemplarisch die Zusammensetzungen der Abgase (ohne Katalysator) von Otto- und Dieselmotor angegeben. Daraus ist ersichtlich, dass der Schadstoffanteil aus energetischer Sicht keine Bedeutung für den Motorprozess hat, sondern nur wegen seines Gefährdungspotenzials für die menschliche Gesundheit bzw. die Umwelt. Obwohl der Dieselmotor nur etwa ein Fünftel der Schadstoffmenge des Ottomotors emittiert, sind die absoluten NO_x-Konzentrationen nicht sehr verschieden. Während beim Dieselmotor neben den Stickoxiden auch die Partikelemission eine kritische Größe darstellt, ist beim Ottomotor das CO die dominierende Schadstoffkomponente.

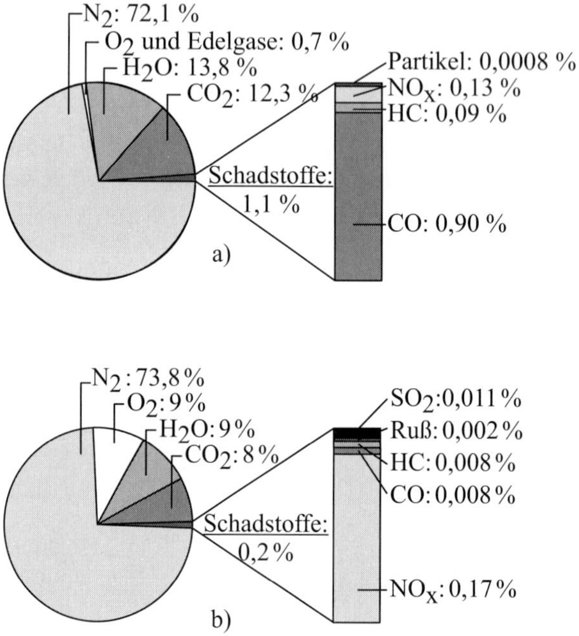

Abb. 6.2: Rohemissionen (ohne Katalysator) in Volumenprozent. a) Ottomotor und b) Dieselmotor

6.2 Kohlenmonoxid (CO)

Bei lokalem Luftmangel ($\lambda<1{,}0$) entsteht grundsätzlich CO als ein Produkt der unvollständigen Verbrennung. Die Oxidation des CO läuft in Abhängigkeit des Luftverhältnisses λ unterschiedlich ab.

Im unterstöchiometrischen Bereich ($\lambda<1{,}0$) läuft die CO-Oxidation wegen des O_2-Mangels in Konkurrenz zur H_2-Oxidation

(1) $CO + OH^{\bullet} \leftrightarrow CO_2 + H^{\bullet}$ und

(2) $H_2 + OH^{\bullet} \leftrightarrow H_2O + H^{\bullet}$

ab, wobei das Hydroxylradikal $OH^{\bullet}$ und der atomare Wasserstoff $H^{\bullet}$ als Kettenträger fungieren. Während sich die Reaktion (2) praktisch im Gleichgewicht befindet, ist die Reaktion (1) kinetisch kontrolliert und läuft deshalb im unterstöchiometrischen Bereich viel langsamer ab. Mit steigendem Luftverhältnis und steigender Temperatur wird die Abweichung der Kinetik vom OHC-Gleichgewicht geringer

$$\frac{d[CO]}{dt} = f(\lambda, T) \qquad (6.1)$$

und die CO-Konzentration nimmt deshalb mit steigendem Luftverhältnis λ ab.

Im stöchiometrischen Bereich ($\lambda \approx 1{,}0$) lassen sich die Reaktionen (1) und (2) in sehr guter Näherung als Bruttovorgang durch die Wassergasreaktion beschreiben

(3) $CO + H_2O \leftrightarrow CO_2 + H_2$,

die in diesem Fall in Gleichgewichtsnähe abläuft, weil die Überschusskonzentrationen der Kettenträger $H^\bullet$ und $OH^\bullet$ dabei sehr groß sind.

Im überstöchiometrischen Bereich ($\lambda > 1{,}0$) läuft die CO-Oxidation nicht mehr in Konkurrenz zur H_2-Oxidation ab, sondern nach folgendem Schema

(1) $CO + OH^\bullet \leftrightarrow CO_2 + H^\bullet$,

(4) $O_2 + H^\bullet \leftrightarrow OH^\bullet + O^\bullet$.

In diesem Bereich und während des Expansiontaktes ist wegen des Nichtgleichgewichts der Reaktion (1) relativ mehr $H^\bullet$ als $OH^\bullet$ vorhanden und die CO-Oxidation läuft gebremst ab.

Im extrem mageren Gemisch ($\lambda > 1{,}4$) entsteht wieder vermehrt CO wegen der niedrigen Temperaturen und der unvollständigen Verbrennung im wandnahen Bereich des Brennraums. Generell ist die CO-Oxidation stark von der Temperatur abhängig, sodass die Reaktion (1) auch während der Expansion zunehmend langsamer wird. Die CO-Konzentration im Abgas entspricht deshalb etwa der Gleichgewichtskonzentration bei 1.700 K.

6.3 Unverbrannte Kohlenwasserstoffe (HC)

Bei der Verbrennung von C_xH_y-Brennstoffen treten, unter der Voraussetzung, das $\lambda > 1$ ist, "hinter" der Flammenfront keine messbaren HC-Konzentrationen auf. HC stammt deshalb aus Zonen, die nicht oder nicht vollständig von der Verbrennung erfasst werden. Dabei setzen sich die unverbrannten Kohlenwasserstoffe aus einer Vielzahl verschiedener Komponenten zusammen, die entweder vollständig unverbrannt oder aber schon teiloxidiert sein können. Vom Gesetzgeber wird heute nur die Summe aller HC-Komponenten, die üblicherweise mit einem Flammen-Ionisations-Detektor bestimmt wird, beschränkt. Dabei wird keine Aussage über die Zusammensetzung dieser unverbrannten Kohlenwasserstoffe getroffen und damit auch nicht das besondere Gefährdungspotenzial bestimmter Bestandteile berücksichtigt.

6.3.1 Limitierte Schadstoffkomponenten

Beim Ottomotor wird der größte Teil der unverbrannten Kohlenwasserstoffe schon während der Kaltstart- und Warmlaufphase emittiert. Die HC-Entstehung hat dabei folgende Ursachen:

- Frontales Löschen der Flamme bei Annäherung an eine kalte Wand,

- Flammenlöschen innerhalb eines Spaltes infolge zu starker Abkühlung der Flammenfront,
- Flammenlöschen infolge zu kleiner Flammengeschwindigkeit während der Expansion (rascher Temperaturabfall).

Wenn das Verhältnis der in der Flamme freigesetzten thermischen Energie zu den Wärmeverlusten der Flamme an die Wand einen bestimmten Wert unterschreitet, erlischt die Flamme. Dies kann näherungsweise mit der Peclet-Zahl

$$Pe_{1,2} = \frac{\rho c_p w}{\lambda} x_{1,2} \tag{6.2}$$

beschrieben werden, wobei mit den Indizes 1 und 2 die ersten beiden Fälle Wand und Spalt des Flammenlöschens unterschieden werden. Dabei steht w für die Flammengeschwindigkeit und x_1 und x_2 repräsentieren den Wandabstand bzw. die Spaltweite.

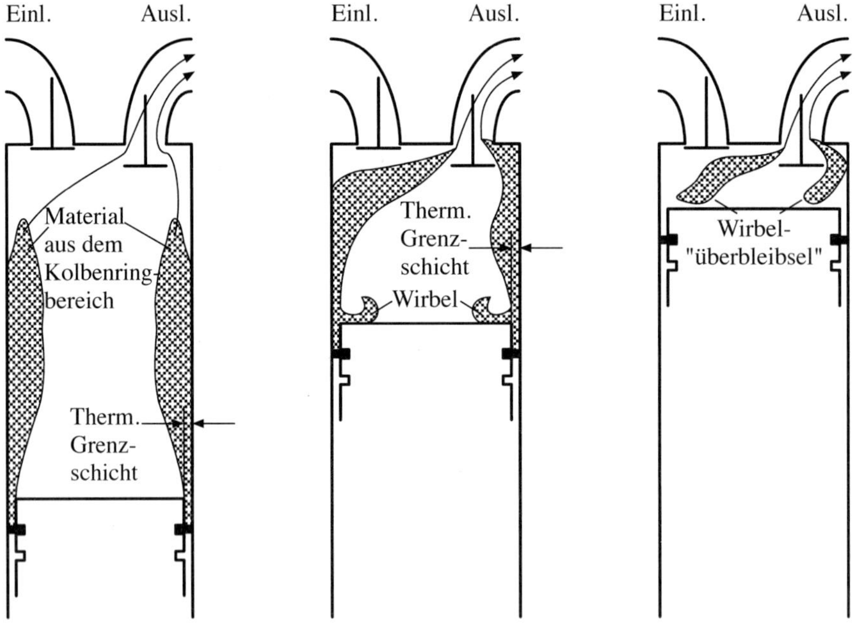

Abb. 6.3: Schematische Darstellung der HC-Entstehung

Aus zahlreichen Experimenten folgen für die kritischen Peclet-Zahlen für das Flammenlöschen die Werte $Pe_1 \approx 8$ und $Pe_2 \approx 40$ und damit für das Verhältnis $x_1/x_2 = 0{,}2$ und als Größenordnungen für den Löschabstand

$$\text{Wand}: \quad 0{,}02 < x_1 < 0{,}2\,\text{mm}\,,$$

$$\text{Spalt}: \quad 0{,}1 < x_2 < 1{,}0\,\text{mm}\,.$$

Andererseits erhält man aus Größenordnungsbetrachtungen der Nußelt- und der Reynolds-Zahlen für die Dicke der thermischen Grenzschicht an der Brennraumwand $\delta_T \approx 1\,\text{mm}$.

Daran erkennt man, dass die Flamme bei einer Temperatur, die viel näher bei der Wand- als bei der Gastemperatur liegt, verlöscht.

Zu Beginn der Verbrennung entweichen bis zu 6 % des Gemisches in den Kolbenringverband, wovon etwa 2 % gegen Ende der Verbrennung wieder zurückfließen. Zu diesem späten Zeitpunkt liegen die Brennraumtemperaturen oft schon so tief, dass keine Weiteroxidation zu vollständigen Verbrennungsprodukten mehr möglich ist. Bei der Aufwärtsbewegung des Kolbens werden die unverbrannten Kohlenwasserstoffe dann zusammen mit den übrigen Verbrennungsabgasen ausgeschoben, siehe Abb. 6.3. Für eine ausführliche Darstellung des Einflusses der Brennraumform auf die HC-Emission sei zudem auf Borrmeister und Hübner (1997) verwiesen.

Die verschiedenen Pfade der HC-Bildungs-Mechanismen bei der ottomotorischen Verbrennung sind in Abb. 6.4 dargestellt. Diese Abbildung fasst neuere Forschungsergebnisse zusammen und gibt damit – wenn auch etwas pauschalisiert – den heutigen Stand des Wissens wieder.

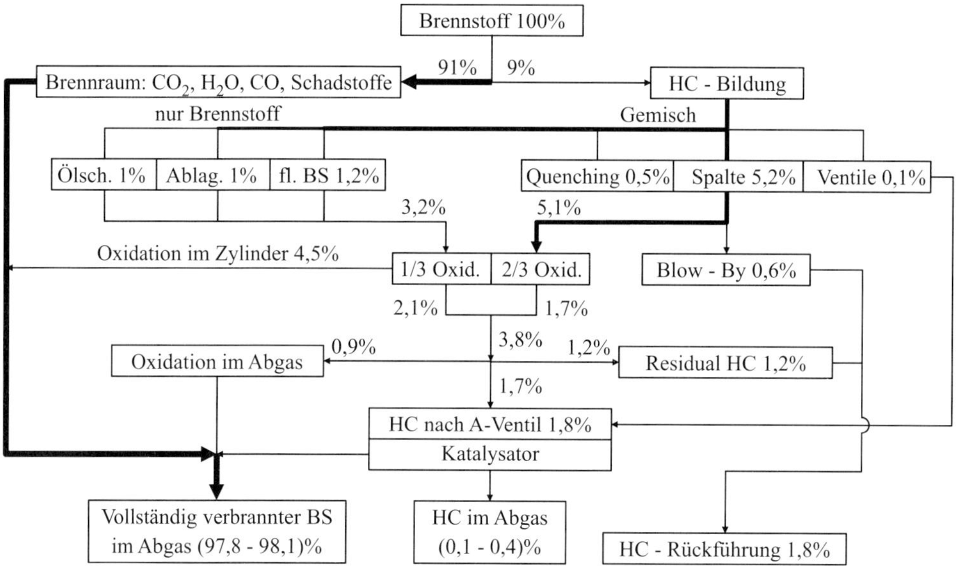

Abb. 6.4: HC-Bildungsmechanismen bei der ottomotorischen Verbrennung

Die genannten Mechanismen der HC-Entstehung sind insgesamt sehr komplex, und eine quantitative Berechnung der HC-Emission im Ottomotor ist deshalb noch nicht möglich. Zur Abschätzung der Oxidationsgeschwindigkeit der im Zylinder entstandenen HC-Menge wird oft die folgende globale Beziehung empfohlen

$$\frac{d[\mathrm{HC}]}{dt} = -c_R\, A [\mathrm{HC}][\mathrm{O}_2] e^{-\frac{E}{RT}}, \tag{6.3}$$

mit $E = 156\ \mathrm{J/mol}$, $A = 6{,}7\ 10^{21}\ \mathrm{m^3/mol s}$.

Der dimensionslose Faktor c_R dient zur Anpassung an experimentelle Daten und variiert infolge der schon beschriebenen großen Unsicherheiten etwa zwischen 0,1 und 1,0.

Die unverbrannten Kohlenwasserstoffe lassen sich pauschal in folgende Gruppen aufspalten:

- Aromaten, ungesättigte Verbindungen: 45 %
- Alkane, gesättigte Verbindungen: 20 %
- Alkene: 30 %
- Aldehyde: 5 %

Unter den Aromaten befinden sich auch polyzyklische aromatische Kohlenwasserstoffe, so genannte PAK, die für die Rußbildung im Dieselmotor von Bedeutung sind, siehe Kap 6.4.2.

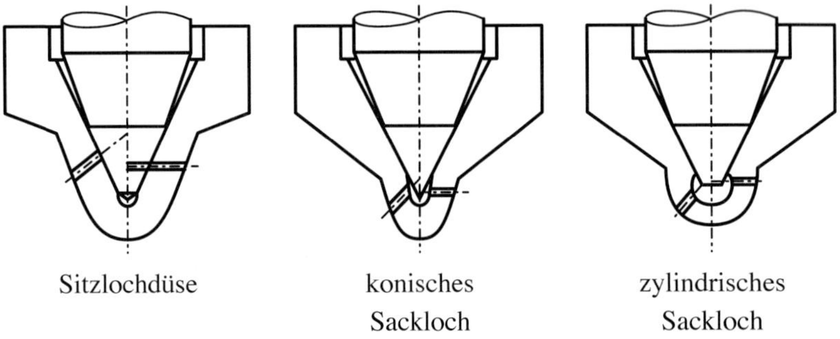

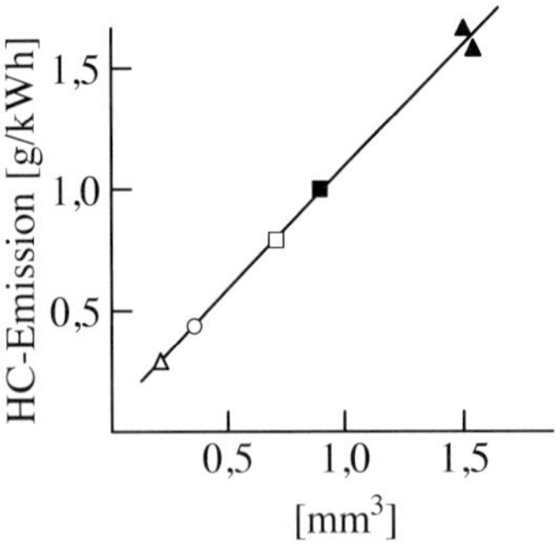

Spritzloch- und Sacklochvolumen

Symbol	Lochlänge	Sackloch
△	0,3	Sitzlochdüse
○	1,0	Sitzlochdüse
□	0,6	∅ 1 x 0,9 lg
■	0,6	∅ 1 x 1,1 lg
▲	0,6	∅ 1 x 2,0 lg

Spritzlöcher: 5 x ∅ 0,3

Abb. 6.5: HC-Emission in Abhängigkeit des Sacklochvolumens

Im Dieselmotor ist der Vorgang der HC-Bildung noch komplexer und deshalb einer Berechnung noch weniger zugänglich als im Ottomotor. Die wichtigsten HC-Quellen sind:

- der äußere Rand des Sprays, die Gemischzusammensetzung liegt außerhalb des Zündbereichs (zu mager),
- der innere Spray-Bereich, die Gemischzusammensetzung ist zu fett,
- Löschen der Diffusionsflamme durch raschen Druck- und Temperaturabfall während der Expansion,

- der an der Wand angelagerte Brennstoff wird wegen zu niedriger Temperaturen nicht vollständig oxidiert,
- "Nachspritzer" durch erneutes Öffnen der Düsennadel nach Einspritzende. Daraus resultieren extrem große Brennstofftropfen, die nur langsam verdampfen und verbrennen können und
- Ausdampfen von unverbranntem Brennstoff aus dem Sacklochvolumen der Einspritzdüse gegen Ende der Verbrennung.

Im Hinblick auf den letzten Punkt ist in Abb. 6.5 der Einfluss des Sacklochvolumens auf die HC-Emission des Dieselmotors dargestellt. Man erkennt, dass die HC-Emission praktisch linear mit dem Volumen des Sackloches ansteigt.

6.3.2 Nicht limitierte Schadstoffkomponenten

Unter der Gesamtmasse der unverbrannten Kohlenwasserstoffe befinden sich einige Substanzen, deren Anteil bis heute nicht explizit limitiert ist, die aufgrund ihres Gefährdungspotenzials jedoch besondere Bedeutung haben.

- **Carbonylverbindungen**

Carbonylverbindungen können dem menschlichen Organismus schaden, indem sie direkt oder durch die in der Atmosphäre gebildeten Folgeprodukte auf ihn einwirken. So tragen sie z.B. zusammen mit Stickstoffdioxid zur Bildung von bodennahem Ozon bei (fotochemischer Smog).

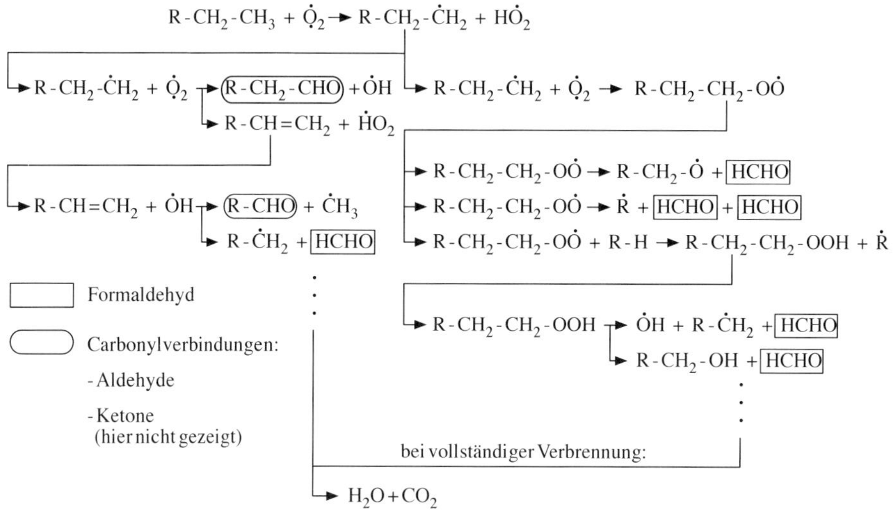

Abb. 6.6: Ausschnitt aus dem Kohlenwasserstoff-Oxidationsschema

Zu den Carbonylverbindungen zählen die Aldehyde und Ketone, die jeweils über mindestens eine charakteristische Carbonylgruppe verfügen. Sie entstehen als teilverbrannte Brennstoffbestandteile, deren vollständige Oxidation vorzeitig abgebrochen wurde.

In Abb. 6.6 ist qualitativ ein Ausschnitt aus dem Kohlenwasserstoff-Oxidationsschema mit den in der Endphase der Oxidation auftretenden Aldehyden R-CHO, sowie dem Formaldehyd HCHO gezeigt. Diese Darstellung vermittelt auch eine Vorstellung von der Komplexität des der C_xH_y -Oxidation zugrunde liegenden Oxidationsschemas.

Ergänzend dazu sind in Abb. 6.7 die heute nachweisbaren Carbonylverbindungen und in Abb. 6.8 die Verteilung der Carbonylverbindungen im Abgas eines Nutzfahrzeug-Dieselmotors dargestellt, vgl. Lange (1996).

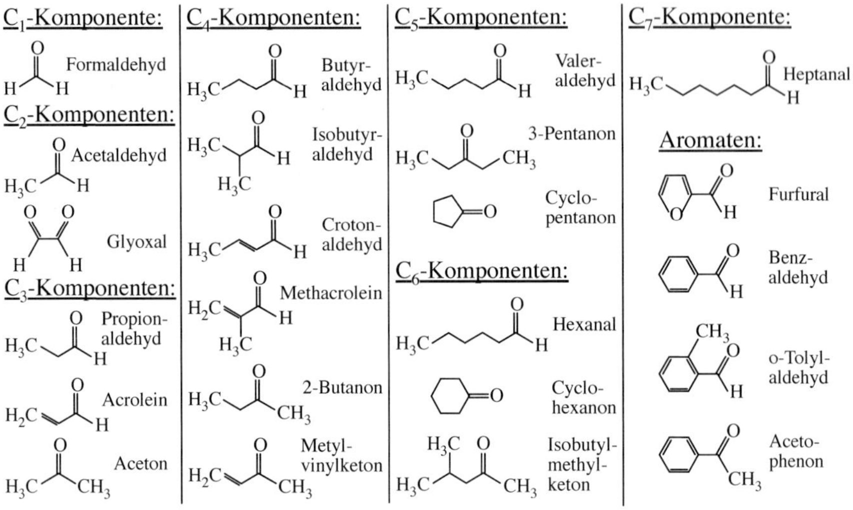

Abb. 6.7: Nachweisbare Carbonylverbindungen

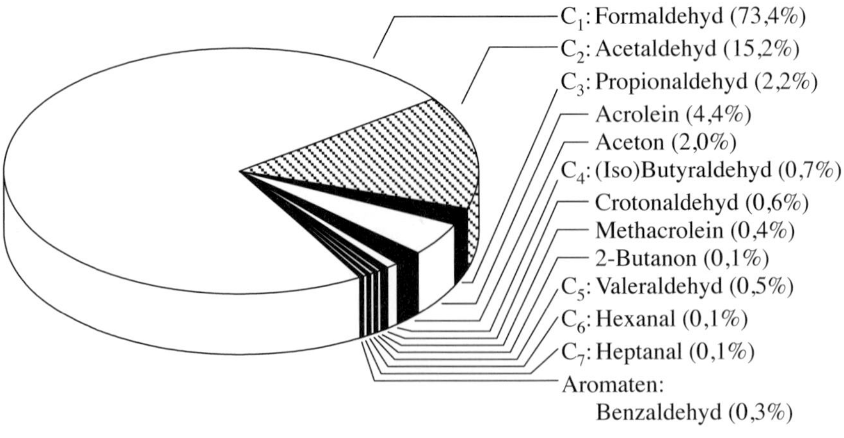

Abb. 6.8: Verteilung der Carbonylverbindungen im Abgas eines Nutzfahrzeug-Dieselmotors

- **Dioxine und Furane**

Dioxine sind aromatische Kohlenwasserstoffe mit völlig untoxischen bis hin zu extrem toxischen Verbindungen. Der Begriff schließt häufig noch die chemisch und toxikologisch verwandte Klasse der Furane ein. Seit dem Chemieunfall von Seveso im Jahre 1976 steht jedoch das damals freigesetzte und extrem toxische 2,3,7,8-Tetrachlordibenzo-p-Dioxin ("Seveso-Gift") oft stellvertretend für alle Dioxine. Zur Erläuterung des chemischen Aufbaus sind in Abb. 6.9 die Strukturformeln des Benzolrings, einiger chlorierter sowie polyzyklischer aromatischer Kohlenwasserstoffe und in Abb. 6.10 die Strukturformeln der heterozyklischen aromatischen Verbindungen Pyridin, Dioxin und Furan, sowie zweier substituierter Verbindungen dargestellt.

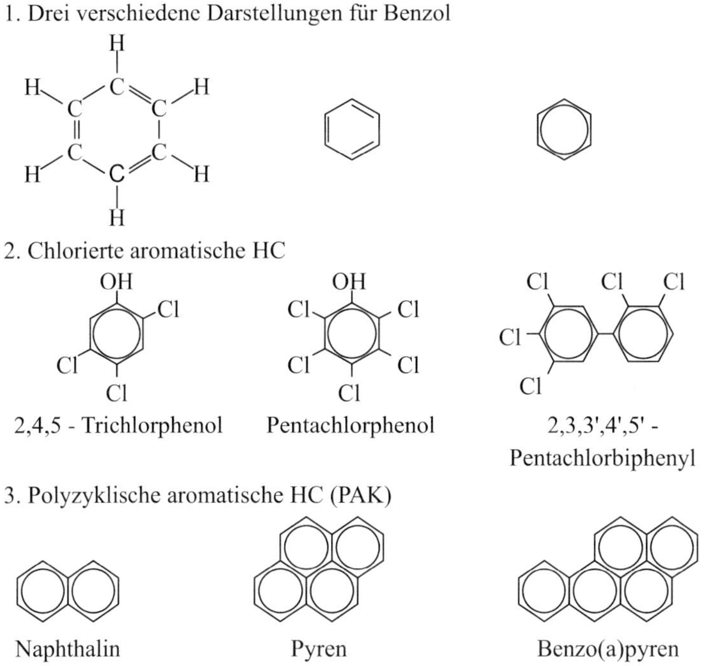

Abb. 6.9: Aufbau einiger aromatischer Kohlenwasserstoffe

Als Vorläufer der Dioxine und Furane sind polyzyklische aromatische Kohlenwasserstoffe (PAK), polyzyklische Biphenyle (BCB)

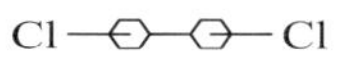

und polychlorierte Terphenyle (PCT)

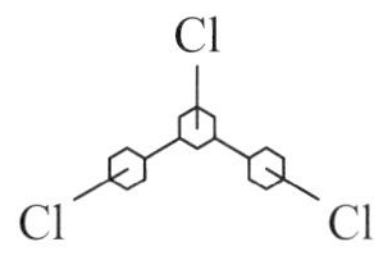

zu nennen.

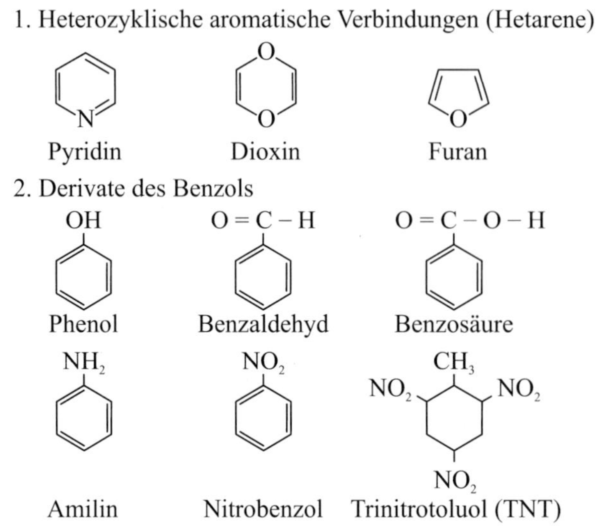

Abb. 6.10: Aufbau heterozyklischer aromatischer Kohlenwasserstoffe

In Abb. 6.11 sind die Strukturformeln von Dibenzofuran, Dibenzodioxin, das so genannte Seveso-Gift, sowie die Zahl der möglichen Derivate angegeben.

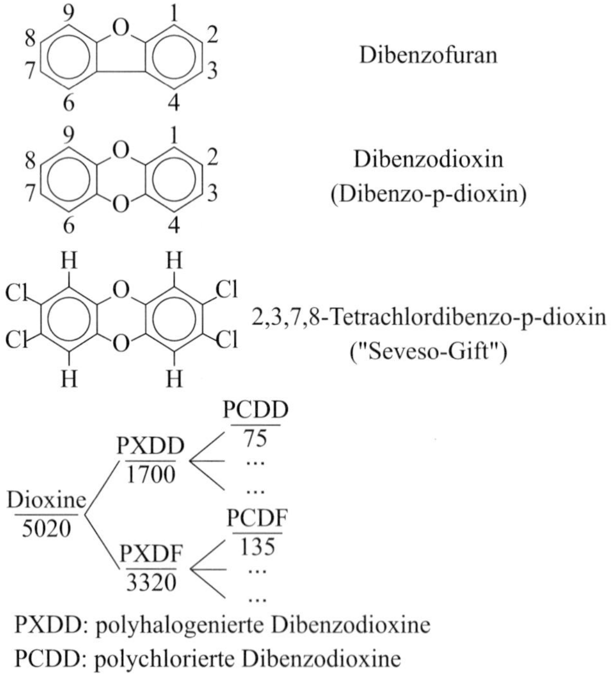

Abb. 6.11: Dioxinverbindungen

In Abb. 6.12 sind die Größenordnungen der Konzentrationen der verschiedenen Schadstoffkomponenten im Abgas eines Verbrennungsmotors angegeben. Bezüglich der Größenordnung unterscheiden sich verschiedene Bauarten von Motoren sowie auch Otto- und Dieselbrennstoffe nicht. Man erkennt, dass die Konzentrationen aller Dioxine und Furane in der Größenordnung 10^{-9} kg pro kg Abgas und die Konzentrationen des berüchtigten Seveso-Giftes in der Größenordnung 10^{-14} kg pro kg Abgas, und damit weit unterhalb der Nachweisgrenze heutiger Messverfahren liegen.

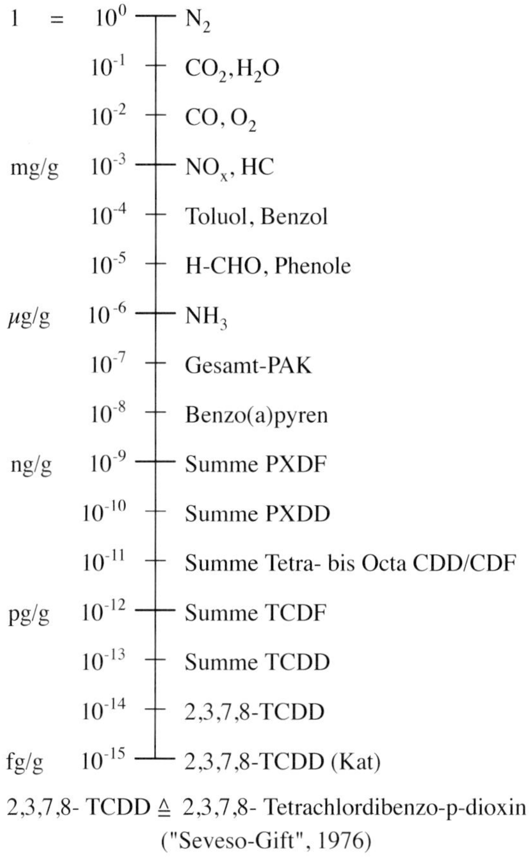

Abb. 6.12: Schadstoffkonzentrationen im Abgas von Verbrennungsmotoren

Für weitere Ausführungen sei auf Bühler (1995) und Bühler et al. (1997) verwiesen.

6.4 Partikelemission beim Dieselmotor

6.4.1 Einführung

Als Partikelgehalt im Abgas wird die Menge aller Stoffe bezeichnet, die von einem bestimmten Filter erfasst werden, nachdem das Abgas nach einem definierten Verfahren verdünnt und auf ϑ<52°C abgekühlt worden ist. Die Zusammensetzung von Dieselpartikeln ist aus Abb. 6.13 zu ersehen. Danach bestehen Dieselpartikel zu 95 % aus organischen (PAK und Ruß) und zu 5 % aus anorganischen Bestandteilen.

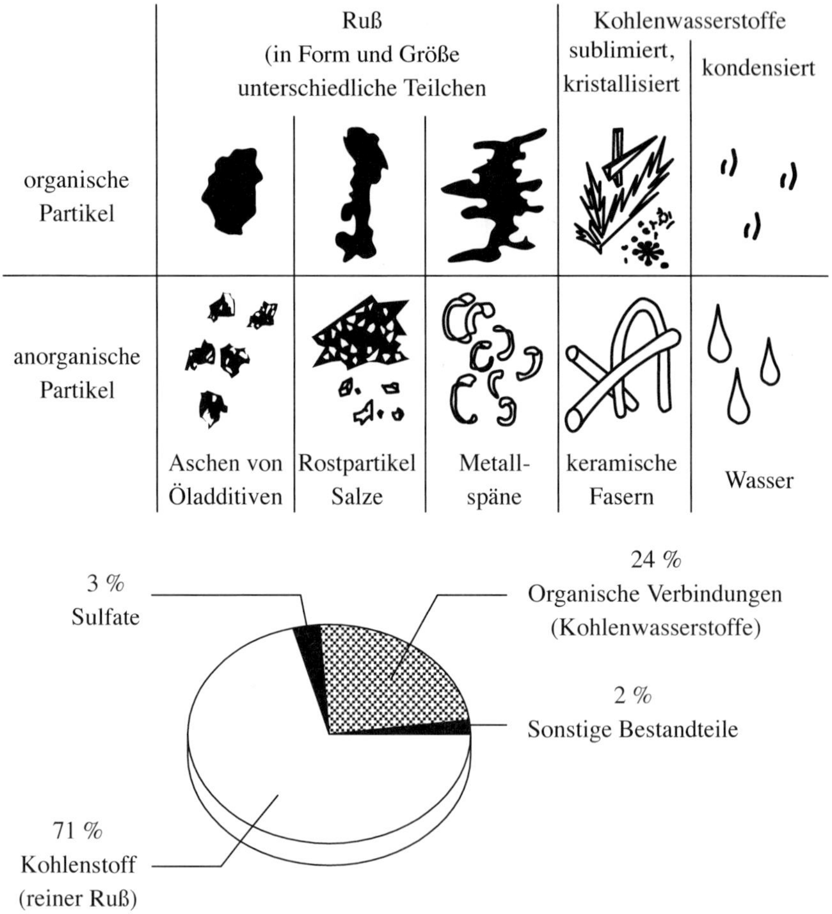

Abb. 6.13: Zusammensetzung von Dieselpartikeln

Die bei der Partikelentstehung ablaufenden chemischen und physikalischen Prozesse sind zwar in groben Zügen verstanden, jedoch in vielen Details nicht hinreichend gut. Deshalb ist auch die Modellierung der Partikel- bzw. Rußbildung sehr problematisch. Die Partikelentstehung läuft nach heutigem Verständnis etwa nach folgendem Schema ab:

- chemische Reduktion der Brennstoffmoleküle zu Ethin (Acetylen, C_2H_2) und zu C_3H_3-Ionen, Bildung des ersten Benzolrings,
- Bildung von polyzyklischen aromatischen Kohlenwasserstoffen durch Polymerisation von Ringen und fortschreitender Dehydrierung, dabei prozentualer Anstieg der C-Atome,
- Kondensation und Bildung von Rußkernen (Nukleation) mit Abmessungen von etwa 1 bis 2 nm,
- Zusammenschluss von Rußkernen zu Rußprimärteilchen (Oberflächenwachstum) mit Durchmessern von etwa 20-30 nm und anschließende Anlagerung verschiedener Substanzen,
- Zusammenschluss von Rußprimärteilchen zu langen kettenförmigen Strukturen (Agglomeration).
- Abbau der Rußteilchen und Zwischenspezies durch Oxidation mit O_2-Molekülen und OH-Radikalen.

6.4.2 Polyzyklische aromatische Kohlenwasserstoffe (PAK)

Die Bildung des ersten aromatischen Kohlenwasserstoff- (Benzol-) Ringes wird durch zwei verschiedene Hypothesen, die Acetylen- und die Ionen-Hypothese, erklärt.

Die Acetylen-Hypothese geht davon aus, dass sich mehrere Moleküle des bei fetter Verbrennung entstehenden Ethins (Acetylen, C_2H_2) zu einem ersten Benzolring unter Anlagerung von $H^{\bullet}$ und Abspaltung von H_2 zusammenfügen. Dabei sind, wie in Abb. 6.14 dargestellt, je nach lokaler Temperatur zwei verschiedene Reaktionswege möglich.

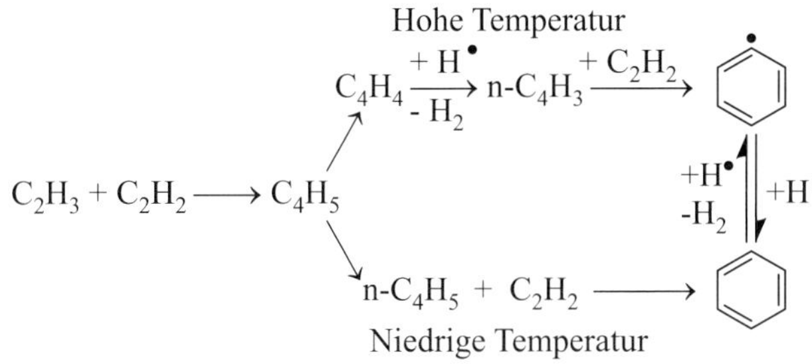

Abb. 6.14: Reaktionswege zur Bildung von Benzolringen nach Frenklach und Wang (1994)

Die Ionen-Hypothese besagt im Gegensatz dazu, dass sich die Ethin-Moleküle zunächst mit ebenfalls im brennstoffreichen Gemisch vorliegenden CH- oder CH_2-Gruppen zu C_3H_3-Ionen verbinden. Zwei solcher C_3H_3-Ionen können sich anschließend unter Umlagerung von zwei H-Atomen zu einem Ring zusammenschließen, siehe Abb. 6.15.

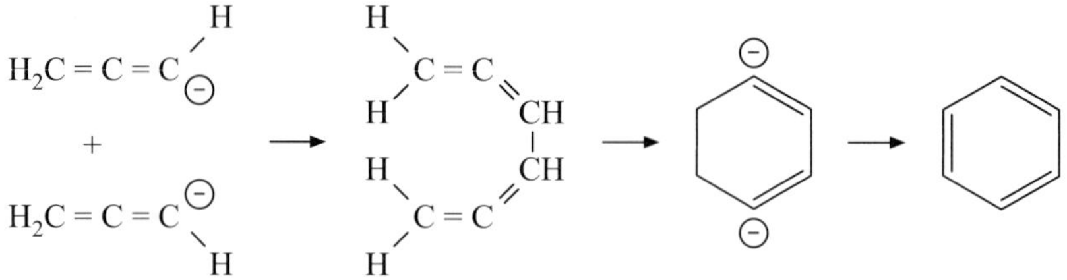

Abb. 6.15: Entstehung von Benzolringen nach Warnatz et al. (1997)

Durch fortschreitende H-Abspaltung und C_2H_2-Anlagerung, dem so genannten HACA-Mechanismus (H-Abstraktion, C_2H_2-Addition), entstehen zusammenhängende PAK-Ringe, siehe Abb. 6.16 a). Benzolringe können sich aber auch direkt zusammenschließen und dadurch komplexe Ringverbindungen aufbauen, siehe Abb. 6.16 b).

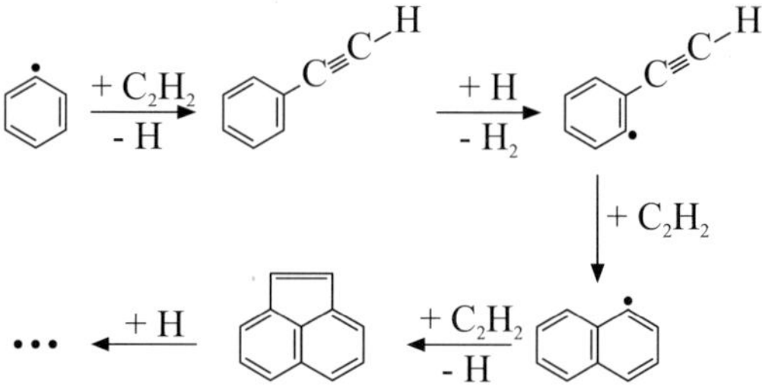

a) H - Abspaltung und C_2H_2 - Anlagerung

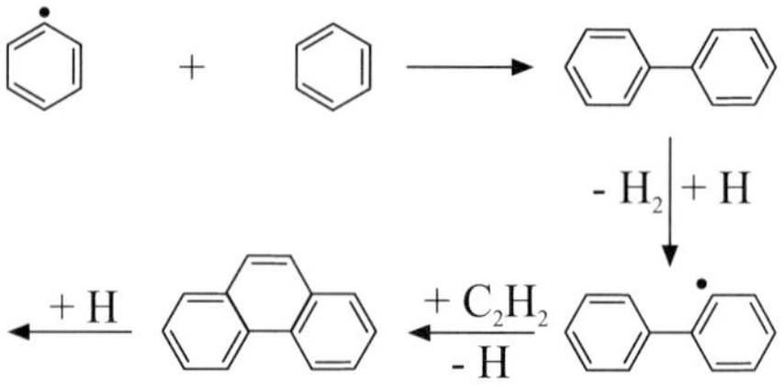

b) Ringzusammenschluss

Abb. 6.16: PAK-Wachstum nach Frenklach und Wang (1994)

6.4.3 Entstehung von Ruß

Die polyzyklischen aromatischen Kohlenwasserstoffe wachsen zu immer größeren Gebilden an. Üblicherweise spricht man ab dem Moment von Rußpartikeln, zu dem die PAK nicht mehr in einer Ebene angeordnet sind, sondern ein räumliches Gebilde darstellen. Abb. 6.17 zeigt eine Prinzipskizze der Rußbildung in Vormischflammen nach Bockhorn (1994).

Das kummulierte Rußvolumen ist durch

$$V_P = \frac{\pi}{6} N(d_P) d^3 = \frac{\pi}{6} N(d_P) \left[\sum \frac{1}{N} N_i d_{P,i}^3 \right] \tag{6.4}$$

gegeben, wobei $N(d_P)$ die Rußpartikelgrößenverteilung bzw. das Partikelspektrum darstellt. Die Größe der Partikel erstreckt sich über einen weiten Bereich von $10 < d_{P,i} < 150$ nm, wobei aber auch Partikel mit Größen bis zu 10 µm entstehen können; das Maximum der Verteilung liegt jedoch bei etwa 100 nm. Die Dichte der entstehenden Rußpartikel liegt bei etwa 2.000 kg/m³, das Oberfläche/Masse-Verhältnis zwischen 20 und 200 m²/g.

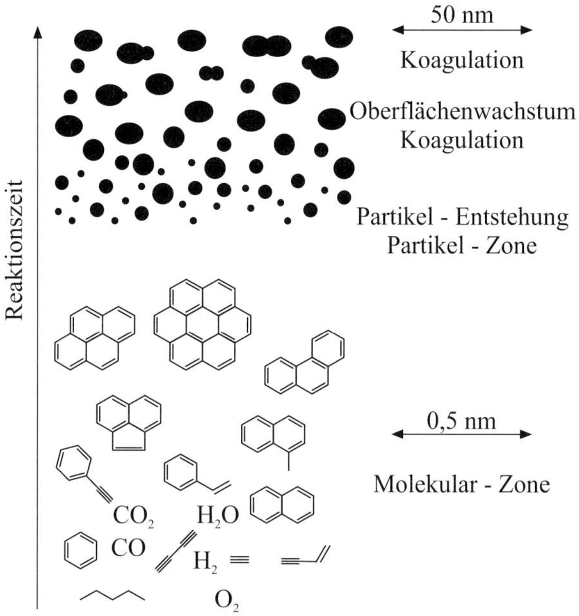

Abb. 6.17: Prinzipskizze der Rußbildung nach Bockhorn (1994)

Der Einfluss der Temperatur auf die Rußbildung ist noch umstritten, weil eine hohe Temperatur sowohl die Bildung (Pyrolyse) als auch den Abbau (Oxidation) begünstigt; als kritisch für die Rußbildung gilt das Temperaturfenster $1.500 < T < 1.900$ K. Dies wird in Abb. 6.18 verdeutlicht, in dem der prozentuale Rußertrag in Abhängigkeit des Luftverhältnisses und der Temperatur dargestellt ist. Man erkennt den kritischen Temperaturbereich $1.500 < T < 1.900$ und ein extremes Ansteigen der Rußemission für Luftverhältnisse $\lambda < 0{,}6$.

Die Problematik Pyrolyse-Oxidation ist in Abb. 6.19 verdeutlicht. Aufgetragen ist dabei der Rußmassenbruch im Brennraum als Funktion des Kurbelwinkels. Man erkennt, dass zu Beginn der Verbrennung relativ viel Ruß gebildet wird, der aber während der Haupt- und Nachverbrennung zum größten Teil wieder oxidiert wird. Die im Abgas gemessene Partikelmenge ist deshalb nur ein Bruchteil (ca. 0,1 bis 1 %) der maximal gebildeten. Dies ist ein Grund, der das Verständnis und die Erfassung der dominierenden chemischen und physikalischen Prozesse bei der Rußbildung sehr erschwert.

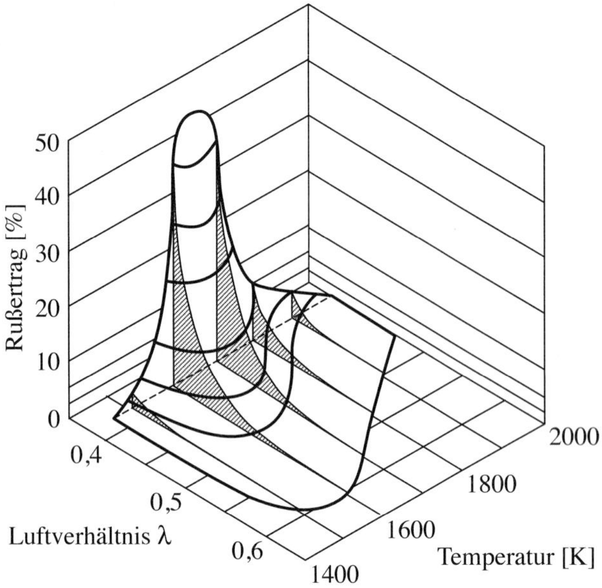

Abb. 6.18: Rußertrag als Funktion von Luftverhältnis und Temperatur

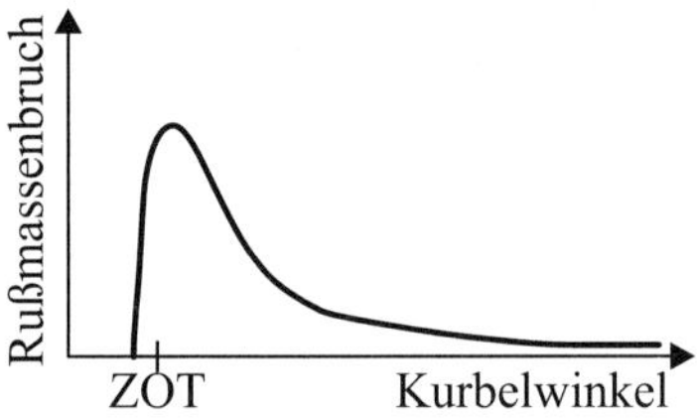

Abb. 6.19: Zeitlicher Verlauf der Rußkonzentration im DI-Dieselmotor

6.4.4 Modellierung der Partikelemission

Die Modellierung der Rußentstehung und -oxidation steckt noch in den Anfängen. Es wird jedoch allgemein akzeptiert, dass die lokale Temperatur sowie die lokalen Brennstoffdampf- und Sauerstoff-Konzentrationen die kontrollierenden Faktoren für die jeweiligen Reaktionsgeschwindigkeiten sind. Daher wird häufig ein einfaches 2-Gleichungsmodell angewendet, in dem Bildung und Oxidation mit jeweils einer empirischen Gleichung beschrieben werden. Die Netto-Änderung der Rußmasse ergibt sich aus der Differenz dieser beiden Größen, siehe Nishida und Hiroyasu (1989)

$$\frac{\mathrm{d}m_{P,b}}{\mathrm{d}t} = A_b\, m_{B,g}\, p^{0{,}5} \exp\left[-\frac{6.313}{T}\right], \tag{6.5}$$

$$\frac{\mathrm{d}m_{P,ox}}{\mathrm{d}t} = A_{ox}\, m_P\, x_{O_2}\, p^{1{,}8} \exp\left[-\frac{7.070}{T}\right], \tag{6.6}$$

$$\frac{\mathrm{d}m_P}{\mathrm{d}t} = \frac{\mathrm{d}m_{P,b}}{\mathrm{d}t} - \frac{\mathrm{d}m_{P,ox}}{\mathrm{d}t} \quad . \tag{6.7}$$

Mit diesem einfachen Modell sind Trendaussagen über die Rußbildung, jedoch keine auch quantitativ zuverlässigen Ergebnisse zu erzielen. Daher wurde es z. B. von Belardini et al. (1994) oder Fusco et al. (1994) dahin weiter entwickelt, dass auch Zwischenspezies wie z. B. Ethin (Acetylen, C_2H_2) bilanziert werden. Sowohl die Zwischenspezies als auch die endgültigen Rußpartikel können dabei im Laufe der Verbrennung durch Oxidation wieder abgebaut werden, sodass insgesamt ein Modell mit acht Differentialgleichungen anstelle der zwei oben genannten resultiert. Für eine weitere Annäherung des Modells an die Realität kann neben der Oxidation durch O_2 -Moleküle auch eine Oxidation durch OH-Radikale berücksichtigt werden, die unter dieselmotorischen Bedingungen erheblichen Einfluss gewinnen kann, vgl. Nagle und Strickland-Constable (1962). Der interessierte Leser sei auf die zitierte Literatur, insbesondere aber auch auf Bockhorn et al. (2003), verwiesen.

Bei den obigen Betrachtungen ist neben der lokalen Temperatur und der für die chemischen Reaktionen zur Verfügung stehenden Zeit auch eine ausreichende Konzentration an Oxidanten ($O^{\bullet}, O_2, OH^{\bullet}$) am Reaktionsort entscheidend für den Ablauf der Rußoxidation. Die Annahme einer unter allen Bedingungen genügend schnellen Vermischung zwischen den Oxidanten einerseits und den Partikeln andererseits stellt jedoch eine grobe Vereinfachung dar. Die Vermischungsqualität hängt in Wirklichkeit vom turbulenten Strömungsfeld ab. Neuere Überlegungen gehen deshalb davon aus, dass zur Partikeloxidation die Vermischung mit dem Oxidanten auf der kleinsten zu beobachtenden dissipativen Größe von Turbulenzelementen im Strömungsfeld erforderlich ist, damit die chemische Reaktion im molekularen Bereich möglich wird. Damit bestimmt auch die so genannte Kolmogorov-Zeit, das ist die charakteristische Drehzeit der kleinsten im Strömungsfeld auftretenden Wirbel

$$t_K = \left(\frac{\nu}{\varepsilon} \right)^{1/2} \tag{6.8}$$

bzw. die turbulente Mischungsfrequenz $1/t_K$ den Ablauf der Rußoxidation. Zahlreiche Experimente, die ein Sinken der Rußemission bei verstärkter Turbulenz aufzeigen, bestätigen diese Überlegungen.

Trotz der in letzter Zeit erzielten Fortschritte sind jedoch noch erhebliche Anstrengungen notwendig, um die grundlegenden Aspekte der Partikelbildung und -oxidation in genügender Tiefe zu verstehen.

6.5 Stickoxide

Stickoxide (NO_x) begünstigen in der Troposphäre die Bildung von bodennahem Ozon und fotochemischem Smog. Bei der motorischen Verbrennung entsteht hauptsächlich Stickstoffmonoxid (NO), das jedoch nach längerem Verweilen unter atmosphärischen Bedingungen fast vollständig in Stickstoffdioxid (NO_2) umgewandelt wird. Das NO kann bei der Verbrennung auf drei verschiedenen Wegen gebildet werden. Dabei unterscheidet man das so genannte thermische NO, das innerhalb der Verbrennungsprodukte bei hohen Temperaturen nach dem Zeldovich-Mechanismus aus Luftstickstoff gebildet wird, das so genannte Prompt-NO, das bereits in der Flammenfront durch den Fenimore-Mechanismus aus Luftstickstoff entsteht, und schließlich das so genannte Brennstoff-NO, das durch Stickstoffanteile im Brennstoff hervorgerufen wird.

6.5.1 Thermisches NO

Die thermische NO-Bildung läuft "hinter" der Flammenfront im so genannten Verbrannten ab und wurde erstmals von Zeldovich (1946) beschrieben. Der von Zeldovich angegebene einfache Reaktionsmechanismus wurde später von Baulch et al. (1991) erweitert. Dieser erweiterte Zeldovich-Mechanismus besteht aus den drei Elementarreaktionen

(1) $O^\bullet + N_2 \xleftrightarrow{k_1} NO + N^\bullet$

(2) $N^\bullet + O_2 \xleftrightarrow{k_2} NO + O^\bullet$

(3) $N^\bullet + OH \xleftrightarrow{k_3} NO + H^\bullet$

mit den experimentell zu ermittelnden Geschwindigkeitskonstanten k_i. Obwohl die thermische NO-Bildung nach dem Zeldovich-Mechanismus einer der meist untersuchten Reaktionsmechanismen ist, besteht nach wie vor Unsicherheit in der Wahl der Geschwindigkeitskonstanten. In der Literatur werden hierfür z. T. abweichende Werte vorgeschlagen, von denen einige in Tab. 6.1 zusammengefasst sind.

Im Sonderfall des chemischen Gleichgewichts laufen die Hin- (Index r) und Rückreaktionen (Index l) jeweils gleich schnell ab, z. B.

$$k_{1,r}[O][N_2] = k_{1,l}[NO][N] \tag{6.9}$$

oder nach entsprechender Umformulierung:

$$\frac{k_{1,r}}{k_{1,l}} = \frac{[NO][N]}{[O][N_2]} \equiv K_{C,1} \tag{6.10}$$

Da sowohl die Geschwindigkeitskonstanten $k_{1,r}$ und $k_{1,l}$ als auch die Gleichgewichtskonstante $K_{C,1}$ nur von der Temperatur, nicht aber von den tatsächlich vorliegenden Konzentrationen abhängen, gilt die Beziehung

$$K_C = \frac{k_r}{k_l} \tag{6.11}$$

auch allgemein, siehe Kap. 3.2. Die Gleichgewichtskonstante K_C ist aus thermodynamischen Daten, z. B. NIST (1993), zu bestimmen. Daher kann die Geschwindigkeitskonstante k_l für die Rückreaktion mit Gleichung (6.11) leicht errechnet werden.

Für die NO-Bildungsrate erhält man mit den Reaktionsgleichungen (1) bis (3)

$$\begin{aligned}\frac{d[NO]}{dt} &= k_{1,r}[O][N_2] + k_{2,r}[N][O_2] + k_{3,r}[N][OH] \\ &\quad - k_{1,l}[NO][N] - k_{2,l}[NO][O] - k_{3,l}[NO][H],\end{aligned} \tag{6.12}$$

und für die zeitliche Änderung der Stickstoffatom-Konzentration folgt

$$\frac{d[N]}{dt} = k_{1,r}[O][N_2] - k_{2,r}[N][O_2] - k_{3,r}[N][OH] \\ - k_{1,l}[NO][N] + k_{2,l}[NO][O] + k_{3,l}[NO][H]. \tag{6.13}$$

Liegt die momentane NO-Konzentration unterhalb der Gleichgewichtskonzentration der entsprechenden Temperatur, wie dies in weiten Abschnitten der motorischen Verbrennung der Fall ist, hat die Hinreaktion entscheidenden Einfluss auf den Gesamtumsatz. Erst wenn die momentane NO-Konzentration oberhalb der Gleichgewichtskonzentration der entsprechenden Temperatur liegt, wird der Gesamtumsatz maßgeblich durch die Rückreaktion bestimmt. Im Motor tritt diese Situation jedoch allenfalls gegen Ende des Expansionstaktes auf, wenn die Temperatur bereits weit abgesunken ist.

Tab. 6.1: Geschwindigkeitskoeffizienten für die Hinreaktionen des Zeldovich-Mechanismus

Reaktion i	$k_{i,r}$ [cm³/mol s]	Autor
1	$1{,}8 \cdot 10^{14} \exp\left[-\frac{38.400}{T}\right]$	Baulch et al. (1991)
	$0{,}544 \cdot 10^{14}\, T^{0,1} \exp\left[-\frac{38.020}{T}\right]$	GRI-MECH 3.0 (2000)
	$0{,}76 \cdot 10^{14} \exp\left[-\frac{38.000}{T}\right]$	Heywood (1988)
	$4{,}93 \cdot 10^{13}\, T^{0,0472} \exp\left[-\frac{38.061}{T}\right]$	Pattas (1973)
2	$6{,}4 \cdot 10^{9}\, T \exp\left[-\frac{3.150}{T}\right]$	Baulch et al. (1969)
	$9{,}0 \cdot 10^{9}\, T \exp\left[-\frac{3.280}{T}\right]$	GRI-MECH 3.0 (2000)
	$1{,}48 \cdot 10^{8}\, T^{1,5} \exp\left[-\frac{2.860}{T}\right]$	Pattas (1973)
3	$3{,}0 \cdot 10^{13}$	Baulch et al. (1991)
	$3{,}36 \cdot 10^{13} \exp\left[-\frac{195}{T}\right]$	GRI-MECH 3.0 (2000)
	$4{,}1 \cdot 10^{13}$	Heywood (1988)
	$4{,}22 \cdot 10^{13}$	Pattas (1973)

An den Geschwindigkeitskonstanten für die Hinreaktionen ist zu erkennen, dass die NO-Bildung über die Reaktion (1) sehr viel langsamer abläuft als über die Reaktionen (2) und (3). Für eine Temperatur von $T = 1.800\,\mathrm{K}$ erhält man z. B.

$$k_{1,r} \approx 1{,}0 \cdot 10^{2},\; k_{2,r} \approx 2{,}0 \cdot 10^{9},\; k_{3,r} \approx 2{,}8 \cdot 10^{10} \left[\frac{\mathrm{m}^3}{\mathrm{kmols}}\right].$$

Die erste Reaktion besitzt wegen der stabilen N_2-Dreifachbindung eine hohe Aktivierungsenergie und läuft deshalb erst bei hohen Temperaturen ausreichend schnell ab; daher auch der Name "thermisch". Sie ist deshalb der geschwindigkeitsbestimmende Schritt. Die obigen Zahlenwerte zeigen, dass bei 1.800 K die erste Reaktion um sieben bis acht Zehnerpotenzen langsamer als die zweite und dritte abläuft. Abb. 6.20 zeigt den Verlauf des Geschwindigkeitskoeffizienten $k_{1,r}$ in [g/(mol s)] in Abhängigkeit der Temperatur T.

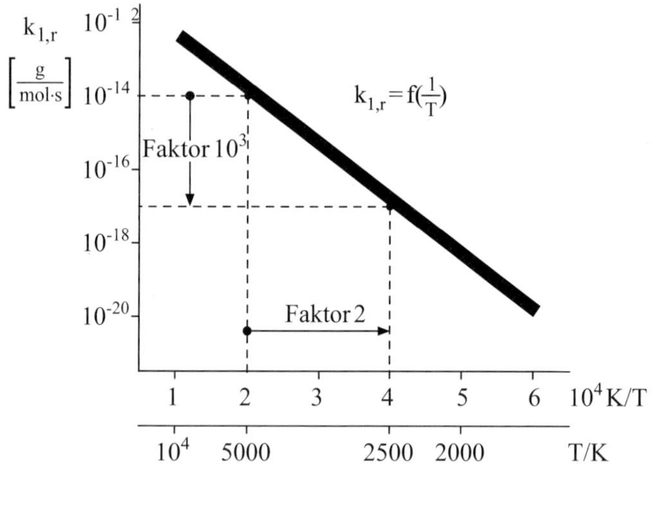

Abb. 6.20: Geschwindigkeitskoeffizient der ersten Zeldovich-Reaktion

Man erkennt, dass eine Verdopplung der Temperatur die thermische NO-Bildung um den Faktor 10^3 steigert, bzw. bei Anhebung der Temperatur von 2.000 auf 2.500 K das thermisch gebildete NO auf das etwa 50-fache ansteigt. Wegen dieser starken Temperaturabhängigkeit spricht man von einer kinetisch kontrollierten NO-Bildung. Das bedeutet, dass die chemische Reaktionskinetik bei den im Brennraum vorliegenden Temperaturen langsam im Vergleich zu den physikalischen Zeitskalen des Strömungsfeldes ist und dass der chemische Gleichgewichtszustand daher nicht erreicht werden kann. Dies soll durch Abb. 6.21 verdeutlicht werden, in dem qualitativ die NO-Konzentration bei Annahme des Gleichgewichts und unter Beachtung der Kinetik nach Zeldovich dargestellt ist. Der kinetisch kontrollierte Prozess nach Zeldovich produziert zunächst wesentlich weniger NO als bei Annahme von Gleichgewicht (Δ_1), in der späten Phase der Verbrennung wird aber wegen des bei niedrigeren Temperaturen extrem langsam ablaufenden Prozesses das gebildete NO nicht wieder über die Rückreaktionen zurückgebildet (Δ_2). Man spricht von einem "Einfrieren" der Reaktion.

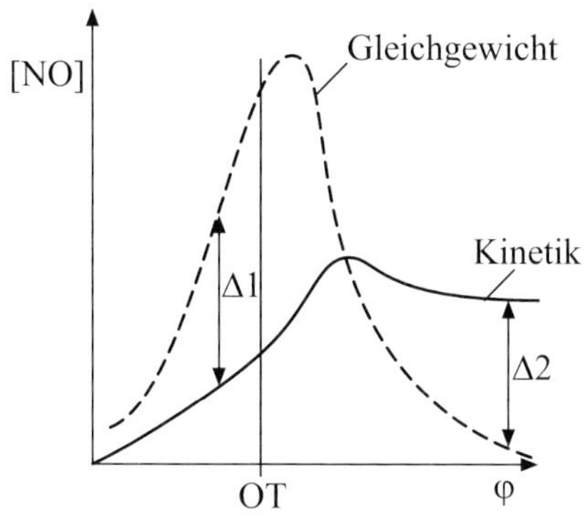

Abb. 6.21: NO-Konzentrationen bei Gleichgewichtszustand bzw. kinetisch kontrollierter NO-Bildung

Weil die Reaktionsgeschwindigkeit der Hinreaktionen (2) und (3) um Zehnerpotenzen größer als die der Reaktion (1) ist, wird der im ersten Reaktionsschritt gebildete atomare Stickstoff im zweiten und dritten Schritt sofort weiter zu NO umgesetzt. Die Konzentration des atomaren Stickstoffs bleibt deshalb nach einer kurzen Anlaufphase praktisch konstant. Deshalb kann die Konzentration von [N] als quasi-stationär angenommen werden, siehe Kap. 3.3

$$\frac{d[N]}{dt} \approx 0 \ . \qquad (6.14)$$

Damit folgt nach Addition der Beziehungen (6.12) und (6.13):

$$\frac{d[NO]}{dt} = 2k_{1,r}[O][N_2] - 2k_{1,l}[NO][N] \ . \qquad (6.15)$$

Für die unbekannte Konzentration der Stickstoffatome [N] erhält man durch Umformung von Gleichung (6.13) unter Beachtung von Gleichung (6.14)

$$[N] = \frac{k_{1,r}[O][N_2] + k_{2,l}[NO][O] + k_{3,l}[NO][H]}{k_{1,l}[NO] + k_{2,r}[O_2] + k_{3,r}[OH]} \ .$$

Damit enthält Gleichung (6.15) außer der Konzentration von NO nur noch die leicht festzustellende Konzentration von N_2 und die Konzentrationen O, O_2, OH und H des OHC-Systems. Das OHC-System kann durch das folgende Gleichungssystem beschrieben werden

(4) $H_2 \quad = \quad 2\,H$,

(5) $O_2 \quad = \quad 2\,O$,

(6) $H_2O \quad = \quad 1/2\,H_2 + OH$,

(7) $H_2O \quad = \quad 1/2\,O_2 + H_2$,

(8) $CO_2 \quad = \quad CO + 1/2\,O_2$.

Da die fünf Reaktionen (4) bis (8) bei den im Brennraum vorliegenden Temperaturen sehr schnell gegenüber den Reaktionen des Zeldovich-Mechanismus (1) bis (3) ablaufen, kann angenommen werden, dass die Komponenten stets im partiellen Gleichgewicht vorliegen, z. B.

$$\frac{[H]^2}{[H_2]} = K_{C,4}, \quad \frac{[O]^2}{[O_2]} = K_{C,5}, \quad \frac{[OH][H_2]^{1/2}}{[H_2O]} = K_{C,6}, \text{ etc.}$$

Aus diesen Beziehungen ergibt sich zusammen mit der Massenerhaltung der Atome O, H und C und der Bedingung, dass die Summe der Partialdrücke aller Komponenten dem Gesamtdruck entsprechen muss, ein nicht lineares Gleichungssystem, das aufgrund seiner linearen Unabhängigkeit z. B. mit dem Verfahren von Newton-Kantorowitsch (Bronstein und Semendjagew (1997)) eindeutig lösbar ist. Eine beispielhafte Konzentrationsverteilung der OHC-Komponenten als Funktion der Temperatur zeigt Abb. 6.22.

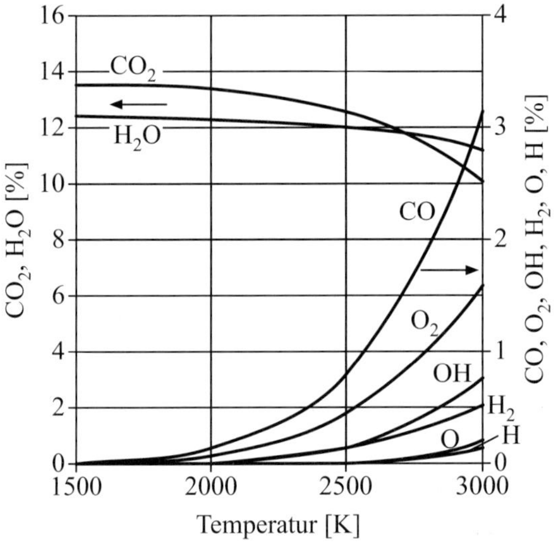

Abb. 6.22: Konzentrationen der OHC-Komponenten im Gleichgewichtszustand

Für eine vereinfachte Abschätzung der Stickoxid-Bildung können die Rückreaktionen aus den o.a. Gründen zunächst vernachlässigt werden. Gleichung (6.15) vereinfacht sich dann zu

$$\frac{d[NO]}{dt} = 2k_{1,r}[O][N_2] \ . \tag{6.16}$$

Anstatt das partielle Gleichgewicht des OHC-Systems (4) bis (8) zu lösen, kann die noch unbekannte Sauerstoffatom-Konzentration in Gleichung (6.16) nach Bockhorn (1997) auch vereinfacht angenähert werden durch

$$[O] = 0{,}13[O_2]^{1/2} \exp\left\{-\frac{29.468}{T}\right\} , \tag{6.17}$$

wobei [O] und $[O_2]$ in $\frac{\text{kmol}}{\text{m}^3}$ einzusetzen sind.

Mit der oben angegebenen Beziehung für die Geschwindigkeitskonstante $k_{1,r}$ folgt damit für die NO-Bildungsrate

$$\frac{d[NO]}{dt} = 4{,}7 \cdot 10^{13} [N_2][O_2]^{1/2} \exp\left\{-\frac{67.837}{T}\right\} . \tag{6.18}$$

Diese Gleichung kann jedoch nur als grobe Abschätzung angesehen werden, da sie eine zu hohe NO-Konzentration voraussagt. Grund dafür ist, dass die – wenn auch geringen – Rückreaktionen der Gleichungen (1) bis (3) die tatsächliche NO-Bildung verlangsamen und gegen Ende des Arbeitstaktes sogar dazu führen können, dass die NO-Konzentration wieder geringfügig absinkt, vgl. Abb. 6.21. Gleichung (6.18) kann dagegen keinen negativen Wert annehmen!

In Abb. 6.23 sind die NO-Bildung und der NO-Zerfall in einem thermischen Reaktor bei 60 bar und $\lambda = 1$ für verschiedene Temperaturen als Funktion der Zeit dargestellt. Die Abbildung zeigt, dass das Gleichgewicht desto schneller erreicht wird, je höher die Temperatur ist; für $T = 2.400$ K nach etwa 20 ms und für $T = 2.800$ K bereits nach etwa 3 ms.

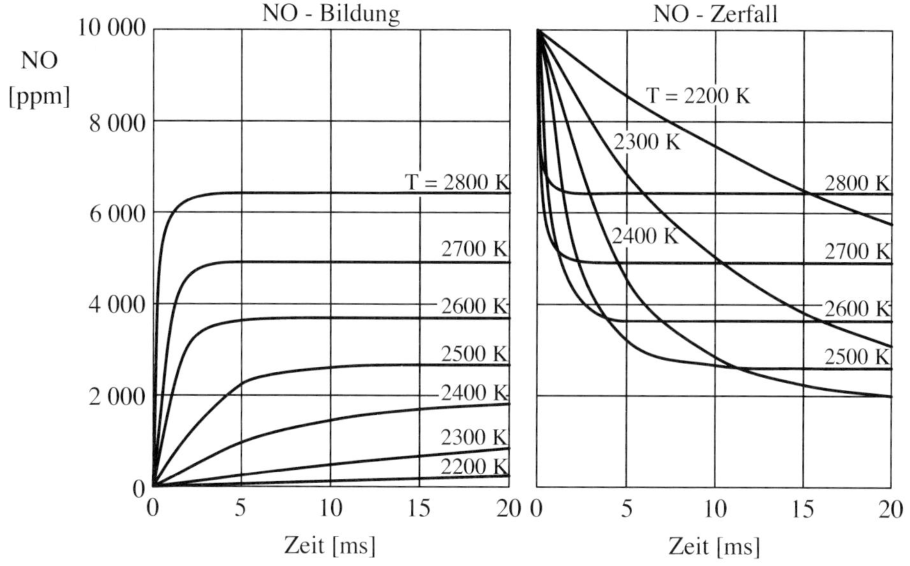

Abb. 6.23: NO-Bildung und -Zerfall in einem thermischen Reaktor; $p = 60$ bar; $l = 1{,}0$

Da eine Temperatur von 2.800 K im Motor aber allenfalls für einen extrem kurzen Zeitraum direkt in der Flammenfront erreicht wird und weil die Temperatur im verbrannten Gemisch wegen der Beimischung von unverbrannter Frischluft schnell abfällt, kann das Gleichgewicht in der kurzen zur Verfügung stehenden Zeit nicht erreicht werden. Die NO-Bildung bei der motorischen Verbrennung muss daher mit Hilfe der Reaktionskinetik berechnet werden.

6.5.2 Prompt-NO

Die Bildung von Prompt-NO in der Flammenfront selbst ist wesentlich komplizierter als die thermische NO-Bildung, weil dieser Prozess sehr eng mit der Bildung des CH -Radikals verbunden ist, das in vielfältiger Weise reagieren kann. Die so genannte Prompt-NO-Bildung wurde erstmals von Fenimore (1979) beschrieben. Im geschwindigkeitsbestimmenden Schritt reagiert intermediär gebildetes CH mit N_2 zu HCN (Blausäure) und anschließend schnell zu NO weiter,

(9) $\mathrm{CH+N_2} \xrightarrow{k_9} \mathrm{HCN+N} \rightarrow \ldots \rightarrow \mathrm{NO}$

mit

$$k_{9,r} = 4{,}4 \cdot 10^9 \exp\left(-\frac{11.060}{T}\right) \frac{\mathrm{m}^3}{\mathrm{kmol\,s}} .$$

Ethin (Acetylen, C_2H_2) als Vorläufer des CH -Radikals wird nur unter brennstoffreichen Bedingungen in der Flammenfront gebildet, deshalb auch der Begriff "Prompt-NO". Wegen der relativ geringen Aktivierungsenergie der Reaktion läuft die Prompt-NO-Bildung schon bei Temperaturen ab etwa 1.000 K ab. Für die Oxidation von HCN und CN sind die folgenden Reaktionen

(10) $\mathrm{HCN + O} \xrightarrow{k_{10}} \mathrm{NCO + H}$,

(11) $\mathrm{CN + O_2} \xrightarrow{k_{11}} \mathrm{NCO + O}$,

(12) $\mathrm{HCN + OH} \xleftrightarrow{k_{12}} \mathrm{CN + H_2O}$

mit den Geschwindigkeitskoeffizienten

$$k_{10,r} = 2{,}3 \cdot 10^4 \cdot T^{1,71} \exp\left(-\frac{3521}{T}\right) \frac{\mathrm{m}^3}{\mathrm{kmol\,s}} ,$$

$$k_{11,r} = 8{,}7 \cdot 10^9 \exp\left(\frac{216}{T}\right) \frac{\mathrm{m}^3}{\mathrm{kmol\,s}} ,$$

$$k_{12,r} = 4{,}7 \cdot 10^9 \exp\left(-\frac{5174}{T}\right) \frac{\mathrm{m}^3}{\mathrm{kmol\ s}} ,$$

$$k_{12,l} = 7{,}4 \cdot 10^9 \exp\left(-\frac{3715}{T}\right) \frac{\mathrm{m}^3}{\mathrm{kmol\ s}}$$

geschwindigkeitsbestimmend. Weil die Folgereaktion (Umsetzung von NCO zu NO) im Vergleich dazu relativ schnell ist, gilt näherungsweise für die Prompt-NO-Bildung

$$\frac{\mathrm{d[NO]}}{\mathrm{d}t} = k_{10,r}[\mathrm{HCN}][\mathrm{O}] + k_{11,r}[\mathrm{CN}][\mathrm{O_2}] \tag{6.19}$$

Die [OH]- und [O]-Konzentrationen werden wieder durch die Reaktionen (4) bis (8) des OHC-Systems bestimmt.

Grundsätzlich sind die in der Literatur verfügbaren Informationen bezüglich der Reaktionskonstante $k_{9,r}$ der geschwindigkeitsbestimmenden Reaktion (9) jedoch noch sehr uneinheitlich, siehe Warnatz et al. (1997). Daher ist die Berechnung der Prompt-NO-Bildung auch mit wesentlich größeren Unsicherheiten verbunden als die Berechnung des thermischen NO. Anhand einer Abschätzung von Reaktion (9) wird jedoch deutlich, dass das Prompt-NO im Gegensatz zum thermischen NO, siehe Reaktion (1), nicht so stark temperaturabhängig ist (kleinere Aktivierungstemperatur), dafür aber über CH und HCN stark abhängig von der lokalen Brennstoffkonzentration.

Bei der motorischen Verbrennung entstehen ca. 5-10 % der Stickoxide über den Fenimore-Mechanismus (Prompt-NO) und 90-95 % über den Zeldovich-Mechanismus (thermisches NO). Für weitere Ausführungen sei auf Teigeler et al. (1997) verwiesen.

6.5.3 Über N_2O erzeugtes NO

Dieser Reaktionsmechanismus ist dann von Bedeutung, wenn magere Brennstoff-Luft-Gemische die Bildung von CH zurückdrängen und damit wenig Prompt-NO gebildet wird und wenn weiterhin niedrige Temperaturen die Bildung von thermischem NO unterdrücken.

N_2O wird analog zur ersten und geschwindigkeitsbestimmenden Reaktion des Zeldovich-Mechanismus gebildet,

(13) $N_2 + O + M \rightarrow N_2O + M$.

Die Stabilisierung erfolgt aber durch ein Molekül M, sodass N_2O und nicht NO entsteht. Die NO-Bildung erfolgt dann durch Oxidation von N_2O entsprechend

(14) $N_2O + O \rightarrow NO + NO$.

Weil das N_2O nur in einer Dreierstoß-Reaktion gebildet wird, läuft dieser Reaktionsweg bevorzugt bei hohen Drücken ab. Niedrige Temperaturen bremsen diese Reaktion kaum. Das über N_2O gebildete NO ist die wesentliche NO-Quelle bei der mageren vorgemischten Verbrennung in Gasturbinen. Dieser Mechanismus ist aber auch bei der ottomotorischen Magerverbrennung zu beachten.

6.5.4 Brennstoff-Stickstoff

Die Umwandlung von im Brennstoff gebundenem Stickstoff in Stickoxid spielt bei der motorischen Verbrennung keine Rolle, weil Brennstoffe für Verbrennungsmotoren praktisch keinen gebundenen Stickstoff enthalten. Sie ist aber bei der Verbrennung von Kohle zu beachten, weil auch "saubere" Kohle etwa 1 % gebundenen Stickstoff enthält.

Die geschwindigkeitsbestimmenden Schritte sind die beiden aus dem Zeldovich-Mechanismus bekannten, um die Stickstoffatome konkurrierenden Reaktionen

(15) $N + OH \rightarrow NO + H$,

(16) $N + NO \rightarrow N_2 + O$,

für die hinreichend genaue Daten vorliegen, sodass der Bildungsmechanismus von NO aus im Brennstoff gebundenem Stickstoff gut verstanden ist.

7 Reale Arbeitsprozessrechnung

Bei der Füll- und Entleermethode, einer *nulldimensionalen* Methode, bei der die Prozessgrößen nur von der Zeit, aber nicht vom Ort abhängen, werden die einzelnen *Teilsysteme* des Motors, z. B.:

- Brennraum,
- Ansaug- und Abgasleitungen,
- Ventile und Klappen, sowie das
- Aufladesystem

physikalisch und mathematisch entweder durch die *Ersatzsysteme*

- Behälter, Leitungen oder
- Blenden

oder durch *Kennfelder* beschrieben.

Abb. 7.1 zeigt ein "Motormodell" für einen abgasturboaufgeladenen Dieselmotor.

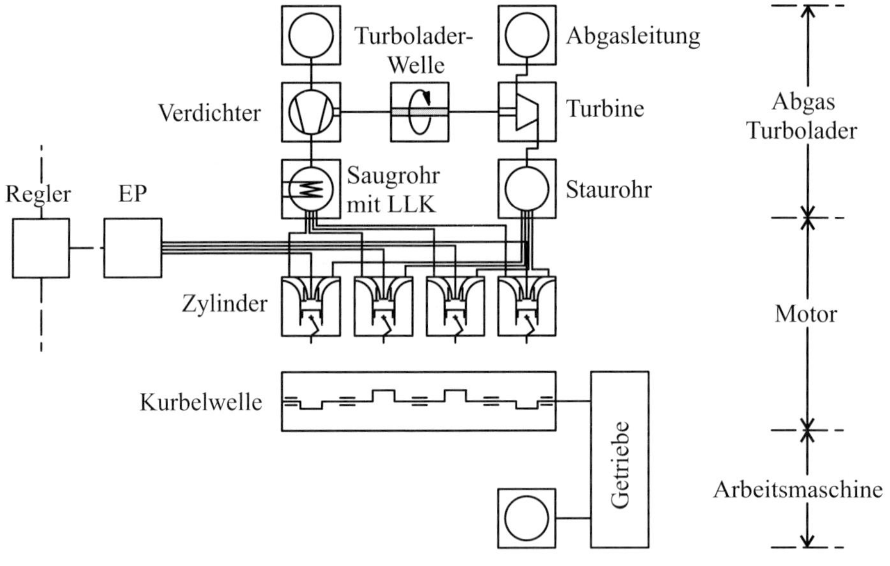

Abb. 7.1: Motormodell

Das Kernstück des Verbrennungsmotors, der Brennraum, wird dabei mit dem thermodynamischen Modell des "ideal gerührten Behälters", der Abgasturbolader dagegen durch Kennfelder für den Verdichter und die Turbine beschrieben.

Bei der Füll- und Entleermethode werden nur die Erhaltungssätze für *Masse* und *Energie*, dagegen *nicht der Impulserhaltungssatz* betrachtet (siehe Kap. 7.4). Weil damit keine Strömungsfelder berücksichtigt werden, wird das resultierende Modell auch als nulldimensionales, thermodynamisches Modell bezeichnet. Für einen allgemeinen Überblick sei auf Ramos (1989) verwiesen.

Zur Beschreibung der Vorgänge in der Frischluft- und Abgasanlage von Saugmotoren (heute fast nur noch Ottomotoren) müssen die Prozessgrößen mit Hilfe der eindimensionalen Gasdynamik als Funktion der Zeit und des Ortes beschrieben werden. Derart komplexe Systeme leben von der Dynamik der hin- und herlaufenden Druckwellen und dem Zusammenspiel dieser Druckwellen mit den Ventilsteuerzeiten zur Erzielung einer möglichst hohen Füllung. Die Saug- und Abgasanlage lässt sich dabei aus einer Vielzahl von Rohrstücken darstellen, die über Rohrverzweigungen, Behälter, Blenden, Zylinder und eventuell über Strömungsmaschinen verbunden sind (vgl. Kap. 7.4).

Das Kap. 7.5 geht speziell auf die Anforderungen zur Simulation von Aufladeaggregaten und der Luftkühlung ein.

7.1 Ein-Zonen-Zylinder-Modell

7.1.1 Grundlagen

Abb. 7.2 zeigt den Brennraum eines Verbrennungsmotors. Dieser ist begrenzt von den Brennraumwänden, dem Kolben und den Ventilen. Die Brennraumränder stellen gleichzeitig die Systemgrenzen dar. Der gesamte Brennraum wird als ideal gerührter Behälter betrachtet, wobei die Wärmefreisetzung durch die Verbrennung mit Hilfe eines Ersatzbrennverlaufs beschrieben wird. Auf *Mehr-Zonen-Modelle*, mit denen man z.B. die NO_x-Bildung im Brennraum beschreiben kann, wird später näher eingegangen (vgl. Kap. 7.2).

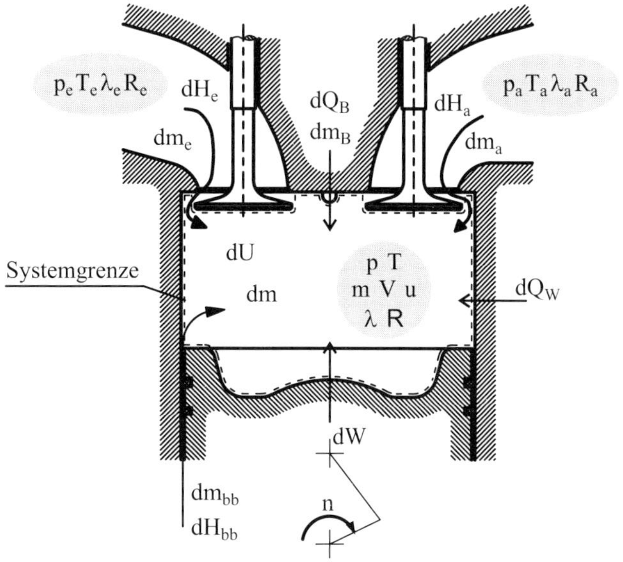

Abb. 7.2: Ein-Zonen-Zylinder-Modell

Dabei ist zu beachten, dass sich als Folge der Kolbenbewegung das Volumen des Brennraums mit der Zeit bzw. mit dem Kurbelwinkel kontinuierlich ändert, aber nicht notwendigerweise auch die Masse im Brennraum. Bei der Betrachtung der Bilanzgleichungen im Brennraum muss man zwischen den unterschiedlichen Konzepten der Kraftstoffeinbringung unterscheiden. Während beim gemischansaugenden Ottomotor der Kraftstoff – sofern nicht mit einem Wandfilmmodell gerechnet wird – proportional zur Frischluft angesaugt wird, wird beim direkteinspritzenden Ottomotor der Brennstoff entweder während des geöffneten Einlassventils (homogener Betrieb, Saughubeinspritzung) oder kurz vor der Zündung (geschichteter Betrieb) eingespritzt. Der Kraftstoff muss dann im Brennraum aufbereitet bzw. verdampft werden. Beim Dieselmotor wird der Kraftstoff direkt eingespritzt. Eine Verdampfung des Kraftstoffes wird in der Regel nicht berücksichtigt (Ausnahme: Mehr-Zonen-Modelle mit Kraftstoffzerfallsmodellen).

Die *Massenbilanz* für den Zylinder liefert für die Beschreibung aller oben genannter Möglichkeiten zur Kraftstoffeinbringung

$$\frac{\mathrm{d}m_{Sys}}{\mathrm{d}t} = \frac{\mathrm{d}m_e}{\mathrm{d}t} + \frac{\mathrm{d}m_a}{\mathrm{d}t} + \frac{\mathrm{d}m_{BB}}{\mathrm{d}t} + \frac{\mathrm{d}m_{Br.,verd.}}{\mathrm{d}t} \,. \tag{7.1}$$

Der in den Motor eintretende Massenstrom kann, wie bereits erwähnt, reine Luft, ein Luft-Kraftstoffgemisch, ein Luft-Abgasgemisch oder eine Kombination von Luft, Kraftstoff und Abgas sein.

Die *Energiebilanz* bzw. der *1. Hauptsatz der Thermodynamik* liefert für den Zylinder unter Vernachlässigung der kinetischen Energie

$$\begin{aligned} \frac{\mathrm{d}E_{Sys}}{\mathrm{d}t} = \frac{\mathrm{d}U}{\mathrm{d}t} = \frac{\mathrm{d}Q_B}{\mathrm{d}t} + \frac{\mathrm{d}Q_W}{\mathrm{d}t} - p\frac{\mathrm{d}V}{\mathrm{d}t} + \frac{\mathrm{d}m_e}{\mathrm{d}t}h_e + \frac{\mathrm{d}m_a}{\mathrm{d}t}h_a + \\ + \frac{\mathrm{d}m_{BB}}{\mathrm{d}t}h_{BB} + \frac{\mathrm{d}m_{Br.,verd.}}{\mathrm{d}t}h_{Br.,verd.} + \frac{\mathrm{d}Q_{verd.}}{\mathrm{d}t} \,, \end{aligned} \tag{7.2}$$

vgl. auch (2.30). Solange der Kraftstoff zwar in den Brennraum eingespritzt, jedoch noch nicht verdampft ist, nimmt er ein so kleines Volumen ein, dass dies für das thermodynamische System unerheblich ist. Der eingebrachte Kraftstoff wird für die Massen- und Energiebilanz erst dann "wirksam", wenn er verdampft und damit gasförmig ist. Vor der Verdampfung muss der Kraftstoff aufgeheizt werden, wozu dem Gas eine entsprechende Wärmemenge entzogen wird. Ebenso verhält es sich mit der Aufheizung des Kraftstoffdampfes auf Gastemperatur. Normalerweise werden diese Effekte im unteren Heizwert derart berücksichtigt, dass die Verdampfungsenthalpie des Kraftstoffs (350-420 kJ/kg) zum unteren Heizwert addiert wird. Gleiches gilt für die Rückkondensation von Kraftstoff und für den Wassergehalt in der Luft, wenn das Gas stark expandiert wird (z.B. bei Laststeuerung durch frühes "Einlass schließt").

Als *unabhängige Variable* können entweder die Zeit t oder der Kurbelwinkel φ gewählt werden. In neueren Gleichungen wird meist der Zeit t der Vorrang gegeben. Für den Zusammenhang zwischen der Zeit und dem Grad Kurbelwinkel gilt

$$\begin{aligned} \varphi &= \omega t \\ \mathrm{d}\varphi &= \omega \mathrm{d}t \,. \end{aligned} \tag{7.3}$$

Zur Lösung der Massen- und Energiebilanz benötigt man die bereits eingeführte thermische Zustandsgleichung

$$pV = mRT \ . \tag{7.4}$$

Zur Lösung dieses Gleichungssystems benötigt man noch Beziehungen für die Energiefreisetzung durch die Verbrennung, ein so genanntes "Verbrennungsmodell", eine Beziehung für die Wärmeübertragung zwischen dem Gasgemisch und den Brennraumwänden, ein so genanntes "Wärmeübergangsmodell", sowie ein Ladungswechselmodell (z. B. Zwei-Zonen-Modell bei 2-Takt-Motoren) und unter Umständen ein Verdampfungsmodell. Der Volumenverlauf wird durch ein Kurbeltriebsmodell vorgegeben. Auf die einzelnen Teilmodelle wird im Folgenden explizit eingegangen.

7.1.2 Mechanische Arbeit

Die an den Kolben abgegebene Leistung $\mathrm{d}W/\mathrm{d}t$ kann aus dem Zylinderdruck und der Änderung des Zylindervolumens berechnet werden

$$\frac{\mathrm{d}W}{\mathrm{d}t} = -p\frac{\mathrm{d}V}{\mathrm{d}t} = -\,p\,\omega\,\frac{\mathrm{d}V}{\mathrm{d}\varphi} \ . \tag{7.5}$$

In Kap. 2.2.1 sind die geometrischen Zusammenhänge am Kurbeltrieb dargestellt. Der Kurbeltrieb kann durch die geometrischen Größen Kurbelwellenradius r, Pleuellänge l, Exzentrizität e und Zylinderdurchmesser D beschrieben werden, woraus sich die Volumenänderung $\mathrm{d}V/\mathrm{d}\varphi$ bestimmen lässt.

7.1.3 Ermittlung des Massenstroms durch die Ventile / Ventilhubkurven

Im Ventilspalt kommt es zu einer Einschnürung der Strömung. Dies hat zur Folge, dass die tatsächliche Querschnittsfläche kleiner ist als die geometrische. Infolge von Reibung in den Kanälen ist der tatsächliche Massenstrom ebenfalls kleiner als der theoretische. Dieser Tatsache trägt man durch die Einführung eines Durchflussbeiwertes

$$\mu \equiv \frac{\dot{m}_{tats.}}{\dot{m}_{theo.}} \tag{7.6}$$

Rechnung.

Zur Ermittlung des Massenstromes durch ein Ventil bedient man sich der in Kap. 2.3.1 hergeleiteten Durchflussfunktion. Dazu wird für die Ventile der tatsächliche Massenstrom in Abhängigkeit vom Ventilhub an einem so genannten Blasprüfstand ermittelt und mit dem theoretischen (siehe (2.37)) ins Verhältnis gesetzt

$$\dot{m}_{theo} = A_{geo}\sqrt{p_1\,\rho_1}\,\Psi\!\left(\frac{p_2}{p_1},\kappa\right) .$$

Abb. 7.3 zeigt prinzipiell die Verhältnisse am Blasprüfstand. Der Durchflussbeiwert wird dabei meist auf eine kreisrunde Fläche am Kanaleintritt bezogen. Da unterschiedliche Kreisprozessrechenprogramme unterschiedliche Definitionen der Ventilöffnungsfläche besitzen, ist meistens eine entsprechende Umrechnung erforderlich. Dabei ist darauf zu achten, dass die effektive Querschnittsfläche unabhängig von der Definition der Bezugsquerschnittsfläche für die jeweilige Ventilstellung erhalten bleibt.

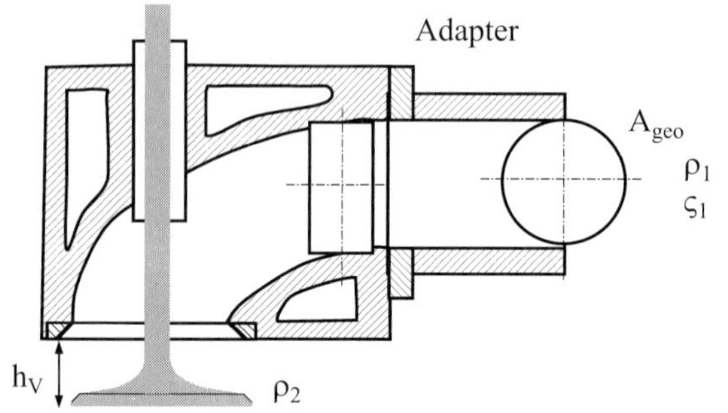

Abb. 7.3: Ermittlung der Durchflussbeiwerte am Blasprüfstand

Abb. 7.4 zeigt qualitativ die am Blasprüfstand ermittelten Durchflussbeiwerte in Abhängigkeit vom Ventilhub.

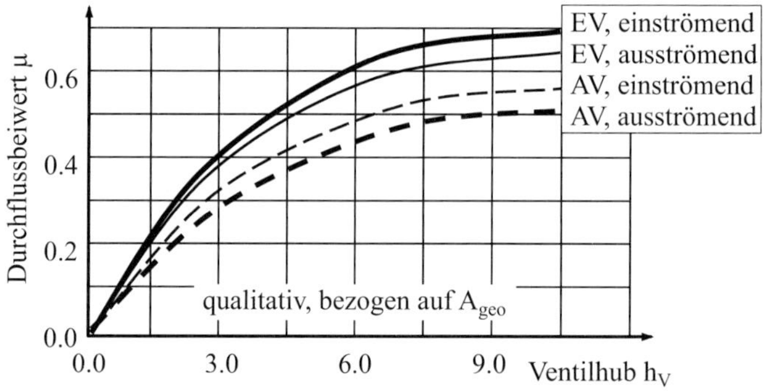

Abb. 7.4: Durchflussbeiwerte $\mu = f(h_V)$

Dabei erkennt man, dass sich für die unterschiedlichen Strömungsrichtungen an den Einlass- und Auslassventilen unterschiedliche Durchflussbeiwerte einstellen. Die Hauptströmungsrichtung für das Einlassventil ist "Einströmen". Es kann jedoch auch zu einem Ausströmen aus dem Einlassventil kommen. Aufgrund der geometrischen Zusammenhänge ist dieser Strömungsfall schlechter als der des Einströmens. Genauso verhält es sich für das Auslassventil. Hier ist jedoch der Hauptströmungsfall "Ausströmen", woraus ein prinzipiell schlechteres Strömungsverhalten resultiert.

Die Durchflussbeiwerte können entweder im stationären Versuch ermittelt oder mittels 3-D-CFD-Codes berechnet werden, um bereits ohne konkrete Hardware Aussagen über die Qualität von Kanälen machen zu können. Dabei werden die Kanalgeometrie und der Zylinder nachgebildet und ein entsprechendes Druckgefälle an den Rändern angelegt. In diskreten Stufen wird der Ventilhub verändert und der "tatsächliche" Massenstrom berechnet. Dieser kann dann ebenso wie bei der Messung mit dem theoretischen ins Verhältnis gesetzt werden.

Abb. 7.5 zeigt die Ventilerhebungskurven für einen konventionellen Ventiltrieb. Für die Arbeitsprozessrechnung ist es ausreichend, die Ventilerhebungskurven in Schritten von 1 bis 5°KW bereitzustellen und zwischen den Stützpunkten linear zu interpolieren. Eine Phasenverschiebung der Ventilöffnung wird über die so genannte Spreizung vorgegeben. Unter Spreizung versteht man den Abstand des Maximums der Ventilerhebung vom Oberen Totpunkt des Ladungswechsels. Besitzt eine Ventilerhebungskurve im Maximum ein Plateau wird der "mittlere" Kurbelwinkelwert zur Definition der Spreizung verwendet. Trotz der Tatsache, dass der Wert für die Auslassspreizung negativ berechnet werden müsste, wird hierfür meist der Betrag des Wertes – also eine positive Zahl – angegeben.

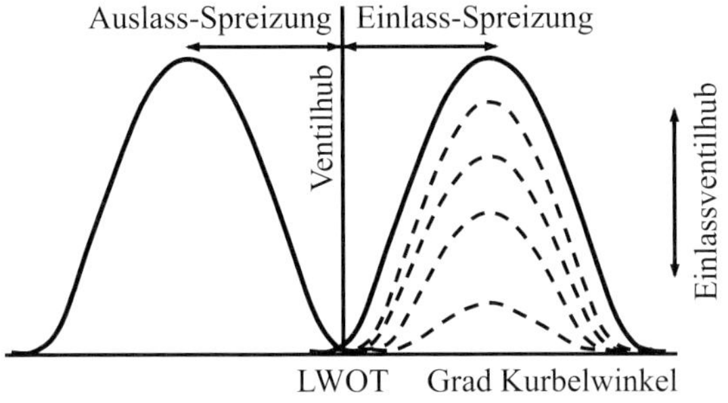

Abb. 7.5: Ventilerhebungskurven für einen mechanischen Ventiltrieb

In Abb. 7.5 sind zusätzlich noch die Ventilerhebungskurven für einen vollvariablen mechanischen Ventiltrieb eingezeichnet, bei dem eine stufenlose Verstellung des Ventilhubes möglich ist. Mit dieser Variabilität für einen quantitätsgeregelten Ottomotor ist eine Lastregelung ohne Drosselklappe möglich, da über den Ventilhub der Durchfluss und damit die Frischgasmasse eingestellt werden kann. Für den Niedriglastbereich müssen die Ventilhubabstufungen im Bereich von Zehntel-Millimetern vorgegeben werden; ab ca. 3 mm reicht eine Vorgabe in halben bis ganzen Millimeterschritten. Zwischenstufen werden dabei linear interpoliert. An den Kurven für die Durchflussbeiwerte ändert sich für einen vollvariablen Ventiltrieb nichts, da die Durchflussbeiwerte abhängig vom Ventilhub angegeben werden. Lediglich im Bereich kleiner Ventilhübe empfiehlt sich auch hier eine feinere Rasterung.

Gänzlich anders ist das Verhalten von so genannten elektromechanischen Ventiltrieben für die Simulation zu sehen. Beim elektromechanischen Ventiltrieb handelt es sich um einen Einmassenschwinger, der an den jeweiligen Endlagen durch einen Magneten meist geregelt angezogen und dann gehalten wird. Dabei wird idealerweise nur die Verlustenergie beim Schwingen von einer Endlage zur anderen durch die Magnete zugeführt. Idealisiert ist der Ventilhubverlauf beim elektromechanischen Ventiltrieb damit nur von der Zeit und nicht vom Grad Kurbelwinkel abhängig. Für unterschiedliche Drehzahlen ergeben sich die in Abb. 7.6 dargestellten Verläufe für die Ventilerhebungen. In diesem Beispiel wird das Ventil sofort bei Erreichen der unteren Endlage wieder nach oben bewegt und nicht in dieser Endlage gehalten. Die Bewegungsdifferentialgleichung für den Einmassenschwinger lautet

$$m\ddot{x} + d\dot{x} + cx = F_{\mathrm{Reib}}(t) + F_{\mathrm{Magnet}}(t) + F_{\mathrm{Ventilteller}}(t) + F_{\mathrm{Kleb}}(t) \ . \tag{7.7}$$

Nicht berücksichtigt sind ferner die so genannte Klebekräfte am Aktuator, die von dessen thermischem Zustand und vom Vorhandensein von z. B. Öl abhängen. Für die in Abb. 7.6

dargestellten Werte sind die Dämpfungskonstante und sämtliche äußeren Kräfte zu Null gesetzt worden. Damit ergibt sich idealisiert als Lösung für die Differentialgleichung eine Kosinusfunktion

$$x(t) = x_{\max}\left[\frac{1}{2} - \frac{1}{2}\cos\left(\frac{2t}{\tau}\pi\right)\right] \quad \text{mit } 0 < t < \tau \ . \tag{7.8}$$

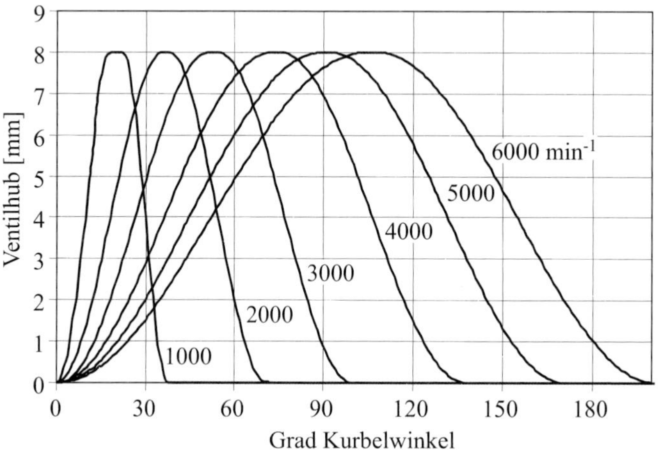

Abb. 7.6: Ventilerhebungskurven für einen elektromechanischen Ventiltrieb

Als Maß für eine Periodendauer dient die so genannte Flugzeit τ , die den Vorgang zwischen dem Öffnen des Ventils bis zum Schließen ohne Halten des Ventils in der geöffneten Stellung beschreibt. Auf eine ausführlichere Modellierung soll hier jedoch verzichtet werden.

7.1.4 Wärmeübergang im Zylinder

Die Beschreibung des Wärmeübergangs im Verbrennungsmotor stellt höchste Anforderungen an die Modellierung und beruht meist nur auf einer globalen Betrachtung der sehr komplexen Zusammenhänge. Der Wärmeübergang setzt sich aus einem konvektiven und einem Strahlungsanteil zusammen

$$\frac{dQ_W}{dt} = \frac{dQ_\alpha}{dt} + \frac{dQ_\varepsilon}{dt} \ . \tag{7.9}$$

Meist wird der Strahlungsanteil dQ_ε/dt dem konvektiven Wärmeübergangskoeffizienten zugeschlagen, obwohl die Maxima von dQ_α/dt und dQ_ε/dt bezüglich des Kurbelwinkels eigentlich phasenverschoben auftreten.

Ausgehend vom Newton´schen Ansatz gilt für die Beschreibung des Wandwärmestromes

$$\frac{dQ_W}{dt} = \sum_i \alpha_i \, A_i \, (T_{W,i} - T_{Gas}) \ . \tag{7.10}$$

Dabei unterteilt man den Brennraum meist in drei Bereiche (vgl. Abb. 7.2):

- Kolben,
- Zylinderkopf und
- vom Kolben freigegebener Teil der Laufbüchse inkl. Kolbenrückstand und Feuersteg.

Die Ventile werden meist zum Zylinderkopf gerechnet oder bei sehr detaillierter Modellierung als weiterer, eigener Bereich betrachtet. Die Flächen für den Kolben und den Zylinderkopf sind meist größer als die Zylinderquerschnittsfläche, da diese z. B. die Dachform bei einem ottomotorischen Brennverfahren oder die Kolbenmuldenform bei einem diesel- oder ottomotorischen Brennverfahren beschreiben. Der vom Kolben freigegebene Teil der Laufbüchse ergibt sich zu

$$A_{\text{Büchse}} = A_{\text{Feuersteg}} + A_{\text{Kolbenrückstand}} + D\pi\, s(\varphi)\ . \tag{7.11}$$

Die Zuordnung zwischen Kolbenweg $s(\varphi)$ und der Stellung der Kurbelwelle ist in Kap. 2.2.1 bereits erfolgt.

Die Berechnung des Wärmeübergangs mit Hilfe des Newton'schen Ansatzes und des Wärmeübergangskoeffizienten setzt eine genaue Beschreibung der Gas- und Wandtemperaturen voraus. Die mittlere Gastemperatur ergibt sich aus der örtlichen Mittelung der Gastemperatur im Brennraum. Da das System Brennraum meist als ideal gerührter Behälter angesehen wird, ist die mittlere Gastemperatur aus der Zustandsgleichung für ein ideales Gas leicht zu bestimmen. Bei den jeweiligen Wandtemperaturen handelt es sich um die über ein Arbeitsspiel gemittelte Wandinnentemperatur. Für den Kolben und den Zylinder werden meist örtlich konstante Temperaturen angesetzt. Bei der Laufbüchse hängt der Ansatz der Wandtemperatur stark vom Motortyp und von der Tatsache ab, ob die Büchse ganz vom Wassermantel umgeben ist oder nur teilweise. Bei der Vorgabe der Temperatur für die Büchse unterteilt man diese meist in mehrere Bereiche oder man gibt ein Temperaturprofil über der Büchsenlänge an. Die Temperaturen kann man entweder aus Messungen ermitteln oder man kann für stationäre Betriebspunkte einen einfachen, iterativen Ansatz zur Berechnung der Wandinnentemperatur verwenden. Dazu ist jedoch die Kenntnis der Temperaturen in wenigstens einem Betriebspunkt erforderlich. Für instationäre Berechnungen reichen beide Verfahren nicht mehr aus, weshalb man sich hier eines konkreteren Wärmeleitungsmodells bedient, das die thermischen Trägheiten der jeweiligen Wand berücksichtigt. Alle Modelle sind in Kap. 7.1.6 beschrieben.

Zur Berechnung von Wärmeübergangskoeffizienten werden meist halbempirische Ansätze verwendet, da viele Einflussfaktoren nur durch Versuche herausgearbeitet werden können. Als Einflussparameter werden deshalb äußere Größen verwendet, die den Betriebspunkt charakterisieren. In diesem Abschnitt werden im Wesentlichen zwei Ansätze vorgestellt: Der Ansatz von Woschni, der 1969 für Großdieselmotoren erarbeitet und kontinuierlich weiterentwickelt wurde, und der von Bargende, der 1990 für Ottomotoren vorgestellt wurde. Daneben existieren in der Literatur noch eine Vielzahl weiterer Ansätze z. B. von Hohenberg (1980) und Kleinschmidt (1993), auf die hier jedoch nicht näher eingegangen werden kann.

- **Wärmeübergang nach Woschni**

Das Modell von Woschni (hier 1970) geht von einer stationären, vollturbulenten Rohrströmung aus. Für den dimensionslosen Wärmeübergangskoeffizienten, die Nußelt-Zahl, erhält man aus einer Dimensionsanalyse die halbempirische Potenzgleichung

$$\mathrm{Nu} = C\ \mathrm{Re}^{0,8}\ \mathrm{Pr}^{0,4} \tag{7.12}$$

mit der Nußelt-Zahl

$$\mathrm{Nu} = \frac{\alpha D}{\lambda}\ , \tag{7.13}$$

der Reynolds-Zahl

$$\mathrm{Re} = \frac{\rho w D}{\eta} \tag{7.14}$$

und der Prandtl-Zahl

$$\mathrm{Pr} = \frac{\eta}{\rho a}\ . \tag{7.15}$$

Betrachtet man das Gas im Brennraum als ideales Gas,

$$\rho = \frac{p}{RT}\ , \tag{7.16}$$

so folgt zunächst

$$\frac{\alpha D}{\lambda} = C\left(\frac{p}{RT}\frac{wD}{\eta}\right)^{0,8} \mathrm{Pr}^{0,4} \tag{7.17}$$

und daraus durch Umformung für den konvektiven Wärmeübergangskoeffizienten

$$\alpha = C\, D^{-0,2}\ p^{0,8}\ w^{0,8}\ \frac{\mathrm{Pr}^{0,4}\ \lambda}{(RT\eta)^{0,8}}\ . \tag{7.18}$$

Mit den Stoffwerten

$$\mathrm{Pr} = 0{,}74;\ \frac{\lambda}{\lambda_0} = \left(\frac{T}{T_0}\right)^x;\ \frac{\eta}{\eta_0} = \left(\frac{T}{T_0}\right)^y \tag{7.19}$$

und mit der Annahme, dass die charakteristische Geschwindigkeit w gleich der mittleren Kolbengeschwindigkeit ist, also $w \equiv c_m$, erhält man weiter

$$\alpha = C^*\ D^{-0,2}\ p^{0,8}\ c_m^{0,8}\ T^{-r} \quad \text{mit} \quad r = 0{,}8(1+y) - x\ . \tag{7.20}$$

Durch Vergleich mit Messwerten wird der Exponent r für die Temperaturabhängigkeit zu $r = 0{,}53$ und die Konstante zu $C^* = 127{,}93$ bestimmt. Für gefeuerte Motoren wird zudem eine Modifikation der charakteristischen Geschwindigkeit eingeführt, welche die Veränderung des Wärmeübergangs infolge der Verbrennung berücksichtigen soll. Damit erhält man

$$\alpha = 127{,}93\, D^{-0{,}2}\, p^{0{,}8}\, w^{0{,}8}\, T^{-0{,}53} \left[\frac{\mathrm{W}}{\mathrm{m}^2\,\mathrm{K}}\right] \tag{7.21}$$

mit

$$w = C_1\, c_m + \underbrace{C_2 \frac{V_h\, T_1}{p_1\, V_1}\left(p - p_0\right)}_{\text{Verbrennungsglied}} \tag{7.22}$$

und p_1, T_1, V_1 bei Verdichtungsbeginn, d.h. bei "Einlass schließt". Für die Konstanten C_1 und C_2 erhält man durch Anpassung an Messwerte

$$C_1 = \begin{cases} 6{,}18 + 0{,}417 \dfrac{c_u}{c_m} : & \text{Ladungswechsel} \\[2ex] 2{,}28 + 0{,}308 \dfrac{c_u}{c_m} : & \text{Verdichtung / Expansion} \end{cases} \tag{7.23}$$

$$C_2 = \begin{cases} 6{,}22 \cdot 10^{-3} \left[\dfrac{\mathrm{m}}{\mathrm{s\,K}}\right] : & \text{Vorkammer – Motor} \\[2ex] 3{,}24 \cdot 10^{-3} \left[\dfrac{\mathrm{m}}{\mathrm{s\,K}}\right] : & \text{DI – Motor} \end{cases} \quad . \tag{7.24}$$

Für den Einlassdrall c_u / c_m wird der Gültigkeitsbereich mit $0 \leq c_u / c_m \leq 3$ angegeben. Der Drall wird im stationären Strömungsversuch auf dem Blasprüfstand mit der Methode nach Tipelmann oder mit der Flügelrad-Methode ermittelt. Dabei wird ein Flügelrad mit dem Durchmesser d im Abstand von 100 mm unterhalb des Zylinderkopfes in der Zylinderlaufbuchse angeordnet. Die Strömung durch das Einlassventil wird dabei so eingestellt, dass dieses Flügelrad mit der mittleren Kolbengeschwindigkeit c_m angeströmt wird. Mit der zu messenden Drehzahl n_d des Flügelrades erhält man entsprechend

$$c_u = D \pi\, n_d \tag{7.25}$$

die Umfangsgeschwindigkeit und damit den Drall.

Abhängig von den jeweiligen Phasen eines Arbeitsspieles werden einige Terme bzw. Parameter in der Wärmeübergangsgleichung verändert. Dies führt zum Beispiel beim Übergang zwischen Expansion und Ladungswechsel beim Öffnen des Auslassventils zu einem Sprung in der Konstanten C_1. Ebenso ist der Term mit der Konstanten C_2 nur nach dem Beginn der Verbrennung gültig. Hier ist jedoch der Übergang zwischen der Kompressionsphase und der Verbrennung durch den Term $(p - p_0)$ fließend.

Mit dem Term $(p - p_0)$ wird die Differenz zwischen dem Zylinderdruck bei Verbrennung und dem Zylinderdruck im Schleppbetrieb angegeben. Der Druck p_0 kann dann über eine Polytropenbeziehung aus dem Zylindervolumen berechnet werden. Die Bestimmung des Polytropenexponenten $\overline{n}$ geschieht kurz vor der Verbrennung, indem die Polytropenexponenten der z.B. letzten 10°KW vor Verbrennung gemittelt werden. Für p_0 ergibt sich dann

$$p_0(\varphi) = p_{v.Verbr.} \left(\frac{V_{v.Verbr.}}{V_{Zyl.}(\varphi)} \right)^{\overline{n}} . \tag{7.26}$$

Die Abb. 7.7 zeigt ein Beispiel für den Wandwärmestrom an einem turboaufgeladenen Dieselmotor bei einer Drehzahl von 2.000 U/min und einer effektiven Last von 2 bar.

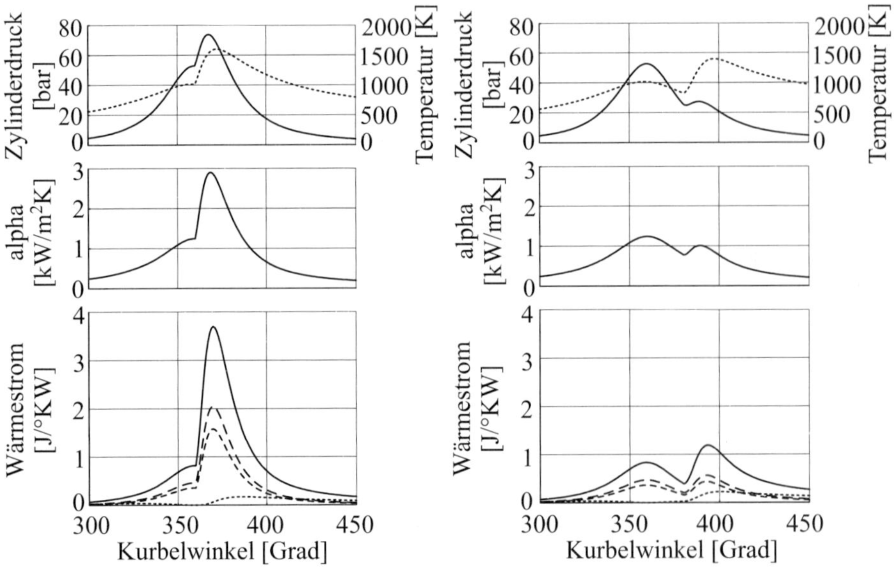

Abb. 7.7: Wärmeübergang in einem turboaufgeladenen Dieselmotor, Brennbeginn 355°KW (links) bzw. 368°KW (rechts)

Im unteren Teil des Diagramms sind die Wärmeströme von Kolben, Zylinderkopf und Büchse sowie der Gesamtwärmestrom dargestellt. Darüber sind die Wärmeübergangskoeffizienten nach Woschni sowie die Massenmitteltemperatur und der Druck im Zylinder dargestellt. Im linken Teil ist ein Brennbeginn von 355°KW und im rechten Teil ein Brennbeginn von 368°KW aufgenommen. Hierbei ist zu erkennen, dass der vom Druck und von der Temperatur abhängige Wärmeübergangskoeffizient bei späterem Brennbeginn deutlich kleiner ist.

- **Modifikationen an der Wärmeübergangsgleichung nach Woschni**

Untersuchungen zum Wärmeübergang von Kolesa (1987) bei isolierten Brennraumwänden haben ergeben, dass der Wandwärmeübergangskoeffizient bei Wandtemperaturen über 600 K stark ansteigt. Für die Konstante C_2 hat Schwarz (1993) eine stetige Funktion entwickelt

$$C_2^* = \begin{cases} C_2 & \text{für } T_W < 525 \text{ K} \\ C_2 + 23 \cdot 10^{-6}\,(T_W - 525) & \text{für } T_W \geq 525 \text{ K}. \end{cases} \tag{7.27}$$

Die mit dem Verbrennungsglied in der Gleichung nach Woschni korrigierte Geschwindigkeit liefert für geschleppte Motoren und im unteren Lastbereich jedoch zu geringe Werte, wie

Huber (1990) gezeigt hat. Deshalb wurde die Wärmeübergangsgleichung für Niedriglast korrigiert. Für

$$2\,C_1\,c_m \left[\frac{V_c}{V(\varphi)}\right]^2 p_{mi}^{-0,2} \geq C_2 \frac{V_h\,T_1}{p_1\,V_1}(p - p_0) \tag{7.28}$$

gilt

$$w = C_1\,c_m \left[1 + 2\left(\frac{V_c}{V}\right)^2 p_{mi}^{-0,2}\right]. \tag{7.29}$$

Ferner gilt: $p_{mi} = 1$ für $p_{mi} \leq 1$.

Zusätzliche Untersuchungen zum Wärmeübergangskoeffizienten – insbesondere zur Isolationswirkung von Brennraumwandanlagerungen (Ruß, Ölkoks) – wurden von Vogel (1995) durchgeführt. Aus diesen Untersuchungen resultieren weiterführende Änderungen der von Huber modifizierten Gleichung. Für

$$2\,C_1\,c_m \left[\frac{V_c}{V(\varphi)}\right]^2 C_3 \geq C_2 \frac{V_h\,T_1}{p_1\,V_1}(p - p_0) \tag{7.30}$$

gilt

$$w = C_1\,c_m \left[1 + 2\left(\frac{V_c}{V}\right)^2 C_3\right]. \tag{7.31}$$

Die Konstante C_2 für direkteinspritzende Dieselmotoren wird in ihrem Gültigkeitsbereich für Benzin-Ottomotoren erweitert

$C_2 = 3{,}24 \cdot 10^{-3} \left[\frac{\text{m}}{\text{s K}}\right]$: DI-Motor, Ottomotor (Benzin).

Als neue Konstanten werden eingeführt:

$C_2 = 4 \cdot 10^{-3} \left[\frac{\text{m}}{\text{s K}}\right]$: Ottomotor (Methanol),

$C_3 = 0{,}8$: für Benzin,

$C_3 = 1{,}0$: für Methanol und

$C_3 = 1 - 1{,}2\,e^{-0{,}65\,\lambda}$: für Diesel.

Bei mittelschnelllaufenden Großdieselmotoren ergeben sich z. T. Abweichungen bei der Berechnung der Abgastemperatur gegenüber der Messung von ca. 20 K. Die zu gering berechnete Abgastemperatur führt zu einer zu niedrigen Enthalpie an der Turbine und damit zu einem geringfügig zu niedrigen Ladedruck. Für die Auslegung der Großdieselmotoren ist dies jedoch entscheidend, da diese meist auf einen stationären Betriebspunkt optimiert sind. Aus diesem Grunde hat Gerstle (1999) den Wärmeübergang nach Woschni für den Ladungswechsel modifiziert. Die Konstante C_1 gilt dabei über den Punkt des Auslassöffnens hinaus, bis das Einlassventil öffnet. Dann wird die Konstante um den Faktor 6,5 bis 7,2 angehoben, um der erhöhten Ladungsbewegung beim Einströmen Rechnung zu tragen.

$$C_1 = 2{,}28 + 0{,}308\frac{c_u}{c_m} \quad : \text{Verdichtung / Expansion / Ausschieben,}$$

$$C_1 = k\left(2{,}28 + 0{,}308\frac{c_u}{c_m}\right) \quad : \text{Einlassventil offen und}$$

$$k = 6{,}5 \text{ bis } 7{,}2 \ .$$

Die Abb. 7.8 zeigt den geänderten Verlauf des Wärmeübergangskoeffizienten.

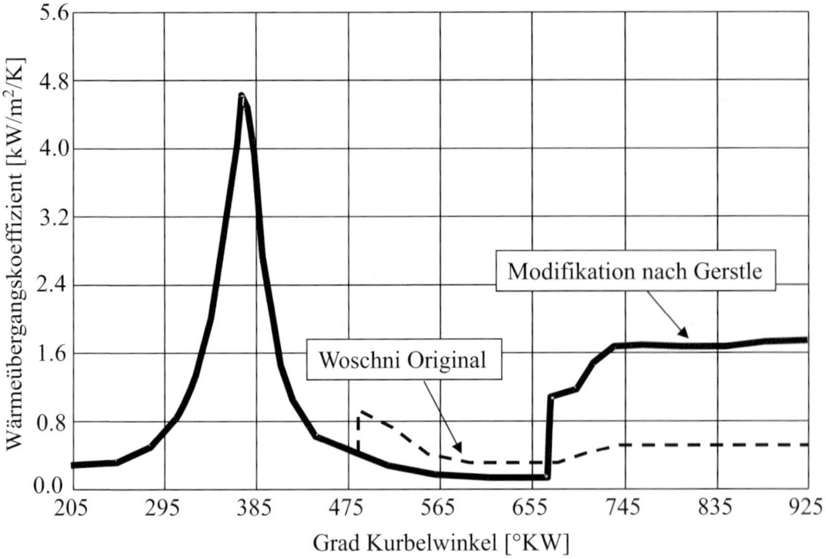

Abb. 7.8: Modifizierter Wärmeübergangskoeffizient für einen Großdieselmotor

- **Wärmeübergang nach Bargende**

Auch Bargende (1990) geht zunächst von den bei Woschni zugrundegelegten Annahmen (vgl. (7.12)) zur Beschreibung der Nußelt-Zahl aus. Die Konstanten in den Gleichungen sind für saugrohreinspritzende Ottomotoren ermittelt

$$\mathrm{Nu} = C\,\mathrm{Re}^m\,\mathrm{Pr}^n \quad \text{mit } m = 0{,}78 \text{ und } n = 0{,}33 \ .$$

Aufgelöst nach dem Wärmeübergangskoeffizienten ergibt sich

$$\alpha = C \underbrace{D^{-0,22}}_{\text{Char. Länge}} \underbrace{\lambda\left(\frac{\rho}{\eta}\right)}_{\text{Stoffgrößen}} \underbrace{w^{0,78}}_{\text{Gasgeschwindigkeit}} \underbrace{\Delta}_{\text{Verbrennung}} \ . \tag{7.32}$$

Die charakteristische Länge wird über den Durchmesser einer Kugel ausgedrückt, die das gleiche Volumen besitzt wie das momentane Zylindervolumen

$$D^{-0{,}22} \cong 1{,}11 V^{-0{,}073} \quad . \tag{7.33}$$

Für die Stoffgrößen Wärmeleitfähigkeit und dynamische Viskosität gilt in Abhängigkeit vom Luftgehalt r des Gases

$$\lambda = (1{,}15 r + 2{,}02) 10^{-4} \, T^{0{,}805} \left[\frac{\mathrm{W}}{\mathrm{m\,K}}\right] \quad \text{und} \tag{7.34}$$

$$\eta = (2{,}57 r + 3{,}55) 10^{-4} \, T^{0{,}644} \left[\frac{\mathrm{N\,s}}{\mathrm{m}^2}\right] \quad . \tag{7.35}$$

Der Luftgehalt r des Gases ist definiert zu

$$r = \frac{\lambda - 1}{\lambda + \dfrac{1}{L_{\min}}} \quad \text{für } 0 \le r \le 1 \; . \tag{7.36}$$

Die Dichte des Gases wird wiederum über die ideale Gasgleichung ausgedrückt

$$\rho = \frac{p}{RT} \quad .$$

Zur Beschreibung der Gaszustände an der Grenzschicht wird der Mittelwert aus der Gastemperatur und der Wandtemperatur verwendet, da an der Grenzschicht die Gastemperatur auf die Wandtemperatur abfällt

$$T_m = \frac{T_{Gas} + T_{Wand}}{2} \quad . \tag{7.37}$$

Die Berücksichtigung der Stoffgrößen ergibt somit

$$\lambda \left(\frac{\rho}{\eta}\right)^{0{,}78} \cong \frac{(1{,}15 r + 2{,}02)}{\left[R(2{,}57 r + 3{,}55)\right]^{0{,}78}} 10^{5{,}36} \, T_m^{-0{,}477} \, p^{0{,}78} \quad . \tag{7.38}$$

Die wärmeübergangsrelevante Geschwindigkeit wird über einen Ansatz aus der spezifischen turbulenten Energie k, die über ein vereinfachtes k,ε-Modell, siehe auch Kap. 9.1, ermittelt wird, und der Kolbengeschwindigkeit c_K berechnet

$$w = \frac{\sqrt{\dfrac{8k}{3} + c_K^2}}{2} \quad . \tag{7.39}$$

Für die Änderung der spezifischen turbulenten Energie gilt

$$\frac{\mathrm{d}k}{\mathrm{d}t} = \left[-\frac{2}{3} \frac{k}{V} \frac{\mathrm{d}V}{\mathrm{d}t} - \varepsilon \frac{k^{1{,}5}}{L} + \left(\varepsilon_q \frac{k_q^{1{,}5}}{L} \right)_{\varphi > ZOT} \right]_{ES \le \varphi \le AÖ} \quad , \tag{7.40}$$

mit $\varepsilon = \varepsilon_q = 2{,}184$ und der charakteristischen Wirbellänge $L = \sqrt[3]{6/(\pi V)}$. Für die kinetische Energie der Quetschströmung an einem muldenförmigen Brennraum mit dem Muldendurchmesser d_m gilt

$$k_q = \frac{1}{18}\left[w_r \left(1 + \frac{d_m}{d_{Zyl}}\right) + w_a \left(\frac{d_m}{d_{Zyl}}\right)^2 \right]^2 . \tag{7.41}$$

Für die radiale Geschwindigkeitskomponente w_r und die axiale Komponente w_a ergeben sich

$$w_r = \frac{\mathrm{d}V}{\mathrm{d}t} \frac{1}{V} \frac{V_m}{V - V_m} \frac{d_{Zyl}^2 - d_m^2}{4 d_m} \tag{7.42}$$

mit dem Muldenvolumen V_m und

$$w_a = \frac{\mathrm{d}V}{\mathrm{d}t} \frac{1}{V} s_m , \tag{7.43}$$

mit der Muldentiefe s_m. Die spezifische kinetische Startenergie bei "Einlass schließt" ergibt sich als

$$k_{ES} = \frac{1}{16}\left[\frac{c_m \, d_{Zyl}^2 \, \lambda_L}{d_{EV} \, h_{EV} \sin(45°)} \right]^2 . \tag{7.44}$$

In diese Gleichung finden die mittlere Kolbengeschwindigkeit c_m, der Liefergrad λ_L sowie der Einlassventildurchmesser d_{EV} und Einlassventilhub h_{EV} Eingang.

Der Verbrennungsterm Δ lässt sich mit Hilfe der Temperatur einer gedachten Zone für Verbranntes T_v und einer Zone für Unverbranntes T_{uv} schreiben

$$\Delta = \left[X \frac{T_v}{T_{Gas}} \frac{T_v - T_{Wand}}{T_{Gas} - T_{Wand}} + (1 - X) \frac{T_{uv}}{T_{Gas}} \frac{T_{uv} - T_{Wand}}{T_{Gas} - T_{Wand}} \right]^2 \tag{7.45}$$

mit

$$X = \frac{Q_B(\varphi)}{Q_B} .$$

Die Temperatur für die unverbrannte Zone berechnet sich über eine polytrope Verdichtung zu

$$T_{uv} = T_{Gas,ZZP} \left(\frac{p}{p_{ZZP}} \right)^{(n-1)/n} \quad \text{mit } 1{,}34 \le n \le 1{,}37 . \tag{7.46}$$

Damit ergibt sich für die Temperatur des verbrannten Gases

$$T_v = \frac{1}{X} T_{Gas} + \frac{X - 1}{X} T_W . \tag{7.47}$$

Der Wärmeübergangskoeffizient nach Bargende gilt nur für den Hochdruckteil. Abb. 7.9 zeigt ein Beispiel für den Wärmeübergangskoeffizienten nach Bargende für einen Ottomotor bei 1.500 U/min und $p_{mi} = 7{,}35$ bar .

Bei den hier dargestellten Gleichungen zur Beschreibung des Wärmeübergangs im Zylinder handelt es sich um halbempirische Ansätze, bei denen die Parameter anhand von Messwerten ermittelt wurden. Dabei wurde insbesondere zwischen der Wärmeübertragung durch Konvektion und der durch Strahlung nicht unterschieden. Trotz vielfältiger Bemühungen und der zahlreichen bis heute bekannt gewordenen Wärmeübergangsbeziehungen besteht noch immer Bedarf an einer relativ einfach zu handhabenden, aber physikalisch besser fundierten Beziehung, die insbesondere die Anteile der Wärmeübertragung infolge Konvektion und infolge Strahlung physikalisch richtig wiedergibt.

Die Gültigkeit der Wärmeübergangsgleichungen ist zudem für Ottomotoren mit unkonventionellen Steuerzeiten, wie sie z. B. bei elektromechanischen Ventiltrieben auftreten können, und bei Ottomotoren mit Direkteinspritzung kritisch zu überprüfen und mit geeigneten Messungen abzugleichen.

Die Vorgehensweise bei der Ermittlung des Wärmeübergangskoeffizienten aus Messwerten ist bei Merker und Kessen (1999) beschrieben.

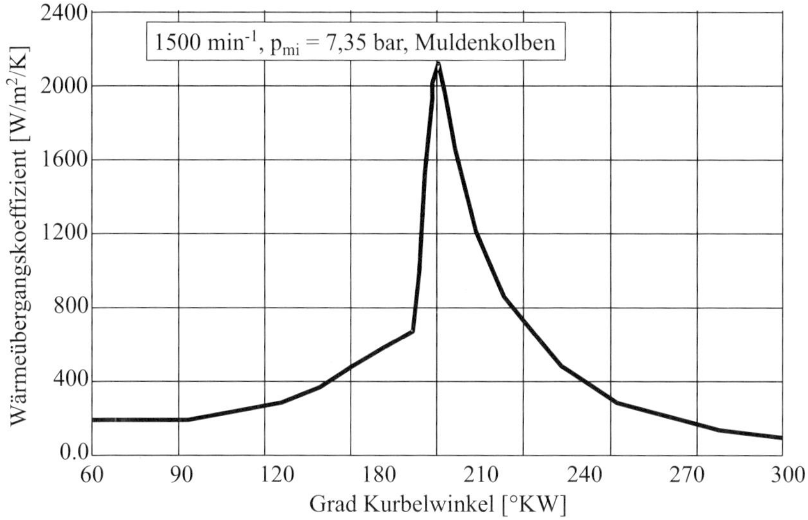

Abb. 7.9: Wärmeübergangskoeffizient α für einen Ottomotor nach Bargende (1990)

7.1.5 Wärmeübergang im Auslasskrümmer

Der Wärmeübergang im Auslasskrümmer spielt bei aufgeladenen Motoren eine entscheidende Rolle bei der exakten Ermittlung der Abgastemperatur und damit für die Bestimmung der Abgasenthalpie vor der Turbine. Die Wandwärmeverluste gehören nicht in den 1. Hauptsatz für den Zylinder, da dessen Systemgrenze an den Ventilen endet. Von Zapf wurde 1969 eine Beziehung für den Krümmerwand-Wärmeübergang vorgeschlagen, die heute noch Verwendung findet

$$\alpha_{Krümmer} = 0{,}001791\left(1 - 0{,}797\frac{h_{Ventil}}{d_i}\right)\sqrt{\dot{m}_{Abgas}}\,T^{-0{,}41}\,d_{Kanal}^{-1.5}\left[\frac{\mathrm{W}}{\mathrm{m}^2\ \mathrm{K}}\right]. \tag{7.48}$$

Nach Zapf (1969) ist der Auslasskrümmer-Wärmeübergang abhängig vom Auslassmassenstrom $\dot{m}_{Abgas}$, dem Kanaldurchmesser d_{Kanal}, der Gastemperatur T, die ähnlich wie beim Zylinderwandwärmeübergang die Stoffgrößen beschreibt, sowie vom Ventilhub h_{Ventil} und dem inneren Ventildurchmesser d_i.

Zur Berechnung des Wandwärmestromes ist auch hier die Newton´sche Beziehung anzusetzen

$$\frac{dQ_{Kanal}}{\mathrm{d}t} = \alpha_{Kanal}\,A_{Kanal}\left(T_{W,Kanal} - T\right). \tag{7.49}$$

7.1.6 Wandtemperaturmodelle

- **Stationärer Betrieb**

Zur experimentellen Ermittlung der Wandinnentemperaturen gibt es prinzipiell zwei Möglichkeiten. Da als Wandinnentemperatur nicht der exakte Verlauf an der Oberfläche benötigt wird (vgl. Abb. 7.10), sondern lediglich der über ein Arbeitsspiel gemittelte Wert, kann man den Gradienten des Temperaturverlaufs durch eine Differenzmessung bestimmen.

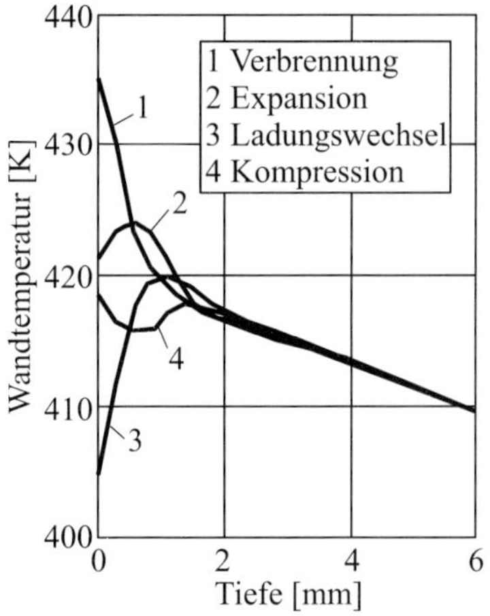

Abb. 7.10: Temperaturverlauf in der Wand innerhalb eines Arbeitsspiels

In der Brennraumwand stellt sich aufgrund der Wärmeleitung je nach dem eingestellten Betriebspunkt ein konstanter Temperaturgradient im Bereich der Brennraumwandaußenseite ein. Bringt man nun in diesem Bereich zwei um eine bekannte Strecke versetzte Thermoelemente an, kann man aus der Differenz der Temperaturen und der Kenntnis der Versatzstrecke den Gradienten bestimmen und mit diesem auf die Temperatur an der Brennrauminnenseite schließen. Die andere Methode ist die direkte Messung der über das Arbeitsspiel veränderlichen Wandinnentemperatur über ein Oberflächenthermoelement. Durch Anwendung der Lösungen für die Fouriersche Wärmeleitungsgleichung ist die mittlere Wandinnentemperatur leicht zu bestimmen. Diese Methode wird zugleich auch zur Bestimmung der lokalen Wärmeströme und damit zur Ermittlung des lokalen Wärmeübergangskoeffizienten im Brennraum verwendet, siehe Merker und Kessen (1999), Bargende (1990) oder Hohenberg (1980).

Ist die Wandinnentemperatur für einen Betriebspunkt bekannt, kann daraus für stationäre Betriebspunkte sehr einfach der thermische Ersatzleitkoeffizient bestimmt werden. Die restlichen Größen sind aus der Prozessrechnung (α, T_W) oder als Randbedingung (T_{KW}) bekannt. Es gilt hierbei das Gleichgewicht der Wärmeströme, die aus dem konvektiven Wärmeübergang (Newton'sche Gleichung) resultieren, und dem Wandwärmestrom, der sich durch Wärmeleitung durch die Brennraumwand (diskretisierte Fouriersche Gleichung) ergibt

$$\overline{\alpha}\, A\left(\overline{T}_{Gas} - \overline{T}_W\right) = \frac{\lambda}{d} A\left(\overline{T}_W - \overline{T}_{W,KW}\right) = \overline{\alpha}_{KW}\, A\left(\overline{T}_{W,KW} - \overline{T}_{KW}\right). \tag{7.50}$$

Fasst man die Wärmeleitung durch die Wand und den konvektiven Wärmeübergang z. B. an das Kühlwasser zusammen, erhält man folgende Beziehung

$$\overline{\alpha}\left(\overline{T}_{Gas} - \overline{T}_W\right) = R_{th}\left(\overline{T}_W - \overline{T}_{KW}\right). \tag{7.51}$$

Aufgelöst nach dem Ersatzleitkoeffizienten ergibt sich

$$R_{th} = \frac{\overline{\alpha}\left(\overline{T}_{Gas} - \overline{T}_W\right)}{\left(\overline{T}_W - \overline{T}_{KW}\right)}. \tag{7.52}$$

Die Werte sind über ein Arbeitspiel gemittelt, was durch den Querbalken angedeutet wird. Da die Wandstärke bei einem real ausgeführten Motor nicht überall konstant ist, wird auch dieser Effekt im thermischen Ersatzleitkoeffizienten abgedeckt. Somit ist auch eine örtliche Auflösung der Wandtemperatur nicht möglich. Nach der Bestimmung des Ersatzleitkoeffizienten ist eine Berechnung der mittleren Wandtemperatur aus den am Ende eines Arbeitsspiels verfügbaren Daten möglich. Da der Wandwärmestrom wiederum von der Wandtemperatur abhängt, ist eine Iterationsschleife über mehrere Arbeitsspiele notwendig. Es gilt

$$\overline{T}_W = \frac{\overline{\alpha}\,\overline{T}_{Gas} + R_{th}\,\overline{T}_{KW}}{\alpha + R_{th}}. \tag{7.53}$$

Die stationären Wandtemperaturen von Kolben, Zylinderkopf und Laufbuchse können getrennt voneinander nach dieser Methode berechnet werden. Auch für die Bestimmung der Auslasskrümmer-Wandtemperatur ist dieses Vorgehen zielführend.

- **Instationärer Betrieb**

Für den instationären Betrieb eines Verbrennungsmotors müssen aufwändigere Modelle betrachtet werden, die das Speichervermögen der Brennraumwand und den Wärmeübergang an das Kühlmedium berücksichtigen. Ein einfaches Modell dafür ist bei Reulein (1998) zu finden. Als Grundmodell dient auch für dieses Modell eine ebene Platte, wie sie bereits in Abb. 7.10 beschrieben ist. Von der Wand sind wiederum die physikalischen Eigenschaften Wärmekapazität c, Dichte ρ und Wärmeleitfähigkeit λ bekannt. Ebenfalls bekannt sein müssen die Dicke d und die Oberfläche A der Wand. Die mittlere Wandtemperatur T_m kann mit der Gleichung

$$\rho A d c \frac{\mathrm{d}T_m}{\mathrm{d}t} = \dot{Q}_i + \dot{Q}_a \tag{7.54}$$

berechnet werden. Wird die Wand, wie in Abb. 7.11 angedeutet, in der Mittelebene geteilt und in beiden Wandhälften eine quasistationäre Wärmeleitung angenommen, so gelten außerdem die Gleichungen

$$\dot{Q}_i = \frac{2\lambda A}{d}(T_{Wi} - T_m) \tag{7.55}$$

und

$$\dot{Q}_a = \frac{2\lambda A}{d}(T_m - T_{Wa}) \ . \tag{7.56}$$

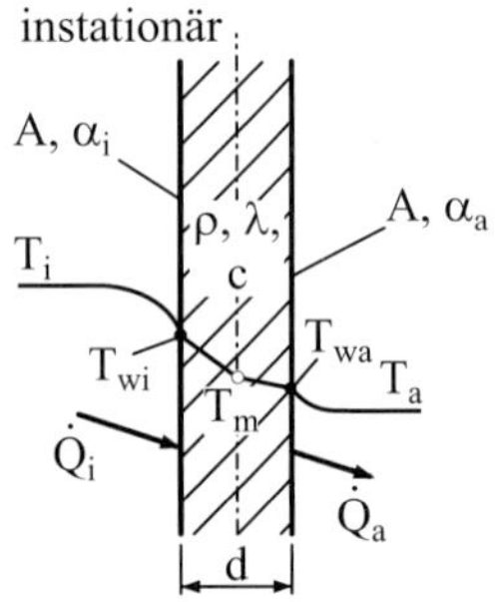

Abb. 7.11: Instationäres Wandtemperaturmodell

Die Aufteilung der Wand in zwei Ebenen erfolgt in Anlehnung an FEM-Modelle zur Berechnung von Temperaturverteilungen. Durch die Simulation der Wand mit Hilfe von mindestens zwei Zellen kann die reale Temperaturverteilung innerhalb der Wand beim Aufheiz- oder Abkühlvorgang wesentlich realistischer angenähert werden.

Beim Kolben handelt es sich um ein Bauteil, das nicht direkt von einem Kühlmedium umspült wird. Für den stationären Fall deckt der Ersatzleitkoeffizient die Wärmeleitung über die Kolbenringe und das Öl an die Laufbuchse und an das Kühlwasser ab. Zusätzlich wird bei hochbelasteten Kolben eine Spritzölkühlung eingesetzt. Zur Modellierung des instationären Verhaltens des Kolbens kann das Modell nach Doll (1989) verwendet werden. Dabei wird angenommen, dass sich der gasseitig in den Kolben einfallende Wärmestrom auf die Zylinderbüchse und das Motoröl verteilt. Der Wärmestrom auf die Zylinderbüchse wird dabei zum Teil über die Kolbenringe, zum Teil über den Kolbenschaft übertragen. Die einzelnen Wärmeströme lassen sich mit folgenden Gleichungen ermitteln.

Kolbenring-Zylinderwand:

$$\dot{Q}_{Ring} = A_{Ring}\, \alpha_{Ring}\, (T_{Ko} - T_{Zylw}) \tag{7.57}$$

Kolbenschaft-Zylinderwand:

$$\dot{Q}_{Schaft} = A_{Schaft}\, k_{Schaft}\, (T_{Ko} - T_{Zylw}) \tag{7.58}$$

Kolbenunterseite-Motoröl:

$$\dot{Q}_{Öl} = A_{Ko}\, k_{Öl}\,(T_{Ko} - T_{Öl}) \; . \tag{7.59}$$

Die Wärmedurchgangszahlen k ergeben sich für den Schaft zu

$$k_{Schaft} = \frac{1}{\dfrac{l_1 + \dfrac{l_2}{2}}{\lambda_{Kol}} + \dfrac{1}{\alpha_{Schaft}}} \tag{7.60}$$

und für das Öl zu

$$k_{Öl} = \frac{1}{\dfrac{l_1 + l_2}{\lambda_{Kol}} + \dfrac{1}{\alpha_{Öl}}} \; . \tag{7.61}$$

Dabei bedeuten l_1 die freie Büchsenlänge und l_2 die bedeckte Büchsenlänge. Für die Wärmeübergangskoeffizienten können nach Pflaum und Mollenhauer (1977) folgende Annahmen getroffen werden

$$\begin{aligned} \alpha_{Ring} &= 2.500 \left[\frac{\mathrm{W}}{\mathrm{m}^2\ \mathrm{K}}\right] \\ \alpha_{Schaft} &= 1.000 \left[\frac{\mathrm{W}}{\mathrm{m}^2\ \mathrm{K}}\right] \\ \alpha_{Öl} &= 500 \left[\frac{\mathrm{W}}{\mathrm{m}^2\ \mathrm{K}}\right] . \end{aligned} \tag{7.62}$$

Die Berechnung der mittleren Temperatur des Kolbens erfolgt dann mittels der Differentialgleichung

$$m_{Kol}\, c_{Kol}\, \frac{\mathrm{d}T_{Kol}}{\mathrm{d}t} = \dot{Q}_{Gas} - \dot{Q}_{Ring} - \dot{Q}_{Schaft} - \dot{Q}_{Öl} \; . \tag{7.63}$$

7.1.7 Brennverlauf

Der Brennverlauf beschreibt den zeitlichen Verlauf der Energiefreisetzung im Brennraum. Das Integral des Brennverlaufes bezeichnet man als den Summenbrennverlauf bzw. die Durchbrennfunktion. Zur Modellierung der Verbrennung im Rahmen der Prozessrechnung bedient man sich unterschiedlicher Ansätze bzw. mathematischer Modellierungen, die alle das Ziel haben, die reale Wärmefreisetzung durch die Verbrennung als so genannte Ersatzbrennverläufe möglichst exakt zu beschreiben. Eine andere Möglichkeit der Beschreibung der Wärmefreisetzung sind so genannte phänomenologische Modelle, die z. B. ausgehend vom Einspritzverlauf des Dieselmotors den Brennverlauf vorausberechnen. In jüngerer Zeit kommen aufgrund der gestiegenen Komplexität der Brennverfahren (z. B. Direkteinspritzung mit Ladungsschichtung beim Ottomotor, Common-Rail-Einspritzung beim Dieselmotor mit Mehrfacheinspritzung) verstärkt auch rein numerische Verfahren zur Beschreibung der Wärmefreisetzung zur Anwendung. Dabei handelt es sich um so genannte Neuronale Netze, die mit Ergebnissen von vermessenen Betriebspunkten trainiert werden müssen und die von einer Vielzahl von Parametern abhängen können.

- **Vibe-Ersatzbrennverlauf**

Ausgehend von "Dreiecksbrennverläufen" hat Vibe (1970) anhand von reaktionskinetischen Überlegungen für den Summenbrennverlauf folgende Beziehung angegeben

$$\frac{Q_B(\varphi)}{Q_{B,ges}} = 1 - e^{-a\left(\frac{\varphi - \varphi_{BB}}{\Delta\varphi_{BD}}\right)^{m+1}} \quad \text{mit } \varphi_{BB} \le \varphi \le \left(\varphi_{BB} + \Delta\varphi_{BD}\right) . \tag{7.64}$$

Dabei ist die gesamte freigesetzte Wärmemenge aus dem Produkt der in den Brennraum eingebrachten Kraftstoffmasse und dem unteren Heizwert zu berechnen

$$Q_{B,ges} = m_B\, H_u \ . \tag{7.65}$$

Ferner bedeuten φ_{BB} den Brennbeginn und $\Delta\varphi_{BD}$ die Brenndauer. Mit m wird der so genannte Vibe-Formparameter bezeichnet.

Am Ende der Verbrennung, d. h. bei $\varphi = \varphi_{BE}$, soll ein bestimmter Prozentsatz $\eta_{u,ges}$ der insgesamt mit dem Kraftstoff zugeführten Energie umgesetzt sein (Umsetzungsgrad), wofür gilt

$$\left.\frac{Q_B(\varphi)}{Q_{B,ges}}\right|_{\varphi = \varphi_{BE}} \equiv \eta_{u,ges} = 1 - e^{-a} \ . \tag{7.66}$$

Daraus folgt für den Faktor a die Beziehung

$$a = -\ln(1 - \eta_{u,ges})\ ;$$

woraus man folgende Zahlenwerte erhält

$\eta_{u,ges}$	**0,999**	0,990	0,980	0,950
a	**6,908**	4,605	3,912	2,995

Leitet man den Summenbrennverlauf nach dem Grad Kurbelwinkel ab, erhält man für den Brennverlauf

$$\frac{\mathrm{d}Q_B}{\mathrm{d}\varphi} = Q_{B,ges}\, a\,(m+1)\left(\frac{\varphi - \varphi_{BB}}{\Delta\varphi_{BD}}\right)^m e^{-a\left(\frac{\varphi - \varphi_{BB}}{\Delta\varphi_{BD}}\right)^{m+1}} \ . \tag{7.67}$$

Abb. 7.12 zeigt Brennverläufe für unterschiedliche Vibe-Formfaktoren. Dabei ist darauf zu achten, dass auch Vibe-Formfaktoren kleiner 0 möglich sind.

Um einen realen Brennverlauf durch einen Vibe-Ersatzbrennverlauf anzupassen, gibt es unterschiedliche Verfahren zur Ermittlung der drei Vibe-Parameter Brennbeginn, Brenndauer und Formparameter. Die Parameter können zum einen per Auge angepasst werden zum anderen auch über mathematische Verfahren (z. B. Methode der kleinsten Fehlerquadrate) bestimmt werden. Wichtig ist jedoch, dass durch den Ersatzbrennverlauf wichtige Prozessdaten wie der Spitzendruck, der indizierte Mitteldruck und die Abgastemperatur in Übereinstimmung mit der Realität berechnet werden. Die Ermittlung der Vibe-Parameter ist bei den meisten Druckverlaufsanalyseprogrammen fest integriert.

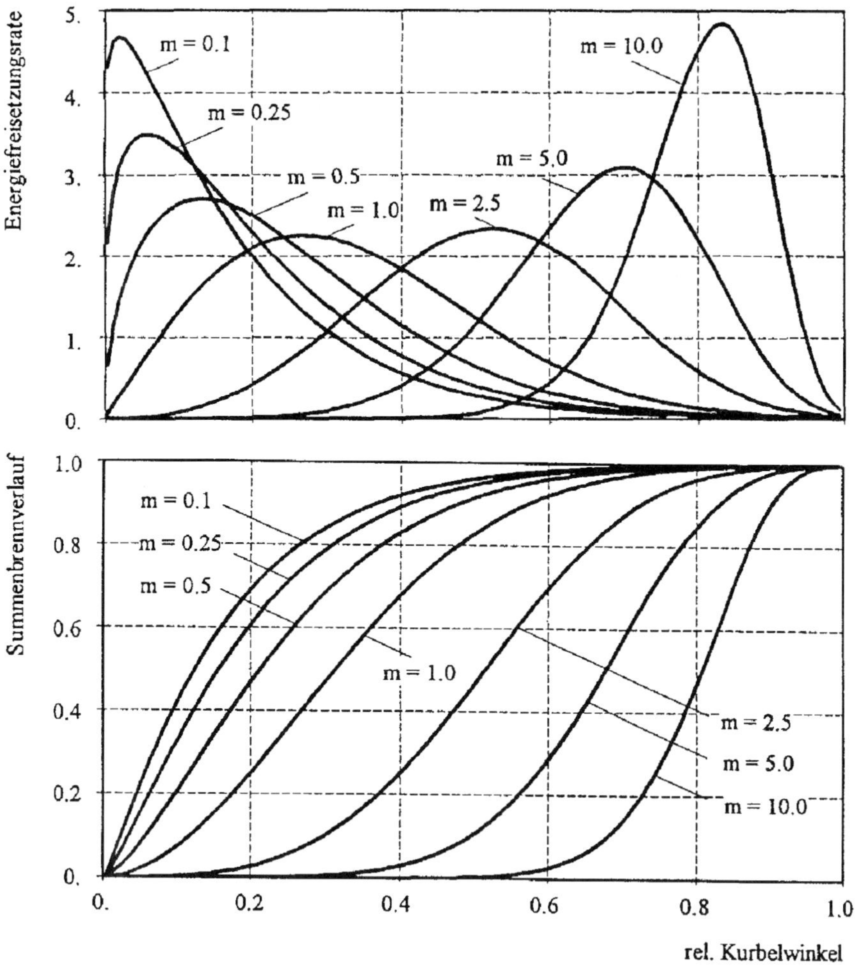

Abb. 7.12: Vibe-Ersatzbrennverlauf für unterschiedliche Formfaktoren

- **Ersatzbrennverlauf als Doppel-Vibe-Funktion**

Bei Motoren bzw. Betriebspunkten mit einer deutlich ausgeprägten Premixed-Verbrennung ist die Wiedergabe mit einem einfachen Vibe-Ersatzbrennverlauf meist zu ungenau. Man ersetzt deshalb oft den einfachen Vibe-Ersatzbrennverlauf durch die Überlagerung zweier Vibe-Funktionen, die so genannte Doppel-Vibe-Funktion. Beschreibt man einen realen Brennverlauf durch einen Doppel-Vibe-Brennverlauf, ist neben den zwei Einfach-Vibe-Brennverläufen auch noch eine Aufteilung der Energieanteile der beiden Funktionen nötig. Für einen Doppel-Vibe-Brennverlauf gilt

$$\frac{dQ_{B,1}}{d\varphi} = Q_{B,1}\, a(m_1+1)\left(\frac{\varphi-\varphi_{BB,1}}{\Delta\varphi_{BD,1}}\right)^{m_1} e^{-a\left(\frac{\varphi-\varphi_{BB,1}}{\Delta\varphi_{BD,1}}\right)^{m_1+1}} \tag{7.68}$$

mit $\varphi_{BB,1} \le \varphi \le \left(\varphi_{BB,1} + \Delta\varphi_{BD,1}\right)$,

$$\frac{dQ_{B,2}}{d\varphi} = Q_{B,2}\, a(m_2+1)\left(\frac{\varphi-\varphi_{BB,2}}{\Delta\varphi_{BD,2}}\right)^{m_2} e^{-a\left(\frac{\varphi-\varphi_{BB,2}}{\Delta\varphi_{BD,2}}\right)^{m_2+1}} \tag{7.69}$$

mit $\varphi_{BB,2} \le \varphi \le \left(\varphi_{BB,2} + \Delta\varphi_{BD,2}\right)$,

$$Q_{B,1} = x\,Q_{B,ges} \text{ und } Q_{B,2} = (1-x)\,Q_{B,ges}\,, \tag{7.70}$$

$$\frac{dQ_B}{d\varphi} = \frac{dQ_{B,1}}{d\varphi} + \frac{dQ_{B,2}}{d\varphi}\,. \tag{7.71}$$

Das linke Diagramm in Abb. 7.13 zeigt die Wiedergabe des Brennverlaufs im Nennleistungspunkt eines schnelllaufenden Hochleistungsdieselmotors durch einen Doppel-Vibe-Ersatzbrennverlauf. Man erkennt deutlich, dass die Doppel-Vibe-Funktion die bis in die Auslassphase andauernde Verbrennung nicht genau wiedergeben kann. Das hängt mit der mathematischen Form dieses Ersatzbrennverlaufs zusammen. Die Diffusionsphase wird durch den zentralen Exponentialterm der Doppel-Vibe-Funktion beschrieben. Dieser Exponentialterm mit seinem gegen Brennende asymptotischen Verlauf kann die im realen Fall noch großen Energiefreisetzungsraten am Brennende unter Umständen nicht exakt beschreiben, weswegen gelegentlich statt der Doppel- eine Dreifach-Vibe-Funktion verwendet wird.

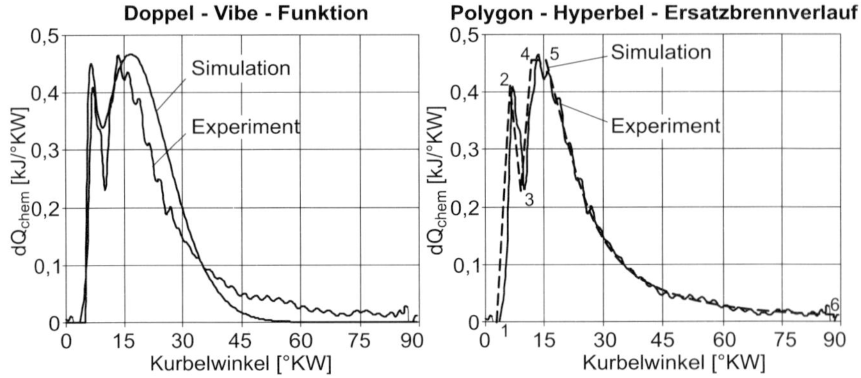

Abb. 7.13: Doppel-Vibe-Funktion und Polygon-Hyperbel-Ersatzbrennverlauf

Die genaue Wiedergabe der Premixed-Verbrennung ist eine wichtige Voraussetzung für eine gute Übereinstimmung der Arbeitsprozessrechnung mit Messungen, weshalb auf die Einpassung und Gewichtung der ersten Vibe-Funktion besonderes Augenmerk gelegt werden muss. Ein Problem bei der Doppel-Vibe-Funktion ist – wie bei der einfachen Vibe-Funktion auch – die exakte Beschreibung der Ausbrandphase, die gerade bei aufgeladenen Motoren für das Abgastemperaturniveau verantwortlich ist. Ein guter Indikator hierfür ist der Summenbrennverlauf, bei dem Abweichungen am deutlichsten sichtbar werden. Als geeignete Einpassroutine hat sich auch beim Doppel-Vibe-Ersatzbrennverlauf die Methode der kleinsten Fehlerquadrate ergeben.

- **Polygon-Hyperbel-Ersatzbrennverlauf**

Im Hinblick auf die Berechnung der NO_x -Bildung mittels Mehr-Zonen-Modellen wurde bei Schreiner (1993) ein weiterer Ersatzbrennverlauf, der Polygon-Hyperbel-Ersatzbrennverlauf, vorgeschlagen, der in Abb. 7.13 rechts dargestellt ist. Er besteht aus einem Polygonzug (1-4-5) und einer sich daran anschließenden Hyperbel (5-6). Dem Polygonzug ist ein Dreieck (1-2-3) überlagert, das zur Beschreibung der Premixed-Verbrennung dient. Zur mathematischen Beschreibung dieses Polygon-Hyperbel-Ersatzbrennverlaufs benötigt man neun Parameter.

Premixed-Phase:

$$\frac{dQ_{B,pre}}{d\varphi} = y_2^* \frac{(\varphi - \varphi_1)}{(\varphi_2 - \varphi_1)} \quad \text{mit} \quad \varphi_1 \le \varphi \le \varphi_2 \tag{7.72}$$

$$\frac{dQ_{B,pre}}{d\varphi} = y_2^* \frac{(\varphi_3 - \varphi)}{(\varphi_3 - \varphi_2)} \quad \text{mit} \quad \varphi_2 \le \varphi \le \varphi_3 \tag{7.73}$$

Diffusionsphase:

$$\frac{dQ_{B,diff}}{d\varphi} = y_4 \frac{(\varphi - \varphi_1)}{(\varphi_4 - \varphi_1)} \quad \text{mit} \quad \varphi_1 \le \varphi \le \varphi_4 \tag{7.74}$$

$$\frac{dQ_{B,diff}}{d\varphi} = y_4 \quad \text{mit} \quad \varphi_4 \le \varphi \le \varphi_5 \tag{7.75}$$

$$\begin{aligned} \frac{dQ_{B,diff}}{d\varphi} &= h_3 + h_1 (\varphi - \varphi_1)^{h_2} \\ &= y_4 - \frac{(y_4 - y_6)}{1 - \left[\frac{(\varphi_6 - \varphi_1)}{(\varphi_5 - \varphi_1)}\right]^{h_2}} + \\ &\quad + \frac{(y_4 - y_6)}{(\varphi_5 - \varphi_1)^{h_2} - (\varphi_6 - \varphi_1)^{h_2}} (\varphi - \varphi_1)^{h_2} \\ &\text{mit} \quad \varphi_5 \le \varphi \le \varphi_6 \, . \end{aligned} \tag{7.76}$$

Für den gesamten Brennverlauf gilt:

$$\frac{dQ_{B,ges}}{d\varphi} = \frac{dQ_{B,pre}}{d\varphi} + \frac{dQ_{B,diff}}{d\varphi} \, . \tag{7.77}$$

Die Größe y_2^* legt die Höhe des Peaks bei der Premixed-Verbrennung fest. Die drei Hyperbelparameter h_1, h_2 und h_3 ergeben sich aus den Bedingungen, dass die Hyperbel durch die Punkte 5 und 6 gehen und dass das Integral unter dem Ersatzbrennverlauf den Wert 1 haben muss. Dabei legt h_2 den Verlauf der Hyperbel fest. Die maximale Höhe des Ersatzbrennverlaufs in der Diffusionsphase y_4 ergibt sich aus der Bedingung, dass der Schwerpunkt des

Ersatzbrennverlaufs mit dem des experimentell ermittelten Brennverlaufs übereinstimmen muss. Die Größe y_6 beschreibt die Umsetzung am Ende der Verbrennung.

Die Übereinstimmung in Abb. 7.13 (rechts) ist sehr gut, sodass sich in den Ergebnissen der realen Arbeitsprozessrechnung praktisch kein Unterschied zwischen der punktweisen Vorgabe und der Approximation experimenteller Daten mit diesem Ersatzbrennverlauf ergibt.

Weitere Details und eine ausführliche Analyse dieses Polygon-Hyperbel-Ersatzbrennverlaufs finden sich bei Schreiner (1993).

- **Kombinationen von Ersatzbrennverläufen**

Um die lange Ausbrandphase und die mit dem Common-Rail-Einspritzsystem mögliche variable Voreinspritzung beschreiben zu können, wurde von Barba et al. (1999) eine Kombination aus Vibe-Ersatzbrennverläufen und Hyperbelbrennverläufen vorgeschlagen. Die beschreibenden Gleichungen und deren Umrechungsgesetzmäßigkeiten sind jedoch so komplex, dass eine allgemeine Formulierung nicht möglich ist, weshalb an dieser Stelle lediglich auf die entsprechende Literaturstelle verwiesen wird.

- **Brennverlaufsumrechnung bei Dieselmotoren**

Um der für den jeweiligen Betriebspunkt erforderlichen Größe der in den Brennraum eingebrachten Kraftstoffenergie Rechnung tragen zu können und die daraus resultierenden Veränderungen der thermischen Zustandsgrößen des Motors, wie z. B. der Abgastemperatur, richtig wiederzugeben, muss eine Möglichkeit geschaffen werden, den Brennverlauf in Abhängigkeit von den jeweiligen Betriebspunktdaten im Rahmen der Simulationsrechnung vorauszuberechnen. Dies ist vor allem für instationäre Berechnungen unumgänglich. Der Vibe-Ersatzbrennverlauf wird - wie oben bereits beschrieben - von den drei Parametern Brennbeginn, Brenndauer und Formparameter bestimmt. Für die Parameter lassen sich in Abhängigkeit vom jeweiligen Betriebspunkt Umrechnungsgesetzmäßigkeiten finden. Die Grundlagen zur Beschreibung dieser Gesetzmäßigkeiten wurden u. a. bei Woschni und Anisits (1973) erarbeitet und sollen an dieser Stelle in allgemeingültiger Form dargestellt werden. Der Umrechnung wird ein bekannter Ausgangsbetriebspunkt des Motors (Index A) zugrunde gelegt. Für die in den folgenden Gleichungen eingeführten Parameter sind in der Literatur zum Teil konstante Werte zu finden. An dieser Stelle sollen die möglichen Einflussgrößen auf die einzelnen Brennverlaufsgrößen jedoch als Parameter dargestellt werden. Die folgenden Gleichungen beschreiben die Umrechnung der Vibe-Parameter beim Dieselmotor.

Für die Bestimmung des Brennbeginns gilt, ausgehend vom geometrisch festgelegten Förderbeginn der Einspritzpumpe, folgende Beziehung

$$\varphi_{BB} = \varphi_{FB} + \Delta\varphi_{EV} + \Delta\varphi_{ZV} \ . \tag{7.78}$$

Für eine Einspritzpumpe ohne Regelung des Einspritzbeginns muss der Einspritzverzug zwischen dem geometrisch festgelegten Förderbeginn der Einspritzpumpe und dem Einspritzbeginn – also dem Öffnen der Einspritzdüsennadel – berücksichtigt werden, vgl. Merker und Schwarz (2001)

$$\Delta\varphi_{EV} = \Delta\varphi_{EV,A} \left(\frac{n}{n_A} \right)^{a_{EV}} \ . \tag{7.79}$$

Bei Motoren mit einer Regelung des Einspritzbeginns wird der geometrische Förderbeginn so lange verschoben, bis der Einspritzbeginn, der über das Nadelhubsignal ermittelt werden kann, mit dem gewünschten Sollwert übereinstimmt. Es entfällt dadurch die Bestimmung der Einspritzverzugszeit und des geometrischen Förderbeginns. Die Gleichung für den Brennbeginn lautet dann

$$\varphi_{BB} = \varphi_{EB} + \Delta\varphi_{ZV} \ . \tag{7.80}$$

Der Zündverzug kann durch verschiedene, formelmäßige Zusammenhänge beschrieben werden. Für den Kammermotor gilt nach Woschni und Anisits (1973)

$$\Delta\varphi_{ZV} = a_{ZV} \ 6n10^{-3} \, 1{,}3 e^{\frac{990}{T(\varphi_{EB})}} \, p(\varphi_{EB})^{-0{,}35} \ . \tag{7.81}$$

Für direkteinspritzende Dieselmotoren kann der Zündverzug nach Sitkei (1963) berechnet werden

$$\Delta\varphi_{ZV} = 6n10^{-3} \left[a_{ZV} + b_{ZV} \, e^{\frac{7.800}{6{,}9167RT}} \left(1{,}0197\, p^{-0{,}7}\right) + c_{ZV} \, e^{\frac{7.800}{6{,}9167RT}} \left(1{,}0197\, p^{-1{,}8}\right) \right] . \tag{7.82}$$

Für den Druck und die Temperatur müssen die vom Einspritzbeginn bis zum Brennbeginn gemittelten Druck- und Temperaturwerte eingesetzt werden. Die Brenndauer hängt vom Verbrennungsluftverhältnis und bei einigen Motoren auch von der Drehzahl ab

$$\Delta\varphi_{BD} = \Delta\varphi_{BD,A} \left(\frac{\lambda_A}{\lambda}\right)^{a_{BD}} \left(\frac{n}{n_A}\right)^{b_{BD}} \ . \tag{7.83}$$

Für Motoren mit Abgasrückführung reicht die Beschreibung der Brenndauer über das Verbrennungsluftverhältnis nicht aus, da das Verbrennungsluftverhältnis bei Abgasrückführung zu einem großen Teil von der Masse des rückgeführten Abgases abhängig ist. Es ist damit kein eindeutiger Indikator für die Motorlast. Aus diesem Grund wird die Brenndauer für Motoren mit Abgasrückführung abhängig von der eingespritzten Kraftstoffmasse beschrieben. Die Gleichung lautet dann

$$\Delta\varphi_{BD} = \Delta\varphi_{BD,A} \left(\frac{\lambda_A}{\lambda}\right)^{a_{BD}} \left(\frac{n}{n_A}\right)^{b_{BD}} \left(\frac{m_B}{m_{B,A}}\right)^{c_{BD}} \ . \tag{7.84}$$

Der Formparameter beschreibt den Verlauf der Energieumsetzung und ist deshalb vom Zündverzug (Zeit für die Gemischaufbereitung), von der Drehzahl und von den Gaszuständen bzw. von der Gasmasse im Zylinder bei "Einlass schließt" abhängig. Um auch Formparameter kleiner als 0 berechnen zu können, wird die Gleichung um ein zusätzliches Glied ergänzt. Formparameter kleiner als 0 beschreiben Brennverläufe mit sehr großen Brennverlaufsanstiegsgeschwindigkeiten, die bei direkteinspritzenden Dieselmotoren bei schwacher Last und niedrigen Drehzahlen auftreten können, wenn noch kein Ladedruck zur Verfügung steht

$$m = (m_A + \Delta m)\left(\frac{\varphi_{ZV,A}}{\varphi_{ZV}}\right)^{a_{VM}}\left(\frac{n_A}{n}\right)^{b_{VM}}\left(\frac{p_{ES}\,V_{ES}\,T_{ES,A}}{p_{ES,A}\,V_{ES,A}\,T_{ES}}\right)^{c_{ES}} - \Delta m\ . \tag{7.85}$$

Tab. 7.1 gibt neben den aus der Literatur bekannten "Grund"-Parametern einen Überblick über gebräuchliche Parameter, wie sie von den Autoren für umfangreiche Berechnungen in guter Übereinstimmung mit der Realität verwendet wurden.

Tab. 7.1: Parameter zur Vorausberechnung der Brennverläufe

	Originalgleichung	Großdieselmotor	NFZ DI	Pkw DI
a_{EV}	1,0	1,0	-	-
a_{ZV}	1*; 0,5	0,39	0,625*	0,1
b_{ZV}	0,135	0,105	-	0,135
c_{ZV}	4,8	3,12	-	4,8
a_{BD}	0,6	0,6	-0,3	0,0
b_{BD}	0,5	0,5	-0,65	0,0
c_{BD}	0,0	0,0	0,0	-0,1
Δm	0,0	0,0	0,4	0,3
a_{VM}	0,5	0,5	0,5	0,2
b_{VM}	0,3	0,3	-0,8	-0,4
c_{VM}	1,0	1,0	1,0	1,0

*Anisits

Umrechnungsgesetzmäßigkeiten für Doppel-Vibe-Brennverläufe sind wesentlich aufwändiger, da zu dem zweiten Satz an Vibe-Parametern auch noch eine Umrechnung für die Energieaufteilung der beiden Einzelanteile notwendig ist. Umrechnungsgesetzmäßigkeiten für einen schnelllaufenden Dieselmotor sind bei Oberg (1976) beschrieben.

Für den Polygon-Hyperbel-Ersatzbrennverlauf sind nach Schreiner (1993) folgende Abhängigkeiten zur Umrechnung der Parameter für Hochleistungsdieselmotoren nötig

$$\varphi_{SP} = \int_{\varphi_1}^{\varphi_6} \frac{\mathrm{d}Q_B}{\mathrm{d}\varphi}\varphi\,\mathrm{d}\varphi\,, \tag{7.86}$$

$$EV = EV_A\left(\frac{n}{n_A}\right), \tag{7.87}$$

$$\frac{\frac{ED}{ED_A} - e_1}{1 - e_1} = e_2\left(\frac{n}{n_A}\right) + e_3\left(\frac{m_B}{m_{B,a}}\right) + (1 - e_2 - e_3)\left(\frac{n}{n_A}\right)\left(\frac{m_B}{m_{B,a}}\right), \tag{7.88}$$

$$\frac{\tau_{ZV}}{\tau_{ZV,A}} = \left(\frac{e^{\frac{a}{T_{ZV}}}}{e^{\frac{a}{T_{ZV,A}}}} \right) \left(\frac{p_{ZV}}{p_{ZV,A}} \right)^{b}, \tag{7.89}$$

$$\varphi_{BB} = \varphi_{FB} + EV + ZV, \tag{7.90}$$

$$x_{ZV} = \frac{m_{B,ZV}}{m_B}, \tag{7.91}$$

$$\frac{x_{pre} - k_1}{x_{pre,A} - k_1} = \frac{x_{ZV} - 1}{x_{ZV,A} - 1}, \tag{7.92}$$

$$\frac{\frac{BD_{SP}}{BD_{SP,A}} - k_3}{1 - k_3} = \left(\frac{ED}{ED_A} \right) \left(\frac{\lambda}{\lambda_A} \right)^{k_4} \left(\frac{n}{n_A} \right)^{k_5}, \tag{7.93}$$

$$\frac{(\varphi_4 - \varphi_1)}{(\varphi_4 - \varphi_1)_A} = \left(\frac{n}{n_A} \right)^{k_6} \left(\frac{m_B}{m_{B,A}} \right)^{k_7} \quad \text{und} \tag{7.94}$$

$$\frac{(\varphi_5 - \varphi_4)}{(\varphi_5 - \varphi_4)_A} = \left(\frac{n}{n_A} \right)^{k_8} \left(\frac{m_B}{m_{B,A}} \right)^{k_9}. \tag{7.95}$$

In Tab. 7.2 werden Standardwerte für die neun Parameter angegeben.

Tab. 7.2: Standardwerte

Einspritzdauer:	$e_1 = 0$	Schwerpunkt Brenndauer:	$k_3 = 0{,}3$
	$e_2 = 1 - e_3$		$k_4 = -0{,}3$
	$e_3 = 0{,}8$		$k_5 = 0$
Zündverzug:	$a = 1.500$ K	Diffusionsverbrennung:	$k_6 = 0$
	$b = -0{,}8$		$k_7 = 1$
			$k_8 = 1$
Premixed Anteil:	$k_1 = 0{,}4$		$k_9 = 0$
	$k_2 = 0{,}125$		

- **Brennverlaufsumrechnung beim Ottomotor**

Auch beim Ottomotor wurde eine Umrechung der Vibe-Parameter für unterschiedliche Betriebspunkte eingeführt, z. B. bei Csallner (1981). Da beim Ottomotor die Zylinderladung an der Zündkerze fremdgezündet wird, entfällt die beim Dieselmotor beschriebene Herleitung des Brennbeginns über den Einspritz- bzw. Zündverzug. Bei thermodynamischen Auswertungen zeigt sich jedoch auch beim Ottomotor ein Zeitversatz zwischen der Einleitung der Zündung (Zündzeitpunkt) und einer merklichen Energiefreisetzung (Anstieg des Brennverlaufs bzw. 5 % Umsetzungsrate). Dies ist darin begründet, dass aufgrund der punktförmigen Zündung zunächst einige Zeit vergeht, bis ein größeres Volumen von der Flammenfront erfasst wird. Die Zeit bis zum Anstieg des Brennverlaufes wird als scheinbarer Zündverzug bezeichnet.

Bei Csallner (1981) wurde die Abhängigkeit der Vibe-Parameter von den Prozessgrößen beschrieben. Die Untersuchungen wurden so durchgeführt, dass die einzelnen Betriebsparameter unabhängig voneinander variiert wurden. Csallner wählte deshalb eine Beschreibung über einen multiplikativen Ansatz. Für den Zündverzug ergibt sich somit ausgehend von einem Ausgangspunkt (Index A)

$$ZV = ZV_A \, f_{ZZP} \, f_n \, f_p \, f_T \, f_{x_{RG}} \, f_\lambda \,. \tag{7.96}$$

Für die Brenndauer kann in gleicher Weise geschrieben werden

$$\Delta\varphi = \Delta\varphi_A \, g_{ZZP} \, g_n \, g_p \, g_T \, g_{x_{RG}} \, g_\lambda \,. \tag{7.97}$$

Für den Formfaktor erhält man

$$m = m_A \, h_{ZZP} \, h_n \, h_p \, h_T \, h_{x_{RG}} \, h_\lambda \,. \tag{7.98}$$

Die einzelnen Funktionen f, g und h sind in nachstehender Tabelle (Tab. 7.3) zu finden.

Tab. 7.3: Funktionen nach Csallner (1981)

	Zündverzug	Brenndauer	Formparameter
Zünd-zeitpunkt 25-50 ° v. OT	$f_{ZZP} = \dfrac{430 - \varphi_{ZZP}}{430 - \varphi_{ZZP,A}}$	$g_{ZZP} = 1$	$h_{ZZP} = 1$
Drehzahl 1.000-4.500 min^{-1}	$f_n = \dfrac{1 + \dfrac{400}{n} - \dfrac{8 \cdot 10^5}{n^2}}{1 + \dfrac{400}{n_A} - \dfrac{8 \cdot 10^5}{n_A^2}}$	$g_n = \dfrac{1{,}33 - \dfrac{660}{n}}{1{,}33 - \dfrac{660}{n_A}}$	$h_n = \dfrac{0{,}625 + \dfrac{750}{n}}{0{,}625 + \dfrac{750}{n_A}}$
Zylinder-Druck bei 300 °KW	$f_p = \left(\dfrac{p_{300}}{p_{A,300}}\right)^{-0{,}47}$	$g_p = \left(\dfrac{p_{300}}{p_{A,300}}\right)^{-0{,}28}$	$h_p = 1$
Zylinder-temp. bei 300 °KW	$f_T = 2{,}16 \dfrac{T_{A,300}}{T_{300}} - 1{,}16$	$g_T = 1{,}33 \dfrac{T_{A,300}}{T_{300}} - 0{,}33$	$h_T = 1$
Restgas-anteil 0-10 %	$f_{x_{RG}} = 0{,}088 \dfrac{x_{RG}}{x_{RG,A}} + 0{,}912$	$g_{x_{RG}} = 0{,}237 \dfrac{x_{RG}}{x_{RG,A}} + 0{,}763$	$h_{x_{RG}} = 1$
Verbr.-Luft-verhältnis 0,7-1,2	$f_\lambda = \dfrac{2{,}2\lambda^2 - 3{,}74\lambda + 2{,}54}{2{,}2\lambda_A^2 - 3{,}74\lambda_A + 2{,}54}$	$g_\lambda = \dfrac{2{,}0\lambda^2 - 3{,}4\lambda + 2{,}4}{2{,}0\lambda_A^2 - 3{,}4\lambda_A + 2{,}4}$	$h_\lambda = 1$

Der Gültigkeitsbereich für diese Umrechnungen ist auf sehr geringe Restgasmengen beschränkt. Moderne Brennverfahren weisen höhere Restgasmengen auf, weshalb für einen gedrosselten und einen ungedrosselten (Vollvariabler Ventiltrieb) Ottomotor nach Witt (1999) die Einflussgleichungen von Csallner angepasst wurden.

Bei Witt (1999) gilt:

$$ZV = ZV_A\, f_{ZZP}\, f_{x_{RG}}\, f_n\, f_{wi} \tag{7.99}$$

$$\Delta\varphi = \Delta\varphi_A\, g_{ZZP}\, g_{x_{RG}}\, g_n\, g_{wi} \tag{7.100}$$

$$m = m_A\, h_{ZZP}\, h_{x_{RG}}\, h_n\, h_{wi} \tag{7.101}$$

Tab. 7.4: Funktionen nach Witt (1999)

	Zündverzug	Brenndauer	Formparameter
Zündzeitpunkt 17-57° v. OT	$f_{ZZP} = \frac{a + b\,\varphi_{ZZP}^{2}}{a + b\,\varphi_{ZZP,A}^{2}}$	$g_{ZZP} = \frac{a + b\,\varphi_{ZZP}^{-0,5}}{a + b\,\varphi_{ZZP,A}^{-0,5}}$	$h_{ZZP} = \frac{a + b\,\varphi_{ZZP}^{-2}}{a + b\,\varphi_{ZZP,A}^{-2}}$
Restgasanteil 10-26 %	$f_{x_{RG}} = \frac{a + b\,x_{RG}^{2}}{a + b\,x_{RG,A}^{2}}$	$g_{x_{RG}} = \frac{a + b\,x_{RG}}{a + b\,x_{RG,A}}$	$h_{x_{RG}} = \frac{a + b\,x_{RG}^{2}}{a + b\,x_{RG,A}^{2}}$
Drehzahl 1000-4000 $\min^{-1}$	$f_n = \frac{a + b\ln(n)}{a + b\ln(n_A)}$ $f_n = \frac{a + b\,n^{-2}}{a + b\,n_A^{-2}}$	$g_n = \frac{a + b\,n^{-0,5}}{a + b\,n_A^{-0,5}}$	$h_n = \frac{a + b\,n^{1,5}}{a + b\,n_A^{1,5}}$
Indizierte Arbeit 0,2-0,8 kJ/l	$f_{wi} = \frac{a + b\,wi^{1,5}}{a + b\,wi_A^{1,5}}$	$g_{wi} = \frac{a + b\,wi}{a + b\,wi_A}$	$h_{wi} = \frac{a + b\ln(wi)}{a + b\ln(wi_A)}$

Die Parameter hierfür können der folgenden Tabelle entnommen werden.

Tab. 7.5: Parameter zur Umrechnung der Brennverlaufsparameter

			ZZP	x_{RG}	n	wi
Zündverzug	gedrosselt	a	0,678	0,879	0,992	1,112
		b	$2{,}383 \cdot 10^{-4}$	$3{,}648 \cdot 10^{-4}$	$-1{,}246 \cdot 10^{-4}$	-0,545
	ungedrosselt	a	0,638	0,914	-1,284	1,162
		b	$2{,}614 \cdot 10^{-4}$	$2{,}795 \cdot 10^{-4}$	0,292	-0,589
Brenndauer	gedrosselt	a	0,596	0,429	1,355	1,115
		b	2,480	0,031	-18,49	-0,346
	ungedrosselt	a	0,477	0,690	1,701	1,295
		b	3,200	0,017	-34,50	-0,699
Formparameter	gedrosselt	a	0,964	1,076	1,046	1,007
		b	75,56	$-2{,}534 \cdot 10^{-4}$	$-4{,}075 \cdot 10^{-7}$	0,004
	ungedrosselt	a	1,000	1,061	1,016	1,053
		b	19,36	$-1{,}656 \cdot 10^{-4}$	$-1{,}206 \cdot 10^{-7}$	0,065

- **Neuronale Netze für Vibe-Brennverläufe**

Neben der bereits vorgestellten analytischen Methode einer Vorausberechnung von Brennverläufen gibt es noch eine weitere Möglichkeit, den Brennverlauf in Abhängigkeit von seinen Einflussgrößen zu ermitteln. Dazu werden die Vibe-Parameter mit Hilfe eines Neuronalen Netzes bestimmt, das vorher durch eine Vielzahl vermessener und bezüglich der Vibe-Parameter ausgewerteter Betriebspunkte trainiert wurde. Prinzipiell eignen sich alle Typen von Neuronalen Netzen für diese Aufgabe. Im Vergleich zu den im vorherigen Abschnitt vorgestellten analytischen Zusammenhängen konnte bei der Ermittlung der Vibe-Parameter über ein Neuronales Netz eine deutliche Verbesserung erzielt werden, die eine Halbierung des mittleren Fehlers möglich macht und somit die Qualität des Rechenergebnisses positiv beeinflusst. Der Nachteil von Neuronalen Netzen für diesen Anwendungsfall ist die nicht vorhandene Extrapolationsmöglichkeit und die fehlende Transparenz bezüglich der Abhängigkeiten von einzelnen Einflussgrößen im Vergleich zum analytischen Ansatz. Als Vorteil ist die Möglichkeit zu werten, aus einer Vielzahl von unsystematischen Versuchsergebnissen dennoch Aussagen über die Abhängigkeiten der Vibe-Parameter zu erhalten. Eine genauere Beschreibung der Neuronalen Netze ist am Ende dieses Abschnitts zu finden.

- **Neuronale Netze für diskrete Brennverläufe**

Im vorhergehenden Abschnitt wurde die Beschreibung von Brennverlaufsfunktionen durch mit Neuronalen Netzen vorausberechnete Vibe-Parameter vorgestellt. Aufgrund der zunehmenden Komplexität der Brennverfahren sowohl beim Diesel- als auch beim Ottomotor ist es jedoch notwendig, die diskreten Brennverläufe zu beschreiben. Beim Dieselmotor wird aufgrund der Common-Rail-Technologie der Einspritzverlauf und damit in gewissen Grenzen auch der Brennverlauf frei formbar (Vor- bzw. Nacheinspritzung). Auch beim Ottomotor werden die Brennverläufe durch eine Laststeuerung über vollvariable Ventiltriebe oder durch Direkteinspritzung nachhaltig beeinflusst. Bei der Otto-Direkteinspritzung tritt für den geschichteten Bereich eine deutlich verlängerte Ausbrandphase auf. Für beide Fälle reicht somit eine Identifikation des Brennverlaufs über eine einfache Ersatzbrennverlaufsfunktion nicht mehr aus, um die Details des Brennverfahrens richtig zu beschreiben. Zudem wird auch die Zahl der Einflussgrößen bei derart komplexen Brennverfahren immer größer, sodass eine versuchstechnische Rasterung dieser Größen praktisch ausgeschlossen ist.

Abb. 7.14 zeigt einen Brennverlauf für einen geschichteten Betriebspunkt bei Benzin-Direkteinspritzung, an dem die verzögerte Ausbrandphase deutlich zu erkennen ist. Eine Approximation mit einem Vibe-Brennverlauf ist nur schwer möglich. In der Literatur ist eine Vielzahl von Verfahren beschrieben, Brennverläufe diskret über ein Neuronales Netz zu berechnen, vgl. Zellbeck (1997). Das im Folgenden vorgestellte Verfahren von Reulein et al. (2000) unterscheidet sich von den bekannten Verfahren und versucht die Nachteile dieser Verfahren zu vermeiden. Die experimentell ermittelten Brennverläufe werden zunächst gefiltert, auf 1 normiert und auf ihren Schwerpunkt zentriert. Dadurch kann man starke Schwankungen bei den Trainingsdaten ausschließen und den Netzinput vergleichmäßigen. Dieser Vorgang ist in Abb. 7.15 dargestellt. Bei diesem Verfahren ist es nötig, zwei neuronale Netze zu trainieren, von denen das erste den Verlauf kurbelwinkelabhängig wiedergibt und das andere die Lage des Schwerpunktes beinhaltet. Jedoch zeigt gerade diese Vorgehensweise deutliche Vorteile, da zum einen die Anzahl der Eingabeparameter entsprechend der beschreibenden Einflussgrößen gegenüber einer funktionalen Beschreibung deutlich vergrößert werden kann und zum anderen die Einflussgrößen für die Form und die Schwerpunktlage getrennt festgelegt werden können. Damit wird die Qualität des Ergebnisses deutlich verbessert. In den meisten professionellen Simulationstools werden inzwischen Trainingsalgorithmen mit entsprechenden Netztopologien angeboten. In Abb. 7.14 ist ein Vergleich zwischen einem gemessenen und einem mit einem Neuronalen Netz berechneten Brennverlauf dargestellt. Bei dem verwendeten Netz handelt es sich um ein zweischichtiges Multi-Layer-Perceptron-Netz mit 25 Knoten pro Schicht und sigmoiden Aktivierungsfunktionen, die mit einem Backpropagations-Algorithmus trainiert werden. Selbstverständlich wurde der zu vergleichende Brennverlauf nicht für das Netztraining verwendet und ist im Rahmen der Prozessrechnung mit folgenden Eingabeparametern ermittelt:

- Grad Kurbelwinkel,
- Drehzahl,
- Luftmasse,
- Brennstoffmasse,
- Zündzeitpunkt und
- Restgasgehalt.

Kritisch ist bei den Neuronalen Netzen anzumerken, dass sie nur innerhalb ihres trainierten Bereiches Gültigkeit besitzen. Eine Extrapolation ist prinzipiell nicht möglich und muss dem Anwender kenntlich gemacht werden, da ansonsten das Simulationsergebnis merklich verfälscht wird.

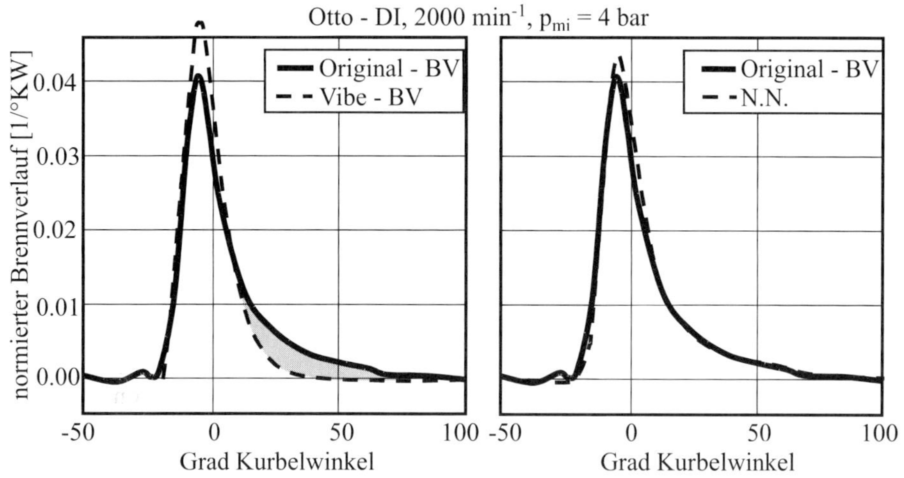

Abb. 7.14: Brennverlauf für einen direkt einspritzenden Ottomotor bei $n = 2.000\,\mathrm{min}^{-1}$ und $p_{mi} = 4$ bar. Vergleich des Original-Brennverlaufs mit dem Vibe-Brennverlauf (links) und dem Neuronalem-Netz-Brennverlauf (rechts)

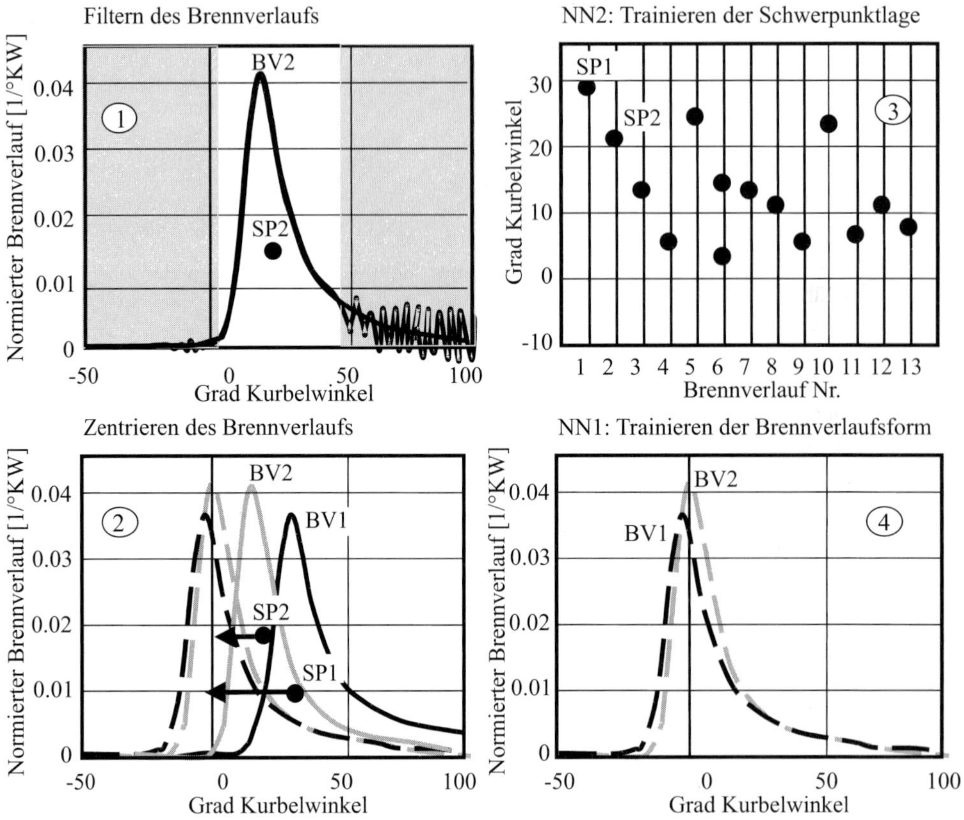

Abb. 7.15: Vorgehensweise beim Netztraining

- **Phänomenologische Modelle**

Ein grundlegend anderer Ansatz zur Modellierung der Verbrennung ist die Verwendung von phänomenologischen Modellen. In der Literatur sind mehrere phänomenologische Modelle zur Berechnung des Brennverlaufes eines Dieselmotors aus dem Einspritzverlauf bekannt geworden, siehe Stiesch (1999), Eilts (1993) oder Chmela et al. (1998) und Constien (1991). Zur Beschreibung dieser Modelle sei auf Kap. 5 verwiesen.

7.1.8 Klopfende Verbrennung

Während in Kap. 7.1.7 Ansätze beschrieben wurden, um die normale Verbrennung zu berechnen, soll in diesem Kapitel auf die Simulation der Selbstzündung bzw. auf Kriterien zur Vorhersage des Auftretens von klopfender Verbrennung eingegangen werden.

Klopfende Verbrennung tritt bei fremdgezündeten Motoren (Ottomotoren) auf. Unter klopfender Verbrennung versteht man die Selbstzündung von Teilen des Endgases, bevor diese von der Flammenfront, die durch die Zündkerze initiiert ist, überstrichen werden, siehe auch Kap. 4.1.4. Es kommt dann zu einer Überlagerung von mehreren Druckwellen im Brennraum, die zu einer mechanischen Schädigung des Motors führen. Der Druckverlauf einer klopfenden Verbrennung ist in Abb. 4.9 dargestellt.

Ziel der Berechnung des Selbstzündverhaltens ist nicht die Aussage, dass es sich bei dem betreffenden Arbeitsspiel um eine klopfende Verbrennung handelt, sondern muss vielmehr die Vorherbestimmung desjenigen Grad Kurbelwinkel sein, an dem die Selbstzündung des Endgases auftritt.

In der Literatur unterscheidet man zwischen Ansätzen mit detaillierter bzw. reduzierter Reaktionskinetik und empirischen, phänomenologischen Modellen. Erstere beschreiben mehr oder weniger ausführlich die Reaktionsmechanismen der Kohlenwasserstoffoxidation im Niedertemperaturbereich des Endgases, wobei so genannte Kettenverzweigungen eine Radikalbildung verstärken und Kettenabbrüche diese abschwächen. Die Mechanismen sind meist aus Stoßwellenrohren oder Einhubtriebwerken für eine bestimmte Kraftstoffsorte abgeleitet. Ein exponentieller Anstieg der Radikalkonzentration im Frischgasbereich über einen bestimmten Grenzwert wird als Indikator für das Einsetzen einer klopfenden Verbrennung bewertet. Mit diesem Modellansatz besteht somit auch die Möglichkeit einer Vorhersage des Grad Kurbelwinkels, an dem Klopfen einsetzt. Diese Modellansätze sind jedoch sehr komplex und rechenzeitintensiv und würden den Rahmen dieses Buches sprengen. Deshalb muss an dieser Stelle auf entsprechende Literatur verwiesen werden, z. B. auf Halstead et al. (1975, 1977), Li et al. (1992, 1994, 1996), Schreiber et al. (1994), Kleinschmidt (2000) und Klaiß (2003).

Die phänomenologischen Ansätze betrachten die Vorgänge im Endgas durch eine mittlere Reaktionsgeschwindigkeit, die über eine Arrhenius-Beziehung ausgedrückt werden kann. Auf die phänomenologischen Ansätze soll im Folgenden näher eingegangen werden.

- **Klopfkriterium nach Franzke (1981)**

Da das Erreichen eines bestimmten Temperaturniveaus im Endgasbereich kein ausreichendes Kriterium für das Einsetzen einer klopfenden Verbrennung darstellt, muss die Druck-Temperatur-Historie im Brennraum herangezogen werden. Dazu wird ein so genanntes kritisches Vorreaktionsniveau wie folgt berechnet

$$I_K = \frac{1}{\omega} \int\limits_{\varphi_{ES}}^{\varphi_K} p^a \, e^{\left(\frac{b}{T_{uv}}\right)} \, \mathrm{d}\varphi = \text{const.} \tag{7.102}$$

Der Parameter φ_K beschreibt somit den Grad Kurbelwinkel, bei dem das kritische Vorreaktionsniveau erreicht ist.

Die Temperatur des Unverbrannten T_{uv} wird nach (7.103) über eine polytrope Zustandsänderung aus Druck und Temperatur bei Verbrennungsbeginn und einem Polytropenexponenten, der sich aus den Zuständen bei Kompressionsbeginn und Verbrennungsbeginn ergibt, berechnet

$$T_{uv}(\varphi) = T_{BB} \left(\frac{p(\varphi)}{p_{BB}} \right)^{\frac{n_{BB}-1}{n_{BB}}} . \tag{7.103}$$

Die Parameter a und b sind in Tab. 7.6 angegeben.

Zusätzlich definiert Franzke das Auftreten einer klopfenden Verbrennung durch einen für den Brennraum spezifischen, konstanten Parameter K. Dieser hängt von verschiedenen Größen (z. B. Ladungsbewegungsniveau, Brennraumform etc.) ab und stellt einen Quotienten aus dem Verbrennungsfortschritt bei Klopfbeginn und der gesamten Brenndauer dar

$$K = \frac{\varphi_E - \varphi_{BB}}{\Delta\varphi_{BD}} \; . \tag{7.104}$$

Als Brenndauer wird die Differenz aus dem 95 %-Umsatzpunkt und dem Brennbeginn (1 % Umsatz) angenommen.

Der Parameter φ_E beschreibt den Grad Kurbelwinkel während des Verbrennungsfortschrittes, bei dem im Endgas das kritische Vorreaktionsniveau erreicht sein muss, damit klopfende Verbrennung auftreten kann.

Für das Auftreten von klopfender Verbrennung gilt demnach

$$\varphi_K < \varphi_E \; . \tag{7.105}$$

Mit dem Gleichungsansatz nach Franzke ist es somit möglich, den Kurbelwinkel, an dem eine klopfende Verbrennung beginnt, zu bestimmen.

- **Modifikationen am Klopfkriterium nach Franzke**

Modifikationen am Ansatz von Franzke wurden durch Spicher und Worret (2002) vorgenommen. Für den Vorreaktionszustand I_K gilt

$$I_K = \frac{1}{6n} \frac{1}{c\,10^{-3}} \int_{\varphi_{RB}}^{\varphi_K} p^a \, e^{\left(\frac{b}{T}\right)} \, \mathrm{d}\varphi = 1 \; . \tag{7.106}$$

Dabei bedeutet φ_{RB} den Grad Kurbelwinkel zu Rechenbeginn, d. h. zum Beispiel 90°KW vor dem ZOT. Die Parameter a, b und c können Tab. 7.6 entnommen werden.

Tab. 7.6: Parameter für das Klopfkriterium

	Franzke	Spicher/Worret Einfaches 2-ZM, WÜK Bargende	Spicher/Worret Reales 2-ZM, WÜK Bargende	Spicher/Worret Einfaches 2-ZM, WÜK Woschni
a [-]	1,5	-1,299	-1,267	-1,262
b [K]	-14.000	4.179	4.080	3.964
c [-]	-	2,370	2,124	2,714
a_{IK} [-]	-	-0,557	-0,449	-0,553
a_K [-]	-	-0,236	-0,241	-0,231
b_K [-]	-	1,292	1,395	1,275
c_K [-]	-	0,251	0,313	0,244
a_{KW} [-]	-	0,211	0,227	0,273
b_{KW} [-]	-	0,288	0,277	0,233

Tab. 7.6 beschreibt die auf die jeweiligen Modelle abgestimmten Parameter. Für die Modellierung nach Spicher und Worret ist eine Sensitivität der Parameter in Abhängigkeit der gewählten Modellierung angegeben. Dabei wurden Ansätze für ein einfaches und ein reales Zwei-Zonen-Modell und Wärmeübergangsbeziehungen nach Bargende und Woschni berücksichtigt. Mit dem vorgestellten Ansatz ist es möglich, den Beginn für eine klopfende Verbrennung bei modernen Ottomotoren auf ±2°KW zu bestimmen.

Um die Schwankungsbreite des Vorreaktionsniveaus auf ein tolerierbares Maß einzuschränken, muss nach Spicher und Worret der 75 %-Umsatzpunkt (φ_{75}) berücksichtigt werden. Dabei bedient man sich – wie bei der Umrechnung der Brennverläufe – zusätzlich eines Referenzpunktes, für den sämtliche Parameter bekannt sein müssen. Der formelmäßige Zusammenhang lautet

$$I_K = I_{K,ref} \left(\frac{\varphi_{75} + 6}{\varphi_{75,ref} + 6} \right)^{a_{IK}} . \tag{7.107}$$

Ebenso ergeben sich für den K -Wert Korrekturen für die Schwerpunktlage der Verbrennung (φ_{SP}) und für das Verbrennungsluftverhältnis λ . Die folgende Gleichung zeigt die Zusammenhänge

$$K = K_{ref} \left(\frac{\varphi_{SP} + 8}{\varphi_{SP,ref} + 8} \right)^{a_K} \left(\frac{b_K - c_K \lambda}{b_K - c_K \lambda_{ref}} \right) . \tag{7.108}$$

Im Gegensatz zu Franzke berechnen Spicher und Worret die Gaszustände im Frischgas über ein 2-Zonen-Modell (vgl. Kap. 7.2), das im einfachen Fall von einer adiabaten Berechnung der Temperatur in der Frischgaszone ausgeht.

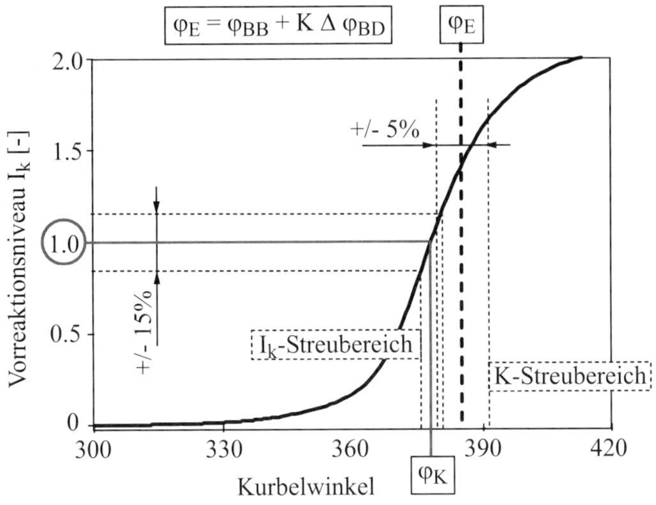

Abb. 7.16: Auswirkung der Schwankungsbreite von I_K und K

Spicher und Worret geben ferner einen Gleichungsansatz für die Klopfwahrscheinlichkeit an

$$KW = 100\left(a_{KW} + b_{KW}\ln\left(\frac{\varphi_{KHB,\max}}{2}\right)\right)^{\varphi_{KHB}} . \tag{7.109}$$

Darin bedeutet φ_{KHB} den Grad Kurbelwinkel, der sich aus einer Überlagerung der Streubänder von φ_E und φ_K ergibt (siehe Abb. 7.16).

7.1.9 Innere Energie

Als weiterer Term des 1. Hauptsatzes der Thermodynamik muss die Innere Energie bzw. die Enthalpie des Gases im Zylinder berechnet werden. Die Gaszusammensetzung wird dabei meist als homogen angenommen.

- **Komponentenmodell**

Ein möglicher Ansatz zur Berechnung der Inneren Energie ist die Beschreibung über eine Mischung der als ideales Gas betrachteten Einzelkomponenten des Gases. Die Innere Energie jeder Einzelkomponente des Gases (Ausgangsprodukte wie O_2, N_2 etc. bzw. Reaktionsprodukte wie CO_2, H_2O) kann separat berechnet werden, da deren Standardbildungsenthalpien, die Reaktionsenthalpien sowie die molaren Wärmen in Tabellenwerken vorliegen (z.B. NIST JANAF (1993)). Über die Kenntnis der jeweiligen Anteile dieser Einzelkomponenten kann man dann die gesamte Innere Energie des Gases berechnen. Dabei betrachtet man die Zylinderladung als ideale Mischung idealer Gase, für die die thermische Zustandsgleichung gilt

$$p_i V = n_i \tilde{R} T . \tag{7.110}$$

Dabei ist

$$\left.\begin{array}{ll} p_i : & \text{Partialdruck} \\ n_i : & \text{Stoffmenge} \end{array}\right\} \text{der Komponente } i$$

und die kalorische Zustandsgleichung

$$\tilde{u}_i = \tilde{u}_i(\tilde{v}_i, T) ,$$

$$\tilde{h}_i = \tilde{h}_i(p_i, T) .$$

Für die gesamte Innere Energie der Zylinderladung erhält man damit den Ausdruck

$$U = \sum_{i=1}^{k} n_i \tilde{u}_i(\tilde{v}_i, T) . \tag{7.111}$$

Die einzige Schwierigkeit ist, dass die Anteile der einzelnen Komponenten über die chemischen Reaktionen bestimmt werden müssen. Dabei ist es zunächst unerheblich, welchen Kraftstoff man betrachtet und ob die Reaktion mit Luftüberschuss (überstöchiometrisch) oder mit Luftmangel (unterstöchiometrisch) abläuft.

Der Einfachheit halber sei hier zunächst der stöchiometrische Betrieb dargestellt. Für 1 kmol eines beliebigen Kraftstoffs $C_x H_y O_z$ und unter der Annahme, dass die Verbrennungsluft zu 21 % aus Sauerstoff und zu 79 % aus Stickstoff besteht, ergeben sich folgende Stoffmengen

$$\begin{aligned} C_xH_yO_z &+ \left(x + \frac{y}{4} - \frac{z}{2}\right)\left(O_2 + \frac{79}{21}N_2\right) \\ &\rightarrow xCO_2 + \frac{y}{2}H_2O + \frac{79}{21}\left(x + \frac{y}{4} - \frac{z}{2}\right)N_2 \end{aligned} , \tag{7.112}$$

$$n_{CO_2} = x\left[\frac{\text{kmol CO}_2}{\text{kmol Kst}}\right] , \tag{7.113}$$

$$n_{H_2O} = \frac{y}{2}\left[\frac{\text{kmol H}_2\text{O}}{\text{kmol Kst}}\right] \text{ und} \tag{7.114}$$

$$n_{N_2} = \frac{79}{21}\left(x + \frac{y}{4} - \frac{z}{2}\right)\left[\frac{\text{kmol N}_2}{\text{kmol Kst}}\right] . \tag{7.115}$$

Das System kann auf dieser Basis beliebig komplex aufgebaut werden und den Wasseranteil der Luft ebenso berücksichtigen wie eine geänderte Zusammensetzung der Luft hinsichtlich der vorhandenen Edelgase. Beim Kraftstoff kann z. B. auch der Schwefelanteil in die chemische Reaktion eingehen. Bei überstöchiometrischem Betrieb muss zusätzlich zu den stöchiometrischen Verbrennungsgasen noch reine Luft berücksichtigt werden. Abhängig vom untersuchten Brennverfahren muss als weitere Komponente (z. B. während der Verdichtungsphase oder bei unterstöchiometrischem Betrieb) der verdampfte Kraftstoff berechnet werden. Dies ist vor allem beim Ottomotor der Fall, da definitionsgemäß bei der dieselmotorischen Verbrennung der Kraftstoff dem System meist erst dann zugeführt wird, wenn er gerade verbrennt.

Obwohl bei den heutzutage verfügbaren Rechnerleistungen Polynomansätze gegenüber Tabellenwerten aus Datenbanken nicht mehr benötigt werden, finden diese aufgrund ihrer Übersichtlichkeit noch verbreitet Anwendung. Bei Heywood (1988) sind für die wichtigsten Spezies Polynomansätze angegeben. Diese beziehen sich auf die JANAF-Tabellen.

Es gilt für die molare Enthalpie

$$\tilde{h}_i = RT\left(a_{i,1} + \frac{a_{i,2}}{2}T + \frac{a_{i,3}}{3}T^2 + \frac{a_{i,4}}{4}T^3 + \frac{a_{i,5}}{5}T^4 + \frac{a_{i,6}}{T}\right)\left[\frac{\text{kJ}}{\text{kmol}}\right] . \tag{7.116}$$

Für die molare Innere Energie ergibt sich

$$\tilde{u}_i = \tilde{h}_i - \tilde{R}T . \tag{7.117}$$

Die spezifische Innere Energie erhält man durch Division mit der molaren Masse der jeweiligen Komponente

$$u_i = \frac{\tilde{u}_i}{M_i} . \tag{7.118}$$

Die Parameter sind in Tab. 7.7 für unterschiedliche Stoffe angegeben.

Tab. 7.7: Koeffizienten für die molare Enthalpie von Gasen nach Heywood (1988)

Kom-ponente	Temp.-bereich [K]	$a_{i,1}$	$a_{i,2}$	$a_{i,3}$	$a_{i,4}$	$a_{i,5}$	$a_{i,6}$	Molmasse
CO_2	1000-5000	0,44608(+1)	0,30982(-2)	-0,12393(-5)	0,22741(-9)	-0,15526(-13)	-0,48961(+5)	-0,98636(0)
	300-1000	0,24008(+1)	0,87351(-2)	-0,66071(-5)	0,20022(-8)	0,63274(-15)	-0,48373(+5)	0,96951(+1)
H_2O	1000-5000	0,27168(+1)	0,29451(-2)	-0,80224(-6)	0,10227(-9)	-0,48472(-14)	-0,29906(+5)	0,66306(+1)
	300-1000	0,40701(+1)	-0,11084(-2)	0,41521(-5)	-0,29637(-8)	0,80702(-12)	-0,30280(+5)	-0,32270(0)
CO	1000-5000	0,29841(+1)	0,14891(-2)	-0,57900(-6)	0,10365(-9)	-0,69354(-14)	-0,14245(+5)	0,63479(+1)
	300-1000	0,37101(+1)	-0,16191(-2)	0,36924(-5)	-0,20320(-8)	0,23953(-12)	-0,14356(+5)	0,29555(+1)
H_2	1000-5000	0,31002(+1)	0,51119(-3)	0,52644(-7)	-0,34910(-10)	0,36945(-14)	-0,87738(+3)	-0,19629(+1)
	300-1000	0,30574(+1)	0,26765(-2)	-0,58099(-5)	0,55210(-8)	-0,18123(-11)	-0,98890(+3)	-0,22997(+1)
O_2	1000-5000	0,36220(+1)	0,73618(-3)	-0,19652(-6)	0,36202(-10)	-0,28946(-14)	-0,12020(+4)	0,36151(+1)
	300-1000	0,36256(+1)	-0,18782(-2)	0,70555(-5)	-0,67635(-8)	0,21556(-11)	-0,10475(+4)	0,43053(+1)
N_2	1000-5000	0,28963(+1)	0,15155(-2)	-0,57235(-6)	0,99807(-10)	-0,65224(-14)	-0,90568(+3)	0,61615(+1)
	300-1000	0,36748(+1)	-0,12082(-2)	0,23240(-5)	-0,63218(-9)	-0,22577(-12)	-0,10612(+14)	0,23580(+1)
OH	1000-5000	0,29106(+1)	0,95932(-3)	-0,19442(-6)	0,13757(-10)	0,14225(-15)	0,39354(+4)	0,54423(+1)
NO	1000-5000	0,31890(+1)	0,13382(-2)	-0,52899(-6)	0,95919(-10)	-0,64848(-14)	0,98283(+4)	0,67458(+1)
O	1000-5000	0,25421(+1)	-0,27551(-4)	-0,31028(-8)	0,45511(-11)	-0,43681(-15)	0,29231(+5)	0,49203(+1)
H	1000-5000	0,25(+1)	0,0	0,0	0,0	0,0	0,25472(+5)	-0,46012(0)

Für Kraftstoffdampf gibt es nach Heywood (1988) ebenfalls eine Beschreibung mittels Polynom-Ansätzen. Eine komponentenweise Betrachtung, wie bei den Gaskomponenten, gibt es bei den Kraftstoffen nicht. Dazu ist das Verdampfungsverhalten der einzelnen Komponenten zu komplex. Dennoch sind die meisten gebräuchlichen Kraftstoffe erfasst. Es gilt

$$\widetilde{h}_f = \left(A_{f,1}\,\vartheta + \frac{A_{f,2}}{2}\vartheta^2 + \frac{A_{f,3}}{3}\vartheta^3 + \frac{A_{f,4}}{4}\vartheta^4 - \frac{A_{f,5}}{\vartheta} + A_{f,6} + A_{f,8} \right) 4186{,}6 \left[\frac{\text{kJ}}{\text{kmol}}\right] . \tag{7.119}$$

Die Bezugstemperatur hierfür beträgt 273,15 K. Die molare Innere Energie und die spezifische Innere Energie ergibt sich ebenfalls zu

$$\widetilde{u}_f = \widetilde{h}_f - \widetilde{R}T , \tag{7.120}$$

$$u_f = \frac{\widetilde{u}_f}{M_f} . \tag{7.121}$$

Für die untersuchten Kraftstoffe sind die Parameter in Tab. 7.8 zu finden.

Tab. 7.8: Koeffizienten für die molare Enthalpie von Kraftstoffen nach Heywood (1988)

Kraftstoff	$A_{f,1}$	$A_{f,2}$	$A_{f,3}$	$A_{f,4}$	$A_{f,5}$	$A_{f,6}$	$A_{f,8}$	Molmasse
Methan	-0,29149	26,327	-10,610	1,5656	0,16573	-18,331	4,3000	16,04
Propan	-1,4867	74,339	-39,065	8,0543	0,01219	-27,313	8,852	44,10
Hexan	-20,777	210,48	-164,125	52,832	0,56635	-39,836	15,611	86,18
Isooktan	-0,55313	181,62	-97,787	20,402	-0,03095	-60,751	20,232	114,2
Methanol	-2,7059	44,168	-27,501	7,2193	0,20299	-48,288	5,3375	32,04
Ethanol	6,990	39,741	-11,926	0	0	-60,214	7,6135	46,07
Normal	-24,078	256,63	-201,68	64,750	0,5808	-27,561	17,792	114,8
Super	-22,501	227,99	-177,26	56,048	0,4845	-17,578	15,235	106,4
Diesel	-9,1063	246,97	-143,74	32,329	0,0518	-50,128	23,514	148,6

An dieser Stelle sei kurz auf die Eigenschaften der Diesel- und Ottokraftstoffe eingegangen. Die Daten für den Molanteil des Kohlenstoffs x und des Wasserstoffs y sind Tab. 7.9 zu entnehmen. Aus der Molmasse des Kraftstoffes ergibt sich mit den entsprechenden Molanteilen von C und H ein Massenanteil c für Kohlenstoff und h für Wasserstoff für beide Kraftstoffe. Wie man leicht erkennen kann, liegen die beiden Massenanteile für beide Kraftstoffe sehr nahe beieinander.

Tab. 7.9: Eigenschaften von Diesel- und Ottokraftstoff

	Diesel		Otto (Super)	
	kmol /kmol Kst	kg /kg Kst	kmol /kmol Kst	kg /kg Kst
C	$x = 10{,}8$	$\boldsymbol{c} = \mathbf{0{,}874}$	$x = 7{,}76$	$\boldsymbol{c} = \mathbf{0{,}877}$
H	$y = 18{,}7$	$\boldsymbol{h} = \mathbf{0{,}126}$	$y = 13{,}1$	$\boldsymbol{h} = \mathbf{0{,}123}$
O	$z = 0$	$o = 0$	$z = 0$	$o = 0$
Molmasse	148,3 kg Kst /kmol Kst		106,2 kg Kst /kmol Kst	
Mindestluftbedarf	14,33		14,26	
Unterer Heizwert	42.600 kJ /kg Kst		42.900 kJ /kg Kst	

Die Molmasse des Kraftstoffes berechnet sich zu

$$M_{\text{Kst}} = x M_{\text{C}} + \frac{y}{2} M_{\text{H}_2} + \frac{z}{2} M_{\text{O}_2} \quad \left[\frac{\text{kg Kst}}{\text{kmol Kst}}\right] . \tag{7.122}$$

Für die Sauerstoffbilanz ergibt sich

$$\begin{aligned} n_{\text{O}_2,\text{min}} &= c\left[\frac{\text{kg C}}{\text{kg Kst}}\right]\frac{1}{M_{\text{C}}}\left[\frac{\text{kmol C}}{\text{kg C}}\right]1\left[\frac{\text{kmol O}_2}{\text{kmol C}}\right] \\ &+ h\left[\frac{\text{kg H}_2}{\text{kg Kst}}\right]\frac{1}{M_{\text{H}_2}}\left[\frac{\text{kmol H}_2}{\text{kg H}_2}\right]\frac{1}{2}\left[\frac{\text{kmol O}_2}{\text{kmol H}_2}\right] \\ &- o\left[\frac{\text{kg O}_2}{\text{kg Kst}}\right]\frac{1}{M_{\text{O}_2}}\left[\frac{\text{kmol O}_2}{\text{kg O}_2}\right]1\left[\frac{\text{kmol O}_2}{\text{kmol O}_2}\right] . \end{aligned} \tag{7.123}$$

Mit dem Anteil von 21 % Sauerstoff in der Verbrennungsluft und der Molmasse für Luft von 28,85 kg/kmol ergibt sich der Mindestluftbedarf zu

$$L_{\text{min}} = \frac{n_{\text{O}_2,\text{min}}}{0{,}21} M_{Luft} . \tag{7.124}$$

Da bei unterstöchiometrischem Betrieb unvollständige Reaktionen ablaufen, wird zur Ermittlung dieser Komponenten das so genannte Wassergasgleichgewicht verwendet. Es beschreibt temperaturabhängig die Gleichgewichtskonstante der wichtigsten Reaktion (CO_2 , CO) bei Luftmangel und Dissoziation

$$CO_2 + H_2 \xleftrightarrow{K_p} CO + H_2O \tag{7.125}$$

$$K_p = \frac{p_{\text{CO}}\, p_{\text{H}_2\text{O}}}{p_{\text{CO}_2}\, p_{\text{H}_2}} . \tag{7.126}$$

Für die Gleichgewichtskonstante können Werte zwischen 3,5 und 3,7 angesetzt werden, was etwa einer Verbrennungstemperatur von 1.800 K entspricht.

- **Ansatz nach Justi**

In den 30er Jahren wurden Untersuchungen durchgeführt, um die Innere Energie und die Enthalpie von Verbrennungsgasen über die Größen Temperatur, Druck und Gaszusammensetzung zu beschreiben. Die Gaszusammensetzung wird dabei über das so genannte Verbrennungsluftverhältnis ausgedrückt. Zur Beschreibung der dieselmotorischen Verbrennungsgase ist diese Vorgehensweise solange korrekt, wie man sich im überstöchiometrischen Bereich ($\lambda > 1$) bewegt. Die Zusammensetzung der Verbrennungsluft ist als konstant vorausgesetzt, ein unterschiedlicher Wassergehalt der Luft kann nicht berücksichtigt werden. Brennstoffgemische und Alternativkraftstoffe sind mit diesen Ansätzen nicht darzustellen. Die Beziehung gilt streng genommen nur für ein festgelegtes C-H-Verhältnis. Dieses ist jedoch dem Diesel- und Ottokraftstoff sehr ähnlich. Die Dissoziation des Gases kann ebenfalls nicht berücksichtigt werden. Unter Dissoziation versteht man die Änderung der ansonsten konstanten Gleichgewichtskonstanten von chemischen Reaktionen bei sehr hohen Temperaturen z. B. über 2.000 K. Da das Ein-Zonen-Brennraum-Modell in der Regel nur zur Berechnung des Zylinderdruckes und der kalorischen Mitteltemperatur und damit weiter für thermodynamische Größen wie Leistung, Wirkungsgrad und Wärmeströme verwendet wird, ist es meist völlig ausreichend, die Innere Energie als Funktion der Temperatur und des Luftverhältnisses darzustellen, wofür Justi (1938) folgende empirische Funktion angibt

$$
\begin{aligned}
u(T,\lambda) = 0{,}1445\Bigg[1356{,}8 &+ \left(489{,}6 + \frac{46{,}4}{\lambda^{0,93}}\right)(T - T_{bez})10^{-2} + \\
&+ \left(7{,}768 + \frac{3{,}36}{\lambda^{0,8}}\right)(T - T_{bez})^2\,10^{-4} - \\
&- \left(0{,}0975 + \frac{0{,}0485}{\lambda^{0,75}}\right)(T - T_{bez})^3\,10^{-6}\Bigg] \text{ in } \left[\frac{\text{kJ}}{\text{kg}}\right].
\end{aligned} \qquad (7.127)
$$

Es handelt sich um einen Polynomansatz, wobei für die Bezugstemperatur gilt $T_{bez} = 273{,}15\ \text{K}$.

- **Ansatz nach Zacharias**

Auch Zacharias (1966) schlägt einen Polynomansatz vor, berücksichtigt jedoch auch noch den Druck des Verbrennungsgases. Ansonsten gelten auch hierfür die obigen Einschränkungen der Beziehung nach Justi (1938)

$$
u(T,p,\lambda) = \left[-A\frac{\pi}{\vartheta^2}e^{\frac{D}{\vartheta^2}}\left(1 + 2\frac{D}{\vartheta}\right) + \sum_{i=0}^{6}\left[FA(i)\,\vartheta^i\right] - 1\right]R_0\,T \text{ in } \left[\frac{\text{kJ}}{\text{kmol}}\right] \qquad (7.128)
$$

$$
r = \frac{\lambda - 1}{\lambda + \dfrac{1}{L_{\min}}} \qquad (7.129)
$$

$$
R_0 = \frac{\widetilde{R}}{28{,}89758 + 0{,}06021\,r} \qquad (7.130)
$$

$$\pi = \frac{p}{0{,}980665} \tag{7.131}$$

$$\vartheta = \frac{T}{1.000\ \text{K}} \tag{7.132}$$

$$A = 0{,}000277105 - 0{,}0000900711r \tag{7.133}$$

$$D = 0{,}008868 - 0{,}006131r \tag{7.134}$$

$$\begin{aligned}
FA(0) &= 3{,}514956 - 0{,}005026r\\
FA(1) &= 0{,}131438 - 0{,}383504r\\
FA(2) &= 0{,}477182 - 0{,}185214r\\
FA(3) &= -0{,}287367 - 0{,}0694862r\\
FA(4) &= 0{,}0742561 + 0{,}016404110r\\
FA(5) &= -0{,}00916344 - 0{,}00204537r\\
FA(6) &= 0{,}000439896 - 0{,}000101610r
\end{aligned} \tag{7.135}$$

Trotz der vermeintlichen Genauigkeitssteigerung durch die Berücksichtigung des Druckes zur Bestimmung der Inneren Energie ergibt sich bei Verwendung der Gleichungen von Zacharias gerade aufgrund dieser Druckabhängigkeit die Notwendigkeit einer iterativen Berechnung der Inneren Energie, die wiederum Rechenzeit kostet. Die Abhängigkeit der Inneren Energie von der Temperatur und von der Gaszusammensetzung für den Ansatz nach Justi (1938) zeigt Abb. 7.17. Wählt man das Verbrennungsluftverhältnis sehr groß, erhält man die Kurven für reine Luft.

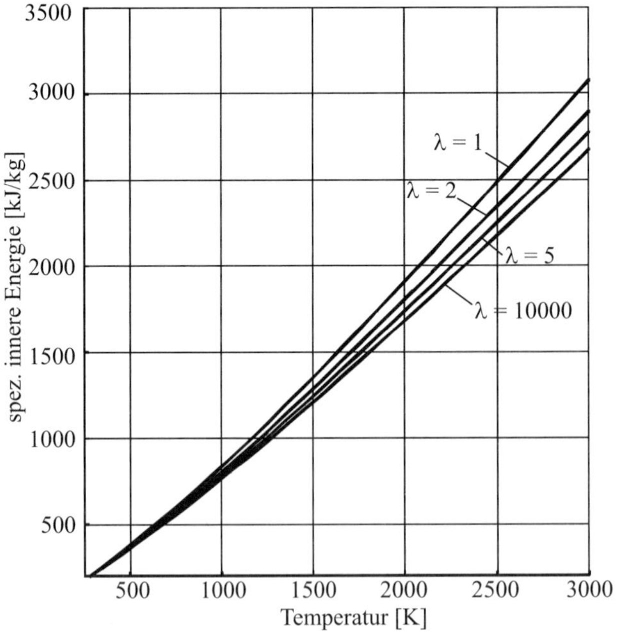

Abb. 7.17: Innere Energie nach Justi (1938)

An dieser Stelle sei noch kurz auf die unterschiedlichen Arten der Darstellung der Zusammensetzung des Verbrennungsgases eingegangen. Dabei ergeben sich deutliche Unterschiede zwischen der dieselmotorischen und der ottomotorischen Modellvorstellung. Während bei der dieselmotorischen Modellvorstellung in der Regel der eingespritzte Kraftstoff keine Rolle spielt, da dieser proportional zum Brennverlauf dem Brennraum zugeführt wird, muss er bei der ottomotorischen Modellvorstellung aufgrund der Verdampfungswärme berücksichtigt werden. Die folgende Skizze zeigt die Zusammensetzung beim Dieselmotor. Es existieren nur die Zustände "Kraftstoff verbrannt" sowie "Luft verbrannt" und "Luft unverbrannt", da beim Dieselmotor immer von einem überstöchiometrischen Betrieb ausgegangen wird.

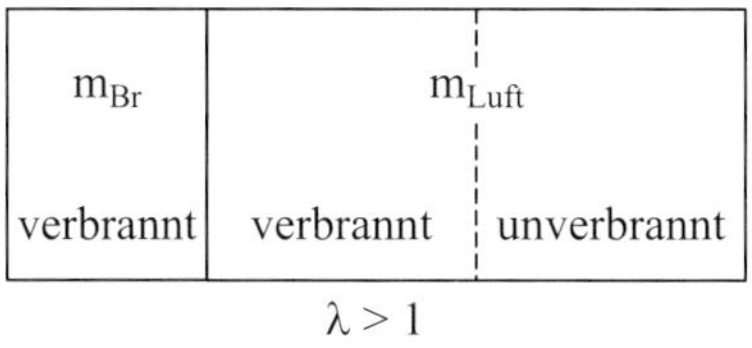

Wird die Innere Energie über Ansätze nach Justi oder Zacharias beschrieben, müssen das totale Differential für die Innere Energie und das partielle Differential für die spezifische Innere Energie gebildet werden. Daraus folgt

$$\frac{\mathrm{d}U}{\mathrm{d}t} = \frac{\mathrm{d}(m\,u)}{\mathrm{d}t} = m\frac{\mathrm{d}u}{\mathrm{d}t} + u\frac{\mathrm{d}m}{\mathrm{d}t} = m\left(\frac{\partial u}{\partial T}\frac{\mathrm{d}T}{\mathrm{d}t} + \frac{\partial u}{\partial p}\frac{\mathrm{d}p}{\mathrm{d}t} + \frac{\partial u}{\partial \lambda}\frac{\mathrm{d}\lambda}{\mathrm{d}t}\right) + u\frac{\mathrm{d}m}{\mathrm{d}t}\ . \tag{7.136}$$

Die partiellen Differentiale sind anhand der Beziehungen nach Justi oder Zacharias zu berechnen. Das Verbrennungsluftverhältnis ist definiert zu

$$\lambda = \frac{m_{Luft}}{m_{Br}\,L_{\min}}\ . \tag{7.137}$$

Die Änderung des Verbrennungsluftverhältnisses ergibt sich zu

$$\frac{\mathrm{d}\lambda}{\mathrm{d}t} = \frac{1}{m_{Br}^2\,L_{\min}}\left(m_{Br}\frac{\mathrm{d}m_{Luft}}{\mathrm{d}t} - m_{Luft}\frac{\mathrm{d}m_{Br}}{\mathrm{d}t}\right)\ . \tag{7.138}$$

Der 1. Hauptsatz der Thermodynamik wird nach der Änderung der Temperatur aufgelöst und integriert. Der Term $\mathrm{d}p/\mathrm{d}t$ kann aus der Zustandsgleichung für ideales Gas in differentieller Form berechnet werden

$$V\frac{\mathrm{d}p}{\mathrm{d}t} + p\frac{\mathrm{d}V}{\mathrm{d}t} = m\,R\frac{\mathrm{d}T}{\mathrm{d}t} + R\,T\frac{\mathrm{d}m}{\mathrm{d}t} + m\,T\frac{\mathrm{d}R}{\mathrm{d}t}\ . \tag{7.139}$$

Aufgrund der Tatsache, dass bei Zacharias auch die Gaskonstante von den Größen Temperatur, Druck und Verbrennungsluftverhältnis abhängt, entstehen bei vollständiger Differentiation von $\mathrm{d}R/\mathrm{d}t$ wiederum Terme mit $\mathrm{d}T/\mathrm{d}t$ und $\mathrm{d}p/\mathrm{d}t$, weshalb ein iteratives Vorgehen oder ein Nullsetzen von Differentialen notwendig wird.

ξ_{Br} m_{Br} verdampft	ξ_{Luft} m_{Luft}	ξ_{Abgas} m_{Abgas} verbrannt $\lambda > 1$

$$\xi_{Luft} + \xi_{Abgas} + \xi_{Br} = 1$$

Beim Ottomotor unterteilt man ebenfalls drei Bereiche, wie obige Skizze zeigt. Als Anteile existieren hier jedoch stöchiometrisch verbranntes Abgas, Verbrennungsluft und verdampfter Kraftstoff. Es gilt

$$\xi_{Abgas} = \frac{m_{Abgas}}{m_{ges.}};\ \xi_{Luft} = \frac{m_{Luft}}{m_{ges.}};\ \xi_{Br,verd.} = \frac{m_{Br,verd.}}{m_{ges.}}\ , \tag{7.140}$$

$$\xi_{Abgas} + \xi_{Luft} + \xi_{Br,verd.} = 1\ . \tag{7.141}$$

Die gesamte Innere Energie berechnet sich aus den Einzelanteilen der Inneren Energien der drei Bereiche

$$U = u_{Abgas}\, m_{Abgas} + u_{Luft}\, m_{Luft} + u_{Br,verd.}\, m_{Br,verd.} \tag{7.142}$$

Das Differential der Inneren Energie ergibt sich zu

$$\frac{\mathrm{d}U}{\mathrm{d}t} = \frac{\mathrm{d}(u_{\mathrm{Abgas}}\, m_{Abgas})}{\mathrm{d}t} + \frac{\mathrm{d}(u_{\mathrm{Luft}}\, m_{Luft})}{\mathrm{d}t} + \frac{\mathrm{d}(u_{\mathrm{Br,verd.}}\, m_{Br,verd.})}{\mathrm{d}t}\ . \tag{7.143}$$

Da es sich bei den Einzelanteilen um "reine" Komponenten handelt, können die spezifischen Inneren Energien entweder durch klassische Polynomansätze oder komponentenweise berechnet werden. Für die Änderung der Massen der einzelnen Anteile ergibt sich

$$\begin{aligned}
\frac{\mathrm{d}m_{Br,verbr.}}{\mathrm{d}t} &= \frac{\mathrm{d}Q_{Br}}{\mathrm{d}t}\frac{1}{H_u} \\
\frac{\mathrm{d}m_{Br,verd.}}{\mathrm{d}t} &= -\frac{\mathrm{d}m_{Br,verbr.}}{\mathrm{d}t} + \frac{\mathrm{d}m_{Br,verd.,neu}}{\mathrm{d}t} \\
\frac{\mathrm{d}m_{Luft}}{\mathrm{d}t} &= \frac{\mathrm{d}m_{Br,verbr.}}{\mathrm{d}t} L_{\min} \\
\frac{\mathrm{d}m_{Abgas}}{\mathrm{d}t} &= \frac{\mathrm{d}m_{Br,verbr.}}{\mathrm{d}t}(L_{\min} + 1)\ .
\end{aligned} \tag{7.144}$$

Für den gemischansaugenden Ottomotor befindet sich der verdampfte Kraftstoff bereits im Zylinder. Beim direkteinspritzenden Ottomotor wird der Kraftstoff entweder während des Ladungswechsels oder während der Kompression eingespritzt und muss verdampfen.

7.2 Zwei-Zonen-Zylinder-Modell

7.2.1 Modellierung des Hochdruckteiles nach Hohlbaum

Im Folgenden soll ein Zwei-Zonen-Modell aus der Klasse der nulldimensionalen Modelle etwas genauer betrachtet werden. Dieses Modell hat eine gewisse Bedeutung für die Berechnung der NO_X -Bildung erlangt, wobei der Brennverlauf vorgegeben wird.

Bei diesem Modell wird der Brennraum in zwei Zonen unterteilt, die man sich durch die Flammenfront getrennt vorzustellen hat. Strenggenommen stellt die Flammenfront selbst eine eigene Zone, nämlich die dritte dar. Weil aber für die Flammenfront einfache Annahmen für die Reaktionskinetik getroffen und keine Bilanzgleichungen gelöst werden, wird sie meist nicht als eigene Zone betrachtet und die Bezeichnung Zwei-Zonen-Modell hat sich deshalb eingebürgert.

Eine ausführliche Beschreibung dieses Modells findet man bei Hohlbaum (1992) und bei Merker et al. (1993). Im Folgenden werden nur die wesentlichen Grundzüge dieses Modells erläutert. Der Grundgedanke des Modells ist in Abb. 7.18 schematisch dargestellt.

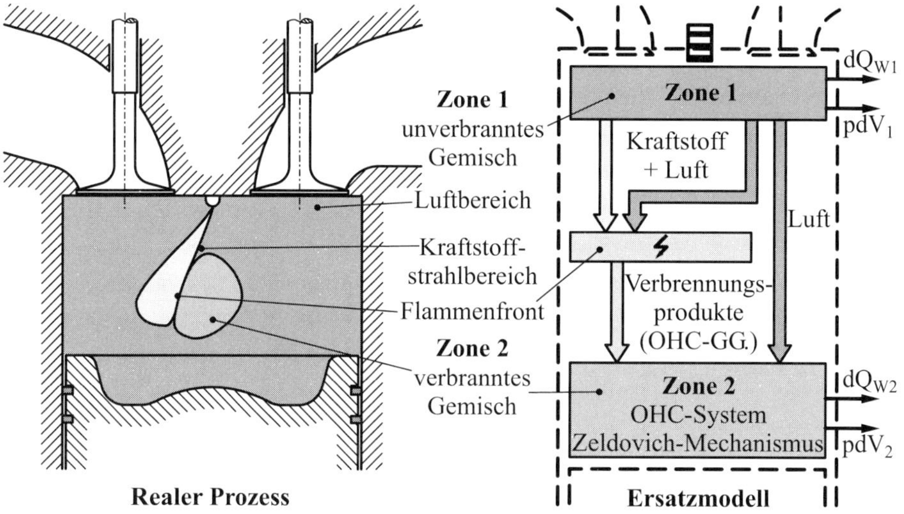

Abb. 7.18: Zwei-Zonen-Modell für die dieselmotorische Verbrennung

Die Zone 1 enthält unverbranntes Gemisch, also Luft und Brennstoff, das im Folgenden auch als Unverbranntes bezeichnet und durch die Zustandsgrößen $p, V_1, T_1, n_{1,i}$ und λ_1 beschrieben wird.

Zone 2 enthält verbranntes Gemisch, genaugenommen unvollständig oxidierten Brennstoff, und wird im Folgenden als Verbranntes bezeichnet und durch die Zustandsgrößen $p, V_2, T_2, n_{2,i}$ und λ_2 beschrieben. In Zone 2 findet die "sekundäre Oxidation" statt. Dafür werden reaktionskinetische Modelle benötigt. In Zone 2 findet auch die thermische NO_X -Bildung statt, die durch den Zeldovich-Mechanismus beschrieben wird, siehe Kap. 6.5.

Die Flammenfront trennt diese beiden Zonen. Sie wird als unendlich dünn und masselos angenommen. In der Flammenfront findet die "primäre Oxidation" bis zum OHC-Gleichgewicht statt; d.h. die OHC-Komponenten $O^{\bullet}$, $H^{\bullet}$, O_2, H_2, H_2O, CO, CO_2 und $O^{\bullet}H$ sind in der Flammenfront im chemischen Gleichgewicht.

Durch die Bilanzierung der auftretenden Massen- und Energieströme erhält man Gleichungen für die Masse und die Energie in den beiden Zonen. Dabei gilt für die Massenbilanz in Zone 1

$$\mathrm{d}m_1 = \mathrm{d}m_B - \mathrm{d}m_{1F} - \mathrm{d}m_{12} \tag{7.145}$$

mit

$\mathrm{d}m_B$: eingespritzte Brennstoffmasse

$\mathrm{d}m_{1F}$: der Flammenfront zugeführte Masse (Brennstoff + Luft)

$\mathrm{d}m_{12}$: an der Flammenfront "vorbei" und "direkt" der Zone 2 zugeführte Luftmasse (muss wegen $\lambda_1 > 1$ auftreten), kann auch durch die Flammenfront gehen, allerdings ohne an den dort ablaufenden Reaktionen teilzunehmen und ohne Wärme aufzunehmen.

Die Energiebilanz lässt sich schreiben als

$$\mathrm{d}U_1 = \mathrm{d}m_B\, h_B - \mathrm{d}m_{1F}\, h_{1F} - \mathrm{d}m_{12}\, h_{12} + \mathrm{d}Q_1 - p\,\mathrm{d}V_1 \ . \tag{7.146}$$

Analog gilt für die Massenbilanz der Zone 2

$$\mathrm{d}m_2 = \mathrm{d}m_{F2} + \mathrm{d}m_{12} \tag{7.147}$$

mit $\mathrm{d}m_{F2}$: Komponenten des OHC-Gleichgewichts.

Der Energiesatz lautet:

$$\mathrm{d}U_2 = \mathrm{d}m_{F2}\, h_{F2} + \mathrm{d}m_{12}\, h_{12} + \mathrm{d}Q - p\,\mathrm{d}V_2 \ . \tag{7.148}$$

Weil die Flammenfront als masselos angenommen wird, gilt ferner

$$\mathrm{d}m_{1F} = \mathrm{d}m_{F2} = \mathrm{d}m_F \ . \tag{7.149}$$

Die spezifische Enthalpie der von der Flammenfront in Zone 2 transportierten Masse $\mathrm{d}m_{F2}$ ist um die Reaktionsenthalpie $\Delta_R\, h$ größer als die von Zone 1 in die Flammenfront transportierte, also

$$h_{F2} = h_{1F} + \Delta_R\, h \ . \tag{7.150}$$

Die Terme $\mathrm{d}Q_1$ und $\mathrm{d}Q_2$ beschreiben die Energieverluste der beiden Zonen durch Wärmeübertragung infolge Strahlung und Konvektion an die brennraumbegrenzenden Wände. Die insgesamt übertragene Wärme

$$\mathrm{d}Q = \mathrm{d}Q_1 + \mathrm{d}Q_2 = \alpha\, A(T_W - T)\,\mathrm{d}t \tag{7.151}$$

kann z.B. wieder mit dem Ansatz von Woschni berechnet werden, wobei T die energetische Mitteltemperatur ist, die aus der Beziehung

$$(m_1 + m_2)\, u(T) = m_1\, u_1(T_1) + m_2\, u_2(T_2) \tag{7.152}$$

für die kalorische Mischung ermittelt werden kann. Zur Aufteilung der insgesamt übertragenen Wärme dQ in dQ_1 und dQ_2 benötigt man jedoch ein Modell, weil die Fläche der Flammenfront und damit die Größe der Oberfläche der beiden Zonen im Zwei-Zonen-Modell nicht definiert ist. Hohlbaum (1992) schlägt für diese Aufteilung die Beziehung

$$\frac{dQ_1}{dQ_2} = \left(\frac{m_1}{m_2}\right)^2 \frac{T_1}{T_2} \tag{7.153}$$

vor. Dieser Ansatz berücksichtigt einerseits, dass die Zone 2 des Verbrannten wegen der höheren Temperatur T_2 mehr zum Gesamtwärmeverlust beiträgt als die Zone 1 des Unverbrannten. Andererseits berücksichtigt dieser Ansatz, dass zu Beginn der Verbrennung die Masse der Zone 2 und damit auch der Beitrag zur Wärmeübertragung gering ist. Abschließend muss noch der zeitliche Verlauf des Bypass-Luftmassenstroms $\dot{m}_{12}$ festgelegt werden. Die als Mischungsstöchiometrie λ^* bezeichnete Größe ist definiert zu

$$\lambda^* = \frac{dm_{1F,L} + dm_{12}}{L_{\min}\, dm_{B,1F}} \ . \tag{7.154}$$

In Abb. 7.19 sind die Verläufe der Luftverhältnisse in der Flammenfront und in der Zone 2, λ_F und λ_2, sowie die Mischungsstöchiometrie λ^* über dem Kurbelwinkel skizziert.

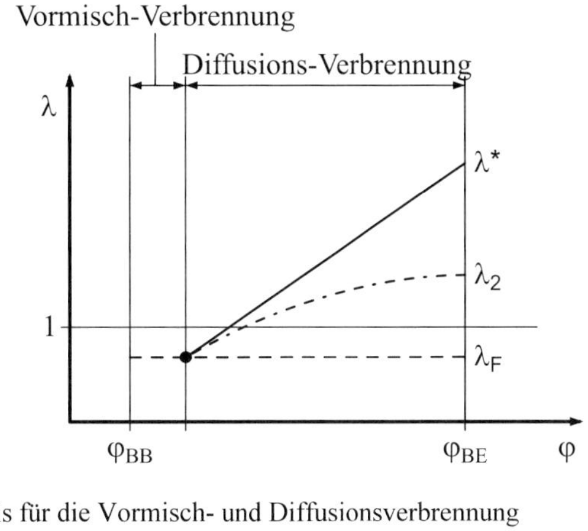

Abb. 7.19: Luftverhältnis für die Vormisch- und Diffusionsverbrennung

Das Luftverhältnis λ_F in der Flammenfront wird als < 1 und zeitlich konstant, also $\lambda_F \neq f(\varphi)$, die Mischungsstöchiometrie dagegen als mit dem Kurbelwinkel linear zunehmend angenommen und zwar so, dass zu Beginn der Diffusionsverbrennung $\lambda^* = \lambda_F$ ist und sich am Ende der Diffusionsverbrennung die überschüssige Luft gerade vollständig mit dem Verbrannten in Zone 2 vermischt hat.

Insbesondere diese Annahme für die Mischungsstöchiometrie machen die Problematik dieser einfachen nulldimensionalen Modelle deutlich; die mangelnde Modelltiefe (fehlende Physik) muss durch mehr oder weniger willkürliche Annahmen ersetzt werden.

7.2.2 Modellierung des Hochdruckteiles nach Heider

Bei Heider (1996) wird ein weiterer Ansatz zur Berechnung der Zustände in beiden Zonen vorgestellt. Dabei wird zwischen zwei Zonen unterschieden. In Zone 1, die als Reaktionszone bezeichnet wird, findet die Energieumsetzung statt. In der Reaktionszone wird das Verbrennungsluftverhältnis λ_0 über das Arbeitsspiel als konstant angenommen. Die Masse in der Reaktionszone ist somit über den Brennverlauf eindeutig festgelegt. Die Zone 2 beschreibt das Unverbrannte und legt somit das restliche Volumen des Brennraumes fest. Es findet keine Verbrennung statt.

Im Unterschied zum Modell von Hohlbaum werden bei Heider die Ergebnisse der Prozessrechnung des nulldimensionalen Ein-Zonen-Modells (vgl. Kap. 7.1) zugrundegelegt. Diese können vorab mit der Arbeitsprozessrechnung berechnet werden. Dabei werden die Verläufe des Hubvolumens, des Drucks und der Massenmitteltemperatur sowie der Zylindermasse, des Verbrennungsluftverhältnisses, der Wärmefreisetzung (Brennverlauf) und der Wandwärmeverluste als bekannt vorausgesetzt. Als Verträglichkeitsbedingungen gelten folgende Annahmen

$$V_1 + V_2 = V(\varphi) \ , \tag{7.155}$$

$$m_1 + m_2 = m(\varphi) \ , \tag{7.156}$$

$$p_1 = p_2 = p(\varphi) \ . \tag{7.157}$$

Mit der Kenntnis des Verbrennungsluftverhältnisses λ_0 lässt sich die Masse in der Reaktionszone berechnen

$$\lambda_0 = \frac{m_{L1}(\varphi)}{L_{\min}\, m_B(\varphi)} = \text{const.} \tag{7.158}$$

Für die Brennstoffmasse gilt bei bekanntem Brennverlauf und bei bekannter Restgasmasse, aus der wiederum der verbrannte Kraftstoff m_{B0} berechnet werden kann

$$m_B(\varphi) = \frac{1}{H_u} \int \frac{\mathrm{d}Q_B}{\mathrm{d}\varphi} d\varphi + m_{B0} \ . \tag{7.159}$$

Damit gilt für die Masse der Zone 1

$$m_1(\varphi) = m_{L1}(\varphi) + m_B(\varphi) = (\lambda_0 L_{\min} + 1)\, m_B(\varphi) \ . \tag{7.160}$$

Die ideale Zustandgleichung gilt für beide Zonen

$$\begin{aligned} p_1 V_1 &= m_1 R_1 T_1 \\ p_2 V_2 &= m_2 R_2 T_2 \end{aligned} \ . \tag{7.161}$$

Es muss letztendlich bestimmt werden, welcher Anteil der in der Reaktionszone freigesetzten Energie auf die Zone 2 übertragen wird. Dies geschieht in der Modellvorstellung im Wesentlichen durch turbulente Vermischung und weniger über Strahlung und Konvektion. Dafür sind folgende Randbedingungen einzuhalten.

Zu Beginn der Verbrennung ist die Temperaturdifferenz zwischen beiden Zonen infolge der hohen Temperaturdifferenz zwischen der Flamme und dem Unverbrannten maximal. Ferner ist diese Temperaturdifferenz von der Wärmefreisetzung durch die Verbrennung abhängig.

Die turbulente Vermischung der beiden Zonen führt mit fortschreitender Verbrennung zu einer Abnahme der Temperatur in der Reaktionszone und zu einer Zunahme der Temperatur in der Zone mit Unverbranntem. Am Ende der Verbrennung geht die Temperaturdifferenz gegen Null, da die beiden Zonen dann vollständig durchmischt sind.

Diese Überlegungen führen zu folgendem empirischen Ansatz für die Temperaturdifferenz zwischen den beiden Zonen

$$T_1(\varphi) - T_2(\varphi) = B(\varphi)\, A^* \ . \tag{7.162}$$

Für die Funktion $B(\varphi)$ gilt

$$B(\varphi) = 1 - \frac{\int\limits_{\varphi_{BB}}^{\varphi} \left[p(\varphi) - p_0(\varphi)\right] m_1 \,\mathrm{d}\varphi}{\int\limits_{\varphi_{BB}}^{\varphi_{AÖ}} \left[p(\varphi) - p_0(\varphi)\right] m_1 \,\mathrm{d}\varphi} \ . \tag{7.163}$$

Wie bei der Bestimmung des Wärmeübergangskoeffzienten nach Woschni (1970) wird auch hier die Differenz zwischen dem Zylinderdruck $p(\varphi)$ und dem theoretischen Schleppdruck $p_0(\varphi)$ zur Berücksichtigung des Verbrennungseinflusses verwendet. A^* beschreibt das Temperaturniveau in der Reaktionszone zu Beginn der Verbrennung. Detailliertere Untersuchungen haben gezeigt, dass für unterschiedliche Motoren und Brennverfahren geringfügige Anpassungen beim A^*-Wert und beim Verbrennungsluftverhältnis λ_0 nötig werden. Für kleine bis mittelgroße Dieselmotoren, die einen Einlassdrall besitzen, gilt

$$\lambda_0 = 1{,}0 \ ,$$

$$A^* = A \frac{1{,}2 + (\lambda_{gl} - 1{,}2)^{C_{gl}}}{2{,}2\,\lambda_0} \ . \tag{7.164}$$

A ist ein motorspezifischer Faktor, der für den jeweiligen Motor einmal ermittelt werden muss. Für C_{gl} gilt

$C_{gl} = 0{,}15$ für Motoren mit 4-Ventiltechnologie und zentraler Einspritzdüse

$C_{gl} = 0{,}07$ für Motoren mit 2-Ventiltechnologie und seitlicher Einspritzdüse

λ_{gl} beschreibt das globale Verbrennungsluftverhältnis.

Für Großdieselmotoren ohne Einlassdrall gilt

$$\lambda_0 = 1{,}03$$

und

$$\lambda_0 = 1{,}03 - 0{,}24 \frac{AGR}{100}$$

bei äußerer Abgasrückführung. Bei Großdieselmotoren kann der A^*-Wert konstant angenommen werden

$$A^* = A = \text{const.}$$

Obwohl dieses Modell zunächst nur für den Dieselmotor entwickelt wurde, kann das Modell auch für Ottomotoren mit guten Ergebnissen eingesetzt werden. Dann gilt

$$\lambda_0 = \lambda_{gl} \text{ und } A^* = \text{const.}$$

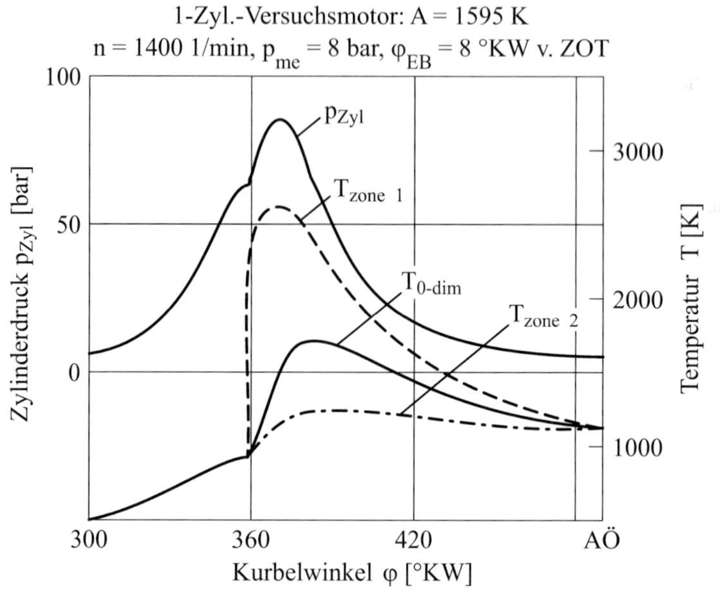

Abb. 7.20: Temperaturverlauf in beiden Zonen nach Heider (1996)

Abb. 7.20 zeigt einen charakteristischen Temperaturverlauf für einen schnelllaufenden Dieselmotor mit ca. 4 l Einzelhubvolumen bei einer Drehzahl von 1.400 U/min und einer effektiven Last von 8 bar, wie er sich mit diesem Modell berechnen lässt. In untenstehender Tab. 7.10 sind typische A-Werte für unterschiedliche Motoren zusammengestellt.

Tab. 7.10: Typische A-Werte

Motor					
Bohrung [mm]	Hub [mm]	Takt	Verd.-Verh.	Nenndrehz. [U/min]	A-Wert [K]
79,5	95,5	4	19,5	4.000	1.650
128	142	4	16	2.100	1.740
160	180	4	14	1.500	1.580
480	600	4	14	450	1.650
580	1.700	2	17	127	1.655

Trotz der offensichtlichen Empirie dieses Modells bietet es eine sehr gute Basis für die nachfolgend beschriebene Stickoxidberechnung. Zudem überzeugt es durch seine Einfachheit. Mit diesem Modell sind keine Annahmen über die Aufteilung der nur gesamtheitlich zu bestimmenden Wandwärmeverluste auf die beiden Zonen nötig. Die Bestimmung der Temperaturen in beiden Zonen kann über eine einfache empirische Funktion geschehen. Das Rechenmodell überzeugt durch sehr kurze Rechenzeiten.

7.2.3 Ergebnisse der NOx-Berechnung mit Zwei-Zonen-Modellen

Mit den in den vorhergehenden Abschnitten beschriebenen Zwei-Zonen-Modellen von Hohlbaum und Heider können die Stickoxidemissionen in der Zone der heißen Verbrennungsprodukte berechnet werden. Dazu verwendet man die Beschreibung durch den so genannten Zeldovich-Mechanismus, der in Kap. 6.5.1 ausführlich beschrieben ist.

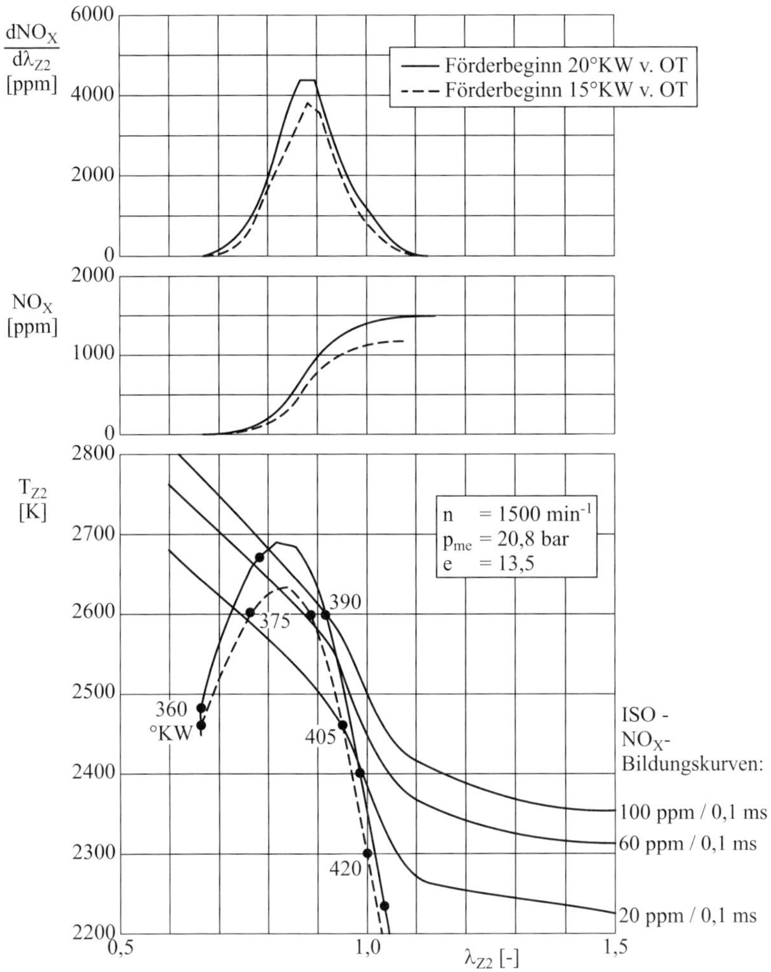

Abb. 7.21: Förderbeginn-Variation nach Hohlbaum (1992)

Abb. 7.21 zeigt beispielsweise die mit dem Modell nach Hohlbaum berechnete Auswirkung der Förderbeginnverschiebung von "früh" auf "spät" auf die NO-Bildungsrate. Bei einer Förderbeginnverschiebung um 5°KW von 20°KW v. OT auf 15°KW v. OT sinkt die Spitzentemperatur von etwa 2.680 K auf 2.630 K ab, und die Temperatur erreicht insgesamt deutlich niedrigere Werte. Dies führt letztlich zu einer Abnahme der gebildeten NO-Menge, die von etwa 1.500 ppm auf 1.200 ppm sinkt.

Für den in Abb. 7.20 beschriebenen Betriebspunkt ist in Abb. 7.22 links der Verlauf der Temperatur in der heißen Zone nach Heider (1996) dargestellt. Über diesen Temperaturverlauf stellt sich eine NO-Bildungsrate und die NO-Konzentration im Brennraum ein. Man erkennt, dass die NO-Bildung sehr rasch abgeschlossen ist und nur eine geringe Rückreaktion stattfindet. Bei Heider werden für den Zeldovich-Mechanismus Reaktionskonstanten nach Pattas verwendet, die in Tab. 6.1 (Kap. 6.5.1) zusammengestellt sind. Für diesen Motor ist bei einer Drehzahl von 1.500 U/min ein Vergleich zwischen Messung und Rechnung bei einer Einspritzzeitpunktsvariation angegeben (Abb. 7.22 rechts).

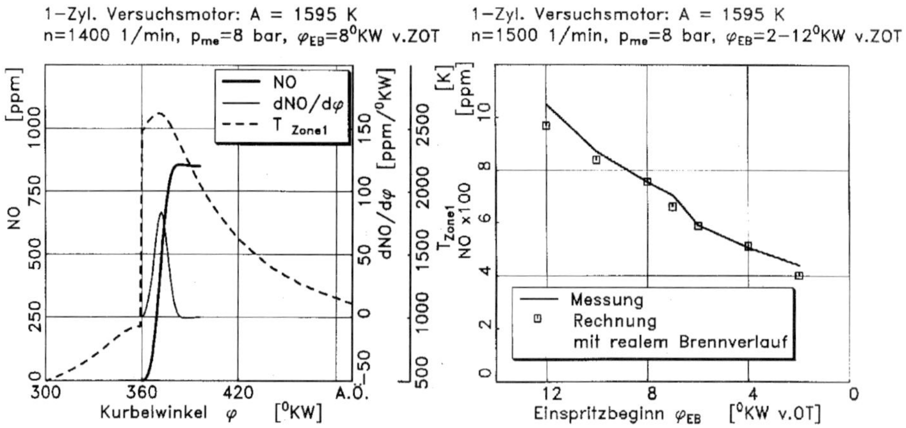

Abb. 7.22: Einfluss des Einspritzzeitpunktes auf die NO-Bildungsrate

Die Übereinstimmung ist hierbei sehr gut. Ebenso verhält es sich mit der Variation der Ladelufttemperatur (Abb. 7.23 links) und der Abgasrückführrate (Abb. 7.23 rechts), die einen massiven Einfluss auf die NO-Bildung besitzt.

Man erkennt, dass diese sehr einfachen Modelle sehr wohl in der Lage sind, die Realität nicht nur tendenziell, sondern auch quantitativ richtig zu beschreiben. Dabei ist es jedoch von entscheidender Bedeutung, die Wärmefreisetzung im Zylinder (Brennverlauf) exakt zu beschreiben. Ergebnisse transienter Berechnungen der Stickoxidemissionen an einem schnelllaufenden Pkw-Dieselmotor mit vorausberechneten Brennverläufen sind in Kap. 8.7.5 zu finden.

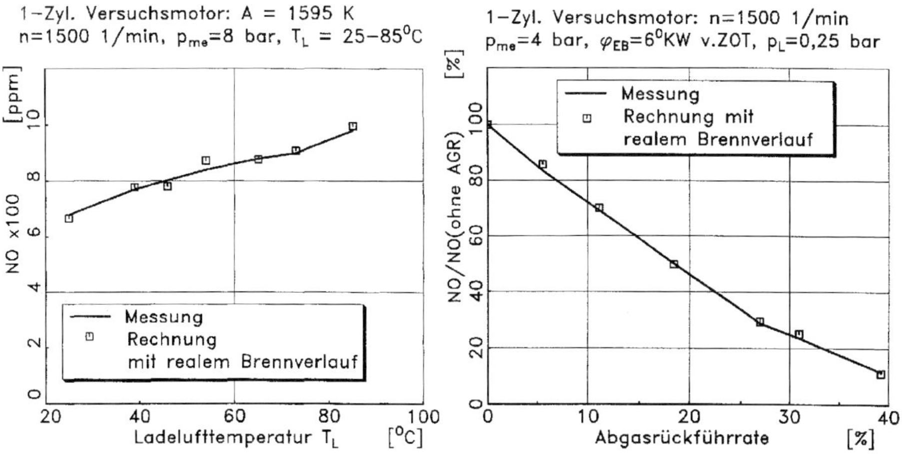

Abb. 7.23: Einfluss der Ladelufttemperatur (links) und der Abgasrückführrate (rechts) auf die NO-Bildungsrate

7.2.4 Modellierung des Ladungswechsels beim 2-Takt-Motor

Die Ladungswechselrechnung für den 2-Takt-Motor gestaltet sich wesentlich schwieriger als für den 4-Takt-Motor, da zum einen für den Ladungswechsel nur ein sehr kleiner Zeitanteil zur Verfügung steht und zum anderen das in den Zylinder einströmende Frischgas das im Zylinder befindliche Abgas verdrängen muss, ohne sich mit diesem zu vermischen. In der Literatur ist eine Vielzahl von Modellen für umkehrgespülte oder schleifengespülte sowie für längsgespülte 2-Takt-Motoren zu finden. Es handelt sich dabei um Zwei- bzw. Drei-Zonen-Modelle. Unterschieden wird dabei zwischen Zonen, in denen sich Frischgas, eine Mischung aus Abgas und Frischgas oder reines Abgas befinden. Eine genauere Aufstellung und Bewertung dieser Modelle ist bei Merker und Gerstle (1997) zu finden.

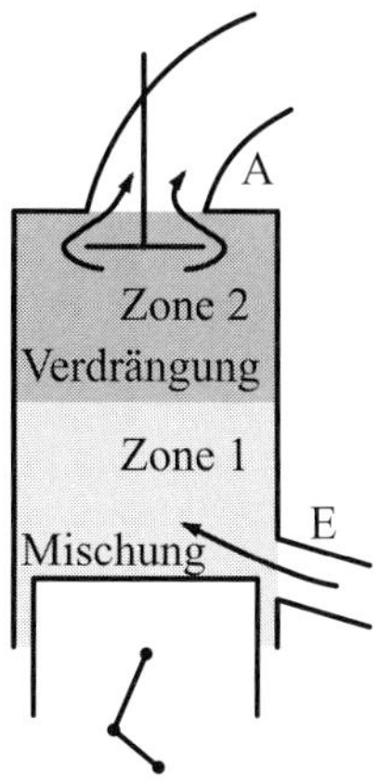

Abb. 7.24: Zwei-Zonen-Modell für die Ladungswechselrechnung beim 2-Takt-Motor

Das hier beschriebene Modell geht von einem Zwei-Zonenansatz aus. Da sich während des Ladungswechsels praktisch zwei Komponenten – Frischgas und Abgas – im Zylinder befinden, muss dieser Tatsache durch zwei Zonen Rechnung getragen werden. An dieser Stelle soll nur auf die wesentlichen Eigenschaften und beschreibenden Gleichungen der beiden Zonen und auf ihre Interaktion eingegangen werden. Bei der Modellierung wird die heutzutage übliche Verdrängungsspülung mit untenliegenden Einlassschlitzen und einem obenliegenden Auslassventil zugrunde gelegt. Abb. 7.24 zeigt ein Schema für das Zwei-Zonen-Modell für die Ladungswechselrechnung beim 2-Takt-Motor, bei dem die Gasmasse im Zylinder quasi durch eine unendlich dünne, undurchlässige aber verschiebbare horizontale Membran aufgeteilt wird. Ein Austausch von Gas zwischen den Zonen ist also im Gegensatz zum Modell von Streit und Bormann (1971) nicht möglich.

Zu Beginn des Ladungswechsels bei Auslass öffnet – also nach der Verbrennung und Expansion – liegt im Zylinder ein homogenes Gemisch vor. Die im Zylinder befindliche Abgasmasse wird bei Auslass öffnet in eine Verdrängungs- und in eine Mischungszone über einen die Ladungswechseleigenschaften des Motors charakterisierenden so genannten Spülfaktor aufgeteilt. Dieser Spülfaktor kann Werte von 0 bis 1 annehmen. Ein Spülfaktor von 0 legt eine reine Mischungsspülung fest, deren Erfolg aufgrund der ständigen idealen Vermischung von Frischgas und Abgas jedoch als sehr schlecht einzustufen ist. Ein Spülfaktor von 1 beschreibt die reine Verdrängungsspülung, bei der sich bis zum Ende des Ladungswechsels beide Zonen nicht vermischen können. In diesem Fall besitzt die Mischungszone zu Beginn der Berechnung keine Masse, weshalb sich nach dem Beginn des Einströmvorganges nur reines Frischgas darin befindet. Die Mischungszone enthält zu Beginn des Ladungswechsels bei Spülfaktoren kleiner als 1 reines Abgas, das jedoch während des Ladungswechsels mit dem Frischgas vermischt wird. Es wird immer eine ideale Mischung für diese Zone – wie beim gesamten Ladungswechsel des 4-Takt-Motors auch – angenommen. Die Verdrängungszone wird beim Ladungswechsel ohne Vermischung mit dem durch das Einlasssteuerorgan einströmenden Frischgas als erste Zone durch das Auslassventil ausgeschoben. Die Gaszusammensetzung entspricht somit zu jedem Zeitpunkt der Zusammensetzung des Abgases. Je nach den anliegenden Spülgefälleverläufen kann die Verdrängungszone nur zu einem Teil oder komplett ausgeschoben werden. Zusätzlich kann auch noch ein Teil der Mischungszone ausgeschoben werden. Gegen Ende des Ladungswechsels müssen beide Zonen, sofern sie noch vorhanden und noch nicht vollständig ausgeschoben sind, wieder in einen homogenen gemischten Zustand übergeführt werden. Die beschreibenden Gleichungen des Zwei-Zonen-Modells für den Ladungswechsel des 2-Takt-Motors sind im Folgenden dargestellt, wobei für die Mischungszone der Index 1 und für die Verdrängungszone der Index 2 verwendet wird. Ist die Masse der Verdrängungszone vollständig ausgeschoben und damit nur noch die Mischungszone vorhanden, wird diese wie beim 4-Takt-Motor behandelt. Eine Aufteilung von Massen- oder Wärmeströmen auf die einzelnen Zonen ist dann nicht mehr nötig. Die Aufteilung der Zylindermasse bei "Auslass öffnet" beschreibt nachfolgende Gleichung

$$m_1 = m(1 - SF) \quad m_2 = m\,SF \ . \tag{7.165}$$

Für die beiden Zonen gelten einige grundlegende Koppelbedingungen, die zu jedem Zeitschritt eingehalten werden müssen

$$m_1 + m_2 = m \ , \tag{7.166}$$

$$V_1 + V_2 = V \ , \tag{7.167}$$

$$p_1 = p_2 = p = \frac{m_1 R_1 T_1 + m_2 R_2 T_2}{V} \ . \tag{7.168}$$

Die Massenbilanz für die beiden Zonen lautet

$$\frac{dm_1}{d\varphi} = \frac{dm_E}{d\varphi} \tag{7.169}$$

$$\frac{dm_2}{d\varphi} = \frac{dm_A}{d\varphi} \tag{7.170}$$

Nach dem 1. Hauptsatz der Thermodynamik für beide Zonen ergibt sich

$$\frac{dU_1}{d\varphi} = \frac{dW_1}{d\varphi} + \frac{dQ_{W,1}}{d\varphi} + \frac{dH_E}{d\varphi} \quad \text{und} \tag{7.171}$$

$$\frac{dU_2}{d\varphi} = \frac{dW_2}{d\varphi} + \frac{dQ_{W,2}}{d\varphi} + \frac{dH_A}{d\varphi} \ . \tag{7.172}$$

Der Enthalpiestrom durch die Ventile wird – wie beim 4-Takt-Motor – je nach Strömungsrichtung aus dem Produkt des Massenstromes durch das Ventil und der spezifischen Enthalpie des in Strömungsrichtung vor dem Ventil befindlichen Gases gebildet.

Durch die horizontale Teilung des Systems kann der Wandwärmestrom des Kolbens der Mischungszone und der Wandwärmestrom des Zylinderdeckels der Verdrängungszone zugeordnet werden. Der Wandwärmestrom wird entsprechend der Lage der gedachten Membran – also volumenanteilig – auf die beiden Zonen aufgeteilt. Damit stehen alle das Zwei-Zonen-Modell beschreibenden Gleichungen zur Verfügung. Beim Schließen des letzten Steuerorgans können, sofern nicht schon zu einem früheren Grad Kurbelwinkelschritt nach dem vollständigen Ausschieben einer Zone auf die Ein-Zonenbetrachtung umgeschaltet wurde, die beiden Zonen für den folgenden Hochdruckteil wieder ideal vermischt werden. Für die Mischungstemperatur im Zylinder gilt dann

$$T = \frac{c_{V,1}\, m_1\, T_1 + c_{V,2}\, m_2\, T_2}{c_{V,1}\, m_1 + c_{V,2}\, m_2} \ . \tag{7.173}$$

7.3 Modellierung des Gaspfades

Um ein komplettes Motormodell aufbauen zu können, benötigt man für eine Beschreibung mit der Füll- und Entleermethode neben dem Zylinder noch weitere Bauteile wie z. B. Behälter, Blenden oder Drosseln sowie Strömungsmaschinen bei aufgeladenen Motoren. Eine genaue Beschreibung dieser Bauteile ist in den folgenden Abschnitten zu finden.

7.3.1 Modellierung peripherer Komponenten

- **Behälter**

Ein Behälter (Sammlervolumen etc.) wird meist als zylindrischer Körper modelliert. Ein derartiges Modell ist in der folgenden Skizze dargestellt.

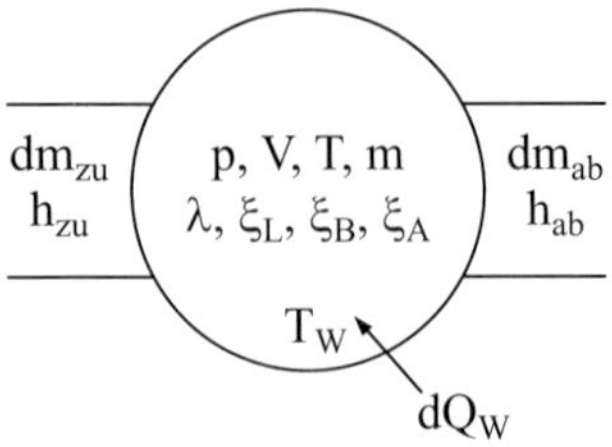

Die Querschnittsfläche des Behälters und das Behältervolumen ergeben sich damit zu

$$A_{Beh} = d_{Beh}^2 \frac{\pi}{4} \quad \text{und} \quad V_{Beh} = l_{Beh}\, d_{Beh}^2 \frac{\pi}{4} \; . \tag{7.174}$$

Aus thermodynamischer Sicht handelt es sich dabei um ein offenes stationär durchströmtes System. Als Massenbilanz ergibt sich

$$\frac{\mathrm{d}m_{Beh}}{\mathrm{d}t} = \frac{\mathrm{d}m_{zu}}{\mathrm{d}t} + \frac{\mathrm{d}m_{ab}}{\mathrm{d}t} \; . \tag{7.175}$$

Weiterhin gilt für die Energiebilanz des Behälters

$$\frac{\mathrm{d}U}{\mathrm{d}t} = \frac{\mathrm{d}Q_W}{\mathrm{d}t} + h_{zu} \frac{\mathrm{d}m_{zu}}{\mathrm{d}t} + h_{ab} \frac{\mathrm{d}m_{ab}}{\mathrm{d}t} \; . \tag{7.176}$$

Die Innere Energie kann über die bereits bei der Beschreibung des Zylinders eingeführten Zusammenhänge berechnet werden (vgl. Kap. 7.1.9). Der Wärmeübergang wird mit der Newton´schen Gleichung (vgl. (7.10)) berechnet, wobei als Wärmeübergangskoeffizient unter der Voraussetzung einer turbulenten Rohrströmung die Beziehung nach Hausen (1976) verwendet werden kann. Es gilt

$$\alpha = 0{,}024 \frac{\lambda_{Beh}}{d_{Beh}} \left[1 + \left(\frac{d_{Beh}}{l_{Beh}} \right)^{\frac{2}{3}} \right] \mathrm{Re}^{0{,}786}\, \mathrm{Pr}^{0{,}45} \; . \tag{7.177}$$

Die Prandtl-Zahl wird zu 0,731 gesetzt. Für die Reynoldszahl und die Viskosität gelten

$$\mathrm{Re} = \frac{\dot{m}_{Mittel}\, d_{Beh}}{A_{Beh}\, \eta}; \quad \dot{m}_{Mittel} = \frac{|\dot{m}_{zu}| + |\dot{m}_{ab}|}{2}; \quad \eta = 5{,}17791 \cdot 10^{-7}\, T^{0{,}62} \; . \tag{7.178}$$

Die Wärmeleitfähigkeit ergibt sich nach Woschni zu

$$\lambda_{Beh} = 3{,}65182 \cdot 10^{-4}\, T^{0{,}748} \; . \tag{7.179}$$

Damit ist es möglich, die Zustände für ein Leitungsvolumen zu berechnen, das zwischen zwei aufeinanderfolgende Drosselstellen geschaltet wird.

- **Blende (Drossel)**

Zur Simulation von Umschaltklappen, Drosselklappen, Umblaseklappen, AGR-Ventilen oder Wastegates bei aufgeladenen Motoren benötigt man Blenden mit konstanten oder variablen Querschnittsflächen. Die Modellierung dieser Bauteile ist identisch mit der Modellierung einer Drosselstelle an den Ventilen des Zylinderkopfes. Auch hierfür wird die so genannte Durchflussgleichung verwendet.

Für den Massenstrom durch eine Blende gilt (vgl. (2.37))

$$\dot{m} = \alpha A_1 \sqrt{p_0 \rho_0} \sqrt{\frac{2\kappa}{\kappa - 1}\left(\pi^{\frac{2}{\kappa}} - \pi^{\frac{\kappa+1}{\kappa}}\right)} \quad . \tag{7.180}$$

Hierbei ist ebenfalls zu beachten, dass bei Erreichen des kritischen Druckverhältnisses der Massenstrom, wie in (2.40) dargestellt, begrenzt wird. Die Durchflussbeiwerte werden abhängig vom Öffnungsgrad der Blende in Form von Kennlinien in einem Kennfeld abgelegt.

- **Strömungsmaschinen**

Für die Darstellung der Strömungsmaschinen (Verdichter- bzw. Turbine) bei aufgeladenen Motoren ist auch für instationäre Vorgänge eine Betrachtung über Kennfelder möglich und ausreichend. Aufgrund der Komplexität der Darstellung dieser Aggregate wird in Kap. 7.5 gesondert darauf eingegangen.

7.3.2 Modellbildung

Abb. 7.25 zeigt ein einfaches Beispiel zur Modellierung des Gaspfades eines Verbrennungsmotors. Das Modell muss prinzipiell so aufgebaut sein, dass nach einem "Speicherbaustein" ein "Drosselbaustein" folgt und danach wieder ein Speicherbaustein usw. Im Speicherbaustein (z. B. Behälter) werden die Differentialgleichungen für die Massen- und Energiebilanz gelöst. Daraus resultieren die für den aktuellen Integrationsschritt ermittelte Masse sowie die Temperatur und über die allgemeine Gasgleichung der Druck im Speicherbaustein. Als Eingangsgrößen zur Berechnung der Massen- und Energiebilanz sind die über die Systemgrenze ein- bzw. austretenden Massen- und Enthalpieströme notwendig. Diese können in den Drosselbausteinen unter Vorgabe der in den vor und nach der Drosselstelle liegenden Speicherbausteinen im vorangegangen Integrationsschritt ermittelten Temperaturen und Drücke berechnet werden. Bei einer Blende geschieht die Berechnung des Massenstromes beispielsweise über die Durchflussgleichung. Der Enthalpiestrom wird mit der Kenntnis der Gaszustände (Spez. Enthalpie) des in der aktuellen Strömungsrichtung vor der Drosselstelle liegenden Speicherbausteines bestimmt. Abb. 7.26 zeigt diesen sich ständig wiederholenden Vorgang.

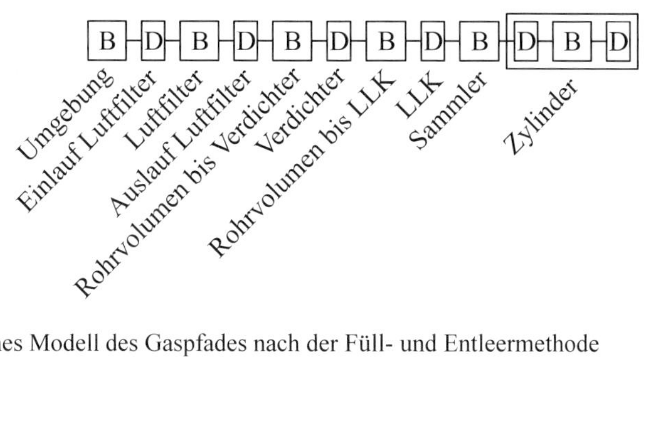

Abb. 7.25: Einfaches Modell des Gaspfades nach der Füll- und Entleermethode

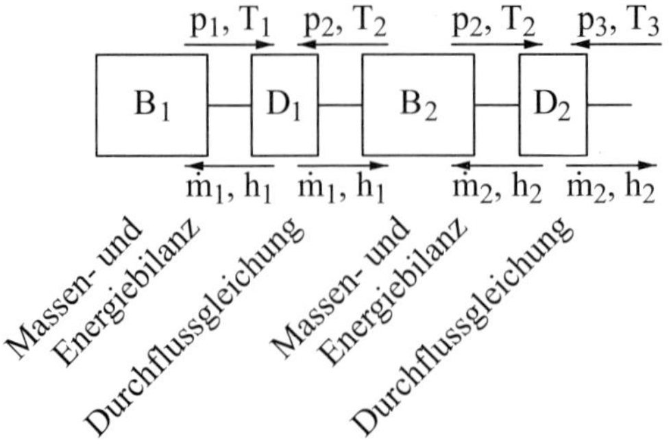

Abb. 7.26: Ablauf der Berechnung bei der Füll- und Entleermethode

Eine Sonderstellung nimmt der Zylinder ein, bei dem die Berechnung der Massen- und Enthalpieströme durch die Ventile meist integriert ist. Insofern stellt der Zylinder für die Verschaltung im Modell eine Drosselstelle dar, obwohl – wie in Kap. 7.1 dargestellt – die Massen- und Energiebilanz gelöst wird und das Brennraumvolumen selbst natürlich ein Massen- und Energiespeicher ist.

Eine weitere Sonderstellung bei der Modellierung nehmen die Strömungsmaschinen ein. Während man die Strömungsturbine als Drosselstelle mit Energieabgabe bezeichnen kann, bewirkt der Strömungsverdichter normalerweise einen Druckaufbau. Durch die Verwendung von Kennfeldern zur Beschreibung des Betriebsverhaltens, die wiederum von den Drücken und Temperaturen vor und nach dem Verdichter abhängig sind (siehe Kap. 7.5) spielt dies für die oben beschriebene Modellbildung jedoch keine Rolle.

7.3.3 Integrationsverfahren

Als völlig ausreichendes Verfahren zur Lösung der Differentialgleichungen von Masse und Energie in den in diesem Abschnitt beschriebenen Modulen hat sich das so genannte Runge-Kutta-Verfahren 4. Ordnung gezeigt.

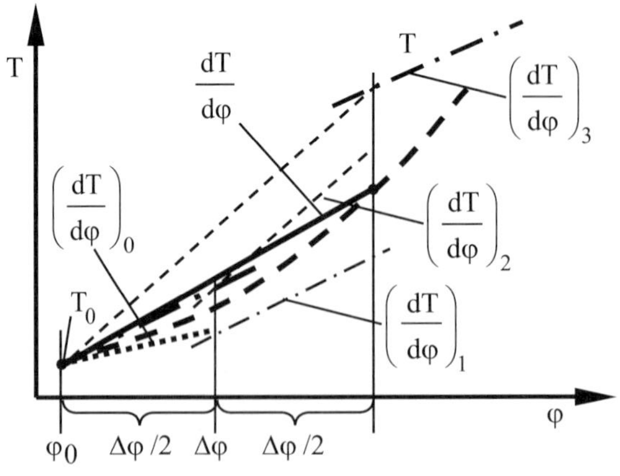

Abb. 7.27: Integration nach dem Runge-Kutta-Verfahren 4. Ordnung

Der aktuelle Integrationszeitschritt wird halbiert und es werden – wie in Abb. 7.27 dargestellt – vier Gradienten ermittelt, die abschließend unterschiedlich gewichtet werden. Diese Zusammenhänge sind in (7.181) dargestellt

$$
\begin{aligned}
\left(\frac{\mathrm{d}T}{\mathrm{d}\varphi}\right)_0 &= f\left(T_0, \varphi_0\right) \\
T_1 &= T_0 + \left(\frac{\mathrm{d}T}{\mathrm{d}\varphi}\right)_0 \frac{\Delta\varphi}{2} \\
\left(\frac{\mathrm{d}T}{\mathrm{d}\varphi}\right)_1 &= f\left(T_1, \varphi_0 + \frac{\Delta\varphi}{2}\right) \\
T_2 &= T_0 + \left(\frac{\mathrm{d}T}{\mathrm{d}\varphi}\right)_1 \frac{\Delta\varphi}{2} \\
\left(\frac{\mathrm{d}T}{\mathrm{d}\varphi}\right)_2 &= f\left(T_2, \varphi_0 + \frac{\Delta\varphi}{2}\right) \\
T_2 &= T_0 + \left(\frac{\mathrm{d}T}{\mathrm{d}\varphi}\right)_2 \Delta\varphi \\
\left(\frac{\mathrm{d}T}{\mathrm{d}\varphi}\right)_3 &= f\left(T_3, \varphi_0 + \Delta\varphi\right) \\
\frac{\mathrm{d}T}{\mathrm{d}\varphi} &= \frac{1}{6}\left(\left(\frac{\mathrm{d}T}{\mathrm{d}\varphi}\right)_0 + 2\left(\frac{\mathrm{d}T}{\mathrm{d}\varphi}\right)_1 + 2\left(\frac{\mathrm{d}T}{\mathrm{d}\varphi}\right)_2 + \left(\frac{\mathrm{d}T}{\mathrm{d}\varphi}\right)_3\right) \\
T &= T_0 + \frac{\mathrm{d}T}{\mathrm{d}\varphi}\Delta\varphi \,.
\end{aligned}
\tag{7.181}
$$

Damit unterscheidet sich das Runge-Kutta-Verfahren von einfachen Verfahren wie z. B. dem Euler-Cauchy-Verfahren, bei dem nur ein Gradient gebildet wird und das Integral somit prinzipbedingt der Realität nachläuft. Man findet in der Literatur noch eine Vielzahl anderer Integrationsverfahren, jedoch sind diese meist komplexer und nicht so leicht zu handhaben wie das Runge-Kutta-Verfahren.

7.4 Gasdynamik

7.4.1 Grundgleichungen der eindimensionalen Gasdynamik

Prinzipiell können die Grundgleichungen, die die eindimensionale Strömung beschreiben, aus den in Kap. 9.1 vorgestellten Navier-Stokes-Gleichungen durch Beschränkungen auf eine Dimension und unter Vernachlässigung der Schwerkraft abgeleitet werden. An dieser Stelle soll jedoch eine einfache und anschauliche "Herleitung" gegeben werden. Wir betrachten dazu den in Abb. 7.28 skizzierten Kanalabschnitt mit veränderlichem Querschnitt entlang der x-Koordinate.

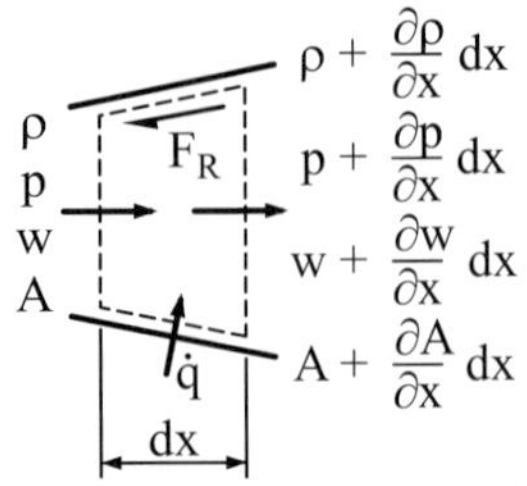

Abb. 7.28: Kanalabschnitt mit veränderlichem Querschnitt

Es wird angenommen, dass die Querschnittsänderung des Kanals über der Länge $\mathrm{d}x$ klein ist, sodass nur Abhängigkeiten von der x-Koordinate und der Zeit zu berücksichtigen sind.

- **Massenbilanz**

Der Kanalabschnitt mit dem Volumen $\mathrm{d}V$ und einem Medium mit der Dichte $\rho = \rho_x$ enthält die Masse

$$\mathrm{d}m = \rho_x \, \mathrm{d}V = \rho_x \, A_x \, \mathrm{d}x \ . \tag{7.182}$$

Durch die Querschnitte A_x und $A_{x+\mathrm{d}x}$ strömt das Medium mit einer Geschwindigkeit von w_x ein und mit einer Geschwindigkeit von $w_{x+\mathrm{d}x}$ aus. Für die Massenströme gilt somit

$$\dot{m}_x = w_x \, \rho_x \, A_x \, , \tag{7.183}$$

$$\dot{m}_{x+\mathrm{d}x} = w_{x+\mathrm{d}x} \, \rho_{x+\mathrm{d}x} \, A_{x+\mathrm{d}x} \ . \tag{7.184}$$

Die Massenbilanz für den Kanalabschnitt der Länge $\mathrm{d}x$ lautet dann

$$\frac{\partial m}{\partial t} = \dot{m}_x - \dot{m}_{x+\mathrm{d}x} \, , \tag{7.185}$$

$$\frac{\partial}{\partial t}(\rho_x \, A_x \, \mathrm{d}x) = w_x \, \rho_x \, A_x - w_{x+\mathrm{d}x} \, \rho_{x+\mathrm{d}x} \, A_{x+\mathrm{d}x} \ . \tag{7.186}$$

Mit der Taylorreihenentwicklung der Zustandsgrößen an der Stelle $x + \mathrm{d}x$ erhält man

$$\frac{\partial \rho_x}{\partial t} \mathrm{d}x = w_x \, \rho_x - \left(w_x + \frac{\partial w_x}{\partial x} \mathrm{d}x \right) \left(\rho_x + \frac{\partial \rho_x}{\partial x} \mathrm{d}x \right) \left(A_x + \frac{\partial A_x}{\partial x} \mathrm{d}x \right) \frac{1}{A_x} \ . \tag{7.187}$$

Durch Multiplikation und Vernachlässigung der Terme höherer Ordnung folgt daraus die Kontinuitätsgleichung

$$\frac{\partial \rho}{\partial t} = -\frac{\partial (\rho \, w)}{\partial x} - \rho \, w \frac{\mathrm{d} \ln (A)}{\mathrm{d}x}$$

bzw.

$$\frac{\partial \rho}{\partial t} + w \frac{\partial \rho}{\partial x} + \rho \frac{\partial w}{\partial x} + \rho w \frac{\mathrm{d} \ln (A)}{\mathrm{d}x} = 0 \ . \tag{7.188}$$

Der Index x kann dabei aus Gründen der Übersichtlichkeit weggelassen werden.

- **Impulserhaltungssatz**

Die Änderung des Impulses I innerhalb des betrachteten Kanalabschnittes über der Zeit ist gleich der Summe der durch den Massenstrom an seinen Querschnitten bewirkten Impulsströme und den äußeren Kräften, die auf die Masse wirken. Der Impuls ist definiert zu

$$I = m\,w_x = \rho_x\,A_x\,\mathrm{d}x\,w_x \;. \tag{7.189}$$

Für die Impulsströme gilt

$$\dot{I}_x = w_x\,w_x\,\rho_x\,A_x \text{ bzw.} \tag{7.190}$$

$$\dot{I}_{x+\mathrm{d}x} = w_{x+\mathrm{d}x}\,w_{x+\mathrm{d}x}\,\rho_{x+\mathrm{d}x}\,A_{x+\mathrm{d}x} \;. \tag{7.191}$$

Die äußeren Kräften setzen sich zusammen aus den Druckkräften F_x, die sich durch die unterschiedlichen Querschnittsflächen ergeben, und den Reibungskräften F_R des Fluids an der Kanal-Innenwand,

$$F_x = p_x\,A_x \;, \tag{7.192}$$

$$F_{x+\mathrm{d}x} = p_{x+\mathrm{d}x}\,A_{x+\mathrm{d}x} \;, \tag{7.193}$$

$$F_R = k_R\,\rho_x\,A_x\,\mathrm{d}x \;. \tag{7.194}$$

Damit folgt für die Impulsbilanz

$$\begin{aligned}\frac{\partial}{\partial t}(w_x\,\rho_x\,A_x\,\mathrm{d}x) = w_x^2\,\rho_x\,A_x - w_{x+\mathrm{d}x}^2\,\rho_{x+\mathrm{d}x}\,A_{x+\mathrm{d}x} + p_x\,A_x \\ - p_{x+\mathrm{d}x}\,A_{x+\mathrm{d}x} - k_R\,\rho_x\,A_x\,\mathrm{d}x.\end{aligned} \tag{7.195}$$

Mit der Taylorreihenentwicklung analog zur Massenbilanz ergibt sich

$$\frac{\partial(\rho w)}{\partial t} = -\frac{\partial(\rho w^2 + p)}{\partial x} - \rho w^2\,\frac{\partial \ln(A)}{\partial x} - \rho k_R$$

bzw. nach Umformen und unter Berücksichtigung der Massenbilanz (7.185)

$$\frac{\partial w}{\partial t} + w\frac{\partial w}{\partial x} + \frac{1}{\rho}\frac{\partial p}{\partial x} + k_R = 0 \;. \tag{7.196}$$

Der Rohrreibungskoeffizient k_R bestimmt sich mit der Rohrreibungszahl λ_R und dem Rohrinnendurchmesser d abhängig von der Dichte des Mediums ρ und dessen Geschwindigkeit w zu

$$k_R = \frac{\lambda_R}{d}\,\rho\,\frac{w^2}{2}\,\frac{w}{|w|} \;. \tag{7.197}$$

Die Rohrreibungszahl wird abhängig vom Strömungszustand und der Wandrauhigkeit (hier hydraulisch glatte Rohre) mit Hilfe der Gleichungen von Blasius und Nikuradse oder nach Prandtl (implizite Gleichung) bestimmt (siehe Beitz und Grote (1997, "Dubbel"))

$$\lambda_R = \frac{0{,}3164}{\sqrt[4]{\mathrm{Re}}} \qquad \text{für} \qquad 2.320 < \mathrm{Re} < 10^5 \qquad \text{(Blasius)} \tag{7.198}$$

$$\lambda_R = 0{,}0032 + \frac{0{,}221}{\mathrm{Re}^{0{,}237}} \quad \text{für} \quad 10^5 < \mathrm{Re} < 10^8 \quad \text{(Nikuradse)} \tag{7.199}$$

$$\lambda_R = \frac{1}{\left[2\lg\left(\frac{\mathrm{Re}\sqrt{\lambda_R}}{2{,}51}\right)\right]^2} \quad \text{für} \quad 2.320 < \mathrm{Re} \quad \text{(Prandtl)} \tag{7.200}$$

- **Energieerhaltungssatz**

Auf der Grundlage des ersten Hauptsatzes der Thermodynamik ist die Änderung der Energie in dem betrachteten Kanalabschnitt über der Zeit gleich der Summe der über die Querschnittsflächen ein- bzw. austretenden Energieströme und dem von außen zu- bzw. abgeführten Wärmestrom. Für die Energie und die Energieströme gilt

$$E = m\left(u_x + \frac{w_x^2}{2}\right) = \rho_x\, A_x\, \mathrm{d}x\left(u_x + \frac{w_x^2}{2}\right) , \tag{7.201}$$

$$\dot{E}_x = w_x\, \rho_x\, A_x\left(h_x + \frac{w_x^2}{2}\right) , \tag{7.202}$$

$$\dot{E}_{x+\mathrm{d}x} = w_{x+\mathrm{d}x}\, \rho_{x+\mathrm{d}x}\, A_{x+\mathrm{d}x}\left(h_{x+\mathrm{d}x} + \frac{w_{x+\mathrm{d}x}^2}{2}\right) . \tag{7.203}$$

Der Wärmestrom berechnet sich zu

$$\dot{Q} = \dot{q}\, A_x\, \mathrm{d}x \quad . \tag{7.204}$$

Somit folgt für die Energiebilanz

$$\frac{\partial}{\partial t}\left[\rho_x\, A_x\, \mathrm{d}x\left(u_x + \frac{w_x^2}{2}\right)\right] = w_x\, \rho_x\, A_x\left(h_x + \frac{w_x^2}{2}\right) - \\ - w_{x+\mathrm{d}x}\, \rho_{x+\mathrm{d}x}\, A_{x+\mathrm{d}x}\left(h_x + \frac{w_{x+\mathrm{d}x}^2}{2}\right) + \dot{q}\, A_x\, \mathrm{d}x . \tag{7.205}$$

In eine Taylorreihe entwickelt, erhält man nach kurzer Umformung

$$\frac{\partial}{\partial t}\left[\rho\left(u + \frac{w^2}{2}\right)\right] = -\frac{\partial\left[w\rho\left(h + \frac{w^2}{2}\right)\right]}{\partial x} - w\rho\left(h + \frac{w^2}{2}\right)\frac{\partial \ln(A)}{\partial x} + \dot{q} \ . \tag{7.206}$$

Setzt man die Massen- und Impulsbilanz ((7.187) und (7.195)) ein und formt weiter um, ergibt sich

$$\frac{\partial h}{\partial t} + w\frac{\partial h}{\partial x} - \frac{1}{\rho}\left(\frac{\partial p}{\partial t} + w\frac{\partial p}{\partial x}\right) - \frac{\dot{q}}{\rho} - w\,k_R = 0 \ . \tag{7.207}$$

Der Wärmeübergang im Rohr berechnet sich mit Hilfe des Newton'schen Ansatzes

$$\dot{q} = \frac{\dot{Q}}{A_U} = \alpha_W \, (T_W - T_{Gas}) \; . \tag{7.208}$$

In (7.209) ist ein halbempirischer, auf der Prandtlanalogie basierender Ansatz von Gnielinski (siehe Stephan (1993)) für die mittlere Nußelt-Zahl abhängig von den jeweiligen Gültigkeitsbereichen der Prandtl- und Reynoldszahl dargestellt. Die Prandtl-Analogie geht von einem Zweischichtenmodell aus, das die Strömung in eine laminare Grenzschicht und eine turbulente Kernströmung untergliedert, die sich direkt der laminaren Unterschicht anschließt. Es wird angenommen, dass in der vollturbulenten Strömung Geschwindigkeits-, Temperatur- und Konzentrationsprofil nur von der Wandnormalenkoordinate abhängen, während in der laminaren Grenzschicht die Gesamtwerte von Schubspannung, Wärme und Diffusionsstromdichte unabhängig von der Wandnormalen sind. Dieser Ansatz wird für Bauteile wie z. B. Ladeluftkühler oder Abgaskrümmer verwendet, in denen der Wärmeübergang eine wesentliche Rolle spielt

$$\mathrm{Nu}_{m,turb} = \frac{\lambda_r}{8} \frac{(\mathrm{Re} - 1.000)\mathrm{Pr}}{1 + (\mathrm{Pr}^{2/3} - 1) 12{,}7 \sqrt{\lambda_r / 8}} \left[1 + \left(\frac{d}{l} \right)^{2/3} \right] . \tag{7.209}$$

Gleichung (7.209) gilt im Bereich $2.300 \le \mathrm{Re} \le 5\;10^5$, $0{,}5 \le \mathrm{Pr} \le 2.000$ und $l/d > 1$. Aus der Definition der Nußelt-Zahl (vgl. Gl. 7.13) ergibt sich der Wärmeübergangskoeffizient zu

$$\alpha_w = \frac{\lambda}{d} \frac{\lambda_r}{8} \frac{(\mathrm{Re} - 1.000)\mathrm{Pr}}{1 + (\mathrm{Pr}^{2/3} - 1) 12{,}7 \sqrt{\lambda_r / 8}} \left[1 + \left(\frac{d}{l} \right)^{2/3} \right] . \tag{7.210}$$

Die Bestimmung des Wärmeübergangs für $\mathrm{Re} < 2.300$ erfolgt durch eine quadratisch Mittelung der Ansätze für die turbulente (7.209) und die laminare Nußelt-Zahl (7.211) nach (7.212)

$$\mathrm{Nu}_{lam} = 0{,}664 \, \mathrm{Re}^{\frac{1}{2}} \, \mathrm{Pr}^{\frac{1}{3}} \; , \tag{7.211}$$

$$\mathrm{Nu}_m = \sqrt{\mathrm{Nu}_{m,turb}^2 + \mathrm{Nu}_{lam}^2} \; . \tag{7.212}$$

7.4.2 Numerische Lösungsverfahren

Im vorigen Abschnitt wurden Gleichungen hergeleitet, die die eindimensionale Gasdynamik beschreiben. Es handelt sich um ein partielles Differentialgleichungssystem, das analytisch nicht lösbar ist. Aus diesem Grunde wurden eine Vielzahl von graphischen und numerischen Lösungsverfahren entwickelt, von denen sich auch vor dem Hintergrund der sich stetig weiterentwickelnden Rechenleistung von Computern die numerische Lösung in Form von Finiten Differenzen durchgesetzt hat, da diese die nötige Flexibilität und Genauigkeit bieten. Dabei erfolgt eine Diskretisierung des Ortes mit einer Approximation der örtlichen Gradienten. Dies ermöglicht die Transformation des partiellen Differentialgleichungssystems in eine Reihe gewöhnlicher Differentialgleichungen. Dieses Verfahren soll im Anschluss etwas näher beschrieben werden.

- **Einstufiges Lax-Wendroff-Verfahren**

Das Lax-Wendroff-Verfahren bietet die Möglichkeit, die Gasdynamik in Rohren unter Anwendung der Finiten Differenzen zu beschreiben. Zuerst werden die Erhaltungsgleichungen in eine Form gebracht, die der in (7.213) dargestellten Vektorform entspricht

$$\frac{\partial G(x,t)}{\partial t} + \frac{\partial F(x,t)}{\partial x} = -C(x,t) \ . \tag{7.213}$$

Die Vektoren $G(x,t)$, $F(x,t)$ und $C(x,t)$ sind aus den Erhaltungssätzen für Masse, Impuls und Energie leicht abzuleiten,

$$G(x,t) = \begin{bmatrix} \rho \\ \rho w \\ \rho\left(u + \frac{w^2}{2}\right) \end{bmatrix}, \quad F(x,t) = \begin{bmatrix} \rho w \\ \rho w^2 + p \\ w\rho\left(h + \frac{w^2}{2}\right) \end{bmatrix} \quad \text{und}$$

$$C(x,t) = \begin{bmatrix} \rho w \\ \rho w^2 \\ w\rho\left(h + \frac{w^2}{2}\right) \end{bmatrix} \frac{\mathrm{d}\ln(A)}{\mathrm{d}x} + \begin{bmatrix} 0 \\ \rho k_R \\ -\dot{q} \end{bmatrix} . \tag{7.214}$$

Im Weiteren wird aus Gründen einer besseren Übersichtlichkeit für $\partial G(x,t)/\partial t$ der Ausdruck $G_t(x,t)$ und für $\partial F(x,t)/\partial x$ der Ausdruck $F_x(x,t)$ verwendet.

Im nächsten Schritt wird die Taylorreihe der Funktion $G(x,t)$ um den Punkt $(x, t + \Delta t)$ entwickelt und eine Ortsdiskretisierung durchgeführt. Daraus ergibt sich folgende Gleichung

$$G(x_i, t + \Delta t) = G(x_i, t) + \Delta t\, G_t(x_i, t) + O(\Delta t^2) \ . \tag{7.215}$$

Anschließend wird $G_t(x,t)$ mit (7.215) substituiert und es erfolgt die Bildung des örtlichen Gradienten mit den Zentralen Differenzen. Mit der Näherung

$$G(x_i, t_j) \approx \frac{1}{2}\left[G(x_{i+1}, t_j) + G(x_{i-1}, t_j)\right] \tag{7.216}$$

erhält man schließlich die Gleichung des 1-stufigen Lax-Wendroff-Verfahrens

$$\begin{aligned} G(x_i, t_{j+1}) = {} & \frac{1}{2}\left[G(x_{i+1}, t_j) + G(x_{i-1}, t_j)\right] - \\ & - \frac{\Delta t}{2\,\Delta x}\left[F(x_{i+1}, t_j) - F(x_{i-1}, t_j)\right] - \Delta t\, C(x_i, t_j) \ . \end{aligned} \tag{7.217}$$

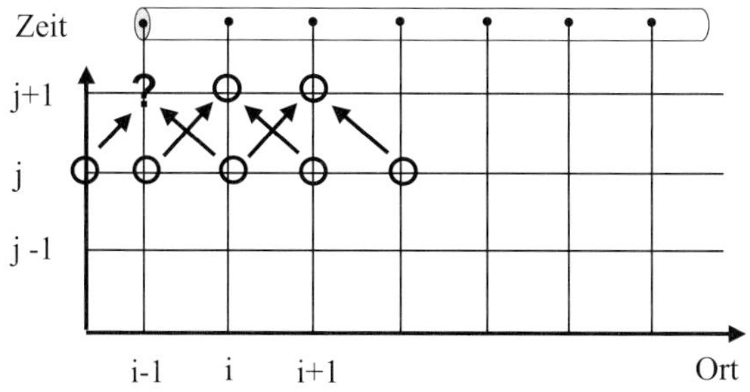

Abb. 7.29: Einstufiges Lax-Wendroff-Verfahren mit Bestimmung der Rohrinnenknoten

In Abb. 7.29 lässt sich die Vorgehensweise zur Zustandsbestimmung der einzelnen Rohrinnenknoten erkennen. Der Zustand des Knotens am Ort i zur Zeit j ist bekannt, ebenso die Zustände an den Orten $i-1$ und $i+1$ zur Zeit j. Aus den Zuständen $i-1$ und $i+1$ zur Zeit j kann man mit Hilfe der vorher beschriebenen Gleichungen den Zustand des Knotens am Ort i zur Zeit $j+1$ bestimmen. Allerdings lassen sich mit dieser Methode die Zustände an den Rohraußenknoten nicht bestimmen, da zwar die Zustände an den Orten $i-1$ und i zur Zeit j bekannt sind, aber nicht der Zustand am Ort $i-2$. Dies muss dann über die Rohr-Rand-Koppelung erfolgen, auf die in Kap. 7.4.3 näher eingegangen wird.

- **Zweistufiges Lax-Wendroff-Verfahren**

Das zweistufige Lax-Wendroff-Verfahren (Abb. 7.30), das aus dem Peyret-Lerat-Verfahren hervorgegangen ist, beschreibt eine Methode der Finiten Differenzen, die aus zwei Schritten besteht und durch die Verwendung von weiteren Koeffizienten die Stabilität gegenüber dem einstufigen Verfahren erhöhen kann.

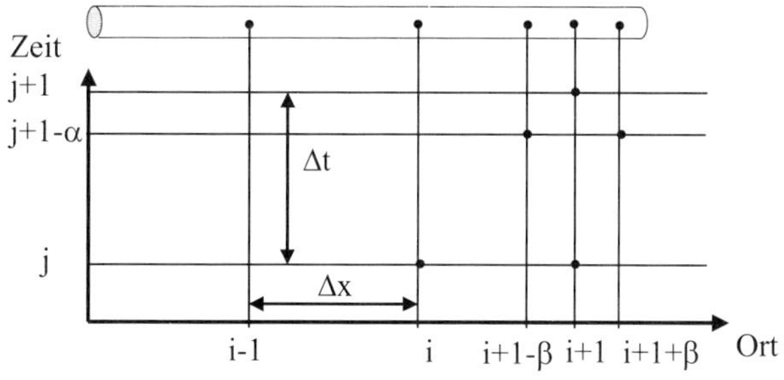

Abb. 7.30: Zweistufiges Lax-Wendroff-Verfahren

Das Peyret-Lerat-Verfahren stellt sich wie folgt dar.

1.Schritt:

$$\begin{aligned} G(x_{i+\beta},t_{j+1}) = {} & (1-\beta)G(x_i,t_j) + \beta G(x_{i+1},t_j) \\ & - \alpha\frac{\Delta t}{\Delta x}\left[F(x_{i+1},t_j) - F(x_i,t_j)\right] \\ & - \alpha\Delta t\left[(1-\beta)C(x_i,t_j) - \beta C(x_{i+1},t_j)\right] \end{aligned} \tag{7.218}$$

2.Schritt:

$$G(x_i,t_{j+1}) = G(x_i,t_j) - \frac{\Delta t}{2\alpha\Delta x}\Big[(\alpha-\beta)F(x_{i+1},t_j) + (2\beta-1)F(x_i,t_j)\Big] - \frac{\Delta t}{2\alpha\Delta x}\Big[(1-\alpha-\beta)F(x_{i-1},t_j) + F(x_{i+\beta},t_{j+\alpha}) - F(x_{i-1+\beta},t_{j+\alpha})\Big] - \Delta t\, C(x_i,t_j)\,. \tag{7.219}$$

Aus dem Peyret-Lerat-Verfahren erhält man durch Substitution von $\alpha = \beta = 1/2$ das zweistufige Lax-Wendroff-Verfahren:

$$G\left(x_{i+1/2},t_{j+1}\right) = \frac{1}{2}\Big[G(x_i,t_j) + G(x_{i+1},t_j)\Big] - \frac{\Delta t}{2\Delta x}\Big[F(x_{i+1},t_j) - F(x_i,t_j)\Big] - \frac{\Delta t}{4}\Big[C(x_{i+1},t_j)\Big], \tag{7.220}$$

$$G(x_i,t_{j+1}) = G(x_i,t_j) - \frac{\Delta t}{\Delta x}\Big[F(x_{i+1/2},t_{j+1/2}) - F(x_{i-1/2},t_{j+1/2})\Big] - \Delta t\, C(x_i,t_j)\,. \tag{7.221}$$

7.4.3 Randbedingungen

Bisher wurde lediglich ein Kanal- bzw. Rohrabschnitt betrachtet und die Erhaltungsgleichungen sowie die Lösungen dafür aufgezeigt. Ein reales System (Sauganlage, Abgasanlage) besteht jedoch aus einer Vielzahl von Einzelelementen (Unstetigkeitsstellen), die durch Rohre verbunden sind. Erst durch Ansätze für eine Koppelung der unterschiedlichen Teilsysteme wird ein derart komplexes System berechenbar. Dazu müssen zwischen den Teilsystemen z. B. Energie- und Massenströme ausgetauscht und dadurch die Randbedingungen des oben beschriebenen Rohres festgelegt werden. Die Struktur ist dabei immer gleich und gleicht der im Kap. 7.3.2 beschriebenen: Unstetigkeitsstelle - Rohr – Unstetigkeitsstelle – Rohr - Unstetigkeitsstelle.

Somit stellen die folgenden Bauteile aus der Betrachtungsweise des Rohres Unstetigkeitsstellen dar:

- Rohrende
- Rohrverzweigung
- Blende
- Behälter
- Zylinder
- Verdichter
- Turbine

Die Kopplung von einem Rohr und seinem Nachbarbauteil wird beschrieben durch:

- Die Methode der Charakteristiken, die die Zustände im Austrittsquerschnitt des Rohres berechnet (Verträglichkeitsbedingungen).

- Die Allgemeine Durchflussgleichung, die den Einfluss der Drosselstelle abbildet. Sie beschreibt abhängig von den Zuständen im Rohrrand und der Unstetigkeitsstelle den durch die Drosselstelle hindurchtretenden Massenstrom.
- Die Erhaltungsgleichungen der jeweiligen Unstetigkeitsstelle, die die Zustandsänderungen über gewöhnliche, rein zeitlich abhängige Differentialgleichungen beschreiben. Diese werden in den Kapiteln 7.1 bis 7.3 und 7.5 dargestellt.

Da die Gleichungen implizit voneinander abhängen, muss die Lösung iterativ ermittelt werden. Im Folgenden wird die iterative Lösung der Randbedingung vorgestellt, wie sie von Görg (1982) und Stromberg (1977) entwickelt wurden. Eine exakte Herleitung und Zusammenstellung findet sich bei Miersch (2003). Grundsätzlich können am Rand zwei Strömungsfälle bestimmt werden: Beim Elementarströmungsfall 1 fließt der Massenstrom aus dem Rohr in den Rand, während beim Elementarströmungsfall 2 der Massenstrom in das Rohr aus dem Rand fließt.

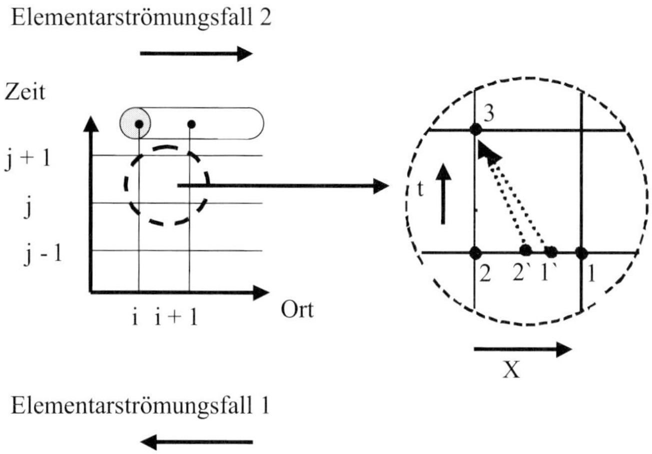

Abb. 7.31: Randkopplung mit Hilfe der Charakteristiken (Miersch (2003))

Abb. 7.31 zeigt das Zeit-Ortsgitter am Rohrrand. Punkt 3 stellt den im neuen Zeitschritt zu ermittelnden Randzustand dar. Er wird aus den bekannten Zuständen der Ruhezustände (Index 0) des Randknotens und aus den Zuständen des letzten Zeitschrittes in den Gitterpunkten 1 und 2 ermittelt. Der Abstand zwischen Punkt 1 und 2 entspricht der örtlichen Diskretisierung, der Abstand zwischen Punkt 2 und 3 der zeitlichen Diskretisierung. Den Ort, von dem im alten Zeitschritt die neuen Randzustände loslaufen (Punkt $1'$ und Punkt $2'$), nennt man Fußpunkt der Mach-, bzw. Teilchenbahn. Diese Ortskoordinaten sind so festgelegt, dass zum neuen Zeitpunkt die Zustände ausgehend vom Punkt $1'$ den Rand (Punkt 3) entlang der Machbahn und die Zustände ausgehend vom Punkt $2'$ den Rand (Punkt 3) entlang der Teilchenbahn erreichen. Die Fußpunkte werden zu Beginn der Iteration auf die Mitte der Distanz zwischen Punkt 1 und 2 gesetzt und dann nach jeder Iterationsschleife wie folgt neu ermittelt:

$$x_{f,neu} = x_{f,alt} - \Delta x_f$$

$$\Delta x_f = \frac{\Delta t}{2} \frac{v_f^* v_2^*}{v_2^* + v_2^*};$$

$v_f = u_f - a_f$; für Machlinienbahn (Punkt 1′),

$v_f = u_f$; für Teilchenbahn (Punkt 2′).

Die Lösung im Elementarströmungsfall 1 wird somit aus der Verträglichkeitsbedingung entlang der Teilchenbahn

$$\frac{2a}{\kappa - 1}\left(\frac{\partial a}{\partial t} + w\frac{\partial a}{\partial x}\right) - \frac{1}{\rho}\left(\frac{\partial p}{\partial t} + w\frac{\partial p}{\partial x}\right) = 0 \tag{7.222}$$

und der Verträglichkeitsbedingung entlang der Machlinie

$$\frac{\partial w}{\partial t} + (w \pm a)\frac{\partial w}{\partial x} \pm \frac{2}{\kappa - 1}\left[\frac{\partial a}{\partial t} + (w \pm a)\frac{\partial a}{\partial x}\right] = \mp w(w \pm a)\frac{\mathrm{d}}{\mathrm{d}x}[\ln(A)] , \tag{7.223}$$

der allgemeinen Durchflussgleichung

$$\dot{m} = \alpha A_2 \sqrt{2 p_{01} \rho_{01}} \sqrt{\frac{\kappa}{\kappa - 1}\left[\left(\frac{p_2}{p_{01}}\right)^{\frac{2}{\kappa}}\left[1 + \frac{(\kappa - 1)}{\kappa R}\frac{\dot{W}}{\dot{m}_{is} T_{01}}\right] - \left(\frac{p_2}{p_{01}}\right)^{\frac{\kappa+1}{\kappa}}\right]} \tag{7.224}$$

und den Zuständen in dem sich dem Rohr anschließenden System ermittelt.

Abb. 7.32 zeigt die Teilchen- und Machlinienbahnen in der Strömungsebene. Diese werden durch

$$\frac{\partial x}{\partial t} = w \tag{7.225}$$

und

$$\frac{\partial x}{\partial t} = w \pm a \tag{7.226}$$

beschrieben. Der Index α beschreibt die Ausbreitung einer Druckwelle entlang der Machlinie in Strömungsrichtung, der Index β die Ausbreitung entgegen der Strömungsrichtung.

Die Formulierung der Verträglichkeitsbedingungen erfolgt durch Transformation des Gleichungssystems (7.213) von der Darstellung in den unabhängigen Variablen Dichte ρ, Druck p, Geschwindigkeit w zu einer Darstellung in den unabhängigen Variablen Schallgeschwindigkeit a, Druck p und Geschwindigkeit w.

Das transformierte System besteht aus gekoppelten gewöhnlichen Differentialgleichungen, deren Lösung durch reine zeitliche Integration gefunden wird. Die detaillierte Herleitung ist in Seifert (1962), Stromberg (1977) und Görg (1982) beschrieben (vgl. Miersch (2003)).

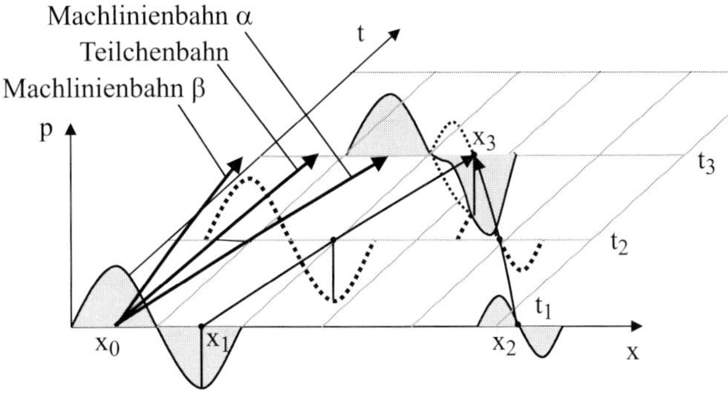

Abb. 7.32: Machlinienbahnen und Teilchenbahn in der Strömungsebene (Miersch (2003))

Die Diskretisierung der Verträglichkeitsbedingungen entlang den Machlinien erfolgt in den Größen Druck p und Geschwindigkeit w nach

$$\begin{aligned} dp &= p_3 - p_{1'}, \\ dw &= w_3 - w_{1'}, \\ dt &= \Delta t. \end{aligned} \tag{7.227}$$

Dadurch erhält man eine lineare Beziehung zwischen Druck und Geschwindigkeit

$$p_3 = C_1 w_3 + C_2 \ . \tag{7.228}$$

Im Elementarströmungsfall 1 wird die Verträglichkeitsbedingung entlang der Teilchenbahn nach

$$\begin{aligned} dp &= p_3 - p_{2'}, \\ da &= a_3 - a_{2'}, \\ dt &= \Delta t, \end{aligned} \tag{7.229}$$

diskretisiert.

Für die Lösung im Elementarströmungsfall 2 wird statt der Verträglichkeitsbedingung längs der Teilchenbahn die der quasistationären Energiebilanz (7.231) verwendet. Weiterhin erhält man über die quasistationäre Energiebilanz zwischen Zustand und Ruhezustand im Punkt 3 eine lineare Beziehung zwischen Druck und Schallgeschwindigkeit (7.232).

$$\left(\frac{a_2}{a_{01}}\right)^2 = \frac{\hat{A}\left(\frac{p_2}{p_{01}}\right)^{\frac{\kappa-1}{\kappa}}}{\alpha\sqrt{\frac{2}{\kappa-1}\left[1-\left(\frac{p_2}{p_{01}}\right)^{\frac{\kappa-1}{\kappa}}\right]}}\left(\frac{w_2}{a_{01}}\right) \tag{7.230}$$

$$a_0^2 = a_3^2 + \frac{1}{2}(\kappa - 1) w_3^2 \ , \tag{7.231}$$

$$a_3 = \frac{p_3}{C_3} + C_4 \,. \tag{7.232}$$

Im Rahmen der Iteration wird die Allgemeine Durchflussgleichung (7.224) in der impliziten Variablen Druck oder Geschwindigkeit gelöst. Diese Gleichung unterscheidet sich von der bekannten Durchflussgleichung von Saint-Venant durch den Term für die dem System zugeführten Arbeit $\dot{W}$. Dadurch besteht die Möglichkeit, Massenströme zu berechnen, die gegen ein Druckverhältnis größer eins fließen (z.B. im Fall eines Verdichters).

Damit ist es möglich, die Randbedingungen einer Blende und einer Strömungsmaschine in gleicher Weise zu beschreiben. Bei der Blende ist die Angabe des Durchflusskoeffizienten nötig, bei der Strömungsmaschine wird der Durchflusskoeffizient aus dem im Kennfeld abgespeicherten Massenstrom ermittelt. Die Strömungsmaschine kann dann für die Lösung der Randbedingung als Blende betrachtet werden.

Bei Rohrverzweigungen mit drei Anschlüssen treten insgesamt sechs Strömungsfälle auf (Abb. 7.33), für die meist in Datenbanken in Abhängigkeit des Verzweigungswinkels und der einzelnen Querschnitte die Durchflusskoeffizienten abgelegt sind.

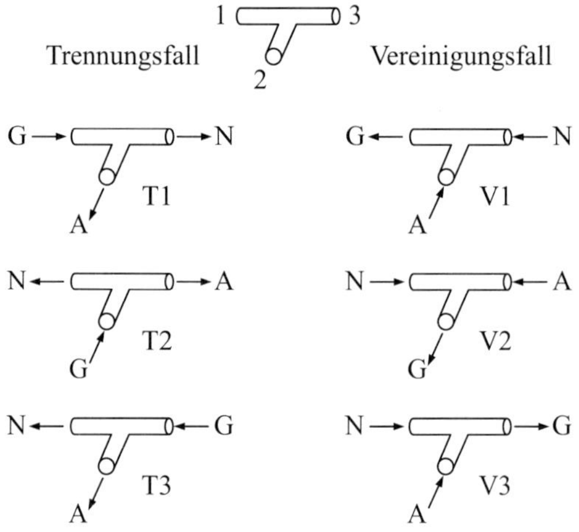

Abb. 7.33: Strömungsfälle an einer Rohrverzweigung

Für eine Rohrverzweigung müssen in der Regel drei Trennungsfälle und drei Vereinigungsfälle betrachtet werden, wobei jeweils ein Rohrstutzen den gesamten Massenstrom leitet und die beiden anderen nur einen Teilmassenstrom. In Abb. 7.34 sind die Durchflusskoeffizienten über dem Verhältnis aus dem abzweigenden Massenstrom und dem Gesamtmassenstrom für die Hauptströmungsrichtung und die abzweigende Strömungsrichtung aufgetragen. Die Festlegung der Grundströmungsrichtungen dient lediglich der besseren Übersichtlichkeit des Systems und hat keine Auswirkung auf das Rechenergebnis.

An der Rohrverzweigung muss die Kontinuitätsgleichung erfüllt sein. Dies wird durch eine entsprechende Iteration sichergestellt. Abb. 7.34 zeigt ein Beispiel für die Durchflusskoeffizienten an einer Rohrverzweigung mit jeweils 120° zwischen den Rohrstutzen. Der Querschnitt des abzweigenden Rohrstutzens (2) ist doppelt so groß wie die Querschnitte der beiden anderen Rohrstutzen.

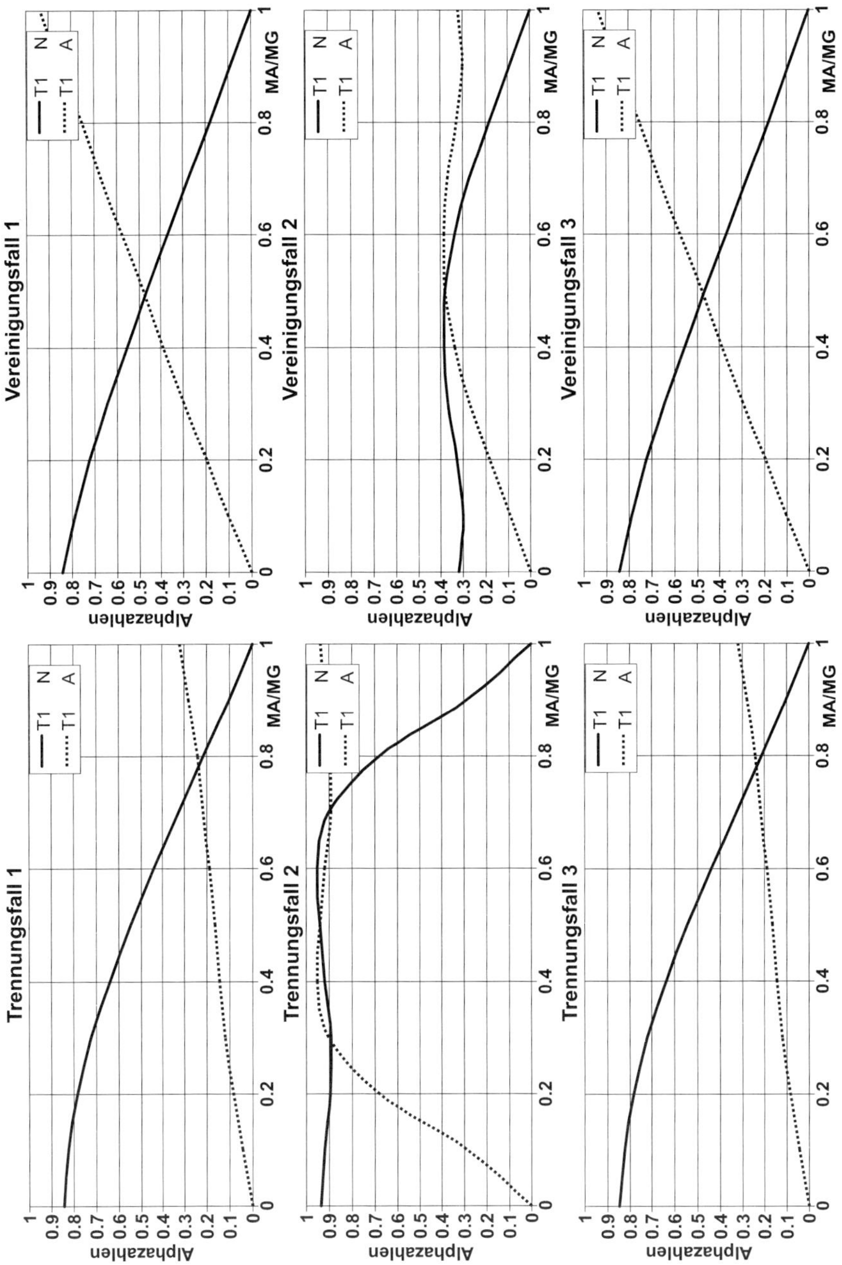

Abb. 7.34: Durchflusskoeffizienten an einer Rohrverzweigung

Die gesamte Iteration wird dann erfolgreich abgebrochen, wenn die innere Iterationsschleife über die Durchflussgleichung und die äußere Iterationsschleife über die Verträglichkeitsbedingungen, die Rändergleichungen und die Durchflussgleichung mit einem genügend kleinen Fehler konvergieren.

Von weiterer entscheidender Bedeutung für ein exaktes Rechenergebnis ist die Vorgabe der Rechenschrittweite, die einerseits natürlich nicht zu klein sein sollte, um eine stabile Lösung zu erhalten und Rechenzeit zu sparen, und andererseits wiederum nicht zu groß sein darf, da damit eine sichere Konvergenz des Rechenergebnisses nicht mehr erreicht werden könnte. Die Realisierung der Zeitschrittvorgabe erfolgt nach dem Courant-Friedrichs-Levy Stabilitätskriterium

$$\Delta t \leq \frac{\Delta x}{(|w| + a)} \, . \tag{7.233}$$

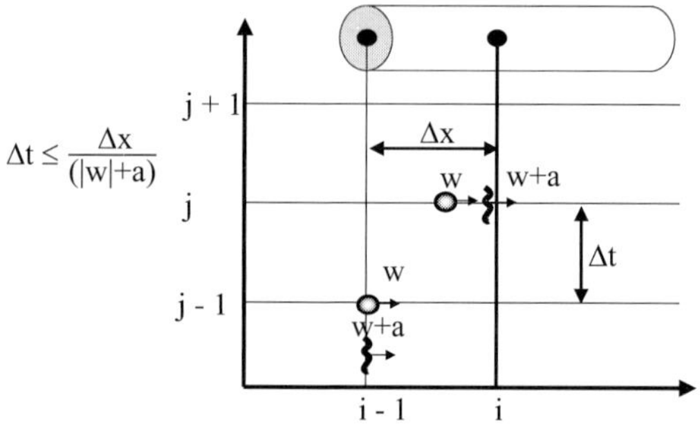

Abb. 7.35: Courant-Friedrichs-Levy Stabilitätskriterium

Anhand von Abb. 7.35 lässt sich dieser Sachverhalt zeigen. Die Zustände an den Orten $i - 1$, i und $i + 1$ zum Zeitpunkt j sind bekannt. Um nun von den Zuständen $(i - 1;\ j)$ und $(i + 1;\ j)$ auf den Zustand $(i;\ i + 1)$ schließen zu können, muss Δt *mindestens so groß* gewählt werden, dass die Zeit Δt vergeht, während der Weg Δx zurückgelegt wird. Daraus ergibt sich ein Bedarf an minimaler Zeitschrittweite in der Größenordnung von 10^{-4} bis 10^{-6} Sekunden.

7.5 Aufladung

Kap. 2.6 beschreibt die grundlegenden Zusammenhänge der Aufladung von Verbrennungsmotoren. Dieses Kapitel dient dem Verständnis der Simulation der Aufladung im Rahmen der 0- bzw. 1-dimensionalen Prozessrechnung.

7.5.1 Strömungsverdichter

Die Simulation von aufgeladenen Motoren setzt neben der in den Kap. 7.1 und 7.2 beschriebenen Prozesssimulation im Zylinder sowie der Simulation von Leitungs- und Nebenaggregate-Komponenten auch eine detaillierte Beschreibung der Aufladekomponenten voraus. Die Beschreibung dieser Komponenten basiert im Wesentlichen auf speziellen, standardisierten

Kennfeldern, die je nach Hersteller meist in unterschiedlicher Qualität vorliegen. Eine Beschreibung des Betriebsverhaltens von Strömungsmaschinen über Kennfelder hat sich auch für instationäre Vorgänge als ausreichend genau erwiesen.

- **Bezogene Größen**

Um die bei mehr oder weniger zufälligen Umgebungsbedingungen vermessenen Verdichterkennfelder auch bei geänderten Umgebungsbedingungen verwenden zu können, müssen die Größen, die in einem Kennfeld abgespeichert werden, von den tatsächlichen Umgebungszuständen unabhängig gemacht werden. Die Kennfeldgrößen werden dabei meistens auf standardisierte Bezugsumgebungsbedingungen umgerechnet (z.B. ISA-Bedingungen: 288 K, 1,013 bar; Standardbedingungen: 293 K, 0,981 bar). Dies geschieht durch die Einführung so genannter Bezugsgrößen mit Hilfe von strömungsmechanischen Ähnlichkeitsgesetzen. Diese Zusammenhänge sollen an dieser Stelle ausführlich erläutert werden.

Bei den Drehzahlen für Strömungsmaschinen benutzt man die Ähnlichkeit der dimensionslosen, so genannten Machzahl und bezieht die Umfangsgeschwindigkeit des Laufrades, die direkt proportional zur Drehzahl ist, auf die Schallgeschwindigkeit des Gases am Eintrittszustand. Die Gaskonstante wird bei den folgenden Untersuchungen als konstant angenommen. Ferner ist bei den Berechnungen zu berücksichtigen, ob es sich bei der Verdichtung um reine Luft handelt, bei der der Isentropenexponent zu 1,4 und die Gaskonstante zu 287 J/kg K gesetzt werden können, oder ob es sich um ein anderes Medium mit anderen Stoffwerten, wie beispielsweise ein Gemisch o. ä., handelt

$$\mathrm{Ma} = \frac{u}{a} = \frac{\omega}{\sqrt{T}} \frac{r}{\sqrt{\kappa R}} = \frac{2n}{\sqrt{T}} \frac{\pi r}{\sqrt{\kappa R}\; 60[\mathrm{s \cdot min^{-1}}]} \; . \tag{7.234}$$

Wie man erkennt, ist die Machzahl zur Drehzahl und zur Wurzel aus der Eintrittstemperatur des Gases proportional. Es genügt demnach, eine bezogene Drehzahl bzw. eine bezogene Winkelgeschwindigkeit zu definieren, bei der die Drehzahl bzw. Winkelgeschwindigkeit durch die Wurzel der Eintrittstemperatur dividiert wird. Bei der Verwendung von Bezugsgrößen kann dabei gleichzeitig beim Strömungsverdichter auf eine bestimmte Standardeintrittsbedingung umgerechnet werden, um der bezogenen Drehzahl bzw. Winkelgeschwindigkeit wieder die ursprüngliche Einheit zuzuordnen

$$n_{bez} = \frac{n\sqrt{T_{bez}}}{\sqrt{T}}, \quad \omega_{bez} = \frac{\omega\sqrt{T_{bez}}}{\sqrt{T}} \; . \tag{7.235}$$

Auch für die Massenströme können von den jeweiligen Umgebungs- bzw. Eintrittszuständen unabhängige Größen definiert werden. Betrachtet man zunächst wieder die Durchflussgleichung, so ergibt sich

$$\dot{m}_{th} = A\frac{p}{\sqrt{RT}}\sqrt{\frac{2\kappa}{\kappa - 1}\left(\pi^{\frac{2}{\kappa}} - \pi^{\frac{\kappa+1}{\kappa}}\right)} = A\frac{p}{\sqrt{RT}}\Psi \; . \tag{7.236}$$

Mit dieser Gleichung können alle Komponenten, die in irgendeiner Weise als Drosselstellen anzusehen sind – also z.B. Strömungsturbinen oder Aufladeaggregate – für die Füll- und Entleermethode beschrieben werden.

Wie man anhand von (7.236) erkennen kann, ist der Massenstrom durch eine Drosselstelle nur von der Durchflussfunktion, die ihrerseits praktisch nur vom anliegenden Druckverhältnis bestimmt wird, sowie vom Druck und von der Wurzel aus der Temperatur vor der Drosselstelle abhängig. Stellt man nun die Gleichung um und bringt den Druck und die Temperatur auf die linke Seite des Gleichheitszeichens, ist der auf diese Größen bezogene Massenstrom praktisch nur noch vom anliegenden Druckverhältnis und von der Drosselquerschnittsfläche abhängig. Dieser Massenstrom wird als bezogener Massenstrom bezeichnet und kann wiederum zur Einhaltung der entsprechenden Einheiten für den Massenstrom beim Strömungsverdichter auf die Standardbedingungen bezogen werden

$$\dot{m}_{bez} = \dot{m}_{th} \frac{\sqrt{T}}{p} \frac{p_{bez}}{\sqrt{T_{bez}}} = \frac{p_{bez}}{\sqrt{T_{bez}}} A \frac{1}{\sqrt{R}} \Psi \ . \tag{7.237}$$

Analog zum Massenstrom gibt es auch einen bezogenen Volumenstrom, der durch Division durch die Bezugsdichte des Gases und unter Berücksichtigung der Definition des tatsächlichen Volumenstromes bei Umgebungsbedingungen über die zugehörige Dichte am Eintritt in die Komponente zu ermitteln ist. Für den bezogenen Volumenstrom ergibt sich somit

$$\dot{V}_{bez} = \frac{\dot{m}_{bez}}{\rho_{bez}} = \frac{\rho \dot{V}_{th}}{\rho_{bez}} \frac{\sqrt{T}}{p} \frac{p_{bez}}{\sqrt{T_{bez}}} = \dot{V}_{th} \frac{\sqrt{T_{bez}}}{\sqrt{T}} \ . \tag{7.238}$$

Die vom Verdichter aufgenommene Leistung ist in Kap. 2.6 (Gl. (2.69)) bereits beschrieben. Das Verdichtermoment ergibt sich durch Division mit der Winkelgeschwindigkeit. Da in den Verdichterkennfeldern jedoch Größen abgespeichert sind, die entsprechend der Ähnlichkeitsgesetze auf die Bezugszustände umgerechnet wurden, kann das Verdichtermoment auch mit bezogenen Größen geschrieben werden

$$M_{V,bez} = \frac{1}{\omega_{V,bez}} \dot{m}_{V,bez} \frac{\kappa_{v.V.}}{\kappa_{v.V.} - 1} R T_{bez} \frac{1}{\eta_{ges,V}} \left(\pi_V^{\frac{\kappa_{v.V.} - 1}{\kappa_{v.V.}}} - 1 \right) . \tag{7.239}$$

Das zum Antrieb des Verdichters nötige Moment kann somit für kennfeldinterne Betrachtungen oder zur Extrapolation der Kennfelder zunächst als bezogenes Moment berechnet werden und dann unter Zuhilfenahme der Definitionen der Ähnlichkeitsgesetze in das tatsächlich benötigte Moment umgerechnet werden. Diesen Zusammenhang geben

$$\begin{aligned} M_{V,bez} &= \frac{1}{\omega_V} \frac{\sqrt{T_{v.V.}}}{\sqrt{T_{bez}}} \dot{m}_V \frac{p_{bez} \sqrt{T_{v.V.}}}{p_{v.V.} \sqrt{T_{bez}}} \frac{\kappa_{v.V.}}{\kappa_{v.V.} - 1} R T_{bez} \frac{1}{\eta_{ges,V}} \left(\pi_V^{\frac{\kappa_{v.V.} - 1}{\kappa_{v.V.}}} - 1 \right) \\ &= M_V \frac{p_{bez}}{p_{v.V.}} \end{aligned} \tag{7.240}$$

und

$$M_V = M_{V,bez} \frac{p_{v.V.}}{p_{bez}} \tag{7.241}$$

an. Man erkennt, dass sich das bezogene Verdichterantriebsmoment und das tatsächliche Verdichterantriebsmoment nur durch den Quotienten aus dem tatsächlichen am Verdichtereintritt anliegenden Druck und dem Bezugsdruck unterscheiden. Der Einfluss einer geänderten Temperatur ist aufgrund der Ähnlichkeitstheorie durch die bezogenen Größen von Winkelgeschwindigkeit und Massenstrom bereits eliminiert.

- **Kennfelddarstellung**

Abb. 7.36 zeigt das Kennfeld eines Strömungsverdichters. In diesem Kennfeld sind die Linien konstanter bezogener Verdichterdrehzahlen oder konstanter Umfangsgeschwindigkeiten und der isentrope Wirkungsgrad des Verdichters eingetragen. Die so genannte Pumpgrenze stellt eine fiktive Grenzlinie dar und begrenzt den Gültigkeitsbereich des Kennfeldes nach links. Diese Grenze ist jedoch nicht nur durch den Verdichtertyp festgelegt, sondern ergibt sich aus dem Zusammenwirken von Leitungsvolumina, Rohren und dem Verdichter. Deshalb wird das Kennfeld zunächst ohne Pumpgrenze betrachtet und gegebenenfalls darüber hinaus extrapoliert.

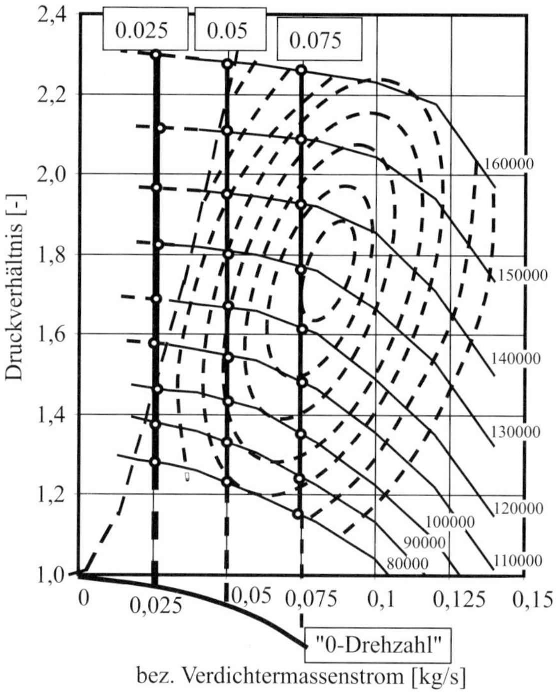

Abb. 7.36: Schematisches Kennfeld eines Strömungsverdichters

Die Bestimmung des isentropen Wirkungsgrades, der aufgrund seiner Definition aus der Temperaturdifferenz zwischen Verdichteraus- und -eintritt und dem Verdichterdruckverhältnis berechnet wird, stößt bei niedrigen Druckverhältnissen und geringen Temperaturdifferenzen, wie sie bei niedrigen Drehzahlen und Massenströmen auftreten, an ihre Grenzen. Deshalb fehlt bei den meisten experimentell bestimmten Kennfeldern ein großer Bereich unterhalb einer niedrigsten bezogenen Drehzahl, vgl. Abb. 7.36. Dieser Bereich ist für eine Auslegung des Motors an der Volllast nicht interessant, da sich das Zusammenwirken von Motor und Verdichter an der Volllast meist im Bereich des Wirkungsgradoptimums bei mittleren bis höheren Druckverhältnissen und Drehzahlen abspielt. Für Betriebspunkte bei niedriger Teillast oder im Leerlauf des Motors, wie sie gerade bei Fahrzyklen von Kraftfahrzeugen oder bei niedrigen Drehzahlen an der Propellerlinie bei großen Schiffsdieselmotoren auftreten, liefert das Kennfeld keine zuverlässigen Aussagen. Dies führt für das Zusammenwirken von Motor und Aufladeaggregat zu nicht unerheblichen Konsequenzen, wie die Berechnungen in Kap. 8 zeigen. Während der reale Motor, wenn auch in Bereichen mit geringen Wirkungsgraden, trotzdem weiterläuft, kann es bei einer Simulationsrechnung in diesen Gebieten dagegen zu Programmabbrüchen kommen, die eine Berechnung von Fahrzyklen mit langen Teillast- oder Leerlaufphasen praktisch unmöglich machen. Aus diesen Gründen muss versucht werden, das Kennfeld in Bereiche bis zu einer bezogenen Verdichterdrehzahl von 0 zu extrapolieren.

- **Extrapolation**

In diesem Abschnitt soll ein Verfahren vorgestellt werden, mit dem das Verhalten eines Strömungsverdichters über die üblichen Kennfeldgrenzen hinaus beschrieben werden kann, um alle möglichen Betriebsbereiche bei der Simulation des Zusammenwirkens von Motor und Strömungsverdichter eindeutig darstellen zu können. Das Kennfeld des Strömungsverdichters muss dazu in eine andere Darstellung überführt werden, die es zum einen erlaubt, das Kennfeld in einfacher Weise zu extrapolieren und es zum anderen für eine Berechnung in gleicher Weise zugänglich zu machen wie die bisher bekannte Darstellung. Der Vorteil der neuen Darstellung ist ein wesentlich erweiterter Gültigkeitsbereich in Bereichen, in denen mit der bisherigen Darstellung keine Aussagen mehr getroffen werden können. Dieses Verfahren erfordert jedoch ein hohes Maß an Sorgfalt und eine ständige Plausibilitätskontrolle. Eine Rückrechnung in die herkömmliche Darstellung nach der Extrapolation ist unter bestimmten Annahmen möglich, jedoch kann diese in Bereichen von Druckverhältniswerten kleiner 1 nicht stattfinden.

Extrapolation im Druckverhältnis-Massenstrom-Kennfeld

Voraussetzung für eine gesicherte Extrapolation ist die Erweiterung des Kennfeldes in der üblichen und bekannten Darstellungsweise. Die Linien konstanter bezogener Verdichterdrehzahlen können in den meisten Fällen sehr leicht nach rechts und links erweitert werden. Dabei ist zu beachten, dass die Linien zur Pumpgrenze bzw. darüber hinaus leicht ansteigen, was auch bei der Interpolation im Kennfeld nach Münzberg und Kurzke (1977) gefordert wird. Bei einigen Kennfeldern sinken die Linien einer konstanten bezogenen Verdichterdrehzahl an der Pumpgrenze bzw. links davon zuerst leicht ab und steigen dann wieder an. Dies kann durch die speziellen Gegebenheiten am Prüfstand beim Vermessen des Kennfeldes (Rohrleitungslängen und Volumina) bedingt sein und soll bei der Extrapolation keine Berücksichtigung finden. Ein Betrieb links von der vermeintlichen Pumpgrenze muss bei der Simulationsrechnung ohnehin angezeigt werden, um dem Benutzer selbst die Entscheidung zu überlassen, ob die Überschreitung toleriert werden soll. Für die Extrapolation jedoch sollen die Pumpgrenze und alle damit verbundenen realen Auswirkungen auf die Gestalt des Kennfeldes zunächst unberücksichtigt bleiben.

Auch nach rechts können die Linien von konstanten bezogenen Verdichterdrehzahlen leicht zu Verdichterdruckverhältnissen von 1 weitergeführt werden, da bei einer konstanten Drehzahl der maximale Massenstrom durch die Schallgeschwindigkeit im Verdichterrad begrenzt ist und die Drehzahllinien steil abfallen (Stopfgrenze). Ebenso kann mit teilweise vorhandenen Fragmenten von Linien des isentropen Wirkungsgrades an der Pump- und Stopfgrenze verfahren werden.

Bestimmung der Null-Drehzahllinie als Kennfeldgrenze

Ein Strömungsverdichter mit einer Drehzahl von 0 U/min stellt bei strömungsmechanischer Betrachtungsweise eine einfache Drosselstelle dar. Soll durch den Strömungsverdichter eine Gasmasse strömen, muss dazu ein Druckverhältnis kleiner als 1 – nach der bei Strömungsverdichtern üblichen Definition für das Druckverhältnis – anliegen. Auch im realen Motorbetrieb kann z. B. bei abgasturboaufgeladenen Fahrzeugmotoren im Leerlauf ein Druckverhältnis kleiner als 1 am Strömungsverdichter auftreten. Bei diesem Betriebspunkt ist die am Verdichter zur Verfügung stehende Turbinenleistung zu gering, um den vom Motor angesaugten Frischgasmassenstrom bei einer entsprechenden Drehzahl und einem daraus resultierenden Druckverhältnis größer als 1 fördern zu können. Die Drehzahl des Strömungsverdichters von Pkw-Dieselmotoren bewegt sich dabei je nach dem thermischen Zustand des Motors bzw. der von der Ölviskosität abhängigen Lagerreibung in Bereichen von 5.000 bis 10.000 U/min. Die so genannte Nulldrehzahllinie des Verdichters ist somit eine wichtige Begrenzung des Verdichterkennfeldes nach unten und kann nicht unterschritten werden.

Abb. 7.37 zeigt den über die Durchflussfunktion mit einem konstanten effektiven Drosselquerschnitt in Abhängigkeit vom Druckverhältnis ermittelten bezogenen Volumenstrom im Vergleich zur Nulldrehzahllinie des Verdichters. Die gute Übereinstimmung zwischen beiden Kurven lässt den Schluss zu, dass die Nulldrehzahllinie eines Strömungsverdichters sehr leicht über die Durchflussgleichung bestimmt werden kann, wenn die konstante, effektive Drosselquerschnittsfläche bekannt ist. Bei der in (7.236) definierten Durchflussgleichung muss dazu an Stelle der Querschnittsfläche A die effektive Querschnittsfläche μA verwendet werden.

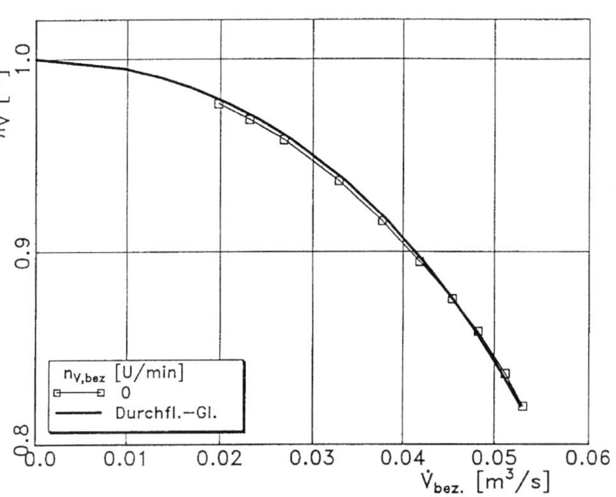

Abb. 7.37: Vergleich der Nulldrehzahllinie und der Durchflussfunktion

Nicht festgelegt sind durch die Interpolation der Drehzahlen jedoch die isentropen Wirkungsgrade bei diesen Drehzahlen, da in diesem Bereich des Kennfeldes eine Extrapolation große Fehler beinhaltet bzw. die isentropen Wirkungsgrade bei einem Verdichterdruckverhältnis kleiner als 1 ohnehin nicht definiert sind. Hier bietet sich ein Übergang auf die Darstellung des bezogenen Verdichtermomentes an.

Extrapolation durch Koordinatentransformation

Ausgehend von der bekannten Darstellungsart des Kennfeldes als Druckverhältnis-Massenstrom-Kennfeld wird das Kennfeld entlang konstanter bezogener Massenströme betrachtet und sowohl das Verdichterdruckverhältnis als auch das bezogene Verdichtermoment über der bezogenen Verdichterdrehzahl mit dem Parameter bezogener Massenstrom aufgetragen. Dies ergibt bei breiten Verdichterkennfeldern, wie sie für den Pkw-Bereich eingesetzt werden, eine Schar von Kurven, die bereits über einen weiten Drehzahlbereich definiert sind und somit leicht in niedrige Drehzahlbereiche extrapoliert werden können. Abb. 7.38 zeigt die mit dieser Methode ermittelten Kennfelder. Gestrichelt ist der Bereich der Extrapolation eingezeichnet.

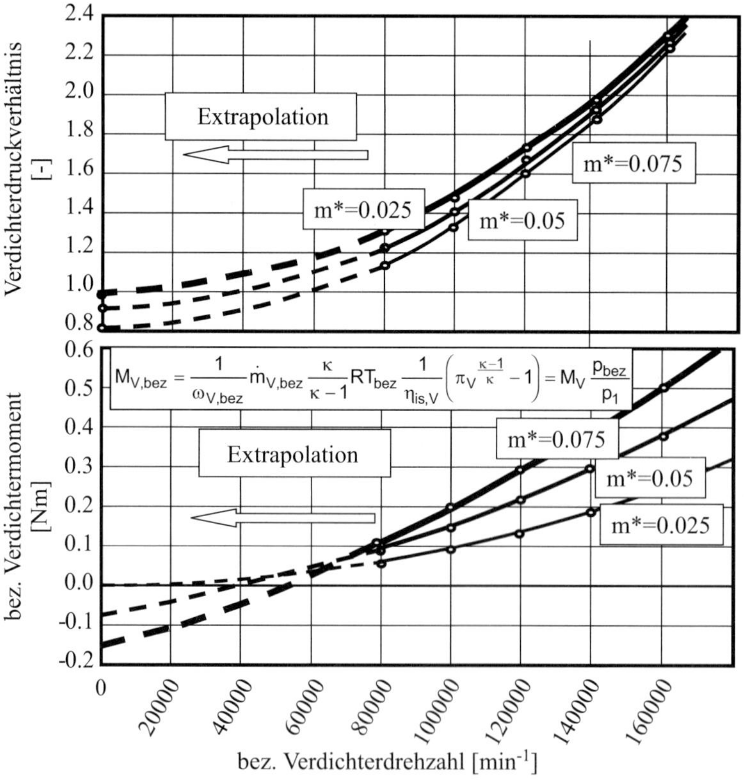

Abb. 7.38: Ergebnis der Extrapolation im Verdichterkennfeld

Bei schmalen Verdichterkennfeldern für Nutzfahrzeug- oder mittelschnelllaufende Großdieselmotoren dagegen, die auf optimale Wirkungsgrade in einem ganz spezifischen Betriebspunkt ausgelegt sind, treten bei dieser Methode Probleme auf. Von der Pumpgrenze, die einen sehr kleinen Gradienten aufweist und die deshalb bei hohen Druckverhältnissen bereits bei großen bezogenen Volumenströmen zu liegen kommt, verlaufen die bezogenen Drehzahllinien beinahe horizontal bis zur Stopfgrenze und fallen dann senkrecht ab. Ein derartiges Kennfeld für einen Großdieselmotor ist in Abb. 7.39 dargestellt.

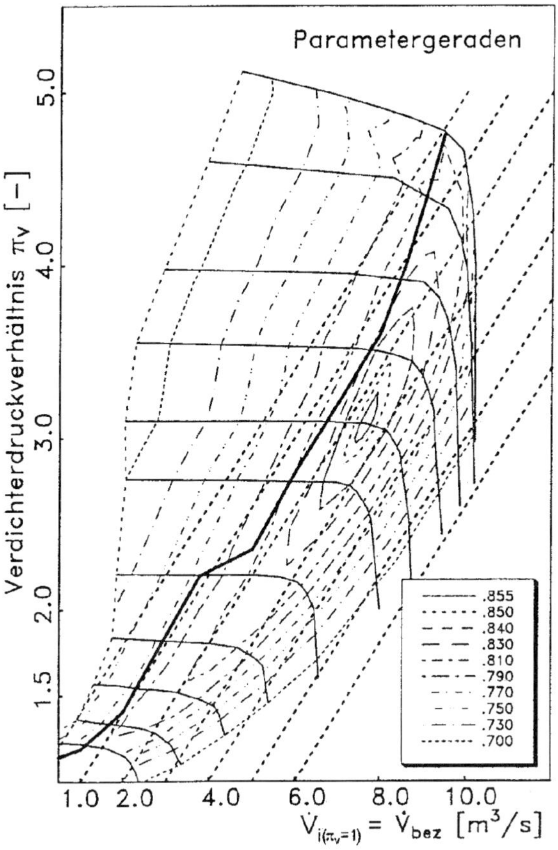

Abb. 7.39: Kennfeld eines Strömungsverdichters für einen mittelschnelllaufenden Dieselmotor

Das oben beschriebene Extrapolationsverfahren entlang von Linien konstanter bezogener Volumenströme ist für diesen Kennfeldtyp zur Beschreibung des Verhaltens bei niedrigen Verdichterdrehzahlen aufgrund des steilen Abfalls der Drehzahllinien nicht geeignet. Eine Abhilfe schafft die Betrachtung des Kennfeldes entlang von Linien, die in erster Näherung parallel zur Pumpgrenze verlaufen. Die formelmäßige Beschreibung für diese in Abb. 7.39 eingezeichneten "schiefen" Koordinaten lautet

$$\dot{V}_i^* = \dot{V}_{1,(\pi_V=1)} + a(\pi_V - 1)\ . \qquad (7.242)$$

Wie man erkennen kann, handelt es sich für positive Werte von a um parallele nach rechts geneigte Geraden mit konstanter Steigung. Sie werden im Folgenden als Parametergeraden bezeichnet und können durch den jeweiligen i-ten bezogenen Volumenstrom bei einem Verdichterdruckverhältnis von 1 – quasi als dem Startpunkt der Geraden – eindeutig identifiziert werden. Nimmt die Steigung a dieser Parametergeraden den Wert 0 an, ergibt sich als Sonderfall die Betrachtung des Kennfeldes auf Linien konstanter bezogener Volumenströme. Der Vorteil dieser in Abhängigkeit von der Steigung a geneigten Parametergeraden wird anhand der Abb. 7.39 klar. Fast alle Geraden schneiden bei geeigneter Wahl von a fast alle Verdichterdrehzahllinien und decken somit bei einer späteren Auftragung des Verdichterdruckverhältnisses und des bezogenen Verdichtermomentes über der Drehzahl einen weiten Drehzahlbereich ab, über den hinaus leicht extrapoliert werden kann.

Im Verdichterkennfeld sind die Druckverhältnisse und die isentropen Verdichterwirkungsgrade für numerische Zwecke normalerweise entlang von Linien konstanter bezogener Verdichterdrehzahlen abgespeichert. Wird das Kennfeld nun entlang der Parametergeraden betrachtet, müssen die Druckverhältnisse und isentropen Wirkungsgrade an den Schnittpunkten der bezogenen Verdichterdrehzahlen mit den Parametergeraden ermittelt werden. Dabei kann man wie in Abb. 7.40 dargestellt vorgehen.

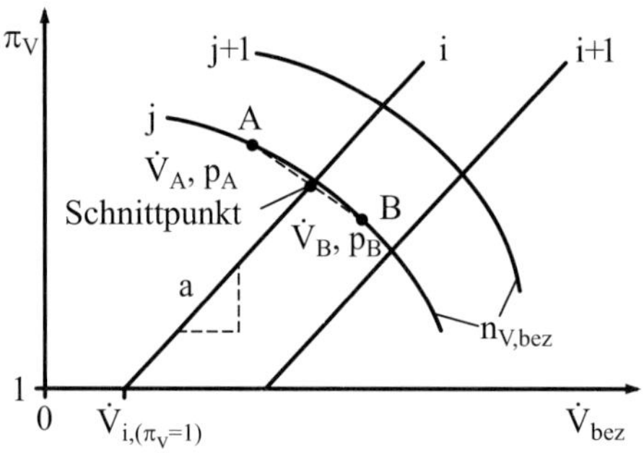

Abb. 7.40: Ermittlung des Druckverhältnisses und des isentropen Wirkungsgrades an den Schnittpunkten von schiefen Koordinaten und Linien konstanter bezogener Verdichterdrehzahlen

Für den Schnittpunkt der i-ten Koordinatenlinie mit der j-ten Verdichterdrehzahllinie gilt für eine lineare Interpolation auf der Linie der konstanten Verdichterdrehzahl

$$\pi_{V,i,j} = \frac{\pi_{V,A,j} - \pi_{V,B,j}}{\dot{V}_{A,j} - \dot{V}_{B,j}}(\dot{V}_i^* - \dot{V}_{B,j}) + \pi_{V,B,j} \; . \tag{7.243}$$

Dabei gilt gleichzeitig nach (7.242)

$$\dot{V}_i^* = \dot{V}_{i,(\pi_V = 1)} + a(\pi_{V,i,j} - 1) \; . \tag{7.244}$$

Setzt man beide Gleichungen ineinander ein und löst nach dem Verdichterdruckverhältnis $\pi_{V,i,j}$ auf, ergibt sich

$$\pi_{V,i,j} = \frac{\dfrac{\pi_{V,A,j} - \pi_{V,B,j}}{\dot{V}_{A,j} - \dot{V}_{B,j}}\left(\dot{V}_{i,(\pi_V=1)} - a - \dot{V}_{B,j}\right) + \pi_{V,B,j}}{1 - a\dfrac{\pi_{V,A,j} - \pi_{V,B,j}}{\dot{V}_{A,j} - \dot{V}_{B,j}}} \,. \tag{7.245}$$

Mit dem bekannten Verdichterdruckverhältnis im Schnittpunkt kann der isentrope Wirkungsgrad analog zu (7.243) berechnet werden

$$\eta_{is,i,j} = \frac{\eta_{is,A,j} - \eta_{is,B,j}}{\dot{V}_{A,j} - \dot{V}_{B,j}}\left[\dot{V}_{i,(\pi_V=1)} + a(\pi_{V,i,j} - 1) - \dot{V}_{B,j}\right] + \eta_{is,B,j} \,. \tag{7.246}$$

Mit der Kenntnis des isentropen Wirkungsgrades und des Druckverhältnisses in den jeweiligen Schnittpunkten mit den Verdichterdrehzahllinien kann der bezogene Volumenstrom nach (7.244) und damit das bezogene Verdichtermoment nach (7.240) entlang jeder Parametergeraden berechnet werden. Das Ergebnis dieser Kennfeldtransformation zeigt Abb. 7.41 für das Verdichterdruckverhältnis und das bezogene Verdichtermoment.

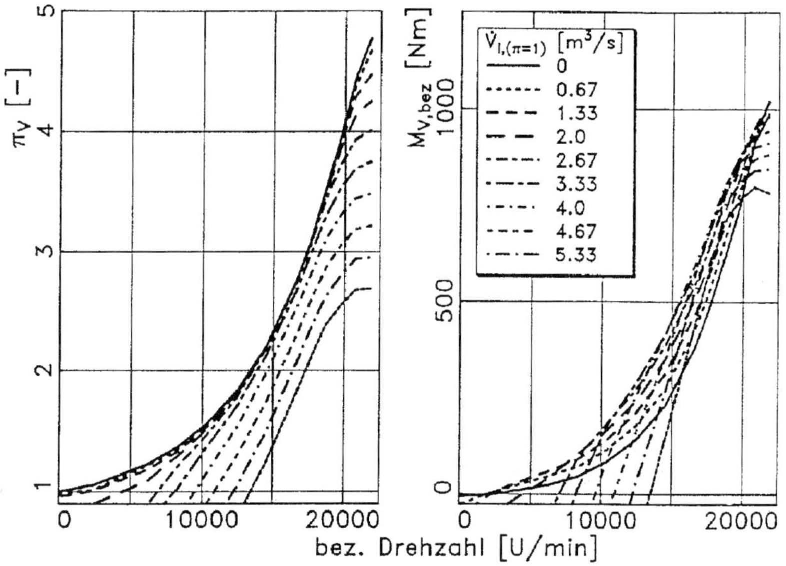

Abb. 7.41: Transformiertes Verdichterkennfeld

Die Interpolation in diesen beiden Kennfeldern zur Berechnung des Betriebsverhaltens des Verdichters während der Prozesssimulation kann durch eine doppelte lineare Interpolation in jedem Kennfeld erfolgen und liefert eindeutige Betriebspunkte. Dabei wird zunächst im Druckverhältnis-Drehzahl-Kennfeld der Volumenstromparameter $\dot{V}_{(\pi_V=1)}$ interpoliert, der mit Hilfe der bekannten Steigung a und dem Verdichterdruckverhältnis nach (7.242) auf den bezogenen Volumenstrom umgerechnet werden kann. Gleichzeitig dient der interpolierte Volumenstromparameter zusammen mit der bezogenen Drehzahl im Verdichtermoment-Drehzahl-Kennfeld als Eingabewert, um das bezogene Verdichtermoment interpolieren zu können. Über den tatsächlichen Druck am Verdichtereintritt wird daraus nach (7.241) das tatsächliche Verdichtermoment berechnet. Anstelle des Volumenstromes kann für die Parametergeraden natürlich auch in analoger Weise der Massenstrom verwendet werden.

- **Verhalten an der Pumpgrenze**

Die Pumpgrenze wird als Kurve des bezogenen Massenstromes in Abhängigkeit vom Druckverhältnis im Kennfeld gesondert abgelegt. Bei jedem berechneten Betriebspunkt wird überprüft, ob der bezogene Massenstrom links von der Pumpgrenze liegt. Ist dies der Fall, wird anstelle des Massenstromes dessen negativer Wert oder der Wert 0 für weitere Berechnungen verwendet. Durch diese einfache Annahme, die dem Abriss der Strömung und sogar einem Rückströmen durch den Verdichter Rechnung tragen soll, sinkt der Druck nach dem Verdichter durch die Abnahme der geförderten Masse, weshalb das Druckverhältnis am Verdichter absinkt und der Verdichter den Bereich des Pumpens wieder verlassen kann. Als Verlauf für die Pumpgrenze wird meistens die im Druckverhältnis-Volumenstrom-Kennfeld angegebene Kurve verwendet. Das Überschreiten der Pumpgrenze muss durch eine Signalgröße angezeigt werden, um Fehlinterpretationen der Rechenergebnisse zu verhindern.

7.5.2 Verdrängerlader

Bei Verdrängerladern fallen die Linien konstanter Laderdrehzahlen ähnlich wie die Drehzahllinien nahe der Stopfgrenze bei Strömungsverdichtern stark ab. Dieser Abfall ist bei den Verdrängerladern jedoch in ihrer Arbeitsweise begründet.

Im Kennfeld sind in Abhängigkeit vom Druckverhältnis und vom bezogenen Massenstrom, die Linien konstanter Drehzahlen und konstanter isentroper Wirkungsgrade dargestellt. Mitunter finden sich Darstellungen von Linien konstanter Temperaturdifferenzen zwischen der Austritts- und der Eintrittstemperatur in den Lader, die jedoch relativ einfach in die isentropen Wirkungsgrade umgerechnet oder direkt zur Bestimmung des benötigten Verdichtermomentes verwendet werden können

$$\eta_{is,V} = \frac{T_1\left(\pi_V^{\frac{\kappa-1}{\kappa}} - 1\right)}{\Delta T} \tag{7.247}$$

$$M_{is,V} = \frac{1}{\omega_V}\dot{m}\, c_p\, \Delta T \;. \tag{7.248}$$

Bei Verdrängerladern spielt die Reibung des Aggregates eine nicht unerhebliche Rolle. Während die Reibung beim Abgasturbolader meistens im Gesamtwirkungsgrad der Turbine enthalten ist, muss sie bei den Verdrängerladern getrennt berücksichtigt werden. Dies kann entweder über den mechanischen Wirkungsgrad oder direkt unter Zuhilfenahme der Linien konstanter Antriebsleistungen geschehen. Diese Linien lassen sich mit guter Näherung auch in Bereiche von Druckverhältnissen kleiner als 1 extrapolieren, um z. B. das Zusammenwirken von Motor und Verdrängerlader bei einer Lastregelung über eine Veränderung des Übersetzungsverhältnisses auch in Gebieten unterhalb der Volllast des Saugmotors beschreiben zu können. Eine Extrapolation liefert damit auch Verdrängerladerleistungen, bei denen aufgrund der Entspannung einer Gasmasse auf einen Druck unterhalb des Ansaugdruckes im Lader eine Leistung abgegeben wird. Der Lader besitzt dabei also, wie man beim Verbrennungsmotor sagen würde, eine positive Ladungswechselschleife. Abb. 7.42 zeigt eine derartige Extrapolation.

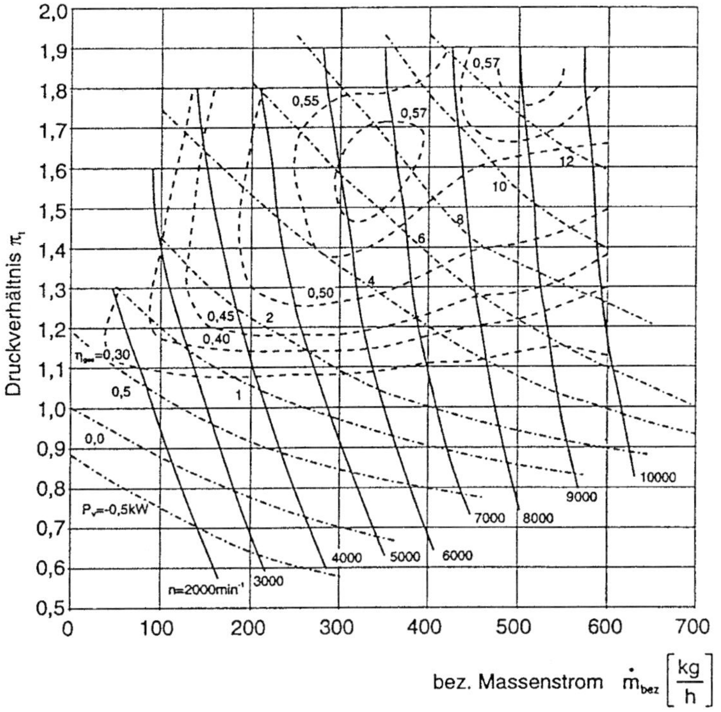

Abb. 7.42: Extrapolation am Verdrängerlader

7.5.3 Strömungsturbine

Die Abstimmung von Strömungsturbinen auf den erforderlichen Leistungsbereich erfolgt meistens experimentell und reicht von einer Veränderung des Spiralgehäuses bis zu einer Veränderung des Düsenringes oder zu einer Änderung der Trim. Für diese Veränderungen ergeben sich feste Kennfelder, mit denen das Betriebsverhalten dieser Turbinen auch im Rahmen einer Simulationsrechnung eindeutig zu beschreiben ist. Die Einflussmöglichkeiten zur Veränderung der Turbinenleistung im laufenden Betrieb (variable Turbinengeometrie) bedingen jedoch teilweise mehr oder weniger starke Veränderungen in der Gestalt der Kennfelder und im Wirkungsgradverhalten der Turbinen. Diese Veränderungen können nicht mehr durch die Grundkennfelder abgedeckt werden, weshalb hierfür mehrere Kennfelder – sofern diese verfügbar sind – überlagert werden müssen. Teilweise gelingt es auch durch geeignete Ähnlichkeitstheorien, das Betriebsverhalten einer verwendeten Turbine ausgehend von einem Grundkennfeld in ausreichender Genauigkeit zu beschreiben. Dazu und zur grundsätzlichen Aufbereitung der Kennfelder für die Simulationsrechnung aus den meist nur sehr begrenzt zur Verfügung stehenden Messdaten für eine Turbine müssen zunächst wiederum Ähnlichkeitsgesetze für die Turbine aufgestellt werden.

- **Bezogene Größen**

Auch für die Strömungsturbine gelten die beim Strömungsverdichter beschriebenen Ähnlichkeitsgesetze, um die Messergebnisse und damit letztendlich die Kennfeldcharakteristik für Eintrittszustände aufzubereiten, die von den Eintrittszuständen bei der Bestimmung des Kennfeldes abweichen. Die meisten Turboladerhersteller verwenden zur Bestimmung der Kennfelder bestimmte standardisierte Eingangsgrößen, die bei einer Plausibilitätsüberprüfung von Extrapolationsergebnissen oftmals sehr hilfreich sind. So wird die Referenzeintrittstemperatur in die Turbine bei einigen Herstellern beispielsweise auf 873 K (600°C) festgelegt.

Die Ähnlichkeitsgesetzmäßigkeiten lassen sich wiederum aus der Ähnlichkeit über die Machzahl und der strömungsmechanischen Ähnlichkeit ableiten. Auf einen Bezug auf Standardbedingungen muss bei Turbinen, bedingt durch den weiten Bereich der möglichen Eintrittsbedingungen in die Turbine, der Anschaulichkeit halber verzichtet werden. Möglich ist lediglich ein zusätzlicher Bezug auf die angestrebte konstante Referenzeintrittstemperatur, die bei einigen Herstellern verwendet wird. Die Ähnlichkeit bezüglich der Machzahl sei hier jedoch nur anhand des Bezuges auf die tatsächliche Eintrittstemperatur in (7.249) dargestellt

$$n_{T,bez} = \frac{n}{\sqrt{T_{v.T.}}}; \quad \omega_{T,bez} = \frac{\omega}{\sqrt{T_{v.T.}}} \,. \tag{7.249}$$

Der Massenstrom durch die Turbine kann über die Durchflussgleichung aus dem anliegenden Druckverhältnis und einem speziellen Durchflussbeiwert bestimmt werden, der die Abhängigkeit von einer fiktiven effektiven Querschnittsfläche, die bei der Turbine natürlich im Gegensatz zu einer normalen Drossel von der Turbinendrehzahl abhängt, berücksichtigt. Aus diesem Grunde bietet es sich für die Turbine an, den tatsächlichen Massenstrom auf die Eintrittsgrößen von Druck und Temperatur zu beziehen, um dadurch zumindest von diesen Größen bei der Kennfelddarstellung unabhängig zu sein. Entsprechend (7.236) gilt für den bezogenen Massenstrom an der Turbine folgender Zusammenhang

$$\dot{m}_{bez} = \dot{m} \frac{\sqrt{T_{v.T.}}}{p_{v.T.}} \,. \tag{7.250}$$

Eine Umrechnung auf Standardbedingungen für den bezogenen Massenstrom der Turbine ist aus oben genannten Gründen nicht sinnvoll.

Der bezogene Massenstrom durch die Turbine berechnet somit nach

$$\dot{m}_{T,bez} = \mu_T \, A_T \frac{1}{\sqrt{R}} \sqrt{\frac{2\kappa}{\kappa - 1} \left(\pi_T^{*\frac{2}{\kappa}} - \pi_T^{*\frac{\kappa+1}{\kappa}} \right)} \,. \tag{7.251}$$

Der Durchflussbeiwert kann aus dem in Abb. 7.44 beschriebenen Kennfeld interpoliert werden.

In Kap. 2.6 sind die Grundgleichungen für die von der Turbine abgegebene Leistung dargestellt (2.72). Für das von der Turbine abgegebene isentrope Moment ergibt sich daraus

$$M_{T,is} = \frac{1}{\omega_T} \dot{m}_T \frac{\kappa_{v.T.}}{\kappa_{v.T.} - 1} R_{v.T.} T_{v.T.} \eta_{is.T} \left(1 - \pi_T^{* \frac{\kappa_{v.T.} - 1}{\kappa_{v.T.}}} \right). \quad (7.252)$$

Der isentrope Turbinenwirkungsgrad kann dabei aus einem Kennfeld ermittelt werden, das ebenfalls in Abb. 7.44 beschrieben wird. Setzt man (7.251) in (7.252) ein und formt um, erhält man das auf den Druck nach der Turbine bezogene isentrope Turbinenmoment in Abhängigkeit von der bezogenen Turbinendrehzahl und dem bezogenen Turbinendruckverhältnis. Dabei ist zu beachten, dass der Reziprokwert des eigentlichen Turbinendruckverhältnisses verwendet wird

$$\frac{M_{T,is}}{p_{n.T.}} = \mu_T A_T \eta_{is,T} \frac{60\left[\frac{\mathrm{s}}{\mathrm{min}}\right]\sqrt{2R}}{2\pi} \left(\frac{\kappa}{\kappa-1}\right)^{1,5} \frac{1}{n_{T,bez}} \pi_T^{* \frac{\kappa+1}{\kappa}} \left(1-\pi_T^{* \frac{\kappa-1}{\kappa}}\right)^{1,5} \quad (7.253)$$

mit

$$\pi_T^* = \frac{p_{n.T.}}{p_{v.T.}} .$$

Gerade im Rahmen der Simulationsrechnung muss zur Anpassung der Turbine und zur Abstimmung auf eventuell vorhandene Messergebnisse die Turbinenquerschnittsfläche oftmals angepasst werden, um einen höheren oder niedrigeren Aufstaudruck zu erhalten. Bei diesen Veränderungen wird nicht die Größe des Turboladers, sondern nur dessen Querschnittsfläche verändert, weshalb hierbei auch die bezogenen Turboladerdrehzahlen nicht umgerechnet werden müssen. Bei einer Veränderung der Querschnittsfläche über eine Änderung des Düsenringes wird zwar die Anströmung des Laufrades, nicht jedoch dessen Größe verändert. Deshalb kann auch hierbei eine Umrechnung der bezogenen Turbinendrehzahlen entfallen. Die durch die unterschiedliche Anströmung des Laufrades bedingten Veränderungen bei den Wirkungsgraden und bei den Durchflussbeiwerten müssen von Fall zu Fall abgeschätzt werden. Im Vergleich zu den Fehlern, die bei der Aufbereitung der Kennfelder im Rahmen der Extrapolation gemacht werden, können sie jedoch bei geringen Größenänderungen meist vernachlässigt werden.

Eine weitere charakteristische Größe für eine Strömungsturbine ist die so genannte Laufzahl, die durch den Quotienten aus der Umfangsgeschwindigkeit des Laufrades und der theoretischen Strömungsgeschwindigkeit, die sich aus dem anliegenden statischen Enthalpiegefälle an der Turbine berechnen lässt, ausgedrückt wird. Der formelmäßige Zusammenhang für die Laufzahl lautet demnach

$$\frac{u}{c_0} = \frac{u}{\sqrt{\frac{2\,\kappa\,R}{\kappa - 1} T_{v.T.} \left(1 - \pi_T^{* \frac{\kappa - 1}{\kappa}} \right)}} . \quad (7.254)$$

Für die Umfangsgeschwindigkeit am mittleren Durchmesser der Turbine d_m gilt

$$u = \frac{\omega_T \, d_m}{2} = \frac{\pi \, n \, d_m}{60[\text{s} \cdot \text{min}^{-1}]} \quad . \tag{7.255}$$

Damit ergibt sich für die Laufzahl der Turbine folgender Zusammenhang mit der bezogenen Drehzahl. Hier zeigt sich bereits der Vorteil der Verwendung der Ähnlichkeitsgesetze

$$\frac{u}{c_0} = \frac{\dfrac{\pi \, d_m}{60[\text{s} \cdot \text{min}^{-1}]} \; \dfrac{n}{\sqrt{T_{v.T.}}}}{\sqrt{\dfrac{2 \kappa R}{\kappa - 1}} \sqrt{1 - \pi_T^{* \frac{\kappa - 1}{\kappa}}}} \tag{7.256}$$

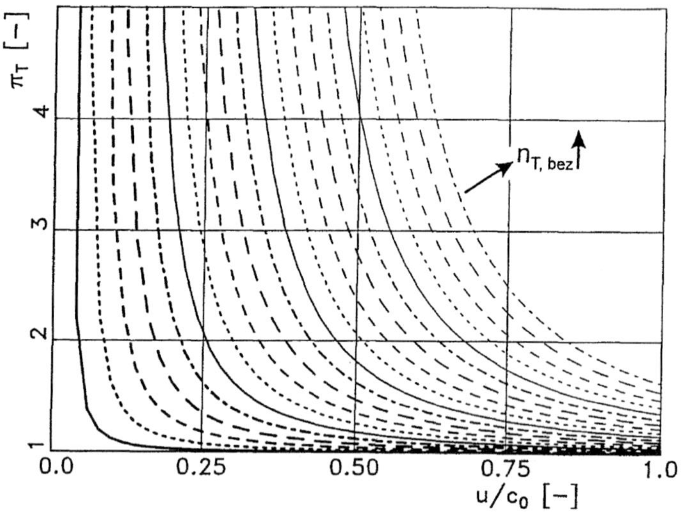

Abb. 7.43: Zusammenhang von bezogener Turbinendrehzahl, Laufzahl und Turbinendruckverhältnis

Abb. 7.43 zeigt die Zusammenhänge zwischen dem Turbinendruckverhältnis, der Laufzahl und der bezogenen Turbinendrehzahl nach (7.256) in Form eines Diagramms. Die bezogenen Drehzahlen nehmen nach rechts oben zu. Für die Erstellung des Diagramms sind einige vereinfachende Annahmen getroffen, die auch bei einer Umrechnung und Extrapolation von Turbinenkennfeldern teilweise sehr hilfreich sind, ohne einen allzu großen Fehler in Kauf nehmen zu müssen. Der Isentropenexponent κ ist zu 1,34 und die Gaskonstante R ist zu 289 J/kg K festgelegt. Ferner wurde ein konstanter mittlerer Turbinendurchmesser zugrunde gelegt.

Man erkennt in Abb. 7.43, dass sich mit zunehmender bezogener Turbinendrehzahl bei einem realistischen Turbinendruckverhältnis (< 5) die Laufzahlen zu höheren Werten verschieben. Diese Feststellung hat Auswirkungen auf die Extrapolation von Turbinenkennfeldern. Je größer die bezogenen Drehzahlen werden, desto unwichtiger ist damit der Verlauf der Kenngrößen bei kleineren Laufzahlen und desto wichtiger wird der Verlauf bei größeren Laufzahlen. Ein weiterer Aspekt bei der Analyse der Abbildung ist die Tatsache, dass die Laufzahlen bei entsprechenden Kombinationen von Turbinendruckverhältnissen und bezogenen Drehzahlen Werte größer als 1 annehmen können, was für eine Extrapolation ebenfalls von Bedeutung ist.

- **Extrapolation**

Die meisten Turbinenkennfelder werden im so genannten Selbstlauf des Abgasturboladers am Brennkammerprüfstand vermessen. Dabei wird die Turbine mit Heißgas beaufschlagt, das – wie oben bereits erwähnt – meistens eine konstante Temperatur besitzt. Die Last an der Turbine wird über ein Androsseln des Verdichters eingestellt und durch eine Massenstromerhöhung an der Turbine ins Gleichgewicht gebracht. Aufgrund dieser Tatsachen ist der Arbeitsbereich der Turbine sehr eingeschränkt und der vermessene Kennfeldbereich der Turbine sehr klein. Für stationäre Betrachtungsweisen bei der Simulationsrechnung reicht dieser Bereich normalerweise auch völlig aus, bei einer instationären Betrachtung des Zusammenwirkens von Motor und Abgasturbolader oder in Teillast- oder Schwachlastbereichen ergeben sich jedoch erhebliche Probleme. Hier macht sich der gleiche Effekt wie bei den Verdichterkennfeldern bemerkbar, dass auch bei der Turbine gerade der Kennfeldbereich von niedrigen bezogenen Drehzahlen fehlt. Dieser Bereich ist aber für eine exakte Simulation des Abgasturboladers von besonderem Interesse.

Die am Prüfstand vermessenen Kennfelder werden meistens anhand von zwei Diagrammen dargestellt. Das erste Diagramm beinhaltet den bezogenen Massenstrom als Funktion des Druckverhältnisses mit dem Parameter bezogene Turbinendrehzahl und das zweite Diagramm den Turbinengesamtwirkungsgrad wiederum als Funktion des Druckverhältnisses mit dem Parameter der bezogenen Turbinendrehzahl. Abb. 7.44 (links) zeigt ein Kennfeld für eine kleine Radialturbine.

In dieser Darstellung sind die Kennfelder nur bedingt für eine sichere Interpolation der für eine Simulationsrechnung benötigten Werte verwendbar. Die Kennfelder müssen deshalb in eine Darstellungsart überführt werden, die zum einen eine Extrapolation in die Kennfeldrandgebiete, also zu kleinen Drehzahlen, zulässt und andererseits eine sichere Interpolation gewährleistet. Mit Hilfe von (7.256) kann aus der bezogenen Turbinendrehzahl und dem Turbinendruckverhältnis die Laufzahl der Turbine berechnet werden. Der mittlere Durchmesser der Turbine muss dazu in geeigneter Weise abgeschätzt werden, wenn er nicht bekannt ist. Eine fehlerhafte Abschätzung des mittleren Durchmessers führt bei den Berechnungen der Turbine im Rahmen der Simulationsrechnung nicht notwendigerweise zu einem Fehler, solange dieser Wert fest mit der Turbine verbunden bleibt und die Berechnung der Laufzahl immer mit diesem Wert erfolgt. Der Isentropenexponent κ und die Gaskonstante R müssen unter Zuhilfenahme der Kenntnis der Turbineneintrittstemperatur (873 K) und des Verbrennungsluftverhältnisses in der Brennkammer des Turboladerprüfstandes über eine entsprechende Beziehung zwischen Temperatur, Verbrennungsluftverhältnis und den Zustandsgrößen bestimmt werden. Für eine dieselbetriebene Brennkammer kann ein Verbrennungsluftverhältnis von ca. 6 angenommen werden. Damit kann der isentrope Wirkungsgrad als Funktion der Laufzahl mit dem Parameter der bezogenen Turbinendrehzahl dargestellt werden. Mit (7.251) ist es möglich, unter Zuhilfenahme der Turbinenquerschnittsfläche den Durchflussbeiwert der Turbine zu bestimmen. Mit der Kenntnis des bezogenen Massenstromes durch die Turbine lässt sich somit auch der Durchflussbeiwert als Funktion der Laufzahl mit der bezogenen Drehzahl als Parameter darstellen. Alternativ kann hier auch der Massenstrom direkt aufgetragen werden. Der Erfolg dieser Umrechnung ist, wie die Abb. 7.44 (rechts) bei den dick durchgezogenen Linien zeigt, leider meistens ziemlich ernüchternd, da der Bereich des so umgerechneten Kennfeldes auf einen schmalen Laufzahlbereich zurückgeht.

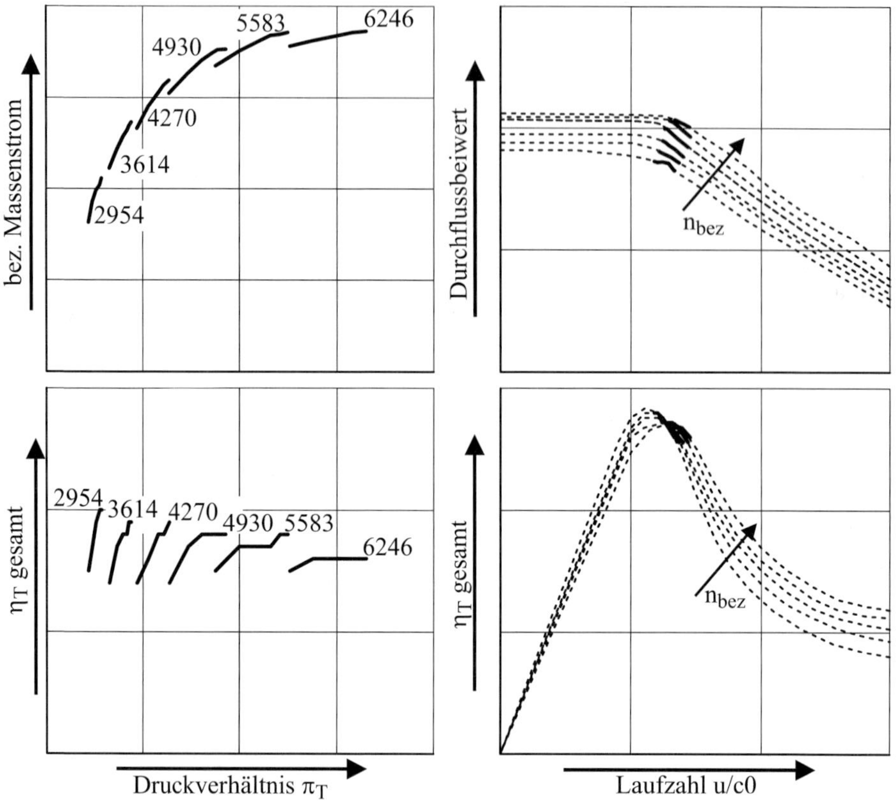

Abb. 7.44: Kennfelddarstellung für eine kleine Radialturbine (links), Kennfelddarstellung bei Verwendung der Laufzahl (rechts)

Das Kennfeld muss für instationäre Vorgänge geeignet extrapoliert werden, bei denen der Bereich der Laufzahl von 0 bei einer plötzlichen Aufschaltung der Turbine im Rahmen einer Registeraufladung aus dem Stillstand ($n_{T,bez} = 0$) bis zu sehr hohen Werten für die Laufzahl bei einem plötzlichen Abschalten der Turbine ($\pi_T = 1$) bei hohen Drehzahlen reicht. Auch bei einer Stoßbeaufschlagung der Turbine bei einer praktisch konstanten Turbinendrehzahl kann der Laufzahlbereich der Turbine je nach dem momentan anliegenden Turbinendruckverhältnis stark schwanken. Das Turbinendruckverhältnis kann dabei nämlich auch Werte von ca. 1 annehmen, was zumindest theoretisch eine unendlich große Laufzahl bedingen würde. Wie bereits angedeutet, ist bei hohen bezogenen Turbinendrehzahlen eine Extrapolation in Bereiche kleiner Laufzahlen nicht nötig, da dies mehr oder weniger unendlich hohe Turbinendruckverhältnisse notwendig machen würde. Bei diesen hohen Drehzahlen kann demnach der Verlauf der Wirkungsgrade vom Wirkungsgradoptimum aus nach links zum Koordinatenursprung extrapoliert werden. Bei kleinen bezogenen Turbinendrehzahlen liegen auch die Laufzahlen in niedrigeren Bereichen. Meistens verschiebt sich bei diesen Drehzahlen auch das Optimum des Wirkungsgrades zu niedrigen Laufzahlen und niedrigeren Absolutwerten. Auch dieser Verlauf kann ohne große Fehler zum Koordinatenursprung extrapoliert werden. Natürlich ist auch hier das Grenzwertproblem bei der Annäherung der Laufzahl an den Wert 0 bei einer von 0 verschiedenen bezogenen Turbinendrehzahl zu berücksichtigen, was auch eine Extrapolation zu isentropen Wirkungsgraden zulässt, die geringfügig größer als 0 sind.

Die Extrapolation zu Laufzahlen rechts vom Wirkungsgradoptimum gestaltet sich schwieriger. Man kann in erster Näherung eine Parabel für den Verlauf des Wirkungsgrades zugrunde legen, die ihren Scheitel im Wirkungsgradoptimum besitzt. Dieses Extrapolationsverfahren liefert für die meisten Fälle zufriedenstellende Ergebnisse, da der Bereich für die Laufzahl nur in einigen extremen instationären Fällen Werte annimmt, die sehr weit rechts vom Wirkungsgradoptimum – also bei höheren Laufzahlen – liegen.

Abschließend ist anzumerken, dass es für die Extrapolation von Turbinenkennfeldern kein Patentrezept gibt. Meistens hilft nur eine Vielzahl unterschiedlichster Auftragungsarten für die unterschiedlichen Turbinenparameter, deren Verläufe dann u. U. eine weitere gesicherte Extrapolation zulassen. Diese Extrapolationen müssen dann jedoch über die oben angegebenen Gleichungen immer wieder zueinander in Relation gesetzt werden, um auf ihre Plausibilität geprüft zu werden. Ein großer Fortschritt bei der Beschreibung und Extrapolation von Turbinenkennfeldern kann, wie auch bei den Verdichterkennfeldern, die Verwendung der Nulldrehzahllinie sein, die den Bereich des Kennfeldes eindeutig begrenzt und dadurch wertvolle Informationen für den meist fehlenden Zwischenbereich des Kennfeldes beinhaltet.

- **Kennfelddarstellung**

Aufgrund der Zusammenhänge zwischen der Laufzahl, der bezogenen Turbinendrehzahl und dem Turbinendruckverhältnis ergeben sich unterschiedliche Darstellungsarten für die Parameter des Turbinenkennfeldes. Die Darstellungsart der abhängigen Größen der Turbine, wie z. B. Wirkungsgrad oder Durchflussbeiwert, über der Laufzahl mit dem Parameter der bezogenen Drehzahl lässt zwar eine gute Interpolation dieser Größen zu, jedoch ist diese Darstellungsart zur Beschreibung des Zusammenwirkens von Motor und Abgasturbolader bzw. Abgasturbine nicht sehr aussagekräftig. Als aussagekräftigste Form hat sich die in Abb. 7.45 verwendete Auftragungsart erwiesen, wobei anstelle des Drehmomentes der Turbine zweckmäßigerweise der Turbinenwirkungsgrad dargestellt wird. Dieser ist in Verbindung mit der Darstellung des Strömungsverdichters im Druckverhältnis-Massenstrom-Kennfeld, in dem ebenfalls der isentrope Verdichterwirkungsgrad als Parameter eingezeichnet ist, wesentlich geläufiger. Das Aussehen des Kennfeldes erinnert stark an ein Verdichterkennfeld, besitzt jedoch als Abszisse die bezogene Turbinendrehzahl und nicht den Massenstrom. Das Druckverhältnis-Massenstromkennfeld ist bei der Turbine zu schmal, um signifikante Veränderungen darstellen zu können. Bei der gewählten Darstellungsart treten die beiden Haupteinflussgrößen der Turbine, nämlich das Druckverhältnis und die Drehzahl, direkt in Erscheinung und bedürfen keiner Umrechnung.

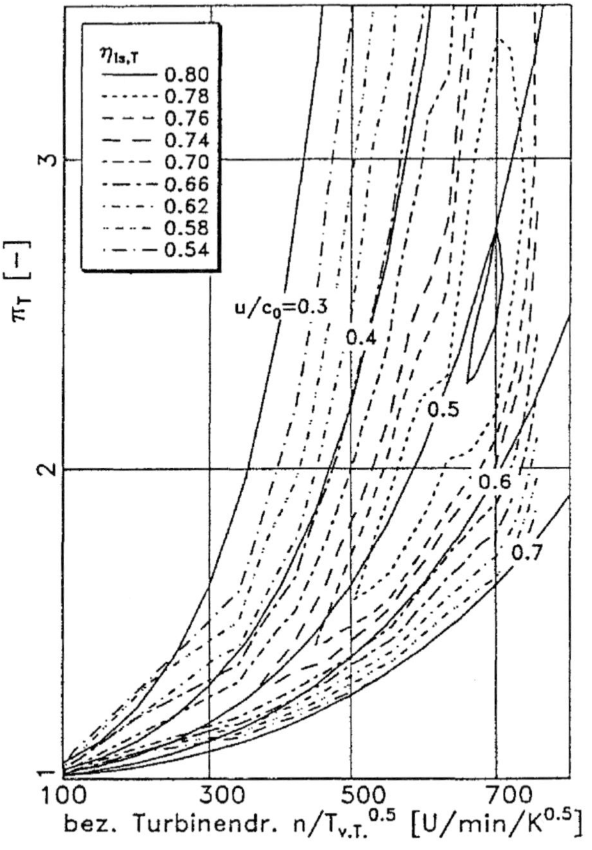

Abb. 7.45: Darstellung der Turbine als Kennfeld zur Beschreibung des Betriebsverhaltens

- **Variable Turbinengeometrie**

Bei einer Turbine mit verstellbarem Leitapparat tritt als weiterer Parameter die Leitschaufelstellung auf. Für diskrete Leitschaufelstellungen zwischen den beiden Endstellungen ist normalerweise ein eigenes vollständiges Kennfeld vermessen, das entsprechend der obigen Gesetzmäßigkeiten aufbereitet und extrapoliert werden muss. Abb. 7.46 zeigt schematisch das Kennfeld einer solchen Verstellturbine. Bei bekannter Verstellposition müssen zunächst die Kennfeldgrößen für die beiden Leitschaufelstellungen interpoliert werden, zwischen denen die momentane Verstellposition liegt. Anschließend können die Kennfeldwerte für diese Verstellposition durch eine z. B. lineare Interpolation ermittelt werden.

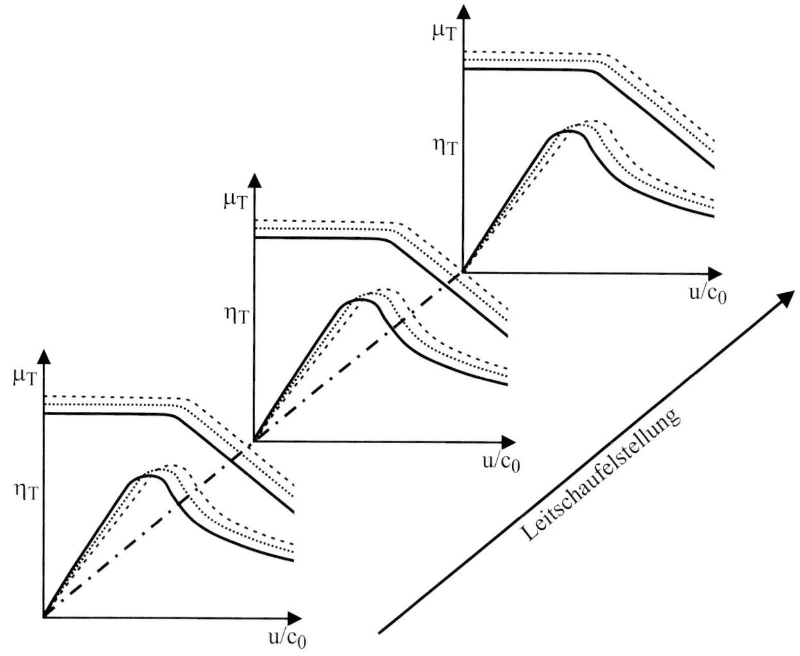

Abb. 7.46: Kennfelddarstellung für eine Turbine mit verstellbarem Leitapparat

- **Modellierung einer doppelflutigen Turbine**

Doppelflutige Turbinen – auch Twinscroll genannt – werden in Motorkonzepten eingesetzt, bei denen auf einen möglichst rückwirkungsfreien Ladungswechsel zur Ausnutzung der maximalen Potenziale im Ladungswechsel des Verbrennungsmotors und zur Ausnutzung der Abgasstöße an der Turbine geachtet wird. Mögliche Einsatzgebiete sind Reihenvier- oder Reihensechszylindermotoren, die mit nur einer Turbine ausgestattet werden oder V8 und V12-Motoren mit je einem Turbolader pro Bank. Da beim 4-Takt-Vierzylindermotor beispielsweise die Auslassimpulse 180°KW versetzt in die Abgasanlage gelangen, beeinflusst bei konventionellen Steuerzeiten von ca. 240°KW der Auslassstoß des nachfolgend zündenden Zylinders die Ventilüberschneidungsphase des in der Zündfolge vorangegangenen Zylinders erheblich (vgl. Kap. 8.7.6). Ein derartiger Ladungswechsel führt zu erhöhten Restgasmengen, die sich beim Dieselmotor in einer deutlich reduzierten Füllung und damit in Leistungseinbußen auswirken. Beim Ottomotor dagegen äußern sie sich sowohl in Füllungsverlusten als auch in einer deutlichen Erhöhung der Klopfgefahr, da sich mit der höheren Restgasmenge eine höhere Verdichtungsendtemperatur einstellt. Diese Auswirkungen sind in Kap. 7.5.5 in Abb. 7.53 dargestellt und kurz beschrieben.

Aus diesem Grund fasst man beim Vierzylindermotor über so genannte Zündfolgekrümmer je zwei um 360 Grad versetzt zündende Zylinder zusammen. Damit schafft man zwei getrennte Fluten, deren weitere Zusammenfassung erst weit stromabwärts erfolgen darf, um ein Übersprechen zu vermeiden. Die Verhältnisse beim Sechszylindermotor sind unter Berücksichtigung der anderen Zündabstände vergleichbar. Aus Emissions-, Response-, und Packagegründen muss man den Turbolader jedoch meist sehr nahe am Motor anordnen, sodass man die getrennten Fluten ohne Übersprechstelle quasi durch den Turbolader führen muss.

Ein Prinzipschnittbild durch die Turbinenschnecke (links) und eine Abwicklung der Turbinenschnecke (rechts) für eine Twinscroll-Turbine sind in Abb. 7.47 dargestellt.

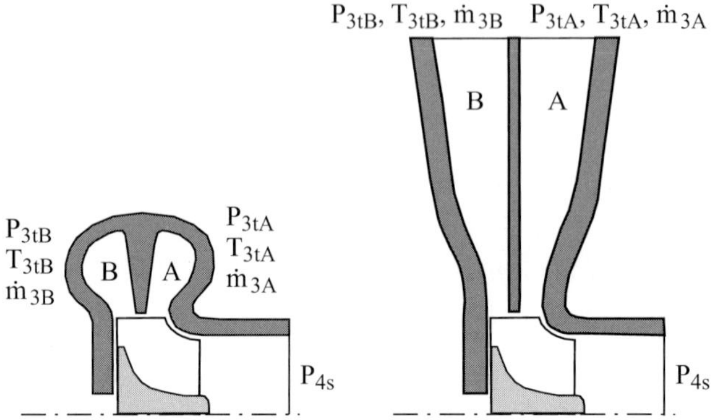

Abb. 7.47: Schnitt durch eine Twinscroll-Turbine (Abdel Hamid et al. (2002))

Man erkennt, dass hier zwei Einlaufschnecken nebeneinander angeordnet sind, die das Turbinenrad direkt beaufschlagen. Die Trennwand im Turbinengehäuse reicht fast bis zum Turbinenrad, sodass aufgrund der dort herrschenden hohen Gasgeschwindigkeiten ein Übersprechen ähnlich einem Pulseconverter vermieden wird. Die Abströmung nach dem Laufrad erfolgt gemeinsam. Eine Rückwirkung über die Turbine ist nicht zu erwarten.

Für die Simulation ergeben sich daraus jedoch einige Anforderungen bezüglich der Modellierung des Gaspfades und der Turbine, auf die im Folgenden näher eingegangen werden soll. Durch die doppelflutige Führung der Abgasleitungen wird die kinetische Energie des Auslassstoßes direkt an der Turbine genutzt. Es bedarf keiner kompletten, mit Wirkungsgraden behafteten Wandlung in Druck und anschließend wieder in kinetische Energie. Um die Realität exakt beschreiben zu können, ist es unerlässlich, den Gaspfad mit der in Kap. 7.4 dargestellten eindimensionalen Gasdynamik zu modellieren. Dies bedingt aber gleichzeitig auch eine Modellierung der Doppelflutigkeit der Turbine. Da sich in den beiden Fluten der Turbine unterschiedliche Drücke und Massenströme einstellen, muss darauf bereits bei der experimentellen Ermittlung des Kennfeldes Rücksicht genommen werden. Abhängig vom so genannten Strangdruckverhältnis

$$\Pi_{Str.} = \frac{p_{3t,A}}{p_{3t,B}}, \tag{7.257}$$

das das Verhältnis zwischen dem Druck im Strang A zum Strang B beschreibt, werden mehrere Kennfelder aufgenommen.

Dabei stellt sich je nach Druckniveau im Strang bei einer gegebenen bezogenen Turbinendrehzahl ein entsprechender Massenstrom ein. Abb. 7.48 beschreibt diese Zusammenhänge für Strangdruckverhältnisse von 0,9 (links) und 1,1 (rechts). Aufgetragen ist der bezogene Massenstrom über dem Druckverhältnis für den entsprechenden Strang.

$$\left.\begin{aligned}\pi_{T,A} &= \frac{p_{3t,A}}{p_{4s}}\\ \pi_{T,B} &= \frac{p_{3t,B}}{p_{4s}}\end{aligned}\right. . \tag{7.258}$$

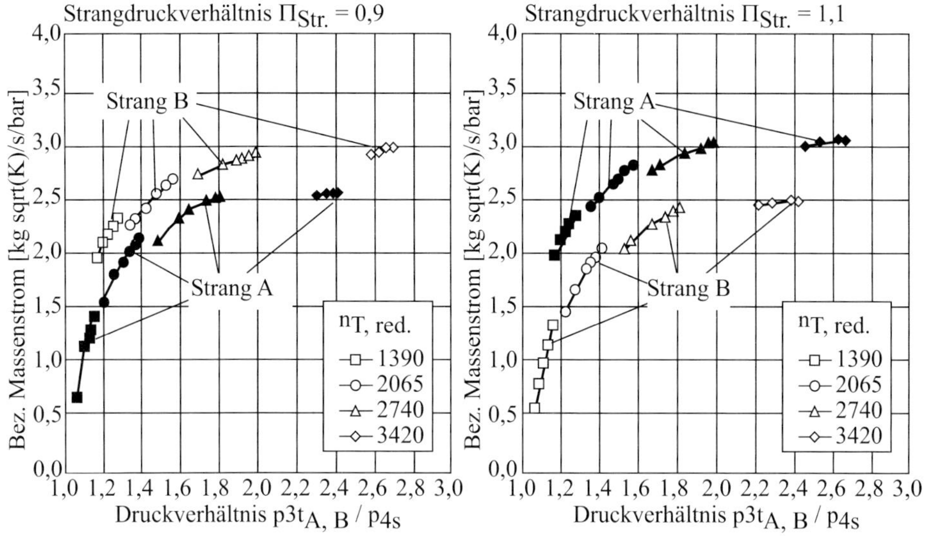

Abb. 7.48: Massenstromkennfeld einer doppelflutigen Turbine für Strangdruckverhältnisse von 0,9 und 1,1 (Abdel Hamid et al. (2002))

Für ein gegebenes Strangdruckverhältnis stellt sich die von der einflutigen Turbine bekannte Abhängigkeit dar, sodass in diesen Diagrammen quasi zwei Turbinenkennfelder zu erkennen sind. In diesem Beispiel wurden die Strangdruckverhältnisse von 0.9 und 1.1 so gewählt, dass die Massenstromcharakteristik des Stranges A im rechten Diagramm der in Strang B im linken Diagramm entsprechen müsste und umgekehrt. Tatsächlich ist dies nicht der Fall; im ausgewählten Beispiel liegt der bezogene Massenstrom im Strang A höher als der im Strang B. Dies wird auch in Abb. 7.49 für ein Strangdruckverhältnis von 1 deutlich, bei dem die Kurven für die beiden Stränge deckungsgleich liegen müssten. Dieses Verhalten muss nicht charakteristisch für doppelflutige Turbinen sein und stellt aber die Schwierigkeit dar, doppelflutige Turbine symmetrisch auszulegen. Wie man in Abb. 7.47 erkennen kann, beaufschlagen die beiden Fluten unterschiedliche Bereiche des Laufrades, wodurch sich prinzipiell ein unterschiedliches Verhalten einstellt. Durch eine Anpassung der Querschnittsfläche an der Trennstelle kann man ein weitgehend symmetrisches Verhalten erzielen.

Bei der Simulation von doppelflutigen Turbinen kann man also prinzipiell ähnlich vorgehen, wie bei der Berechnung von Turbinen mit variabler Turbinengeometrie, bei denen zwischen mehreren Kennfeldern linear interpoliert wird. Bei doppelflutigen Turbinen werden in Abhängigkeit der unterschiedlichen Strangdruckverhältnisse für die einzelnen Stränge eigene Kennfelder erzeugt. Je nach Zylinderzahl des Motors und der zu erwartenden Höhe der Druckpulsationen muss dabei ein weiter Bereich für das Strangdruckverhältnis abgedeckt werden, der Größenordnungen von 0,5 bis 2 annehmen kann. Für den Wirkungsgrad der Turbine ergibt sich pro Strangdruckverhältnis ein Kennfeld. Hierbei wird nicht nach den einzelnen Strängen unterschieden, da dies bei der experimentellen Ermittlung der Kennfelder nicht möglich ist.

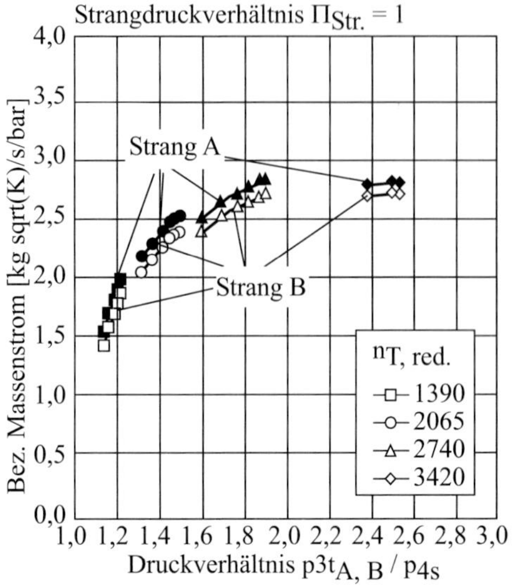

Abb. 7.49: Massenstromkennfeld einer doppelflutigen Turbine für ein Strangdruckverhältnis von 1.0 (Abdel Hamid et al. (2002))

Man bedient sich hierbei eines mittleren Turbinendruckverhältnisses nach

$$\pi_{T,m} = \frac{p_{3t,A} + p_{3t,B}}{2\,p_{4s}} \tag{7.259}$$

Die Kennfelder für den Wirkungsgrad können ebenfalls nach den in diesem Abschnitt beschriebenen Gesetzmäßigkeiten für die Simulation aufbereitet werden.

Die Berechnung einer doppelflutigen Turbine läuft vereinfacht nach folgendem Schema ab: Zuerst wird das Strangdruckverhältnis $\Pi_{Str.}$ ermittelt. Danach wird in den unterschiedlichen Strangdruck-Kennfeldern mit diesem Strangdruckverhältnis linear interpoliert. Mit den bezogenen Turbinendrehzahlen für beide Stränge, die aufgrund der unterschiedlichen Temperaturniveaus unterschiedlich sein können, werden der bezogene Massenstrom und der Wirkungsgrad berechnet, woraus sich wiederum mit dem mittleren Turbinendruckverhältnis die Turbinenleistung zur Ermittlung der Turboladerdrehzahl bestimmen lässt. Aufgrund der Berechnung im Rahmen der eindimensionalen Gasdynamik geschieht dieser Prozess iterativ und gleicht dem einer Rohrverzweigung für einen Vereinigungsfall ohne Übersprechen der Fluten.

Wie man erkennen kann, stellt die Berechnung von doppelflutigen Turbinen die größte Komplexität bei der Modellierung von Turbinen dar. Zudem sind zur Berechnung eine Vielzahl von Kennfeldern aufzubereiten, was einen nicht unerheblichen Aufwand bedeutet.

7.5.4 Abgasturbolader

- **Turboladerhauptgleichung**

Für den stationären Betrieb des Abgasturboladers ergibt sich ein Gleichgewicht zwischen dem abgegebenen Moment an der Turbine und dem vom Verdichter aufgenommenem Moment. Das Reibmoment sei im Turbinenwirkungsgrad berücksichtigt. Aufgelöst nach dem Verdichter- bzw. Turbinendruckverhältnis ergeben sich folgende Beziehungen

$$\pi_V = \left[\frac{\dot{m}_T}{\dot{m}_V} \frac{\kappa_{v.V.}-1}{\kappa_{v.V.}} \frac{\kappa_{v.T.}}{\kappa_{v.T.}-1} \frac{R_{v.T.}\,T_{v.T.}}{R_{v.V.}\,T_{v.V.}} \eta_{ges,V}\,\eta_{ges,T} \left(1-\pi_T^{*\frac{\kappa_{v.T.}-1}{\kappa_{v.T.}}} \right) + 1 \right]^{\frac{\kappa_{v.V.}}{\kappa_{v.V.}-1}} \tag{7.260}$$

$$\pi_T^* = \left[\frac{\dot{m}_V}{\dot{m}_T} \frac{\kappa_{v.V.}}{\kappa_{v.V.}-1} \frac{\kappa_{v.T.}-1}{\kappa_{v.T.}} \frac{R_{v.V.}T_{v.V.}}{R_{v.T.}T_{v.T.}} \frac{1}{\eta_{ges,V}\,\eta_{ges,T}} \left(\pi_V^{\frac{\kappa_{v.V.}-1}{\kappa_{v.V.}}} - 1 \right) + 1 \right]^{\frac{\kappa_{v.T.}}{\kappa_{v.T.}-1}} \tag{7.261}$$

Beim Einsatz in dynamischen Antriebssystemen wird den Motoren und damit auch den Aufladeaggregaten ein hohes Maß an Instationärverhalten abverlangt. Dieser Effekt muss auch im Rahmen einer Simulationsrechnung nachvollzogen werden können.

- **Drehimpulssatz**

Während beim mechanisch angetriebenen Aufladeaggregat die Antriebsleistung direkt vom Motor aufgebracht wird und sich das Trägheitsmoment des Aufladeaggregates entsprechend dem Quadrat der Übersetzung zum Trägheitsmoment des Motors addiert, hängt die instationäre Simulation des Abgasturboladers in erster Linie vom Differenzmoment von Turbine und Verdichter und vom polaren Trägheitsmoment des Laufzeuges des Abgasturboladers ab.

Der für die Simulation des Hochlaufens des Abgasturboladers notwendige formelmäßige Zusammenhang für die Änderung der Winkelgeschwindigkeit des Turboladerlaufzeuges lautet

$$\frac{\mathrm{d}\omega}{\mathrm{d}t} = \frac{(M_T - M_V - M_R + M_{zus})}{\Theta_{TL}} . \tag{7.262}$$

Bei elektrisch unterstützten Turboladern wird ein zusätzliches Moment z.B. durch einen Elektromotor auf die Turboladerwelle aufgebracht, um den Hochlauf zu beschleunigen.

Für den betriebswarmen Motor kann das Reibmoment in Form eines mechanischen Gesamtwirkungsgrades beim Turbinenmoment berücksichtigt werden, da sich das Reibmoment reproduzierbar in Abhängigkeit vom Betriebspunkt bzw. von der Turboladerdrehzahl einstellt. Zur separaten Bestimmung des Reibmomentes am Abgasturbolader sind aufwändige Messungen am gesamten Abgasturbolader nötig. Ferner ist eine genaue Zuordnung und Aufteilung auf die beiden Strömungsmaschinen nicht möglich und auch nicht sinnvoll, da es sich bei der Reibung im Wesentlichen um das Reibmoment der gemeinsamen Verbindungswelle von Verdichter und Turbine handelt. Bei hohen Drehzahlen kann das Reibmoment des Laufzeuges durchaus eine Größenordnung von 5 bis 10 % des Turbinenmomentes annehmen.

Ziel einer Optimierung des Laufzeuges für den instationären Betrieb muss es deshalb sein, zum einen das Reibmoment zu verringern, um das Überschussmoment zwischen Turbine und Verdichter zu vergrößern, und zum anderen das polare Trägheitsmoment zu verringern, um einen größeren Gradienten der Winkelgeschwindigkeit zu erhalten.

Die Größenreduzierung einer Komponente des Abgasturboladers bewirkt eine deutliche Veränderung des polaren Trägheitsmomentes. Dies wird durch die formelmäßigen Zusammenhänge in (7.263) deutlich. Das polare Trägheitsmoment ist bei geometrischer Ähnlichkeit einerseits durch die Masse des Laufzeuges, die zur dritten Potenz einer geometrischen Länge, wie z. B. des Durchmessers, proportional ist, und andererseits zusätzlich durch das Quadrat des Durchmessers bestimmt

$$\Theta \sim d^3\, d^2 = d^5 \,. \qquad (7.263)$$

Der gleiche Zusammenhang kann bei einer notwendigen größenmäßigen Anpassung des Abgasturboladers für Simulationszwecke verwendet werden, wenn der Abgasturbolader insgesamt oder eine Komponente davon geometrisch vergrößert oder verkleinert wird.

- **Abhängigkeit des Reibmomentes von der Öltemperatur**

Bei der Simulation des instationären Warmlaufverhaltens von Motoren und Abgasturboladern ist die Kenntnis der Abhängigkeit der Reibungsverluste von den Betriebsmitteltemperaturen von entscheidender Bedeutung. Abb. 7.50 zeigt die experimentell bestimmte Abhängigkeit des Reibmomentes von der Öltemperatur für einen gleitgelagerten Abgasturbolader für den Pkw-Bereich bei niedrigen Drehzahlen, wie sie im Leerlauf des Motors auftreten können.

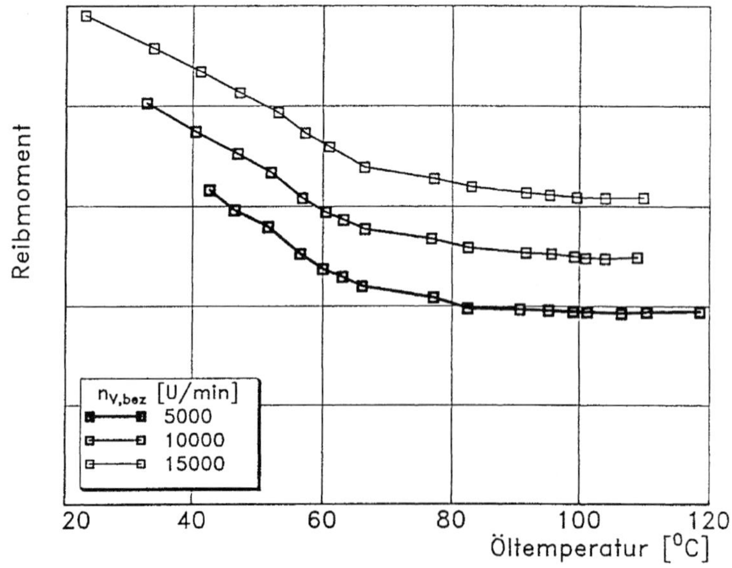

Abb. 7.50: Abhängigkeit des Reibmomentes an einem Pkw-Abgasturbolader in Abhängigkeit von der Öltemperatur

Die Kurven zeigen einen fast linearen Abfall des Reibmomentes bis zu einer Öltemperatur von ca. 80°C. Ab dieser Temperatur bleibt das Reibmoment praktisch konstant. Dieser Effekt bleibt auch bei höheren Drehzahlen erhalten und kann durch eine geeignete Überlagerung eines zusätzlichen Reibmomentes, das von der Öltemperatur abhängt, berücksichtigt werden.

- **Thermisches Gesamtverhalten bei hohen Turbinentemperaturen**

Beim Abgasturbolader beeinflusst die Wärmefreisetzung der Turbine das Wirkungsgradverhalten des Verdichters nachhaltig, da zwischen den einzelnen Teilsystemen Turbine, Lagergehäuse und Verdichter entweder durch Wärmeleitung oder Strahlung bzw. Konvektion Wärmeströme ausgetauscht werden. Da die Turbine für die Kennfeldvermessung meist mit einer konstanten Gastemperatur beaufschlagt wird und gelegentlich sogar isoliert ist, stellen sich stationäre Wärmeströme zwischen Turbine und Verdichter ein, die in der Realität so u. U. nicht auftreten. Somit ist nur ein Teil des realen Verhaltens eines Abgasturboladers über die adiabate Betrachtungsweise mit entsprechenden isentropen Wirkungsgraden von Verdichter und Turbine abgedeckt.

Stellt sich nun im realen Betrieb eine höhere Gastemperatur ein als bei der Kennfeldvermessung, fließt ein größerer Wärmestrom von der Turbine zum Verdichter bzw. ins Lagergehäuse oder an die Umgebung. Dies beeinflusst nachhaltig die Energiebilanz der Teilsysteme und damit auch das Wirkungsgradverhalten. Abb. 7.51 zeigt schematisch die Wärmeströme für einen wassergekühlten Turbolader, bei dem Verdichter, Lagergehäuse und Turbine als eigene Subsysteme betrachtet werden.

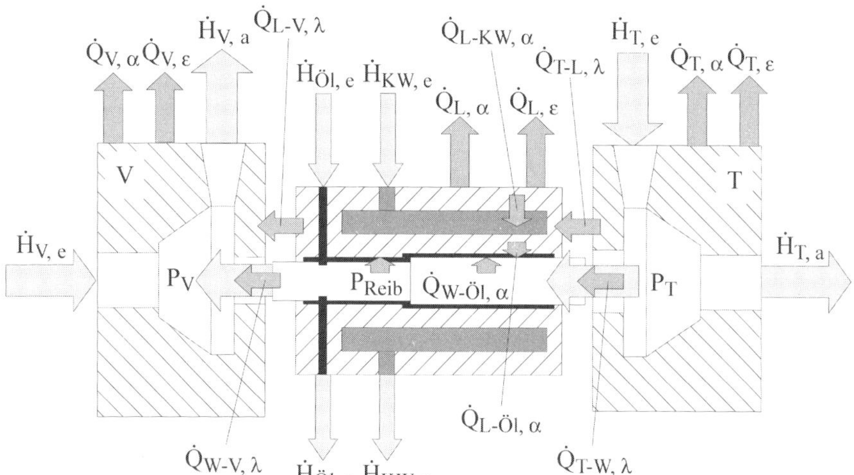

Abb. 7.51: Wärmestrom-Modell für einen wassergekühlten Turbolader

Bei hohen Lasten gibt die Turbine hauptsächlich durch Strahlung Wärme an die Umgebung ab, die zum Teil wieder vom Verdichter und vom Lagergehäuse aufgenommen wird. Je nach Umströmung des Abgasturboladers im Motorpackage geben die drei Teilsysteme durch freie oder erzwungene Konvektion Wärme an die umgebende Luft ab. Ein Großteil der Wärme wird trotz Abschirmblechen und Entkoppelungsmaßnahmen durch Wärmeleitung von der meist sehr heißen Turbine ins Lagergehäuse transportiert. Ebenso findet in der Turboladerwelle eine Wärmeleitung von der Turbine in den Verdichter statt. Ein Teil dieser Wärmeströme wird durch das Schmieröl aus dem Lagergehäuse bzw. aus der Turboladerwelle abgeführt. Bei einem wassergekühlten Gehäuse, wie es bei thermisch hochbelasteten Turboladern für Ottomotoren Anwendung findet, wird zusätzlich über das Kühlwasser Wärme aus dem Lagergehäuse abgeführt.

Um die einzelnen Wärmestromterme beschreiben zu können, benötigt man umfangreiche Messungen von Oberflächentemperaturen bzw. aufwändige CFD-Berechnungen, die im Rahmen einer transienten Simulation, wie sie in Kap. 8.7 vorgestellt wird, zu nicht akzeptablen Rechenzeiten führt.

Vor allem bei sehr hohen Turbineneintrittstemperaturen von bis zu 1.050°C und den damit verbundenen sehr hohen Wandtemperaturen gewinnt der Anteil der Strahlung als Wärmeabfuhrquelle an Bedeutung. Es sei an dieser Stelle angemerkt, dass eine Beschreibung des Wirkungsgradverhaltens von Verdichter und vor allem Turbine über die stationär am Turboladerprüfstand vermessenen Kennfelder in der Simulation mit umso höheren Fehlern behaftet ist, je größer die Temperaturdifferenz zwischen der realen Turbineneintrittstemperatur und der Gaseintrittstemperatur am Turboladerprüfstand bei der Bestimmung des Kennfeldes ist.

Als für die Simulation einfache Maßnahme kommt eine Vermessung der Kennfelder von Verdichter und Turbine mit unterschiedlichen Turbineneintrittstemperaturen in Frage. Dies erfordert jedoch einen sehr hohen experimentellen Aufwand und potenziert gerade bei diesen Turbinenbauformen den Aufwand drastisch. In der Simulation muss dann mit der real auftretenden Abgastemperatur zwischen diesen Stützkennfeldern interpoliert werden. Das thermisch träge Verhalten kann bei einer derartigen Betrachtung allerdings noch nicht berücksichtigt werden. Dies erfordert zudem noch Wärmeleitungs-, Konvektions- und Strahlungsmodelle zur Beschreibung des thermischen Verhaltens. Eine detaillierte formelmäßige Modellierung dieser Zusammenhänge würde jedoch den Rahmen dieses Buches sprengen.

7.5.5 Ladeluftkühlung

- **Grundlagen**

Bei aufgeladenen Verbrennungsmotoren bedingt das Aufladeaggregat aufgrund der bei einer Druckerhöhung des Frischgases ablaufenden Zustandsänderung auch eine Zunahme der Temperatur des Frischgases. Beide Zustände stehen über die isentrope Zustandsgleichung und den isentropen Wirkungsgrad des Aufladeaggregates in einem engen Zusammenhang

$$T_2 = T_1 \left[\frac{1}{\eta_{is,V}} \left(\pi_V^{\frac{\kappa_1 - 1}{\kappa_1}} - 1 \right) + 1 \right] . \tag{7.264}$$

Das Ziel der Aufladung, nämlich eine Dichtesteigerung der vom Motor angesaugten Ladungsmasse durch die Druckerhöhung, wird dabei zu einem Teil durch den Anstieg der Temperatur der Ladungsmasse zunichte gemacht. Die Dichtesteigerung ist beim nicht ladeluftgekühlten Motor durch den Isentropenexponenten, das Verdichterdruckverhältnis und den isentropen Wirkungsgrad festgelegt

$$\rho_2 = \frac{p_2}{R_2 T_2} = \frac{p_1}{R_2 T_1} \frac{\pi_V}{\frac{1}{\eta_{is,V}}\left(\pi_V^{\frac{\kappa_1 - 1}{\kappa_1}} - 1\right) + 1} = \rho_1 \frac{\pi_V \, \eta_{is,V}}{\pi_V^{\frac{\kappa_1 - 1}{\kappa_1}} - 1 + \eta_{is,V}} . \tag{7.265}$$

Abb. 7.52 zeigt ein Kennfeld, in dem die Quotienten aus der Dichte nach dem Aufladeaggregat und der Dichte vor dem Aufladeaggregat nach (7.265) in Abhängigkeit vom isenstropen Wirkungsgrad und vom Druckverhältnis bei einer isentropen Verdichtung mit einem Isentropenexponenten von 1,4 dargestellt sind. Selbst bei einer möglichen Steigerung des isentropen Wirkungsgrades auf den in der Praxis nicht zu verwirklichenden Wert von 1 ist die Steigerung der Dichte nicht direkt proportional zur Steigerung des Ladedruckes. Dieser Effekt ist umso ausgeprägter, je höher das Druckverhältnis ist, und liegt in der isentropen Zustandsänderung begründet. Der Einfluss des isentropen Wirkungsgrades über die Ladelufttemperatur stellt ein ebenfalls nicht unwesentliches Potenzial bei der Dichteerhöhung dar.

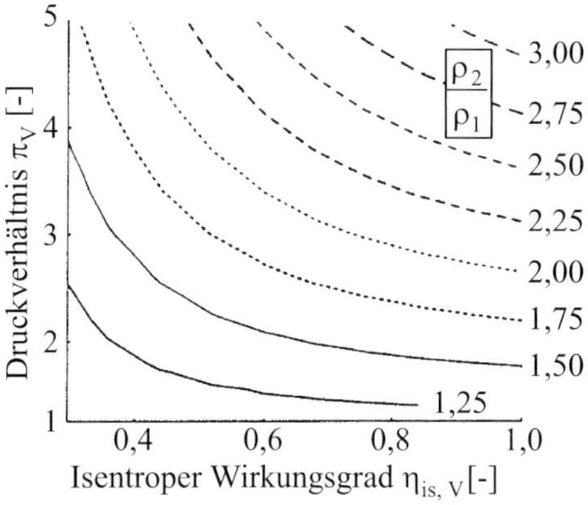

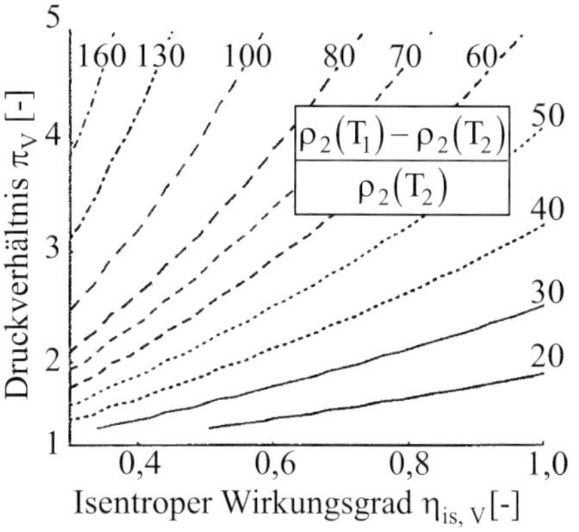

Abb. 7.52: Dichtesteigerungsfaktor bei isentroper Verdichtung (links) und prozentuale Dichtesteigerung durch Rückkühlung (rechts)

In Abb. 7.52 (rechts) ist die Auswirkung einer möglichen Rückkühlung der Ladungsmasse auf die Temperatur vor den Verdichter, wiederum in Abhängigkeit vom isentropen Wirkungsgrad und vom Druckverhältnis, dargestellt. Die theoretisch maximal zu erreichende Dichte ist dabei direkt proportional zum Verdichterdruckverhältnis und somit vom isentropen Wirkungsgrad unabhängig. Die Zustandsänderungen beim Rückkühlen unterscheiden sich bei unterschiedlichen isentropen Wirkungsgraden lediglich in den verschieden hohen Wärmemengen, die zum Rückkühlen der Ladungsmasse auf den Zustand vor dem Aufladeaggregat abgeführt werden müssen. Dargestellt ist in Abb. 7.52 (rechts) der prozentuale Zuwachs der Dichte nach dem Aufladeaggregat bei vollständiger Rückkühlung gegenüber der in Abb. 7.52 (links) aufgezeigten Dichtesteigerung.

Die Ladeluftkühlung stellt somit eine vergleichsweise einfache Möglichkeit dar, die Ladungsmasse und damit auch die Leistung des Motors zu steigern. Eine Absenkung der Temperatur wirkt sich jedoch nicht nur hinsichtlich der Möglichkeit zur Leistungssteigerung, sondern vor allem durch eine globale Absenkung des Prozesstemperaturniveaus auch bezüglich der Schadstoffemissionen (Stickoxide) und der möglichen Klopfgefahr beim Ottomotor, aber auch durch eine niedrigere thermische Belastung der Bauteile günstig aus, vgl. Dorsch (1982).

Somit hängt die Notwendigkeit der Ladeluftkühlung auch vom Motortyp ab. Während bei Dieselmotoren die Ladeluftkühlung nur zur Steigerung der Ladungsmasse und damit zur Leistungssteigerung oder zur Verringerung der Emissionen benötigt wird, ist sie bei aufgeladenen Otto- oder Gasmotoren zur Vermeidung des Klopfens und zur Erzielung eines guten Wirkungsgrades (optimale Lage des Schwerpunktes der Verbrennung) prinzipiell notwendig. Durch das Absenken der Temperatur der Ladungsmasse verlagert man den Verbrennungsprozess von der Klopfgrenze weg. Der somit entstandene Freiraum kann nun entweder durch eine weitere Erhöhung des Druckverhältnisses, des Verdichtungsverhältnisses des Motors oder durch eine wirkungsgradverbessernde Vorverlegung der Zündung genutzt werden. Daraus kann man ersehen, wie stark sich die Ladeluftkühlung gerade bei Otto- oder Gasmotoren auf die erzielbaren Werte für Leistung und Wirkungsgrad und somit auch auf den Kraftstoffverbrauch auswirkt, um so die Vorteile der Steigerung der Ladungsmasse nicht durch eine Verschiebung des Zündzeitpunktes oder eine Absenkung des Verdichtungsverhältnisses zunichte machen zu müssen.

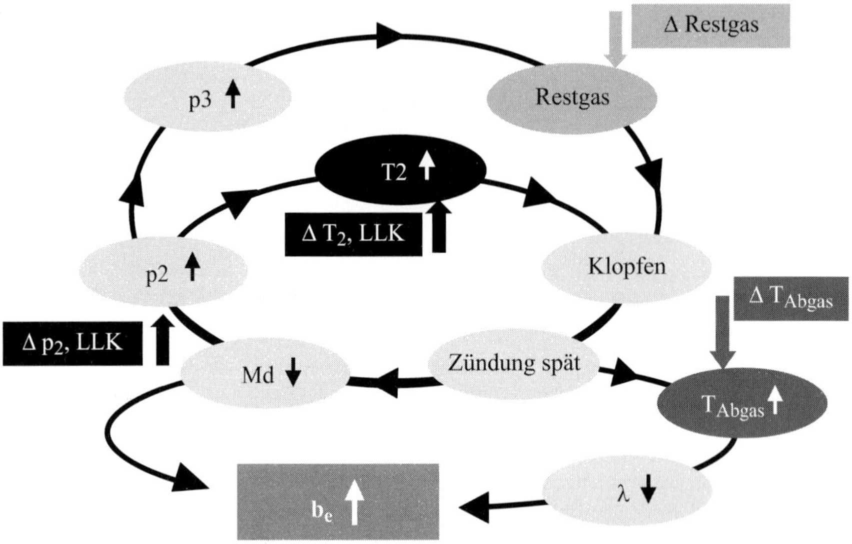

Abb. 7.53: Verbrauchsspirale beim turboaufgeladenen Ottomotor

Die Zusammenhänge beim abgasturboaufgeladenen Ottomotor sind in Abb. 7.53 zusammengefasst. Ein höherer Druckverlust im Ladeluftkühler bewirkt bei gleicher Motorleistung sowohl einen höheren Abgasgegendruck als auch eine höhere Sammlertemperatur. Beide bewirken eine erhöhe Klopfneigung, was ein Spätziehen der Zündung zur Folge hat. Dadurch steigt die Abgastemperatur und bedingt bei Erreichen eines für die Turbine oder den Katalysator kritischen Wertes einen Anreicherungsbedarf, also einen höheren Kraftstoffverbrauch. Zugleich sinkt über das Spätziehen der Zündung normalerweise das Drehmoment, was durch einen höheren Ladedruck mit den bekannten Konsequenzen für den Abgasgegendruck und die Rückkühlrate ausgeglichen werden kann. Die Spirale wird erneut durchlaufen. Man erkennt, dass bereits eine kleine Störung des Systems verheerende Folgen haben kann. Die Ladeluftkühlung ist somit einer der entscheidenden Schlüssel für effiziente Turbomotoren.

Der Einsatz und die Effizienz der Ladeluftkühlung hängen jedoch in erster Linie von der Verfügbarkeit eines entsprechenden Kühlmediums ab, um eine genügend große Wärmemenge abführen zu können. Die Temperatur der Ladungsmasse kann jedoch höchstens auf die Temperatur des Kühlmediums abgesenkt werden und ist zudem noch von der Wärmeübertragungsfläche und dem Massenstrom des Kühlmediums abhängig. Deshalb ergeben sich für unterschiedliche Einsatzgebiete von aufgeladenen Motoren unterschiedliche konstruktive Lösungen für die Ladeluftkühlung. Beim Einsatz in Schiffen oder bei Stationäranlagen steht relativ kaltes Wasser in zum Teil unbegrenzter Menge zur Kühlung der Ladeluft zur Verfügung, wogegen beim Einsatz in Fahrzeugen nur auf die Umgebungsluft oder auf das Kühlwasser des Fahrzeuges zurückgegriffen werden kann. Die Auslegung des Ladeluftkühlers muss zudem auf den verfügbaren Massenstrom des Kühlmediums und auf dessen Wärmekapazität Rücksicht nehmen.

- **Numerische Behandlung**

Die gebräuchlichste Darstellung von Kühlern ist in Abb. 7.54 aufgezeigt. Hierbei ist die spezifische Kühlleistung Φ in Abhängigkeit vom Massenstrom des zu kühlenden und des kühlenden Mediums aufgetragen. Der im Kühler abgeführte Wärmestrom $\dot{Q}_{LLK}$ kann über

$$\dot{Q}_{LLK} = \Phi(T_{L,e} - T_{K,e}) \tag{7.266}$$

berechnet werden.

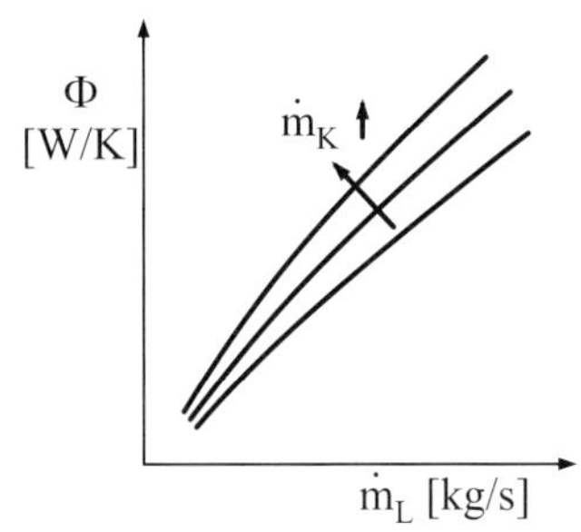

Abb. 7.54: Kennfeld für einen Ladeluftkühler

Der Einfluss der Bauform (Kreuzstrom, Gegenstrom- oder Gleichstromkühler), die Wärmeübergangsbedingungen und die Wärmeübergangsfläche werden durch die unterschiedlichen Verläufe der spezifischen Kühlleistung berücksichtigt. Der Effekt der Kühlung ist um so höher, je größer die anliegende Temperaturdifferenz zwischen der Eintrittstemperatur der Ladungsmasse $T_{L,e}$ und der Eintrittstemperatur des Kühlmediums $T_{K,e}$ ist.

Eine andere Möglichkeit zur Beschreibung des Ladeluftkühlers stellt die Kühlziffer ε dar, die den Quotienten aus der tatsächlichen Temperaturabsenkung und der maximal möglichen Temperaturabsenkung angibt

$$\varepsilon = \frac{T_{L,e} - T_{L,a}}{T_{L,e} - T_{K,e}} \quad . \tag{7.267}$$

Auch hierfür kann eine Darstellung in einem Kennfeld gewählt werden. Mit der Kühlziffer ε ergibt sich für eine überschlägige Berechnung der Dichte $\rho_{L,a}$ der Ladungsmasse nach dem Ladeluftkühler unter Berücksichtigung von (7.265)

$$\rho_{L,a} = \rho_1 \frac{\pi_V \, \eta_{is,V}}{\left(\pi_V^{\frac{\kappa_1 - 1}{\kappa_1}} - 1 + \eta_{is,V} \right)(1 - \varepsilon) + \varepsilon \, \eta_{is,V} \dfrac{T_{K,e}}{T_1}} \quad . \tag{7.268}$$

Der im Ladeluftkühler abgeführte Wärmestrom kann somit in Abhängigkeit der Temperaturdifferenz der Ladeluft am Ein- und Austritt der Ladeluftkühlers berechnet werden

$$\dot{Q}_{LLK} = \dot{m}_L \, c_p \, \Delta T_{LLK} = \dot{m}_L \, c_p \left(T_{L,e} - T_{L,a} \right) \quad . \tag{7.269}$$

Damit erhält man folgenden Zusammenhang zwischen der Kühlziffer und der spezifischen Kühlleistung:

$$\varepsilon = \frac{\Phi}{\dot{m}_L \, c_p} \quad . \tag{7.270}$$

Bei der Füll- und Entleermethode wird der dem Frischgas im Ladeluftkühler entzogene Wärmestrom nach (7.266) berechnet und als Wandwärmestrom in einem speziellen Behältermodul abgeführt.

In der Realität tritt im Ladeluftkühler wie bei jedem durchströmten Rohr ein Druckverlust auf, der den Effekt der Erhöhung der Dichte der Ladungsmasse durch die Kühlung zum Teil wieder zunichte macht. Deshalb ist bei der konstruktiven Auslegung des Ladeluftkühlers auf einen möglichst geringen Druckabfall zu achten. Bei existierenden Bauformen im Kraftfahrzeugbereich treten im Nennleistungspunkt Druckverlustwerte von bis zu 150 mbar auf. Diese Druckverluste können in der Simulation nicht mehr vernachlässigt werden.

Die Berücksichtigung der Druckverluste des Ladeluftkühlers in der Simulation ist in einem Behältermodul jedoch nicht möglich, da der Druck im Behälter aus der thermischen Zustandsgleichung berechnet wird und damit für beide Behälterausgänge in gleicher Höhe festgelegt ist.

Somit kann der Druckverlust in einem Ladeluftkühler nur durch eine spezielle Blende, die vor oder nach dem Ladeluftkühlerbehälter angeordnet ist, simuliert werden. Da aufgrund der Komplexität des Ladeluftkühlers die Beschreibung über eine einfache Blende mit einem konstanten Durchflussbeiwert nicht ausreicht, muss man auch hier auf ein Kennfeld zur Beschreibung der Druckverluste zurückgreifen. Die Verluste im Ladeluftkühler setzen sich aus den Verlusten in den Ein- und Auslaufkästen und aus den Reibungsverlusten im eigentlichen Kühlgitter zusammen. Im Kennfeld ist dieser gesamte Druckverlust über dem Massenstrom dargestellt. Kennt man die Drücke vor und nach der Ladeluftkühlerblende, kann man sehr leicht aus dem Kennfeld den Massenstrom durch die Blende bestimmen. Die Ladeluftkühlerblende liefert somit einen Massen- und Enthalpiestrom, mit dem sich nach der in Kap. 7.3.2

beschriebenen Vorgehensweise die Zustandsgrößen in den Behältern vor und nach der Blende berechnen lassen. Somit stellt sich eine neue Druckdifferenz ein, die im stationären Zustand dem Druckverlust des Ladeluftkühlers entspricht.

Wesentlich komplexer ist die Berechnung der Druckverluste im Ladeluftkühler bei Verwendung der eindimensionalen Gasdynamik. Hierbei wird der Ladeluftkühler als Rohrbündel einer Vielzahl von kleinen Röhrchen modelliert, die den Kühlschächten entsprechen, in denen die zu kühlende Luft strömt. Die Ein- und Auslaufkästen werden in dieser Modellierung als Behälter mit dem entsprechenden Volumen der Kästen dargestellt. Als Verbindung zwischen den Behältern dienen die Röhrchen. Mit diesem Verfahren, das aus der Simulation der Durchströmung von Katalysatoren abgeleitet ist, lässt sich der Druckverlust im Ladeluftkühler sehr gut annähern.

Problematisch stellt sich hierbei aber die Wärmeabfuhr des Ladeluftkühlers dar. Diese muss über die Wände der Rohre erfolgen.

Dazu wird der Wärmestrom von der Ladeluft an die Wand des Röhrchens mit Hilfe der Ansätze für den Wandwärmeübergang an der Rohrinnenwand bestimmt. Der Wärmeaustausch der Rohraußenwand mit der Umgebung wird über das in Abb. 7.54 dargestellte Ladeluftkühlerkennfeld beschrieben. Um den Aufwand zur Beschreibung des Ladeluftkühlers in Grenzen halten zu können, geht man davon aus, dass aus jedem Röhrchen der gleiche Wärmestrom abgeführt wird. Das bedeutet, dass eine gleiche Anströmung der Röhrchen und eine Gleichverteilung der zu kühlenden Luft auf alle Röhrchen unterstellt wird. Mit der Anzahl i der Röhrchen ergibt sich

$$\dot{Q}_{Röhrchen} = \frac{\dot{Q}_{LLK}}{i} \quad . \tag{7.271}$$

Bei einem Kreuzströmwärmetauscher liegen über dem gesamten Rohrverlauf näherungsweise gleiche Temperaturen des kühlenden Medium an. In Strömungsrichtung aber nimmt die Temperatur des zu kühlenden Mediums ab. Daraus ergeben sich in Strömungsrichtung des zu kühlenden Mediums kleiner werdende treibende Temperaturdifferenzen, die nach Miersch (2003) über die für die Berechnung ohnehin notwendige Längendiskretisierung des Röhrchens mit l Segmenten berücksichtigt werden können. Diese wirken sich auf den pro Segment abzuführenden Wärmestrom wie folgt aus

$$\dot{Q}_{Röhrchen\,,j} = \frac{\Delta T_j}{\sum\limits_{k=1,..,l} \Delta T_k} \dot{Q}_{Röhrchen} \quad . \tag{7.272}$$

Dabei stellt ΔT_k die Temperaturdifferenz zwischen der Rohrinnenwand und Ladelufttemperatur für ein Segment dar. Der Ladeluftkühler wird hierbei als masselos betrachtet. Eine Speicherwirkung im Bauteil kann bei dieser Modellierung nicht berücksichtigt werden.

8 Gesamtprozessanalyse

8.1 Allgemeines

Als Gesamtprozessanalyse versteht man die Simulation gesamtheitlicher Motorkonfigurationen unter stationären und transienten Betriebsbedingungen. Die Modellierung setzt dabei als Basis auf den Motorgrundbausteinen, wie z. B. Zylinder, Behälter, Rohre, Blenden bzw. Drosseln und Aufladeaggregaten, die in Kap. 7 beschrieben sind, auf. Da die Arbeitsprozessrechnung im Zylinder nur indizierte Größen liefert, müssen geeignete Ansätze für die Reibung des Motors in das Gesamtsimulationsmodell integriert werden. Zusätzlich muss das Verhalten des Öl- und Kühlkreislaufes berechnet werden, um bei thermisch instationären Vorgängen eine Berechnung des Reibmomentes möglich zu machen, da der Einfluss von Öl- und Kühlwassertemperaturen auf das Reibmoment des Motors beträchtlich ist. Hinzu kommen noch Modelle, mit denen eine Simulation der an den Verbrennungsmotor angeschlossenen Verbraucher möglich ist, um möglichst exakt die Randbedingungen für die Verbrennungskraftmaschine beschreiben zu können.

Das Verhalten des Antriebssystems und z. B. die Abstimmung der Aufladeeinheit im Rahmen von reproduzierbaren Fahrzyklen können damit realitätsgetreu nachgebildet werden. Zudem kann der Einfluss von einzelnen Komponenten innerhalb des Gesamtsystems durch eine geänderte Verschaltung im Modell oder durch eine Änderung von Parametern oder von Kennfeldern für jede einzelne Komponente herausgearbeitet werden. Dies gilt besonders für die Auswahl von Aufladekomponenten und für einen eventuellen Vergleich unterschiedlicher Aufladekonzepte bei instationären Vorgängen, bei denen eine möglichst realitätsnahe Beschreibung der Einzelkomponenten mit einer entsprechend großen Modelltiefe Voraussetzung ist. Diese große Modelltiefe, ohne die Einzeleinflüsse nicht mehr exakt herausgearbeitet werden können, setzt ihrerseits sehr hohe Rechenzeiten voraus. Die Beschreibung dieser Motorperipherie sowie ausgewählte Beispiele für stationäre und instationäre Ergebnisse von Berechnungen am Verbrennungsmotor sind Gegenstand dieses Kapitels.

8.2 Thermisches Motorverhalten

8.2.1 Grundlagen

Um das thermische Verhalten eines Motors, z. B. den Warmlauf, beschreiben zu können, müssen sowohl der Ölkreislauf als auch der Kühlkreislauf modelliert werden. Beide stehen zudem über einen Austausch von Wärme im Zylinderkopf, im Motorblock und in gegebenenfalls vorhandenen Öl-Wasser-Wärmetauschern in Verbindung. Die hauptsächliche Wärmezufuhr erfolgt über den bei der Verbrennung entstehenden Wandwärmestrom. Im Motorblock wird dieser Wärmestrom aufgeteilt, wobei der größte Teil durch die Wand der Zylinderbüchse und den Zylinderkopf an das Kühlwasser abgegeben wird. Ein geringer Anteil wird von den Brennraumwänden und durch die Kühlung der Kolben an das Motoröl abgeführt. Bei einem abgasturboaufgeladenen Motor wird ein zusätzlicher Wärmestrom vom Turbolader an das Öl übertragen. Da die Reibleistung in den Lagern des Motors ebenfalls zu einem großen Teil über das Öl in Form von Wärme abgeführt wird, fällt hier ein weiterer Wärmestrom in das Öl ein.

Abgeführt wird die Wärme aus dem Ölkreislauf hauptsächlich über die Ölwanne an die Umgebung und – falls vorhanden – durch den Ölkühler an das Kühlwasser. Außerdem wird vom Kühlwasser die Wärme über den Fahrzeugkühler an die Umgebung abgegeben. Für die instationäre Betrachtungsweise müssen die in den einzelnen Kreisläufen enthaltenen Wasser- bzw. Ölmassen und das Wärmespeicherverhalten der Wände berücksichtigt werden. So strömt bei kaltem Motor nur sehr wenig Wärme von der Brennraumwand an den Kühlwasserkreislauf, da sich zunächst der Motorblock erwärmt. Die Wärmeabfuhr vom Kühlwasser an die Umgebung beginnt ebenfalls erst, wenn der Motor selbst schon seine normale Betriebstemperatur erreicht hat.

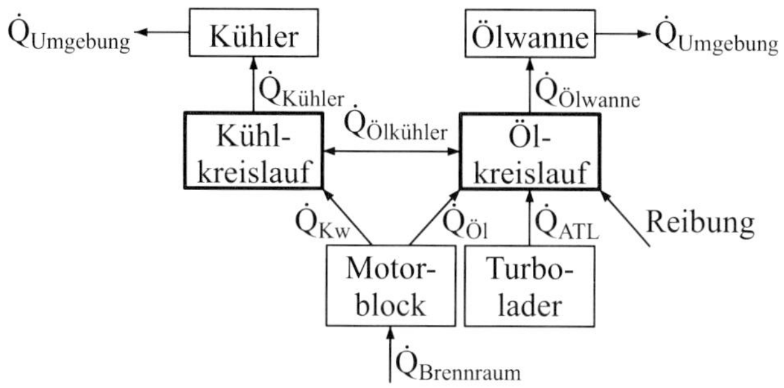

Abb. 8.1: Wärmeströme in einem Verbrennungsmotor

8.2.2 Modellierung des Rohrleitungssystems

Abb. 8.2 zeigt nach Reulein (1998) eine Analogiebetrachtung für das Rechenmodell von Rohrleitungen. Dieses Modell hat den Vorteil, dass keine Iterationen zur Berechnung der Massenströme notwendig sind, da die Rohrwand als elastisch betrachtet wird. Aufgrund der Elastizität der Leitungswände weitet sich das Rohr unter Druck auf. Man kann dazu analog einen Behälter mit steifen Wänden betrachten, der durch eine Federkraft (Federsteifigkeit k_c) belastet wird. Dadurch stellt sich ein bestimmter Druck im Behälter ein. Jede Masseänderung im Behälter bedingt somit einen anderen Druck. Die Masseänderung im Behälter ergibt sich zu:

$$\frac{\mathrm{d}m}{\mathrm{d}t} = \sum \dot{m}_e + \sum \dot{m}_a \ , \tag{8.1}$$

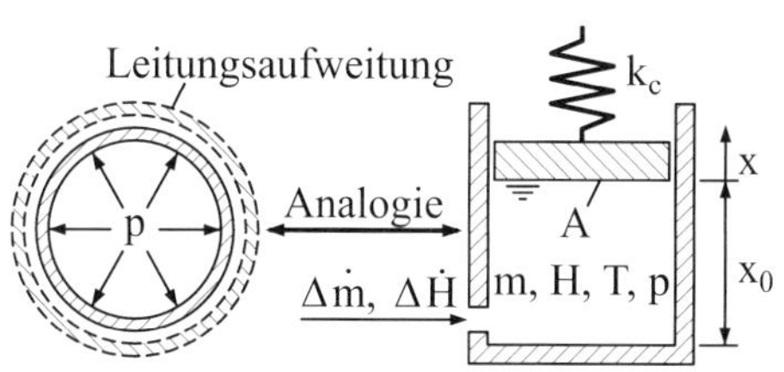

Abb. 8.2: Rechenmodell Druckbehälter

Unter diesen Annahmen kann die Druckänderung bestimmt werden zu:

$$\frac{\mathrm{d}p}{\mathrm{d}t} = \frac{\mathrm{d}m}{\mathrm{d}t}\frac{k_c}{\rho} \; . \tag{8.2}$$

Die Behältersteifigkeit k_c entspricht dabei physikalisch dem Elastizitätsmodul der Leitungsmaterialien. Die Änderung der Enthalpie im Druckbehälter lässt sich schreiben als

$$\frac{\mathrm{d}H}{\mathrm{d}t} = \dot{H}_e + \dot{H}_a + \dot{Q}_W \; . \tag{8.3}$$

Hierbei wird zusätzlich noch ein Wandwärmestrom $\dot{Q}_W$ berücksichtigt, der eine Wärmeabfuhr an die Umgebung ermöglicht. Die Temperatur des Behälters kann unter Berücksichtigung der gesamten Behältermasse m und der spezifischen Wärmekapazität c berechnet werden zu

$$\Delta T_{Beh} = \frac{\Delta H_{Beh}}{m\,c} \; . \tag{8.4}$$

Der Massenstrom einer voll ausgebildeten turbulenten Strömung durch ein Rohr mit konstantem Querschnitt A kann wie folgt berechnet werden

$$\dot{m} = k_{korr}\,A\frac{1}{v}\frac{1}{\sqrt{\zeta}}\sqrt{2\,\rho\left(p_e - p_a\right)} \; . \tag{8.5}$$

Dabei sind p_e der Druck an der Einlassseite, p_a der Druck an der Auslassseite des Rohres und ρ die Dichte des Mediums. Die Reibungsverluste im Rohr werden durch den Faktor ζ vorgegeben, der in Abhängigkeit von Geometrie und Länge des Rohres sowie der Reynoldszahl Re bestimmt werden kann. Mit dem Korrekturfaktor k_{korr} kann zusätzlich das Verhalten eines Ventils simuliert werden. Zur Darstellung eines geschlossenen Ventils muss dabei der Wert $k_{korr} = 0$ verwendet werden, ein vollständig geöffnetes Ventil erhält den Wert $k_{korr} = 1$ (Modellierung des Druckregelventils und des Bypasses im Ölkreislauf sowie Simulation des Thermostaten im Kühlkreislauf).

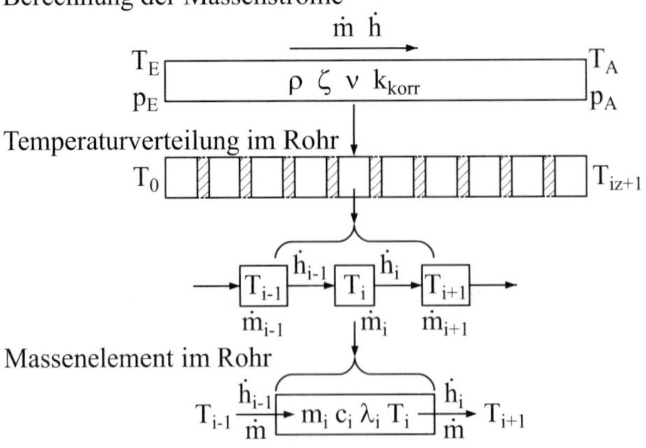

Abb. 8.3: Rechenmodell Rohrleitung

Um einen Temperaturausgleich innerhalb des Rohrabschnittes zu ermöglichen, wenn die Strömung zum Stillstand kommt, muss neben dem Wärmetransport (Enthalpietransport) auch die Wärmeleitung betrachtet werden. In Anlehnung an Finite-Elemente-Modelle wird die Leitung gemäß Abb. 8.3 in eine Anzahl gleich großer Leitungssegmente mit jeweils homogener Temperatur unterteilt. Dann kann sowohl der Wärmetransport als auch die Wärmeleitung innerhalb des Rohres berechnet werden.

Bei iz Leitungsabschnitten sind als Randbedingung für das gesamte Rohr die Temperaturen T_0 und T_{iz+1} der angrenzenden Druckbehälter, der Massenstrom $\dot{m}$ durch das Rohr und die Flüssigkeitsmasse eines Elementes m_i bekannt. Aus diesen Annahmen lässt sich für die Temperaturänderung des i -ten Massenelementes folgende Gleichung aufstellen

$$m_i\, c_i(T) \frac{\mathrm{d}T_i}{\mathrm{d}t} = \left(\dot{H}_e + \dot{H}_a + \dot{Q}_{i,W} + \dot{Q}_L\right) . \tag{8.6}$$

Hierbei werden neben den ein- und austretenden Enthalpieströmen noch ein Anteil der Wärmezufuhr $\dot{Q}_{i,W}$ von außen und die Wärmeleitung $\dot{Q}_L$ längs des Rohres berücksichtigt. Für die Wärmeleitung $\dot{Q}_L$ gilt

$$\dot{Q}_L = \frac{\lambda A}{l_i}\left(T_{i-1} - T_i\right) + \frac{\lambda A}{l_i}\left(T_{i+1} - T_i\right) . \tag{8.7}$$

Für die Temperaturänderung des Leitungssegmentes i ergibt sich dann die Differentialgleichung

$$\frac{\mathrm{d}T_i}{\mathrm{d}t} = \frac{iz}{m\, c_i(T)}\left[\dot{m}\left(c_{i-1} T_{i-1} - c_i T_i\right) + \frac{\dot{Q}_W}{iz} + \frac{2m\lambda\, iz}{\rho\, l^2}\left(T_{i-1} + T_{i+1} - 2T_i\right)\right] . \tag{8.8}$$

Dabei ist m die im Rohr enthaltene Masse, l die Gesamtlänge der Leitung und $\dot{Q}_W$ der dem Rohr zugeführte Wärmestrom.

8.2.3 Kühlkreislauf

Abb. 8.4 zeigt am Beispiel eines abgasturboaufgeladenen Dieselmotors den Kühlwasserkreislauf als Blockschaltbild. Das Kühlwasser wird von der Wasserpumpe (1) durch den Motorblock (2) gefördert. Anschließend teilt sich der Massenstrom abhängig von der Stellung des Thermostaten (8) in die Kreislaufteile Heizung (7), Kühler (6) und Kurzschluss (3) auf. Vom Kurzschlussmassenstrom wird noch ein Teil des Massenstroms zur Durchströmung des Ölkühlers (5) abgeführt. Die Regelung der Kühlwassertemperatur erfolgt durch den Thermostaten.

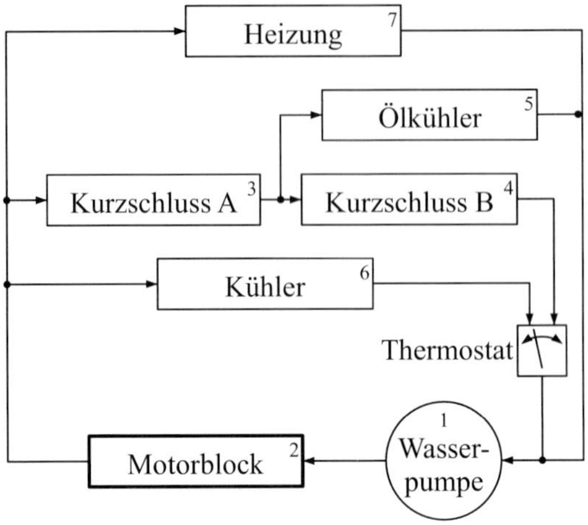

Abb. 8.4: Blockschaltbild des Kühlwasserkreislaufs

- **Wasserpumpe**

Zur Förderung des Kühlwassers werden in der Regel einstufige Kreiselpumpen verwendet.

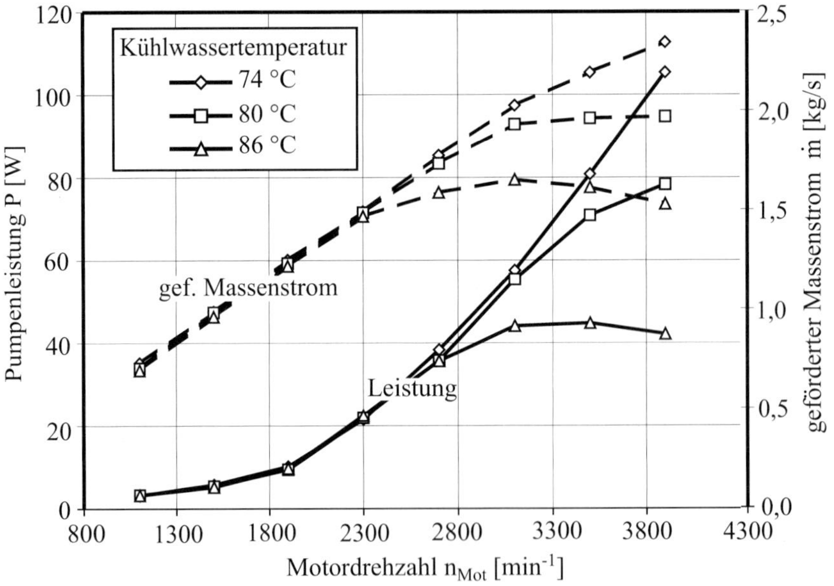

Abb. 8.5: Wasserpumpenkennfeld

Der Förderstrom der Pumpe ist abhängig von ihrer Drehzahl und den Strömungsverhältnissen am Ein- und Austritt des Laufrades. Die Förderleistung der Pumpe kann mit folgender Gleichung unter Berücksichtigung der Dichte des Wassers ρ bestimmt werden

$$P = \frac{\dot{m}_{KW}}{\rho}(p_a - p_e) \; . \tag{8.9}$$

Die Verläufe des geförderten Kühlwassermassenstroms und der Pumpenleistung sind in Abb. 8.5 dargestellt.

- **Thermostat**

Die Regelung der Kühlmitteltemperatur erfolgt durch einen Thermostaten. Neben den Zweiwegethermostaten, die nur den Massendurchfluss durch den Kühler beeinflussen, werden auch Dreiwegethermostate eingesetzt. Bei Dehnstoffthermostaten wird der Dehnstoff von Kühlwasser umströmt. Abhängig von seiner thermischen Ausdehnung werden die Ventilöffnungen freigegeben oder verschlossen (vgl. Abb. 8.6).

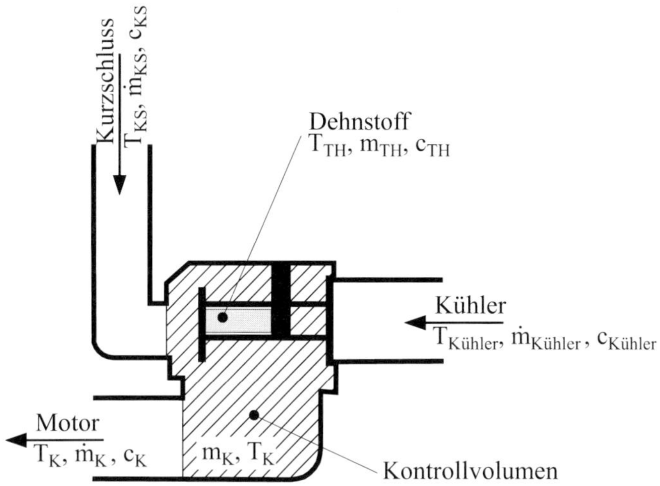

Abb. 8.6: Rechenmodell Zweiwege-Thermostat

Für den bezogenen Öffnungsweg a des Thermostaten gilt die Gleichung

$$a = \begin{cases} 0 & \text{für} \quad T_{KW} < T_u \\ \dfrac{T_{KW} - T_u}{T_o - T_u} & \text{für} \quad T_u < T_{KW} < T_o \\ 1 & \text{für} \quad T_{KW} > T_o \end{cases} \; . \tag{8.10}$$

Eine lineare Approximation ist für die meisten Anwendungsfälle ausreichend.

Das Ventil des Dreiwegethermostaten wird durch das Rechenmodell Rohr simuliert, indem bei der Leitung des Kühlers der bezogene Öffnungsweg a und bei der Leitung des Kurzschlusses der komplementäre Wert $(1 - a)$ als Korrekturfaktor k_{korr} in (8.5) verwendet werden.

Dies ist für die stationäre Simulation zur Vorausberechnung der Massenströme ausreichend. Allerdings ergeben sich Probleme bei der instationären Betrachtung, da hier neben der Öffnungscharakteristik auch das zeitliche Ansprechverhalten des Thermostaten berücksichtigt werden muss. Insbesondere bei der erstmaligen Thermostatöffnung spielt dies eine große Rolle. Hier treten einerseits große Temperaturunterschiede zwischen den Massenströmen des Kühler- und Kurzschlusskreises auf, andererseits benötigt der Dehnstoff eine gewisse Zeit, sich auf die anliegenden Temperaturen einzustellen. Daher wird, um das Verhalten des Thermostaten besser nachbilden zu können, zusätzlich sein Wärmespeicherungsvermögen berücksichtigt.

Zur Berechnung des Ansprechverhaltens des Thermostaten kann ein einfaches Modell verwendet werden, das in Abb. 8.6 abgebildet ist. Dabei wird angenommen, dass die gesamte Oberfläche des Thermostaten im Kontrollvolumen von Kühlwasser umströmt wird. Innerhalb des Kontrollvolumens hat das Kühlwasser eine homogene Temperatur, die sich nach der Energiebilanz ermitteln lässt

$$m_K\, c_K \,\frac{\mathrm{d}T_K}{\mathrm{d}t} = \dot{m}_{KS}\, c_{KS}\, T_{KS} + \dot{m}_{Kühler}\, c_{Kühler}\, T_{Kühler} - \dot{m}_K\, c_K\, T_K\,. \tag{8.11}$$

Nimmt man eine homogene Temperatur T_{TH} des Thermostaten an, kann diese unter Einbeziehung seiner Oberfläche A, der Masse m, der Wärmekapazität c und des Wärmeübergangskoeffizenten zwischen Kühlwasser und Thermostat mit der Differentialgleichung bestimmt werden

$$m\,c\,\frac{\mathrm{d}T_{TH}}{\mathrm{d}t} = \alpha\, A\left(T_K - T_{TH}\right). \tag{8.12}$$

- **Wärmetauscher**

Zur Wärmeabfuhr an die Umgebung und für die Fahrzeugheizung werden Wasser-Luft Wärmetauscher eingesetzt, die entweder als Rippenrohr- oder Lamellenkühler ausgeführt sind. Motoren höherer Leistungsdichte und abgasturboaufgeladene Motoren benötigen zusätzlich einen Ölkühler. Diese sind meist in Rundrohr- und Flachrohrbauweise ausgeführt. Die Wärmeabfuhr erfolgt dabei in der Regel an das Kühlwasser. Die Vorgehensweise zur Simulation von Ladeluftkühlern ist bereits in Kap. 7.5.5 beschrieben, weshalb an dieser Stelle darauf nicht mehr eingegangen werden soll.

8.2.4 Ölkreislauf

Die Schmierung von Fahrzeugmotoren erfolgt üblicherweise in Form einer Druckumlaufschmierung. Für einen abgasturboaufgeladenen Pkw-Dieselmotor ist diese schematisch in Abb. 8.7 dargestellt ist. Hierbei wird das Motoröl von der Ölpumpe aus einer Ölwanne gefördert. Anschließend durchläuft es das Ölfilter und den Ölkühler. Das gekühlte Motoröl wird von der im Motorblock verlaufenden Hauptölbohrung über Stichkanäle an die einzelnen Lagerstellen geleitet. Die Schmierung des Turboladers erfolgt über eine zusätzliche Ölleitung.

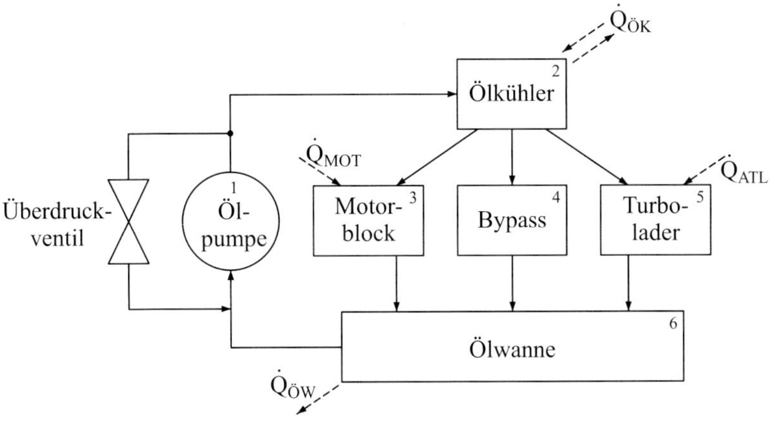

Abb. 8.7: Blockschaltbild des Ölkreislaufs

Zum Schutz gegen zu hohe Öldrücke bei kaltem Motor ist in die Ölpumpe ein Überdruckventil eingebaut. Neben den Abschnitten Motorblock und Turbolader hat der Schmierölkreislauf noch eine Bypassleitung. Durch diese Leitung erfolgt die Regelung des Öldrucks bei betriebswarmem Motor. Sowohl vom Motorblock als auch vom Turbolader gelangen Wärmeströme in den Ölkreislauf. Die Richtung des im Ölkühler übertragenen Wärmestroms ist abhängig vom momentanen Betriebszustand des Motors. Bei warmem Motor wird hier Wärme an das Kühlwasser abgegeben. Während der Warmlaufphase nimmt das Motoröl vom Kühlwasser Wärme auf. Eine zusätzliche Kühlung des Öls erfolgt durch die Wärmeabfuhr von der Ölwanne an die Umgebungsluft.

- **Ölpumpe**

Zur Förderung des Motoröls werden in der Regel Zahnradpumpen verwendet. Nach Schlösser (1961) und Findeisen u. Findeisen (1994) setzt sich der geförderte Volumenstrom q der Pumpe aus dem geometrischen Förderstrom q_{theo} abzüglich der Verlustölströme, die sich aufgrund des Viskositätseinflusses $q_{V\eta}$ und des Einflusses der Dichte $q_{V\rho}$ ergeben, zusammen

$$q = q_{theo} - q_{V\eta} - q_{V\rho} \; . \tag{8.13}$$

Der theoretische Förderstrom ergibt sich aus dem theoretischen Fördervolumen V_i und der Antriebsdrehzahl n der Pumpe

$$q_{theo} = V_i \, n \; . \tag{8.14}$$

Der aufgrund des Viskositätseinflusses entstehende Verlustölstrom $q_{V\rho}$ kann aus dem Gesetz von Hagen-Poisseuille abgeleitet werden. Danach wird der Leckagestrom durch einen Spalt der Höhe h, der Breite b und der Länge l in Abhängigkeit von der an der Pumpe anliegenden Druckdifferenz und der Viskosität des Öls berechnet

$$q_{V\eta} = \frac{b\,h^3 \Delta p}{12\eta\, l} = k_\eta \frac{\Delta p}{12\eta} \; . \tag{8.15}$$

Der durch den Einfluss der Dichte verursachte Leckagestrom $q_{V\rho}$ lässt sich mit der folgenden Gleichung berechnen

$$q_{V\rho} = k_\rho \sqrt{2\frac{\Delta p}{\rho}} \quad . \tag{8.16}$$

Der Faktor k_ρ ist von der Form des Spaltes abhängig. Damit kann der Massenstrom durch die Ölpumpe bestimmt werden

$$\dot{m} = \rho\left(V_i\, n - 3k_\eta \frac{\Delta p}{12\eta} - k_\rho \sqrt{2\frac{\Delta p}{\rho}} \right) . \tag{8.17}$$

Als Beispiel sind in untenstehender Tabelle Werte für einen abgasturboaufgeladenen Dieselmotor mit einer Leistung von ca. 66 kW nach Reulein (1998) angegeben.

Tab. 8.1: Werte für einen Pkw-Dieselmotor

V_i	k_p	k_η
$8\cdot 10^{-6}\ \frac{\text{m}^3\,\text{min}}{\text{s Umdr.}}$	$1\cdot 10^{-7}\ \text{m}^2$	$1{,}7\cdot 10^{-11}\ \text{m}^3$

Der von der Ölpumpe geförderte Enthalpiestrom wird berechnet zu

$$\dot{H}_{Öl} = c_{Öl}(T)\, \dot{m}_{Öl}\, T_{Öl} \quad . \tag{8.18}$$

Abb. 8.8 zeigt ein Fördermengenkennfeld einer Stirnradpumpe.

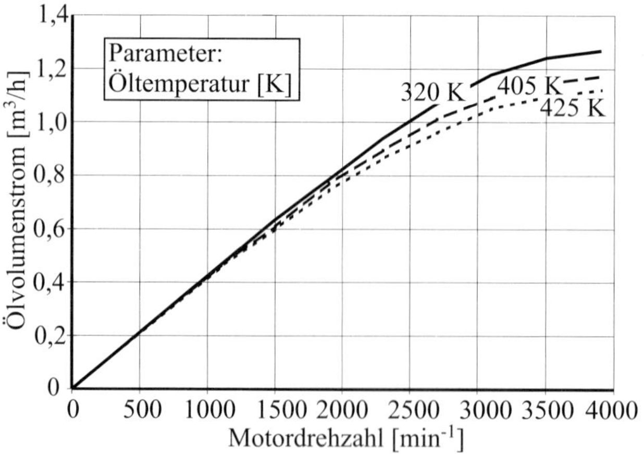

Abb. 8.8: Fördermengenkennfeld Ölpumpe (Stirnrad)

- **Öldruckregler**

Die Förderleistung der Ölpumpe muss auf den Schmierölbedarf bei betriebswarmem Motor ausgelegt sein. Da die Förderleistung der Ölpumpe nahezu unabhängig von der Viskosität des Schmieröls ist, entsteht aufgrund der hohen Durchflusswiderstände der Lager beim Start des Motors ein sehr hoher Öldruck. Durch das Überdruckventil wird dieser Öldruck abgebaut, um die Ölpumpe und den Ölfilter zu schützen. Das Überdruckventil ist in der Regel sehr nahe an der Ölpumpe in den Motorblock eingebaut oder direkt in die Ölpumpe integriert. Meist wird dafür eine Ventilkugel verwendet, die mit Hilfe einer Schraubenfeder an ihren Ventilsitz gepresst wird.

Die Öffnungscharakteristik dieses Ventils kann über den Faktor k_{korr} in (8.5) vorgegeben werden. Der Ölmassenstrom wird nach der Ölpumpe wieder in die Ölwanne zurückgeleitet und beeinflusst somit das Warmlaufverhalten des Motorblocks nicht. Zur Regelung des Öldrucks bei betriebswarmem Motor wird ein Bypassventil eingesetzt. Dieses Ventil ist so ausgelegt, dass auch bei hohen Öltemperaturen und geringer Motordrehzahl ein zur Schmierung des Motors ausreichender Öldruck vorhanden ist. Der Bypass kann, ähnlich wie das Druckregelventil, als Rohr modelliert werden.

- **Ölkühlung**

Die vom Motoröl aufgenommene Wärme wird bei Motoren geringerer Leistungsdichte über die Ölwanne abgeführt. Motoren höherer Leistungsdichte sind erheblich stärker thermisch belastet und benötigen zusätzliche Ölkühler. Insbesondere aufgeladene Motoren können kritische Öltemperaturen erreichen, da neben der höheren thermischen Belastung auch über die Schmierung der Turboladerwelle eine relativ große zusätzliche Wärmemenge in das Motoröl einfällt. Bei Fahrzeugmotoren erfolgt dabei in der Regel die Wärmeabfuhr vom Ölkühler an das Kühlwasser.

Das Modell für die Ölwanne kann in Analogie zu dem in Kap. 7.1.6 vorgestellten Wandmodell betrachtet werden, welches das thermisch instationäre Verhalten einer Wand beschreibt. Für die in die Wand ein- bzw. austretenden Wärmeströme gilt

$$\begin{aligned} \dot{Q}_i &= \alpha_{Öl}\ A\ (T_{Öl} - T_W) \\ \dot{Q}_a &= \alpha_{Umg}\ A\ (T_{Umg} - T_W) \end{aligned} \quad . \tag{8.19}$$

Der von einem Wärmetauscher abgeführte Wärmestrom kann grundsätzlich nach Küntscher (1987) bestimmt werden

$$\dot{Q} = \Phi\left(T_k - T_{zk}\right) \ . \tag{8.20}$$

Hierbei ist T_k die Temperatur des Kühlmediums, T_{zk} die Temperatur des zu kühlenden Mediums und Φ die so genannte Kühlziffer. Diese Vorgehensweise wurde bereits bei der Modellierung von Ladeluftkühlern eingeführt und ausführlich beschrieben (vgl. Kap. 7.5.5). Abb. 8.9 zeigt ein Kennfeld für einen Öl-Wasser-Wärmetauscher.

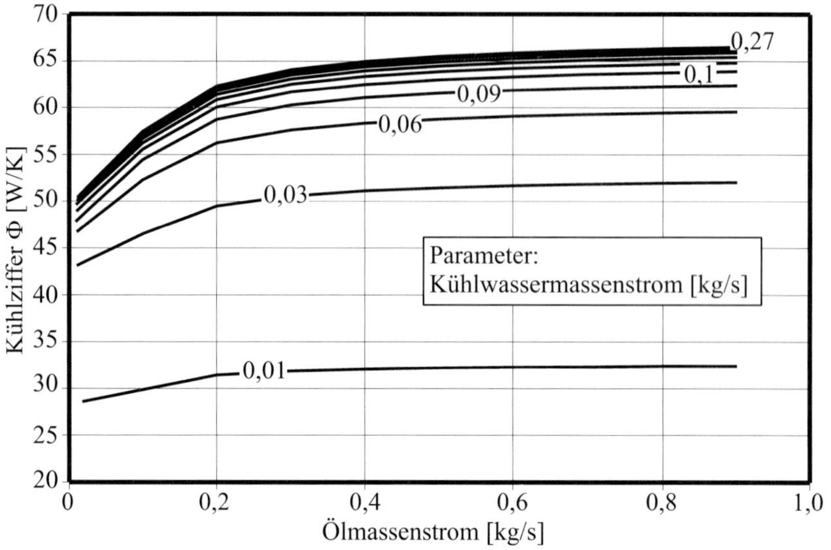

Abb. 8.9: Ölkühlerkennfeld gemessen

Der vom Turbolader an das Öl übertragene Wärmestrom setzt sich aus der Reibleistung an der Turboladerwelle und aus dem Wärmestrom, der vom heißen Turboladergehäuse an das Öl abgegeben wird, zusammen. Die Modellierung des Turboladers mit einem einfachen Modell ist nicht trivial, da heißes Abgas, kühle Frischluft sowie heißes Öl und u. U. bei einem wassergekühlten Gehäuse Kühlwasser auf sehr engem Raum miteinander in Berührung kommen. Für das Lager des Turboladers kann nach Niemann (1981) angenommen werden, dass die Reibleistung P_R unabhängig von der Belastung des Lagers ist. Sie lässt sich aus der Drehzahl n und der dynamischen Viskosität η des Schmieröls bestimmen

$$P_R = k_L \, n^2 \, \eta \frac{1}{3600} \qquad (n \text{ in } [1/\text{min}]) \,. \tag{8.21}$$

Die Konstante k_L wird in Abhängigkeit vom Durchmesser des Lagerbolzens d, der Breite des Lagers b und dem relativen Lagerspiel ψ definiert zu

$$k_L = 3d^2 \, b \, 2\pi^2 \, \frac{1}{\psi} \,. \tag{8.22}$$

Zur Berechnung des Wärmestroms, der vom Turbinengehäuse in das Öl einfällt, müssen einige vereinfachende Annahmen getroffen werden. Ein wassergekühltes Gehäuse soll hier nicht betrachtet werden. Zunächst wird die Verdichterseite des Turboladers bei der Berechnung des Wärmeübergangs vernachlässigt, da die Temperatur des Verdichtergehäuses in der gleichen Größenordnung liegt, wie die Temperatur des Motoröls. Für die Temperatur der Turbineninnenwand kann mit hinreichender Genauigkeit die Temperatur des Abgaskrümmers eingesetzt werden. Mit dem Wandtemperaturmodell kann wiederum das thermisch instationäre Verhalten beschrieben werden, wobei für den gasseitigen Wärmeübergangskoeffizienten die Beziehung nach Hausen (1976) für ein Rohr verwendet werden kann, vgl. (7.177).

Kombiniert man die Anteile von Reibung und Wärmeübergang, ergibt sich für den vom Turbolader ins Motoröl übertragenen Wärmestrom

$$\dot{Q}_{Öl} = \alpha_{Öl}\ A\left(T_{W,Tur} - T_{Öl}\right) + k_L\ n_{Tl}^2\ \eta\ . \tag{8.23}$$

Der Wärmeübergangskoeffizient $\alpha_{Öl}$ für den Ringspalt des Lagers kann nach dem VDI-Wärmeatlas (Verein Deutscher Ingenieure (1991)) bestimmt werden zu

$$\alpha_{Öl} = Nu \frac{\lambda}{d_a - d_i} \frac{0{,}86\left(\frac{d_i}{d_a}\right)^{0{,}84} + \left[1 - 0{,}14\left(\frac{d_i}{d_a}\right)^{0{,}6}\right]}{1 + \frac{d_i}{d_a}} \tag{8.24}$$

mit

$$Nu = \frac{\left(\frac{\xi}{8}\right)(\mathrm{Re} - 1.000)\mathrm{Pr} + \left[1 - 0{,}14\left(\frac{d_i}{d_a}\right)^{0{,}6}\right]}{1 + 12{,}7\sqrt{\frac{\xi}{8}}\left(\mathrm{Pr}^{0{,}67} - 1\right)} \left[1 + \left(\frac{d_a - d_i}{b}\right)^{0{,}67}\right] \tag{8.25}$$

und

$$\xi = \left(1{,}82\ \log_{10} \mathrm{Re} - 1{,}64\right)^{-2}\ . \tag{8.26}$$

Dabei ist d_a der Durchmesser der Lagerbohrung, d_i der Durchmesser der Welle und b die Breite des Lagers.

8.2.5 Physikalische Eigenschaften von Öl und Kühlwasser

Zur Modellierung des Öl- und Kühlwasserkreislaufs ist die Kenntnis der physikalischen Eigenschaften der verwendeten Medien erforderlich. Insbesondere von Bedeutung sind hierbei die Wärmekapazität, die Dichte und die Viskosität. Diese Stoffwerte sind zumeist temperaturabhängig. Im Folgenden sollen die Umrechnungsgleichungen der einzelnen Stoffgrößen kurz angegeben werden.

- **Kühlmittel**

Den Verlauf der Wärmekapazität von Wassers nach Stephan und Mayinger (1992) gibt die nachfolgende Gleichung wieder

$$c_{KW} = 3{,}175991 \cdot 10^{-6} T^4 - 0{,}004251556 T^3 + 2{,}1382 T^2 - 478{,}36 T + 44.310\ . \tag{8.27}$$

Die Dichte von Wasser ist nach Kuchling (1988) ebenfalls temperaturabhängig. Ihr Verlauf ist berechnet sich nach

$$\rho_{KW} = -0{,}0036\ T^2 - 1{,}8843\ T + 752{,}61\ . \tag{8.28}$$

Der Einfluss der Temperatur auf die kinematische Viskosität von Wasser kann vernachlässigt werden. Nach Truckenbrodt (1980) wird ein konstanter Wert verwendet

$$\nu = 1{,}791 \cdot 10^{-6} \left[\frac{\text{m}^2}{\text{s}} \right] . \tag{8.29}$$

Durch die Zugabe von Glysantin in das Kühlwasser verändern sich die physikalischen Eigenschaften geringfügig. Die nachfolgend beschriebenen Stoffwerte beziehen sich auf Angaben von Küntscher (1987) für ein Mischungsverhältnis von 50%

$$c_{Gl} = 0{,}0452 T^2 - 24{,}045 T + 6.361{,}1 . \tag{8.30}$$

Für die Dichte gilt

$$\rho_{KW} = -0{,}0036 T^2 + 1{,}6665 T + 893{,}46 . \tag{8.31}$$

- **Motoröl**

Die Stoffgrößen für das Motoröl unterscheiden sich je nach Typ sehr stark voneinander. Die im Folgenden angegebenen Stoffwerte und Umrechnungsgleichungen beziehen sich ein Mehrbereichs-Motorenöl des Typs HDC 15W40.

Die Wärmekapazität des Motoröls ist abhängig von der Temperatur. Die Umrechnung erfolgt nach Große (1962) mit der Gleichung

$$c_{\text{Öl}}(T) = 4459{,}05 \left[0{,}414824 + \frac{(T - 273{,}15)}{1037{,}34} \right] . \tag{8.32}$$

Die Dichte des Motoröls kann wiederum nach Küntscher (1987) in Abhängigkeit von der Temperatur mit

$$\rho_{\text{Öl}}(T) = [\rho_{15} - (T - 288{,}15) \cdot 0{,}64] \left[\frac{\text{kg}}{\text{m}^3} \right] \tag{8.33}$$

bestimmt werden. Dabei ist ρ_{15} die Dichte des für die Untersuchungen verwendeten Öls bei einer Temperatur von 15°C mit

$$\rho_{15} = 885 \left[\frac{\text{kg}}{\text{m}^3} \right] .$$

Die kinematische Viskosität des Öls ist ebenfalls abhängig von der Temperatur. Im Temperaturbereich zwischen 250 K und 420 K kann dabei nach Chaimowitsch (1965) die Beziehung

$$\nu(T) = \nu_{20°\text{C}} \left(\frac{20°\text{C}}{T[°\text{C}]} \right)^K \tag{8.34}$$

mit

$$\nu_{20°\text{C}} = 3{,}6 \cdot 10^{-4} \left[\frac{\text{m}^2}{\text{s}} \right]$$

und $K = 2{,}0257$ mit hinreichender Genauigkeit verwendet werden. Die kinematische Viskosität $\nu_{20°C}$ gilt hierbei nur für das oben genannte Motoröl. Eine Druckabhängigkeit der dynamischen Viskosität η kann vernachlässigt werden.

8.3 Motorreibung

8.3.1 Reibungsansatz für den betriebswarmen Motor

Bei Schwarzmeier (1992) ist ein Ansatz für die Reibung eines Verbrennungsmotors anhand von experimentellen Untersuchungen einzelner Tribosysteme erarbeitet worden. Die Berechnung des Reibmitteldruckes des Motors erfolgt nach folgender Gleichung

$$\begin{aligned} p_{mr} = p_{mrx} &+ C_1 \left(\frac{c_m}{T_{Zylw}^{1,66}} - \frac{c_{mx}}{T_{Zylwx}^{1,66}} \right) \\ &+ C_2 \left(\frac{p_{me}}{T_{Zylw}^{1,66}} - \frac{p_{mex}}{T_{Zylwx}^{1,66}} \right) + C_3 \left[\frac{(d \cdot n)^2}{T_{Öl}^{1,66}} - \frac{(d \cdot n_x)^2}{T_{Ölx}^{1,66}} \right] \\ &+ C_4 \left[(1 + 0{,}012\, c_m)\, p_{me}{}^{1,35} - (1 + 0{,}012\, c_{mx})\, p_{mex}^{1,35} \right] \\ &+ C_5 \left(n^2 - n_x^2 \right) \end{aligned} \tag{8.35}$$

mit den Konstanten

$$C_1 = \frac{64{,}0}{z}$$

$$C_2 = 12$$

$$C_3 = \frac{30}{z} \cdot 10^{-3}$$

$$C_4 = 15 \cdot 10^{-3}$$

$$C_5 = \frac{P_{nenn}\, xk\, z\, 0{,}6}{V_H\, n_{nenn}^3} + cl\ ila^2\ z\ dl^2$$

$$xk = 0{,}1 - 0{,}07\, P_e^{0,04}$$

$$cl = 0{,}14 \cdot 10^{-6}\,.$$

Im einzelnen berücksichtigt der erste Teil des Ansatzes (Term mit der Konstante C_1) die Reibung der Kolbengruppe in Abhängigkeit von der Gleitgeschwindigkeit und Temperatur des Ölfilms zwischen Kolben und Zylinderwand, der zweite Teil (C_2) den Reibungsanteil der Kolbengruppe in Abhängigkeit von Motorlast und Ölfilmtemperatur zwischen Kolben und Zylinderwand, der dritte Gleichungsanteil (C_3) das Reibungsverhalten von Grund- und Pleuellagern in Abhängigkeit von Öltemperatur, Motordrehzahl und Lagergeometrie, die öltemperaturabhängige Ölpumpenarbeit und die Ventilationsverluste des Kurbeltriebs. Der vierte Teil des Ansatzes gibt den last- und drehzahlabhängigen Einfluss der Einspritzpumpe wieder und der letzte Teil den Leistungsbedarf der Nebenaggregate, Kühlmittelpumpe und Kühlgebläse, der vor allem von Drehzahl und Geometrie des Gebläses bestimmt wird.

Zur Vorausberechnung des Reibmitteldrucks eines beliebigen Betriebspunkts ist die Kenntnis von Reibmitteldruck p_{mrx}, effektivem Mitteldruck p_{mex}, mittlerer Kolbengeschwindigkeit c_{mx}, reibungsrelevanter Zylinderwandtemperatur T_{Zylwx}, Motordrehzahl n_x, Schmieröltemperatur $T_{Ölx}$ und Kühlwassertemperatur T_{KWx} an einem Bezugspunkt notwendig (Index x).

Die reibrelevante Zylinderlaufflächentemperatur berechnet sich nach

$$T_{Zylw} = T_{Zylwx} + f_1 \left(c_m - c_{mx}\right) + f_2 \left(p_{me} - p_{mex}\right) + f_3 \left(T_{KW} - T_{KWx}\right) \tag{8.36}$$

mit $f_1 = 1{,}6$; $f_2 = 1{,}5$ und $f_3 = 0{,}8$. Der Gültigkeitsbereich des Ansatzes wird für Öltemperaturen über 40°C angegeben.

8.3.2 Reibungsansatz für den Warmlauf

Zur Berechnung der Reibung eines Motors unterhalb von 40°C, wie es für Aussagen zum Warmlaufverhalten nötig ist, wurde der Ansatz von Reulein (1998) erweitert.

- **Reibungsansatz für niedrige Temperaturen**

Bereits bei Schwarzmeier (1992) wurde vorgeschlagen, den Einfluss der Motorlast auf die Lagerreibung bei niedrigen Öltemperaturen über

$$p_{mrL} = \frac{C}{T_{Öl}^{a}} p_{me} \tag{8.37}$$

einzubeziehen. Damit ergibt sich für den Reibungsansatz unter Berücksichtigung des thermischen Verhaltens

$$\begin{aligned} p_{mr} = p_{mrx} &+ C_1 \left(\frac{c_m}{T_{Zylw}^{1,68}} - \frac{c_{mx}}{T_{Zylwx}^{1,68}} \right) + C_2 \left(\frac{p_{me}}{T_{Zylw}^{1,68}} - \frac{p_{mex}}{T_{Zylwx}^{1,68}} \right) \\ &+ C_3 \left[\frac{(d\,n)^2}{T_{Öl}^{1,49}} - \frac{(d\,n_x)^2}{T_{Ölx}^{1,49}} \right] \\ &+ C_4 \left[\left(1 + 0{,}012\,c_m\right) p_{me}^{1,35} - \left(1 + 0{,}012\,c_{mx}\right) p_{mex}^{1,35} \right] \\ &+ C_5 \left(n^2 - n_x^2\right) + C_6 \left(\frac{p_{me}}{T_{Öl}^{1,49}} - \frac{p_{mex}}{T_{Öl}^{1,49}} \right). \end{aligned} \tag{8.38}$$

Entsprechend dieser Änderungen müssen auch die Koeffizienten der übrigen Glieder angepasst werden

$$C_1 = \frac{44}{z}$$

$$C_2 = 31$$

$$C_3 = \frac{22}{z} \cdot 10^{-3}$$

$$C_4 = 6 \cdot 10^{-3}$$

$$C_5 = \frac{P_{nenn}\, xk\, z\, 0{,}96}{V_H\, n_{nenn}^3}$$

$$C_6 = 1{,}9$$

$$xk = 0{,}13 - 0{,}07\, P_e^{0{,}03}$$

Die reibrelevante Zylinderlaufflächentemperatur T_{Zylw} wird nach Gl. (8.36) berechnet. Für eine Drehzahl von 2.300 U/min und ein Drehmoment von 40 Nm ist in Abb. 8.10 der Einfluss der Kühlwasser- und Öltemperatur auf den Reibmitteldruck für einen 1,9 l turboaufgeladenen, direkteinspritzenden Dieselmotor dargestellt. Deutlich zu erkennen ist, dass der Einfluss der Öltemperatur wesentlich größer ist als der der Kühlwassertemperatur.

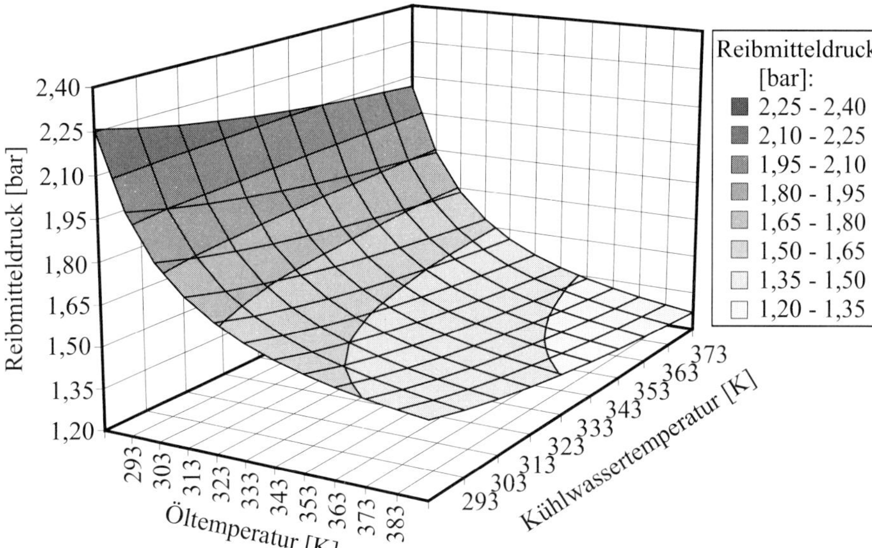

Abb. 8.10: Reibkennfeld gerechnet 1,9 l Dieselmotor bei 2.300 1/min, 40 Nm

Mit dem vorgestellten Rechenmodell ist es möglich, in Abhängigkeit von den betriebspunktspezifischen und den thermischen Zuständen des Motors den Reibmitteldruck im transienten Betrieb vorauszuberechnen. Jedoch stehen die thermischen Zustände und die Reibung in einem engen Zusammenhang, da ein nicht unwesentlicher Anteil der Reibung als Wärme an das Motoröl abgeführt wird. Dieser Anteil kann aus dem Ansatz von Schwarzmeier (1992) ermittelt werden, wenn man die Einzelanteile des Ansatzes auf ihren Beitrag zur Erwärmung des Motoröles untersucht. Der reibrelevante Ölwärmestrom entsteht zum größten Teil durch die Lagerreibung an Nocken- und Kurbelwelle, die Reibung der Kolbengruppe und die Erwärmung des Öls aufgrund der verlustbehafteten Förderung durch die Ölpumpe. Somit kann

$$\dot{Q}_{Reib} = \frac{V_H\, n 10^5}{120} \left\{ k_{Öl}\, p_{mrx} + C_1 \left(\frac{c_m}{T_{Zylw}^{1,68}} - \frac{c_{mx}}{T_{Zylwx}^{1,68}} \right) \right.$$
$$+ C_2 \left(\frac{p_{me}}{T_{Zylw}^{1,68}} - \frac{p_{mex}}{T_{Zylwx}^{1,68}} \right) + C_3 \left[\frac{(d\, n)^2}{T_{Öl}^{1,49}} - \frac{(d\, n_x)^2}{T_{Ölx}^{1,49}} \right] \tag{8.39}$$
$$\left. + C_6 \left(\frac{p_{me}}{T_{Öl}^{1,49}} - \frac{p_{mex}}{T_{Öl}^{1,49}} \right) \right\}$$

für die Berechnung des reibrelevanten Ölwärmestroms verwendet werden. Hierbei muss noch der Anteil $k_{Öl}$ des am Auslegungspunkt an das Motoröl übertragenen Wärmestroms an der gesamten Reibleistung bekannt sein. Ein Wert für $k_{Öl}$ von 0,33 kann nach Reulein (1998) als erste Abschätzung für einen schnelllaufenden Pkw-Dieselmotor gewählt werden. Damit ist es möglich den Wärmeeintrag, der sich aus der Reibung des Motors ergibt, für eine Warmlaufrechnung zu bestimmen.

8.4 Motorsteuerung/Regelung

In modernen Motoren gewinnt der Einfluss der Elektronik immer mehr an Bedeutung. Eng damit verbunden ist eine gezielte Beeinflussung bestimmter Größen am Motor oder am Aufladeaggregat durch eine elektronische Regelung. Aus pragmatischen Gründen werden zur Beschreibung des Reglerverhaltens in erster Linie auf den jeweiligen Einsatzfall abgestimmte PID-Regler verwendet. Gerade im Zusammenwirken von Motor und Aufladeaggregat dienen diese Regler über die als Stellglieder funktionierenden Ventile oder Drosselklappen der Einhaltung von vorgegebenen Solldrücken oder, wie bei der Abgasrückführung, der Einhaltung einer vorgegebenen Sollfrischluftmasse. Regler können aber auch im Rahmen der aktiven Pumpschutzregelung an turboaufgeladenen Ottomotoren etc. eingesetzt werden.

Eine weitere wichtige Funktion für die Simulation des Instationärverhaltens von komplexen Fahrzeugsystemen übernimmt ein so genannter Fahrerregler, der das Verhalten eines Fahrers realitätsgetreu nachbildet und ebenfalls Regelungsaufgaben in punkto Geschwindigkeit oder beim Ablauf von Schaltungen übernimmt.

8.4.1 PID-Regler

Der formelmäßige Zusammenhang eines PID-Reglers lautet

$$Y = K_p\, X_d + K_i \int X_d \mathrm{d}t + K_d\, \frac{\mathrm{d}X_d}{\mathrm{d}t} \tag{8.40}$$

Dabei wird die so genannte Regelabweichung X_d aus der Differenz zwischen der Führungsgröße W (Sollwert) und der Regelgröße X (Istwert) gebildet und dem Regler zugeführt. Dieser berechnet daraus die neue Stellgröße Y und führt diese der Regelstrecke zu, worauf sich unter Berücksichtigung der Störgröße Z eine neue Regelgröße einstellt. Bei der Stellgröße kann es sich wie bereits erwähnt um einen Klappenstellweg handeln, mit dem ein gewünschter Druckverlauf eingeregelt wird.

8.4.2 Lastregelung

Die beiden unterschiedlichen Lastregelkonzepte für Motoren, Qualitäts- und Quantitätsregelung, müssen auch bei der Modellierung und bei der Simulation von Motorgesamtsystemen berücksichtigt werden. Während bei der Berechnung als Randbedingungen beispielsweise im Saugrohr bereits eine Vorgabe des Verbrennungsluftverhältnisses erfolgen kann, bedarf es in der Realität einer entsprechenden Regelung der eingespritzten Kraftstoffmasse zur Einhaltung des vorgegebenen Verbrennungsluftverhältnisses über eine λ-Sonde im Abgastrakt. Dieser Vorgang wird überlagert durch die von der Saugrohrwand abdampfende Kraftstoffmasse und von der Regelung der Drosselklappe zur Einhaltung der vorgegebenen Motorlast. Die über die Öffnung der Drosselklappe verstimmte Gasdynamik schafft weitere Probleme, da sich darüber die Füllung und der Restgasanteil verändern können. Aus diesen komplexen Zusammenhängen erkennt man bereits, dass die oben angesprochene Vorgabe des Verbrennungsluftverhältnisses als Randbedingung einige Regelungsprobleme für die Simulation deutlich vereinfachen kann und beispielsweise für die stationäre Betrachtung ein Verdampfungsmodell für das Saugrohr in der Modellierung überflüssig macht. Letztendlich spart man so auch beträchtlich Rechenzeit ein, da ein Einschwingen der Regler nicht nötig ist. Effekte der Inhomogenität des Kraftstoff-Luftgemisches (Tröpfchentransport etc.) können ohnehin in der null- bis eindimensionalen Berechnung nur äußerst rudimentär erfasst werden.

Wesentlich einfacher ist die Regelung der Last bei direkteinspritzenden Motoren, da deren Last in erster Linie proportional zur eingespritzten Kraftstoffmasse ist. Mit Ausnahme von $\lambda = 1$-Konzepten beim Ottomotor, bei denen wiederum eine Abhängigkeit von der angesaugten Luftmasse gegeben ist, ist z. B. bei der dieselmotorischen Lastregelung der Anspruch an die exakte Bestimmung der Frischgas- bzw. Luftmasse deutlich geringer als beim Ottomotor mit Quantitätsregelung. Ein Fehler von 5% bei der Luftmasse wirkt sich bei der Quantitätsregelung praktisch direkt in einer Änderung der Last um 5% aus, während sich bei der Qualitätsregelung lediglich das Verbrennungsluftverhältnis um 5% verändert und die Last davon weitgehend unbeeinflusst bleibt. Deshalb war über lange Jahre die Prozessrechnung von Dieselmotoren deutlich weiter entwickelt als die von Ottomotoren. Erst eine relativ exakte Berechnungsmöglichkeit der Frischgasmasse über die eindimensionale Gasdynamik machte eine Simulation des ottomotorischen Kreisprozesses möglich. Bei Motoren mit elektromechanischer Ventilbetätigung wird die Last in der Regel über die Steuerkanten des Einlassventils geregelt. Hierbei ist eine Steuerzeitenabweichung von nur wenigen Zehntel Grad Kurbelwinkel zur präzisen Lasteinstellung zulässig.

Im instationären Betrieb muss eine Modellierung der Verdampfung im Saugrohr erfolgen, da von einer vorübergehenden Abmagerung bzw. Anfettung eine deutliche Beeinflussung der Rechenergebnisse zu erwarten ist. Diese Effekte sind bei direkteinspritzenden Motoren ebenfalls weniger stark ausgeprägt, da hierbei im Schichtbetrieb eine arbeitsspielgenaue Regelung der Motorlast durch die eingespritzte Kraftstoffmasse möglich ist.

Bei den meisten Dieselmotoren wird die Last bei einer Volllastbeschleunigung in Abhängigkeit des durch den Abgasturbolader meist verzögerten Aufbaus des Frischluftmassenstromes geregelt. Bei mechanischen Einspritzpumpen übernimmt diese Funktion ein ladedruckabhängiger Volllastanschlag (LDA), der über die Steuerkante der Einspritzpumpe die Einspritzmenge so lange mechanisch begrenzt, bis entsprechender Ladedruck aufgebaut ist. Bei elektronisch geregelten Einspritzpumpen wird diese Funktion von einem Rauchmengenbegrenzungskennfeld in der Motorsteuerung übernommen, das wiederum die Einspritzmenge in Abhängigkeit der gemessenen Luftmasse elektronisch begrenzt.

8.4.3 Verbrennungsregelung

Ein weiterer großer Vorteil der Simulation ist die Möglichkeit, die Energieumsetzung im Zylinder so zu regeln, dass beispielsweise der Schwerpunkt der Verbrennung (50% Umsatzpunkt) verbrauchsoptimal (ca. 8°KW nach Zünd-OT) zu liegen kommt. Dies kann entweder durch gezielte Vorgabe der Lage von entsprechenden Ersatzbrennfunktionen geschehen, wenn diese vor der Berechnung des Betriebspunktes bereits bekannt sind, oder durch einfache Korrektur von Zündzeitpunkt oder Einspritzbeginn. Im Rahmen der Kreisprozessrechnung ist im Gegensatz zur Realität die zeitliche Umsetzung der Kraftstoffenergie und damit auch die Lage des 50%-Umsatzpunktes spätestens am Ende der Verbrennung bekannt, sodass mit Beginn des nächsten Arbeitsspieles bereits darauf reagiert werden kann. Dies ist wichtig zur Regelung der Last für stationäre Betriebspunkte und schafft so die Voraussetzung für einen effektiven und rechenzeitschonenden Einsatz der Simulation.

8.4.4 Regelung der Abgasrückführung

Eine Rückführung von bereits verbranntem Abgas in den Brennraum des Verbrennungsmotors ist auf zwei verschiedene Arten möglich; durch die innere Rückführung und die äußere Rückführung, bzw. durch eine Kombination aus beiden. Der Restgasanteil kann in der Simulationsrechnung bei Einlass schließt über die Anteile aus angesaugter Frischgasmasse und im Zylinder befindlichem Abgas berechnet werden. Diese Anteile sind im Kap. 7.1.9 definiert. Bei gemischansaugenden Motoren ist dies direkt die Komponente ξ_A, während bei direkteinspritzenden Motoren der Restgasanteil aus den Verbrennungsluftverhältnissen bei "Einlass schließt" und bei "Auslass öffnet" berechnet werden kann. Es gilt folgender Zusammenhang

$$x_{RG} = \frac{\lambda_{\text{AÖ}}\, L_{\min} + 1}{\lambda_{\text{ES}}\, L_{\min} + 1} \,. \tag{8.41}$$

Zu den Kriterien Zündbedingungen und Restgasverträglichkeit des Brennverfahrens können im Rahmen der Simulationsrechnung meist keine Aussagen getroffen werden, sodass die Ergebnisse immer unter diesen Gesichtspunkten auf Plausibilität geprüft werden müssen. Ebenso verhält es sich mit dem möglichen Ventilfreigang bei interner Abgasrückführung.

- **Interne Abgasrückführung**

Soll im Rahmen einer Simulationsrechung der Restgasanteil über eine interne Abgasrückführung auf einem bestimmten Wert eingeregelt werden, stehen hierfür als Parameter die Spreizungen von Einlass- und Auslassventilen sowie die Höhe des Saugrohr- und Abgasgegendruckes zur Verfügung. Grundsätzlich können über die Ventilsteuerzeiten verschiedene Arten der Abgasrückführung eingestellt werden. Eine Verringerung der Auslassspreizung bei einem konstanten Lastpunkt bewirkt in der Regel eine Zunahme an Restgas, da mit zunehmender Verringerung der Auslassspreizung das Auslassventil länger geöffnet ist, wodurch der Kolben Abgas wieder in den Brennraum saugen kann. Bei einer Verringerung der Einlassspreizung öffnet das Einlassventil bereits, bevor das Abgas zum Auslassventil vollständig ausgeschoben wurde. Dadurch wird Abgas in den Einlasstrakt zurückgeschoben, um anschließend wieder angesaugt zu werden. Die Höhe des Saugrohr- bzw. Abgasgegendruckes gegenüber dem Zylinderdruck verstärkt die beschriebenen Effekte in der jeweiligen Richtung. Eine weitere Möglichkeit, den Restgasanteil zu erhöhen, ist eine Wahl der Steuerzeiten, die ein vollständiges Ausschieben des Abgases verhindern (Brennraumrückführung) durch "negative Überschneidung".

- **Externe Abgasrückführung**

Bei der äußeren Abgasrückführung wird ein bestimmter Abgasmassenstrom durch eine separate Leitung wieder vor den Einlasstrakt des Motors geführt. Abb. 8.11 zeigt dies schematisch für einen direkteinspritzenden Motor.

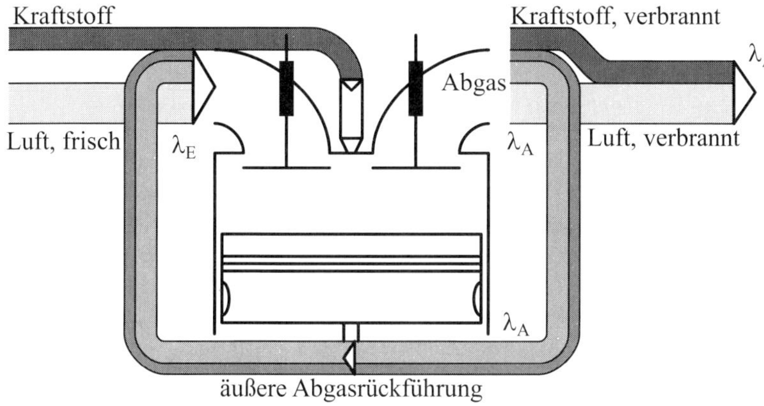

Abb. 8.11: Schema der äußeren Abgasrückführung

Ein Massenstrom kann nur dann fließen, wenn ein entsprechendes Druckgefälle zwischen Abgas- und Einlassseite vorhanden ist. Die wichtigsten Parameter zur Regelung der Abgasrückführrate bei der externen Abgasrückführung sind damit der Saugrohrdruck, der Abgasgegendruck jeweils an der Stelle der Ein- bzw. Ausleitung sowie die Stellung des Regelventils in dieser Leitung. Die Abgasrückführrate ist bestimmt durch den Quotienten aus dem rückgeführten Abgasmassenstrom und dem durch das Einlassventil in den Zylinder gesaugten gesamten Massenstrom. Betrachtet man die Verläufe für die Luft- und Brennstoffmassenströme durch den Motor in Abb. 8.11 getrennt voneinander, erkennt man, dass das aus dem Zylinder ausströmende Abgas, das rückgeströmte Abgas sowie das Abgas nach der Abgasrückführstelle für einen stationären Betriebspunkt jeweils das gleiche Verbrennungsluftverhältnis λ_A besitzen.

Bei der schrittweisen Kreisprozessrechnung, z. B. mit der Füll- und Entleermethode, wird der oben beschriebene Einfluss der Abgasrückführung automatisch richtig wiedergegeben, da es im Behälter vor dem Einlassventil zu einer Vermischung des Abgases mit dem Frischgas kommt und das Mischungsverhältnis jederzeit bekannt ist.

Während es für die Prozessrechnung somit jederzeit möglich ist, den Restgasanteil bzw. die Abgasrückführrate zu bestimmen, können am realen Motor diese Größen nicht bestimmt werden. In der Applikation wird deshalb zur Regelung der Abgasrückführrate folgende Vorgehensweise angewendet: Das Abgasrückführventil wird mit der Abweichung der am Luftmengenmesser bestimmten Frischluftmasse zu einem Sollwert geregelt. Ist die gemessene Frischluftmasse zu hoch, wird das Ventil geöffnet. Bei gleichem Schluckverhalten des Motors würde somit mehr Abgasmasse vom Motor angesaugt, was wiederum zu einer Abnahme des Frischluftmassenstromes führt.

Da es sich bei der äußeren Abgasrückführung über eine Drosselstelle um einen kontinuierlichen Prozess handelt, der Motorprozess jedoch diskontinuierlich abläuft, kann es einige Arbeitsspiele dauern, bis sich ein stabiler Gleichgewichtszustand bei der Abgasrückführung einstellt. Auch dies ist bei der Simulation zu berücksichtigen.

8.4.5 Regelung am Aufladeaggregat

Eine der wichtigsten Aufgaben von Aufladeaggregaten für Verbrennungsmotoren ist die möglichst effiziente Bereitstellung von Ladedruck und die Einhaltung der Betriebsgrenzen für das Aufladeaggregat und den Motor. Da die Charakteristiken von Motor und Aufladeaggregaten meist nicht optimal zusammenpassen, muss durch entsprechende Regelstrategien das Zusammenwirken abgestimmt werden.

- **Ladedruckregelung**

Die Ladedruckregelung nimmt dabei die Hauptrolle ein. An einen Fahrzeugmotor werden andere Anforderungen gestellt als z. B. an einen Großdieselmotor im Generatorbetrieb. Letzterer ist auf eine möglichst hohe und effektive Nennleistung ausgelegt, ersterer auf eine möglichst optimale Volllastlinie, die auch schon bei sehr niedrigen Drehzahlen ein hohes Motordrehmoment bereitstellt. Aus diesem Grunde muss die Turbine eines Abgasturboladers für einen Fahrzeugmotor kleiner ausgelegt werden, als dies für den Betrieb am Nennleistungspunkt nötig wäre. Damit lässt sich bereits bei sehr niedrigen Motordrehzahlen ein hoher Ladedruck erzeugen, der mit zunehmender Motordrehzahl jedoch sehr stark ansteigen würde und sowohl den gültigen Betriebsbereich des Verdichters als auch die zulässige, mechanische Festigkeit des Motors überschreiten würde. Aus diesem Grunde muss Abgas vor der Turbine des Abgasturboladers abgezweigt und an dieser vorbeigeleitet werden, um den Ladedruck näherungsweise konstant einregeln zu können. Dazu wird parallel zur Turbine eine Bypassklappe (Wastegate) geschaltet, die diese Aufgabe übernimmt. Über eine Regelung (PID-

Regler) wird diese Klappe so eingestellt, dass ein vorgegebener Sollladedruck eingestellt werden kann. Die Stellung der Bypassklappe erfolgt heutzutage in erster Näherung verzögerungsfrei und frei von Überschwingern, da die Klappe entweder elektrisch oder über einen modulierten Lade- oder Unterdruck betätigt wird. Dies ist ausreichend schnell, sodass das Verhalten der Steller für die Simulation nicht nachgebildet werden muss. Bei älteren "Regelungen", bei denen die Verstellung des Bypasses über eine Druckdose erfolgte, der Ladedruck aufgeprägt wurde, musste das Wastegate für transiente Betrachtungen als mechanischer Einmassenschwinger unter Berücksichtigung aller angreifenden Druck-, Feder- und Massenkräfte modelliert werden.

Bei der Regelung des Ladedruckes über die Verstellung einer Turbine mit variabler Geometrie ist die Verstellgeschwindigkeit im Vergleich zur Änderung der thermodynamischen Größen groß genug, um auch hier von einer detaillierten Modellierung des Stellers Abstand nehmen zu können. Die maximale Verstellgeschwindigkeit kann auch durch entsprechende Parametrierung im PID-Regler begrenzt werden.

- **Rückblaseregelung (Pumpschutz)**

Bei einem plötzlichen Schließen der Drosselklappe eines Saugrohr-einspritzenden Ottomotors fördert der Verdichter aufgrund der Trägheit des Laufzeuges des Abgasturboladers bei einer hohen Abgasturboladerdrehzahl gegen ein nahezu geschlossenes Volumen, weshalb der Druck nach dem Verdichter bei einer im ersten Augenblick konstanten Verdichterdrehzahl nicht schnell genug absinkt. Die Betriebslinie des Verdichters bewegt sich parallel zu den Linien konstanter Verdichterdrehzahlen in Richtung Pumpgrenze. Dadurch kann diese kurzfristig überschritten werden, bis der Massenstrom und die Drehzahl wieder niedrigere Werte angenommen haben. Die meisten in Ottomotoren eingesetzten Strömungsverdichter besitzen deshalb eine Rückblaseklappe, die entweder im Verdichtergehäuse integriert oder separat angeordnet ist. Durch das Öffnen dieser parallel zum Verdichter angeordneten Rückblaseklappe wird nach dem Verdichter ein Massenstrom abgezweigt und vor den Verdichter zurückgeblasen. Dadurch kann der Druck so schnell abgebaut werden, dass ein Überschreiten der Pumpgrenze vermieden wird.

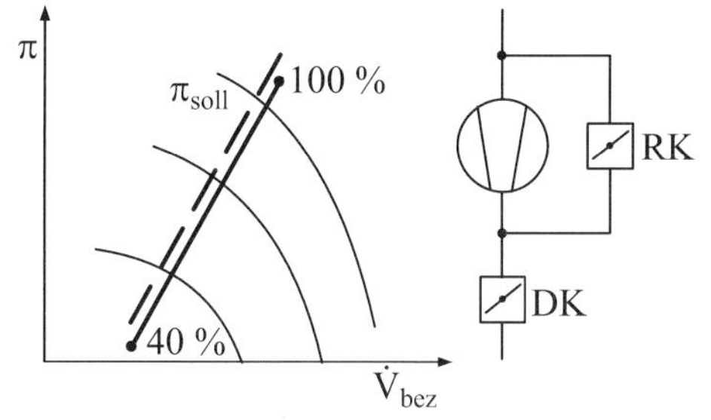

Abb. 8.12: Aktive Regelung zum Pumpschutz

Eine weitere Möglichkeit ist eine aktive Regelung der Rückblaseklappe im Zusammenspiel mit der Drosselklappe. Der Verlauf der Linie für den Soll-Ladedruck ist Abb. 8.12 zu entnehmen. Der Soll-Ladedruck ist dabei parallel zur Verdichterschlucklinie nach links verschoben und muss einen ausreichenden Abstand zur Pumpgrenze besitzen. Solange der Soll-Ladedruck größer als der Ist-Ladedruck ist, bleibt die Rückblaseklappe geschlossen, was bedeutet, dass die Rückblaseklappe bei dieser Regelung im stationären Betrieb immer vollständig geschlossen bleiben kann. Die Regelung über die Rückblaseklappe wird deshalb nur bei einem plötzlichen Absinken des Soll-Ladedruckes beispielsweise beim Lastabwurf aktiviert.

Die Verdichterbetriebslinie wandert durch das Öffnen der Rückblaseklappe im Verdichterkennfeld nicht zur Pumpgrenze nach links, sondern zur Stopfgrenze nach unten. Der Ladedruck darf jedoch höchstens bis zu dem Wert absinken, der dem Ladedruck im stationären Betrieb nach dem Lastabwurf entspricht. Die Rückblaseklappe muss dazu wieder rechtzeitig geschlossen werden. Dabei müssen sowohl die Öffnungsgeschwindigkeit als auch der maximale Öffnungsweg der Rückblaseklappe exakt auf das Schließen der Drosselklappe und das Verdichterkennfeld abgestimmt werden, um die Stopfgrenze des Verdichters nicht zu unterschreiten.

- **Abgastemperaturregelung**

Bei abgasturboaufgeladenen Ottomotoren werden zur Reduzierung des Anreicherungsbedarfes bei kurzfristigen Leistungsspitzen die thermischen Trägheiten des Abgaskrümmers und der Turbine ausgenutzt und für den instationären Betrieb Abgastemperaturen zugelassen, die im stationären Beharrungszustand nicht möglich sind. Um diesen Effekt auch in der Simulation beschreiben zu können, müssen diese Komponenten (Abgaskrümmer und Turbine) als thermisch träge Massen über entsprechende Wandtemperaturmodelle abgebildet werden. Diese Bauteiltemperaturen ergeben in Verbindung mit der Abgastemperatur den Input für die Regelung des Anreicherungsbedarfes.

8.4.6 Fahrerregler

Die Berechnung des Betriebsverhaltens von Motoren im Rahmen einer Simulation eines kompletten Fahrzeuges setzt eine realitätsgetreue Beschreibung des Fahrers voraus. Dessen Aufgabe ist nicht nur die reproduzierbare Einhaltung von vorgegebenen Geschwindigkeitsprofilen oder Fahrzyklen, sondern auch die selbständige Durchführung von Anfahr- oder Schaltvorgängen, wie sie in Kap. 8.7 bei der Untersuchung instationärer Vorgänge dargestellt werden. Gerade diese Randbereiche können bei Fahrzyklen die Entscheidung für oder gegen ein entsprechendes Motorkonzept maßgeblich beeinflussen, weshalb sie einer Simulation zugänglich gemacht werden müssen. Für ein Fahrzeug mit einem Schaltgetriebe (Nutzfahrzeug oder Pkw) muss der Fahrer neben der Betätigung des Fahrpedals und der Bremse auch die Betätigung der Kupplung und die Gangwahl übernehmen können. Dabei müssen alle möglichen Betriebszustände des Fahrzeuges abgebildet werden können, die vom Stehen mit durchgetretener Bremse und geöffneter Kupplung über das Einkuppeln mit rutschender Kupplung bis zum vollständig eingekuppelten Betrieb reichen. Zugleich muss in allen Betriebszuständen die Fahrgeschwindigkeit geregelt werden können. Beim Anfahren muss der Fahrer eine Volllastbeschleunigung von einer Teillastbeschleunigung unterscheiden können und den Einkuppelvorgang entsprechend schneller oder langsamer durchführen.

Die Anfahr- und Schaltvorgänge nehmen bei der Simulation von Fahrzyklen einen geringen Zeitanteil ein, können aber das Zusammenwirken von Motor und Aufladeaggregat nachhaltig beeinflussen. Wichtig ist die Berechnung von reproduzierbaren Fahrzyklen, um eine Konzeptvorauswahl mit Hilfe der Simulation treffen zu können.

Der Fahrer muss zudem mit einer speziellen vorausschauenden Geschwindigkeitsregelung versehen werden, welche die Fahrzeuggeschwindigkeit an die Knickstellen im Sollgeschwindigkeitsprofil der Fahrzyklen überschwingungsfrei annähert. Zur Geschwindigkeitsregelung wird für einen PID-Regler dazu nicht die aktuelle Regelabweichung zwischen Soll- und Ist-Geschwindigkeit verwendet, sondern eine Regelabweichung, die um eine so genannte Vorausschauzeit der aktuellen Zeit vorauseilt. Für die Ermittlung dieser Regelabweichung wird aus der aktuellen Beschleunigung und Geschwindigkeit des Fahrzeuges mit der Vorausschauzeit eine fiktive Ist-Geschwindigkeit berechnet. Aus der Sollgeschwindigkeit zum Vorausschauzeitpunkt und dieser fiktiven Ist-Geschwindigkeit wird die Regelabweichung bestimmt und dem PID-Regler zugeführt. Abb. 8.13 verdeutlicht diese Vorgehensweise.

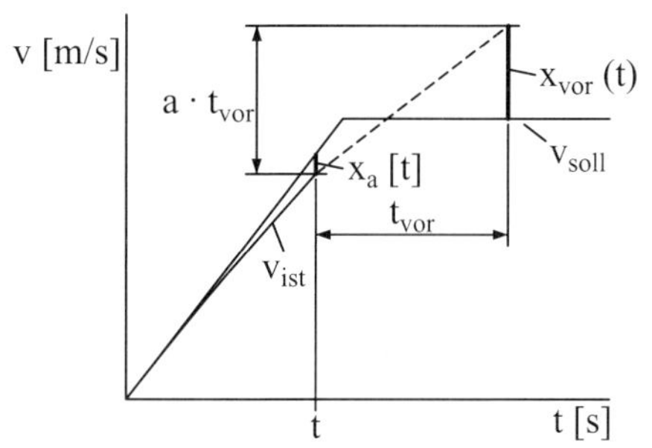

Abb. 8.13: Vorausschauender Fahrzeugregler

8.5 Darstellung des Motors als Kennfeld

Zur Berechnung von Gesamtsystemen im transienten Betrieb ist ein extrem hoher Aufwand zur Modellierung nötig. Die Modelltiefe muss an manchen Stellen sehr hoch gewählt werden, um die untersuchten Konzepte differenzieren zu können. Durch diese große Anzahl von Einzelmodulen und die benötigte hohe Modelltiefe steigt der Rechenzeitaufwand beträchtlich an. Selbst bei der Darstellung des motorischen Kreisprozesses nach der Füll- und Entleermethode ist während des Ladungswechsels eine sehr geringe Rechenschrittweite notwendig, die dann u. U. dem gesamten Modell aufgeprägt werden muss.

8.5.1 Vorgehensweise und Randbedingungen

Aus diesem Grund wird bei der Berechnung der Innenvorgänge im Zylinder nicht auf die rechenzeitintensive schrittweise Arbeitsprozessrechnung, sondern auf ein mehrdimensionales Motorkennfeld zurückgegriffen, durch das die Rechenzeiten um Faktoren von 10 bis 100 gesenkt werden können, vgl. Schwarz et al. (1992). Obwohl der Aufbau und die Verwendung eines so genannten Motorkennfeldes dort ausführlich dargestellt sind, sollen an dieser Stelle die Grundlagen dennoch kurz beschrieben werden.

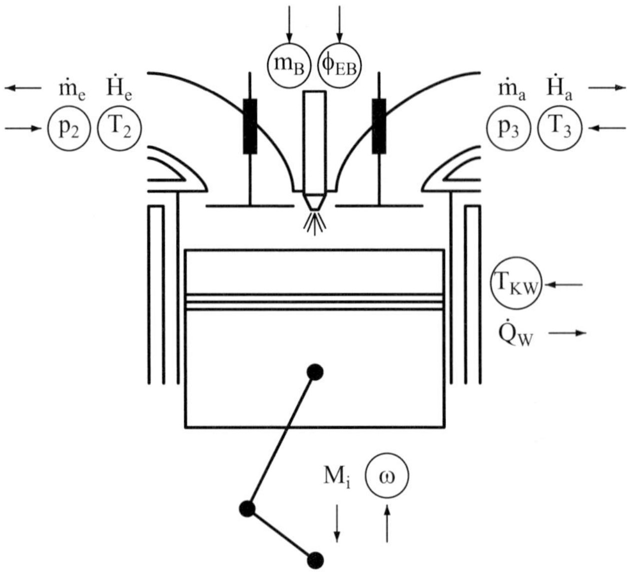

Abb. 8.14: Darstellung des Motors als n-dimensionales Kennfeld

Das Motorkennfeld wird mit Hilfe der in Kap. 7 beschriebenen Arbeitsprozessrechnung in Abhängigkeit von mehreren Eingangsparametern (Abb. 8.14) vorausberechnet. Die Eingangsparameter sind Größen, von denen die Ergebnisse der Arbeitsprozessrechnung, die so genannte Ausgangsgrößen, abhängen. Diese sind über die Zustände von Druck und Temperatur vor dem Einlassventil und durch den Druck nach dem Auslassventil festgelegt. Der Druck nach dem Auslassventil liegt beim abgasturboaufgeladenen Motor in der Größenordnung des Ladedruckes und unterscheidet sich je nach Motortyp von diesem nur durch das unterschiedliche Spüldruckverhältnisniveau. Um bei der systematischen Variation der Parameter bei der Vorausberechnung des Motorkennfeldes ungünstige Parameterkonstellationen mit einem hohen Druck vor dem Einlassventil und einem sehr geringen Druck nach dem Auslassventil oder den umgekehrten Fall auszuschließen, wird meist anstelle des Drucks nach dem Auslassventil das Spüldruckverhältnis variiert. Dabei kann auf den Motortyp und das zu erwartende Spüldruckverhältnis in Zusammenhang mit einem Abgasturbolader eingegangen werden, wodurch auch der Motorkennfeldbereich auf den in der Realität zu erwartenden Bereich eingeschränkt werden kann. Daraus ergibt sich wiederum bei gleicher Stützstellenzahl eine Verbesserung des Interpolationsergebnisses im Motorkennfeld oder eine Verringerung der zu berechnenden Stützstellen bei gleicher Interpolationsqualität. Die weiteren Eingangsparameter sind die Motordrehzahl, die pro Arbeitsspiel eingespritzte Kraftstoffmasse und der Einspritz- bzw. Förderbeginn sowie die Kühlwassertemperatur als eine beschreibende Größe für den thermischen Zustand des Motors. Bei einem Motor mit Abgasrückführung wird als achte Größe die äußere Abgasrückführrate berücksichtigt. Die Eingangsparameter werden mit bestimmten Stützstellen innerhalb ihres Gültigkeitsbereiches systematisch variiert und jeder Betriebspunkt solange berechnet, bis sich ein stationärer Zustand einstellt. Die so ermittelten Arbeitsprozessgrößen für diesen Betriebspunkt, die zur weiteren Berechnung der angeschlossenen Komponenten benötigt werden, werden im Motorkennfeld abgespeichert. Für die im Kennfeld abgespeicherten Größen (hier exemplarisch $\dot{H}_A$) gilt somit

$$\dot{H}_A = f\left(p_2, T_2, \frac{p_3}{p_2}, n_M, m_B, \varphi_{EB}, T_{KW}, AGR\right) . \qquad (8.42)$$

Im Rahmen der Berechnung des Gesamtsystems werden die zuvor abgespeicherten Ausgangsgrößen dann aus diesem Kennfeld entsprechend der für den jeweiligen Zeitschritt anliegenden Eingangsparameter interpoliert und den angeschlossenen Komponenten zur Verfügung gestellt. Dabei handelt es sich um Größen wie z. B. Massen- und Enthalpieströme durch die Ein- und Auslassventile für die an den Motor angeschlossenen Behälter, um das indizierte Motormoment, das nach Abzug des Reibmomentes am Kupplungseingang für den Antriebsstrang zur Verfügung steht, um den Wandwärmestrom für eventuelle Warmlaufvorgänge und um das Verbrennungsluftverhältnis. Mit diesen Größen werden die angeschlossenen mechanischen oder thermodynamischen Komponenten oder das Steuergerät des Motors für eventuelle Regelungseingriffe versorgt. Die genaue Vorgehensweise bei der Erstellung des Kennfeldes und bei der Interpolation im Kennfeld ist bei Schwarz et al. (1992) beschrieben. Auch Östreicher (1995) verwendet ein ähnliches Verfahren zur Beschreibung der Innenvorgänge im Zylinder.

Bei der Modellierung des Verbrennungsmotors über die Beschreibung der gasdynamischen Effekte (vgl. Kap. 7.4) scheidet diese Vorgehensweise aus. Die Randbedingungen für den Ladungswechsel sind hierbei nicht als konstant anzunehmen, weshalb die schrittweise Arbeitsprozessrechnung nicht ersetzt werden kann.

8.5.2 Rekonstruktion des Drehmomentenverlaufs

Bei der Simulation des stationären oder transienten Betriebsverhaltens mittels eines n-dimensionalen Kennfelds ist es dennoch manchmal nötig, auch den Drehmomentenverlauf innerhalb eines Arbeitsspieles berücksichtigen zu können. Wird der Zylinderprozess mit Hilfe der schrittweisen thermodynamischen Kreisprozessrechnung berechnet, so kann über den Druckverlauf im Zylinder und die Kinematik des Triebwerkes der Verlauf des indizierten Zylindermomentes bestimmt werden. Die Kenntnis des Kurbelwinkel-aufgelösten Momentenverlaufs ist Voraussetzung für z. B. Drehschwingungsanalysen, Simulationen von Kuppelvorgängen oder auch zur Entwicklung von Regelalgorithmen zur Vermeidung des Ruckelns beim Fahrzeugdieselmotor. Bei Verwendung eines vorausberechneten Motorkennfeldes ist das Drehmoment über ein Arbeitsspiel gemittelt und stellt somit nur einen konstanten Wert dar. Um dennoch die Dynamik des Zylindermomentes darstellen zu können, bietet es sich an, das Verfahren nach Gerstle (1999) zu verwenden.

Der Drehmomentverlauf innerhalb des Arbeitsspiels setzt sich aus den beiden Komponenten Nutzmoment und Schleppmoment zusammen

$$M_{\mathrm{Z,ind.}}(\varphi) = M_{\mathrm{Z,Nutz}}(\varphi) + M_{\mathrm{Z,Schlepp}}(\varphi) . \qquad (8.43)$$

Das Nutzmoment entsteht im Wesentlichen aus der Verbrennung des eingebrachten Kraftstoffes und ist unabhängig vom Schleppmoment, das aus den Gas- und Massenkräften resultiert, die durch die Verdichtung und Expansion der Zylinderladung sowie der Kolben- und Pleuelbewegung entstehen. Werden die Blow-By-Verluste und der Wärmeübergang zwischen dem Gas im Zylinder und den Brennraumwänden vernachlässigt, ergibt die Integration des Schleppmomentes über ein Arbeitsspiel Null – das Schleppmoment trägt also nicht zum Antrieb des Motors bei. Für den Ladungswechselteil wird vereinfacht angenommen, dass der Druck im Zylinder konstant ist und dem Druck zu Beginn der Kompressionsphase entspricht.

$$p_{Z,\text{Schlepp}}(\varphi) = \begin{cases} p_{Z,0} & \text{Ladungswechsel} \\ p_{Z,0}\left(\dfrac{V_{Z,0}}{V_Z(\varphi)}\right)^n & \text{Hochdruck}\,. \end{cases} \tag{8.44}$$

Im Hochdruckteil lässt sich der Schleppdruckverlauf mit guter Näherung durch eine polytrope Zustandsänderung modellieren. Um aus dem Schleppdruckverlauf das Schleppmoment zu bestimmen, muss die Geometrie und Kinematik des Kurbeltriebes berücksichtigt werden. Nach Maas und Klier (1981) lässt sich das an der Kurbelwelle anliegende Drehmoment aus dem Tangentialdruckverlauf wie folgt ableiten

$$M_{Z,\text{Schlepp}}(\varphi) = \frac{1}{2} V_h\, p_T(\varphi)\ . \tag{8.45}$$

Der Tangentialdruck setzt sich dabei aus zwei Komponenten zusammen. Zum einen bewirken die Gaskräfte einen so genannten Gas-Tangentialdruckanteil, der aus dem Schleppdruckverlauf resultiert, zum anderen verursachen die Massenkräfte eine so genannte Massen-Tangentialdruckkomponente. Für einen konventionellen Kurbeltrieb erhält man unter Berücksichtigung von (2.7)

$$\begin{aligned} p_T(\varphi) = p_{TG}(\varphi) + p_{TM}(\varphi) = &\left[\sin(\varphi) + \frac{\lambda_s \sin(\varphi)\cos(\varphi)}{\sqrt{1-\lambda_s^2 \sin^2(\varphi)}}\right] \cdot \\ &\left\{ p_G(\varphi) - \frac{m_{osz.}}{V_h}\frac{\pi^2}{2} c_m^2 \left[\cos(\varphi) + \frac{\lambda_s \cos^2(\varphi) - \lambda_s \sin^2(\varphi) + \lambda_s^3 \sin^4(\varphi)}{\left(\sqrt{1-\lambda_s^2 \sin^2(\varphi)}\right)^3}\right]\right\}. \end{aligned} \tag{8.46}$$

Die Gas- und Massentangentialdrücke sind in Abb. 8.15 für einen mittelschnelllaufenden Großdieselmotor dargestellt.

Das Nutzmoment wird in Anlehnung an den Vibe-Brennverlauf mit einer Vibe-Funktion angenähert. Es gilt

$$M_{Z,\text{Nutz}}(\varphi) = \begin{cases} \underbrace{f\,\overline{M}_{Z,ind}\, a(m+1)\left(\dfrac{\varphi-\varphi_{\text{OT}}}{\varphi_{\text{UT}}-\varphi_{\text{OT}}}\right)^m e^{-a\left(\frac{\varphi-\varphi_{OT}}{\varphi_{UT}-\varphi_{OT}}\right)^{m+1}}}_{\text{Expansionstrakt}} \\ \underbrace{0}_{\text{restlicher Prozess}} \end{cases} \tag{8.47}$$

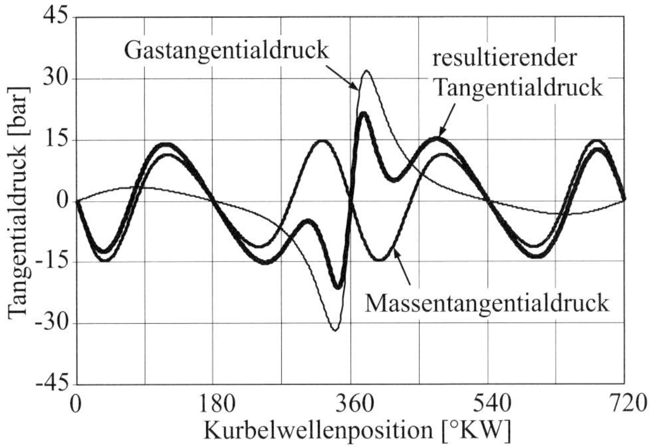

Abb. 8.15: Tangentialdruckverläufe bei einem mittelschnelllaufenden Großdieselmotor

Da für das Nutzmoment mit guter Näherung angenommen werden kann, dass es lediglich im Expansionstakt auftritt, muss das mittlere Zylindermoment auf die Dauer des Expansionstaktes bezogen werden. Für den Parameter a gilt $a = 6{,}905$. Der Parameter f dient der Unterscheidung zwischen Zwei- bzw. Viertakt und nimmt dann Werte von 2 bzw. 4 an. Zur Festlegung der Vibe-Funktion fehlt noch der Parameter m. Geht man davon aus, dass die Lage des Maximums des Nutzmomentes bekannt ist, gilt für das Maximum der Funktion für das Nutzmoment

$$\frac{M_{Z,Nutz}(\varphi)}{d\varphi} = f\,\overline{M}_{Z,ind.}\,a(m+1)e^{-a\left(\frac{\varphi-\varphi_{OT}}{\varphi_{UT}-\varphi_{OT}}\right)^{m+1}} \cdot \left[m\left(\frac{\varphi-\varphi_{OT}}{\varphi_{UT}-\varphi_{OT}}\right)^{m-1} - a(m+1)\left(\frac{\varphi-\varphi_{OT}}{\varphi_{UT}-\varphi_{OT}}\right)^{2m}\right] = 0\,. \tag{8.48}$$

Unter Ausschluss der trivialen Lösung $m = -1$ ergibt sich für den Formparameter m

$$\frac{m+1}{m}\left(\frac{\varphi_{\max}-\varphi_{OT}}{\varphi_{UT}-\varphi_{OT}}\right)^{m+1} = \frac{1}{a}\,. \tag{8.49}$$

Dieser Ausdruck kann iterativ nach m aufgelöst werden. Die Funktion für das Nutzmoment ist damit festgelegt. Das Nutzmomentenmaximum kann bei der schrittweisen Erstellung des Motorkennfeldes ermittelt und im Kennfeld abgespeichert werden. Bei der transienten Berechnung kann es aus diesem Kennfeld wieder interpoliert werden.

Durch die Überlagerung von Schleppmoment und Nutzmoment lässt sich entsprechend (8.43) der Verlauf des indizierten Momentes rekonstruieren. Das Resultat der Rekonstruktion ist in Abb. 8.16 dem indizierten Zylindermoment, wie es mit der Kreisprozessrechnung für den Volllastpunkt eines mittelschnelllaufenden Großdieselmotors bestimmt worden ist, gegenübergestellt. Dabei ist das Nutzmomentenmaximum, das bei der Kennfelderstellung in der

Kreisprozessrechnung bestimmt worden ist, für die Rekonstruktion verwendet worden. In Abb. 8.17 ist die gesamte Vorgehensweise noch einmal zusammengefasst.

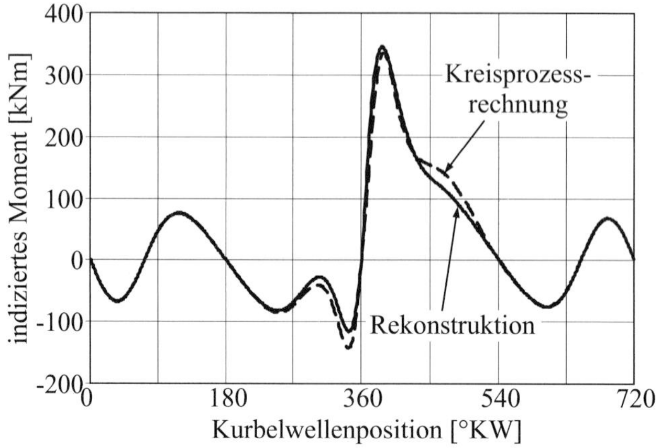

Abb. 8.16: Verlauf des indizierten Drehmomentes eines 6-Zylinder-Großdieselmotors

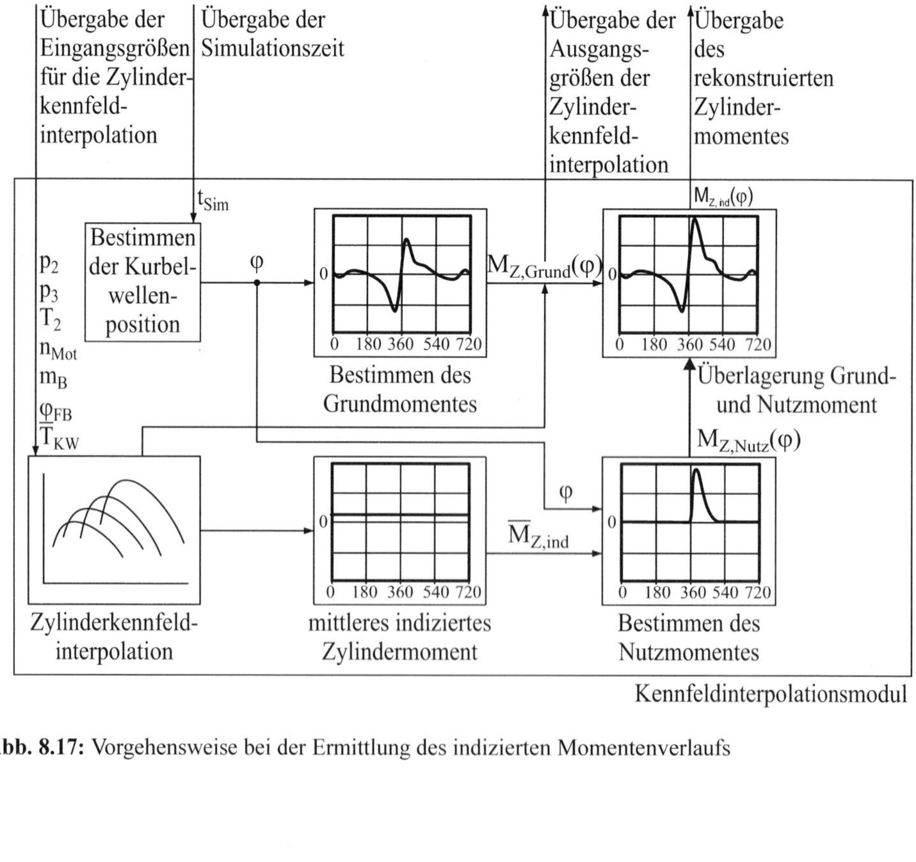

Abb. 8.17: Vorgehensweise bei der Ermittlung des indizierten Momentenverlaufs

8.6 Stationäre Simulationsergebnisse (Parametervariationen)

Die stationäre Prozessrechnung wird in erster Linie zur Parametervariation verwendet. Damit können Erklärungen für aufgetretene Phänomene gefunden oder gezielte Aussagen über den Einfluss einzelner Parameter erhalten werden, die im Versuch nur schwer unabhängig von anderen Parametern variiert werden können. Dies ist einer der besonderen Vorteile der realen Arbeitsprozessrechnung. Vor allzu unkritischen Parameterstudien muss allerdings gewarnt werden, denn nicht alle Eingabegrößen sind physikalisch vollkommen unabhängig von einander. So ändert sich z. B. mit dem Verdichtungsverhältnis meist auch der Verbrennungsablauf.

Man unterscheidet bei den Ergebnisgrößen zwischen über ein Arbeitsspiel gemittelten Größen – wie der indizierte Mitteldruck oder der indizierte Verbrauch – oder Größen, deren Verlauf über Grad Kurbelwinkel dargestellt ist. Hinzu kommen noch Größen, die einen Maximalwert anzeigen – wie der Spitzendruck oder die Spitzentemperatur.

8.6.1 Lastvariation beim gedrosselten Ottomotor

Als erstes Beispiel soll eine Variation der Last beim Ottomotor untersucht werden. Beim untersuchten Motor handelt es sich um einen 6-Zylindermotor mit 3 l Hubraum, der mit den in Kap. 7.4 beschriebenen Ansätzen zur Beschreibung der Gasdynamik berechnet wurde. Als Drehzahl für diesen Betriebspunkt wurde 2.000 U/min gewählt. Die Steuerzeiten hierfür sind konventionell.

Abb. 8.18 zeigt die Ladungswechselschleifen im *p, V*-Diagramm für den ersten Zylinder ausgehend von einem indizierten Mitteldruck von 2 bar, von 5 bar und bei Volllast, was einem indizierten Mitteldruck von ca. 11 bar entspricht. Man erkennt, dass mit abnehmender Last die Ladungswechselverluste deutlich zunehmen, da zur Lastregelung im Saugsystem des Motors durch die Drosselklappe ein Unterdruck aufgebaut werden muss. Dieser Druck prägt sich kurz nach dem Öffnen des Einlassventils auch dem Zylinder auf.

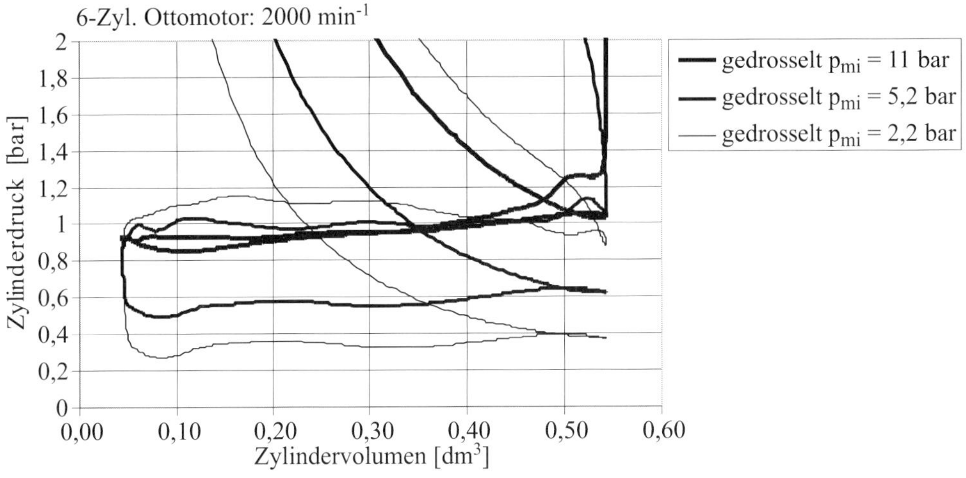

Abb. 8.18: Ladungswechselschleifen bei unterschiedlicher Last

In Abb. 8.19 oben sind für den indizierten Mitteldruck von 2 bar der berechnete Zylinderdruck, sowie die berechneten Drücke im Ansaug- und Abgaskanal des betrachteten Zylinders eingezeichnet. Deutlich zu erkennen sind die Druckschwingungen in den Saug- und Abgaskanälen des Motors. In Abb. 8.19 unten sind die Massenströme durch die Ventile dargestellt. Wie schon an den Druckverläufen zu sehen war, kommt es kurz vor dem Schließen des Auslassventils zu einem Rückströmen von Abgas in den Zylinder.

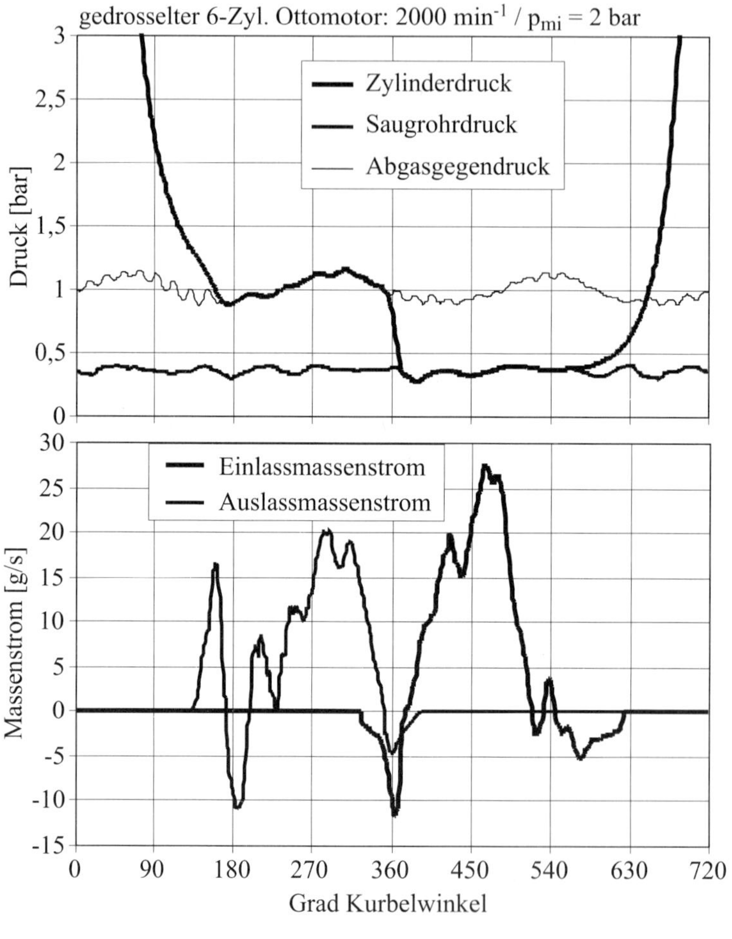

Abb. 8.19: Drücke und Massenströme für den Lastpunkt $p_{mi} = 5$ bar

8.6.2 Einfluss von Zündung und Brenndauer

Für den in Kap. 8.6.1 dargestellten Ottomotor wurden bei einem indizierten Mitteldruck von ungefähr $p_{mi} = 5$ bar bei konstanter eingespritzter Kraftstoffmasse Variationen des Brennbeginns (Zündzeitpunkt) und der Brenndauer durchgeführt. Die Brenndauer kann im Experiment normalerweise nicht verändert werden, sondern stellt sich entsprechend dem Brennverfahren ein. Dennoch kann eine rechnerische Untersuchung wichtige Aussagen liefern, wie sich eine mögliche Verkürzung der Brenndauer auf die Prozessgrößen für das betreffende Brennverfahren auswirkt. Abb. 8.20 zeigt zunächst den Einfluss eines um 9°KW nach früh und eines um 9°KW nach spät verlegten Brennbeginns.

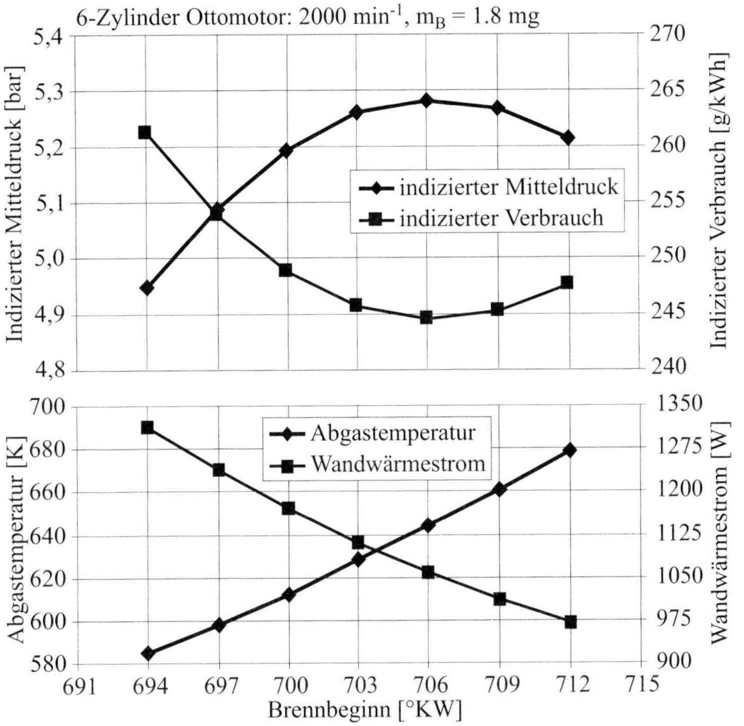

Abb. 8.20: Variation des Brennbeginns (Ottomotor)

Die Form des Brennverlaufes und die Brenndauer wurden dabei als Vibe-Ersatzbrennverlauf modelliert und konstant gehalten (Brenndauer: 58°KW, Formfaktor: 2,3). Der indizierte Mitteldruck nimmt bei einem früheren Brennbeginn deutlich ab, wohingegen er bei einem gegenüber der optimalen Ausgangslage späteren Brennbeginn nur noch leicht abnimmt. Aufgrund der Tatsache, dass die Kraftstoffmasse für diese Untersuchung konstant gelassen wurde, zeigt sich beim indizierten Verbrauch genau das reziproke Verhalten. Bei einem früheren Brennbeginn wird die Kraftstoffenergie so früh freigesetzt, dass gegen einen gewissen Anteil davon zunächst noch bis zum Oberen Totpunkt verdichtet werden muss. Wie Abb. 8.20 weiter zeigt, steigt beim früheren Brennbeginn der Spitzendruck und damit das gesamte Druckniveau im Zylinder. Dies hat zur Folge, dass auch der Wärmeübergang im Zylinder ansteigt und zu höheren Wandwärmeverlusten führt, wie man ebenfalls in Abb. 8.20 erkennen kann. Dementsprechend sinkt aufgrund der höheren Prozessverluste die Abgastemperatur bei früherem Brennbeginn stärker ab und steigt bei späterem Brennbeginn überproportional an, da die sehr spät freigesetzte Kraftstoffenergie nur noch einen kleinen Beitrag zur Arbeit am Kolben leisten kann.

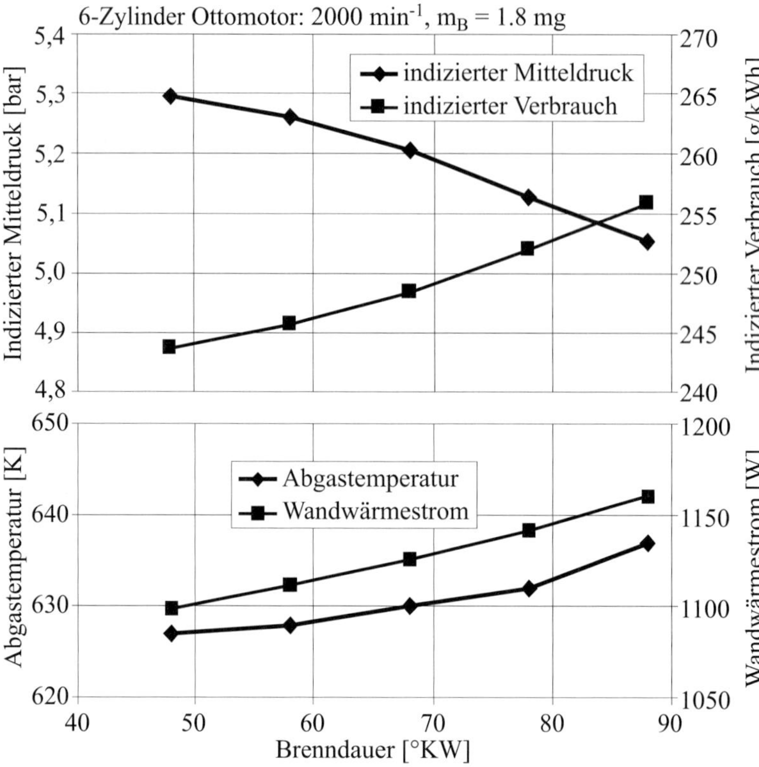

Abb. 8.21: Variation der Brenndauer (Ottomotor)

Deutlich geringer fällt dagegen der Einfluss einer Variation der Brenndauer aus. Ausgehend vom Betriebspunkt bei verbrauchsoptimalem Brennbeginn wurde eine Variation einer um –10 bis +30 Grad veränderten Brenndauer durchgeführt. Der Schwerpunkt der Verbrennung wurde beibehalten und der Formfaktor von der Brennbeginnvariation übernommen. In Abb. 8.21 ist deutlich zu erkennen, dass der indizierte Mitteldruck mit längerer Brenndauer abnimmt und der indizierte Verbrauch zunimmt. Durch die verschleppte Verbrennung steigt die Abgastemperatur mit zunehmender Brenndauer an.

Mit diesen Beispielen wird deutlich, dass mit der Simulationsrechnung im Gegensatz zu Motorversuchen der Einfluss einzelner Parameter getrennt untersucht werden kann.

8.6.3 Variation von Verdichtungsverhältnis, Last und Spitzendruck am Großdieselmotor

In Abb. 8.22 ist für einen Großdieselmotor mit einem Einzelhubvolumen von 113 Litern pro Zylinder eine Variation des Verdichtungsverhältnisses für unterschiedliche Last-Spitzendruck-Verhältnisse untersucht.

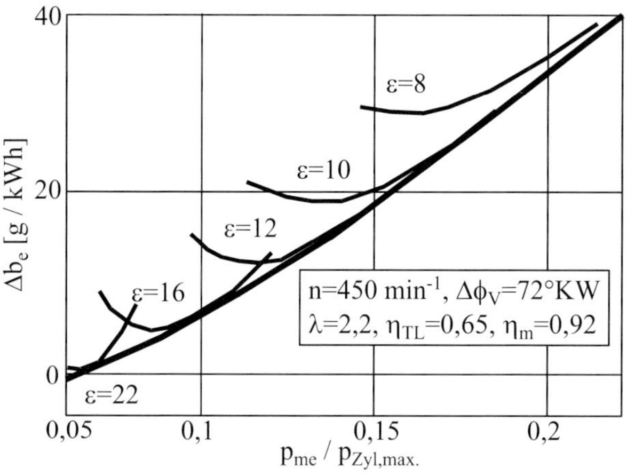

Abb. 8.22: Einfluss von Verdichtungsverhältnis, Last und Spitzendruck auf den spezifischen Verbrauch (Großdieselmotor)

Die Variation ist bei der Nenndrehzahl des Motors von 450 U/min und für eine Brenndauer von 72°KW bei einem Verbrennungsluftverhältnis von 2,2 durchgeführt. Der mechanische Wirkungsgrad ist auf einen Wert von 0,92 festgelegt und der Turboladergesamtwirkungsgrad beträgt konstant 0,65. Die Beschreibung des Abgasturboladers erfolgt über die so genannte Turboladerhauptgleichung, vgl. (7.261). Deutlich zu erkennen ist der Einfluss des Verdichtungsverhältnisses auf den spezifischen Kraftstoffverbrauch. Zu jeder Kurve für ein konstantes Verdichtungsverhältnis gibt es ein ausgeprägtes Minimum, was den Kraftstoffverbrauch angeht. Dieses Minimum gilt jeweils für einen Quotienten aus dem effektiven Mitteldruck und dem Spitzendruck, der bezüglich der Mechanik den limitierenden Faktor darstellt. Bei einem vorgegebenen Spitzendruck lässt sich somit sehr schnell der effektive Mitteldruck für den verbrauchsoptimalen Betriebspunkt ermitteln. So ist beispielsweise ein Motor mit einem Spitzendruck von 180 bar und einem Verdichtungsverhältnis von 12 bei einem effektiven Mitteldruck von ca. 20 bar verbrauchsoptimal ausgelegt. Interessanterweise sind die meisten Motoren eher in Richtung eines höheren effektiven Mitteldruckes und nicht im verbrauchsoptimalen Bereich ausgelegt. Als Auslegungskurve dieser Motoren kann die Einhüllende der Einzelkurven angesehen werden, die jeweils den günstigsten Kompromiss zwischen Verbrauch und Leistung darstellt. Gerade bei Großdieselmotoren ist die Simulation ein wichtiges Hilfsmittel bei der Auslegung der Motoren in einer sehr frühen Phase.

8.6.4 Untersuchungen zu vollvariablen Ventiltrieben

Abb. 8.23 zeigt zwei Ladungswechselschleifen eines 6-Zylinder Ottomotors mit 3 l Hubraum, der mit einem vollvariablen mechanischen Ventiltrieb ausgestattet ist. Bei diesem Betriebspunkt besitzt der Motor eine Drehzahl von 2.000 U/min und einen indizierten Mitteldruck von 2 bar. Gegenübergestellt sind diese beiden Kurven einer Ladungswechselschleife für einen konventionellen gedrosselten Motor im gleichen Betriebspunkt. Da der maximale Ventilhub für diesen Betriebspunkt unter einem Millimeter liegt, kann über die Einlassseite praktisch kein Restgas ausgeschoben und später wieder angesaugt werden. Ein Ansaugen von Restgas ist nur über das Auslassventil möglich. Die beiden dargestellten Betriebspunkte unterscheiden sich durch einen unterschiedlichen Restgasanteil von ca. 17% und 35%. Möglich ist dies durch eine Auslassspreizung von 90°KW für den 17%-Restgaspunkt und von 50°KW für den 35%-Punkt. Der gedrosselte Betriebspunkt besitzt einen Restgasanteil von ebenfalls 17%. Deutlich zu erkennen ist die Verringerung der Ladungswechselarbeit beim vollvariablen Ventiltrieb bei den beiden restgasgleichen Betriebspunkten. Dies wirkt sich in einer Verbesserung des indizierten Verbrauches in diesem Betriebspunkt von ca. 6-7% aus. Bei einer weiteren Entdrosselung durch Restgas ergibt sich ein größeres Verbrauchspotenzial. Hierbei ist jedoch zu beachten, dass ein Teil des Ladungswechselpotenzials durch eine stark verzögerte Verbrennung wieder kompensiert wird.

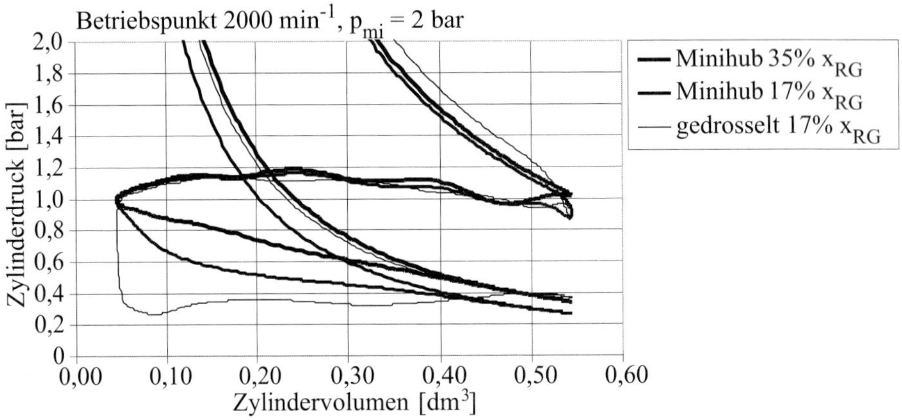

Abb. 8.23: Ladungswechselschleifen vollvariabler mechanischer Ventiltrieb

Eine gänzlich andere Art der Laststeuerung ergibt sich bei einem elektromechanischen Ventiltrieb. Hierbei wird bei vollem Ventilhub der Zeitpunkt Einlass schließt so gelegt, dass nur die gewünschte Füllung im Zylinder verbleibt. Dafür stehen 2 Arten der Laststeuerung zur Verfügung – das "Frühe Einlass schließt" (FES) und das "Späte Einlass schließt" (SES). Während bei FES verhindert wird, dass noch mehr Ladung in den Zylinder gelangt, wird bei SES ein Teil der angesaugten Zylinderladung wieder ausgeschoben. Abb. 8.24 zeigt einen Vergleich dieser beiden Laststeuerverfahren untereinander und mit einem gedrosselten Motor mit einem konventionellen Ventiltrieb für einen Betriebspunkt von 2.000 U/min und einer Last von 2 bar. Beide Verfahren weisen einen Restgasanteil von ca. 20% auf, sodass eine Vergleichbarkeit mit dem gedrosselten Motor gegeben ist. Der Verbesserung des gesamten indizierten Verbrauches gegenüber dem gedrosselten Motor reicht von 7% beim SES bis zu 9% beim FES. Ein Teil des vorhandenen Ladungswechselpotenzials wird durch die systembedingte verschleppte Verbrennung im Hochdruckteil kompensiert. Daran erkennt man wiederum die Notwendigkeit einer exakten Modellierung aller Komponenten der Arbeitsprozessrechnung.

Da über die elektromechanischen Ventiltriebe eine größtmögliche Flexibilität bezüglich der Steuerzeiten und eine ungeahnte Vielzahl an Kombinationsmöglichkeiten gegeben ist, stellt die Prozesssimulation eine wertvolle Hilfe zur systematischen Variation und damit zur Bewertbarkeit dieses Ventiltriebskonzepts dar.

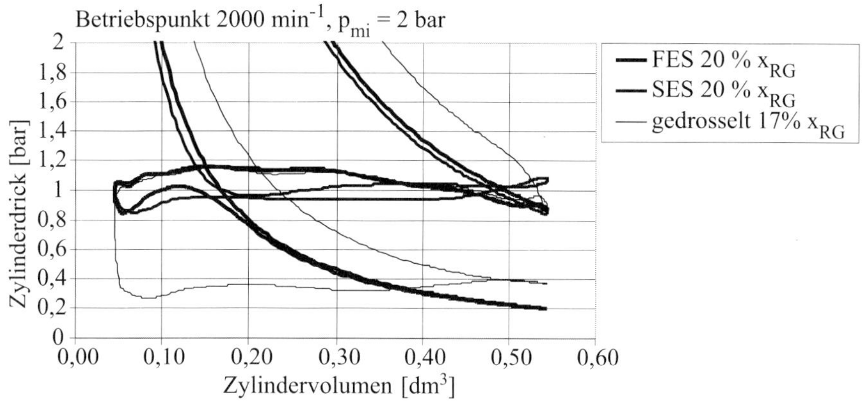

Abb. 8.24: Ladungswechselschleifen elektromechanischer Ventiltrieb

8.6.5 Variation der Saugrohrlänge und der Ventilsteuerzeiten (Ottomotor, Volllast)

Für einen 4-Zylinder-Ottomotor wurde in Abb. 8.25 zur Optimierung des Volllastdrehmomentes und der Leistung eine Variation der Saugrohrlänge in 2 Schritten mit 350 mm und 600 mm durchgeführt.

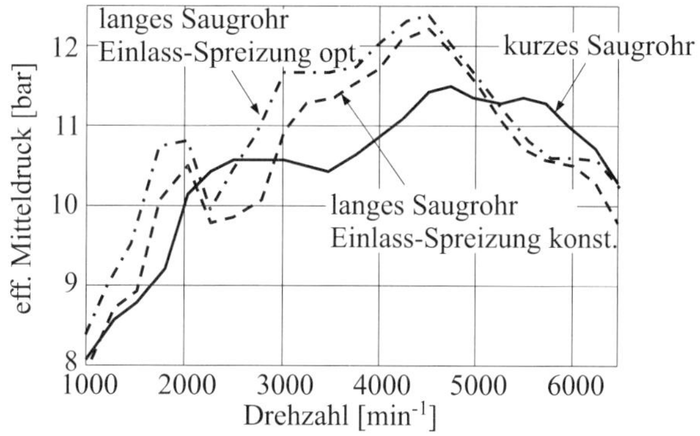

Abb. 8.25: Saugrohrlängenvariation beim Ottomotor

Beide Saugrohre saugen aus dem Sammlervolumen. Beim langen Saugrohr ist zusätzlich für den unteren Drehzahlbereich eine Optimierung der Steuerzeiten zur Erzielung geringer Restgasmengen und zur Abstimmung der Wellenlaufzeiten für einen größtmöglichen Luftaufwand durchgeführt. Die Steuerzeiten werden dabei durch die Einlassspreizung variiert. Die Modellierung erfolgt auch hier über die Gesetzmäßigkeiten für die 1-dimensionale Gasdynamik.

Deutlich zu erkennen ist der ausgeprägte Verlauf der effektiven spezifischen Arbeit für das kurze Saugrohr bei hohen Drehzahlen (Nennleistungspunkt) und für das lange Saugrohr bei niedrigen Drehzahlen und das Abfallen der Kurve in den jeweils anderen Drehzahlbereichen. Die Verwendung variabler Ventilsteuerzeiten erhöht den Mitteldruck bei der langen Saugrohrlänge noch einmal beträchtlich. Man erkennt, dass eine rechnerische Auslegung einer Sauganlage konstruktionsbegleitend immer anzustreben ist. Auf die exakte Modellierung und Berücksichtigung von Durchmessern, Einlauftrichtern, Klappen u. ä. soll hier nicht eingegangen werden.

8.6.6 Abgasrückführung bei einem abgasturboaufgeladenen Pkw-Dieselmotor

Abb. 8.26 zeigt das Schaltbild eines Motors mit Ladeluftkühlung und Abgasrückführung. Bei der Abgasrückführung wird – sofern das Spüldruckgefälle größer als 1 ist – über ein eigens angesteuertes Ventil zwischen Motoraus- und -eintritt Abgas vor das Einlassventil zurückgeführt. Die maximal rückführbare Abgasmenge hängt dabei vom Spüldruckverhältnis des Motors ab. Eine Rückführung des Abgases vor den Verdichter oder vor den Ladeluftkühler ist nicht möglich, da zum einen die Eintrittstemperaturen in den Verdichter sehr groß werden und zum anderen die im Abgas mitgeführten Ölbestandteile etc. den Verdichter oder den Ladeluftkühler verkleben würden.

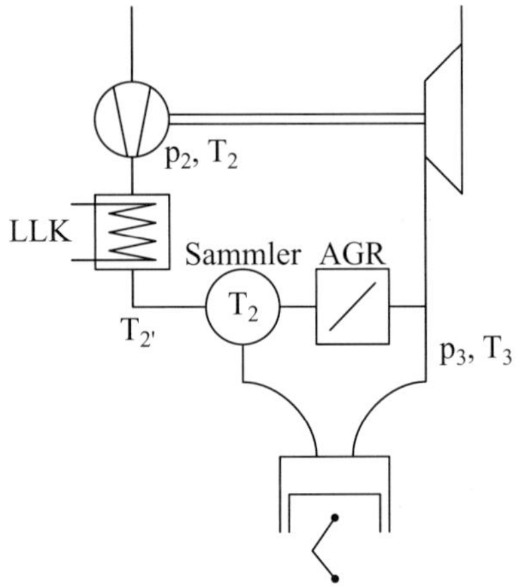

Abb. 8.26: Schaltbild eines Motors mit Abgasrückführung

Abb. 8.27 zeigt für eine mittlere Drehzahl von 3.000 U/min die Motorschlucklinie für eine Temperatur von 313 K, die der Temperatur nach dem Ladeluftkühler entsprechen soll und konstant gehalten wird. Diese Linie (grob gestrichelt) verläuft zwischen den zusätzlich eingezeichneten Linien für konstante Temperaturen vor dem Einlassventil von 293 bis 393 K. Das Spüldruckverhältnis wird konstant zu 1,25 angenommen. Unterhalb eines Verdichterdruckverhältnisses von 1,6 wird die Abgasrückführrate linear von 0% auf 36% bei einem Verdichterdruckverhältnis von 1 gesteigert. Der in den Motor angesaugte Massenstrom verringert sich jedoch zunächst aufgrund der Zunahme der Mischungstemperatur bei Abgasrückführung. Die Auswirkung der reinen Temperaturzunahme zeigt die fein gestrichelte Linie. Zusätzlich wird jedoch der vom Verdichter geförderte Massenstrom durch den rückgeführten Abgasmassenstrom verringert. Die durchgezogene Linie beschreibt den Massen- bzw. bezogenen Volumenstrom durch den Verdichter. Die Differenz zwischen der Motorschlucklinie bei der jeweiligen Mischungstemperatur (fein gestrichelt) und der Verdichterschlucklinie entspricht dem rückgeführten Abgasmassenstrom. Man erkennt eine deutliche Verlagerung der Verdichterschlucklinie nach links zur Pumpgrenze, die einerseits durch die Temperaturerhöhung und andererseits durch die zusätzlich rückgeführte Abgasmasse bedingt wird.

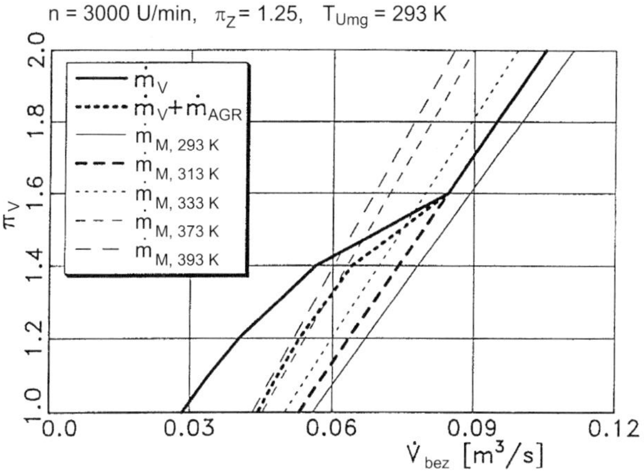

Abb. 8.27: Unterschiede zwischen Motor- und Verdichterschlucklinie bei Abgasrückführung

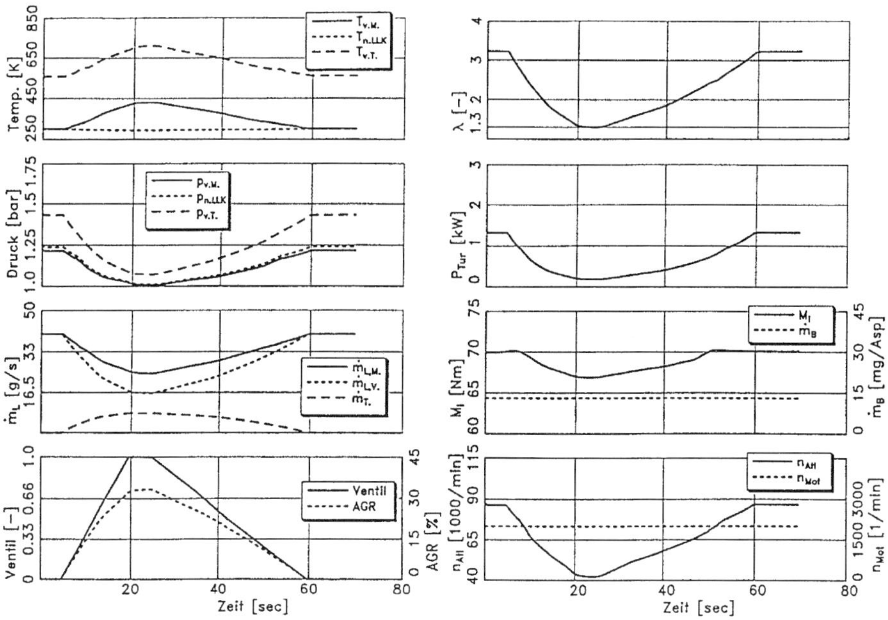

Abb. 8.28: Auswirkung der Verstellung des Abgasrückführventils auf die motorspezifischen Größen

Zur Verdeutlichung der obigen Aussagen ist in Abb. 8.28 die Auswirkung der Abgasrückführung für einen 4-Zylinder Dieselmotor mit 1,9 l Hubraum und Abgasturboaufladung dargestellt. Die Ergebnisse sind durch eine Simulation des gesamten Motors berechnet. Die pro Arbeitsspiel eingespritzte Kraftstoffmasse und die Motordrehzahl wurden dabei durch einen speziell abgestimmten Drehzahlregler konstant gehalten. Die Diagramme zeigen die Auswirkungen einer Verstellung des Abgasrückführventils auf den zeitlichen Verlauf von motorspezifischen Größen, ausgehend von einem stationären Betriebszustand des Motors bei einer Drehzahl von 2.000 U/min und einer Abgasrückführrate von 0%. Ab 5 s wird das Abgasrückführventil, wie Abb. 8.28 unten zeigt, linear geöffnet, bis bei ca. 20 s dieses Ventil vollständig geöffnet ist. Ab ca. 25 s wird das Ventil linear bis ca. 60 s geschlossen. Dieser Vorgang läuft sehr langsam ab, weshalb die Zustände als quasistationär betrachtet werden können. Mit der Zunahme der Ventilöffnung gleichen sich die Drücke vor der Turbine und nach dem Verdichter an, sinken aber insgesamt ab, da die Turbinenleistung durch die Druckabsenkung überproportional gegenüber der Abgastemperaturzunahme absinkt. Die Ansaugtemperatur vor dem Motor steigt mit zunehmender Abgasrückführung an, weshalb der Massenstrom in den Motor mit den bekannten Auswirkungen auf den Abgasgegendruck und auf die Turboladerdrehzahl zusätzlich zurückgeht. Das Verbrennungsluftverhältnis wurde über die maximale Drosselquerschnittsfläche des Abgasrückführungsventils auf minimal 1,3 begrenzt. Den Verlauf der Massenströme durch den Verdichter und in den Motor sowie die rückgeführte Abgasmasse zeigt Abb. 8.28 links. Auch das indizierte Motormoment M_i (Abb. 8.28, rechts) bricht aufgrund der Abnahme des Verbrennungsluftverhältnisses durch die Abgasrückführung mit den bekannten Auswirkungen auf den Kompressions- und Brennverlauf sowie auf die Zustandgrößen im Zylinder bei einer konstanten Drehzahl und eingespritzten Kraftstoffmasse in der erwarteten Weise ein. Deutlich zu erkennen ist auch der mit dem Einbruch des Verdichterdruckverhältnisses verbundene Einbruch der Verdichterdrehzahl n_{Atl}. Hier ist die genaue Kenntnis des Verdichterkennfeldes in Bereichen niedriger Drehzahlen sehr wichtig.

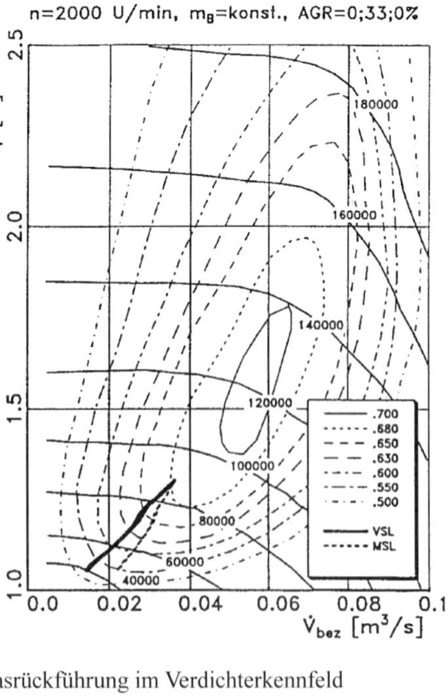

Abb. 8.29: Vorgang der Abgasrückführung im Verdichterkennfeld

Abb. 8.29 zeigt das extrapolierte Kennfeld des für den untersuchten Motor verwendeten Verdichters. In dieses Kennfeld ist der Verlauf der Verdichter- und Motorschlucklinie für den in Abb. 8.28 dargestellten Verlauf der Abgasrückführung eingetragen. Man erkennt, dass die Verdichterschlucklinie um den rückgeführten Abgasmassenstrom nach links verschoben ist und mit zunehmender Rückführrate deutlich zu niedrigeren Druckverhältnissen und Verdichterdrehzahlen absinkt. Ein instationärer Beschleunigungsvorgang muss deshalb bei einem weitaus niedrigeren anfänglichen Ladedruckniveau beginnen, was teilweise zu einer erheblichen Verzögerung des Ansprechverhaltens führt.

8.6.7 Umblasen beim Großdieselmotor

Ähnlich wie die Abgasrückführung bei kleinen schnelllaufenden Dieselmotoren nur durch ein Spüldruckgefälle, das größer als 1 ist, selbständig abläuft, kann der Vorgang des Umblasens bei Motoren nur bei einem Spüldruckverhältnis kleiner als 1 ausgenutzt werden. Deshalb wird das Umblasen in erster Linie bei großen, mittelschnelllaufenden Motoren angewandt, bei denen das Spüldruckverhältnis aufgrund der guten Turbolader-Gesamtwirkungsgrade automatisch kleiner als 1 ist.

Abb. 8.30 zeigt das Schaltbild eines Motors mit Umblasen. Bei einem abgasturboaufgeladenen Motor wird dabei die verdichtete Frischluft am Motor vorbei vor die Turbine geleitet und mit dem Abgas vermischt. Dabei unterscheidet man zwischen dem so genannten "warmen" und dem "kalten" Umblasevorgang. Beim kalten Umblasen wird die Luft nach dem Ladeluftkühler abgezweigt und vor die Turbine geleitet, während beim warmen Umblasen die Luft direkt nach dem Verdichter abgezweigt wird. Durch die Vermischung der Frischluft mit dem Abgas sinkt die Temperatur vor der Turbine zum Teil deutlich ab, weshalb aus thermodynamischer Sicht das warme Umblasen dem kalten vorzuziehen ist. Aus technischer Sicht bedingt das kalte Umblasen aber oftmals den kürzeren und einfacheren Leitungsaufbau. Der Effekt des Umblasens, bei dem die Temperatur vor der Turbine abgesenkt wird, ist zunächst nur schwer verständlich.

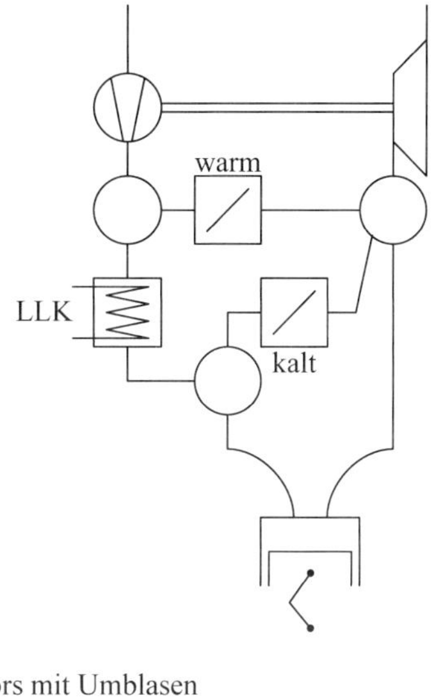

Abb. 8.30: Schaltbild eines Motors mit Umblasen

Abb. 8.31 zeigt die Verdichterbetriebslinien für unterschiedliche Lastpunkte bei einer Drehzahl von 310 U/min und warmem Umblasen.

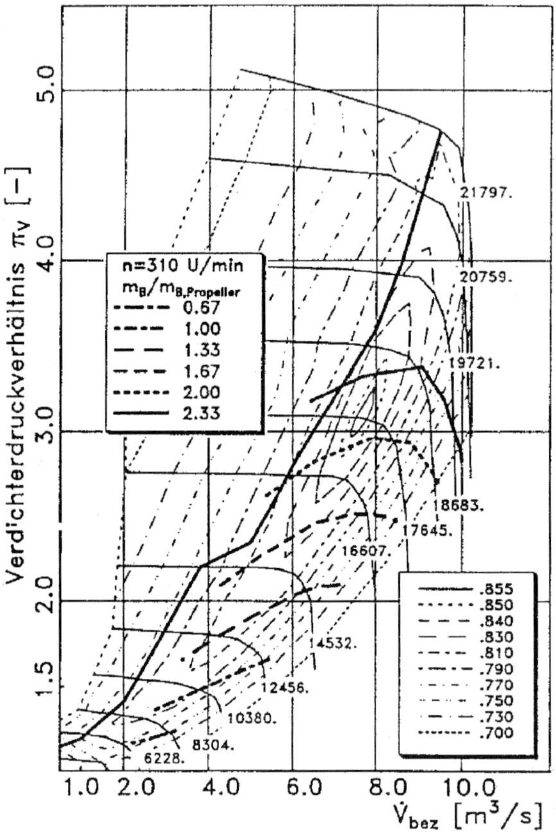

Abb. 8.31: Verdichterbetriebslinien für unterschiedliche Lasten bei 310 U/min

Dargestellt sind Lastpunkte von 66 bis 233% Last, ausgehend von der Last an der Propellerlinie jeweils in Schritten von 33%. Der linke Startpunkt der jeweiligen Verdichterbetriebslinie entspricht dabei einer Umblaserate von 0 und der rechte Endpunkt der Betriebslinie der maximal möglichen Umblaserate. Die Startpunkte der durchgezogenen Verdichterbetriebslinien liegen auf der Motorschluck- bzw. Verdichterschlucklinie, wie sie sich ohne Umblasen für die standardmäßige Turbinenquerschnittsfläche ergeben würde. Mit zunehmender Umblaserate verlagern sich die Betriebspunkte für den Verdichter nach rechts von der Pumpgrenze weg zu höheren bezogenen Massenströmen und zu teilweise höheren Verdichterdruckverhältnissen, während der vom Motor angesaugte bezogene Volumenstrom in etwa auf der Motorschlucklinie liegen bleibt. Der Effekt des Umblasens kann wie folgt erklärt werden. Durch das Umblasen steigt zunächst der Massenstrom durch die Turbine. Dadurch, dass der Massenstrom mehr steigt als die Temperatur vor der Turbine durch die Vermischung mit der verdichteten Frischluft absinkt, steigt die Enthalpie vor der Turbine an. Dadurch kann an der Turbine eine größere Leistung erzeugt und dem Verdichter zur Verfügung gestellt werden. Dieser reagiert seinerseits darauf mit einem höheren Druckverhältnis und mit einem höheren geförderten Massenstrom. Dadurch wird die Enthalpie an der Turbine weiter erhöht. Diese Erhöhung ist jedoch aus mehreren Gründen beschränkt. Zum einen bewirkt eine Erhöhung der Umblaserate eine immer stärker abfallende Temperatur vor der Turbine, andererseits ist die Umblaserate und damit die Umblasmasse durch das Öffnen der Umblasklappe aufgrund der Zunahme des Spüldruckverhältnisses begrenzt.

Ein weiterer Grund ist die mögliche Verlagerung des Betriebspunktes des Verdichters in Gebiete mit niedrigen Verdichterwirkungsgraden, die sich ebenfalls negativ auf das mögliche Spüldruckverhältnis auswirken. Deshalb fallen die Betriebslinien ab einem Maximum bei hohen Umblaseraten nach rechts wieder ab. Man erkennt, dass ein Betrieb des Motors bei einer Verdoppelung der Last ohne Umblasen nicht möglich wäre, da dieser Betriebspunkt bei der betrachteten Motordrehzahl bereits links von der Pumpgrenze des Verdichters liegen würde. Durch das Umblasen jedoch kann der Betriebspunkt nach rechts von der Pumpgrenze weg verschoben werden.

8.7 Transiente Simulationsergebnisse

In den folgenden Kapiteln sollen exemplarisch einige Ergebnisse zur Simulation von transienten Vorgängen am Verbrennungsmotor gezeigt werden. Hierbei werden Vorgänge der Lastaufschaltung bei Stationärmotoren, die Simulation von instationären Vorgängen an Fahrzeugmotoren bis hin zur Berechnung von gesamten Fahrzyklen betrachtet.

8.7.1 Lastaufschaltung beim Generatormotor

Ein mittelschnelllaufender Großdieselmotor wird nicht nur auf der Propellerlinie betrieben, sondern dient auch zur Energieerzeugung in Kraftwerken. Hierbei wird der Motor auf der Generatorlinie – also bei konstanter Motordrehzahl – betrieben. Untersucht werden in diesem Kapitel die Auswirkungen von hintereinander folgenden Lastaufschaltungen auf den Motorbetrieb und im speziellen auf das transiente Verhalten von Verdichter und Turbine des Abgasturboladers.

Die Abb. 8.32 zeigt die Auswirkungen von Lastaufschaltungen um ca. 20%, beginnend bei einer Grundlast von ca. 30% bei einer Nenndrehzahl von 450 U/min. Die auf die vorausgehende Lastaufschaltung folgende wird jeweils nach 20 s durchgeführt, sodass die vorangegangene Lastaufschaltung bereits stationär eingelaufen ist. Wie in Abb. 8.32, links zu erkennen ist, weicht die Ist-Drehzahl von der Solldrehzahl nur bei der ersten Lastaufschaltung bei 5 s merklich ab, was auf die Begrenzung der Einspritzmenge zur Vermeidung des Absinkens des Verbrennungsluftverhältnisses unter einen Wert von ca. 1,3 zurückzuführen ist. Deutlich zu erkennen ist der Anstieg des Spüldruckverhältnisses und der Abgastemperatur kurz nach der Lastaufschaltung, da die Freigabe einer größeren Kraftstoffmasse bei zunächst gleicher Frischluftmasse im Motor eine höhere Abgastemperatur bedingt. Aufgrund der Trägheit des Laufzeuges kann der Turbolader auf das höhere Enthalpie-Angebot nicht sofort reagieren, weshalb es zunächst zu einem Aufstauen vor der Turbine kommt. Dieser Vorgang verschlechtert kurzfristig wiederum den Ladungswechsel des Motors und verstärkt das Absinken des Verbrennungsluftverhältnisses am Motor noch zusätzlich, wie man in Abb. 8.32, rechts erkennen kann. Eine Drehmomentdifferenz von bis zu 50 Nm reicht aus, um die Turboladerwelle nach ca. 7 s auf die gewünschte Drehzahl zu beschleunigen.

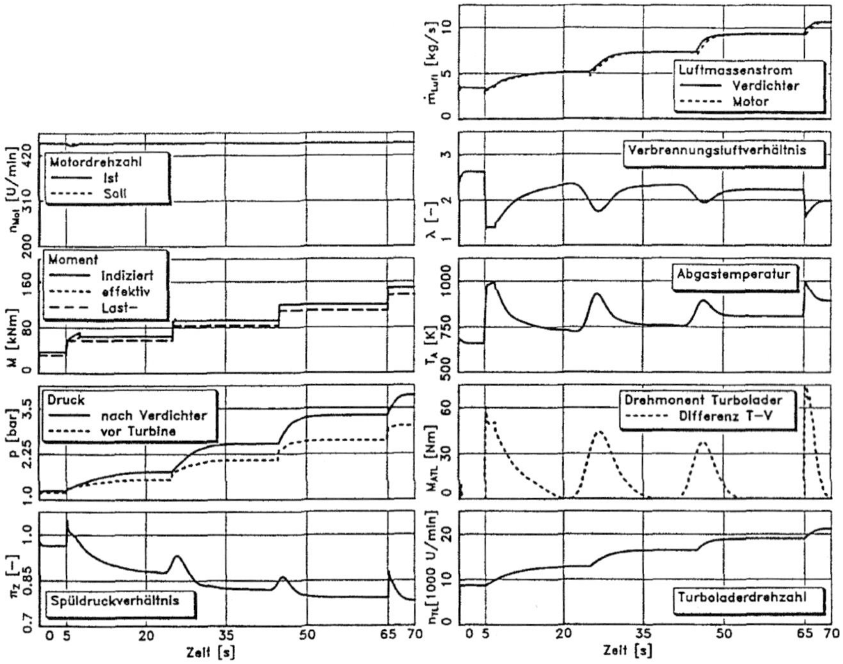

Abb. 8.32: Lastaufschaltung

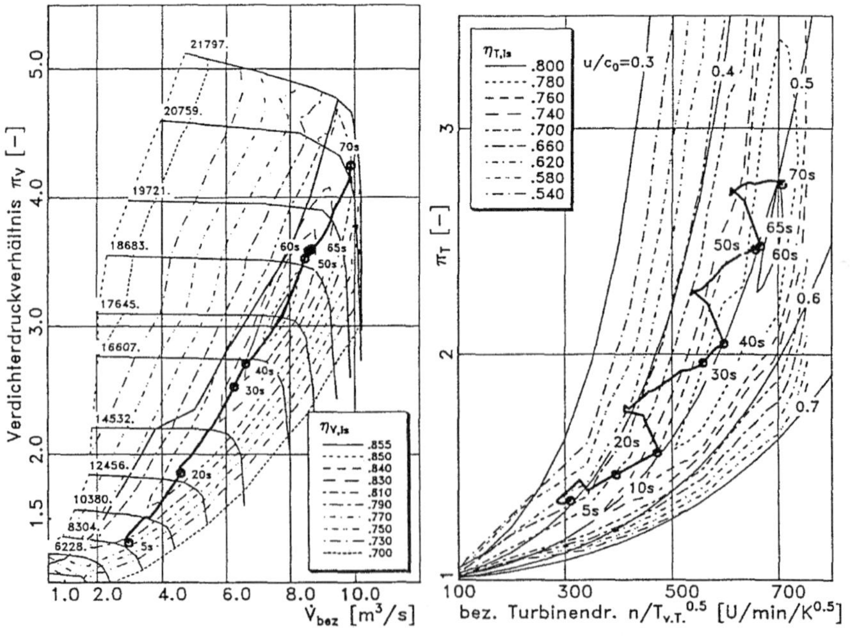

Abb. 8.33: Lastaufschaltung, Verdichter- und Turbinenbetriebslinie

Besonders zu beachten ist jedoch das Betriebsverhalten des Abgasturboladers in den jeweiligen Kennfeldern für Verdichter und Turbine, die in Abb. 8.33 dargestellt sind. Während sich die Lastaufschaltung beim Verdichter lediglich in leicht gebrauchten Kurven äußert, ist die Betriebslinie der Turbine stark gezackt. Ursache dafür ist die Auftragung über die bezogene Turbinendrehzahl. Bei einer plötzlichen Erhöhung der Abgastemperatur sinkt die bezogene Turbinendrehzahl deshalb ab. Die Turbine wird kurzfristig in Bereichen sehr schlechten Wirkungsgrades bei niedrigeren Laufzahlen betrieben. Dieser Vorgang kann nur bei einer Darstellung in Kennfeldern, wie sie in Kap. 7.5 eingeführt wurden, deutlich gemacht werden und untermauert wiederum die Notwendigkeit der Extrapolation in Kennfeldrandgebiete als Grundlage für eine exakte Simulation des transienten Verhaltens.

8.7.2 Beschleunigung eines NFZ von 0 auf 80 km/h

Bei dem hier untersuchten Nutzfahrzeugdieselmotor handelt es sich um einen 6-Zylinder-Reihenmotor mit ca. 12 l Hubraum. Dieser Motor treibt ein Nutzfahrzeug mit einer Gesamtmasse von 40 Tonnen an. Die dem Vergleich von Messung und Rechnung zugrunde liegenden Messdaten wurden an einem dynamischen Motorprüfstand ermittelt. Dargestellt ist jeweils der Vergleich zwischen der Messung (durchgezogen) und der Berechnung (gestrichelt). Das Lastmoment des Fahrzeuges und die Schaltvorgänge werden dem Motor dabei von einer geregelten Bremse aufgeprägt. Für die Simulationsrechnung wird der komplette Antriebsstrang so abgebildet, dass das Lastmoment am Motor für die Simulationsrechnung dem Bremsenmoment der Messung entspricht.

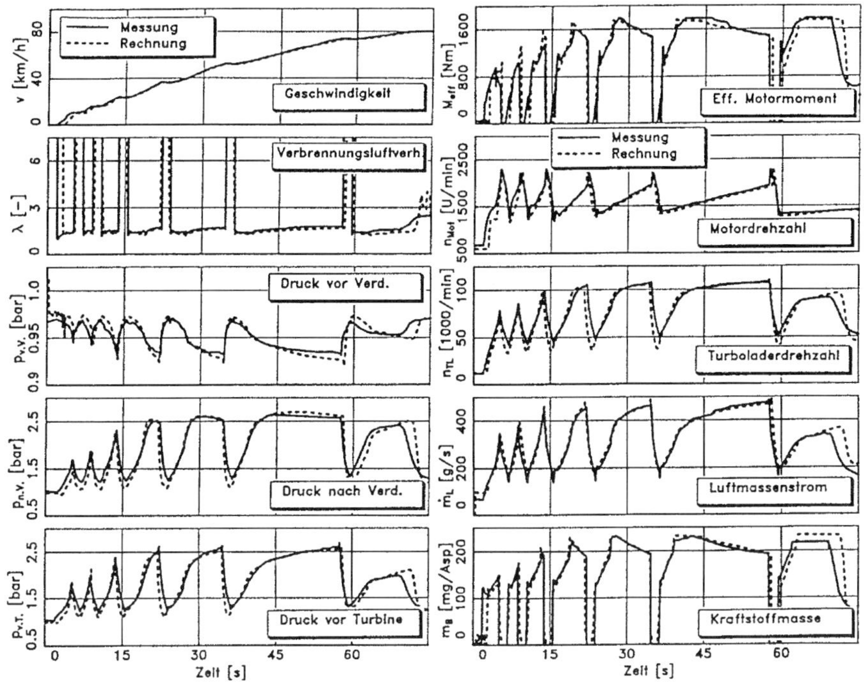

Abb. 8.34: Freie Beschleunigung 40-Tonnen-Nutzfahrzeug

Abb. 8.34 zeigt eine freie Beschleunigung des Nutzfahrzeuges aus dem Stillstand mit Anfahren und Hochschalten bis zum Erreichen einer Geschwindigkeit von 80 km/h. Die Drehzahl für den Gangwechsel ist bei exakt 1.900 U/min festgelegt. Für die Simulation wird zu Beginn der Berechnung eine Sollgeschwindigkeit von 80 km/h vorgegeben. Das Anfahren und der Gangwechsel bei 1.900 U/min werden im weiteren Verlauf der Berechnung vom Fahrerregler selbstständig durchgeführt. Aus diesem Grunde ist der Übereinstimmung von Messung und Rechnung besondere Beachtung zu schenken, da die Schaltzeitpunkte bei der Messung und bei der Simulationsrechnung praktisch exakt zur gleichen Zeit erreicht werden, was bei den Kriterien einer fest vorgegebenen Schaltdrehzahl und der asymptotischen Annäherung an diese Drehzahl bei höheren Gangstufen von einer hohen Simulationsgüte zeugt. Die Übereinstimmung aller Größen des Messungs-Rechnungs-Vergleiches in Abb. 8.34, der pro Arbeitsspiel eingespritzten Kraftstoffmasse, des Luftmassenstroms durch den Verdichter, des Verbrennungsluftverhältnisses, des effektiven Moments und der bereits angesprochenen Motordrehzahl, untermauern die Aussagekraft der Simulation. Auch Größen wie die Abgastemperatur, die Drücke vor und nach dem Verdichter sowie vor der Turbine, die Turboladerdrehzahl und die erreichte Fahrgeschwindigkeit weisen nur geringe Abweichungen zwischen Messung und Rechnung auf, was eine korrekte und realitätsnahe Vorgehensweise bei der Simulation der Aufladeaggregate und des gesamten Motors bestätigt.

In Abb. 8.35 ist dieser Beschleunigungsvorgang im Verdichterkennfeld abgebildet. Der Übersichtlichkeit halber ist nur die Verdichterbetriebslinie vom Anfahren bis zum Schalten in die vierte Gangstufe eingezeichnet. Die Umlaufrichtung für die Betriebslinien ist im Uhrzeigersinn. Deutlich zu erkennen ist der niedrige Ladedruckaufbau im 1. und 2. Gang und die weit von der Pumpgrenze entfernt liegende Betriebslinie im Verdichterkennfeld.

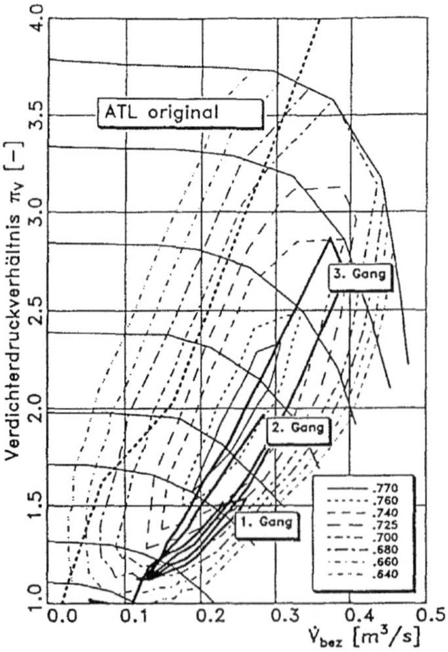

Abb. 8.35: Beschleunigungsvorgang im Verdichterfeld

8.7.3 Eingriffsmöglichkeiten am Abgasturbolader

Für einen abgasturboaufgeladenen Dieselmotor werden verschiedene Möglichkeiten zur Verbesserung des instationären Verhaltens bei niedrigen Drehzahlen untersucht.

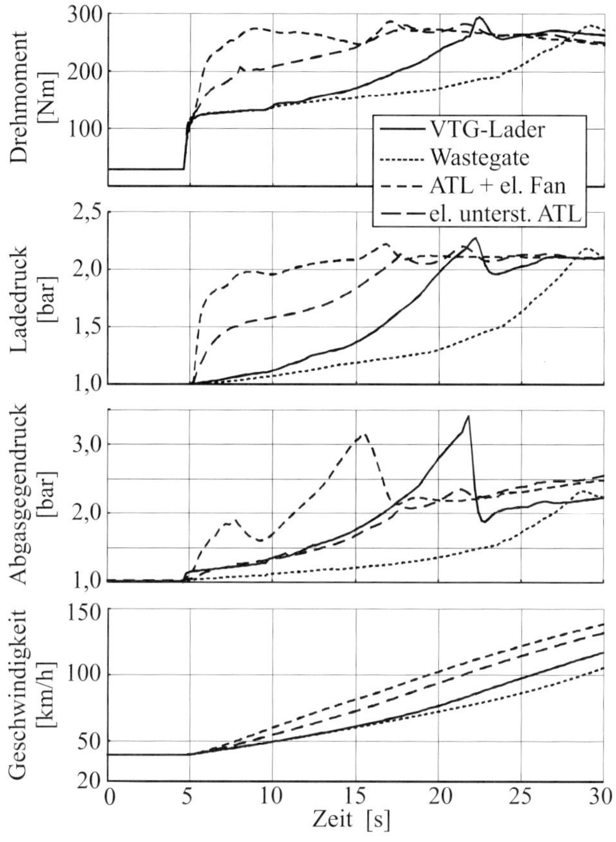

Abb. 8.36: Vergleich unterschiedlicher Eingriffsmöglichkeiten am Abgasturbolader

Als Ausgangsbasis dient eine Abgasturboladerkonfiguration mit Regelung des Ladedruckes über ein Wastegate. Untersucht werden eine Konfiguration mit einer Verstellturbine, sowie ein elektrisch unterstützter Abgasturbolader und ein vor den Abgasturbolader geschalteter zusätzlicher Verdichter, der elektrisch angetrieben wird. Beide elektrischen Antriebe besitzen eine Spitzenleistung von ca. 2 kW. Beim Basismotor handelt sich um einen 2-Liter-4-Zylindermotor, der in einem 1.350 kg schweren Fahrzeug eingesetzt wird. Um den Effekt der einzelnen Maßnahmen eindrucksvoll herauszuarbeiten, wurde ein Volllast-Beschleunigungsvorgang von ca. 40 km/h im direkten Gang gewählt, bei der sich eine Motordrehzahl von ca. 1.000 U/min ergibt. Dies ist ein extremer Beschleunigungsvorgang, da die Motor- und die Turboladerdrehzahl sehr niedrig sind. Beim konventionellen Motor mit Wastegate dauert es, wie in Abb. 8.36 zu erkennen ist, ca. 25 s, um einen entsprechenden Ladedruck aufzubauen. Bei der Verwendung einer Turbine mit variablem Querschnitt ergibt sich eine Verkürzung der

Zeit bis zum vollständigen Ladedruckaufbau um ca. 7 s. Der elektrisch unterstützte Abgasturbolader erreicht den Solldruck ca. 11 s vor dem Motor mit Wastegate. Den schnellsten Ladedruckaufbau ermöglicht der elektrisch angetriebene Zusatzverdichter. Hier liegt der Ladedruck bereits nach wenigen Sekunden an.

In Abb. 8.36 sind zusätzlich das Motordrehmoment und die Geschwindigkeit des Fahrzeugs dargestellt. Interessant ist auch der Verlauf der Betriebslinien für die einzelnen Konzepte im Verdichterkennfeld, der in Abb. 8.37 dargestellt ist.

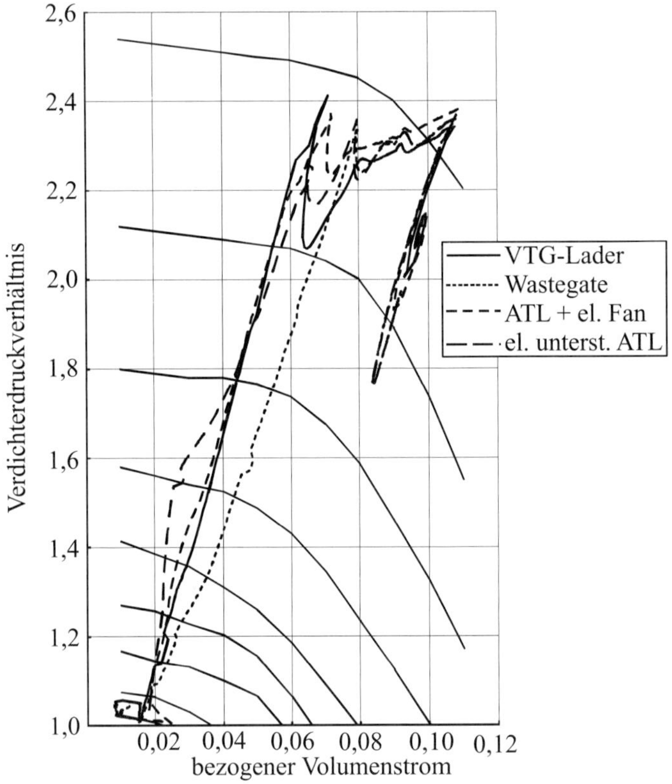

Abb. 8.37: Betriebslinien im Verdichterkennfeld

8.7.4 Teillast im ECE-Zyklus

In Abb. 8.38 ist ein Teil des ECE-Zyklus für einen abgasturboaufgeladenen 4-Zylinder-Dieselmotor in einem Mittelklassefahrzeug dargestellt. Es handelt sich dabei um den Betrieb in der unteren Teillast des Motors, bei dem die Abgasrückführung mit den entsprechenden Auswirkungen auf das Instationärverhalten des Abgasturboladers aktiviert ist.

Die in den Bildern aufgetragenen Messwerte wurden an einem elektronisch geregelten Motorprüfstand aufgenommen, bei dem sowohl das Fahrzeug mit allen Fahrwiderständen als auch der Fahrer (Fahrpedal, Schaltungen) simuliert werden können. Da die Geschwindigkeit des ECE-Zyklus durch den Fahrerregler eingeregelt wird, müssen die Verläufe für das effektive Drehmoment und die Drehzahl des Motors mit den Messwerten exakt übereinstimmen (Abb. 8.38 links, 2. und 3. Diagramm). Der Kraftstoffvolumenstrom und der vom Motor angesaugte Luftmassenstrom können sich frei einstellen. Diese beiden Größen sind im 4. und 5. Diagramm dargestellt und weisen eine gute Übereinstimmung zwischen Messung (durchgezogen) und Rechnung (gestrichelt) auf. Ebenso verhält es sich mit den Größen Ladedruck und Abgasgegendruck sowie mit der Turboladerdrehzahl (Abb. 8.38, rechts). Somit verlaufen alle für die Aufladung charakteristischen Größen bei diesem Teillastbetrieb mit den Messergebnissen quasi deckungsgleich. Bei der Abgastemperatur, die im 4. Diagramm von Abb. 8.38 rechts dargestellt ist, wurde die thermische Trägheit des Thermoelementes, das für die Messwerterfassung verwendet wurde, mitsimuliert. Auch diese Verläufe sind beinahe deckungsgleich. Die gute Übereinstimmung bei den Verläufen für die Kohlendioxid-Werte ergibt sich notwendigerweise aus der guten Übereinstimmung der Luft- und Kraftstoffmasse, da die Werte für die Kohlendioxid-Emissionen aus dem Verbrennungsluftverhältnis berechnet werden können.

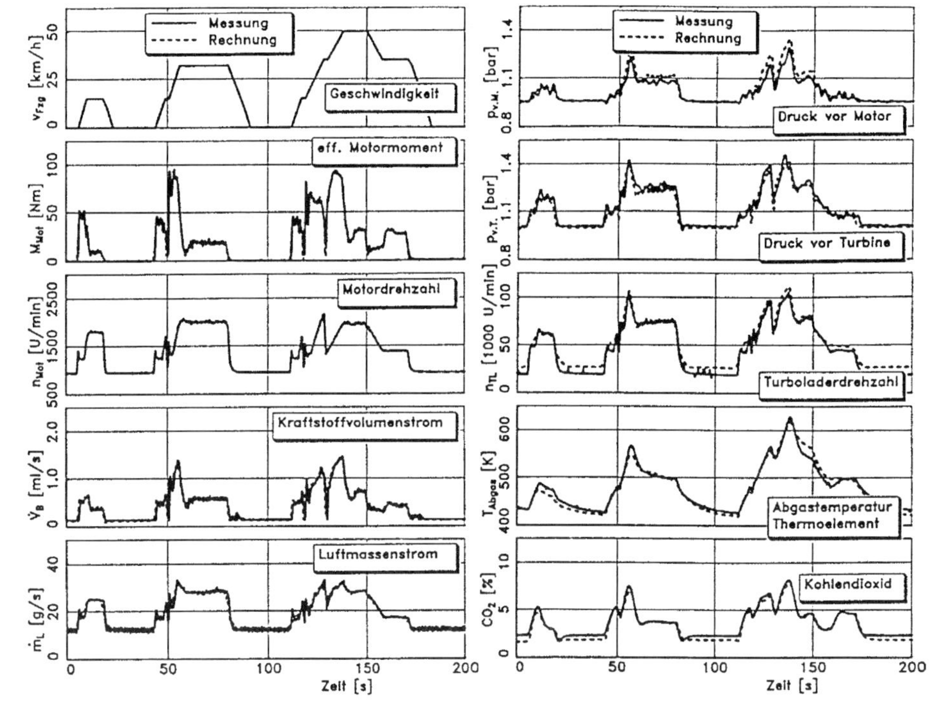

Abb. 8.38: Teil des ECE-Zyklus

In Abb. 8.39 ist die Betriebslinie des Verdichters für den betrachteten Teil des ECE-Zyklus im Verdichterkennfeld eingetragen. Man erkennt, dass gerade zur rechnerischen Simulation des Teillastbetriebes eine exakte Extrapolation in Bereiche geringer Druckverhältnisse und Drehzahlen bei den Verdichter- und Turbinenkennfeldern unerlässlich ist. Erschwerend kommt bei dieser Konfiguration noch hinzu, dass durch die Abgasrückführung der Betriebsbereich zusätzlich in diese Gebiete verlagert wird.

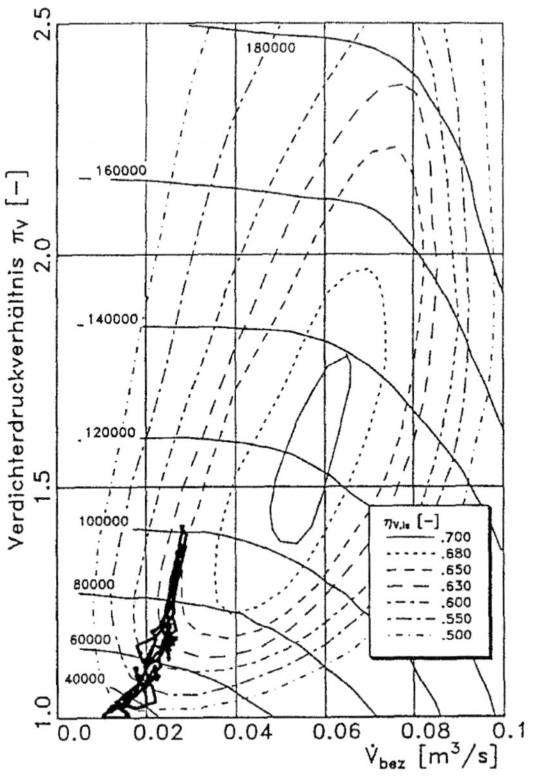

Abb. 8.39: Betriebslinie im Verdichterkennfeld, Teil des ECE-Zyklus

8.7.5 Warmlauf im ECE-Zyklus

In Abb. 8.40 sind Ergebnisse einer Simulationsrechnung des Warmlaufvorgangs im ECE-Fahrzyklus mit dem in Kap. 8.7.4 beschriebenen 4-Zylinder-Motor dargestellt, wie sie bei Reulein (1998) berechnet wurden. In den Diagrammen sind die gemessenen Verläufe gestrichelt, die berechneten Verläufe mit durchgezogenen Linien dargestellt. Alle dargestellten Verläufe zeigen eine gute Übereinstimmung der Rechnung mit den Messwerten. Dies verdeutlicht, dass mit den in Kap. 8.2 und 8.3 getroffenen Annahmen der Warmlauf des Verbrennungsmotors realistisch simuliert werden kann.

Eine starke Temperaturabhängigkeit zeigt der Verlauf des Reibmomentes, der in Abb. 8.40 oben rechts dargestellt ist. Innerhalb der ersten 300 Sekunden ergibt sich eine deutliche Erhöhung der Motorreibung, insbesondere im Bereich höherer Motordrehzahlen. Die Verläufe der Temperaturen von Kühlwasser und Öl sind in den beiden folgenden Diagrammen dargestellt. Auch hier ergibt sich eine sehr gute Übereinstimmung der gemessenen und berechneten Temperaturverläufe. Das nächste Diagramm zeigt den Verlauf der gemessenen und der berechneten Zylinderkopftemperatur. Auch hier ergibt sich eine gute Übereinstimmung von Messung und Rechnung.

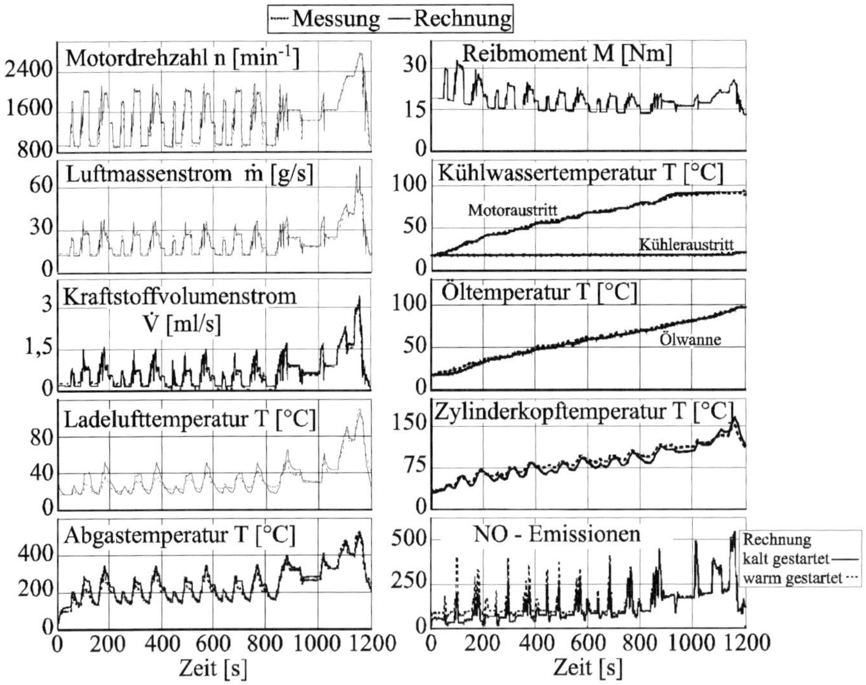

Abb. 8.40: Warmlauf im ECE-Fahrzyklus

Das rechte untere Diagramm zeigt die Auswirkung der Motortemperatur auf die Stickoxidkonzentration im Abgas, die nach der in Kap. 7.2.2 vorgestellten Methode nach Heider (1996) berechnet wurden. Gestrichelt ist der Verlauf beim betriebswarm gestarteten Motor eingezeichnet, während die durchgezogene Linie im Vergleich dazu den berechneten Verlauf während des vorher beschriebenen Warmlaufvorgangs zeigt. Der Verlauf des betriebswarm gestarteten Motors deckt sich sehr gut mit Messungen, die hier jedoch nicht dargestellt sind. Sehr deutlich erkennbar sind in der ersten Hälfte des Fahrzyklus die anfangs wesentlich geringeren und dann allmählich ansteigenden Stickoxid-Emissionen des Motors im Warmlaufbetrieb. Ursache für diese Effekte sind die anfänglich sehr niedrigen Brennraumwandtemperaturen, welche die Prozesstemperatur absenken und somit der Stickoxidbildung entgegenwirken.

8.7.6 Volllast-Beschleunigung beim turboaufgeladenen Ottomotor

Im folgenden Abschnitt ist eine Berechnung des Beschleunigungsverhaltens eines 4-Zylindermotors mit einem Hubvolumen von 2 Litern, Direkteinspritzung und Abgasturboaufladung in einem Mittelklassefahrzeug dargestellt. Der Motor verfügt über einen Phasensteller mit einem großen Verstellbereich für beide Nockenwelle und kann für die Modellierung sowohl mit einem „4-in-1-Abgaskrümmer“ mit einer Monoscroll-Turbine als auch mit einem „4-in-2-Krümmer“ mit einer Twinscroll-Turbine bestückt werden. Da es sich um ein Konzept mit stöchiometrischer Verbrennung handelt, besitzt der Motor eine Drosselklappe, die nach dem Ladeluftkühler angeordnet ist.

In Abb. 8.41 sind Beschleunigungsverläufe im 4. Gang bei einer Startdrehzahl von 1.500 U/min dargestellt. Bei ca. 1 s erfolgt der Volllastwunsch. Deutlich zu erkennen ist der relativ schnelle Aufbau des Grunddrehmomentes nach dem Befüllen des Sammlers. Dargestellt sind 5 unterschiedliche Konfigurationen, bei denen das Ansprechverhalten deutlich unterschiedlich ist. Bei der ersten sind die für die Teillast optimierten Ventilsteuerzeiten (ausgedrückt durch die Spreizung – also die Lage des Maximums der Ventilerhebungskurve) beibehalten. Zudem ist das Konzept mit einem 4-in-1-Krümmer ausgestattet. Bei dieser Konfiguration (1) ist der Aufbau des Drehmoments am schlechtesten. Dies liegt an der ungünstigen Beeinflussung des Ladungswechsels durch den Abgasstoß des jeweils zuvor zündenden Zylinders und die nicht darauf abgestimmten Ventilhubkurven. Bei der zweiten Konfiguration (2) wird kurz nach dem Befüllen des Saugrohres auf die für die Volllast optimierten Spreizungen umgeschaltet. Dabei werden realistische Schaltzeiten in der Modellierung berücksichtigt. Deutlich zu erkennen ist ein schnellerer Drehmomentaufbau, da mit den optimierten Steuerzeiten die Füllung verbessert und das im Zylinder verbleibende Restgas verringert werden kann.

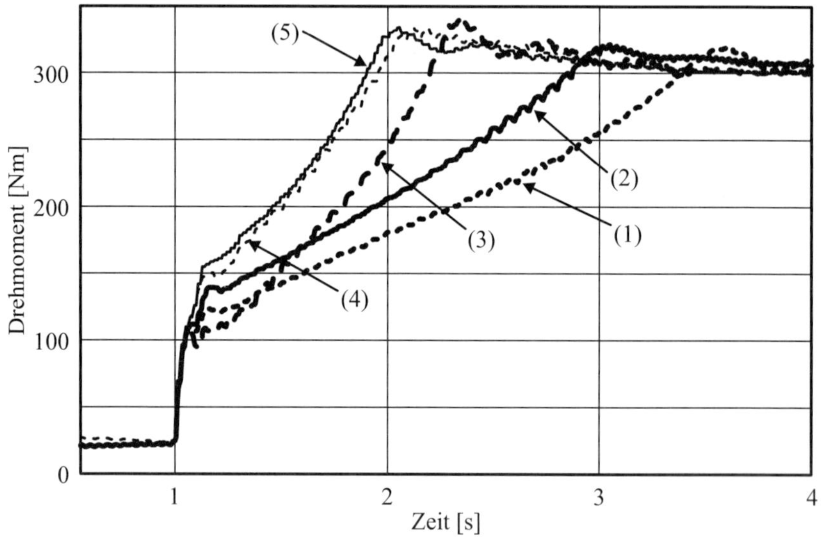

Abb. 8.41: Konzeptvergleich am aufgeladenen 4-Zylindermotor

In Kap. 8.6.7 wurde das Prinzip des Umblasens beim Großdieselmotor beschrieben. Bei diesem Verfahren handelt sich um eine Verlagerung des Betriebspunktes im Verdichterkennfeld nach rechts weg von der Pumpgrenze, sodass bei gleicher Motordrehzahl (Schlucklinie) ein größeres Druckverhältnis am Verdichter und damit eine höhere Füllung im Zylinder ermöglicht wird. Gleichzeitig verbessert sich der Verdichterwirkungsgrad nicht unerheblich. Beim Ottomotor kann man dieses Verfahren ebenfalls einsetzen, da dieser je nach Auslegung im Bereich bis 3.500 U/min im stationären Betrieb ein positives Spülgefälle besitzt. Hier bietet es sich jedoch an, den Massenstrom nicht am Motor vorbei, sondern durch den Brennraum zu leiten. Damit wird sowohl das Restgas minimiert als auch der Zylinder zusätzlich gekühlt, was in beiden Fällen die Füllung zusätzlich deutlich erhöht. Ermöglicht wird dies beim Ottomotor durch einen Phasensteller für die Nockenwellen. Damit kippt die Motorschlucklinie im

Verdichterkennfeld nach rechts zu den bereits beschriebenen höheren Druckverhältnissen und Wirkungsgraden. Beim direkteinspritzenden Ottomotor wird während der Ventilüberschneidungsphase reine Luft durchgespült, was bezüglich HC-Emissionen sehr günstig ist. Damit ergibt sich die Möglichkeit, im Brennraum ein unterstöchiometrisches Verbrennungsluftverhältnis einzustellen, das mit hohen Brenngeschwindigkeiten die Umsetzung der höheren Füllung ohne Klopfprobleme ermöglicht. Der nicht verbrannte Kraftstoff reagiert im günstigsten Fall vor der Turbine mit der zuvor durchgeschobenen Luftmasse und erhöht damit die Enthalpie des Abgases vor der Turbine. Im ungünstigsten Fall reagiert der Kraftstoff mit der Luft erst im Katalysator.

Bei der dritten Konfiguration (3) in Abb. 8.41 wird nach Befüllen des Saugrohres auf eine große Ventilüberschneidung umgeschaltet. Nach einer kurzen Stagnation des Drehmomentaufbaus kann man zwar einen deutlich größeren Gradienten im Drehmomentaufbau erkennen, jedoch ist dieses Verhalten für einen Fahrer nur schwer dosierbar. Zu Beginn des Lastwechselvorganges „verschluckt" sich das System zunächst regelrecht. Das positive Spülgefälle bricht aufgrund der Steuerzeiten kurzfristig zusammen und der Restgasanteil steigt massiv an, bis sich das System nach ca. 1 s wieder fängt und das erwartete Verhalten zeigt.

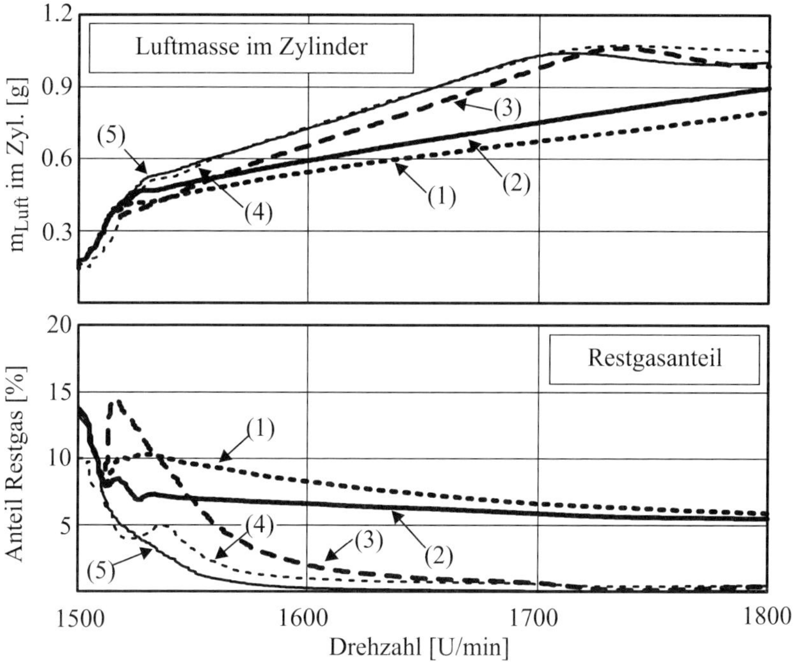

Abb. 8.42: Frischgas und Restgasanteil für unterschiedliche Aufladekonzepte

Abb. 8.42 zeigt die im Zylinder nach dem Schließen des Einlassventils verbleibenden Frischgasmasse und Restgasanteil an der gesamten Zylindermasse für die fünf Konfigurationen. Diese sind aus Gründen der Vergleichbarkeit über der Motordrehzahl aufgetragen. Eine genaue Analyse der Vorgänge während des Ladungswechsels für das dritte Konzept ergibt einen hohen Restgasanteil von bis zu 20%, der durch eine Überlagerung der Auslassstöße nacheinander zündender Zylinder und die daraus resultierende Beeinflussung des Ladungswechselverhaltens bedingt ist. Durch eine Verkürzung der Auslasssteuerzeiten auf ca. 200 Grad Kurbelwinkel kann dieses Verhalten trotz der 4-in-1-Zusammenfassung weitgehend vermeiden werden, wie das Konzept vier (4) in Abb. 8.41 zeigt. Hierbei wird die störende Druckwelle des zuvor zündenden Zylinders durch die Verkürzung der Auslasssteuerzeit quasi ausgeblendet, das Restgas ist dadurch minimiert, wodurch sich das notwendige positive Spülgefälle dann schnell aufbaut.

Die technisch sauberste Lösung stellt die fünfte Konfiguration (5) dar, bei der eine gegenseitige Beeinflussung des Ladungswechsels der Zylinder durch eine 4-in-2-Zusammenfassung in Verbindung mit einer Twinscroll-Turbine mit Beibehaltung der Auslassteuerzeit grundsätzlich vermieden werden kann. Bei dieser Konfiguration ergibt sich das beste Instationärergebnis mit einem im wahrsten Sinne des Wortes sehr ansprechenden Verhalten.

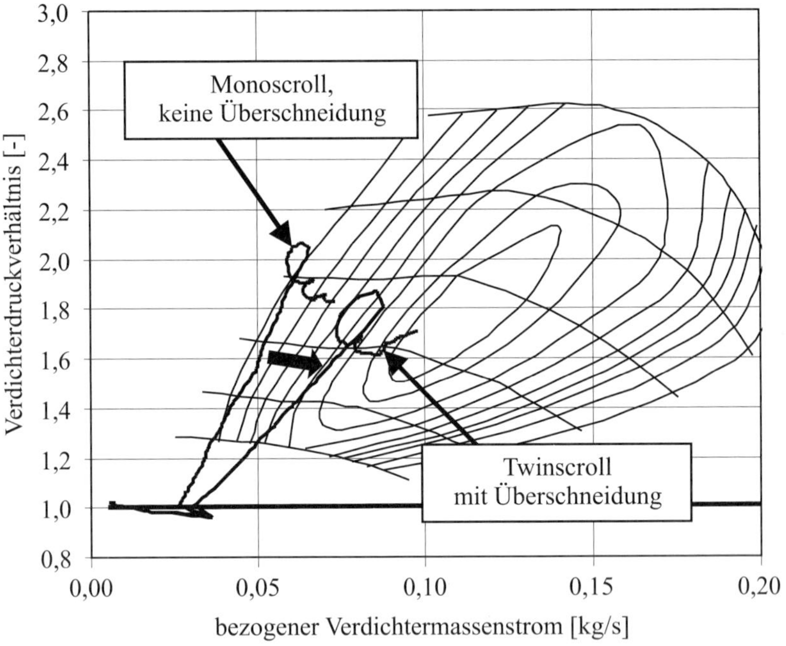

Abb. 8.43: Betriebslinien für Konzept 2 und 5 im Verdichterkennfeld

Abb. 8.43 zeigt die Betriebslinien im Verdichterkennfeld für das zweite und fünfte Konzept – also einem hinsichtlich der Ventilsteuerzeiten optimierten Betrieb ohne und mit Durchspülen von Frischluft. Zu erkennen ist die weiter rechts liegende Verdichterbetriebslinie für das Konzept mit Durchspülen, die einen deutlichen Abstand zur Pumpgrenze besitzt. Die höhere Leistung zur Verdichtung der größeren Frischluftmasse wird zum Teil durch die gesteigerten Verdichterwirkungsgrade überkompensiert. Mit diesem Verfahren lässt sich die Eckdrehzahl zum Erreichen des maximalen stationären Drehmoments auf weit unter 1.500 U/min absenken.

9 Strömungsmechanische Simulation

Eine immer wesentlichere Rolle bei der Simulation motorischer Vorgänge spielt die strömungsmechanische oder CFD-Simulation (CFD: Computational Fluid Dynamics), da sie die detaillierteste physikalische Beschreibung der relevanten Prozesse ermöglicht. Verschiedenste Prozesse im motorischen Umfeld werden betrachtet, unter anderem Ladungswechsel, Zylinderinnenströmung, Abgasrückführung, Ausströmprozesse, Nachreaktionen im Auslasstrakt, Katalysatordurchströmung, Turbinen- und Verdichterströmung im Turbolader, Düseninnenströmung oder auch Kühlkreislaufdurchströmung.

Nach wie vor ist ein relativ aufwendiges Vorgehen erforderlich: zunächst müssen Rechennetze generiert werden, nach einer Definition der (häufig umfangreichen) Anfangs- und Randbedingungen kann schließlich die eigentliche Rechnung gestartet werden. Auch die Auswertung ist aufgrund der hohen Datenmengen typischerweise aufwändig. Schließlich sind auch die Anforderungen von der theoretischen Basis her hoch. Daher ist der Thematik "CFD" ein eigenes Kapitel gewidmet.

In Kap. 9.1 werden zunächst die Grundlagen der numerischen Strömungsmechanik erläutert. Berechnungen der innermotorischen Prozesse wie Einspritzung und Verbrennung erfordern darüber hinaus eine detailliertere Behandlung, worauf in den Kapiteln 9.2 und 9.3 näher eingegangen wird.

9.1 Dreidimensionale Strömungsfelder

9.1.1 Strömungsmechanische Grundgleichungen

- **Massen- und Impulstransport**

Im Folgenden werden kurz die Basis-Gleichungen der Strömungsmechanik rekapituliert, wobei die Komponentenschreibweise in Summenkonvention verwendet wird, d. h. über doppelt erscheinende Indices ist zu summieren. Für eine ausführliche Ableitung sei auf Merker und Baumgarten (2000), Cebeci (2002) und White (1991) verwiesen. Die lokale Massenerhaltungsgleichung, *Kontinuitätsgleichung* genannt, lautet

$$\frac{\partial}{\partial t}\rho(x,t) + \frac{\partial}{\partial x_i}\left(\rho(x,t)\,v_i(x,t)\right) = 0 \ . \tag{9.1}$$

Die Abhängigkeit der Feldgrößen von x oder t wird üblicherweise einfach weglassen. Die Impuls-Gleichung (*Navier-Stokes-Gleichung*) lautet dann

$$\rho\left(\frac{\partial}{\partial t} + v_j\frac{\partial}{\partial x_j}\right)v_i - \frac{\partial}{\partial x_j}\left(\tau_{ij}\left[\frac{\partial v_k}{\partial x_l}\right]\right) = -\frac{\partial p}{\partial x_i} + f_i \ , \tag{9.2}$$

wobei

$$\tau_{ij} = \mu\left(\frac{\partial v_i}{\partial x_j} + \frac{\partial v_j}{\partial x_i}\right) + \xi\frac{\partial v_k}{\partial x_k}\delta_{ij} \qquad \mu,\xi: \text{1. und 2. Zähigkeitskoeffizient} \tag{9.3}$$

den *Spannungstensor* bezeichnet und f_i eine äußere Kraftdichte (z.B. die Schwerkraft). Häufig wird

$$\xi = -\frac{2}{3}\mu \tag{9.4}$$

angenommen, d.h. τ_{ij} ist spurfrei.

Bisher wurde der allgemeine kompressible Fall betrachtet, d.h. ρ ist variabel, eine Funktion des Ortes und der Zeit. Für den Fall, dass eine inkompressible Strömung vorliegt (typischerweise für Flüssigkeiten), also ρ konstant ist, vereinfachen sich Kontinuitäts- und Navier-Stokes-Gleichung drastisch und man erhält für das inkompressible Fluid

$$\frac{\partial v_i}{\partial x_i} = 0 \tag{9.5}$$

$$\rho\left(\frac{\partial}{\partial t} + v_j\frac{\partial}{\partial x_j}\right)v_i - \mu\,\Delta v_i = -\frac{\partial p}{\partial x_i} + f_i \tag{9.6}$$

wobei

$$\Delta = \frac{\partial^2}{\partial x^2} + \frac{\partial^2}{\partial y^2} + \frac{\partial^2}{\partial z^2}$$

den *Laplace-Operator* bezeichnet. Differentiation des zweiten Terms in der Kontinuitätsgleichung (9.1) nach der Produktregel liefert

$$\left(\frac{\partial}{\partial t} + v_i\frac{\partial}{\partial x_i}\right)\rho + \rho\frac{\partial}{\partial x_i}v_i = 0\ . \tag{9.7}$$

Der Operator

$$\frac{\partial}{\partial t} + v_i\frac{\partial}{\partial x_i}$$

in Gleichung (9.7) heißt *konvektive* oder *substantielle Ableitung.* Er tritt ebenfalls in der Navier-Stokes-Gleichung (9.2) auf und drückt die zeitliche Änderung von lokalen Fluidgrößen in den äußeren, raumfesten Laborkoordinaten aus. Der Übergang von einem lokalen, mitbewegten Koordinatensystem (*Lagrange'sche Koordinaten*) auf ein globales raumfestes Koordinatensystem (*Euler'sche Koordinaten*) entspricht daher der Substitution

$$\frac{\partial}{\partial t}_{Lagrange} \longrightarrow \left(\frac{\partial}{\partial t} + v_i\frac{\partial}{\partial x_i}\right)_{Euler}\ . \tag{9.8}$$

Nimmt man nun an, dass das *Zweite Newton'sche Axiom*

$$m\frac{\mathrm{d}v_i}{\mathrm{d}t} = F_i$$

im lokalen, mitbewegten Koordinatensystem gilt, wobei die Kraft F sich aus einer äußeren Komponente und dem Druckgradienten in der Strömung zusammensetzt, dann folgt daraus die *Euler'sche Gleichung*

$$\rho\left(\frac{\partial}{\partial t} + v_j\frac{\partial}{\partial x_j}\right)v_i = -\frac{\partial p}{\partial x_i} + f_i \ . \tag{9.9}$$

Diese gilt für eine ideale, reibungsfreie Strömung und unterscheidet sich von der Navier-Stokes-Gleichung (9.2) noch um den Viskositätsterm. D.h. in einer realen Strömung wirkt noch eine zusätzliche Kraft, die Reibungskraft, für die üblicherweise der Newton'sche Ansatz

$$f_{i,Reibung} = \frac{\partial}{\partial x_j}\left(\tau_{ij}\left[\frac{\partial v_k}{\partial x_l}\right]\right) \tag{9.10}$$

verwendet wird. Dieser zusätzliche Term bedeutet auch, dass die Navier-Stokes-Gleichung nun eine Differentialgleichung 2. Ordnung in den Raumkoordinaten ist, und folglich benötigt sie zusätzliche Randbedingungen. Das physikalische Äquivalent ist das Phänomen der Wandreibung, aufgrund dessen eine Navier-Stokes-Strömung direkt an der Wand relativ zu dieser ruht und sich somit eine *Grenzschicht* ausbildet, während eine Euler-Gleichungs-basierte Strömung an einer Wand reibungsfrei, d. h. mit endlicher Geschwindigkeit, entlang strömt.

Partielle Differentialgleichungen werden nach ihren Eigenschaften typisiert, man unterscheidet *elliptische*, *parabolische* und *hyperbolische* Gleichungen. Die inkompressible Euler-Gleichung (9.9) ist vom hyperbolischen Typ bezüglich der Variablen v[1]. Zu einer solchen Differentialgleichung existieren *Charakteristiken*, d. h. Kurvenscharen, entlang derer die Zeitentwicklung über ein System gewöhnlicher Differentialgleichungen gegeben ist. So reduziert sich entlang einer Raumkurve $\chi(t)$ mit

$$\frac{\mathrm{d}\chi_i}{\mathrm{d}t} = v_i \tag{9.11}$$

die Euler-Gleichung auf

$$\rho\frac{\mathrm{d}v_i}{\mathrm{d}t} = -\frac{\partial p}{\partial x_i} + f_i \ , \tag{9.12}$$

d. h. man kann sich vorstellen, dass das Lösungsfeld sich entlang der durch die Charakteristiken (9.11) und (9.12) bestimmten Kurvenscharen "ausbreitet"[2]. Zur Definition der Randbedingungen müssen somit nur die Anfangswerte $v(t = t_{0,}\ x_i = x_{0,i})$ und $v(t = t_{0,}\ x_i = x_{o,i})$ zur Startzeit t_0 für verschiedene Startpositionen $x_{0,i}$ vorgegeben werden. Eine typische elliptische Differentialgleichung ist die *Potenzialgleichung* oder *Poisson-Gleichung*

---

[1] Dafür ist sie zusammen mit der inkompressiblen Kontinuitätsgleichung elliptisch im Druck!

[2] Dies gilt bei Vorgabe eines äußeren Druck- und Kraftfeldes.

$$\Delta\phi = \left(\frac{\partial^2}{\partial x^2} + \frac{\partial^2}{\partial y^2} + \frac{\partial^2}{\partial z^2} \right) \phi = 4\pi\,\gamma \ . \tag{9.13}$$

Wie man zeigen kann, hängt die Lösung $\phi(x, y, z)$ in einem bestimmten Gebiet von allen ϕ-Werten auf der Berandung dieses Gebietes ab, es gibt keine bevorzugte Ausbreitungsrichtung und auch keine Charakteristiken.

Die *Wärmeleitungsgleichung* oder *Helmholtz-Gleichung* (zur Beschreibung der Wärmeleitung in einem Festkörper)

$$\rho\, c_V \frac{\partial}{\partial t} T - \lambda \Delta T = 0 \tag{9.14}$$

sowie auch die Navier-Stokes-Gleichung sind parabolische Gleichungen. Sie besitzen zwar eine ausgezeichnete Ausbreitungsrichtung in der Zeit, aber nicht im Raume. Eine typische Anfangsbedingung besteht daher in der Vorgabe aller Werte auf der Berandung eines bestimmten Gebietes zur Startzeit t_0.

Das bisher Gesagte legt nahe, dass diese Eigenschaften einer Differentialgleichung auch für das numerische Lösungsverhalten entscheidend sein sollten. Bezüglich der Navier-Stokes-Gleichung bleibt insbesondere festzuhalten, dass durch die Addition des Viskositätsterms eine Änderung des Differentialgleichungstyps verursacht wird; die inkompressible Euler-Gleichung ist hyperbolisch, während die Navier-Stokes-Gleichung vom parabolischen Typ ist, mit entsprechenden Konsequenzen für das Lösungsverhalten. Das Ausbreitungsverhalten der kompressiblen Gleichungen ist nochmals verschieden, da nun auch das Phänomen des Schalls auftritt. Typische motorische 3-D-Strömungen wie In-Zylinderströmungen sind zwar notwendigerweise kompressibel, aber diese Kompressibilität ist derart schwach (ein Maß hierfür ist die Machzahl $a = v/c$), dass faktisch die Eigenschaften der inkompressiblen Gleichungen gültig sind.

- **Transport von innerer Energie und Spezies**

Nun soll noch der Gleichungssatz vervollständigt werden. Im inkompressiblen Falle sind Kontinuitäts-Gleichung (9.5) und Navier-Stokes-Gleichung (9.6) (Vektorgleichung, d. h. drei Komponentengleichungen), zusammen vier Gleichungen, bereits vollständig, um die vier Unbekannten: Geschwindigkeit (Vektor!) und Druck zu bestimmen. Im kompressiblen Falle ist aber zusätzlich noch die Dichte zu bestimmen. Für ein einkomponentiges oder aber homogen gemischtes Gas (das sich wiederum einkomponentig behandeln lässt) ergibt sich die Dichte aus dem Druck über die thermische Zustandsgleichung

$$p = \frac{\rho \tilde{R}\, T}{M} \tag{9.15}$$

Diese Gleichung enthält nun zusätzlich die Temperatur, die über die kalorische Zustandsgleichung

$$u = \int_{T_0}^{T} c_V(\vartheta)\, d\vartheta + u_0 \tag{9.16}$$

mit der (spezifischen) Inneren Energie verknüpft ist. Die Innere Energie ist eine extensive Größe, wofür sich (ähnlich wie für den Impuls) eine Transportgleichung formulieren lässt

$$\rho\left(\frac{\partial}{\partial t}+v_j\frac{\partial}{\partial x_j}\right)u-\frac{\partial}{\partial x_i}\left(\lambda\frac{\partial T}{\partial x_i}\right)=-p\frac{\partial v_i}{\partial x_i}+\tau_{ij}\frac{\partial v_i}{\partial x_j}+q\ , \tag{9.17}$$

siehe Merker und Eiglmeier (1999). Der zweite Term auf der linken Seite ist ein Diffusionsterm und entspricht dem Viskositätsterm in der Navier-Stokes-Gleichung (λ bezeichnet die Wärmeleitfähigkeit). Die beiden ersten Terme auf der rechten Seite stellen Energiequellen und -senken dar, der erste Term $-p\,\partial v_i/\partial x_i$ kann beide Vorzeichen annehmen und entspricht der reversiblen mechanischen Kompressionsarbeit, die am Volumenelement geleistet wird. Der zweite Term $\tau_{ij}\,\partial v_i/\partial x_j$ beschreibt die Wärme, die durch die innere Reibung freigesetzt wird; dieser Term ist immer positiv (zweiter Hauptsatz der Thermodynamik!). Der dritte Term q beschreibt weitere Wärmequellen, sei es durch Verdampfung oder aber auch durch Verbrennung.

Damit ist unser Gleichungssystem auch für den inkompressiblen Fall vollständig, für die sieben Unbekannten: Geschwindigkeit (3), Druck, Dichte, Temperatur und Innere Energie existieren die sieben Gleichungen, (9.1), (9.2), (9.15), (9.16), und (9.17). Für den Fall, dass das Fluid eine inhomogene Mischung mehrerer Komponenten ist, werden noch weitere Gleichungen zur Bestimmung der Stoffzusammensetzung benötigt, siehe unten.

Es sei darauf hingewiesen, dass die hier benötigte Energiegleichung die Gleichung für die Innere Energie ist, keinesfalls diejenige für die kinetische Energie. Denn diese ergibt sich aus der Navier-Stokes-Gleichung, ist also keine unabhängige Größe. Natürlich lässt sich anstelle der Inneren Energie auch die Gesamtenergie (Innere Energie + kinetische Energie) transportieren, oder auch die thermische Enthalpie $(w = u + p/\rho)$. Alles dies ist äquivalent, denn bei Kenntnis der Größen v, p, ρ lassen sich all diese Energieformen ineinander umrechnen. Besonders unter Chemikern ist es sehr beliebt, die totale Enthalpie (thermische Enthalpie + chemische Energie) zu transportieren. Bei bekannter Stoffzusammensetzung ist auch diese in die anderen Energiegrößen umrechenbar, somit ist das Vorgehen äquivalent.

Schließlich sei noch der Fall betrachtet, dass das betrachtete Fluid als inhomogene Mischung mehrerer Spezies gegeben ist. Es müssen in diesem Falle Transportgleichungen für die Konzentrationen $c_{(k)}$ der einzelnen Spezies formuliert werden,

$$\rho\left(\frac{\partial}{\partial t}+v_i\frac{\partial}{\partial x_i}\right)c_{(k)} - \frac{\partial}{\partial x_i}\left(D_{(k)}\rho\frac{\partial}{\partial x_i}c_{(k)}\right) = Q_{(k)}(c_{(j)},p,T) \tag{9.18}$$

mit

$$\sum c_{(k)} = 1\ ,$$

die ganz analog zur Navier-Stokes- und Energietransport-Gleichung aufgebaut sind. Auf der linken Seite steht eine konvektive Ableitung und die Diffusion und rechts ein Quellterm, der nur dann von Null verschieden ist, wenn chemische Reaktionen ablaufen, was insbesondere bei der Verbrennung der Fall ist. Auch tritt ein zusätzlicher Diffusionsterm in der Energiegleichung (9.17) auf, sodass diese nun lautet

$$\rho\left(\frac{\partial}{\partial t}+u_j\frac{\partial}{\partial x_j}\right)u-\frac{\partial}{\partial x_i}\left(\lambda\frac{\partial T}{\partial x_i}+\rho D_{(k)}\sum_{(k)}h_{(k)}\frac{\partial c_{(k)}}{\partial x_i}\right)=-p\frac{\partial v_i}{\partial x_i}+\tau_{ij}\frac{\partial v_i}{\partial x_j}\ . \tag{9.19}$$

Alle gängigen CFD-Codes verwenden die ideale Gasgleichung. Diese Annahme ist allerdings für dieselmotorische Bedingungen (Spitzendrücke von mehr als 200 bar) nicht besonders geeignet, hier sollte man besser reale Gasgleichungen verwenden. Eine Implementation ist derzeit kommerziell nicht verfügbar.

- **Passive Skalare und Mischungsbruch**

Häufig werden noch Transportgleichungen für weitere, formale Skalare definiert, wie z. B. Fortschrittsvariable oder Flammenflächendichte. Diese Transportgleichungen folgen im Wesentlichen dem Schema von (9.18) (d. h. Konvektion, Diffusion, Quellterm). Jene Größen liefern aber keinen Beitrag zu den thermodynamischen Gleichungen (9.15) und (9.16), und heißen daher *passive Skalare*, im Gegensatz zu den echten chemischen Spezies, die *aktive Skalare* genannt werden.

Ein wichtiger Skalar ist der *Mischungsbruch Z*. Das Mischungsbruchfeld beschreibt die lokalen Mischungszustände zweier Gase, wobei jedes dieser beiden Gase als homogene Mischung aus verschiedenen Spezies gegeben sein darf; es nimmt Werte zwischen 0 und 1 an. Solange keine Reaktion auftritt, lässt sich dafür schreiben

$$Z=\frac{\rho_{Gas\,I}}{\rho_{Gas\,I}+\rho_{Gas\,II}}\ . \tag{9.20}$$

Man stellt nun fest, dass Z eine lineare Funktion in einem beliebigen Elementmassenbruch ist. Der Elementmassenbruch c_X des Elements X (z. B. C, O oder H) ist dabei definiert als

$$c_X=\frac{\rho_X}{\rho_{gesamt}}\ . \tag{9.21}$$

Es sei nun $c_{X,I}$ der X-Massenbruch im Gas I, entsprechend $c_{X,II}$ der X-Massenbruch im Gas II, und c_X der X-Massenbruch im lokalen I-II-Gemischzustand. Man findet dann die folgende Abhängigkeit

$$Z(c_X)=\frac{c_X-c_{X,II}}{c_{X,I}-c_{X,II}}\ . \tag{9.22}$$

Der Grundgedanke ist nun, diese Beziehung zur Definition des Mischungsbruchs zu verwenden, denn diese Definition ist nicht durch chemische Reaktionen beeinflusst, da sie auf Elementbasis definiert ist. Auf diese Weise erhält man eine Größe, die geeignet ist, Mischungen unabhängig von Reaktionen (Verbrennung!) zu beschreiben. Der Mischungsbruch ist daher ein ganz wesentliches Konzept zur Beschreibung von Diffusionsflammen! Die Transportgleichung des Mischungsbruchs entspricht der einer Spezies

$$\rho\left(\frac{\partial}{\partial t}+v_i\frac{\partial}{\partial x_i}\right)Z-\frac{\partial}{\partial x_i}\left(D\rho\frac{\partial}{\partial x_i}Z\right)=0\ , \tag{9.23}$$

nur dass kein chemischer Quellterm auftritt![3] Bezüglich der Diffusionskonstanten D muss ein "mittlerer" Wert der Diffusionskonstanten der beteiligten Spezies eingesetzt werden[4]. Da der Mischungsbruch zur Berechnung der Mischungszusammensetzung verwendet werden kann, kann er als aktiver Skalar fungieren.

- **Konservative Formulierung der Transportgleichungen**

Schließlich sei noch darauf hingewiesen, dass sich mithilfe der Kontinuitätsgleichung Transportgleichungen (für Energie, Impuls und Skalare) auch in der *konservativen Formulierung* darstellen lassen. Für den Skalartransport lautet diese

$$\frac{\partial}{\partial t}\left(\rho c_{(k)}\right)+\frac{\partial}{\partial x_i}\left(\rho v_i c_{(k)}\right)-\frac{\partial}{\partial x_i}\left(D_{(k)}\rho\frac{\partial}{\partial x_i}c_{(k)}\right) = Q_{(k)}(c_{(j)},p,T)\ , \qquad (9.24)$$

d. h. auch der Konvektionsterm (zweiter Term links) ist nun als Divergenz eines Stroms formuliert. Diese Formulierungen sind besonders relevant für die numerische Behandlung.

9.1.2 Turbulenz und Turbulenzmodelle

- **Phänomenologie der Turbulenz**

In der Navier-Stokes-Gleichung hat die relative Größenordnung des viskosen Terms großen Einfluss auf den Charakter der Strömung. Um dies zu verstehen, betrachten wir ein typisches Strömungsproblem wie die Umströmung eines Zylinders[5] (zur Vereinfachung betrachten wir den inkompressiblen Fall) und führen charakteristische Skalen für Länge L (z. B. Zylinderdurchmesser) und Geschwindigkeit v (z. B. Anströmgeschwindigkeit) ein. Damit erhält man bezüglich dieser Skalen die normierten Variablen

$$x = x^* L, \qquad v = v^* V, \qquad t = t^* L/V, \qquad p = p^* \rho V^2 . \qquad (9.25)$$

Mit den normierten Variablen x^*, v^*, t^* und p^* kann das Problem skaleninvariant formuliert werden. Man erhält schließlich die Gleichungen

$$\frac{\partial v_i^*}{\partial x_i^*} = 0 \ \text{und} \qquad (9.26)$$

$$\left(\frac{\partial}{\partial t^*} + v_j^* \frac{\partial}{\partial x_j^*}\right) v_i^* - \frac{1}{\mathrm{Re}} \frac{\partial^2 v_i^*}{\partial x_i^2} = -\frac{\partial p^*}{\partial x_i^*}\ , \qquad (9.27)$$

wobei

$$\mathrm{Re} = \frac{\rho V L}{\mu} \qquad (9.28)$$

[3] Es können allerdings Verdampfungsquellterme auftreten.

[4] Bei turbulenter Strömung wird sich dieses Problem der unterschiedlichen laminaren Diffusionskonstanten nochmals deutlich entschärfen.

[5] die so genannte Karman'sche Wirbelstraße

die *Reynolds-Zahl* bezeichnet. In der Reynolds-Zahl werden nun sämtliche Skaleneinflüsse erfasst. Strömungen mit gleicher Reynolds-Zahl können durch Variablenumskalierung ineinander überführt werden; man sagt, sie seien einander ähnlich. Die Reynolds-Zahl klassifiziert also Strömungen. Zudem beschreibt die Reynolds-Zahl die relative Größe des viskosen Terms. Ist die Reynolds-Zahl klein, ist der viskose Term groß, wir haben den Fall einer "honigartigen", "zähen" Strömung. Im anderen Grenzfalle, d.h. im Grenzwert unendlich großer Reynolds-Zahl, könnte man zunächst vermuten, dass der viskose Term einfach verschwindet, die Navier-Stokes-Gleichung würde sich auf die Euler-Gleichung reduzieren. Dies trifft jedoch nicht zu. Denn nach wie vor existiert im Gegensatz zur Euler-Gleichung eine (allerdings immer dünner werdende) viskose Wandgrenzschicht (Eigenschaft der Navier-Stokes-Gleichung, s.o.) in der die Geschwindigkeit sich auf Null (relativ zur Wandgeschwindigkeit) reduziert. Dadurch kommt es an der Wand zu hohen Geschwindigkeitsgradienten, die zur Wirbelbildung im Zylindernachlauf führen.

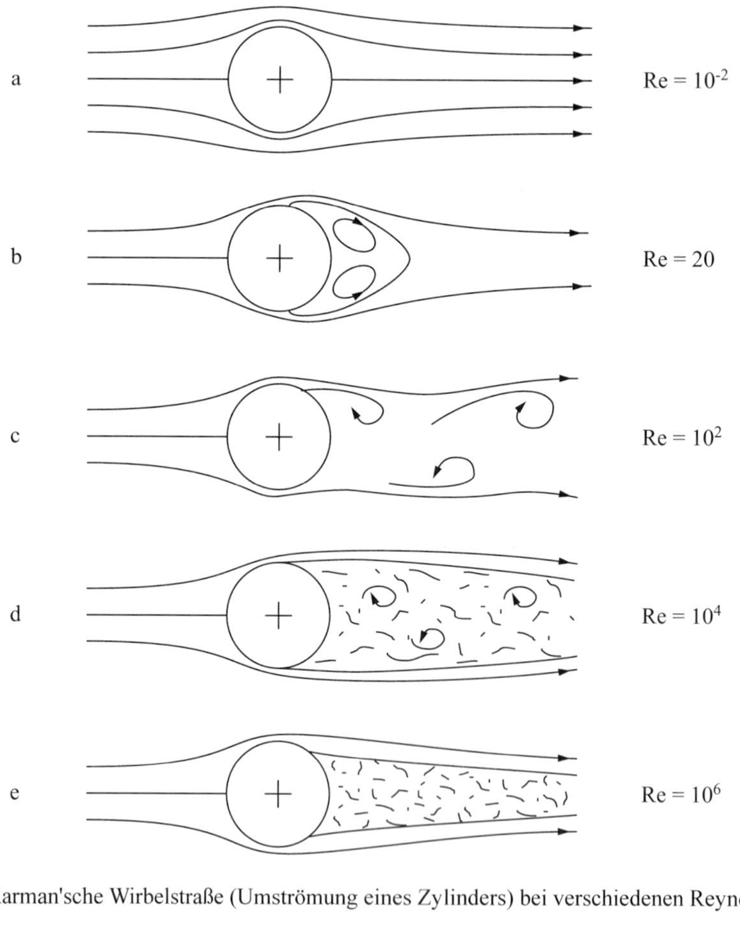

Abb. 9.1: Karman'sche Wirbelstraße (Umströmung eines Zylinders) bei verschiedenen Reynoldszahlen

Die Umströmung unseres Zylinders sieht für Re = 10^{-2} etwa wie in Abb. 9.1a dargestellt aus, wir haben eine laminare, viskose Umströmung des Zylinders. Mit zunehmender Reynoldszahl bilden sich mehr Wirbel hinter dem Zylinder, die auch ablösen, aber zunächst noch perodische Strukturen aufweisen (Abb. 9.1b und c). Mit weiterem Anwachsen der Reynolds-Zahl fluktuiert die Strömung schließlich chaotisch und dreidimensional, sie ist jetzt *turbulent* (Abb. 9.1d und e). Große Wirbel zerfallen in kleinere, diese in noch kleinere, es bildet sich ein Wirbelspektrum aus bis hinunter zu einer sehr kleinen Längenskala, der Kolmogorov-Skala, auf der die Strömung wieder viskos (laminar) wird. Ein derartiger Prozess lässt sich nicht mehr deterministisch berechnen, auch mit einem beliebig großen Computer nicht, weil kleinste Ursachen größte Auswirkungen haben können.

- **Modellierung der Turbulenz**

Es lassen sich allerdings statistische Größen zur Beschreibung der turbulenten Erscheinungen angeben; auch das Spektrum der turbulenten Fluktuationen ist theoretischen Betrachtungen zugänglich. Typische Größen sind die *turbulente Längenskala* l_t, die *turbulente Zeitskala* τ_t, die *turbulente Geschwindigkeitsskala* v_t sowie die *turbulente Viskosität* μ_t. Bei der Annahme räumlich homogener Turbulenz gibt es zwei unabhängige Größen, meist wird die (spezifische) *turbulente kinetische Energie* k als eine und die *turbulente Dissipation* ε als die zweite verwendet. Damit ergibt sich

$$v_t = \sqrt{k}, \quad \mu_t = c_\mu \rho \frac{k^2}{\varepsilon}, \quad l_t = c_l \frac{k^{\frac{3}{2}}}{\varepsilon}, \quad \tau_t = \frac{l_t}{v_t}, \tag{9.29}$$

wobei c_μ und c_l Proportionalitätskonstanten darstellen. Der mathematische Ansatz zur Einführung dieser Turbulenzgrößen besteht in einer Ensemble-Mittelung der strömungsmechanischen Gleichungen, d.h. es wird nicht eine einzige Realisierung berechnet, sondern der Mittelwert aus allen möglichen Realisierungen mit makroskopisch ununterscheidbaren Randbedingungen.[6] Diese Reynolds-Mittelung soll exemplarisch am Fall einer quellenfreien Skalar-Transportgleichung (9.24) durchgeführt werden.

Mit den Ensemble-gemittelten Größen $\langle v_i \rangle$ und $\langle c \rangle$ ergeben sich für die momentanen Werte v_i und c die folgenden Zerlegungen

$$v_i = \langle v_i \rangle + v_i' \quad \text{mit} \quad \langle v_i' \rangle = 0, \qquad c = \langle c \rangle + c' \quad \text{mit} \quad \langle c' \rangle = 0, \tag{9.30}$$

wobei v_i' und c' nun die turbulenten Geschwindigkeits- und Skalarfluktuationen beschreiben. Die oben eingeführte (spezifische) turbulente kinetische Energie ergibt sich somit zu

$$k = \frac{1}{2} \sum_i \left\langle (v_i')^2 \right\rangle . \tag{9.31}$$

[6] Bei Motoren wird häufig behauptet, dies entspreche einer Mittelung über mehrere Zyklen. Es kann vor dieser etwas "anschaulicheren" Interpretation aber nur gewarnt werden. Motorischen Zyklenschwankungen liegen zu einem Großteil Schwankungen der Randbedingungen zu Grunde, z.B. des Einspritzstrahls oder des Restgasgehalts vom vorhergehenden Zyklus.

Für alle in v und c linearen Terme lässt sich die Mittelung von (9.24) einfach durchführen, aber der nichtlineare Konvektionsterm führt zu einem Zusatzterm

$$\frac{\partial}{\partial t}\left(\rho\langle c\rangle\right)+\frac{\partial}{\partial x_j}\left(\rho\langle v_j\rangle\langle c\rangle\right)+\frac{\partial}{\partial x_j}\left(\rho\langle v'_j c'\rangle\right)-\frac{\partial}{\partial x_j}\left(D_c\rho\frac{\partial}{\partial x_j}\langle c\rangle\right)=0 . \tag{9.32}$$

Nimmt man nun an, dass die Turbulenz sich wie ein räumlich isotroper, zu verschiedenen Zeitpunkten unkorrelierter Fluktuationsprozess verhält ("weißes Rauschen"), so lässt sich zeigen, dass dieser zusätzliche Term die Struktur eines zusätzlichen Diffusionsterms mit der Diffusionskonstanten

$$D_t = \text{const.}\cdot k^2/\varepsilon = \mu_t/(\rho\, Sc_t)$$

annimmt, dies impliziert den so genannten *Wirbeldiffusionsansatz*

$$\langle v'_i\, c'\rangle = -\frac{\mu_t}{\rho\, Sc_t}\frac{\partial\langle c\rangle}{\partial x_i} . \tag{9.33}$$

Sc_t bezeichnet die turbulente Schmidt-Zahl, d. h. das Verhältnis aus turbulenter Viskosität und turbulenter Diffusion. Ein ähnlicher Term, $\langle v'_i v'_j\rangle$, tritt in der gemittelten Navier-Stokes-Gleichung auf. Er übernimmt die Rolle eines zusätzlichen Spannungsterms, der *Reynolds-Spannung* $\tau_{R,ij}$. In Analogie zum Wirbeldiffusionsansatz wird dafür der *Wirbelviskositätsansatz* verwendet (wir arbeiten nach wie vor inkompressibel)

$$\langle v'_i\, v'_j\rangle = -\frac{\mu_t}{\rho}\cdot\left(\frac{\partial\langle v_j\rangle}{\partial x_i}+\frac{\partial\langle v_i\rangle}{\partial x_j}\right)+\frac{2}{3}\delta_{ij}\, k . \tag{9.34}$$

Dies bedeutet, dass zu der ursprünglichen, laminaren Diffusion bzw. Viskosität in den gemittelten Gleichungen zusätzlich eine meist wesentlich größere turbulente Diffusion bzw. Viskosität tritt ($D_t >> D_c$). Man kann nun leicht den wesentlichen Effekt der turbulenten Mittelung verstehen; der viskose, diffusive Charakter der Differentialgleichungen tritt stärker in den Vordergrund und erzeugt ein *gut gestelltes* Problem (Änderungen in der Lösung von einer gegebenen Größenordnung erfordern eine hinreichend große Änderung der Anfangsbedingungen, es herrscht kein Chaos mehr). Häufig werden aufgrund der dominanten turbulenten Größen laminare Viskositäts- und Diffusionskonstanten einfach vernachlässigt (dasselbe gilt natürlich auch für alle anderen transportierten Größen).

Für den kompressiblen Fall erhält man nur dann formal ein sehr ähnliches Ergebnis, wenn man die Mittelungen *dichtegewichtet* durchführt, d. h. die *Favre-Mittelung* verwendet

$$\langle\Phi\rangle_F = \langle\rho\Phi\rangle\big/\langle\rho\rangle \qquad \Phi = \langle\Phi\rangle_F + \Phi'' . \tag{9.35}$$

Zur Berechnung von k und von ε benötigt man noch zusätzliche Gleichungen. Aus der Navier-Stokes-Gleichung lässt sich eine Transportgleichung für die turbulente kinetische Energie, die k-Gleichung ableiten. Dazu ist lediglich die Annahme zu treffen, dass Druck-Korrelationen zu vernachlässigen sind. Die k-Gleichung (im Favre-Mittel) lautet

$$\langle\rho\rangle\frac{\partial}{\partial t}k+\langle\rho\rangle\langle v_i\rangle_F\frac{\partial}{\partial x_j}k-\frac{\partial}{\partial x_i}\left(\frac{\mu_t}{\mathrm{Pr}_k}\frac{\partial k}{\partial x_i}\right)=$$
$$\tau_{R,ij}\left\langle S_{ij}\right\rangle_F-\langle\rho\rangle\,\varepsilon-\frac{2}{3}\langle\rho\rangle k\nabla\cdot\langle\vec{v}\rangle_F \tag{9.36}$$

mit dem kompressiblen Reynoldspannungstensor $\tau_{R,ij}$

$$\tau_{R,ij}=\mu_t\left(\frac{\partial\langle v_j\rangle_F}{\partial x_i}+\frac{\partial\langle v_i\rangle_F}{\partial x_j}-\frac{2}{3}\delta_{ij}\left(\nabla\cdot\langle\vec{v}\rangle_F\right)\right) \tag{9.37}$$

und dem Scherungstensor S_{ij}

$$S_{ij}=\frac{1}{2}\left(\frac{\partial v_j}{\partial x_i}+\frac{\partial v_i}{\partial x_j}\right). \tag{9.38}$$

Der Tatsache, dass die turbulente Diffusionskonstante von k von μ_t verschieden sein kann, wird durch Einführung einer Proportionalitätskonstanten, der turbulenten Prandtl-Zahl für k, Pr_k, Rechnung getragen. Die turbulente Dissipation ε ergibt sich hierbei zu

$$\varepsilon=\nu\left\langle\frac{\partial v_i''}{\partial x_j}\left(\frac{\partial v_i''}{\partial x_j}+\frac{\partial v_j''}{\partial x_i}\right)\right\rangle_F. \tag{9.39}$$

Eine Transportgleichung für ε kann prinzipiell ebenfalls aus der Navier-Stokes-Gleichung abgeleitet werden, allerdings ist sie an mehreren Stellen gemäß der k-Gleichung zu modellieren. Ihre übliche Form lautet

$$\langle\rho\rangle\frac{\partial}{\partial t}\varepsilon+\langle\rho\rangle\langle v_i\rangle_F\frac{\partial}{\partial x_j}\varepsilon-\frac{\partial}{\partial x_i}\left(\frac{\mu_t}{\mathrm{Pr}_\varepsilon}\frac{\partial\varepsilon}{\partial x_i}\right)=$$
$$c_{\varepsilon,1}\frac{\varepsilon}{k}\tau_{R,ij}\left\langle S_{ij}\right\rangle_F-c_{\varepsilon,2}\langle\rho\rangle\frac{\varepsilon^2}{k}-\left(\frac{2}{3}c_{\varepsilon,1}-c_{\varepsilon,3}\right)\langle\rho\rangle\varepsilon\nabla\cdot\langle\vec{v}\rangle_F. \tag{9.40}$$

Standardmäßig wird im k-ε-Modell der folgende Koeffizientensatz verwendet

c_μ	$c_{\varepsilon,1}$	$c_{\varepsilon,2}$	$c_{\varepsilon,3}$	Pr_k	Pr_ε
0,09	1,44	1,92	-0,33	1,0	1,3

verwendet. Schließlich benötigen wir noch eine turbulente Transportgleichung für die innere Energie. Diese unterscheidet sich von der laminaren Gleichung nur durch turbulente Transportkoeffizienten und ε als zusätzlichem negativen Quellterm. Damit ist ein geschlossenes Gleichungssystem hergeleitet. Mithilfe von k und ε lassen sich die Diffusionskonstanten für die zusätzlichen turbulenten Diffusionsterme in den Transportgleichungen berechnen. Da wir im Folgenden eigentlich immer Favre-gemittelte Gleichungen und Größen betrachten werden, wird meist das Symbol für die Favre-Mittelung $\langle\ \rangle_F$ weggelassen.

- **Turbulentes Wandgesetz**

Es existiert allerdings noch eine Problematik bezüglich der Randbedingungen. An den Wänden bildet sich eine Grenzschicht aus, in der die Geschwindigkeit aufgrund der Reibung auf Null abfällt, d. h. die Strömung wird laminar. Daher setzt sich in einer turbulenten Strömung die Grenzschicht typischerweise aus einer laminaren Unterschicht und einer turbulenten Zone der Grenzschicht zusammen. Das k-ε-Modell lässt sich nicht über die gesamte Grenzschicht hinweg anwenden. Außerdem sind die Grenzschichten häufig (gerade auch in Motoren) derart dünn, dass sie ohnehin kaum numerisch auflösbar wären.

Der übliche Weg zur Überwindung dieser Problematik besteht nun darin, dass man mithilfe der Grenzschichtgleichungen die Wandgesetze ableitet, denn die Strömungsschubspannung ist über die Grenzschicht hinweg konstant, d. h. beschreibt einen über den Wandabstand konstanten, an die Wand abfließenden Tangentialimpulsstrom (dies ist gewissermaßen die Definition der Grenzschicht). Man benötigt nun ein turbulentes Wandgesetz, d. h. ein analytisches Grenzschichtmodell, um aus den lokalen Geschwindigkeiten in diesen wandnächsten Zellen Schubspannungen zu errechnen.

Bei gegebener Wandschubspannung τ_W ist nur eine Geschwindigkeitsskala im turbulenten Grenzschichtbereich verfügbar, die Schubspannungsgeschwindigkeit v_τ, mit $\tau_W = \rho {v_\tau}^2$. Sie sollte proportional zur turbulenten Geschwindigkeitsskala sein, die turbulente Längenskala proportional zum Wandabstand y. v_W bezeichne die wandparallele Geschwindigkeitskomponente. Unter diesen Annahmen ergibt sich für die turbulente Viskosität

$$\mu_t = \kappa \rho y v_\tau \ ,$$

wobei κ eine Proportionalitätskonstante, die *von-Karman-Konstante*, bezeichnet. Für die Schubspannung τ_W ergibt sich nun die folgende Relation

$$\tau_W = \rho v_\tau^2 = \rho \kappa y v_\tau \frac{\partial v_W}{\partial y} \ , \tag{9.41}$$

woraus unter der Annahme konstanter Dichte das *logarithmische Wandgesetz*

$$v_W = \frac{v_\tau}{\kappa} \ln y + C \tag{9.42}$$

mit einer Integrationskonstanten C folgt. In den normierten Koordinaten y^+ und v^+

$$v^+ = \frac{v_W}{v_\tau} \text{ und } y^+ = \frac{\rho v_\tau y}{\mu} \tag{9.43}$$

nimmt das logarithmische Wandgesetz seine universelle Form an

$$v^+ = \frac{1}{\kappa} \ln y^+ + \widetilde{C} \tag{9.44}$$

mit

$$\kappa = 0{,}4 \text{ und } \widetilde{C} = 5{,}5 \ .$$

In dieser Form kann nun auch ein universeller Gültigkeitsbereich des Wandgesetzes angegeben werden, nämlich

$$20 < y^+ < 150 \ . \tag{9.45}$$

Bei der numerischen Lösung muss der Wand-nächste Knoten innerhalb dieser Grenzschicht bleiben. Das Wandgesetz wird insoweit in der CFD-Berechnung eingesetzt, als dass aus v^+ und y^+ in der wandnächsten Zelle v_τ und somit τ_W berechnet wird. Dieses τ_W liefert dann einen Impulsquellterm (Senke) als Randbedingung für die Navier-Stokes-Gleichung.

Für die Temperatur lässt sich ganz analog ein Wandgesetz ableiten. Aus dem Wärmestrom

$$q_w = \rho \kappa y v_\tau \frac{c_p}{\mathrm{Pr}} \frac{\partial T}{\partial y} \tag{9.46}$$

folgt

$$T - T_W = \frac{q_w \,\mathrm{Pr}}{\kappa c_p \rho v_t} \left(\ln y^+ + \mathrm{const.} \right) . \tag{9.47}$$

Schließlich benötigt man noch Randbedingungen für die Turbulenzgrößen k und ε. Aufgrund der Konstanz der Schubspannung τ_W und der Geschwindigkeitsskala v_τ in der Grenzschicht ist ein Ansatz k_W = const. plausibel. Damit dieser gültig sein kann, müssen aber Produktion und Dissipation von k in der Grenzschicht im Gleichgewicht sein

$$\mu_t \left(\frac{\partial v_W}{\partial y} \right)^2 = \kappa \rho y v_\tau \left(\frac{v_\tau}{\kappa y} \right)^2 = \rho \varepsilon_W \ . \tag{9.48}$$

Außerdem muss für die Viskosität gelten (siehe (9.29))

$$\mu_t = \kappa \rho y v_\tau = c_\mu \rho \frac{{k_W}^2}{\varepsilon_W} \ . \tag{9.49}$$

Aus diesen beiden Gleichungen folgt unschwer

$$k_W = \frac{{v_\tau}^2}{\sqrt{c_\mu}} \ \text{sowie} \ \varepsilon_W = \frac{{v_\tau}^3}{\kappa y} , \tag{9.50}$$

d.h. ε_W divergiert zur Wand hin! Für die Gültigkeit dieser Relation müssen allerdings Diffusions- und Quellterme auch der ε-Gleichung im Gleichgewicht sein

$$\frac{\partial}{\partial y} \left(\frac{\mu_t}{\mathrm{Pr}_\varepsilon} \frac{\partial \varepsilon_W}{\partial y} \right) + c_{\varepsilon,1} \frac{\varepsilon_W}{k_W} \mu_t \left(\frac{\partial v_W}{\partial y} \right)^2 - c_{\varepsilon,2} \rho \frac{{\varepsilon_W}^2}{k_W} = 0 \ . \tag{9.51}$$

Einsetzen der bereits erhaltenen Resultate liefert eine Beziehung zwischen den Modellkonstanten

$$\kappa = \sqrt{\sqrt{c_\mu} \,\mathrm{Pr}_\varepsilon \left(c_{\varepsilon,2} - c_{\varepsilon,2} \right)} \ . \tag{9.52}$$

Die Ableitung dieser Gleichungen erfolgte unter der Annahme stationärer, wandparalleler Strömungen und konstanter Dichte. Von daher wird klar, dass diese Wandgesetze nur eine eingeschränkte Gültigkeit haben können. Gerade in Motoren sind die Strömungen transient, es treten Staupunkte auf (z.B. beim Auftreffen von Einspritzstrahlen auf die Wand!) und aufgrund hoher Temperaturgradienten zur Wand hin ist die Dichte in der Grenzschicht nicht konstant. Insbesondere der letzte Effekt ist äußerst relevant. Es gibt daher Ansätze, Wandgesetze für variable Dichte abzuleiten, z.B. die Formulierung von Han und Reitz (1995). Bei dieser wird in der Gleichung für den Wärmestrom (9.46) die Dichte ρ als durch die ideale Gas-Gleichung gegeben betrachtet. Die Integration liefert schließlich die Beziehung

$$T \ln\left(\frac{T}{T_w}\right) = \frac{q_w \,\mathrm{Pr}}{\kappa c_p \rho v_t}\left(\ln y^+ + \mathrm{const.}\right) \tag{9.53}$$

anstelle von (9.47). Hierbei sind freilich nicht die Einflüsse einer variablen Dichte auf k- und ε-Verteilung berücksichtigt. Dennoch ist die Verwendung einer derartigen Formulierung insbesondere bei Verbrennungsberechnungen dringend zu empfehlen.

Zuletzt sollte erwähnt werden, dass man eine deutliche Verbesserung der Modellierung auch durch Ansätze, die auf einer detaillierten Auflösung der Grenzschicht beruhen, wie etwa dem v2f-Modell (siehe z.B. Manceau und Hanjalic (2000)), erzielen könnte. Dies wäre für die Zukunft sicherlich ein sinnvoller Weg.

- **Modellierung des turbulenten Mischungszustandes**

In Kap. 9.1.1 wurde der Mischungsbruch als wichtige Referenzgröße zur Beschreibung von Mischungsprozessen eingeführt. Auch dessen Transportgleichung ist einem turbulenten Mittelungsprozess zu unterziehen; das Ergebnis entspricht der Skalartransportgleichung (9.32) inkl. (9.33). Allerdings muss uns klar sein, dass ein gemittelter Wert von Z nicht mehr die gesamte Information über die lokal vorliegenden Mischungszustände beinhaltet. So kann ein mittlerer Wert von $Z = 0{,}5$ auf einen fluktuationsfreie perfekte Mischung aus gleichen Teilen von "Strom 1" und "Strom 2" hinweisen, aber auch auf eine statistische Überlagerung zweier völlig ungemischter Zustände, "nur Strom 1" oder "nur Strom 2", wobei beide Zustände mit gleicher Häufigkeit auftreten. Eine weitere sehr hilfreiche Größe zur Beschreibung der lokalen Mischungszustände stellt daher die (Favre-)Varianz des Mischungsbruchs dar

$$\left\langle Z''^2 \right\rangle_F = \left\langle \left[Z - \langle Z\rangle_F\right]^2 \right\rangle_F = \left\langle Z^2 \right\rangle_F - \langle Z\rangle_F^{\,2} \,. \tag{9.54}$$

Aus der Mischungsbruchtransportgleichung lässt sich eine Transportgleichung für die Varianz ableiten

$$\langle\rho\rangle \frac{\partial}{\partial t}\left\langle Z''^2\right\rangle_F + \langle\rho\rangle\langle v_j\rangle_F \frac{\partial}{\partial x_j}\left\langle Z''^2\right\rangle_F - \frac{\partial}{\partial x_j}\left(\frac{\mu_t}{Sc_t}\frac{\partial}{\partial x_j}\left\langle Z''^2\right\rangle_F\right) = 2\frac{\mu_t}{Sc_t}\left(\nabla\langle Z\rangle_F\right)^2 - \underbrace{2D\langle\rho\rangle\left\langle(\nabla Z'')^2\right\rangle_F}_{\chi} \,. \tag{9.55}$$

Zur Modellierung des letzten Terms χ dieser Gleichung, der skalaren Dissipationsrate, verwendet man üblicherweise den Ansatz

$$\chi = c_\chi \frac{\varepsilon}{k}\left\langle Z''^2\right\rangle_F \,. \tag{9.56}$$

Der Term χ entspricht vom Charakter her der turbulenten Dissipation ε in der *k*-Gleichung (*k* ist auch eine Varianz, nämlich die der Geschwindigkeit!). Man sieht somit, dass Gradienten des *Z*-Mittelwerts (also Inhomogenitäten) die *Z*-Varianz-Bildung anfachen, während diese bei Ausschluss von Nachproduktion mit der turbulenten Zeitskala zerfällt. Die Konstante c_χ wird üblicherweise zu 2 gesetzt (siehe Peters (2000)).

Man kann nun versuchen, sich durch strukturelle Kenntnis der Verteilungsfunktion aus *Z* und Z''^2 die Information über die lokalen Gemischzustände zu rekonstruieren. Eine solche Verteilungsfunktion *f* wird häufig *pdf* (probability density function) genannt. Sie weist jedem Gemischzustand (*Z*-Werte zwischen 0 und 1) eine Häufigkeit zu. Deshalb muss sie auf 1 normiert sein

$$\int_0^1 f(Z)\,\mathrm{d}Z = 1 \ . \tag{9.57}$$

Aufgrund der Definition von Mittelwert und Varianz

$$\begin{aligned} \langle Z \rangle &= \int_0^1 Z\, f(Z)\,\mathrm{d}Z \quad \text{und} \\ \left\langle Z''^2 \right\rangle &= \int_0^1 \left(Z - \langle Z \rangle\right)^2 f(Z)\,dZ = \\ &\qquad \int_0^1 \left(Z^2 - \langle Z \rangle^2 \right) f(Z)\,dZ \le \int_0^1 \left(Z - \langle Z \rangle^2 \right) f(Z)\,dZ \end{aligned} \tag{9.58}$$

ergibt sich die Relation

$$\left\langle Z''^2 \right\rangle \le \langle Z \rangle \left(1 - \langle Z \rangle\right) . \tag{9.59}$$

Beispielsweise wird die statistische Überlagerung völlig ungemischter Zustände ($Z = 0$ und $Z = 1$) durch die Linearkombination zweier Dirac-Distributionen beschrieben

$$f(Z) = a\,\delta(Z) + b\,\delta(Z-1) \ \text{ mit } \ a + b = 1 , \tag{9.60}$$

dafür gilt in (9.59) das Gleichheitszeichen. In Abb. 9.2 sind zwei Verteilungsfunktionen dargestellt, zum einen für den Fall geringer Mischung und zum anderen für einen Fall starker Mischung. Alle *Z*-Verteilungsfunktionen sollten mehr oder minder zwischen diesen Grenzfällen zu liegen kommen. In der Literatur wird dafür die so genannte Beta-Funktion[7] angesetzt. Sie ist eine einfache Funktion mit zwei freien Parametern, die unschwer zu Mittelwert und Varianz der Verteilung in Beziehung gesetzt werden können.

---

[7] In der Mathematik wird das Integral dieser Funktion als Funktion der Parameter *a* und *b* als Beta-Funktion bezeichnet:

$$B(a,b) = \int_0^1 (1 - Z)^{a-1}\, Z^{b-1}\, dZ = \frac{\Gamma(a)\,\Gamma(b)}{\Gamma(a + b)} .$$

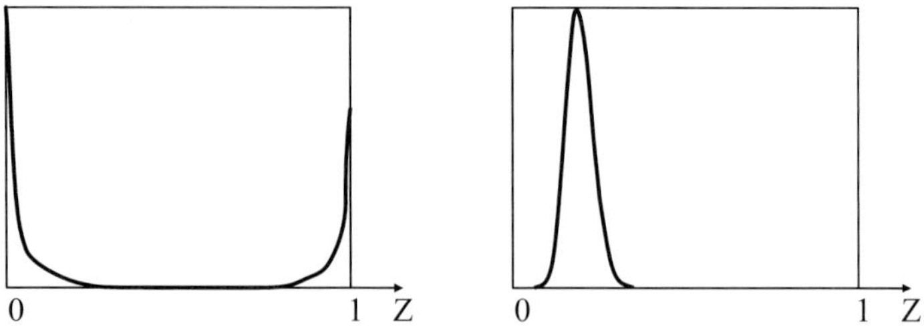

Abb. 9.2: Verteilungsfunktionen für einen wenig gemischten Zustand (links) und einen stark gemischten Zustand (rechts)

Es gilt[8]:

$$f(Z) = \frac{\Gamma(a+b)}{\Gamma(a)\Gamma(b)} Z^{a-1}(1-Z)^{b-1}, \quad \int_0^1 f(Z)\,\mathrm{d}Z = 1, \quad a,b > 0, \tag{9.61}$$

$$\langle Z \rangle = \frac{a}{a+b} \quad \text{und} \quad \langle Z'^2 \rangle = \frac{\langle Z \rangle (1 - \langle Z \rangle)}{1+a+b} . \tag{9.62}$$

Für $a,b<1$ erhält man die "Badewannenform" von Abb. 9.2 (links), für $a,b>1$ ergibt sich eine Form wie in Abb. 9.2 (rechts). Mit den Parametern $\langle Z \rangle$ und $\langle Z'^2 \rangle$, die aus den Transportgleichungen erhalten werden, ist das Gleichungssystem nun geschlossen, a und b lassen sich daraus ermitteln. Obwohl das Gesamtintegral über die Beta-Funktion auf 1 normiert ist, sind die einzelnen Faktoren von (9.61) für große Werte von a und b sehr groß bzw. sehr klein. Es ist daher empfehlenswert, zur Berechnung von f (9.61) zunächst zu logarithmieren

$$\ln f = \ln\Gamma(a+b) - \ln\Gamma(a) - \ln\Gamma(b) + (a-1)\ln Z + (b-1)\ln(1-Z) \ , \tag{9.63}$$

um dann durch Exponentiation des Logarithmus f zu erhalten.

- **Die Gültigkeit von Turbulenzmodellen; Alternativansätze**

Das bisher dargestellte k-ε-Turbulenzmodell und das turbulente Wandgesetz stellen derzeit den üblichen Standard zur Berechnung turbulenter Strömungsprozesse dar, sie haben sich in den meisten Anwendungen recht gut bewährt. Dies gilt auch für den motorischen Sektor. Trotzdem sollte man sich immer vor Augen halten, dass es sich letztendlich doch um ein recht einfaches Modell handelt, das die vollständigen Navier-Stokes-Gleichungen aufgrund der vereinfachten Schließungsansätze auch im statistischen Mittel nie exakt wiedergeben kann. Diese Problematik drückt sich in der Nichtuniversalität der Modellkonstanten bzw. der Einführung zusätzlicher Terme zur Behandlung spezieller Strömungssituationen aus.

In gewissen Fällen können solche Modifikationen auch für motorische Berechnungen von großer Relevanz sein, so etwa die Pope-Korrektur (Pope (1978)) zur Berechnung von Freistrahlen, einem Strömungstyp, der bei der direkten Einspritzung auftritt. In vielen praktischen

[8] Die Gamma-Funktion ist gegeben als $\Gamma(x) = \int_0^\infty e^{-t} t^{x-1} \mathrm{d}t$

Fällen ist aber der Einfluss der Turbulenzmodellmodifikationen eher gering im Vergleich zum Einfluss der Netzauflösung.

Turbulenzmodelle, die konzeptionell wesentlich über k-ε-Modelle hinausgehen, sind die *Reynolds-Spannungs-Modelle.* Hierbei wird die Reynolds-Spannung $\langle v_i' v_i' \rangle$ nicht mittels des Ansatzes (9.37) auf die turbulente kinetische Energie

$$k = \frac{1}{2} \sum_{i=1,2,3} \langle v_i' v_i' \rangle$$

zurückgeführt, sondern es werden alle sechs unabhängigen Komponenten der Reynolds-Spannung mit eigenen Transportgleichungen beschrieben. So können u. a. Anisotropien in der Turbulenzstruktur abgebildet werden (leider wird jedoch meist nur mit einem einzigen ε gearbeitet). Allerdings erfordern solche Modelle aufwändige Randbedingungen und einen hohen Rechenaufwand. Daher werden Reynolds-Spannungs-Modelle gerade erst in motorische Fragestellungen eingeführt.

Ein ganz anderer Ansatz ist die *Large-Eddy-Simulation* (LES). Hierbei werden turbulente Strömungsstrukturen, die größer als eine vorgegebene Skala sind, direkt abgebildet, kleinere werden modelliert. Eine solche Modellierung sollte eine allgemeinere Gültigkeit haben. Allerdings treten auch hier zusätzliche Probleme mit den Randbedingungen auf. Zudem beinhalten einzelne LES-Rechnungen nicht länger die volle statistische Information, sie tragen vielmehr Elemente der Zufälligkeit. Um dies zu kompensieren, müssen mehrere Realisierungen berechnet werden. Schließlich bestehen sehr hohe Anforderungen an Numerik und Netzqualität. Von daher wird es noch einige Zeit benötigen, bis sinnvolle, praktikable LES-Applikationen verfügbar sein werden, wenn diese auch im Sinne einer universellen Turbulenzmodellierung sehr wünschenswert wären.

Ein schneller realisierbarer Weg könnte in einem Hybridansatz, der *Detached Eddy Simulation* (DES), bestehen, bei dem vor allem die Grenzschichtbereiche weiterhin mit dem k-ε-Modell beschrieben werden, während insbesondere die Bereiche abgelöster (*detached*) Strömung, in denen große, inhomogene Turbulenzstrukturen vorherrschen, im LES-Ansatz behandelt werden, siehe z.B. Spalard (2000).

Abschließend wollen wir jedoch noch darauf hinweisen, dass LES die Auflösung motorischer Zyklenschwankungen *nicht liefern* kann, auch wenn gerade dies immer wieder als Hauptbegründung für LES im motorischen Kontext angeführt wird: Turbulenzmodelle können nur Fluktuationen beschreiben, die durch die turbulente Strömung selbst verursacht sind, die das chaotische, indeterministische Verhalten der Navier-Stokes-Gleichungen wiederspiegeln. Variationen oder Fluktuationen, die durch Variationen der Randbedingungen erzeugt werden, können jedoch nicht beschrieben werden. In einem Motor sind diese jedoch die bei weitem dominanten Effekte (Injektor, Zündung, letzter Zyklus, Drosselklappe,...). Somit müssen die stochastischen Fall-zu-Fall-Schwankungen einer LES-Simulation (bei unveränderten, perfekten Randbedingungen) viel geringer ausfallen als die zyklischen Schwankungen im realen Motor!

Direkte numerische Simulation (DNS) wird aufgrund der kleinen, direkt aufzulösenden Längen- und Zeitskalen auf absehbare Zeit für die Simulation motorischer Strömungen nicht in Frage kommen. Zudem würden einzelne Rechnungen nur stochastischen Charakter haben, es müssten also wieder mehrere Realisierungen berechnet werden. Dennoch kann DNS auch heute schon mit Gewinn genutzt werden, im Sinne eines "numerischen Experiments", etwa zur Verifikation oder Eichung von Modellen für turbulente Strömungsprozesse (neben den bisher schon besprochenen eigentlichen Turbulenzmodellen gilt dies auch für Strahl- und Verbrennungsmodelle). Hierzu muss allerdings in besonders einfachen Geometrien bei niedrigen Reynoldszahlen gearbeitet werden. Im Prinzip werden kleine, exemplarische Ausschnitte größerer Probleme untersucht.

9.1.3 Numerik

Im Folgenden seien einige Grundbegriffe der numerischen Strömungsmechanik erläutert, um deren wesentlichste Konzepte, die auch für das praktische Arbeiten von Bedeutung sind, kennen zu lernen. Für eine detaillierte Darstellung sei z. B. auf Ferziger und Perić (1996) oder Patankar (1980) verwiesen.

- **Finites-Volumen-Verfahren**

Üblicherweise arbeiten CFD-Codes im Finite-Volumen-Verfahren. Dieser Ansatz garantiert für inkompressible Strömungen die numerische Erhaltung konservativer Größen (das ist leider keinesfalls selbstverständlich). Allerdings sollte das Rechennetz idealerweise hexaedrisch aufgebaut sein. Ausgehend von einer Transportgleichung in der allgemeinen Form

$$\frac{\partial}{\partial t}\Phi + \frac{\partial}{\partial x_i}\Psi_i = \Xi \ , \tag{9.64}$$

d. h. Ψ_i bezeichnet Konvektions- und Diffusionsströme der Größe Φ , Ξ die entsprechende lokale Quelle (oder Senke) folgt mithilfe des Gauss'schen Satzes

$$\frac{\partial}{\partial t}\int_V \Phi \, dV + \oint_{\partial V} \vec{\Psi} \, d\vec{S} = \int_V \Xi \, dV \ , \tag{9.65}$$

bzw. für einen Hexaeder des Rechennetzes

$$\left[\Phi(t+\Delta t) - \Phi(t)\right]\Delta V = -\sum_{l=1}^{6} \vec{\Psi}_{(l)} \Delta\vec{S}_{(l)} \, \Delta t + \Xi \, \Delta V \, \Delta t \ , \tag{9.66}$$

wobei die Summe über die sechs Hexaederseiten läuft. $\vec{\Psi}_{(l)}$ bezeichnet den Stromvektor auf der Hexaederseite (l), $\vec{\Psi}_{(l)} \Delta\vec{S}_{(l)} \Delta t$ ist der (gerichtete) Strom, der in der Zeit Δt das betrachtete Hexaedervolumen über die Seite (l) mit der Fläche $\Delta\vec{S}_{(l)}$ verlässt. Derselbe Term, aber mit entgegengesetztem Vorzeichen, tritt in der an der Seite (l) angrenzenden Nachbarzelle auf. Insofern die Quelle Ξ identisch Null ist, werden also nur Ströme zwischen einzelnen Zellen des Rechennetzes ausgetauscht, die Gesamtgröße

$$\sum_{\substack{z\text{:Summe} \\ \text{über alle Zellen}}} \Phi_z \, \Delta V_z$$

bleibt zeitlich erhalten, vorausgesetzt, der Strom über die Begrenzung des Rechengebiets ist Null.

- **Diskretisierung des Diffusionsterms - Zentrale Differenzen**

Zur Diskretisierung des Diffusionsterms betrachten wir zunächst eine (rein elliptische) stationäre Diffusionsgleichung in einer Raumdimension

$$\frac{\partial}{\partial x}\left[D\frac{\partial}{\partial x}\Phi\right]=0\ . \tag{9.67}$$

Der Gauss'sche Satz führt für eine "eindimensionale Zelle" i auf

$$D_{i,+}\frac{\partial}{\partial x}\Phi(x_{i,+})-D_{i,-}\frac{\partial}{\partial x}\Phi(x_{i,-})=0\ , \tag{9.68}$$

wobei $x_{i,+}$ den Ort der rechten Zellgrenze, $x_{i,-}$ den Ort der linken Zellgrenze beschreibt (siehe Abb. 9.3); für äquidistante Zellen der Länge Δx gilt

$$x_{i,+}=x_i+\frac{\Delta x}{2}\ \text{und}\ x_{i,-}=x_i-\frac{\Delta x}{2}\ . \tag{9.69}$$

Die Größen Φ sind jedoch nur an den Zellmittelpunkten, d.h. den Orten x_{i-1}, x_i, x_{i+1},... bekannt, wir müssen den Gradienten auf diese zurückführen. Das naheliegendste ist das *zentrale Differenzenschema,* das für äquidistante Zellen

$$\frac{\partial}{\partial x}\Phi(x_{i,+})\cong\frac{\Phi(x_{i+1})-\Phi(x_i)}{\Delta x} \tag{9.70}$$

liefert, was schließlich (für konstantes D) auf die folgende Relation führt

$$\Phi(x_i)=\frac{1}{2}\Phi(x_{i+1})+\frac{1}{2}\Phi(x_{i-1})\ . \tag{9.71}$$

Da in dieser Gleichung jeder Φ-Wert als Mittelwert seiner Nachbarwerte gegeben ist, ist dieses Gleichungssystem nicht direkt lösbar. Vielmehr ergeben die Gleichungen, für alle Zellen $i=1,\ldots,N$ formuliert, ein lineares Gleichungssystem, das mit einem geeigneten Lösungsverfahren für lineare Gleichungen zu behandeln ist. Dieses Gleichungssystem entspricht exakt dem Charakter einer elliptischen Gleichung, bei der alle Randwerte zur Problemdefinition vorzugeben sind.

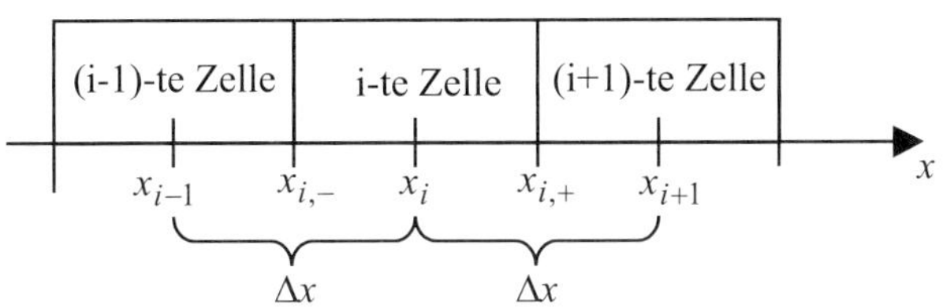

Abb. 9.3: Grafische Darstellung der Zellen und Zellgrenzen

Im allgemeinen lässt sich jede quellenfreie Transportgleichung auf ein solches Schema zurückführen, sodass der Wert eines Feldes Φ sich aus den Werten von Φ in den räumlich-zeitlichen Nachbarzellen ergibt

$$\Phi(x_i, y_j, z_k; t_l) = \sum_{|\tilde{i}-i|+|\tilde{j}-j|+|\tilde{k}-k|+|\tilde{l}-l|=1} \alpha_{ijkl;\tilde{i}\tilde{j}\tilde{k}\tilde{l}} \Phi(x_{\tilde{i}}, y_{\tilde{j}}, z_{\tilde{k}}; t_{\tilde{l}}) \ . \tag{9.72}$$

Naheliegenderweise (zur Sicherstellung, dass $\Phi = \text{const.}$ eine Lösung auch der diskretisierten Transportgleichung ist) muss die Bedingung

$$\sum_{|\tilde{i}-i|+|\tilde{j}-j|+|\tilde{k}-k|+|\tilde{l}-l|=1} \alpha_{ijkl;\tilde{i}\tilde{j}\tilde{k}\tilde{l}} = 1 \tag{9.73}$$

erfüllt sein. Wesentliches Kriterium in dieser Formulierung ist nun die Positivität der Koeffizienten

$$\alpha_{ijkl;\tilde{i}\tilde{j}\tilde{k}\tilde{l}} \geq 0 \ . \tag{9.74}$$

Nur wenn diese gewährleistet ist, liegt ein stabiles, monotones numerisches Schema vor. Physikalisch entspricht dies der Tatsache, dass nur durch Prozesse der Diffusion und der Konvektion kein lokales Maximum im Wert eines Feldes erzeugt werden kann (das nicht schon vorher vorhanden war).

- **Diskretisierung des Konvektionsterms - Aufwindschema**

Erweitert man die Diffusionsgleichung (9.67) um die Konvektion, so erhält man

$$\rho \frac{\partial}{\partial x}[v\Phi] - \frac{\partial}{\partial x}\left[\rho D \frac{\partial}{\partial x}\Phi\right] = 0 \ . \tag{9.75}$$

Für konstantes ρ und D erhält man nach Integration

$$v_{i,+}\Phi(x_{i,+}) - v_{i,-}\Phi(x_{i,-}) - D\frac{\partial}{\partial x}\Phi(x_{i,+}) + D\frac{\partial}{\partial x}\Phi(x_{i,-}) = 0 \ . \tag{9.76}$$

Die Gradienten

$$\frac{\partial}{\partial x}\Phi(x_{i,\pm})$$

lassen sich wieder durch zentrale Differenzen abbilden, für $\Phi(x_{i,\pm})$ könnte man naheliegender Weise das Differenzenschema

$$\Phi(x_{i,\pm}) = \frac{1}{2}\left(\Phi(x_i) + \Phi(x_{i\pm 1})\right) \tag{9.77}$$

verwenden. Dies führt insgesamt auf

$$\left(\frac{2D}{\Delta x} + \frac{v_{i,+}}{2} - \frac{v_{i,-}}{2}\right)\Phi(x_i) = \left(\frac{D}{\Delta x} - \frac{v_{i,+}}{2}\right)\Phi(x_{i+1}) + \left(\frac{D}{\Delta x} + \frac{v_{i,-}}{2}\right)\Phi(x_{i-1}) \ . \tag{9.78}$$

Aus Gründen der Einfachheit wird von $v_{i,+} = v_{i,-} = v_i$ ausgegangen (dies gilt bei Gültigkeit der Kontinuitätsgleichung in einer Dimension exakt, in mehreren immer noch näherungsweise). Damit führt die Positivitätsbedingung (9.74) auf die folgende Ungleichung[9]

$$\frac{|v|\,\Delta x}{D} \leq 2 \; . \tag{9.79}$$

Ist diese Ungleichung verletzt, was bei nicht sehr feinen Netzen oder hohen Konvektionsgeschwindigkeiten leicht der Fall sein kann, dann ist das Differenzenschema (9.77) nicht mehr stabil! Es muss daher eine andere Diskretisierung $\Phi(x_{i,\pm})$ eingeführt werden. Das Aufwind-Verfahren[10] liefert ein stabiles Differenzenschema

$$\Phi(x_{i,+}) = \theta(v)\Phi(x_i) + \theta(-v)\Phi(x_{i+1})\,, \quad \Phi(x_{i,-}) = \theta(v)\Phi(x_{i-1}) + \theta(-v)\Phi(x_i)\,, \tag{9.80}$$

d. h. der jeweils stromaufwärts liegende Netzpunkt (dort, wo die Strömung herkommt) bestimmt den lokalen Φ -Wert! Das Differenzenschema ergibt sich nun zu

$$\left(\frac{2D}{\Delta x} + |v|\right)\Phi(x_i) = \left(\frac{D}{\Delta x} + \theta(-v)|v|\right)\Phi(x_{i+1}) + \left(\frac{D}{\Delta x} + \theta(v)|v|\right)\Phi(x_{i-1})\,, \tag{9.81}$$

d. h. jeder Koeffizient ist positiv! Im Prinzip spiegelt dieses unsymmetrische Schema die Tatsache wieder, dass eine reine Konvektionsgleichung (ohne Diffusion) vom hyperbolischen Typ ist und von daher mit elliptischen Randbedingungen (der Wert in einer Zelle resultiert aus ihren Rand- d. h. allen Nachbarzellwerten) nicht "zurechtkommt". Sie hätte gerne nur einen Anfangswert (an der "Einströmungsstelle"), von dem aus sie sich mit dem Strom ausbreitet. Diese Eigenschaft vererbt sich eben gewissermaßen auf konvektionsdominierte Strömungen.

Entwickelt man $\Phi(x_{i,\pm})$ in eine Taylor-Reihe, so erkennt man, dass das zentrale Differenzenschema (9.77) genauer ist als das Aufwindschema (nämlich von zweiter Ordnung im Diskretisierungsparameter Δx, während das Aufwindschema nur von erster Ordnung ist). Dennoch ist die numerische Stabilität eine für Aufgaben mit komplexen Geometrien und deformierten Netzen unverzichtbare Eigenschaft.

Deshalb kommt man bei der numerischen Strömungsmechanik nicht an einem Aufwindschemaartigen Verfahren (in der Literatur existiert eine große Vielfalt an Modifikationen, auch für höhere Fehlerordnung) vorbei, bzw. an einem so genannten Hybridverfahren, das immerhin einen wesentlichen Anteil "Aufwind" enthält.

- **Diskretisierung der Zeitableitung - Implizites Schema**

Erweitert man die Gleichung (9.75) zusätzlich um die Zeitableitung, erhält man

[9] Die Größe $Pe = {}^{v\Delta x}\!/_{D}$ nennt man auch Peclet-Zahl.

[10] $\theta(x)$ bezeichnet die Heaviside-Funktion: $\theta(x) = \begin{cases} +1 & x \geq 0 \\ -1 & x < 0 \end{cases}$

$$\frac{\partial}{\partial t}\Phi+\frac{\partial}{\partial x}[v\Phi]-\frac{\partial}{\partial x}\left[D\frac{\partial}{\partial x}\Phi\right]=0\,. \tag{9.82}$$

Nach Integration und Einsetzen der bisher diskutierten Diskretisierungsschemata erhält man

$$\begin{aligned}\frac{\partial\Phi(x_i)}{\partial t}\Delta x+\left(\frac{2D}{\Delta x}+|v|\right)\Phi(x_i)-\left(\frac{D}{\Delta x}+\theta(-v)|v|\right)\Phi(x_{i+1})&\\ -\left(\frac{D}{\Delta x}+\theta(v)|v|\right)\Phi(x_{i-1})=0.&\end{aligned} \tag{9.83}$$

In der Zeitvariablen ist die Differentialgleichung eindeutig hyperbolisch, d. h. aus dem Zustand zur Zeit t wird der Zustand zur Zeit $t+\Delta t$ berechnet, es ist nur eine einseitige Randbedingung (Anfangsbedingung) vorzugeben. Daher ist folgende Zeitdiskretisierung (das *explizite Schema*) zunächst naheliegend

$$\begin{aligned}\frac{\Phi(x_i,t+\Delta t)-\Phi(x_i,t)}{\Delta t}\Delta x+\left(\frac{2D}{\Delta x}+|v|\right)\Phi(x_i,t)-&\\ \left(\frac{D}{\Delta x}+\theta(-v)|v|\right)\Phi(x_{i+1},t)-\left(\frac{D}{\Delta x}+\theta(v)|v|\right)\Phi(x_{i-1},t)=0\,.&\end{aligned} \tag{9.84}$$

Dies führt allerdings auf folgende Gleichung

$$\begin{aligned}\Phi(x_i,t+\Delta t)=\left[1-\left(\frac{2D}{\Delta x}+|v|\right)\frac{\Delta t}{\Delta x}\right]\Phi(x_i,t)+\frac{\Delta t}{\Delta x}\left(\frac{D}{\Delta x}+\theta(-v)|v|\right)\Phi(x_{i+1},t)&\\ +\frac{\Delta t}{\Delta x}\left(\frac{D}{\Delta x}+\theta(v)|v|\right)\Phi(x_{i-1},t).&\end{aligned} \tag{9.85}$$

Mit der Courant-Zahl

$$Cou=\frac{|v|\Delta t}{\Delta x}$$

folgt die Stabilitätsbedingung gemäß (9.74)

$$\left(\frac{2}{Pe}+1\right)Cou\le 1\,. \tag{9.86}$$

Diese Bedingung sagt aus, dass der Zeitschritt Δt nicht zu groß sein darf, und umso kleiner sein muss, je feiner das Netz ist. In der Praxis ist diese Bedingung für sämtliche Netzzellen kaum einhaltbar. Alternativ wird deshalb ein *implizites Schema* formuliert, bei dem die Anteile der "räumlichen" Differentialoperatoren zur "neuen" Zeit $t+\Delta t$ gesetzt werden

$$\begin{aligned}\left[1+\left(\frac{2D}{\Delta x}+|v|\right)\frac{\Delta t}{\Delta x}\right]\Phi(x_i,t+\Delta t)=&\\ \Phi(x_i,t)+\frac{\Delta t}{\Delta x}\left(\frac{D}{\Delta x}+\theta(-v)|v|\right)\Phi(x_{i+1},t+\Delta t)+\frac{\Delta t}{\Delta x}\left(\frac{D}{\Delta x}+\theta(v)|v|\right)\Phi(x_{i-1},t+\Delta t).&\end{aligned} \tag{9.87}$$

Dieses Schema besitzt nun wieder rein positive Koeffizienten, ist somit monoton und stabil! Es hat allerdings den Nachteil, dass es implizit formuliert ist, d. h. ein gekoppeltes System linearer Gleichungen in den $\Phi(x_i, t+\Delta t)$ mit $i = 1,\ldots,N$ darstellt (aus (9.85) hingegen können die Größen $\Phi(x_i, t+\Delta t)$ direkt berechnet werden). Dennoch verwenden eigentlich alle CFD-Codes aus Stabilitätsgründen implizite (bzw. semi-implizite oder hybridisierte) Schemata.

- **Diskretisierung des Quellterms**

Zur vollständigen Diskretisierung der Transportgleichung fehlt nun noch die Quelltermbehandlung. Die bisher diskutierten Diskretisierungsschemata führen für die Gleichung

$$\frac{\partial}{\partial t}\Phi + \frac{\partial}{\partial x}[v\Phi] - \frac{\partial}{\partial x}\left[D\frac{\partial}{\partial x}\Phi\right] = Q \tag{9.88}$$

auf

$$\left[1 + \left(\frac{2D}{\Delta x} + |v|\right)\frac{\Delta t}{\Delta x}\right]\Phi(x_i, t+\Delta t) = \Phi(x_i, t) + \ldots + Q(x_i, t+\Delta t)\Delta t \ . \tag{9.89}$$

Sofern der Term $Q(x_i, t+\Delta t)$ nicht verfügbar ist, muss zunächst auf den Term $Q(x_i, t)$ ausgewichen werden. Ein Sonderfall liegt vor, wenn Q von Φ direkt abhängig ist. In diesem Falle lässt sich Q bis zum linearen Glied in Φ in eine Taylor-Reihe entwickeln

$$Q(\Phi(x_i, t+\Delta t)) \cong Q(\Phi(x_i, t)) + \underbrace{\frac{\partial Q}{\partial \Phi}(\Phi(x_i, t))}_{\alpha}[\Phi(x_i, t+\Delta t) - \Phi(x_i, t)] \ . \tag{9.90}$$

Eingesetzt in (9.89) führt dies auf

$$\left[1 + \left(\frac{2D}{\Delta x} + |v|\right)\frac{\Delta t}{\Delta x} - \alpha\Delta t\right]\Phi(x_i, t+\Delta t) = (1 - \alpha\Delta t)\Phi(x_i, t) + \ldots + Q(\Phi(x_i, t))\Delta t \ . \tag{9.91}$$

Das Stabilitätskriterium ist sicherlich erfüllt für

$$\alpha = \frac{\partial Q}{\partial \Phi}(\Phi(x_i, t)) \le 0 \ . \tag{9.92}$$

In diesem Fall ist die Anwendung von (9.91) in der Tat sehr empfehlenswert. Ist das Kriterium jedoch verletzt, sollte man besser auf (9.89) plus Substitution $Q(x_i, t+\Delta t) \Rightarrow Q(x_i, t)$ ausweichen, auch wenn dies zu Lasten der Genauigkeit (bzw. der Konvergenzgeschwindigkeit) geht. Die Genauigkeit lässt sich nämlich noch erhöhen, indem man (9.89) (oder auch (9.91)) iteriert. Ausgehend von (9.89) berechnet man die Näherungswerte $Q_{(k+1)}(x_i, t+\Delta t)$ aus $Q_{(k)}(x_i, t+\Delta t)$ durch Einsetzen in den Quellterm, solange bis sich der Wert nur noch unwesentlich ändert. Man erhält

$$\left[1 + \left(\frac{2D}{\Delta x} + |v|\right)\frac{\Delta t}{\Delta x}\right]\Phi_{(1)}(x_i, t+\Delta t) = \Phi(x_i, t) + \ldots + Q(\Phi(x_i, t))\Delta t \ \text{bzw.} \tag{9.93}$$

$$\left[1 + \left(\frac{2D}{\Delta x} + |v|\right)\frac{\Delta t}{\Delta x}\right]\Phi_{(k+1)}(x_i, t+\Delta t) = \Phi(x_i, t) + \ldots + Q(\Phi_{(k)}(x_i, t+\Delta t))\Delta t \ .$$

- **Operator-Split-Verfahren**

Gerade bei innermotorischen Prozessen treten zur reinen Gasströmung noch Einspritz- und Verbrennungsprozesse hinzu, die das Lösen neuer Transportgleichungen erfordern, aber auch neue Quellterme in den schon vorhandenen Gleichungen erzeugen. Eine typische Transportgleichung enthält in diesem Fall Terme für Konvektion, Diffusion, Strahl (z. B. Verdampfung) und Verbrennung. Es empfiehlt sich hier, die verschiedenen Effekte separat zu behandeln. Dies geschieht im Operator-Split-Verfahren. $\underline{M}$ und $\underline{N}$ bezeichnen hier zwei Operatoren, z. B. Konvektion/Diffusion und einen Chemiequellterm

$$\frac{\partial}{\partial t}\phi = \underbrace{\underline{M}(\phi)}_{\text{Konvektion/Diffusion}} + \underbrace{\underline{N}(\phi)}_{\text{Chemie}} \ . \tag{9.94}$$

Durch Einführen eines Zwischenschrittes lässt sich die Zeitintegration aufspalten

$$\begin{aligned} \tilde{\phi}(x_i, t+\Delta t) - \phi(x_i, t) &= \int_t^{t+\Delta t} M(\phi)\mathrm{d}t , \\ \phi(x_i, t+\Delta t) - \tilde{\phi}(x_i, t+\Delta t) &= \int_t^{t+\Delta t} N(\phi)\mathrm{d}t . \end{aligned} \tag{9.95}$$

Jeder dieser beiden Schritte lässt sich dann wie oben angegeben lösen. Der Fehler ist von der Ordnung $(\Delta t)^2$. In diesem Kontext sei darauf hingewiesen, dass der CFD-Code KIVA Konvektion und Diffusion getrennt berechnet. Aufgrund des unterschiedlichen Charakters der zugrundeliegenden Differential-Operatoren (hyperbolisch bzw. elliptisch) ist dieses Vorgehen nicht unvernünftig.

- **Diskretisierung und numerische Lösung der Impuls-Gleichung**

Abschließend sei noch die Impulsgleichung zur Berechnung von Geschwindigkeit und Druck unter Hinzuziehung der Kontinuitätsgleichung betrachtet. Aus numerischen Gründen ist es empfehlenswert, auf *Staggered Grids* auszuweichen, d. h. Druck und Geschwindigkeit werden auf zueinander verschobenen Rechennetzen berechnet, der Druck zum Beispiel in den Zellen (d. h. letztlich deren Mittelpunkten) und die Geschwindigkeiten auf den Knoten.

Die Berechnung der Geschwindigkeit geschieht üblicherweise iterativ , hierfür sind mehrere Algorithmen bekannt (z. B. SIMPLE, PISO, SIMPISO,...). Letztlich ist allen gemein, dass in einem ersten Schritt die Impulsgleichung bei konstant gehaltenem Impuls in den Geschwindigkeiten gelöst wird. Im zweiten Schritt werden dann Druckkorrekturen mithilfe einer Poisson-Gleichung für den Druck berechnet. Mit diesen Druckkorrekturen werden dann wieder neue Geschwindigkeiten berechnet, und so fort, bis eine vorgegebene Abbruchschwelle für die Konvergenz erreicht ist. Für den inkompressiblen Fall sei noch die Poisson-Gleichung für den Druck angeben, die durch Divergenzbildung aus der Geschwindigkeitsgleichung folgt

$$\Delta p = -\rho \frac{\partial v_i}{\partial x_j}\frac{\partial v_j}{\partial x_i} + 2\frac{\partial^2}{\partial x_i \partial x_j}\left(\mu_t S_{ij}\right) . \tag{9.96}$$

9.1.4 Rechennetze

Die Netzgenerierung ist heute häufig der entscheidenste und am stärksten limitierende Faktor bei CFD-Berechnungen. Es kann nicht häufig genug betont werden, dass ein gutes Rechennetz *der Schlüssel* zum Erfolg ist, in aller Regel wesentlich wichtiger als etwa die Einführung modifizierter Turbulenzmodelle. Ein gutes Rechennetz sollte aus Hexaedern bestehen, wandadaptiert sein (d. h. auch die y_+-Regel (9.45) einhalten) und hinreichend fein bzw. problemadaptiert sein, sodass alle auftretenden Strömungsstrukturen (Freistrahlen, Flammen,...) gut abgebildet werden können (siehe Abb. 9.4c und d). In der Praxis sind diese Vorgaben oft nicht in voller Zufriedenheit erfüllbar.

Als weitere Problematik kommt die Netzbewegung hinzu, die sehr CFD-Code-spezifisch gelöst wird, sodass man sich bei der Generierung bewegter Netze eng an die jeweilige Code-Philosophie anzulehnen hat. Es existieren ohnehin nur wenige CFD-Codes, die die Funktionalität einer Netzbewegung, wie sie z. B. zur Behandlung innerzylindrischer Fragestellungen wichtig ist (bewegte Ventile und bewegter Kolben), vorsehen (in erster Linie sind das FIRE, STAR CD und KIVA). Bei stationären Netzen ist die Situation weniger kritisch, und die Netze können zudem meist ausgetauscht werden. Man kann daher auch auf eigenständige Netzgenerierungsprogramme ausweichen. Nach wie vor erfordert die Erstellung eines qualitativ hochwertigen Rechennetzes aber immer noch Aufwand - und vor allem Erfahrung.

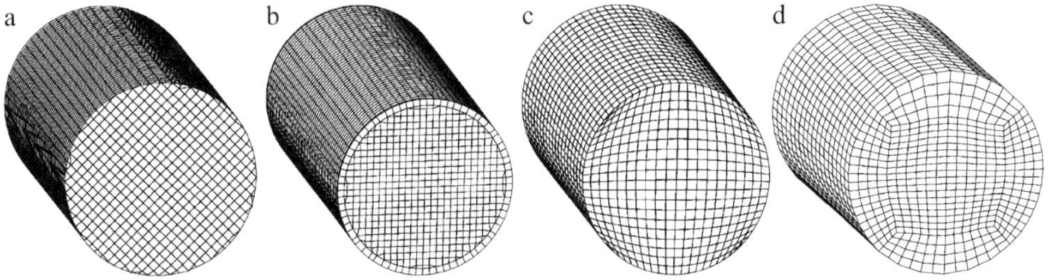

Abb. 9.4: Prinzipdarstellung verschiedener Vernetzungskonzepte: a) ein trunkiertes kartesisches Netz, das eine sehr schlechte Netzstruktur liefert, b) ein nur im Inneren trunkiertes kartesisches Netz mit Randschicht ist schon deutlich besser, c) ein Netz mit wandadaptierter, hexaedrischer Netzstruktur, wobei allerdings noch Deformationen an den Ecken des Basisquaders vorliegen, d) ein Netz mit optimaler, wandadaptierter Netzstruktur.

Im Gegensatz dazu macht sich in letzter Zeit gerade auch bei motorischen CFD-Anwendungen ein unheilvoller Trend bemerkbar – nämlich die "schnelle" Netzgenerierung mit automatisierten Netzgeneratoren, die kartesische Netze einfach an der Oberfläche der zu modellierenden Objekte abschneiden (siehe Abb. 9.4a).Was bei sehr komplexen Geometrien wie Kühlmittelströmungen noch akzeptabel ist, ist zumindest für die Berechnung innermotorischer Prozesse aufgrund der komplexen, wanddominierten Strömungsstrukturen und der sich aufsummierenden Fehler während der transienten Simulation ungeeignet. In jedem Falle sollte man bei derart trunkierten Netzen darauf achten, dass zumindest eine adaptive Netzwandschicht existiert (y^+-Regel), und dass das kartesische Netz nur ins verbleibende Innere einbeschrieben ist (siehe Abb. 9.4b) Ansonsten kann die Grenzschicht nicht sinnvoll abgebildet werden. Des Weiteren ist ein automatisch erzeugtes Netz unbedingt visuell darauf zu kontrollieren, ob nicht irgendwo unsinnige Netzstrukturen entstanden sind (eine extreme

Engstelle z.B. nur mit sehr wenigen Zellschichten aufgelöst ist). Hinzu kommt, dass der Zeitvorteil bei automatischer Netzgenerierung meist geringer ist als zunächst vielleicht veranschlagt. Denn zum einen besteht ein wesentlicher Teil der Netzgenerierungsarbeit in der Aufbereitung der Oberflächennetze und dieser Aufwand lässt sich bei automatischer Netzgenerierung nicht einsparen. Zum anderen sind adaptive, "handgenerierte" Netze häufig vielseitiger verwendbar, weil sich leicht Varianten einarbeiten lassen; bei automatisch generierten Netzen muss in aller Regel für jede Variante ein neues Netz erzeugt werden.

Eine andere Variante der automatischen Netzgenerierung besteht in der Erzeugung von Tetraeder-Netzen. Wie aber schon im Numerik-Abschnitt erwähnt, sind diese jedoch für Codes, die im Finite-Volumen-Verfahren arbeiten, ungeeignet.

9.1.5 Beispiele

Die CFD-Applikationen im motorischen Sektor sind wie schon erwähnt vielfältig. Im Folgenden sollen als Beispiele die Simulation innerzylindrischer Strömungsstrukturen bei Otto- und Dieselmotoren sowie die Simulation der Düseninnenströmung bei Diesel-Injektoren betrachtet werden.

- **Simulation von Strömungsstrukturen im Zylinder: Ottomotor**

Wir betrachten die Einlass- und Kompressionsströmung in einem Ottomotor. Die Geometrie des Berechnungsnetzes ist in Abb. 9.5 (links) dargestellt.

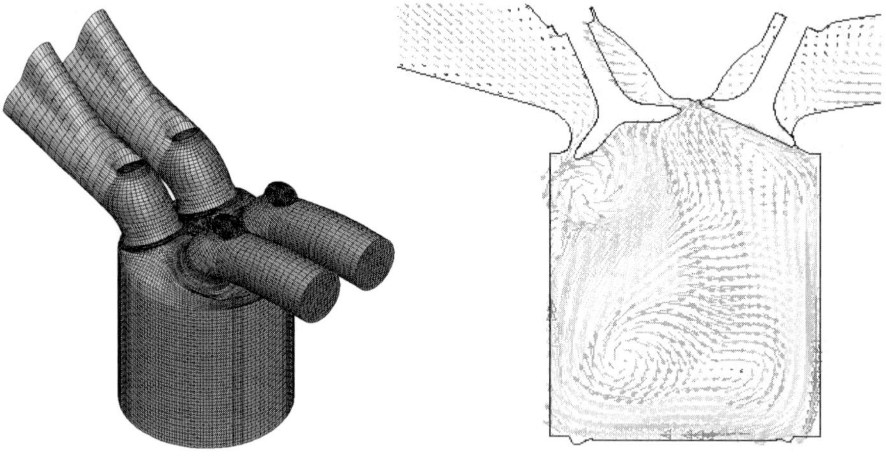

Abb. 9.5: Simulation der Strömung im Zylinder eines Ottomotors. Basisgeometrie für Rechennetz (links) und Strömungsbild im Ventilschnitt zum UT (rechts)

Aufgrund der Spiegelsymmetrie muss nur ein Halbnetz betrachtet werden, das spart Rechenzeit. Zylindervollnetze eines typischen PKW-Motors im UT inklusive Einlass- und Auslasstrakt sollten mindestens aus etwa 1.000.000 Netzzellen bestehen, um die relevanten Strömungsstrukturen inkl. Turbulenz hinreichend aufzulösen. In Abb. 9.5 (rechts) ist die Strömung in einem Schnitt durch die Ventile im Ladungswechsel-UT dargestellt. Man sieht die typische Tumble-Strömung (großer Wirbel im Uhrzeigersinn). Links oben unter den Einlassventilen existiert noch ein kleiner "Gegen-Tumble" (Wirbel im Gegenuhrzeigersinn). Meist bildet sich dieser Wirbel bei Öffnung der Einlassventile zuerst aus, der eigentliche Tumble entsteht erst später, bei größerem Ventilhub. Spätestens in der Kompressionsphase wird dann der Gegentumble vom Haupttumble "aufgefressen". In drei Dimensionen stellt ein Tumble freilich nicht einfach eine Walze dar, vielmehr handelt es sich bei der Wirbelachse (oder besser: den Wirbelachsen) um ein komplexes, instationäres 3-dimensionales Gebilde (siehe Abb. 9.6, links), das häufig bei ein bisschen Phantasie an ein " ω " erinnern kann.

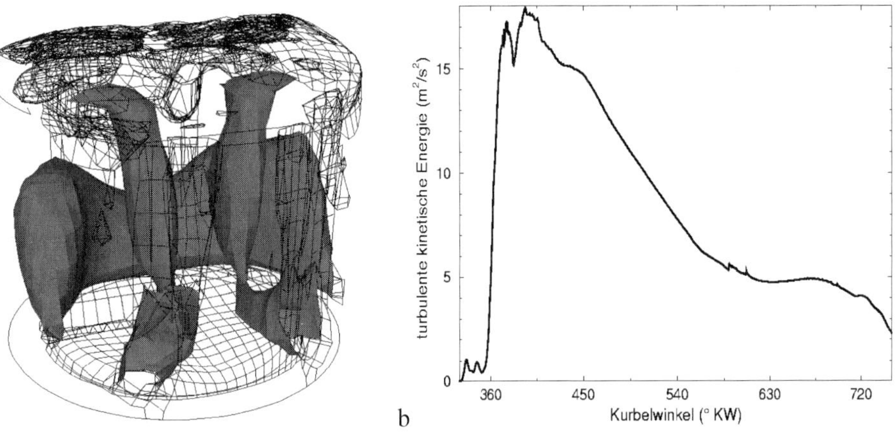

Abb. 9.6: Darstellung der Tumbleachsen in einem Ottomotor bei L-UT (links) und des zeitlichen Verlaufs der Turbulenzenergie im Zylinder (rechts)

Zum ZOT hin wird der Brennraum immer flacher, der Tumble wird gewissermaßen vom Kolben "zerquetscht" und zerfällt in Turbulenz. Dies kann man deutlich am Turbulenzverlauf von Abb. 9.6 (b) erkennen. Zunächst, während der Einlassphase, ist die Strömung sehr ungerichtet. Konsequenterweise existieren viele Bereiche hoher Scherung, die viel Turbulenz erzeugen. Dies korrespondiert mit den sehr hohen Turbulenzwerten zwischen 350°KW und 450°KW. Zum UT (540°KW) hat sich die Strömung allerdings schon weitgehend beruhigt, es existiert nur noch der Tumble (und eventuell der Gegentumble!), d.h. die großen Wirbelstrukturen. Alle kleinen Strukturen sind bereits dissipiert. Vor ZOT, von ca. 630°KW an, zerfällt der Tumble selbst in Turbulenz, im zeitlichen Turbulenzverlauf entsteht ein lokales Maximum oder zumindest ein Plateau. Da der Tumble mit der Drehzahl skaliert, gilt dies in etwa auch für das Plateau. Die Turbulenzwerte bei ZOT (d.h. das "Plateau") aber beeinflussen maßgeblich die Brenngeschwindigkeit (siehe Kap. 4.1.3). Dies ist im Wesentlichen der Grund, warum ein Ottomotor einigermaßen Drehzahl-unabhängig funktioniert, d.h. die Verbrennungsgeschwindigkeit mit der Drehzahl skaliert.

Man versteht auch, wie man mit der Einlassströmung die Verbrennung beeinflussen kann – man muss den Tumble erhöhen. Dies ist die einzige Form, in der Strömungsenergie lange genug, d.h. bis zum ZOT konserviert werden kann, um dann in Turbulenz zu zerfallen. Die Turbulenz, die direkt während des Einlassvorgangs generiert wird, ist bei ZOT längst dissipiert! Dieser Prozess wird auch von der Brennraumform ("Dachbrennraum") unterstützt, bei einem flachen Brennraum würde der Tumble früher "zerquetscht", d. h. zerfallen, und könnte somit weniger gut die Verbrennung anfachen.

Weniger gut ist allerdings ein zu hoher Turbulenzwert an der Zündkerze, dies kann zur Flammenlöschung führen. Eine weitere wichtige Einflussgröße für die ottomotorische Verbrennung ist die lokale AGR-Verteilung, die auch mittels CFD bestimmt werden kann.

- **Simulation von Strömungsstrukturen im Zylinder: Dieselmotor**

Beim PKW-Dieselmotor ist ein hoher Drallwert sehr wichtig für eine gute Gemischbildung. Drallentstehung und -verlauf sind aber wieder Größen, die sehr gut mittels CFD untersucht werden können.

Ein typisches Beispiel ist in Abb. 9.7 (a) dargestellt. Links sind die Einlasskanäle zu sehen, rechts die Auslässe. Zur Drallerzeugung sind die Einlasskanäle in Spiralform ausgeführt. Außerdem wurde aber noch ein *Sitzdrall* eingeführt, d. h. der vordere Einlasskanal besitzt eine Abdeckung im Ventilsitz, wie auf dem Bild ersichtlich. Dieser Sitzdrall hat einen großen Einfluss, wie in Abb. 9.7 (b) zu sehen. Dort sind die Drallzahlverläufe für die Variante aus Abb. 9.7 (a) mit Sitzdrall ("Variante B") und eine äquivalente Variante ohne Sitzdrall ("Variante A") dargestellt. Die Variante mit Sitzdrall liefert eine wesentliche Erhöhung der Drallzahl!

Wenn man sich die Strömung räumlich ansieht (Abb. 9.7, rechts), kann man dies auch leicht verstehen: der Einlasskanal ohne Sitzdrall (hinten links) fungiert als Tangentialkanal. Würde der linke Kanal gleichfalls als Tangentialkanal wirken, würden sich beide Strömungen in etwa kompensieren, und es bliebe kein resultierender Drall übrig. Die Aufgabe des Sitzdralls besteht somit darin, die Tangentialkomponente der Strömung zu blockieren, und somit die Drallkanalfunktionalität zu unterstützen.

Da der Drall geometrisch gesehen wesentlich besser an die Zylindergeometrie angepasst ist als ein Tumble, zerfällt er auch weit weniger in der Kompression; stattdessen wird die um die Zylinderachse rotierende Strömung in die Kolbenmulde komprimiert, wodurch aufgrund der Drehimpulserhaltung (Pirouetteneffekt) die Drehzahl ansteigen kann, vgl. Abb. 9.7, Mitte. Gemessen an der Drehzahl nimmt der Drall gegen Ende der Kompression also sogar zu.

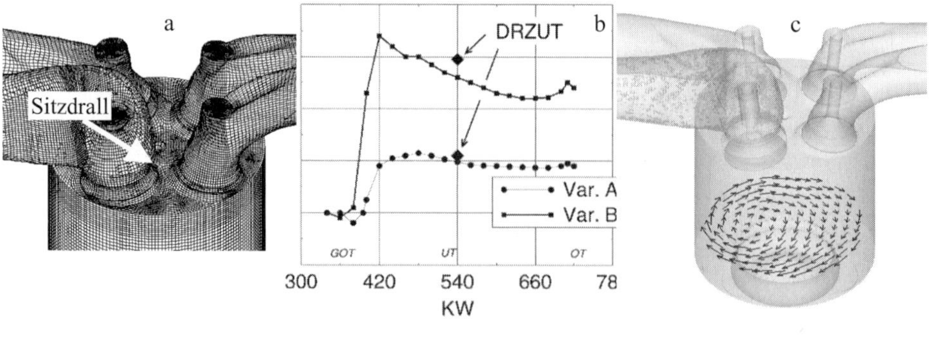

Abb. 9.7: Strömung im Einlasskanal eines Dieselmotors, Kanalgeometrie (a), Drallzahlverläufe für zwei Varianten (b) und Strömungsfeld bei UT (c)

Die Drallzahl ω ist als Verhältnis von Drehimpuls L und Trägheitsmoment θ bezogen auf die Motordrehzahl n definiert

$$\omega = \frac{L}{2\pi n \theta} \quad \text{mit } L = \int r v_{\tan} \mathrm{d}m \text{ und } \theta = \int r^2 \mathrm{d}m \ . \tag{9.97}$$

Hierbei bezeichne r den Abstand von der Zylinder- bzw. Drehachse, $v_{\tan}$ die Tangentialkomponente der Strömungsgeschwindigkeit. Mit der Berechnung zu jedem Zeitschritt ergibt sich ein instationärer Drallzahlverlauf über dem Kurbelwinkel. Im Blasversuch wird eine Drallziffer als Funktion des Ventilhubs bestimmt. Bei Korrelation der Ventilhubkurve mit dem jeweiligen Kurbelwinkel und Umrechnung der Drallziffer in einen Drehimpulsstrom kann dieser über den Einlasstakt aufintegriert und eine *Drallzahl UT* (DRZUT) bestimmt werden. Aufgrund der geringen Strömungsverluste bei einer Drallströmung um die Zylinderachse ist diese Approximation üblicherweise ausreichend, d.h. DRZUT und instationäre Drallzahl bei UT weichen nicht stark voneinander ab, siehe auch Abb. 9.7 (Mitte). Dies gilt aufgrund der wesentlich höheren Strömungsverluste einer Tumbleströmung für Ottomotoren nicht mehr (hier ist normalerweise DRZUT wesentlich größer als die instationäre Tumblezahl bei UT).

Während der Kompression wird zusätzlich zum Drall in der Mulde noch ein Sekundärwirbel erzeugt, der für die Gemischbildungsprozesse in der Mulde bedeutsam sein kann (je nach Einspritzung). Die Orientierung dieses Sekundärwirbels hängt aber von der Drallstärke ab (Abb. 9.8)! Allerdings muss man sich immer vor Augen halten, dass dies die Strömung vor Einspritzung beschreibt, die Einspritzung ändert natürlich die Strömungsstrukturen dramatisch.

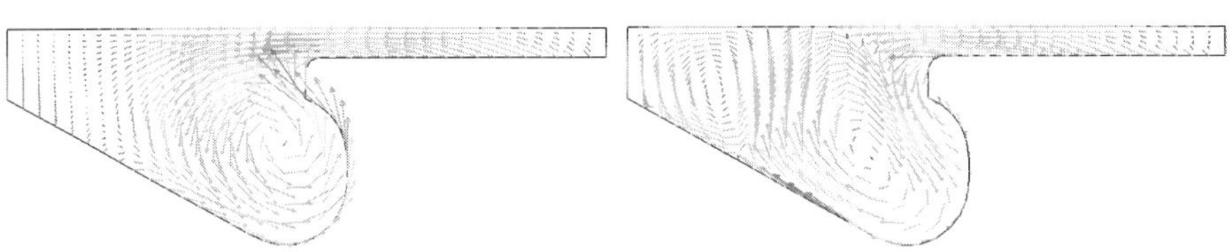

Abb. 9.8: Sekundärwirbel in der Mulde eines Dieselmotors bei 5°KW vor ZOT mit UT-Drehzahl gleich 0 (links) und gleich 2,5 (rechts)

Zusammenfassend lässt sich sagen, dass auch beim Dieselmotor ähnlich wie bei Ottomotor alle kleinskaligen Strömungsstrukturen spätestens während der Kompression zerfallen. Nur die großskaligen Drallstrukturen (inkl. Sekundärwirbel) überleben und erzeugen zusammen mit der Einspritzung die Strömungsstrukturen während der Gemischbildungsphase, wobei letztere bei weitem dominant ist. Aus diesen Gründen ist es bei Dieselmotoren durchaus üblich, bei Schließen der Einlassventile unter Vorgabe eines idealen "Walzendralls" die Berechnung der innerzylindrischen Prozesse (Gemischbildung und Verbrennung) zu starten. Die einzige Unbekannte, die Drallzahl, muss dann aus Messungen übernommen werden (z.B. aus der DRZUT, siehe oben). Dieses Verfahren ist insbesondere zu empfehlen, wenn es sich um ein drallarmes Brennverfahren handelt (typisch z.B. für Nutzfahrzeugmotoren), weil man sich einerseits die Generierung eines Netzes mit bewegten Ventilen ersparen (nach wie vor aufwendig!) und bei symmetrischen Brennräumen aufgrund der hohen Problemsymmetrie den Rechenaufwand erheblich einschränken kann. Bei einer (symmetrischen) 6-Loch-Düse etwa muss nur noch ein 60°-Brennraumsektor mit zyklischen Randbedingungen betrachtet werden.

- **Düseninnenströmung**

Ein weitere wichtige CFD-Anwendung ist die Simulation der Düseninnenströmung, da diese Aufschluss gibt über die Anfangsbedingungen der Einspritzstrahlsimulation, die im nächsten Abschnitt diskutiert werden soll.

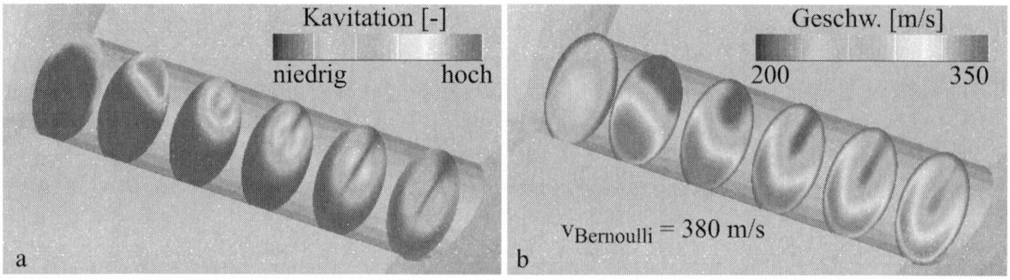

Abb. 9.9: Simulation der Düseninnenströmung. a) Kavitationsverteilung und b) inhomogene Geschwindigkeitsverteilung im Spritzloch einer NFZ-Sacklochdüse.

Abb. 9.9 zeigt die berechnete Kavitations- und Geschwindigkeitsverteilungen in verschiedenen Schnitten durch ein Spritzloch einer NFZ-Sacklochdüse. Man erkennt deutlich das Auftreten von Kavitation im Spritzloch. Dies ist insbesondere ein für Diesel-Injektoren typisches Ergebnis. Es bedeutet, dass zumindest am Kavitationsentstehungsort lokal der Dampfdruck der Flüssigkeit unterschritten wird und dadurch Kavitationsblasen entstehen. Diese Bläschen werden mit der Flüssigkeit transportiert, je nach Umgebungsbedingung können sie wachsen, schrumpfen oder implodieren. Eine derartige Strömung lässt sich nicht mehr sinnvoll mit einem inkompressiblen, einphasigen Flüssigkeitsmodell berechnen, dort würden am Kavitationsentstehungsort unweigerlich negative Drücke auftreten (die Dichte aber bliebe konstant hoch, auf Flüssigkeitsniveau).

Heute existieren bereits CFD-Codes, die Kavitationsmodellierung auf Basis einer turbulenten Zwei-Phasen-Strömung anbieten. Dabei wird für beide Phasen (Flüssigkeit einerseits und Gas in Blasenform als disperse Phase andererseits) je ein vollständiger Satz von Transportgleichungen gelöst, d.h. beide Phasen können unterschiedliche Geschwindigkeitsfelder besitzen. Allerdings sind beide Phasen über mannigfaltige Prozesse gekoppelt, so führt Blasenwachstum zum Massenaustausch, der Blasenströmungswiderstand erzeugt Impulsaustausch. Die Ergebnisse in Abb. 9.9 sind mit einem derartigen zweiphasigen Code (FIRE) berechnet.

Im Grenzfall sehr starker Austauschprozesse werden beide Phasen streng gekoppelt, es entsteht eine einphasige Strömung mit zwei Komponenten. Für diesen Grenzfall bieten ebenfalls viele CFD-Codes Kavitationsmodellierungen an, und für die meisten praktischen Applikationen dürfte das durchaus genügen.

Abschließend seien die Randbedingungen für die Einspritzstrahlsimulation als Ergebnis der Düseninnenströmungsberechnung betrachtet. Ist A_{eff} der effektive Austrittsquerschnitt des

Strahls und v_{eff} seine effektive Austrittsgeschwindigkeit, so gilt für den Massenstrom $\dot{m}$ und den Impulsstrom $\dot{I}$ am Spritzloch

$$\dot{m} = \rho_{fl} v_{eff} A_{eff} \text{ und } \dot{I} = \rho_{fl} v_{eff}^2 A_{eff} , \tag{9.98}$$

mit A_{eff} als durch den geometrischen Spritzlochquerschnitt A_{geo} nach oben begrenzten effektiven Querschnittsfläche; v_{eff} ist durch die Bernoulli-Geschwindigkeit

$$v_{Bern} = \sqrt{\frac{2\,\Delta p}{\rho_{fl}}}$$

begrenzt, wobei Δp die Differenz zwischen Einspritz- und Brennraumdruck bezeichnet. Es lassen sich die folgenden Verlustkoeffizienten

$$C_A = \frac{A_{eff}}{A_{geo}} \le 1 \quad \text{(Kontraktionsbeiwert) und} \tag{9.99}$$

$$C_v = \frac{v_{eff}}{v_{Bern}} \le 1 \quad \text{(Geschwindigkeitsbeiwert)} \tag{9.100}$$

definieren. Damit ergibt sich der Durchflussbeiwert der Düse zu

$$C_d = \frac{\dot{m}}{\rho_{fl} A_{geo} v_{Bern}} = C_v\, C_A \, . \tag{9.101}$$

Der Durchflussbeiwert ist nun meist aus Einspritzverlaufsmessungen bekannt bzw. abschätzbar (häufig liegt er bei etwa 0,7), nicht jedoch die Aufteilung auf die Koeffizienten C_A und C_v. Diese können jedoch aus der Düseninnenströmungssimulation gewonnen werden. In unserem Fall (Abb. 9.9) existieren Kavitationszonen bis zum Spritzlochaustritt, die zu einer effektiven Reduktion des wirksamen Strömungsquerschnitts führen, andererseits liegt die Geschwindigkeit in den kavitationsfreien Zonen näherungsweise bei der Bernoulli-Geschwindigkeit. Eine numerische Auswertung führt auf einen Wert von $C_v \approx 0{,}9$. Weitere wichtige Größen aus der Düseninnenströmung sind die turbulenten Skalen. Denn diese führen zum Primärzerfall des Strahls. Umgekehrt führen implodierende Kavitationsblasen zu einer Erhöhung der Turbulenz. Strahlen mit einem erhöhten Strahlaufbruch (etwa aufgrund eines starken Primärzerfalls) sehen "buschiger" aus, und weisen auch andere Gemischbildungseigenschaften auf, siehe auch König et al. (2002).

9.2 Simulation von Einspritzprozessen

Dieser Abschnitt ist ausschließlich der Simulation von Einspritzprozessen gewidmet. Angesichts der Tatsache, dass es hierfür in allen gängigen CFD-Codes leicht handhabbare "Strahlmodule" gibt, mag dies vielleicht überraschen. Wenn man aber die mit diesem Standardmodell erzielbaren Ergebnisse kritisch betrachtet, wird man sich der ganzen Schwierigkeiten der Thematik schnell bewusst. Nach wie vor gilt, dass sich in keinem der heute für motorische Applikationen marktverfügbaren Codes ein brauchbares Strahlmodell etabliert hat, wenn auch bereits vielversprechende Ansätze existieren.

Zunächst soll nachfolgend das Standard-Strahlmodell entwickelt werden, die dafür erforderliche Modellierung der Ein-Tropfenprozesse und schließlich die statistisch-stochastische Modellierung eines Tropfenensembles. In einem zweiten Schritt werden die numerischen Gründe für das Versagen dieses Modells dargelegt, und abschließend verschiedene Ansätze bzw. Lösungsmöglichkeiten diskutiert.

9.2.1 Einzeltropfenprozesse

Einzeltropfenprozesse umfassen die Austauschprozesse von Masse, Impuls und Wärme zwischen einem einzelnen Tropfen und der umgebenden Gasphase. Der Impulsaustausch wird rein kinematisch mittels Strömungswiderstand beschrieben, während Massen- und Wärmeaustausch mit der Umgebung durch Diffusions- und Konvektionsprozesse in der Tropfenumgebung hervorgerufen werden.

Tropfen werden meist mit acht Variablen beschrieben: Ort, Geschwindigkeit (je drei Variablen), Radius und Temperatur. Mit einer Modellierung der Einzeltropfenprozesse haben wir die Bewegungsgleichungen dieser Variablen gefunden. Hin und wieder werden auch Tropfenschwingungszustände eingeführt. Deren Relevanz konnte aber noch nicht wirklich zwingend demonstriert werden; deshalb seien sie hier weggelassen.

- **Impulsaustausch**

Bewegt sich ein Tropfen mit Radius R, Dichte ρ_{fl} und Geschwindigkeit v_{tr} in einem Gas der Dichte ρ_g und der Geschwindigkeit v_g, so wirkt auf den Tropfen eine abbremsende (d. h. der Geschwindigkeitsdifferenz zur Gasphase entgegengerichtete) Kraft

$$\vec{F} = \rho_{fl} \frac{4\pi}{3} R^3 \dot{\vec{v}}_{tr} = \frac{1}{2} \rho_g \, C_W \pi R^2 \left| \vec{v}_g - \vec{v}_{tr} \right| (\vec{v}_g - \vec{v}_{tr}) \ . \tag{9.102}$$

Zusammen mit der Gleichung

$$\dot{\vec{x}}_{tr} = \vec{v}_{tr} \tag{9.103}$$

ist die Tropfenkinematik bestimmt. Der C_W -Wert wird üblicherweise wie folgt berechnet

$$C_w = \begin{cases} \dfrac{24}{\mathrm{Re}_{tr}} \left(1 + \dfrac{\mathrm{Re}_{tr}^{2/3}}{6} \right) & \text{für} \quad \mathrm{Re}_{tr} \leq 1.000 \\ 0{,}424 & \text{für} \quad \mathrm{Re}_{tr} > 1.000 \end{cases} \tag{9.104}$$

wobei

$$\mathrm{Re}_{tr} = \frac{2 r \rho_{fl} \left| \vec{v}_{tr} - \vec{v}_g \right|}{\mu_g} \tag{9.105}$$

die tropfenbasierte Reynolds-Zahl bezeichnet, d. h. für große Reynoldszahlen hängt der Strömungswiderstand quadratisch von der Geschwindigkeitsdifferenz ab.

- **Massen- und Wärmeaustausch**

Die Kontinuitätsgleichung und die Dampftransportgleichung lauten für den stationären, laminaren Fall

$$\frac{\partial}{\partial x_i}(\rho v_i)=0 \text{ bzw. } \frac{\partial}{\partial x_i}(\rho v_i c)-\frac{\partial}{\partial x_i}\left(D\rho\frac{\partial}{\partial x_i}c\right)=0\ . \tag{9.106}$$

Aus Gründen der analytischen Lösbarkeit werden die Dichte, der Diffusionskoeffizient und die Temperatur als konstant gesetzt. Die Gleichungen (9.106) werden nun in der Umgebung eines Tropfens bei Rotationssymmetrie betrachtet; der Tropfen sei somit in Ruhe. Ziel ist die Beschreibung eines stationären Fließgleichgewichts für den Dampfstrom $\tilde{\dot{m}}$ und den Wärmestrom $\tilde{\dot{q}}$ zwischen Tropfenoberfläche und dem Unendlichen. Die Integration dieser Gleichungen mithilfe des Gauss'schen Satzes von der Tropfenoberfläche bis zu einer Kugelschale mit Radius r führt auf

$$4\pi\rho r^2 v(r)=\text{const.}(1)\ , \tag{9.107}$$

$$4\pi\rho r^2 v(r)c(r)-4\pi D\rho r^2\frac{dc(r)}{dr}=\text{const.}(2)\ , \tag{9.108}$$

wobei const.(1) den Gesamtmassenstrom bezeichnet und const.(2) den Dampfmassenstrom. Da effektiv nur Dampf strömt, müssen beide identisch gleich $\tilde{\dot{m}}$ sein. Lösen von (9.107) nach v, einsetzen in (9.108) und Integration führt unter Vorgabe der Randbedingungen $c(R)$ sowie $c(\infty)$ auf

$$v(r)=\frac{\tilde{\dot{m}}}{4\pi\rho r^2} \text{ und} \tag{9.109}$$

$$\tilde{\dot{m}}=4\pi D\rho R\ln\left(\frac{1-c(\infty)}{1-c(R)}\right)\ , \tag{9.110}$$

wobei $c(R)$ über die Dampfdruckbeziehung aus der Tropfentemperatur errechnet werden kann.

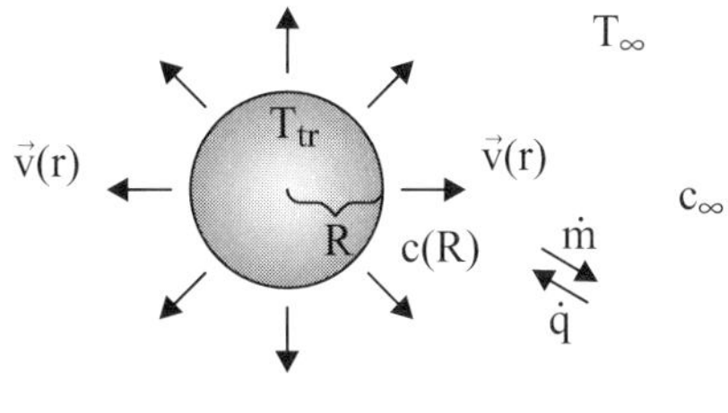

Abb. 9.10: Prinzipbild zur Darstellung der Dampf- und Wärmeströme in der Tropfenumgebung

Die äquivalente Behandlung der Wärmeleitungsgleichung unter Annahme konstanter spezifischer Wärme

$$\frac{\partial}{\partial x_i}\left(\rho v_i c_p T\right)-\frac{\partial}{\partial x_i}\left(\lambda\frac{\partial}{\partial x_i}T\right)=0 \tag{9.111}$$

führt nach Einsetzen von (9.109) unter Verwendung der Randbedingungen bei $T(R) = T_{tr}$ sowie T_∞ auf die folgende Gleichung

$$T(r) = T_\infty + \frac{1 - \exp\left(-\frac{\tilde{\dot{m}} c_p}{4\pi r \lambda}\right)}{1 - \exp\left(-\frac{\tilde{\dot{m}} c_p}{4\pi R \lambda}\right)} (T_{tr} - T_\infty) \ . \tag{9.112}$$

Der eigentliche Wärmestrom weg vom Tropfen ist nur der Diffusionsstrom aus (9.111), der Konvektionsstrom "entführt" dem Tropfen keine spezifische Energie (sondern innere Energie und Masse im festen Verhältnis). Man erhält daher

$$\tilde{\dot{q}}(R) = -4\pi R^2 \lambda \frac{\partial T}{\partial r}(R) = \frac{\tilde{\dot{m}} c_p (T_{tr} - T_\infty)}{\exp\left(\frac{\tilde{\dot{m}} c_p}{4\pi R \lambda}\right) - 1} \ . \tag{9.113}$$

Die (eigentlich nicht konstanten) Stoffwerte für Dichte, Diffusionskonstante, Wärmeleitfähigkeit sowie Wärmekapazität werden üblicherweise nach der 1/3- 2/3-Regel berechnet, als Linearkombinationen der Werte an der Oberfläche und im Unendlichen, wobei X hier stellvertretend für die genannten Größen steht

$$X = \frac{X_{Tr}}{3} + \frac{2X_\infty}{3} \ . \tag{9.114}$$

Da jedoch die Annahme eines ruhenden Tropfens im allgemeinen unzutreffend ist, werden Anströmungseffekte meist über die folgenden Korrekturen nach Ranz-Marschall berücksichtigt

$$\dot{m} = \tilde{\dot{m}} \frac{2 + 0{,}6\,\mathrm{Re}^{1/2}\,\mathrm{Pr}^{1/3}}{2} \quad \text{und} \quad \dot{q} = \tilde{\dot{q}} \frac{2 + 0{,}6\,\mathrm{Re}^{1/2}\, Sc^{1/3}}{2} \ , \tag{9.115}$$

wobei Pr und Sc die (laminare) Prandtl- und Schmidtzahl

$$\mathrm{Pr} = \frac{\mu c_P}{\lambda} \quad \text{und} \quad Sc = \frac{\mu}{\rho D} \tag{9.116}$$

bezeichnen. Für den Bezug von $\dot{m}$ und $\dot{q}$ zu den Änderungsraten der Tropfenvariablen T_{tr} sowie R lassen sich mit der Wärmekapazität der Flüssigkeit c_{fl} und der spezifischen Verdampfungsenthalpie $h_V(T)$ folgende Massen- und Wärmebilanzen formulieren

$$\dot{q} = \underbrace{\dot{m} h_V(T_{tr})}_{\text{Verdampfung}} + \underbrace{\rho_{fl} \frac{4\pi}{3} R^3 c_{fl} \dot{T}_{tr,A}}_{\text{Aufheizung}} \ , \tag{9.117}$$

$$4\pi R^2 \rho_{fl} \dot{R}_V = -\dot{m} \ . \tag{9.118}$$

Bei gegebenem $\dot{m}$ und $\dot{q}$ lassen sich aus diesen Gleichungen $\dot{T}_{tr,A}$ und $\dot{R}_V$ bestimmen.

Man findet in der Literatur viele Modifikationen dieser Modellierung. So existieren Modellierungsansätze, die Temperaturgradienten im Tropfen zulassen. Allerdings scheinen diese Effekte in der motorischen Applikation eher weniger bedeutend zu sein. Nach wie vor ist es üblich, einkomponentige Kraftstoffmodelle zu verwenden, obwohl inzwischen bereits interessante Mehrkomponentenmodelle existieren, die mittels "kontinuierlicher" Thermodynamik versuchen, ein Komponentenspektrum über wenige Formfaktoren zu beschreiben (siehe Lippert et al. (2000) und Pagel (2003)). Derartige Modelle sind insbesondere bei hohen Verweil- bzw. Verdampfungszeiten interessant, etwa bei einer ottomotorischen Saughubeinspritzung, oder einem HCCI-Verfahren. Die meisten CFD-Codes bieten spezielle "synthetische" Einkomponentenmodelle für Benzin und Dieselkraftstoff an. Falls diese nicht vorhanden sein sollten, sind beispielsweise n-Heptan für Benzin und Dodekan für Diesel eine vernünftige Wahl. Man muss sich allerdings immer im klaren darüber sein, dass mit einem Einkomponentenkraftstoff die Eigenschaften eines Stoffgemisches niemals exakt wiedergegeben werden können. Außerdem sei darauf hingewiesen, dass es hier nur um die physikalischen, nicht aber um die chemischen Eigenschaften der Kraftstoffe geht (da wäre z. B. n-Heptan ein schlechter Repräsentant für Benzin, man denke nur an die Klopfeigenschaften).

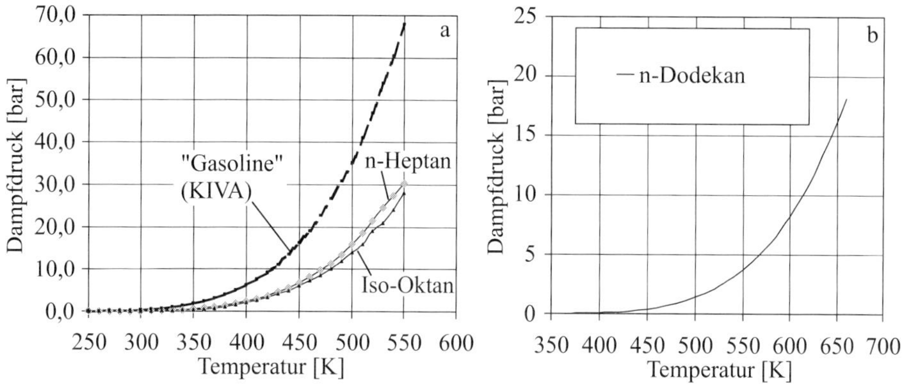

Abb. 9.11: a) Dampfdruckkurve für benzinartige Kraftstoffe, b) Dampfdruckkurve einer dieseltypischen Komponente

Was passiert nun mit dem Kraftstoff im Motor? Hierzu betrachtet man zunächst einen GDI-Motor mit später Einspritzung. Die Tropfen gelangen noch relativ kalt in den Brennraum mit bereits heißer, komprimierter Luft. Die Oberfläche der Tropfen muss sich auf einem Zustand auf der Dampfdruckkurve befinden (siehe Abb. 9.11a), sie nimmt also den der aktuellen Tropfentemperatur zugeordneten Zustand an, indem sie eine Dampfhülle mit dem durch die Dampfdruckkurve zugeordneten Partialdruck "ausstößt". Nun heizen sich die Tropfen auf, d. h. sie laufen auf der Dampfdruckkurve nach rechts oben. Dabei verdichtet sich die Dampfhülle zunehmend. Schließlich wird der Punkt erreicht, an dem der Partialdruck gleich dem Dampfdruck[11] ist - der Tropfen verharrt nun in diesem Zustand, er siedet.

[11] Genau genommen erreicht die Tropfentemperatur niemals genau den Siedepunkt, sie verharrt etwas niedriger bei der Kühlgrenztemperatur.

Typischerweise befinden sich die Tropfen im Brennraum sehr dicht beieinander (eben im Strahlbereich), alle verdampfen in eine gemeinsame Dampfwolke hinein, deren Zustände folglich nicht weit von der Dampfdruckkurve wegliegen. Dies ist eine Bestätigung für die Zulässigkeit des Modells einer gleichförmigen Temperatur im Tropfeninneren; denn die Temperatur der Tropfenoberfläche kann sich nicht weit von der Temperatur im Inneren entfernen, nicht nur weil die Tropfen klein sind, sondern auch, weil die Temperaturen in der Umgebung limitiert sind.

Im Dieselmotor passiert im Prinzip ähnliches, die Tropfen laufen auf der Dampfdruckkurve wieder nach rechts oben. Gerade bei Dieseleinspritzstrahlen sind die Tropfen noch dichter gepackt als bei typischen GDI-Strahlen. Aufgrund der hohen Brennraumdrücke und der anderen Dampfdruckkurvenverläufe dieseltypischer Komponenten wird jetzt aber der kritische Punkt als Ende der Dampfdruckkurve erreicht. Nach Durchlaufen des kritischen Punkts ist keine Phasengrenze mehr existent. Die CFD-Codes lösen das üblicherweise, indem sie den Tropfen einfach eliminieren und der Dampfphase zuschlagen.

Ein Sonderfall ist das "Flashboiling", das eintritt, wenn warmer Kraftstoff in einen Saugrohr- oder Brennraumzustand mit einem Umgebungsdruck eingespritzt wird, der unterhalb des der Tropfentemperatur entsprechenden Dampfdrucks liegt. In diesem Falle kommt es quasi zum sofortigen "Zerplatzen" des Strahls. Dieses Phänomen kann mit dem oben beschriebenen Modell nicht abgebildet werden, wenn auch inzwischen erste Ansätze für eine CFD-Modellierung des Flashboiling existieren, siehe z. B. Ra und Reitz (2002).

9.2.2 Strahlstatistik

Ein Einspritzstrahl besteht typischerweise aus vielen (hunderten) Millionen Tropfen. Ein derartiges Ensemble ist (ähnlich wie die turbulente Gasströmung) nicht mehr deterministisch (d. h. auf Basis jedes Einzeltropfens) berechenbar. Auch für den Strahl als Tropfenensemble ist es daher angebracht, eine statistische Beschreibung einzuführen, eine Tropfenverteilungsdichte $p(\vec{x},\vec{v},R,T)$. Sie beschreibt die Wahrscheinlichkeit, am Ort $\vec{x}$ einen Tropfen mit Geschwindigkeit $\vec{v}$, Radius R und Temperatur T und zu finden.

Bereits vor über 120 Jahren sah sich Ludwig Boltzmann mit einem ähnlichen Problem konfrontiert, als er die Thermodynamik auf Basis der Statistik einer Mechanik atomarer und molekularer Prozesse ableiten wollte. Er entwickelte dafür die nach ihm benannte *Boltzmann-Gleichung* und konnte mit ihrer Hilfe historisch erstmals den 2. Hauptsatz der Thermodynamik atomistisch begründen. Diese Gleichung bildet heute das Fundament der kinetischen Gastheorie. Sie lässt sich auf Tropfen mit ihrer speziellen Dynamik übertragen, nennt sich dann einfach "Strahlgleichung" (engl. *"spray equation"*) und bildet die Basis für alle Strahlmodelle.

Allerdings lässt sich diese Gleichung nicht mehr geschlossen integrieren, stattdessen kommen im Standardmodell stochastische Verfahren zum Einsatz, die Lösung wird quasi "ausgewürfelt" ("Monte-Carlo-Simulation").

Abschließend soll noch die Beschreibung der Mehrteilchenprozesse wie Stoß oder Zerfall diskutiert werden, um die Strahlmodellierung zu schließen.

- **Strahladaptierte Boltzmann-Gleichung**

Für jeden einzelnen Punkt des achtdimensionalen Raums der Variablen $\vec{x}, \vec{v}, R, T$ wird die Dynamik $\dot{\vec{x}}, \dot{\vec{v}}, \dot{R}, \dot{T}$ beschrieben durch (9.102), (9.103), (9.117) und (9.118). Man kann nun die acht Variablen in den 8-tupel $\alpha = (\vec{x}, \vec{v}, R, T)$ zusammenfassen und die Bewegungsgleichungen dafür schreiben als

$$\dot{\alpha}_i = A_i(\alpha) \text{ mit } i = 1,...,8 . \tag{9.119}$$

Ziel ist es, eine Bewegungsgleichung für die Verteilungsfunktion $p(a)$, quasi einer Punktwolke in diesem Phasenraum, zu finden. Realisiert wird es mit der *Liouville-Gleichung*[12]

$$\begin{aligned} \frac{\partial}{\partial t} p(\alpha,t) &= -\sum_{i=1}^{8} \frac{\partial}{\partial \alpha_i} \left(A_i(\alpha) p(\alpha,t) \right) \\ &= -\sum_{i=1}^{8} A_i(\alpha) \frac{\partial}{\partial \alpha_i} p(\alpha,t) - \left(\sum_{i=1}^{8} \frac{\partial A_i(\alpha)}{\partial \alpha_i} \right) p(\alpha,t). \end{aligned} \tag{9.120}$$

Die Liouville-Gleichung ist eine hyperbolische Gleichung. Ihre Charakteristiken sind gerade die Bewegungsgleichungen (9.119), wie man anhand der Formulierung in der unteren Zeile von (9.120) sieht. Die Formulierung in der oberen Zeile von (9.120) hingegen zeigt, dass die Wahrscheinlichkeit erhalten ist, d. h. es gilt

$$\frac{\partial}{\partial t} \int_{Phasenraum} d\alpha \;\; p(\alpha,t) = 0 \; . \tag{9.121}$$

Die Liouville-Gleichung als Bewegungsgleichung für die Verteilungsfunktion kann für einfache Applikationen bereits ausreichend sein. Im allgemeinen Falle sind aber sämtliche (diskontinuierlichen) Mehr-Tropfenprozesse wie Stoß und Zerfall nicht berücksichtigt. Dies war auch, übertragen auf Atome und Moleküle, das Boltzmann'sche Problem. Er erweiterte die Liouville-Gleichung um einen Quellterm, das Stoßintegral. Zunächst extrahiert man aus dem 8-tupel α den Ort $\vec{x}$

$$\alpha = (\vec{x}, \beta) \text{ und } \beta = (\vec{v}, R, T) \; . \tag{9.122}$$

Für einen allgemeinen Zweiteilchenstoßterm lässt sich

$$\begin{aligned} I_{Stoß} = & \int p(\vec{x},\beta_1) p(\vec{x},\beta_2) \sigma(\beta_1 \, \beta_2 \to \beta + \ldots ; \vec{x}) d\beta_1 d\beta_2 \\ & - \int p(\vec{x},\beta_1) p(\vec{x},\beta) \sigma(\beta_1 \, \beta \to \ldots ; \vec{x}) d\beta_1 \end{aligned} \tag{9.123}$$

formulieren. Der Term $\sigma(\beta_1 \, \beta_2 \to \beta + \ldots)$ beschreibt die bedingte Wahrscheinlichkeit, dass bei Anwesenheit der Tropfen β_1 und β_2 am Ort $\vec{x}$ durch Stoß ein Tropfen der Eigenschaft β entsteht; $\sigma(\beta_1 \, \beta \to \ldots)$ steht für die bedingte Wahrscheinlichkeit, dass der Tropfen β mit dem Tropfen β_1 einen Stoßprozess durchläuft, als dessen Konsequenz der β-Tropfen verschwindet, daher das Minuszeichen des gesamten Terms. Dreiteilchenstoßprozesse (und Pro-

[12] In der klassischen Mechanik wird die Liouville-Gleichung normalerweise für konservative bzw. Hamilton'sche Systeme formuliert. Dann verschwindet der zweite Term der zweiten Zeile von (9.120) aufgrund der kanonischen Hamilton'schen Gleichungen, d. h. das Phasenraumvolumen ist in diesem Falle inkompressibel.

zesse noch höherer Teilchenordnung) werden üblicherweise vernachlässigt, "Einteilchenstoßprozesse" sind nichts anderes als Zerfälle. Mit obiger Logik lässt sich für sie schreiben

$$I_{Zerfall} = \int p(\vec{x},\beta_1)\sigma(\beta_1 \to \beta + \ldots;\vec{x})d\beta_1 - p(\vec{x},\beta)\sigma(\beta \to \ldots;\vec{x}) \ . \tag{9.124}$$

In Summa erhält man dann die strahladaptierte Boltzmann-Gleichung

$$\begin{aligned} \frac{\partial}{\partial t}p(\alpha,t) =& -\sum_{i=1}^{8} A_i(\alpha)\frac{\partial}{\partial \alpha_i}p(\alpha,t) - \left(\sum_{i=1}^{8}\frac{\partial A_i(\alpha)}{\partial \alpha_i}\right)p(\alpha,t) \\ &+ \int p(\vec{x},\beta_1)p(\vec{x},\beta_2)\sigma(\beta_1\,\beta_2 \to \beta + \ldots;\vec{x})d\beta_1 d\beta_2 \\ &- \int p(\vec{x},\beta_1)p(\vec{x},\beta)\sigma(\beta_1\,\beta \to \ldots;\vec{x})d\beta_1 \\ &+ \int p(\vec{x},\beta_1)\sigma(\beta_1 \to \beta + \ldots;\vec{x})d\beta_1 - p(\vec{x},\beta)\sigma(\beta \to \ldots;\vec{x}). \end{aligned} \tag{9.125}$$

Diese Gleichung beschreibt die zu berechnende Strahldynamik vollständig. Eine kleine Einschränkung ist allerdings bezüglich der turbulenten Dispersion, d.h. der Interaktion der Tropfen mit der Strömungsturbulenz, zu machen. In (9.125) ist diese sehr explizit enthalten, nämlich im ersten Term der rechten Seite, insofern der 8-Tupel α die instantane und nicht die gemittelte Gasgeschwindigkeit enthält. Es existieren jedoch auch Modellierungsansätze, die auf der mittleren Gasgeschwindigkeit fußen und einer gemittelten Form von (9.125) entsprechen, siehe O'Rourke (1989).

- **Numerische Lösung der Strahl-Gleichung; das Standardmodell**

Gleichung (9.125) ist eine hochdimensionale, partielle Integro-Differentialgleichung. Mit direkten Verfahren ist sie auch in absehbarer Zeit nicht im achtdimensionalen Basisraum lösbar. Man denke sich nur jede Dimension in 10 Stufen diskretisiert (das ist sicherlich für viele der acht Dimensionen noch deutlich zu grob, z.B. für die Raumkoordinaten). Dann liegt bereits ein Rechennetz mit 10^8 Zellen vor! Zur Lösung der Gleichung muss also ein anderer Weg beschritten werden. Unter Berücksichtigung der Tatsache, dass die zugrundeliegende Liouville-Gleichung hyperbolischen Charakter hat, kann sie entlang ihrer Charakteristiken (die den Tropfentrajektorien entsprechen) gelöst werden, d.h. mittels gewöhnlicher Differentialgleichungen! Für den Fall, dass das relevante Gebiet, in dem die Tropfendichte deutlich von Null verschieden ist, nur eine "niederdimensionale Fläche" im achtdimensionalen Raum ausmacht, braucht man möglicherweise nur wenige Trajektorien.

Somit wird die folgende Strategie gewählt: man führt ausreichend viele repräsentative Teilchen, Partikeln (engl. "parcels"), ein, die die Charakteristiken der Liouville-Gleichung (9.120) "nachfahren". Damit sind bereits alle kontinuierlichen Prozesse abgehandelt. Die Behandlung der Stoßprozesse, d.h. der Terme auf der rechten Seite von (9.125) liegt aber auch auf der Hand. Die repräsentativen Partikeln erfahren diese als stochastischen Prozess, genau so sind sie in den Stoßintegralen bereits formuliert. Für alle Partikel, die sich zu einem Zeitpunkt in einem Volumenelement (praktisch heißt das "in einer Rechenzelle") befinden, werden die Stoßwahrscheinlichkeiten gemäß den Formeln (9.123) und (9.124) berechnet und entsprechend dieser Wahrscheinlichkeiten die konkreten Aktionen "ausgewürfelt" (daher auch der Begriff "Monte-Carlo-Simulation").

Die eigentlich kontinuierliche statistische Beschreibung wird somit in eine diskontinuierliche, äquivalente stochastische Beschreibung abgewandelt, die Dynamik der Tropfenverteilungsfunktion über die Dynamik eines Ensembles repräsentativer stochastischer Partikeln abgebildet. Nun sehen diese Partikeln aber den ursprünglichen Tropfen sehr ähnlich, alle kontinuierlichen Prozesse laufen vergleichbar ab (Impulsaustausch mit Strömung, Verdampfung, Aufheizung), lediglich bei den diskontinuierlichen Prozessen (Bildung, Zerfall, Stoß) muss stochastisch gearbeitet werden. Daher stammt auch der Name "Discrete Droplet Model" (DDM). Dies macht nun gerade den Charme und die intuitive Verständlichkeit des stochastischen Modells aus, man hat das "Gefühl", direkt mit den einzelnen Tropfen zu arbeiten, obwohl man letztlich nur mit stochastischen Partikeln operiert. Alle Visualisierungen von Einspritzstrahlsimulationen zeigen immer diese stochastischen Partikeln, keineswegs Tropfen!

Die einzelnen Partikeln stellen Elemente der Tropfenströmung dar, d. h. eine Beschreibung mittels Partikeln trägt Lagrange'schen Charakter, weil sie die Strömung mittels mitbewegter Bezugspunkte beschreibt. Die Partikelanzahl ist von der Anzahl der Tropfen völlig unabhängig und sollte allein aus Überlegungen zur statistischen Konvergenz ermittelt werden.

Um die Modellierung zu schließen, ist noch eine modelltechnische Beschreibung der Mehrteilchenprozesse abzuleiten. Dies wird im Folgenden, nach einem mathematischen Exkurs über die Bestimmung von Zufallszahlen, geschehen.

- **Bestimmung von Zufallszahlen**

In der stochastischen Modellierung zur Lösung der Strahlgleichung ist das Bestimmen von Zufallszahlen nach einer vorgegebenen Wahrscheinlichkeitsverteilung ein wichtiger Baustein. Computer stellen standardmäßig nur Zufallszahlengeneratoren zur Generation gleichverteilter Zufallszahlen zwischen 0 und 1 zur Verfügung. Die Grundaufgabe lautet nun folgendermaßen. Es sei

$$x \in X \subset \Re^n \,, \; f : X \to \Re \,, \; f(x) > 0 \,, \; \int_X f(x) dx = 1 \,. \tag{9.126}$$

Man ziehe zufällig ein Element $x \in X$ entsprechend der Verteilungsfunktion f unter Verwendung gleichverteilter Zufallszahlen, d. h. bei vielfacher Wiederholung des Vorgangs sollen die Elemente $x_1, x_2, x_3, \ldots$ gemäß der Funktion f verteilt sein. Zur Erfüllung dieser Aufgabe werden zwei unterschiedliche Verfahren diskutiert:

Verfahren I "Integrieren und Invertieren": Dieser Ansatz funktioniert nur für eindimensionale Verteilungen, d. h. $X = [a,b] \subset \Re$ .Wir berechnen zunächst die Verteilungsfunktion $F(x)$

$$F(x) = \int_a^x f(\xi) d\xi \quad F : [a,b] \to [0,1] \,. \tag{9.127}$$

Aufgrund der Positivität von f ist F streng monoton und damit umkehrbar.

Als nächstes ermitteln wir die Umkehrfunktion $F^{-1} : [0,1] \to [a,b]$ (notfalls numerisch integrieren und tabellieren) und ziehen eine Zufallszahl $z \in [0,1]$. Der Wert $x = F^{-1}(z)$ ist dann unsere gewünschte Zufallsvariable. Zur Begründung: Mit der Wahrscheinlichkeit dF landet die Zufallszahl im Intervall $[x, x + \mathrm{d}x]$, wobei

$$\mathrm{d}x = \frac{\mathrm{d}F}{f(x)}$$

ist. Die Wahrscheinlichkeitsdichte p ist als Verhältnis von Wahrscheinlichkeit zu Intervalllänge gegeben

$$p = \frac{\mathrm{d}F}{\mathrm{d}x} = f \ .$$

Verfahren II: "Ziehen und Evaluieren": Diese Methode ist auch für mehrdimensionale Räume X geeignet.

Erster Schritt: Man bestimmt ein Element $x \in X$ auf Gleichverteilungsbasis. Bei komplizierten Mengen (z. B. dem Inneren eines Berechnungsgebiets mit komplizierter Berandung) kann folgendermaßen verfahren werden: man beschreibe $X \subset \Re^n$ in einen "n-dimensionalen Quader" ein

$$X \subset \widetilde{X} = [a_1, b_1] \times [a_2, b_2] \times \ldots \times [a_n, b_n] \tag{9.128}$$

und ziehe gleichverteilt ein Element aus $x \in \widetilde{X}$ mithilfe von n Zufallszahlen $z_1, z_2, \ldots, z_n \in [0,1]$

$$x = (a_1 + z_1(b_1 - a_1), a_2 + z_2(b_2 - a_2), \ldots, a_n + z_n(b_n - a_n)) \ .$$

Es bestehen zwei Möglichkeiten: x liegt in X, dann ist es unser ausgewähltes Element. Oder aber x liegt nicht in X, dann wird es verworfen, und ein neuer Auswahlvorgang gestartet. Auf diese Weise ist sichergestellt, dass alle Elemente aus X gleichhäufig ausgewählt werden.

Zweiter Schritt: Die im ersten Schritt ausgewählte Variable x wird evaluiert. Dazu sei $f_{\max} = \max(f(\xi), \xi \in X)$. Wir ziehen eine weitere Zufallszahl $\tilde{z} \in [0,1]$ und vergleichen diese mit dem Verhältnis

$$\zeta = \frac{f(x)}{f_{\max}} \ .$$

Falls $\tilde{z} \leq \zeta$, wird x akzeptiert, im anderen Falle verworfen und der Prozess mit Schritt 1 fortgesetzt, bis ein Element gefunden und akzeptiert ist. Zur Begründung: die Wahrscheinlichkeit, dass $\tilde{z} \leq \zeta$, ist proportional zu $f(x)$. Auf diese Weise wird jedes Element x mit einer korrekten relativen Wahrscheinlichkeit angewählt. Durch den Vorgang des Verwerfens und Wiederholens bei nichtakzeptiertem Element x ist sichergestellt, dass auch die Normierung der Wahrscheinlichkeitsdichte erfüllt ist, es wird mit Wahrscheinlichkeit 1 schließlich ein Element ausgewählt.

Eine typische Aufgabe ist die Bestimmung gleichverteilt Raumpunkte im Berechnungsgebiet. Nun ist das Berechnungsvolumen aber in Netzzellen diskretisiert, somit geht es eigentlich um die Bestimmung von Netzzellen, unter der Randbedingung volumenbezogener Gleichverteilung. Man sollte nun keinesfalls auf die Idee kommen, einfach gleichverteilt unter den Zellnummern zu würfeln! Denn die Netzzellen besitzen im allgemeinen (sehr) verschiedene Volumina, und dem muss bei der Auswahl Rechnung getragen werden. Hier kommt idealerweise Verfahren II zum Einsatz, indem man zunächst gleichverteilt unter den Zellnummern würfelt und dann die ausgewählte Zelle Z ihrem Volumen V_Z entsprechend evaluiert, d.h. $f(Z) = V_Z$.

- **Modellierung der Düse**

An der Düse müssen die Partikel generiert werden, dies geschieht sinnvollerweise stochastisch. Typischerweise ist pro Partikel in einem vorgegebenem Raumwinkel- oder Strahlkegelbereich die Einspritzrichtung zu ermitteln, und eventuell noch gemäß einer Tropfengrößenverteilung eine Anfangstropfengröße. Mit unserer soeben entwickelten Toolbox wären freilich auch komplexere Anfangsbedingungen wie etwa Korrelationen zwischen Einspritzrichtung und Tropfengröße realisierbar. Praktisch fehlen jedoch meist die experimentellen Daten zur Ableitung derart komplexer Randbedingungen.

An dieser Stelle können Simulationsergebnisse zur Düseninnenströmung hilfreich sein. Allerdings ist es manchmal durchaus angenehm, in der Wahl der Anfangsbedingungen nicht vollständig festgelegt zu sein, man besitzt somit nämlich Tuning-Freiheitsgrade, um das Simulationsergebnis (hier z. B. Strahlform u. -ausbreitung) an experimentelle Befunde anzupassen. Man sollte in diesem Tuning aber nicht zu weit gehen! Beispielsweise ist es offensichtlich sinnlos, die Einspritzgeschwindigkeit höher zu wählen als nach Bernoulli maximal zulässig, auch wenn dies dem Abgleich mit experimentellen Ergebnissen sehr zuträglich sein sollte (was leider aufgrund der mathematisch-numerischen Defizite des Strahlmodells häufig der Fall ist).

Es ist empfehlenswert, jedem Partikel an der Düse (unabhängig von der Tropfengröße) die gleiche Masse mitzugeben (d. h. ein Partikel "besteht" aus vielen kleinen oder wenigen großen Tropfen). Dies entspricht dem Ansatz, dass die Kraftstoffmasse die eigentlich interessante und durch Partikel zu diskretisierende Größe ist.

Als Beispiel wird noch ein Vorgehen zur Simulation im Raumwinkel gleichverteilter Einspritzung in einen Strahlkegelbereich des Winkels 2φ abgeleitet. Es sind zwei Winkel zufällig auszuwählen, der Azimuthwinkel $\theta \in [0,2\pi]$ und der Polarwinkel $\gamma \in [0,\varphi]$. Der Azimuthwinkel θ darf gleichverteilt ausgewählt werden, γ aber nicht! Es sei daran erinnert, dass das Raumwinkelmaß bei der Integration die Form $\sin\gamma \, \mathrm{d}\gamma \mathrm{d}\theta$ hat, genau diese Verteilung muss gewählt werden. Aufgrund der Gleichverteilung von θ beschränken wir uns auf die Wahl von γ. Dies ist lediglich ein eindimensionales Problem, man kann deshalb Verfahren I anwenden. Die Verteilungsfunktion von γ hat die Form

$$F(\gamma) = \frac{\int_0^{\gamma} \sin\tilde{\gamma}\, d\tilde{\gamma}}{\int_0^{\varphi} \sin\tilde{\gamma}\, d\tilde{\gamma}} = \frac{1-\cos\gamma}{1-\cos\varphi} \quad . \tag{9.129}$$

Aus einer Zufallszahl $z \in [0,1]$ ergibt sich dann der folgende γ-Wert

$$\gamma = arc\cos(1 - z + z\cos\varphi) \ .$$

- **Modellierung von Zerfallsprozessen**

Zerfallsprozesse beeinflussen den Strahl insbesondere in seiner frühen, düsennahen Phase, bilden also praktisch gesehen mit dem Düsenmodell eine Einheit. So kann z. B. ein Zerfallsmodell, das bereits sehr schnell kleine Tropfen liefert, durch ein Düsenmodell mit kleinen Tropfen ersetzt werden.

Aufgrund der unterschiedlichen Wirkmechanismen lassen sich zwei Arten des Strahlzerfalls unterscheiden, Primärzerfall und Sekundärzerfall. Der Primärzerfall resultiert aus Eigenschaften, die dem Strahl bereits aus der Düseninnenströmung mitgegeben werden, wie Turbulenz und Kavitation (die über Kavitationsblasenimplosion wiederum Turbulenz erzeugt). Für den Sekundärzerfall sind aerodynamische Prozesse relevant, die nicht aus der Düseninnenströmung resultieren.

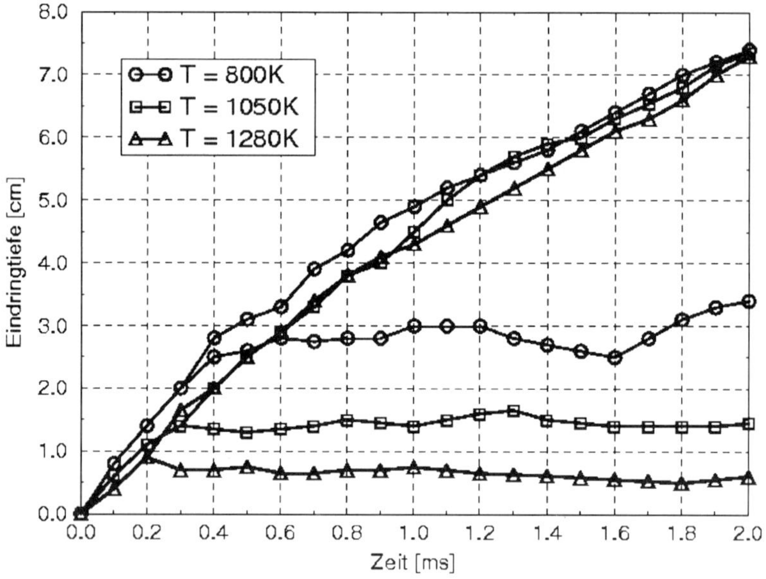

Abb. 9.12: Messung der Eindringtiefe eines Dieseleinspritzstrahls in einer heißen Kammer bei verschiedenen Kammertemperaturen, aber gleicher Dichte

Zur Primärzerfallsmodellierung benötigt man Information über die Düseninnenströmung, über deren Turbulenz und Kavitationsverteilung. Dann lassen sich aus den turbulenten Skalen und Kavitationsblasendichten Zerfallszeit und -länge ableiten, siehe z. B. Tatschl et al. (2000). Diese Informationen sind allerdings nach wie vor nicht selbstverständlich verfügbar. Nach neueren Erkenntnissen tritt nun gerade bei modernen Dieseleinspritzsystemen ein sehr starker Primärzerfall auf, der Strahl verlässt quasi "schaumförmig" die Düse. Hier liegt es nahe, bereits mit kleinen Tropfen an der Düse zu starten, d. h. keinen expliziten Primärzerfall mehr zu berücksichtigen. Eine typische Größenordnung beträgt etwa 5 μm Durchmesser. Eine sinnvolle Möglichkeit, messtechnisch Aufschluss über Anfangstropfengrößen beim Dieseleinspritzstrahl zu erhalten ist bei Krüger (2001) beschrieben. Sie besteht darin, den Strahl in eine heiße Kammer bei verschiedenen Kammertemperaturen einzuspritzen und z. B. mit

Schlieren- und Mie-Streulichtechnik die Eindringtiefen von Flüssig- und Gasphase in jedem dieser Fälle zu bestimmen (direkte Tropfengrößenmessungen sind bei der Dichte von Dieseleinspritzstrahlen aussichtslos, jedenfalls sehr unzuverlässig). Ein derartiges experimentelles Ergebnis ist in Abb. 9.12 dargestellt. Bei gleichen Kammerdichten dringt die Gasphase jeweils in etwa gleich ein (d.h. dies zeigt auch, dass die Gasphaseneindringtiefe unabhängig von der Tropfengröße ist!), aber die Eindringtiefe der Flüssigphase ist sehr verschieden, sie nimmt mit zunehmender Temperatur deutlich ab. Aufgabe ist es nun, Strahlzerfallsparameter und Eingangstropfengröße derart abzustimmen, dass mit einem Parametersatz alle diese Eindringkurven wiedergegeben werden können. Dieser Ansatz führte im vorliegenden Falle zu einem anfänglichen Sauterdurchmesser[13] von 5 μm bei sehr geringen weiteren Zerfallsraten. Voraussetzung für dieses Vorgehen ist allerdings ein funktionierendes Strahlmodell!

Verkleinert man die Anfangstropfengröße eines Strahls kontinuierlich, dann stellt sich als Grenzfall die lokal homogene Strömung ein. In dieser sind Gas- und Flüssigphase kinematisch und thermodynamisch im Gleichgewicht, weil einerseits sehr kleine Tropfen einen relativ auf ihre Masse bezogenen großen Strömungswiderstand haben, folglich keine Geschwindigkeitsdifferenz zwischen beiden Phasen mehr möglich ist (abgesehen von turbulenten Fluktuationen), andererseits aufgrund der hohen Oberflächenrate pro Volumeneinheit die Gasphase sich in einem Dampfdruckkurvenzustand befinden muss. Faktisch liegt jetzt eine einphasige Strömung vor. Experimentelle Untersuchungen weisen darauf hin, dass zumindest typische Dieseleinspritzungen einigermaßen gut als eine lokal homogene Strömung beschrieben werden können, siehe z. B. Siebers (1998). Der experimentelle Terminus für "lokal homogene Strömung" ist "mischungskontrolliert". Für das Strahlmodell bedeutet dies, dass die Tropfengröße (und damit der Strahlzerfall) kein entscheidender Einflussfaktor mehr ist, wenn nur die Tropfen hinreichend klein gewählt sind!

Sekundärzerfallsprozesse haben aerodynamische Ursachen und zeichnen sich daher durch größere Zerfallslängen aus. Sie laufen in Konkurrenz zum Primärzerfall ab. In dichten Dieseleinspritzstrahlen mit starkem Primärzerfall spielen sie eher eine geringe Rolle. Bei Benzindirekteinspritzung jedoch liegt aufgrund der geringeren Turbulenz- und Kavitationsraten der Düseninnenströmung (je nach Injektortyp unterschiedlich) nur ein geringer bis gar kein Primärzerfall vor, hier kann somit der Sekundärzerfall sogar die dominante Rolle spielen. Gerade bei den komplexen Strömungswirbelstrukturen von Kegelstrahlen scheinen Tropfengrößen einen realen Einfluss auf die Strahlstruktur besitzen zu können, man ist somit weiter vom Grenzfall der lokal homogenen Strömung entfernt.

Zur Beschreibung des Sekundärzerfalls verwendet man meist eine Instabilitätenanalyse; Haupteffekt ist die Kelvin-Helmholtz-Instabilität. Der wohl umfassendste und bekannteste Modellierungsansatz ist das WAVE-Modell, vgl. Reitz (1987). Die am stärksten wachsende Wellenlänge Λ und ihre Wachstumsrate Ω lauten

[13] Der Sauterdurchmesser d_S einer Tropfenverteilung ist definiert als der Mittelwert von d^3 dividiert durch den Mittelwert von d^2,

$$d_S = \left\langle d^3 \right\rangle \Big/ \left\langle d^2 \right\rangle .$$

$$\frac{\Lambda}{R} = 9{,}02 \, \frac{(1+0{,}45\, Oh^{0{,}5})\,(1+0{,}4\, T)^{0{,}7}}{(1+0{,}865\, We_{tr}^{1{,}67})^{0{,}6}} \quad \text{und} \tag{9.130}$$

$$\Omega \left(\frac{\rho_{Tr}\, R^3}{\sigma_{Tr}} \right)^{0.5} = \frac{\left(0{,}34 + 0{,}38\, We_g^{1{,}5}\right)}{(1 + Oh)(1 + 1{,}4 T^{0{,}6})}\,, \tag{9.131}$$

wobei für die Weberzahlen von Flüssig- und Gasphase We_{tr} und We_g und die Ohnesorgezahl Oh sowie die Taylorzahl T gilt

$$We_{g/tr} = \frac{\rho_{g/tr}\, R\, v_{rel}^2}{\sigma_{fl}}\,, \quad Oh = \frac{\sqrt{We_{tr}}}{\mathrm{Re}_{tr}}\,, \quad T = Oh\sqrt{We_g}\,, \tag{9.132}$$

wobei σ_{fl} die Oberflächenspannung bezeichne. Mit diesen Größen lässt sich eine Zerfallszeit τ_B und ein stabiler Radius R_s definieren

$$\tau_B = \frac{3{,}788\, B_1\, R}{\Lambda\, \Omega}\,, \tag{9.133}$$

$$R_s = \begin{cases} B_0\, \Lambda & \text{für} \quad B_0\, \Lambda \le R \\ \min\left(\sqrt[3]{\dfrac{3\pi\, R^2 v_{rel}}{2\Omega}}, \sqrt[3]{\dfrac{3R^2 \Lambda}{4}} \right) & \text{für} \quad B_0\, \Lambda > R \end{cases}\,, \tag{9.134}$$

wobei B_0 und B_1 Modellkonstanten sind.

Zum Prozess des Strahlzerfalls gibt es nun immer noch zwei Optionen: nach der ersten zerfallen die Tropfen mehr oder minder kontinuierlich bis zum stabilen Radius, die Radiusänderung wird durch die Differentialgleichung

$$\frac{\mathrm{d}R}{\mathrm{d}t} = -\frac{R - R_s}{\tau_B} = \dot{R}_Z \tag{9.135}$$

beschrieben. Nach der zweiten Vorstellung werden von einem Haupttropfen kleine, stabile Tropfen abgeschert. Die Implementation beider Varianten ins Simulationsmodell ist naheliegend: im ersten Falle wird der Strahlzerfall quasi als kontinuierlicher Prozess behandelt, der Radius jedes Partikels nimmt nach (9.135) ab, die Masse aber nicht, d. h. die Anzahl der einem Partikel korrespondierenden Tropfen steigt, im Partikel wird sozusagen "umgepackt". Im zweiten Falle werden sinnvollerweise von Zeit zu Zeit Tochterpartikeln erzeugt und abgeschert, die aus kleinen stabilen Tropfen bestehen.

Zusätzlich zu den Kelvin-Helmholtz-Instabilitäten kann man auch noch die Rayleigh-Taylor-Instabilitäten berücksichtigen, siehe z. B. Patterson (1997) und Patterson und Reitz (1998), aber bei realistischen Tropfengrößen sollten diese eher keine allzu große Rolle spielen. Es gibt auch ganz andere Modellvorstellungen zum Sekundärzerfall, z. B. die schwingungsbasierten Modelle wie das TAB-(Taylor-Analogy-Breakup)-Modell, die davon ausgehen, dass Tropfenschwingungen zum Zerfall führen. Eigentlich ist aber experimentell bekannt, dass bei höheren Weber-Zahlen diese Zerfallstypen nicht mehr dominant sind. Allerdings führen diese Ansätze aus Gründen der Dimensionsanalyse auf größenordnungsmäßig vergleichbare Zerfallszeitskalen. In Abb. 9.13 ist eine Übersicht über die verschiedenen aerodynamischen Zerfallsmodelle gegeben.

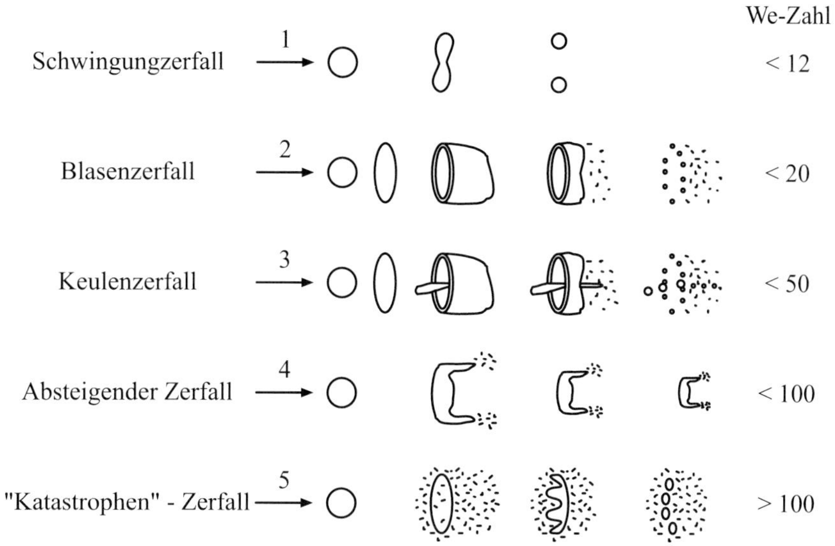

Abb. 9.13: Aerodynamischer Zerfallsmechanismus nach Pilch et al. (1987)

In der Literatur wird häufig dem Strahlzerfall die alles dominierende Rolle selbst bei der Ausbreitung der Gasphase zugewiesen, was aber physikalisch schlichtweg falsch ist. Leider entspricht dies aber der Funktion, die Strahlzerfallsmodelle in den CFD-Simulationen spielen, oder mit anderen Worten, geeignet getunte Strahlzerfallsmodelle werden dazu verwendet, die mathematisch-numerischen Modelldefizite zu kompensieren.

- **Modellierung von Stoßprozessen**

Stoßprozesse zwischen zwei Tropfen werden üblicherweise in die beiden Subprozesse "Kollision mit anschließender Trennung der Tropfen" oder "streifende Kollision" und "Koaleszenz" gegliedert. Zur Unterscheidung zwischen beiden Prozessen wird die Rotationsenergie des Agglomerats im Schwerpunktsystem mit dem Aufwand an Oberflächenenergie, der zur erneuten Tropfentrennung erforderlich ist, verglichen. Die Rotationsenergie E_{rot} im Schwerpunktssystem lautet

$$E_{rot} = \frac{L^2}{2\theta}\ , \text{mit } L = \frac{m_1 m_2}{m_1 + m_2} b v_{rel} \text{ und } \theta = \frac{2(m_1 + m_2) R_{agg}{}^2}{5}\ . \tag{9.136}$$

Die Differenz der Oberflächenenergien ΔE_{surf} ergibt sich zu

$$\Delta E_{surf} = 4\pi\sigma_{tr}\left(R_1^2 + R_2^2 - R_{agg}^2\right)\ . \tag{9.137}$$

Hierbei bezeichnen $R_{1/2}$ bzw. $m_{1/2}$ die Radien und Massen der Tropfen 1 und 2, R_{agg} den Radius des Agglomerats aus Tropfen 1 und 2. Die Größe b bezeichnet den Stoßparameter. Überwiegt nun die Rotationsenergie, kommt es zur Trennung, im anderen Falle bleibt es bei der Koaleszenz, siehe auch Amsden et al. (1989).

Bei der Modellierung im stochastischen Modell wird nun für die Tropfen jedes Partikelpaars in einer Zelle die Stoßwahrscheinlichkeit evaluiert. Ziel ist eine Modellierung, bei der die Partikelzahl nicht zunimmt. Sollte es zur Koaleszenz kommen, lässt man alle Tropfen im Partikel mit dem größeren Radius identisch reagieren.

Die an der Koaleszenz beteiligten Tropfen des Partikels mit dem kleineren Radius werden aus diesem Partikel eliminiert Im statistischen Mittel, wenn genügend Partikeln vorhanden sind, wird so ein korrektes Ergebnis erzeugt. Kommt es nur zur "streifenden Kollision", werden die am Prozess beteiligten Tropfen wieder in ihr jeweiliges Partikel bei Impuls- und Energieerhaltung "zurückgefüttert". Effektiv haben die beiden Partikeln dann Impuls und Wärmeenergie ausgetauscht.

Weitere Stoßprozesse finden mit der Wand statt. Letztlich geht es darum, für die einzelnen Tropfen Reflektions- und Zerstäubungsgesetze zu formulieren. Hierzu existieren einige Ansätze in der Literatur. Weiterhin kommt es hierbei zur Bildung von Wandfilm. Wandfilmdynamik aber erfordert einen eigenen Gleichungssatz und Solver. Auch hierzu bieten viele CFD-Codes bereits Ansätze.

- **Modellierung der turbulenten Dispersion**

Mit turbulenter Dispersion bezeichnet man die Interaktion von Tropfen mit der Turbulenz der Gasströmung. Die meisten CFD-Codes verwenden einfach die Formulierung für den Strömungswiderstand (9.102), wobei die hierin auftretende Gasgeschwindigkeit sich aus einer gemittelten Komponente plus einer turbulenten Fluktuation zusammensetzt

$$\vec{F} = \rho_{fl} \frac{4\pi}{3} R^3 \dot{\vec{v}}_{tr} = \frac{1}{2} \rho_g C_W \pi R^2 \left| \langle \vec{v}_g \rangle + \vec{v}_g' + - \vec{v}_{tr} \right| \left(\langle \vec{v}_g \rangle + \vec{v}_g' - \vec{v}_{tr} \right) . \qquad (9.138)$$

D.h. diese Formulierung beinhaltet bereits die turbulente Dispersion. Die Geschwindigkeitsfluktuationen $\vec{v}_g''$, die ein Partikel "erfährt", werden nach der Verteilungsfunktion

$$G(\vec{v}_g'') = \frac{1}{\sqrt{2\pi}\sigma} \exp\left(-\frac{\vec{v}_g''^{\,2}}{2\sigma^2} \right) \text{ mit } \sigma = \sqrt{\frac{2}{3} k} \qquad (9.139)$$

erwürfelt. Dabei wird die Lebensdauer einer turbulenten Fluktuation, τ_{corr}, als Minimum der turbulenten Zeitskala und der Zeit, die ein Tropfen zum Durchqueren eines turbulenten Wirbels benötigt, berechnet.

Der CFD-Code KIVA bietet zusätzlich noch ein modifziertes Modell, für den Fall, dass die Fluktuationszeitdauer τ_{corr} kleiner als der Rechenschritt ist, vgl. O'Rourke (1989). Wir wollen die Ableitung hier nur skizzieren. Er verwendet dazu eine analytische Lösung der linearisierten Bewegungsgleichung mit turbulenter Fluktuation als stochastischer Kraft, eine *Langevin-Gleichung*

$$\dot{\vec{x}}_{tr} = \vec{v}_{tr}$$

$$\dot{\vec{v}}_{tr} = D_R\left(\left\langle\vec{v}_g\right\rangle + \vec{v}_g'' - \vec{v}_{tr}\right) \text{ mit } D_R = \frac{3}{8}\frac{\rho_g}{\rho_{fl}} c_w \frac{\left|\left\langle\vec{v}_g\right\rangle + \vec{v}_g'' - \vec{v}_{tr}\right|}{R}. \tag{9.140}$$

Während der Zeit τ_{corr} bleibt $\vec{v}_g''$ unverändert, dann wird ein neuer Wert nach Verteilung (9.139) erwürfelt (d. h. für jede Komponente einzeln). Fluktuationen in verschiedenen τ_{corr}-Intervallen sind somit statistisch voneinander unabhängig. Ergebnis der analytischen Integration und anschließenden Mittelung ist eine Verteilungsfunktion $p(\vec{x}_{tr}, \vec{v}_{tr}, t; \vec{x}_0, \vec{v}_0, t_0)$, die die Verteilung von $\vec{x}_{tr}$ und $\vec{v}_{tr}$ zur Zeit t wiedergibt, unter den Anfangsbedingungen: $\vec{x}(t_0) = \vec{x}_0$ und $\vec{v}(t_0) = \vec{v}_0$. Diese Verteilungsfunktion ist vom Gauss'schen Typ mit den folgenden Varianzen und Kovarianzen

$$\sigma_{vv,ij} = \left[\left\langle v_i(t)v_j(t)\right\rangle - \left\langle v_i(t)\right\rangle\left\langle v_j(t)\right\rangle\right] = \sigma^2 \frac{1-\exp(-D_R\tau_{corr})}{1+\exp(-D_R\tau_{corr})}\left(1-\exp[-2D_R\Delta t]\right)\delta_{ij} \tag{9.141}$$

$$\sigma_{xx,ij} = \left[\left\langle x_i(t)x_j(t)\right\rangle - \left\langle x_i(t)\right\rangle\left\langle x_j(t)\right\rangle\right] = \sigma^2\tau_{corr}\left(-\frac{2}{D_R}\left(1-\exp[-D_R\Delta t]\right) + \Delta t\right)\delta_{ij} + \frac{1}{D_R^2}\sigma_{vv,ij} \tag{9.142}$$

$$\sigma_{xv,ij} = \left[\left\langle x_i(t)v_j(t)\right\rangle - \left\langle x_i(t)\right\rangle\left\langle v_j(t)\right\rangle\right] = \sigma^2\left(\frac{\tau_{corr}}{2}\left(1-2\exp[-D_R\Delta t]\right) + \frac{1-\exp(-D_R\tau_{corr})}{1+\exp(-D_R\tau_{corr})}\frac{1}{D_R}\exp[-2D_R\Delta t]\right)\delta_{ij} \tag{9.143}$$

wobei gilt: $\Delta t = t - t_0$. Die Verteilungsfunktion lautet explizit

$$p(\vec{x}_{tr}, \vec{v}_{tr}, t; \vec{x}_0, \vec{v}_0, t_0) = N^{-1}\exp\left[-q_1\left(\vec{v}_{tr} - \left\langle\vec{v}_{tr}\right\rangle\right)^2 - q_2\left(\vec{x}_{tr} - \left\langle\vec{x}_{tr}\right\rangle\right)^2 - q_3\left(\vec{v}_{tr} - \left\langle\vec{v}_{tr}\right\rangle\right)\cdot\left(\vec{x}_{tr} - \left\langle\vec{x}_{tr}\right\rangle\right)\right] \tag{9.144}$$

mit

$$\left\langle\vec{v}_{tr}\right\rangle = \left\langle\vec{v}_g\right\rangle + \left(\vec{v}_0 - \left\langle\vec{v}_g\right\rangle\right)\exp(-D_R\Delta t),$$

$$\left\langle\vec{x}_{tr}\right\rangle = \vec{x}_0 + \left\langle\vec{v}_g\right\rangle\Delta t + \frac{\left(\vec{v}_0 - \left\langle\vec{v}_g\right\rangle\right)}{D_R}\left[1-\exp(-D_R\Delta t)\right],$$

$$q_1 = \frac{2\sigma_{xx}^2}{4\sigma_{xx}^2\sigma_{vv}^2 - \sigma_{xv}^4},\quad q_2 = \frac{2\sigma_{vv}^2}{4\sigma_{xx}^2\sigma_{vv}^2 - \sigma_{xv}^4},\quad q_3 = \frac{2\sigma_{vx}^2}{4\sigma_{xx}^2\sigma_{vv}^2 - \sigma_{xv}^4}, \tag{9.145}$$

$$N = \frac{2\pi}{\sqrt{4q_1q_2 - q_3^2}},$$

$$\sigma_{vv,ij} = \sigma_{vv}\delta_{ij}$$

und entsprechenden anderen (Ko)varianzen. Durch quadratische Ergänzung erhält man für p

$$p(\vec{x}_{tr},\vec{v}_{tr},t;\vec{x}_0,\vec{v}_0,t_0) = N^{-1}\exp\left[-q_1\left[\left(\underbrace{\vec{v}_{tr}-\langle\vec{v}_{tr}\rangle}_{\delta\vec{v}}\right)+\frac{q_3}{2q_1}\left(\underbrace{\vec{x}_{tr}-\langle\vec{x}_{tr}\rangle}_{\delta\vec{x}}\right)\right]^2-\left(q_2-\frac{q_3^2}{4q_1}\right)\left(\underbrace{\vec{x}_{tr}-\langle\vec{x}_{tr}\rangle}_{\delta\vec{x}}\right)^2\right], \tag{9.146}$$

d. h. jede Komponente der Größen $\delta\vec{v} + q_3/2q_1\,\delta\vec{x}$ und $\delta\vec{x}$ ist gaussverteilt mit den Varianzen

$$\frac{1}{2q_1} \text{ bzw. } \frac{1}{2\,(q_2 - q_3^2/4q_1)},$$

außerdem sind sie alle statistisch unabhängig. Sie können daher komponentenweise "erwürfelt" und dann daraus $\delta\vec{v}$ ermittelt werden. Im Sinne eines Operator-Split-Verfahrens werden dann die Änderungen von $\vec{x}_{tr}$ und $\vec{v}_{tr}$ während eines Zeitschritts Δt folgendermaßen berechnet

$$\begin{aligned}\vec{x}_{tr}(t+\Delta t)-\vec{x}_{tr}(t) &= \langle\vec{x}_{tr}(t+\Delta t)\rangle-\vec{x}_{tr}(t)+\delta\vec{x} \quad \text{mit} \quad \langle\vec{x}_{tr}(t)\rangle=\vec{x}_{tr}(t)\\ \vec{v}_{tr}(t+\Delta t)-\vec{v}_{tr}(t) &= \langle\vec{v}_{tr}(t+\Delta t)\rangle-\vec{v}_{tr}(t)+\delta\vec{v} \quad \text{mit} \quad \langle\vec{v}_{tr}(t)\rangle=\vec{v}_{tr}(t).\end{aligned} \tag{9.147}$$

Im Grenzfall $D_R\tau_{corr} << 1$ geht die Verteilungsfunktion p über in die Greensfunktion einer *Fokker-Planck-Gleichung*

$$\begin{aligned}\frac{\partial}{\partial t}p(\vec{x}_{tr},\vec{v}_{tr},t) = &-\frac{\partial}{\partial x_{tr,i}}\left[v_{tr,i}\,p(\vec{x}_{tr},\vec{v}_{tr},t)\right]\\ &-\frac{\partial}{\partial v_{tr,i}}\left[D_R\left(\langle v_{g,i}\rangle - v_{tr,i}\right)p(\vec{x}_{tr},\vec{v}_{tr},t)\right]\\ &+\frac{\sigma^2 D_R^2\tau_{corr}}{2}\frac{\partial}{\partial v_{tr,i}}\frac{\partial}{\partial v_{tr,i}}p(\vec{x}_{tr},\vec{v}_{tr},t).\end{aligned} \tag{9.148}$$

Die originäre Fokker-Planck-Gleichung wurde abgeleitet, um die *Brown'sche Bewegung* (d. h. die Bewegung eines Teilchens in einem Fluid unter dem Einfluss thermischer Fluktuationen) zu beschreiben. Gleichung (9.148) beschreibt die Bewegung eines Tropfens im Gas unter Einfluss turbulenter Fluktuationen! Im Prinzip bedeutet das, dass wir die strahladaptierte Boltzmann-Gleichung einem turbulenten Mittelungsprozess unterzogen und dadurch einen Diffusionsterm in der Geschwindigkeit erzeugt haben, d. h. unsere Strahlgleichung lautet nun

$$\frac{\partial}{\partial t} p(\alpha,t) = -\sum_{i=1}^{8} \frac{\partial}{\partial \alpha_i} \left[A_i(\alpha) p(\alpha,t) \right] + \frac{\partial}{\partial v_{tr,i}} \left[\frac{\sigma^2 D_R^2 \tau_{corr}}{2} \frac{\partial}{\partial v_{tr,i}} p(\alpha,t) \right] + I_{Stoß} , \tag{9.149}$$

wobei der Strömungswiderstandsterm jetzt nur noch die mittlere Gasgeschwindigkeit enthält. In diesem Modell müssen somit die turbulenten Schwankungen der Gasphase nicht mehr explizit vorgegeben werden. Allerdings müssen auch in diesem Ansatz die Partikeln nach wie vor die lokalen statistischen Verteilungen der Tropfenphase wiedergeben! Dies ist natürlich ein hoher Anspruch.

9.2.3 Probleme des Standard-Strahlmodells

Wie schon erwähnt, leidet das Standard-Strahlmodell unter erheblichen numerischen Defiziten in der praktischen Applikation. Diese sollen anhand einiger Beispiele zunächst dargestellt werden, um dann ihre Ursachen im Detail zu erläutern. Wenn man die relative Einfachheit des Modellierungsansatzes mit stochastischen Partikeln der hohen Komplexität der Aufgabe, nämlich die Auflösung einer Integro-Differentialgleichung im achtdimensionalen Raume, gegenüberstellt, ist das Versagen des Strahlmodells eigentlich gar nicht sehr verblüffend. In der Tat liegen die Probleme auf der Hand. Einerseits besteht die Problematik der kleinen Längenskalen, die am Düsenloch aufzulösen sind, und zum anderen diejenige der fehlenden statistischen Konvergenz.

- **Beispiele**

Die in Abb. 9.14 d) dargestellten Strahleindringkurven bilden ein Experiment ab, bei dem ein Dieseleinspritzstrahl in eine heiße Kammer eingespritzt wird. Es existiert je eine Eindringkurve für die Gas- und eine für die Flüssigphase. Die Berechnungen wurden auf verschiedenen Rechennetzen durchgeführt, alle liefern verschiedene Ergebnisse, aber keines kongruiert mit dem Experiment. Dabei sind diese Netze a priori alle sinnvoll, ja im Vergleich zu typischen motorischen Netzen sogar ausgesprochen hochwertig. Dieses Versagen ist umso drastischer, wenn man sich die Einfachheit des zugrundeliegenden physikalischen Prinzips, der Impulserhaltung, vor Augen hält.

Abb. 9.15 zeigt eine starke Abhängigkeit der Strahlform von der Einspritzrichtung relativ zum Rechennetz. Ebenfalls dargestellt ist die Abhängigkeit der Strahlform von der Turbulenz in der Kammer, in die hinein eingespritzt wird. Auch dies ist unphysikalisch; denn experimentell unterscheidet sich ein Strahl in einem turbulenten Motor nur wenig von dem in einer Hochtemperaturkammer mit geringem Turbulenzniveau. Die Liste der a priori sinnlosen Ergebnisse lässt sich fast beliebig erweitern, und jeder, der sich intensiv mit dieser Modellierung beschäftigt hat, dürfte seine eigenen Beispiele beisteuern können.

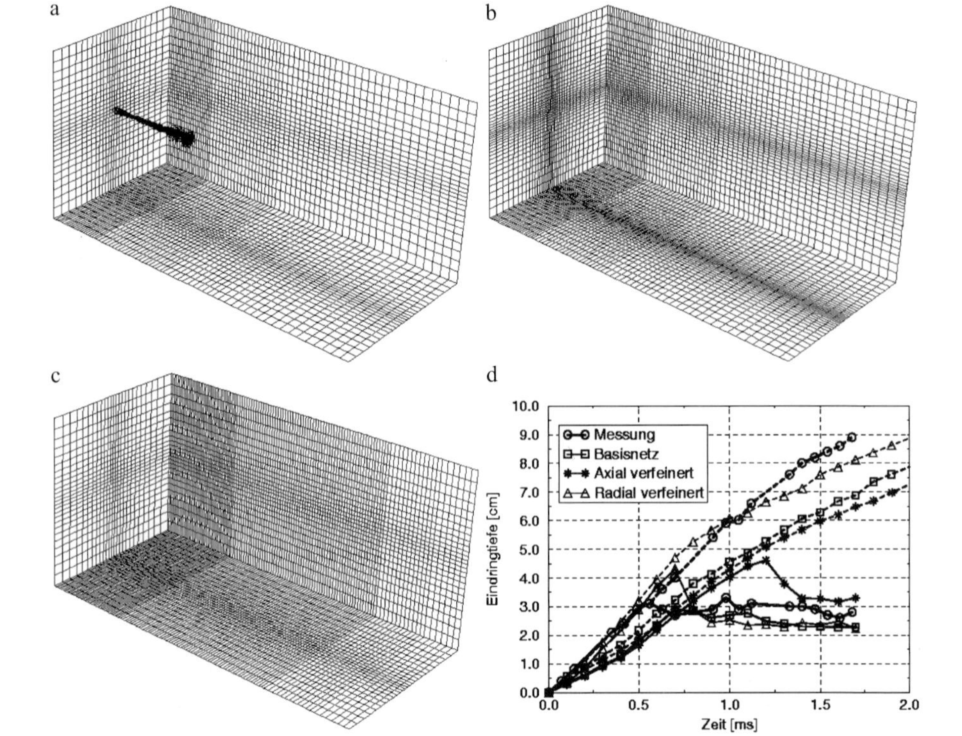

Abb. 9.14: Berechnung der Ausbreitung eines Dieseleinspritzstrahls, a) Basisnetz, b)Radial verfeinertes Netz, c) Axial verfeinertes Netz, d) Eindringkurven der Flüssig- und Gasphase

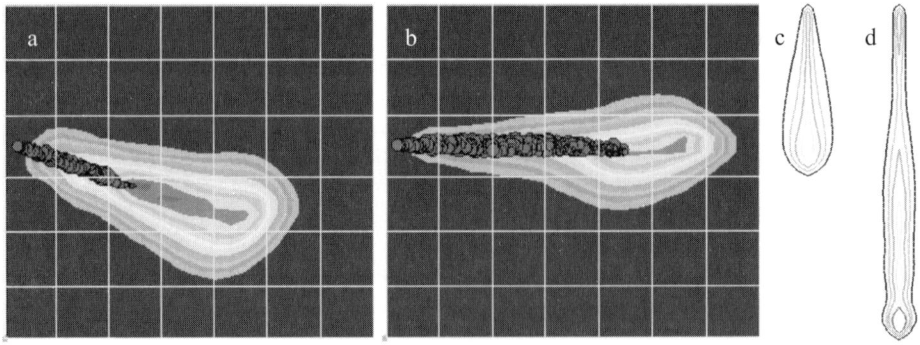

Abb. 9.15: Abhängigkeit der Strahlform von der Orientierung relativ zum Rechennetz (a und b) von der Turbulenz in der Einspritzkammer als Simulation der Einspritzung in die Umgebung mit hohem (c) und niedrigem Turbulenzniveau (d)

Um aber dennoch "validierte" Ergebnisse zu erzielen, wird nun eine Vielzahl an Modifikationen der Strahlmodellierung eingeführt, z. B. zur Beschreibung des Strahlzerfalls (ein sehr effizientes Tuning!). Auf Basis der bisherigen Darstellungen dürfte klar sein, was die vornehmste Aufgabe dieser "neuen Modelle" ist: die Kompensation falscher, unphysikalischer Abhängigkeiten. Über den "physikalischen Gehalt" dieser Modelle ist damit eigentlich bereits alles Wesentliche ausgesagt[14].

Dieses "Eintunen" ist sehr problematisch, weil auf diese Weise nur dafür gesorgt wird, dass offensichtlich unsinnige Resultate vermieden werden. Die Unsicherheiten und Fehler existieren aber auch in geringeren Größenordnungen und sind von den zu untersuchenden physikalischen Effekten nicht trennbar.

- **Problem: Auflösung des Strahls**

Ein Problem bei der Strahlmodellierung liegt unmittelbar auf der Hand und war auch schnell bekannt: typische Düsenlöcher sind derart fein, dass sie normalerweise nicht numerisch aufgelöst werden (können). Ein Düsenloch eines PKW-Dieselmotors bewegt sich inzwischen in der Größenordnung von 100 µm. Man sollte es noch mit 10 Netzzellen auflösen, was auf eine Netzzellenkantenlänge von 10 µm führen würde. Hochgerechnet auf ein Kompressionsvolumen von 20 Kubikzentimetern würde das 20 Milliarden Netzzellen liefern! Sicherlich könnte man die Netzzellenzahl durch an der Düsenöffnung adaptiv verfeinerte Netze noch reduzieren, und vielleicht kommt man auch mit weniger als 100 Netzzellen pro Düsenöffnung (10x10) aus. Aber extrem hohe Anzahlen von Netzzellen lassen sich nicht vermeiden.

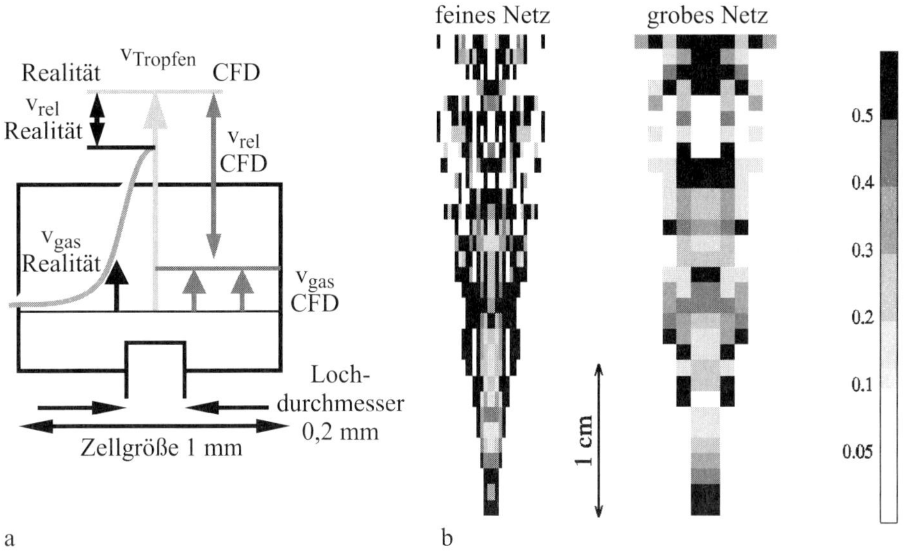

Abb. 9.16: Probleme bei der Strahlmodellierung. a) fehlende Düsenlochauflösung, b) schlechte statistische Auflösung.

[14] Z. B. sollten Break-up-Modelle physikalisch gesehen kaum einen Einfluss auf die Eindringtiefe der Strahlspitze haben, diese hängt in erster Näherung nur vom Impulsstrom ab, siehe auch Abb. 9.12. Praktisch lässt sich über das Breakup-Tuning fast jede gewünschte Eindringtiefe "einstellen".

Die Konsequenz schlechter Netzauflösung ist eine falsche Berechnung der Austauschprozesse zwischen Gas- und Flüssigphase, siehe Abb. 9.16. Da eine Rechenzelle nur eine Gasgeschwindigkeit kennt, ergibt sich lokal am Strahlort eine zu geringe Gasphasengeschwindigkeit; folglich wird die Relativgeschwindigkeit zwischen beiden Phasen, die für Massen- und Impulsaustausch verantwortlich ist, überschätzt! Nun lässt sich auch die (unphysikalische) Wirkungsweise der Aufbruchsmechanismen in der Simulation verstehen: Mit großen Tropfen wird die Zone mit falschem Impulsaustausch übersprungen, bei einigen Ansätzen wird dieser sogar explizit in Düsenlochnähe unterbunden ("intact core length"). Anschließend müssen aber schnell kleine Tropfen erzeugt werden, um für die notwendige Gemischbildungsqualität zu sorgen.

Zu große Impulsaustauschprozesse aufgrund zu grober Netze implizieren eine zu große Strahlaufweitung und daher eine zu geringe Eindringtiefe, was auch in Abb. 9.14 bzw. Abb. 9.15 a) und b) zu sehen ist. Es kann jedoch unter bestimmten Bedingungen auch zu einem viel zu geringen Impulsaustausch und daher einer deutlich zu großen Eindringtiefe kommen, siehe Abb. 9.15 d). Dies lässt sich dadurch erklären, dass der direkte numerische Effekt grober Netze als zusätzliche Viskosität, die numerische Viskosität, charakterisiert werden kann. Da Geschwindigkeitsgradienten auf zu groben Netzen nicht hinreichend gut aufgelöst werden können, wird die turbulente Viskosität auf groben Netzen eher sinken. Die Gesamtviskosität entspricht der Summe aus numerischer und turbulenter Viskosität, und sie kann von Fall zu Fall verschieden und unkontrollierbar entweder zu groß oder auch zu klein ausfallen, mit der Konsequenz einer zu großen oder auch zu kleinen Strahlaufweitung.

- **Problem: Statistische Konvergenz**

Nun könnte man allerdings versuchen, wenigstens einzelne Rechnungen mit hoher Netzauflösung durchzuführen, um zumindest die Funktionalität des Strahlmodells exemplarisch unter Beweis zu stellen. Wenn man etwa rotationssymmetrische Rechnungen verwendet (mit der Düsenlochachse als Symmetrieachse), die effektiv eigentlich nur zweidimensional sind, sollte dies möglich sein. Aber auch hierbei gerät man in Schwierigkeiten. Es existiert sogar hartnäckig die (falsche) Behauptung, das Strahlmodell funktioniere nicht auf feinen Netzen!

Das eigentliche Problem aber steckt in der fehlenden statistischen Konvergenz pro Rechenzelle. Die Anzahl der Partikel pro Zelle ist hierfür relevant; wenn nun die Anzahl der Netzzellen aufgrund von Netzverfeinerung steigt, wird dieses Verhältnis naturgemäß schlechter. Man betrachte die Abb. 9.16 b), in der die relative Standardabweichung der Flüssigmasse pro Netzzelle bei einer stationären rotationssymmetrischen Strahlsimulation dargestellt ist. Für statistische Konvergenz muss diese gegen Null gehen. Auf drei Dimensionen hochskaliert würden 720.000 Partikel verwendet, also wirklich eine hohe Zahl. Dennoch ist der Wert der relativen Standardabweichung bereits für das grobe Netz hoch, für das feine Netz aber noch viel höher, in weiten Strahlbereichen über 50%!. Man muss zum Erreichen der Konvergenz neben dem Limes "Kantenlänge der Netzzellen geht gegen Null" auch den Limes "Partikelzahl pro Netzzelle geht gegen Unendlich" anstreben! Im mindesten muss dieses Verhältnis auf hohem Niveau konstant gehalten werden! Dies impliziert aber immens hohe Partikelzahlen.

Zudem sind die Anforderungen an Partikelzahlen aus Gründen der statistischen Konvergenz extrem modellabhängig: ganz besonders kritisch sind Zweipunktfunktionen wie Stöße, diese erfordern (unrealistisch) hohe Partikelzahlen pro Zelle. Gleichfalls extrem kritisch ist die Modellierung der turbulenten Dispersion: Die Partikelverteilung pro Zelle muss die turbulenten Fluktuationen wiedergeben! Dies bedeutet höhere Anforderungen unter Auflösungsgesichtspunkten, als man sie an die Gasphase stellt. Dort wird aus guten Gründen ein Turbulenzmodell verwendet.

Zum Schluss soll noch diskutiert werden, dass das Versagen des Strahlmodells nicht auf die Nichtexistenz eines Kontinuumlimes zurückgeführt werden kann. Es wird nämlich gerne behauptet, dass bei Netzverfeinerung irgendwann ein Tropfen größer sei als eine Netzzelle, dieser Fall aber nicht definiert sei.

Erstens ist zu bemerken, dass üblicherweise Partikeln kein Volumen, d. h. keine Luftverdrängung besitzen. Sie besitzen zwar einen Radius, aber der hat den Charakter eines "inneren" Freiheitsgrads. Allerdings kann man die "Größe" des Partikels an der Größe der durch es verursachten Quellterme messen. In diese Größendefinition geht jedoch nicht nur die Tropfengröße, sondern auch die Anzahl der Tropfen im Partikel ein! Je mehr kleine Zellen existieren, desto mehr Partikel werden benötigt, ein Partikel enthält dann weniger Tropfen, d. h. die Quellterme werden "aufgeteilt". Es können prinzipiell auch mehr Partikel als Tropfen existieren. Man muss sich immer vor Augen halten, dass nicht irgendwelche Tropfen "fliegen", sondern dass ein Lösungsverfahren zur Berechnung der strahladaptierten Boltzmann-Gleichung appliziert werden soll, die aber eine wohldefinierte (kontinuierliche) Lösung hat. Allerdings ist das betrachtete "Paradoxon" typisch: praktisch scheitern viele Netzverfeinerungen an dem Problem "großer Tropfen", da sie eben nicht mit einer Partikelvermehrung einhergehen! Dies ist aber kein prinzipielles Problem des stochastischen Ansatzes, vielmehr eines seiner falschen Applikation.

9.2.4 Lösungsansätze

Konzepte, um der oben geschilderten Problematik entkommen, sind derzeit in kommerziellen Motor-CFD-Codes leider noch nicht etabliert. Es existieren jedoch Ansätze, siehe z. B. Lebas et al. (2005) oder Otto et al. (1999). Immerhin wird aber inzwischen auch bei den CFD-Code-Anbietern an umfassenden Lösungen wie etwa Euler'schen Mehrphasenmodellen gearbeitet, siehe z.B. Edelbauer u.a. (2006). Im Folgenden werden vor allem Wege diskutiert, die auch kurz- bis mittelfristig in Eigenregie (bei einem nicht zu unterschätzenden Modellierungsaufwand) umzusetzen sind.

- **Formulierung eines praktikablen Lagrange'schen Modells**

Als erstes wird gezeigt, wie der Lagrange'sche Standardansatz in ein mathematisch sinnvoll applizierbares Modell überführt werden kann. Dazu müssen die folgenden Maßnahmen umgesetzt werden:

- In der Gasphase muss die Düsenöffnung aufgelöst werden, das ist unverzichtbar.
- Für die Gasphasenturbulenz sollte die Pope-Korrektur (siehe Pope (1978)) verwendet werden, d. h. in die ε-Gleichung wird ein zusätzlicher Quellterm eingeführt

$$\Delta Q = 0{,}2\frac{k^2}{\varepsilon}\left[S_{ij}(\nabla\times\vec{v})_i(\nabla\times\vec{v})_j - (\nabla\times\vec{v})^2 Tr(S_{ij})\right]. \tag{9.150}$$

Ansonsten fällt der Strahl zu "dick" aus, die Eindringtiefe zu gering. Eine einfache Konstantenmodifikation, die ebenfalls für eine korrekte Freistrahleindringtiefe sorgt, ist eine Wahl von $\varepsilon_1 \approx 1{,}55$.

Bei den Strahlmodellen ist folgendes zu beachten:

- Modelle, die auf der Kenntnis von Zweipunktkorrelationen beruhen (Stöße), sind zu eliminieren, da Zweipunktkorrelationen numerisch sehr schlecht auflösbar sind. Tropfenkoaleszenz ist ein dem Strahlzerfall gegenläufiger Prozess und kann daher einfach durch ein effektives Zerfallsmodell berücksichtigt werden. Bei einer Eichung der Zerfallsmodellkonstanten geschieht dies mehr oder weniger automatisch. Impulsdiffusion durch Stöße kann durch eine effektive turbulente Dispersion abgebildet werden.
- Es sind ausreichend hohe Partikelanzahlen sicherzustellen, 30 Partikel pro Zelle ist sicher schon ein recht guter Wert. Befinden sich an der Düsenöffnung N Zellen der Kantenlänge Δl (in Strahlrichtung) und beträgt die Einspritzgeschwindigkeit v_E, so sollten etwa $30 \cdot N$ Partikel in der Zeit $\Delta t = \Delta l / v_E$ eingespritzt werden. Dies gilt freilich unter der Voraussetzung, dass entlang der Strahlrichtung die Anzahl der Zellen, die den Strahlquerschnitt auflösen, nicht zunimmt.
- Die Modellierung der turbulenten Dispersion ist umzuformulieren. Denn die Standardformulierung impliziert eine "direkte" Auflösung der Tropfenturbulenz, dies ist kaum sinnvoll zu leisten!

In Analogie zum O'Rourke-Modell führt man einen Diffusionsansatz in die Modellierung der turbulenten Dispersion der Flüssigphase ein, ähnlich dem Businessq- oder Wirbeldiffusionsansatz zur Beschreibung der turbulenten Diffusion in der Gasphase. Dies entspricht dem O'Rourke-Modell im Grenzfall kleiner Tropfen, d. h. für $D_R \tau_{corr} >> 1$ und $D_R \Delta t >> 1$.

Mittelt man nun auch über die Tropfengeschwindigkeit und führt einen Diffusionsterm im Ort in die Boltzmann-Gleichung ein, so lautet diese

$$\frac{\partial}{\partial t}p(\tilde{\alpha},t) = -\sum_{i=1}^{8}\left\langle \frac{\partial}{\partial \alpha_i}\left[A_i(\tilde{\alpha})p(\tilde{\alpha},t)\right]\right\rangle + \frac{\partial}{\partial x_{tr,i}}\left[D_{tr}\frac{\partial}{\partial x_{tr,i}}p(\tilde{\alpha},t)\right] + \left\langle I_{Zerfall}\right\rangle. \tag{9.151}$$

Der Variablensatz $\tilde{\alpha}$ enthält im Unterschied zu α nicht die momentane, sondern die mittlere Tropfengeschwindigkeit. In einem kleinen Zeitintervall seien mittlere Tropfengeschwindigkeit und Diffusionskonstante näherungsweise konstant. Dann haben wir in den Ortskoordinaten die folgende Diffusionsgleichung zu betrachten

$$\frac{\partial}{\partial t}p(\vec{x}_{tr},t) + \frac{\partial}{\partial x_{tr,i}}\left[\left\langle v_{tr,i}\right\rangle p(\vec{x}_{tr},t)\right] - D_{tr}\Delta p(\vec{x}_{tr},t) = 0 \tag{9.152}$$

(im Sinne eines "Operator Splits" können die restlichen Terme aus (9.151) weggelassen werden, da die Effekte der Diffusion nur für ein kleines Zeitintervall berechnet werden.). Die zugehörige Greensfunktion lautet

$$p(\vec{x}_{tr},t;\vec{x}_0,t_0)=\frac{1}{\left(\sqrt{4\pi D_{tr}\Delta t}\right)^3}\exp\left[-\frac{\left(\vec{x}_{tr}-\langle\vec{x}_{tr}\rangle\right)^2}{4D_{tr}\Delta t}\right] \tag{9.153}$$

mit

$$\langle\vec{x}_{tr}\rangle=\vec{x}_0+\vec{v}_{tr}\Delta t \text{ und } \Delta t=t-t_0 \;.$$

Für die Varianz von $\vec{x}_{tr}$ gilt

$$\sigma_{xx}=\sigma_{yy}=\sigma_{zz}=2D_{tr}\Delta t \;, \tag{9.154}$$

d.h. es existiert nun kein $\delta\vec{v}$ mehr, nur noch $\delta\vec{x}$ (siehe (9.146), dessen drei Komponenten mit der Varianz $2D_{tr}\Delta t$ normalverteilt sind. Die Auswirkung der Tropfenphasenturbulenz wird nun durch die Variable D_{tr} beschrieben, turbulente Fluktuationen werden direkt in eine räumliche Verschiebung umgesetzt. Wie ist nun diese Größe D_{tr} zu wählen? Im obigen Grenzfall kleiner Tropfen liefert (9.142) für die Varianz die Beziehung

$$\sigma_{xx}=\sigma_{yy}=\sigma_{zz}=\sigma^2\tau_{corr}\Delta t \;. \tag{9.155}$$

Koeffizientenvergleich mit (9.154) liefert

$$D_{tr}=\frac{\sigma^2\tau_{corr}}{2} \;. \tag{9.156}$$

Es sei noch kurz die Geschwindigkeitsmittelung der anderen Terme in (9.151) diskutiert. Die Stoßterme brauchen, wie oben gezeigt, nicht mehr berücksichtigt werden. Bei den Zerfallstermen ist der Sekundärzerfall geschwindigkeitsabhängig, aber eigentlich nur bei hohen Geschwindigkeitsdifferenzen in Düsennähe relevant, sodass die turbulenten Fluktuationen eine geringe Rolle spielen. Zudem sind ohnehin Modellkonstanten zu eichen, die Sekundärzerfallsmodelle haben ähnlichkeitstheoretischen Charakter. Von daher kann man einfach die Relativgeschwindigkeit von Tropfen und Gas durch die Differenz der mittleren Geschwindigkeiten beider Phasen ersetzen.

In der Tropfenaufheizung und -verdampfung sind Geschwindigkeitseinflüsse in den Vorfaktoren nach Ranz-Marschall berücksichtigt, da in der tropfenbezogenen Reynoldszahl der Betrag der Geschwindigkeitsdifferenz von Tropfen und Gas auftritt. Diese sollten in der Tat korrigiert, d.h. gemittelt werden. Es sei hierfür ein einfacher Ansatz diskutiert. Zunächst zerlegt man die Geschwindigkeitsdifferenz in einen mittleren und einen schwankenden Term

$$\left\langle\left(\vec{v}_{tr}-\vec{v}_g\right)^2\right\rangle=\left(\langle\vec{v}_{tr}\rangle-\langle\vec{v}_g\rangle\right)^2+\left\langle\left(\vec{v}''_{rel}\right)^2\right\rangle \;. \tag{9.157}$$

Unter Annahme einer Tropfengeschwindigkeitsfluktuation von $\vec{v}''_0$ bei $t=0$, einer Geschwindigkeitsfluktuation der Gasphase zwischen $t=0$ und $t=\tau_{corr}$ von $\vec{v}''_g=\text{const.}$ kann aus (9.140) die Geschwindigkeitsdifferenz der Fluktuationen zu

$$\vec{v}''_{rel}=\left(\vec{v}''_0-\vec{v}''_g\right)\exp(-D_R t) \tag{9.158}$$

berechnet werden. Nach Quadrieren und Mittelung von $t = 0$ bis $t = \tau_{corr}$ ergibt sich

$$\left\langle (\vec{v}''_{rel})^2 \right\rangle = \left(\left\langle (\vec{v}''_0)^2 \right\rangle + \left\langle (\vec{v}''_g)^2 \right\rangle \right) \frac{1 - \exp(-2D_R\tau_{corr})}{2D_R\tau_{corr}} \approx \frac{1}{D_R\tau_{corr}}\sigma^2 , \tag{9.159}$$

wobei die Gleichgewichtswerte aus (9.139) und (9.141) eingesetzt sind

$$\left\langle (\vec{v}''_g)^2 \right\rangle = \sigma^2 \text{ und } \left\langle (\vec{v}''_0)^2 \right\rangle = \frac{1 - \exp(-D_R\tau_{corr})}{1 + \exp(-D_R\tau_{corr})}\sigma^2 \approx \sigma^2 . \tag{9.160}$$

Dies führt schließlich zu einer mittleren Reynoldszahl

$$\left\langle \mathrm{Re}_{tr}\left(\left| \vec{v}_{tr} - \vec{v}_g \right| \right) \right\rangle = \mathrm{Re}_{tr}\left(\left| \langle \vec{v}_{tr} \rangle - \langle \vec{v}_g \rangle \right| \right) \cdot \sqrt{1 + \frac{1}{D_R\tau_{corr}} \left(\frac{\sigma}{\left| \langle \vec{v}_{tr} \rangle - \langle \vec{v}_g \rangle \right|} \right)^2} . \tag{9.161}$$

Als Beispiel für eine Berechnung in einem derart modifizierten Lagrange'schen Modell sei eine Simulation der Strahlbildung von Benzin-DE-Düsen vorgestellt. Es handelt sich dabei um eine rotationssymmetrische Rechnung, sodass eine Auflösung des Düsenlochs möglich ist. Dieses effektive 2-D-Netz (Abb. 9.17a) besitzt aber immer noch 55.000 Zellen, und es wird mit 20.000 Partikeln gearbeitet. Auf das 3-D-Problem hochgerechnet entspräche dies über 14 Mio. Partikeln!

Bei den Kegelstrahlen einer Benzindirekteinspritzung bilden sich typische Wirbelstrukturen an der Strahlspitze (außen wie auch innen) aus. Ist der Kegelwinkel nicht groß genug, dann wird der Innenwirbel verdrängt und es kommt zum Strahlkollaps (siehe Abb. 9.17).

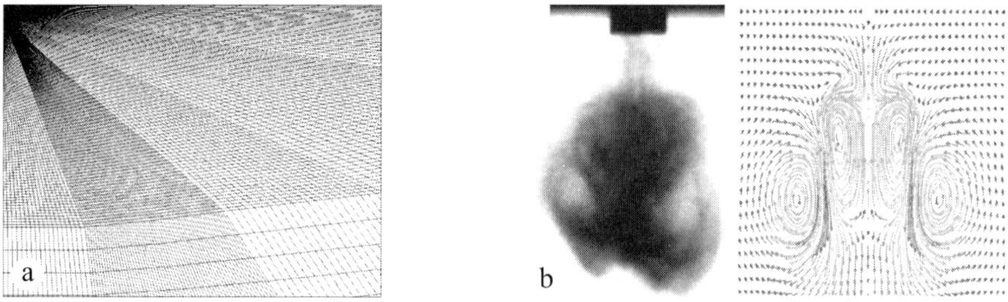

Abb. 9.17: 3-D-Simulation der Benzindirekteinspritzung. a) Strahladaptiertes Rechennetz, b) Kollaps des Strahlkegels als Folge eines zu geringen Strahlkegelwinkels (Diagnostik und Simulation)

Ein derartiger kollabierender Strahl, wie er etwa für Dralldüsen typisch ist, ist für ein strahlgeführtes Verfahren ungeeignet, zum einen, weil die Gemischbildungsqualität nicht hoch ist und zum anderen weil die relative Position Strahl-Kerze sich abhängig von den Brennraumverhältnissen (insbesondere Druck) ändert. Eine nach außen öffnende Düse, die einen Kegelstrahl von ca. 90° Öffnungswinkel über einen feinen Ringspalt erzeugt, liefert eine bei weitem überlegene Gemischqualität (siehe Abb. 9.18) und eignet sich daher für eine strahlgeführte Schichtladungsverbrennung. Denn der Strahlkegel saugt innen wie außen Luft an, es kommt zu einer Luftströmung innerhalb des Strahlkegels, die in diesen hinein gerichtet ist! Ist der Strahlkegel hinreichend dünnwandig und der Öffnungswinkel hinreichend groß, ist diese strahlkegeleinwärts gerichtete Strömung stabil; es kommt zu keinem Unterdruck und der Strahlkegel kollabiert nicht, unabhängig von den Umgebungsbedingungen.

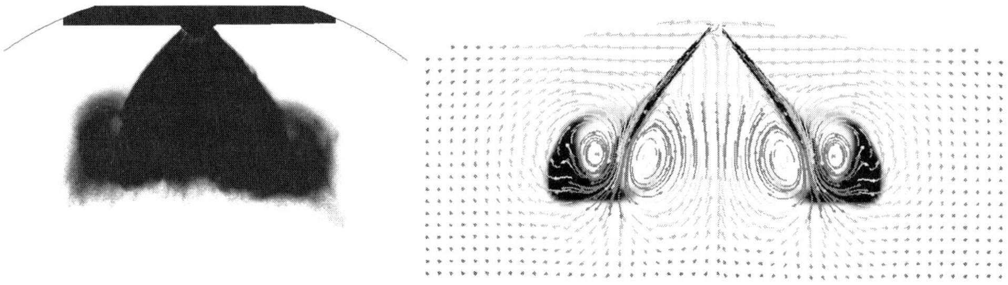

Abb. 9.18: Benzindirekteinspritzung, strahlgeführtes Brennverfahren (links Diagnostik, rechts Simulation): Die hierbei zum Einsatz kommenden A-Düsen erzeugen einen stabilen Strahlkegel, der auf einer im Kegelinneren in den Strahl hinein gerichteten Gasströmung beruht.

Eine detailliertere Beschreibung dieser hochaufgelösten Einspritzstrahlberechnungen für Benzindirekteinspritzung findet sich bei Hermann (2006).

- **Lokal homogene Strömung**

Im Grenzfall starker Kopplung zwischen Flüssig- und Gasphase, was z.B. bei hinreichend kleinen Tropfen der Fall ist, kommt es zum Spezialfall der lokal homogenen Strömung, die Flüssigphase kann jetzt als Spezies im Rahmen einer einphasigen Behandlung beschrieben werden, die turbulente Dispersion geht in die turbulente Diffusion einer Spezies über. Zusätzlich zur Speziestransportgleichung der Flüssigphase benötigt man noch Transportgleichungen für die Größen "Tropfenradius" und "Tropfentemperatur". Insgesamt lauten die Gleichungen für die Flüssigphase (Massenbruch c_{fl})

$$\frac{\partial}{\partial t}(\rho c_{fl}) + \frac{\partial}{\partial x_i}(\rho v_i c_{fl}) - \frac{\partial}{\partial x_i}\left(\rho D_t \frac{\partial}{\partial x_i} c_{fl}\right) = \frac{3\rho c_{fl} \dot{R}_V}{R} , \tag{9.162}$$

$$\frac{\partial}{\partial t}(\rho c_{fl} R) + \frac{\partial}{\partial x_i}(\rho v_i c_{fl} R) - \frac{\partial}{\partial x_i}\left(\rho D_t \frac{\partial}{\partial x_i}(c_{fl} R)\right) = \rho c_{fl}\left(4\dot{R}_V + \dot{R}_Z\right) , \tag{9.163}$$

$$\frac{\partial}{\partial t}(\rho c_{fl} T_{tr}) + \frac{\partial}{\partial x_i}(\rho v_i c_{fl} T_{tr}) - \frac{\partial}{\partial x_i}\left(\rho D_t \frac{\partial}{\partial x_i}(c_{fl} T_{tr})\right) = \rho c_{fl} \dot{T}_A + \frac{3\rho c_{fl} \dot{R}_V}{R} T_{tr} , \tag{9.164}$$

wobei die Terme $\dot{T}_A$, $\dot{R}_Z$ und $\dot{R}_V$ durch (9.117), (9.118) und (9.135) gegeben sind. Die Flüssigphase soll zur lokalen Dichte beitragen, aber nicht zur spezifischen Wärme oder zum Druck. Das lässt sich innerhalb eines kommerziellen Codes bewerkstelligen, indem man für die Spezies "Flüssigkeit" ein extrem hohes Molekulargewicht wählt. Die Skalare "Tropfenradius" und "Tropfentemperatur" sind passiv. In der Transportgleichung für die Spezies "Dampf" und in derjenigen für die innere Energie der Gasphase müssen natürlich zu den Gleichungen (9.162)-(9.164) korrespondierende Quellterme eingefügt werden.

Die Quellterme auf der rechten Seite hängen von den Relativgeschwindigkeit von Tropfen zu Gas ab. Bereits im vorigen Abschnitt wurde eine gemittelte Reynoldszahl eingeführt, die nur noch die Differenz der mittleren Geschwindigkeiten benötigt. Da eine einphasige Strömung betrachtet wird, wird diese Geschwindigkeitsdifferenz im Wesentlichen durch turbulente Fluktuationen verursacht. Nach (9.159) ist zu setzen

$$\left|\vec{v}_{rel}\right| \approx \frac{\sigma}{\sqrt{D_R\,\tau_{corr}}}. \tag{9.165}$$

Dieses Modell bietet sich aufgrund der Voraussetzung kleiner Tropfen insbesondere zur Simulation von Dieselstrahlen an. Es kann bei nur geringem Modellierungsaufwand in den meisten CFD-Codes zum Einsatz gebracht werden. Allerdings müssen nach wie vor düsenaufgelöste Netze verwendet werden; der Einsatz der Pope-Korrektur ist empfehlenswert.

Um ein komplexeres Radius-Temperatur-Geschwindigkeitsspektrum aufzulösen, ist die Einführung von "Tropfenklassen" sinnvoll. Jede dieser Tropfenklassen ist eine eigene Spezies und beschreibt Tropfen, die am jeweiligen Raumpunkt einem eng umschriebenen Radius-, Temperatur- und Geschwindigkeitsintervall (diese Intervalle sind vom Raumpunkt abhängig) zuzuordnen sind. Jede Tropfenklasse wird durch einen eigenen Gleichungssatz (9.162)-(9.164) vertreten.

- **Einbettungen von 1-D-Euler-Verfahren und anderen Ansätzen**

Alle bisher beschriebenen Verfahren benötigten die numerische Auflösung des Düsenlochs. So selbstverständlich diese Forderung eigentlich ist, in der Praxis ist sie doch nur schwer erfüllbar. Daher sollen Einbettungsverfahren diskutiert werden, mit deren Hilfe die Anforderungen an die Netzauflösung im motorischen CFD-Code minimiert werden kann. Bei einem solchen Verfahren wird der Strahl, d. h. Flüssig- und Gasphase, in einem düsennahen Bereich (idealerweise in der Zone, in der auch die Flüssigkeit auftritt) mit einem eigenständigen Strahlcode auf einem speziellen Rechennetz (typischerweise ein- oder zweidimensional) berechnet. Die Austauschterme beider Phasen (hinsichtlich Impuls, Masse und Energie) werden dann im motorischen CFD-Code an der entsprechenden Stelle eingekoppelt. In diesem motorischen CFD-Code wird nur die Gasphase berechnet. Bezüglich der thermodynamischen Randbedingungen ist auch eine Rückkopplung vom Motor- an den Strahlcode sinnvoll.

Der Ansatz ist auf die Berechnung linearer Einspritzstrahlen (aus Lochdüsen) beschränkt. Er sollte möglichst nur in Düsennähe appliziert werden, wo Effekte wie Queranströmung noch keine große Bedeutung haben. Weiter strahlabwärts kann beispielsweise an einer definierten Stelle auf das Lagrange'sche Standardmodell umgeschaltet werden, siehe Abb. 9.19 b).

Die Wirkungsweise der Einbettungsverfahren beruht darauf, dass im Strahlcode eine hinreichend hohe Auflösung dargestellt werden kann, die Strahlausbreitung inklusive aller Austauschprozesse zwischen den Phasen wird dort korrekt berechnet. Im Motorcode sind nun die Anforderungen an Auflösung geringer, da eine Rückkopplung der Auflösungsfehler zwischen beiden Phasen vermieden wird. Es werden die korrekten Quellterme in die Motorrechnung eingekoppelt, eine fehlerhafte Berechnung der Gasphase induziert keine Folgefehler im

Quelltem. Allerdings sind die Auflösungsanforderungen an den motorischen CFD-Code nach wie vor hoch, es ist dringend zu empfehlen, mit strahladaptiven Netzen zu arbeiten (siehe Abb. 9.19a).

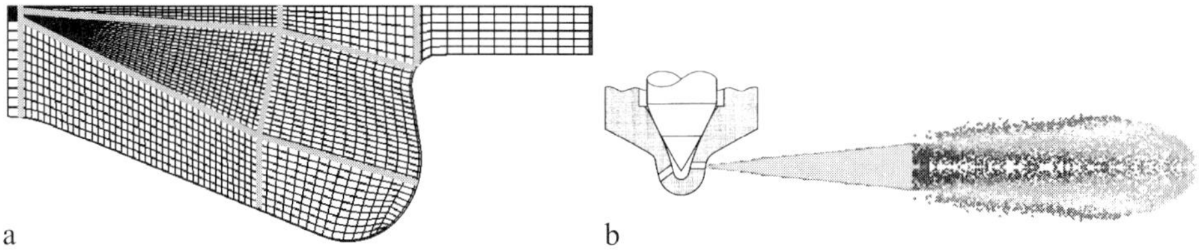

Abb. 9.19: Strahlsimulation für die Dieseleinspritzung im Einbettungsverfahren. a) Strahladaptives Netz, b) ICAS-Modellkonzept: Im grauen Kegel 1-D-Berechnung, danach Standardmodell

Eine weitere sinnvolle Maßnahme ist die Einführung einer Begrenzung der turbulenten Längenskala im Strahlbereich auf den Strahlquerschnittsradius l_{Str}. Aus dieser Vorgabe heraus wird eine Zwangsbedingung für ε abgeleitet

$$\varepsilon \geq c_{\mu}^{3/4} \frac{k^{3/2}}{l_{Str}} . \tag{9.166}$$

Bei Verletzung dieser Relation wird ε entsprechend dem Gleichheitszeichen definiert. Man bewegt sich bei einem derartigen Vorgehen sicherlich an der Grenze des im Sinne der Strömungsmechanik zulässigen; aber wir sind ja in erster Linie an einem pragmatischen Ansatz interessiert. Andererseits ist der Ansatz sowohl physikalisch sinnvoll als auch mathematisch wohldefiniert. Zusätzlich zur turbulenten Längenskala werden auch turbulente Diffusion und Viskosität ($\propto k^2/\varepsilon$) eingeschränkt, daher wird ein falscher Impulsabfluss unterbunden, der zu einem zu geringen Eindringverhalten führt. Ein wesentlicher Aspekt des Längenskalenbegrenzers: er wird auf feinen, strahlauflösenden Netzen automatisch unwirksam (dort ist die Relation (9.166) automatisch erfüllt).

Ein Vergleich der Ausbreitung der Gasphase im Motor- und im Strahlcode (diese wird nämlich in beiden Codes berechnet!) verschafft zusätzliche Sicherheit über die Korrektheit der Berechnung. Die bisher diskutierten Modelle (modifizierter Lagrange-Ansatz sowie lokalhomogene 2-Phasenströmung) sind als Strahlcodes geeignet. Es sind aber auch eindimensionale Ansätze im Gebrauch, z. B. das ICAS-Modell (Integrated Cross-Averaged Spray Model). Hier werden echte 2-Phasen-Euler-Gleichungen für Tropfenklassen über den Strahlquerschnitt gemittelt. Mit dieser Mittelung werden auch Diffusionsterme vernachlässigt, der wesentliche Einfluss der Diffusion steckt im implizit im Strahlkegelwinkel, der einen Eingabeparameter darstellt. Die Gleichungen für die Flüssigphase lauten

$$\frac{\partial}{\partial t}\left(r^2 \rho c_{fl}\right)+\frac{\partial}{\partial r}\left(r^2 \rho v_{fl} c_{fl}\right)=r^2 \frac{3\rho c_{fl} \dot{R}_V}{R} , \tag{9.167}$$

$$\frac{\partial}{\partial t}\left(r^2 \rho c_{fl} v_{fl}\right)+\frac{\partial}{\partial r}\left(r^2 \rho v_{fl}^2 c_{fl}\right)=r^2 \frac{3\rho c_{fl} \dot{R}_V}{R} v_{fl} - r^2 \rho c_{fl} D_R (v_{fl} - v_g) , \tag{9.168}$$

$$\frac{\partial}{\partial t}\left(r^2 \rho c_{fl} R_{tr}\right)+\frac{\partial}{\partial r}\left(r^2 \rho v_{fl} c_{fl} R_{tr}\right)=r^2 \rho c_{fl}\left(4\dot{R}_V+\dot{R}_Z\right) , \tag{9.169}$$

$$\frac{\partial}{\partial t}\left(r^2 \rho c_{fl} T_{tr}\right)+\frac{\partial}{\partial r}\left(r^2 \rho v_{fl} c_{fl} T_{tr}\right)=r^2 \rho c_{fl} \dot{T}_A+r^2 \frac{3\rho c_{fl} \dot{R}_V}{R} T_{tr} . \tag{9.170}$$

Analog sind Gleichungen für die Gasphase formulierbar

$$\frac{\partial}{\partial t}\left(r^2 \rho c_g\right)+\frac{\partial}{\partial r}\left(r^2 \rho v_g c_g\right)=-r^2 \frac{3\rho c_{fl} \dot{R}_V}{R}+\mathrm{E} , \tag{9.171}$$

$$\frac{\partial}{\partial t}\left(r^2 \rho c_g v_g\right)+\frac{\partial}{\partial r}\left(r^2 \rho v_g^2 c_g\right)=-r^2 \frac{3\rho c_{fl} \dot{R}_V}{R} v_{fl}-r^2 \rho c_{fl} D_R (v_g-v_{fl}) . \tag{9.172}$$

Hierbei beizeichnet E das Entrainment, d. h. das Ansaugen von Luft als Quellterm der Strahl-Gasmasse. Gleichung (9.171) muss nicht mitgelöst werden, da die restlichen Gleichungen (9.167)-(9.170) und (9.172) ein 5-dimensionales Gleichungssystem für fünf Variable bilden ($c_{fl}, v_g, v_{fl}, R, T_{tr}$); vielmehr kann sie dazu benützt werden, den Entrainmentquellterm zu berechnen. Dieses Modell hat hyperbolischen Charakter, ist gut lösbar und beinhaltet trotz seiner äußersten Einfachheit bereits viele Effekte der Strahldynamik. Leider ist ein 1-D-Eulermodell in keinem motorischen CFD-Code bisher vertreten. Wie im dreidimensionalen Falle lassen sich wieder mehrere Tropfenklassen einführen, wobei jede nun durch einen Gleichungssatz (9.167)-(9.170) beschrieben wird.

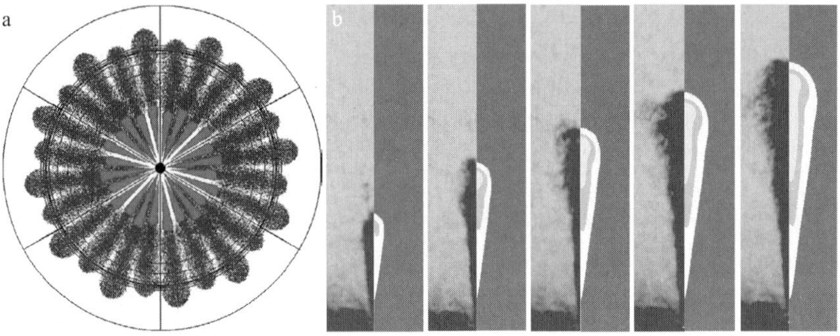

Abb. 9.20: Strahlsimulation mit ICAS-Ansatz (NFZ-Diesel). a) Simulation der Gemischbildung bei einer 30-Loch-Düse, b) Vergleich Messung/Simulation (ohne Tuning)

Die detaillierte Beschreibung der praktischen Umsetzung eines derartigen Ansatzes (ICAS) in motorischen CFD-Codes findet sich in Otto et al. (1999) oder Krüger (2001). In Abb. 9.20 a) ist eine Applikation des ICAS-Modells auf eine HCCI-Gemischbildung mit 30-Loch-Düse dargestellt. Die guten Modellvorhersagen bezüglich Strahlausbreitung und -form sind in Abb. 9.20 b) ersichtlich.

- **3-D-Euler-Verfahren**

Die letzte Option ist eine vollständige, dreidimensionale, echt mehrphasige Beschreibung des Einspitzstrahls (jede Klasse ist jetzt eine Phase, d. h. besitzt eine eigene Geschwindigkeit). Dieser Ansatz kann freilich auch in einem Einbettungsverfahren als Strahlcode dienen, dort ist dann eine rotationssymmetrische Berechnung am sinnvollsten. Derartige Ansätze werden in einigen motorischen CFD-Codes gerade erarbeitet, siehe z.B. Lebas et al. (2005) oder Edelbauer u.a. (2006).

9.3 Simulation der Verbrennung

Dieser Abschnitt ist der strömungsmechanischen Simulation der turbulenten Verbrennung, für Diesel- wie Ottomotoren, gewidmet. Im Kern geht es dabei "nur" um die turbulente Mittelung des Quellterms der Spezies-Transportgleichungen (9.18); allerdings ist unmittelbar einsichtig, dass dies ein schwieriges Unterfangen darstellt, da Reaktionskinetik typischerweise exponentiell von der Temperatur abhängt. Der notwendige Modellierungsaufwand dafür ist nicht unerheblich, mit der reinen Applikation kommerziell standardisierter Modellierungen kommt man (leider) nicht sehr weit.

Es sei darauf hingewiesen, dass wir uns hier ausschließlich mit motorischer Verbrennung beschäftigen, d. h. mit instationären, turbulenten Verbrennungsprozessen in komplexen, bewegten Geometrien, in Folge oder in Begleitung von komplexen Gemischbildungsvorgängen. Von daher wird schnell klar, dass viele Verbrennungsmodellierungen, die für wesentlich einfachere Randbedingungen entwickelt wurden, nicht auf Motoren übertragbar sind.

9.3.1 Allgemeines Vorgehen

Zunächst sei das allgemeine Vorgehen dargestellt. Als erstes ist die thermodynamische Korrektheit des Modells und der Randbedingungen sicherzustellen. Dies geschieht sinnvollerweise unter Verwendung standardisierter 1-D- und 0-D-Codes. Insbesondere bei dieselmotorischen Applikationen ist zu beachten, dass das Realgasverhalten bereits eine nicht unerhebliche Rolle spielt. Allerdings sind auch Bauteilelastizitäten (Kolben, Zylinderkopfschrauben) von Relevanz, und beide Effekte haben (zumindest in ihrer Auswirkung auf den Druckverlauf) unterschiedliche Vorzeichen, idealerweise können sie sich in etwa kompensieren. Realgasverhalten ist in motorischen CFD-Codes derzeit leider nicht verfügbar.

Im zweiten Schritt sollte das Augenmerk auf dem Druckverlauf in der Expansionsphase (d. h. nach Brennende) liegen. Hier existieren wiederum zwei typische Fehlerquellen, zum einen ein zu niedrig berechneter Wandwärmeübergang, der für zu hohe Druckwerte in der Simulation sorgt, andererseits eine zu schlechte Gemischbildung (typisch bei dieselmotorischen Volllastrechnungen), die für zu niedrige Druckwerte verantwortlich ist. Doch selbst wenn die Druckkurve genau "passen" sollte, deutet dies noch nicht notwendigerweise auf eine korrekte Beschreibung der Verbrennung hin. Es ist durchaus nicht unüblich, dass sich dann beide Fehler gerade kompensieren (aber natürlich nur in der Druckkurve!). Zur korrekten Berechnung des Wandwärmeübergangs sei auf das ab S. 312 in Kap. 9.1.2 Gesagte verwiesen: es müssen Netze mit korrekten (y^+)-Werten verwendet werden, und man sollte die Han-Reitz-Formulierung (9.53) applizieren. Dennoch wird man damit immer noch deutlich zu niedrige Wandwärmeübergänge berechnen. Ein wichtiger Grund hierfür ist der fehlende Wärmeübergang aufgrund von Rußstrahlung. Solange nichts Besseres verfügbar ist, besteht der einfachste Weg zur "Korrektur" in einer Skalierung des Wandwärmeübergangs, sodass sich global der gewünschte Wert ergibt. Dieser Zielwert kann aus einer Brennverlaufsanalyse erhalten oder aus einer Wärmeübergangsformel wie z. B. nach Woschni (1970), vgl. Kap. 7.1.1, abgeschätzt werden.

Kritischer ist der andere Fall, wenn bei Diesel- oder Benzinmotoren mit Schichtladung die Druckkurve nach Brennende zu niedrig (d. h. niedriger als die experimentelle Kurve oder eine mit einem 0-D-Programm berechnete Kurve) liegt. Dann liegt vermutlich ein rechnerisches Gemischbildungsdefizit vor. Es muss betont werden, dass an dieser Stelle bei einem Vergleich zwischen 0-D- und 3-D-Simulation in der Regel der 0-D-Simulation mehr zu trauen ist. Ein 0-D-Programm mag ein für den konkreten Applikationsfall unpassendes (bzw. schlecht abgestimmtes) Verbrennungsmodell besitzen, aber nach Brennende sollten alle Druckkurven unabhängig vom konkreten Brennverlauf eng beieinander liegen, wenn nur die gleiche Menge Kraftstoff umgesetzt worden ist. 0-D-Programme arbeiten aber meist mit experimentell gut abgestimmten Umsatzraten. Nicht so die 3-D-Simulation. Die globale Umsatzrate ist hier kein Eingabeparameter, sondern ergibt sich aus der CFD-Berechnung von Strömung, Gemischbildung und Verbrennung. Wenn nun als Konsequenz einer fehlerhaften Gemischbildungsberechnung lokal eine fette Gemischzone mit $\lambda < 1$ vorliegt, dann müssen hier unverbrannter Kraftstoff bzw. brennbare intermediäre Spezies (wie z. B. H_2, CO, siehe unten) fortexistieren. Und kein 3-D-Verbrennungsmodell der Welt (das als solches immer lokal formuliert ist) kann dieses Problem lösen. Es lohnt also nicht, in diesem Falle nach besseren Verbrennungsmodellen Ausschau zu halten, das Strahlmodell ist der Täter. Dessen Problematik haben wir aber im letzten Abschnitt schon zur Genüge diskutiert. Eine Ad-hoc-Maßnahme, die in der Tat auch "hilft", ist die Erhöhung der Einspritzgeschwindigkeit, meist auf völlig unphysikalische Werte jenseits der Bernoulli-Geschwindigkeit. Dieses Vorgehen sei ausdrücklich nicht empfohlen.

Sind nun Thermodynamik und Gemischbildungssimulation weitgehend unter Kontrolle, d. h. der Druckverlauf in Kompression und Expansion ist korrekt bzw. plausibel (je nach Vergleichs- bzw. Validierungsmöglichkeit), können wir uns mit der Analyse der eigentlichen Verbrennung beschäftigen. Hierzu wird typischerweise nicht der Druckverlauf, sondern der Brennverlauf verwendet. Experimentell ergibt sich aus dem Druckverlauf durch Indizierauswertung der Heizverlauf; mittels Wärmeübergangsmodell folgt daraus der Brennverlauf. In der 3-D-Simulation liegt es nun nahe, den Brennverlauf durch Summation der Wärmefreisetzungsraten über alle Zellen zu gewinnen. Dieses Vorgehen ist jedoch mit dem experimentellen Vorgehen nicht kompatibel! Um das einzusehen, gehen wir von einem Gasgemisch in einem Raum aus, das im Druckgleichgewicht steht, aber lokal verschiedene Temperaturen besitzt; der Einfachheit halber sei die chemische Zusammensetzung räumlich homogen. Für den Druck p gilt dann

$$p = \frac{\rho(x)\tilde{R}T(x)}{M}, \tag{9.173}$$

wobei $\rho(x)$ und $T(x)$ die lokalen Verteilungen der Massendichte und Temperatur bezeichnen, M sei die Molmasse. Wenn wir dieses System adiabat durchmischen, bleiben Gesamtmasse m und innere Energie U erhalten

$$m = \int_V \mathrm{d}x \rho(x),$$
$$U = \int_V \mathrm{d}x \rho(x) \int_{T_0}^{T(x)} \mathrm{d}\vartheta c_V(\vartheta), \tag{9.174}$$

wobei $c_V(T)$ die spezifische Wärme in Abhängigkeit von der Temperatur T bezeichnet. Nach dem Mischen stellen sich eine homogene Dichte $\bar{\rho}$ und eine homogene Temperatur $\bar{T}$ ein, die aus den Erhaltungsgrößen m und U berechnet werden können

$$\bar{\rho} = \frac{m}{V},$$
$$\int_{T_0}^{\bar{T}} \mathrm{d}\vartheta c_V(\vartheta) = \frac{U}{m}. \tag{9.175}$$

Wie verändert sich nun der Druck? Für die Differenz zwischen dem Druck nach Mischung, p_M, und dem Druck p vor Mischung gilt

$$\Delta p = p_M - p = \frac{\bar{\rho}\tilde{R}\bar{T}}{M} - \frac{\rho(x)\tilde{R}T(x)}{M} = \frac{\tilde{R}}{M}\left[\bar{\rho}\bar{T} - \frac{1}{V}\int_V \mathrm{d}x \rho(x) T(x)\right]. \tag{9.176}$$

Es gilt ferner

$$\bar{T} - T(x) = \frac{1}{c_V(\bar{T})}\left[\int_{T_0}^{\bar{T}} \mathrm{d}\vartheta c_V(\vartheta) - \int_{T_0}^{T(x)} \mathrm{d}\vartheta c_V(\vartheta) - \int_{T(x)}^{\bar{T}} \mathrm{d}\vartheta \left(c_V(\vartheta) - c_V(\bar{T})\right)\right], \tag{9.177}$$

woraus nach Multiplikation mit $\rho(x)$ und anschließender räumlicher Mittelung für Δp folgt

$$\Delta p = \frac{\tilde{R}}{M c_V(\bar{T})}\left[\bar{\rho}\frac{U}{m} - \frac{U}{V} - \int_V \mathrm{d}x \rho(x) \int_{T(x)}^{\bar{T}} \mathrm{d}\vartheta \left(c_V(\vartheta) - c_V(\bar{T})\right)\right],$$
$$= \frac{\tilde{R}}{M c_V(\bar{T})} \int_V \mathrm{d}x \rho(x) \int_{T(x)}^{\bar{T}} \mathrm{d}\vartheta \left(c_V(\bar{T}) - c_V(\vartheta)\right). \tag{9.178}$$

Man sieht, dass Δp bei einer konstanten, von der Temperatur unabhängigen Wärmekapazität Null ist! Unter der Annahme, dass bei steigender Temperatur die spezifische Wärme zunimmt, d. h.

$$\frac{\mathrm{d}c_V(T)}{\mathrm{d}T} \geq 0$$

ist der Ausdruck

$$\int_{T(x)}^{\overline{T}} \mathrm{d}\vartheta \left(c_V(\overline{T}) - c_V(\vartheta) \right) \tag{9.179}$$

immer positiv, für $T(x) \geq \overline{T}$ wie auch für $T(x) \leq \overline{T}$. Dies bedeutet aber, dass $\Delta p \geq 0$! Mischung führt somit zum Druckanstieg, sie "sieht aus" wie eine Verbrennung!

Es werden zwei Fälle betrachtet: Im ersten Fall ereigne sich die Wärmefreisetzung homogen im Raume, im zweiten Falle inhomogen, erst anschließend komme es dann zur Mischung. Das Gesamtsystem sei abgeschlossen. Da Druck und innere Energie Zustandsgrößen sind, müssen die Endzustände in beiden Fällen identisch sein, weil im zweiten Falle aber mit dem Mischungsprozess ein Druckanstieg verbunden ist, muss der Druckanstieg beim vorhergehenden Prozess der inhomogenen Verbrennung geringer ausfallen als beim homogenen Verbrennungsprozess im ersten Falle. Übertragen auf das motorische Problem bedeutet dies aber, dass der aus der 3-D-Simulation gewonnene Brennverlauf als Raumintegral im Vergleich zu dem durch Indizierauswertung gewonnenen nach früh verschoben ist (siehe Abb. 9.21). Für einen Vergleich von Brennverläufen aus Messung und Rechnung sollte man daher am besten beide Druckkurven einer Indizierauswertung unterziehen.

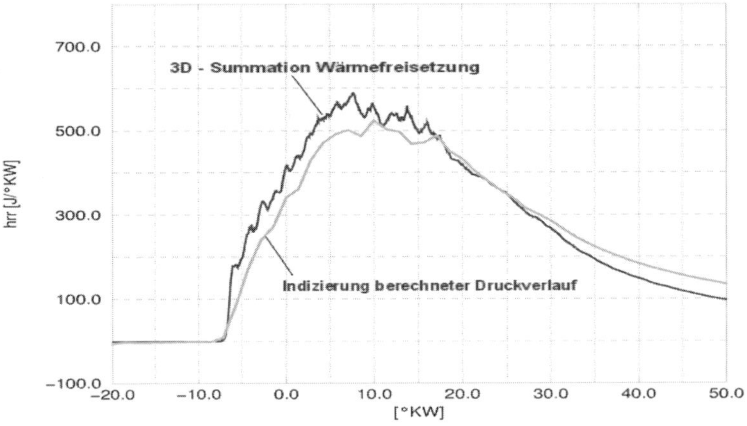

Abb. 9.21: Vergleich zweier Brennverläufe aus der 3-D-Simulation, durch Raumintegration und durch Indizierauswertung erzeugt. Der durch Raumintegration gewonnene Brennverlauf liegt etwas früher

9.3.2 Diesel-Verbrennung

Bei der Hauptphase der Dieselverbrennung handelt es sich um Diffusionsverbrennung. Selbstzündung und "Vormischverbrennung" sind stärker reaktionskinetisch beeinflusst. Das gleiche gilt für die Schadstoffbildung.

Hier stellt sich natürlich die Frage, ob Verbrennungssimulation überhaupt notwendig ist. Ist nicht der entscheidende Prozess beim Dieselmotor die Gemischbildung, reicht von daher nicht eine Simulation der Gemischbildung aus, um das motorische Verhalten zu analysieren?

Im Prinzip ist dieser Ansatz je nach Fragestellung nicht ganz falsch, allerdings hilft die Verbrennung auch in den rein "gemischbildungsdominierten" Fällen, deutliche Fehler in der Gemischbildungssimulation zu finden, etwa wenn größere Mengen an unverbranntem Kraftstoff, CO oder H_2 am Ende der Berechnung übrigbleiben.

Im Folgenden wird zunächst die Simulation der Wärmefreisetzung behandelt und anschließend die komplexeren Phänomene der Zündung und Schadstoffbildung.

- **Simulation der Wärmefreisetzung**

Die Hauptphase der Dieselverbrennung kann als turbulente Diffusionsflamme betrachtet werden, d.h. sie läuft mischungskontrolliert ab, nach der Formel "gemischt = verbrannt". Mit Diffusion ist hier die turbulente Diffusion gemeint. Der einfachste Ansatz zur Modellierung einer turbulenten Diffusionsflamme ist das "Eddy-Breakup-Modell". In einem solchen Modell werden in die Spezies-Transportgleichungen vom Typ (9.32) Quellterme Q eingefügt, die mit Spezieskonzentrationen und der inversen turbulenten Längenskala skalieren, d.h. sie beschreiben Zerfalls- bzw. Bildungsprozesse, die mit der turbulenten Zerfallszeit

$$\tau_t \propto \frac{k}{\varepsilon}$$

ablaufen, z.B.

$$Q \propto \frac{c_A c_B}{\tau_t}, \tag{9.180}$$

Entsprechend der Umsatzrate wird eine Wärmefreisetzung berechnet.

Zur Beschreibung der Dieselverbrennung muss aber noch der Verbrennungsfortschritt modelliert werden. Der bekannteste und am weitesten verbreitete Ansatz hierfür ist das Mixing-Time-Scale-Modell (siehe Patterson und Reitz (1998)). Dort wird aus der turbulenten und einer chemischen Zeitskala (τ_t und τ_{chem}) eine effektive Zeitskala τ_{eff} gebildet, mit der die Verbrennungsprozesse ablaufen

$$\tau_{eff} = \tau_{chem} + f\,\tau_t\,,\; f = \frac{1-\exp(-r)}{1-\exp(-1)},\; \tau_{chem} << \tau_t = c_\mu \frac{k}{\varepsilon}\,, \tag{9.181}$$

wobei r den Massenbruch sämtlicher Reaktionsprodukte bezeichnet. Zu Beginn der Reaktion ist $f=0$, d.h. die effektive Zeitskala entspricht der (kleinen) chemischen Zeitskala, die Reaktion läuft sehr schnell ab, es kommt zum "Vormischpeak". Mit der Zunahme an Reaktionsprodukten wächst f (bis maximal 1), es gilt nun $\tau_{eff} \approx f \cdot \tau_t$, d.h. wir haben jetzt eine Diffusionsverbrennung. Das Mixing-Time-Scale-Modell verwendet üblicherweise sieben Spezies, N_2, O_2, Kraftstoff, H_2O, CO_2, CO und H_2. Aus einer gegebenen Konzentrationsverteilung ($c_{(k)}, k = 1\ldots7$) wird die korrespondierende Gleichgewichtsverteilung ($c^*_{(k)}, k = 1\ldots7$) berechnet. Dann wird davon ausgegangen, dass jede Spezies mit der Zeitskala τ_{eff} ins lokale Gleichgewicht strebt

$$\rho\left(\frac{\partial}{\partial t} + v_i \frac{\partial}{\partial x_i}\right)c_k - \frac{\partial}{\partial x_i}\left(D_t \rho \frac{\partial}{\partial x_i} c_k\right) = \rho\,\frac{c^*_{(k)} - c_k}{\tau_{eff}}\,. \tag{9.182}$$

Der chemische Gleichgewichtscode für das Mixing-Time-Scale-Modell arbeitet üblicherweise mit zwei Lambda-Regimes. Die Grenze zwischen diesen beiden Regimes ist durch das Luft-Kraftstoffverhältnis gegeben, an dem der Kraftstoff mit dem vorhandenen Sauerstoff komplett zu CO und H_2 umgesetzt werden kann. Im "fetten" Regime, dessen Lambdawerte niedriger sind als dieser Grenzwert, wird das Gleichgewicht so bestimmt, dass der gesamte verfügbare Sauerstoff dazu eingesetzt wird, aus Kraftstoff CO und H_2 zu erzeugen. Zusätzlich bleibt aber noch unverbrannter Kraftstoff übrig. Im "mageren" Regime, dessen Lambdawerte höher sind als der Grenzwert, wird davon ausgegangen, dass kein Kraftstoff übrigbleibt. Neben dem nichtreaktiven N_2 verbleiben somit noch fünf reaktive Spezies, H_2O, H_2, O_2, CO und CO_2. Deren Gleichgewichtskonzentration wird berechnet über die drei Elementmassenbrucherhaltungsgleichungen (für C, O und H), sowie zwei Beziehungen, die aus dem Massenwirkungsgesetz folgen

$$\frac{[CO_2]}{[CO][O_2]^{0,5}} = K_C(p,T),$$
$$\frac{[H_2O]}{[H_2][O_2]^{0,5}} = K_H(p,T). \tag{9.183}$$

Aus diesen fünf Gleichungen ergibt sich ein Polynom vierten Grades, das sich mit der entsprechenden Lösungsformel analytisch lösen lässt. Ergebnisse dieses Gleichgewichtssolvers sind in Abb. 9.22 dargestellt. Entsprechend den Reaktionsraten der Spezies wird über deren spezifische Reaktionsenthalpien $h_{(k)}$ ein Quellterm für die Enthalpiegleichung ermittelt

$$q = \rho \sum_k h_{(k)} \dot{c}_{(k)} \ . \tag{9.184}$$

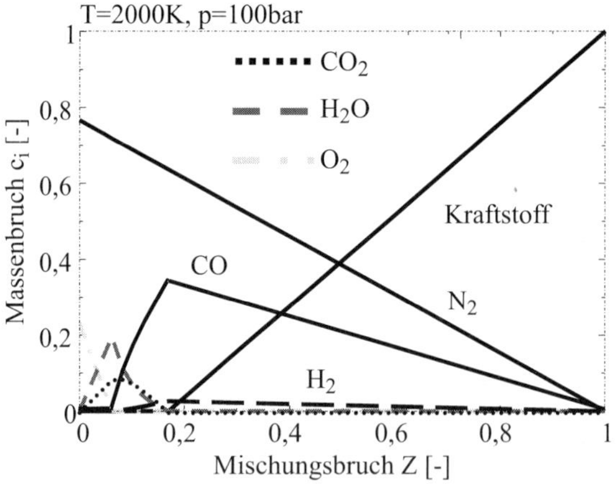

Abb. 9.22: Verteilungen der 7 Spezies über dem Kraftstoffmassenanteil bzw. dem Mischungsbruch

Mit diesem Sieben-Spezies-Ansatz können lokale Zustände auch im Fetten recht gut abgebildet werden. Sowohl in der Modellierung der reaktionskinetischen Einflüsse als auch in der Turbulenzinteraktion ist der Ansatz des Mixing-Time-Scale-Modells allerdings noch sehr einfach. Dennoch kann man mit dieser Modellierung bereits prinzipielle Abhängigkeiten und Mechanismen der dieselmotorischen Verbrennung analysieren.

Die Modellierung des Diffusionsanteils kann mit dem *pdf-Time-Scale-Modell*, vgl. Rao und Rutland (2002), verbessert werden. In diesem Modell werden zusätzlich zu den Speziestransportgleichungen Transportgleichungen für Mischungsbruch und Mischungsbruchvarianz gelöst, aus denen lokale Mittelwerte der relevanten Spezies $c_{(k)}^{(pdf)}$ ermittelt werden. Die Speziestransportgleichungen lauten nun

$$\rho\left(\frac{\partial}{\partial t}+v_i\frac{\partial}{\partial x_i}\right)c_{(k)} - \frac{\partial}{\partial x_i}\left(D_t\rho\frac{\partial}{\partial x_i}c_{(k)}\right) = \rho\frac{c_{(k)}^{(pdf)}-c_{(k)}}{\tau_{chem}} . \tag{9.185}$$

Der turbulente Mischungsprozess, der mit der Zeitskala τ_t abläuft, ist in dem Term $c_{(k)}^{(pdf)}$ beschrieben, da dieser in einer Zeit der Größenordnung τ_t gegen den lokalen Gleichgewichtswert bei homogener Mischung, $\overset{*}{c}_{(k)}$, strebt

$$\dot{c}_{(k)}^{(pdf)} \approx \frac{\overset{*}{c}_{(k)}-c_{(k)}^{(pdf)}}{\tau_t} . \tag{9.186}$$

Der Vormischanteil ist damit freilich noch immer mit demselben "phänomenologischen" Ansatz abgebildet, aber die Turbulenzinteraktion ist nun deutlich detaillierter beschrieben. Dies ist hilfreich insbesondere für Vollastverbrennungen, bei denen der Vormischanteil nur eine geringe Bedeutung hat.

Wie berechnet sich $c_{(k)}^{(pdf)}$? In der Originalformulierung des Modells wird dazu eine Mittelung über den Mischungsbruch Z (mit Beta-Verteilung) und die skalare Dissipationsrate χ (mit Gauss-Verteilung) durchgeführt

$$c_{(k)}^{(pdf)} = \int dZ \int d\chi \, p_\beta(Z)\, pdf_{Gauss}(\chi)\, c_{(k)}(Z,\chi) . \tag{9.187}$$

Zur Berechnung dieses Integrals ist aber die Kenntnis der Funktionen $c_{(k)}(Z,\chi)$ von Nöten! Die Ermittlung dieser Funktionen, der *Flamelets*, erfordert aufwendige reaktionskinetische Berechnungen an laminaren Gegenstromflammen. Die skalare Dissipationsrate hat die Bedeutung einer effektiven Diffusion im Mischungsbruchraum und ist für Flammenstreckungseffekte, d. h. laminare Fließgleichgewichte zwischen Diffusion und Reaktion, verantwortlich. Im Prinzip wird hiermit der Diffusionsflammenansatz "gemischt = verbrannt" verlassen, die Chemie wird nicht mehr als "unendlich schnell" betrachtet. Nun ist aber die Reaktionskinetik gerade in der dieselmotorischen Diffusionsflammenphase aufgrund der hohen Temperaturen wirklich sehr schnell, und Effekte einer endlich schnellen Reaktionskinetik sind ja auf eine sehr phänomenologische Art bereits in der chemischen Zeitskala τ_{chem} berücksichtigt. Daher ist es empfehlenswert, die Flammenstreckungseffekte zu vernachlässigen und als reaktionskinetische Basis die Sieben-Spezies-Gleichgewichtskinetik wie oben geschildert zu applizieren, siehe Steiner et al. (2004). Der Rechen- und Modellierungsaufwand vereinfacht sich enorm. $c_{(k)}^{(pdf)}$ berechnet sich nun zu

$$c_{(k)}^{(pdf)} = \int_0^1 dZ \, p_\beta\left(Z;\langle Z\rangle,\langle Z''^2\rangle\right)\overset{*}{c}_{(k)}(Z) . \tag{9.188}$$

Die Verteilungsfunktion p_β ist die β-Funktion mit dem Mittelwert $\langle Z \rangle$ und der Varianz Z''^2. Die Funktionen $c^*_{(k)}(Z)$ sind die in Abb. 9.22 dargestellten (wobei allerdings noch berücksichtigt werden sollte, dass die Temperatur über dem Mischungsbruch nicht konstant ist). Sie sind stückweise recht linear. Damit bietet sich ein sehr effizientes Integrationsschema für das Integral (9.188) an. Man zerlege die Z-Achse in Intervalle, in denen die Funktionen $c^*_{(k)}(Z)$ linear (oder auch quadratisch) approximierbar seien. Das Produkt einer β-Verteilungsfunktion mit einer in Z linearen Funktion ergibt aber gerade die Linearkombination zweier β-Verteilungsfunktionen

$$\begin{aligned} &N(a,b)^{-1}(1-Z)^{a-1}Z^{b-1}\cdot(A+B\cdot Z)= \\ &\qquad AN(a,b)^{-1}(1-Z)^{a-1}Z^{b-1}+BN(a,b)^{-1}(1-Z)^{a-1}Z^{b} \end{aligned}\quad . \tag{9.189}$$

Somit müssen nur Integrale der Form

$$B(a,b;x)=N(a,b)^{-1}\int_0^x dZ\, Z^{a-1}(1-Z)^{b-1} \qquad 0\le x\le 1 \tag{9.190}$$

gelöst werden, die in der Literatur als unvollständige Beta-Funktion bezeichnet werden. Zur ihrer Berechnung existieren sehr effiziente Algorithmen. Ein effizientes Verfahren zum Lösen der Integrale (9.188) ist aber entscheidend, denn diese müssen in jedem Zeitschritt in jeder Rechenzelle berechnet werden. Und β-Verteilungsfunktionen können sehr unangenehme Formen annehmen (Bei jedem Z-Wert ist ein beliebig scharfer Peak möglich).

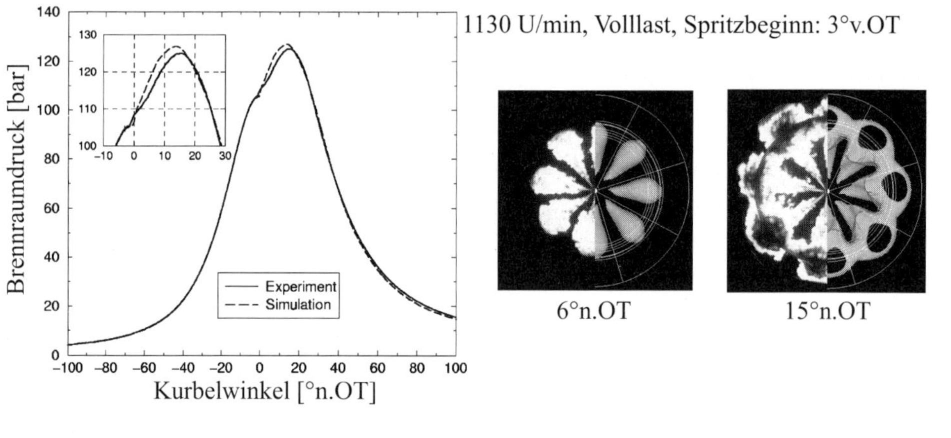

Abb. 9.23: Simulation der Verbrennung eines NFZ-Dieselmotors mit dem pdf-Time-Scale-Modell. a) Vergleich von experimentellem und berechnetem Druckverlauf, b) Vergleich Temperatur-Isofläche (Simulation) mit Filmaufnahme aus Transparentaggregat (links)

Wie schon erwähnt lassen sich mit dem pdf-Time-Scale-Modell (zusammen mit einem korrekten Strahlmodell) sehr gute Vollastergebnisse weitgehend ohne Tuning erzielen. In Abb. 9.23 ist ein Beispiel dafür dargestellt.

- **Zündung**

Die Simulation der Zündung ist letztlich ein schwierigeres Problem, da hier die Zeitskalen von Strömung und (gerade in diesem Falle sehr komplexer) Reaktionskinetik interferieren. Es existieren zwar schon gut funktionierende reaktionskinetische Mechanismen für viele Kohlenwasserstoffe wie z. B. Heptan, das aufgrund vergleichbarer Cetanzahl (ungefähr 50) ganz gut geeignet ist, das Selbstzündverhalten von Dieselkraftstoff abzubilden. Aber letztlich nutzt diese Information nicht viel, wenn die Turbulenzinteraktion fehlt.

Ein Weg besteht nun darin, die Turbulenzinteraktion zu ignorieren und einen Quellterm basierend auf laminarer, detaillierter Reaktionskinetik einzuführen. Allerdings ist dieser Ansatz derart fehlerhaft, dass es den hohen Aufwand der Berechnung nicht unbedingt lohnt. Eine häufig beschrittene Alternative, die wenigstens mit geringerem Aufwand verbunden ist, besteht in der Verwendung phänomenologischer, reduzierter Reaktionskinetik; zu nennen wäre etwa die Verwendung des adaptierten Shell-Modells nach Halstead et al. (1977) oder noch einfachere phänomenologische Ansätze auf Basis einer Wolfer-Gleichung, siehe hierzu auch Kap. 4.2.3. Eine typische Modellierung könnte derart aussehen, dass man eine Indikator-Spezies c_I definiert; wird an einem bestimmten Raumpunkt ein vorgegebener Schwellwert $c_I^{(0)}$ erreicht, kommt es lokal zur Zündung (d. h. das Wärmefreisetzungsmodell wird aktiviert). Für c_I wird eine Transportgleichung gelöst, etwa mit einem Quellterm nach Wolfer (1938), siehe auch (5.41),

$$\rho\left(\frac{\partial}{\partial t}+v_i\frac{\partial}{\partial x_i}\right)c_I-\frac{\partial}{\partial x_i}\left(D_{v_t}\rho\frac{\partial}{\partial x_i}c_I\right)=A_{id}\,\rho\frac{p}{p_0}f(\lambda)\exp\left(-\frac{E_{id}}{T}\right). \tag{9.191}$$

Aufwändigere Ansätze mit Turbulenzeinfluss arbeiten nach dem Flamelet-Konzept. Unglücklicherweise ist die Reaktionskinetik aber zu langsam, um mit Gleichgewicht zu rechnen. Deshalb kann man dazu überzugehen, nur die Quellterme einer Transportgleichung (z. B. für einen Zündindikator) mit einem Flameletmodell (d. h. über Mischungsbruchmittelung) abzubilden. Als Indikator hat sich u. a. CO als sinnvoll erwiesen, da die Zunahme der CO-Konzentrationen relativ monoton den Zündprozess abbildet. Eine Schwierigkeit besteht allerdings darin, dass nun der CO-Quellterm wieder vom Reaktionsfortschritt (in unserem Falle der CO-Konzentration selbst) anhängt. Die Verteilung von Fortschrittsvariablen über dem Mischungsbruch ist aber nicht bekannt.

Es lässt sich somit feststellen, dass für die Simulation der Zündung derzeit noch kein Patentrezept existiert, man ist auf die Verwendung mehr oder weniger unzulänglicher Modelle und entsprechend Modelltuning angewiesen. Bei typischen dieselmotorischen Verbrennungen mit nicht allzu großen Variationen in der Zündung ist dies auch nicht sehr kritisch; für HCCI-Verbrennungen gilt diese Behauptung allerdings nicht mehr!

Einen interessanten Ansatz zu einer allgemeingültigeren Integration einer Fortschittsvariablen ins Flamelet haben in jüngster Zeit Lehtiniemi et al. (2005) vorgeschlagen; dieser könnte auch für die Hauptphase der Verbrennung von Interesse sein.

- **NOx-Bildung**

Die Simulation der NOx-Bildung beschränkt sich meist auf das thermische NOx und arbeitet daher mit dem Zeldovich-Mechanismus, d. h. es wird eine Transportgleichung für die NOx-Konzentration gelöst

$$\rho\left(\frac{\partial}{\partial t}+v_i\frac{\partial}{\partial x_i}\right)c_{\mathrm{NOx}}-\frac{\partial}{\partial x_i}\left(D_t\rho\frac{\partial}{\partial x_i}c_{\mathrm{NOx}}\right)= \qquad (9.192)$$
$$Q_{Zeldovich}(c_{\mathrm{NOx}},c_{\mathrm{O}},c_{\mathrm{OH}},c_{\mathrm{H}},\lambda,p,T)\,,$$

wobei der Quellterm nach dem Zeldovich-Mechanismus aus den Radikalkonzentrationen O, OH und H berechnet wird, die Radikalkonzentration N wird als im partiellen Gleichgewicht befindlich betrachtet (siehe Kap. 6.5.1).

Da die Zeitskala der NOx-Bildung sehr groß ist (größer als die turbulenten Zeitskalen, dies ist gerade der andere Grenzfall der Chemie-Turbulenzinteraktion), bildet sich das meiste NOx im Verbrannten, von daher sind turbulente Temperaturfluktuationen weniger relevant (diese spielen in der Brennzone die größte Rolle). Aus diesem Grunde wird die NOx-Bildung meist laminar gerechnet (d. h. rein reaktionskinetisch auf Basis der Ensemble-Mittelwerte), wie in (9.192). Ob dieser Ansatz ausreicht, ist derzeit noch nicht abschließend zu bestimmen, da die T-Abhängigkeit der NOx-Bildung sehr hoch ist und man sich von daher am Rande der Aussagegenauigkeit der 3-D-Simulation bewegt.

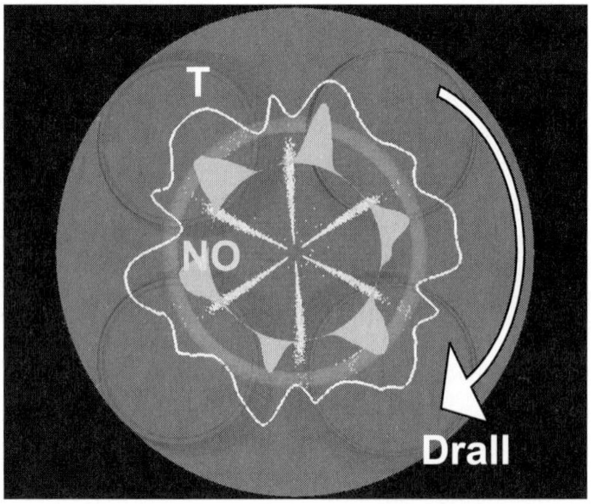

Abb. 9.24: Temperatur- und NO-Verteilung in einem PKW-Dieselmotor. Auf der (drallabgewandten) Lee-Seite der Strahlen kommt es zu den höchsten Temperaturen und folglich den höchsten NO-Konzentrationen

Abb. 9.24 enthält eine berechnete Darstellung einer NOx-Verteilung in einem PKW-Dieselmotor entlang einer Ringkurve in der Strahlebene.

- **Ruß-Bildung**

Zur Simulation der Rußbildung und -oxidation existieren verschiedene Ansätze, siehe hierzu auch Kap. 6.4.4. Zunächst gibt es die phänomenologischen Modelle wie Hiroyasu (Bildung) und Nagle-Strickland (Oxidation). Hier wird eine Transport-Gleichung für den Rußmassenbruch gelöst

$$\rho\left(\frac{\partial}{\partial t}+v_i\frac{\partial}{\partial x_i}\right)c_{Ruß}-\frac{\partial}{\partial x_i}\left(D_t\rho\frac{\partial}{\partial x_i}c_{Ruß}\right)= \\ Q_{Hiroyasu}(\lambda,p,T)-Q_{Nagle-Strickland}(\lambda,p,T) \tag{9.193}$$

Die Aussagekraft dieser Modelle ist allerdings nicht sehr hoch. Typische, sehr hohe intermediäre Rußkonzentrationen vor Einsetzen der Oxidation werden nur unzureichend wiedergegeben.

Von Dederichs et al. (1999) wurde ein Ansatz auf Flamelet-Basis vorgeschlagen, der leistungsfähiger erscheint. Dabei werden die Quellterme der Rußtransportgleichung im Flameletansatz über ein Integral vom Typ

$$Q_{Ruß}(\langle\chi\rangle;p,T)=\int dZ\ p_\beta(Z)Q_{Ruß}(Z,\langle\chi\rangle;p,T) \tag{9.194}$$

berechnet. Da die Ausdrücke $Q_{Ruß}(Z,\langle\chi\rangle;p,T)$ als Funktionen von Z näherungsweise die Form von β-Funktionen haben, können sie durch das Vielfache einer solchen approximiert, deren Koeffizienten und deren Vorfaktor in einer Bibliothek abgespeichert werden. In dieser Form gestaltet sich die Z-Integration (9.194) entsprechend einfach, da das Produkt zweier β-Funktionen wieder eine β-Funktion ist, die Integration ist analytisch ausführbar!

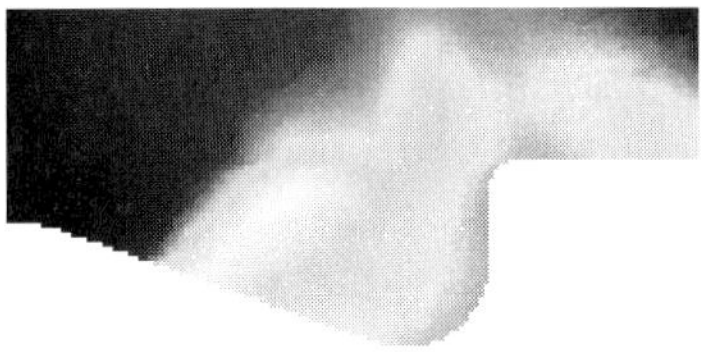

a)

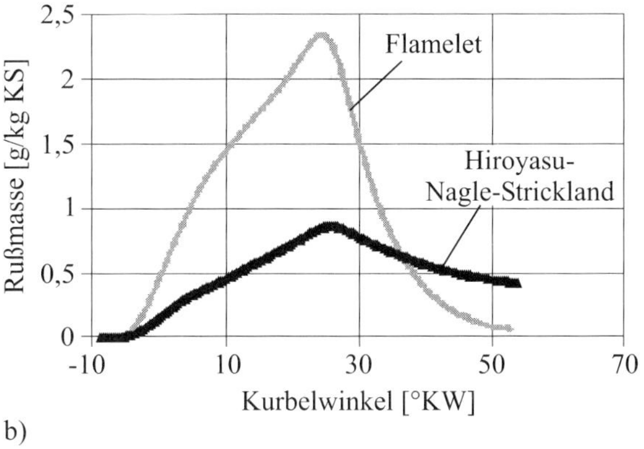

b)

Abb. 9.25: 3-D-Simulation der Rußverteilung im NFZ-Dieselmotor. a) Rußverteilung bei 50°n.OT. Der Ruß (hell) befindet sich hauptsächlich in der Mulde, b) Rußmenge im Brennraum. Vergleich von Flamelet-Konzept und Hiroyasu-Nagle-Strickland-Modell

In Abb. 9.25 b) ist der integrale Rußmassenverlauf im Brennraum während der Verbrennung dargestellt, berechnet sowohl nach Hiroyasu/Nagle-Strickland als auch Flamelet. Die Flamelet-Resultate liefern qualitativ das wesentlich bessere Ergebnis, sie sagen hohe intermediäre

Rußkonzentrationen voraus, wie sie auch von diagnostischen Untersuchungen nahegelegt werden.

Absolute Rußemissionswerte sind aber nach wie vor schwierig zu berechnen. Relative Aussagen (etwa Vergleiche zwischen verschiedenen Muldenformen) lassen sich häufig bereits aus einer Auswertung der Gemischverteilung und ihrer zeitlichen Entwicklung erzielen.

- **HC- und CO-Emissionen**

Weitere Emissionen, die bei modernen Dieselbrennverfahren eine immer bedeutendere Rolle spielen, sind unverbrannte Kohlenwasserstoffe (HC) und CO. Beide sind Komponenten der 7-Spezies-Modellierung (HC nur als Kraftstoff), d. h. das Ergebnis einer Verbrennungsrechnung mit 7-Spezies-Modell liefert prinzipiell HC- und CO-Emissionen. Allerdings sind die in der Rechnung bei Brennende verbliebenen CO und HC typischerweise "Gemischbildungsartefakte", d. h. Konsequenz unzureichender Einspritz- und Gemischbildungsmodelle. Dies gilt insbesondere bei Verwendung des "klassischen", Lagrange'schen Strahlmodells. Selbst bei Applikation verbesserter Strahlmodelle, wie in Kap. 9.2.4 diskutiert, dürfte die Vorhersagequalität der (turbulenten) Gemischzustände zu Brennende nicht sehr hoch sein, die Abweichungen vom realen Verlauf addieren sich auf. Weiterhin tritt detaillierte Reaktionskinetik in den Vordergrund, es kommt zum "Ausfrieren" der Verbrennung (d. h. wir sind wieder mit "großen" chemischen Zeitskalen konfrontiert). Dies aber wird in den heutigen Verbrennungsmodellen nicht wiedergegeben.

Zusammenfassend muss festgestellt werden, dass HC- und CO-Emissionen derzeit nicht berechenbar sind.

- **Ausblick**

Die vorstehenden Ausführungen haben gezeigt, dass Flamelet-Modelle einen wesentlichen Fortschritt hinsichtlich Chemie-Turbulenzkopplung darstellen. Auf das Grundproblem der Flamelet-Formulierung wurde hingewiesen: die Berücksichtigung der Fortschrittsvariablen bei endlich schneller Reaktionskinetik. Es ist schwierig, deren Verteilungsfunktion sinnvoll zu gestalten. Jenseits der β-Funktion für den Mischungsbruch hat sich keine a-priori-Verteilungsfunktion bewährt.

Instationäre Flamelets bieten einen anderen Weg zur Behandlung dieses Problems. Hierbei wird der Brennraum über mehrere transiente Flamelets (das sind Diffusionsreaktoren, d. h. eindimensionale Objekte im Mischungsbruchraum, mit Diffusion und Reaktion) mit endlicher Reaktionskinetik abgebildet (RIF: Representative Interactive Flamelet, siehe Peters (2000)). Allerdings bleibt festzuhalten, dass dieser Ansatz noch nicht ausgereift ist, es existiert keine geschlossene Applikationsstrategie, ja es ist nicht einmal klar, wie viele (und welche) Flamelets anzuwenden sind. Werden aber zu wenige Instationärflamelets appliziert, erhält man zwar eine instationäre, turbulente Reaktionskinetik, aber diese Instationaritäten weisen ganz "seltsame" raumübergreifende Kohärenzstrukturen auf (weil, einfach gesprochen, große Raumgebiete über ein einzelnen Diffusionsreaktor abgebildet werden).

Demgegenüber sind die CMC-Modelle ("Conditional Moment Closure") theoretisch besser fundiert, allerdings äußerst rechenaufwendig, und bislang auf motorische Fragestellungen noch nicht appliziert, siehe hierzu auch Bilger (1993) sowie Klimenko und Bilger (1999).

Eine weitere Option ist die Berechnung von a-posteriori-Verteilungsfunktionen mittels transported-pdf-Modellen, vgl. hierzu auch Pope (1985). Dabei wird ein lokaler Mischungszustand (von Ausgangs- und Endprodukten der Reaktion, also inkl. Fortschrittsvariablen) über ein Ensemble homogener Reaktoren repräsentiert. Jeder homogene Reaktor wird durch ein Partikel dargestellt, das eine mögliche lokale Spezieskomposition verkörpert. Ein solches Partikel bewegt sich mit der Gasgeschwindigkeit im Brennraum, es mischt mit den anderen homogenen Reaktoren in einer Rechenzelle (Diffusion!) und seine Komponenten reagieren untereinander (laminar). Dieses Modell entspricht also dem Partikel-Konzept des Lagrangeschen Strahlmodells! Folglich leidet es unter denselben Schwächen: es setzt hohe Rechenaufwände voraus, statistische Konvergenz ist nur schwer erreichbar, und kleine Strukturen ("Flammenfronten") sind kaum auflösbar (für letzteres sind Flameletmodelle mit ihrer stringenten Luft-Kraftstoff-Korrelation (Mischungsbruchverteilung!) aber bestens geeignet). Ein weiteres Problem besteht darin, dass die Diffusion (d. h. die lokale Mischung der einzelnen Reaktoren) modelliert werden muss, d. h. nicht direkt aus ersten Prinzipien abgeleitet werden kann. Da die verfügbaren Rechenkapazitäten stark zunehmen, ist der Einsatz von transported-pdf-Modellen in näherer Zukunft aber durchaus denkbar. Geeignete Anwendungsgebiete sind Probleme mit nicht zu scharfen räumlichen Gradienten, aber hoher chemischer Komplexität. Die Berechnung des (verschleppten) Ausbrands von HC und CO könnte eine geeignete Applikation sein, ebenso die Berechnung der Selbstzündung (insbesondere unter HCCI-Bedingungen).

9.3.3 Homogener Benzin-Motor (Vormischverbrennung)

Man könnte glauben, dass die Simulation der Flammenfrontverbrennung eines Benzinmotors mit homogenem Gemisch eher unproblematisch sein sollte, da die zugrundeliegenden physikalischen Prozesse wohlbekannt sind und gut beschreibbar sein sollten. Leider ist genau das Gegenteil der Fall, es existiert kein motorischer CFD-Code, der ein wirklich akzeptables Modell zur Beschreibung der ottomotorischen Verbrennung bereithält. Dies hängt auch – ähnlich wie bei den Strahlmodellen – mit den hohen numerischen Ansprüchen von Flammenfrontverbrennungsmodellen zusammen. Im Folgenden werden verschiedene gängige Ansätze diskutiert. Zunächst aber widmen wir uns dem größten Defizit heutiger Verbrennungsmodelle, der Nichtberücksichtigung der Zweiphasigkeit.

- **Zweiphasenproblematik**

Wie bereits in Kap. 4.1.3 diskutiert, ist die aufgefaltete laminare Flammenfront sehr dünn, es handelt sich meist nur um wenige Mikrometer. Wir müssen nun ein Ensemble-Mittel durchführen. In diesem "verwischt" die dünne aufgefaltete laminare Flammenfront (Flammenfläche A_l), eine dickere "turbulente" Flammenfront entsteht (die Flammendicke ist von der Größenordnung der turbulenten Längenskala), die nicht mehr entsprechend gefaltet ist (Flammenfläche A_t). Auch die Ausbreitungsgeschwindigkeiten s_l und s_t ins Unverbrannte hinein sind verschieden, ihr Verhältnis entspricht dem reziproken Verhältnis der Flammenflächen

$$\frac{s_t}{s_l} = \frac{A_l}{A_t} \, , \tag{9.195}$$

sodass im gemittelten wie im ungemittelten Bild (turbulent und laminar) die gleiche Umsatzrate berechnet wird ($A_l s_l = A_t s_t$). Aufgrund der endlichen Dicke der turbulenten Flammenfront ist eine exakte Definition der Flammenfrontposition nicht selbstverständlich, man kann hier beispielsweise die Position des 50%-Umsatzpunktes heranziehen. In Abb. 9.26 ist der Zusammenhang zwischen laminarer und turbulenter Flammenfront beispielhaft dargestellt.

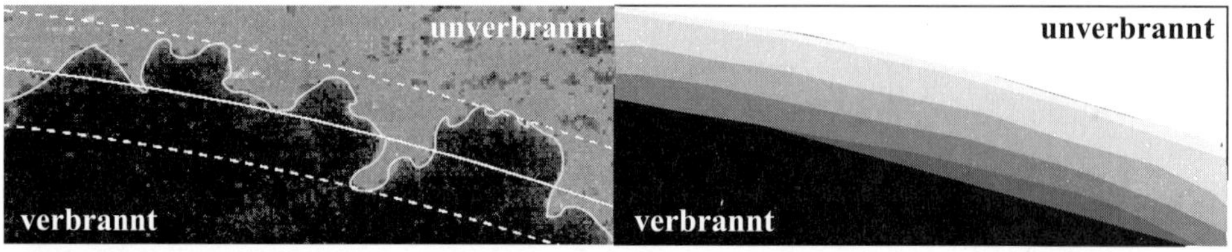

Abb. 9.26: Zusammenhang zwischen laminarer und turbulenter Flammenfront. a) Laminare Flammenfront im Experiment, Position und Lage der turbulenten Flammenfront sind angedeutet, b) Turbulente Flammenfront in der gemittelten Simulation

Prinzipiell kommt es in der laminaren Flammenfront zu einem Dichtesprung (entsprechend dem Temperatursprung), der einem Sprung in den Geschwindigkeiten entspricht. In Abb. 9.27 a) ist die Situation im Bezugssystem der Flammenfront dargestellt, d. h. diese ruht. Mit der laminaren Brenngeschwindigkeit s_l tritt das unverbrannte Gemisch in die stationäre Flammenfront ein, das verbrannte Gemisch verlässt diese mit einer anderen Geschwindigkeit v_v. Es seien ρ_v und ρ_u die Dichten im Verbrannten bzw. im Unverbrannten. Dann gilt aufgrund der Massenerhaltung

$$\rho_v \, v_v = \rho_u \, s_l \; . \tag{9.196}$$

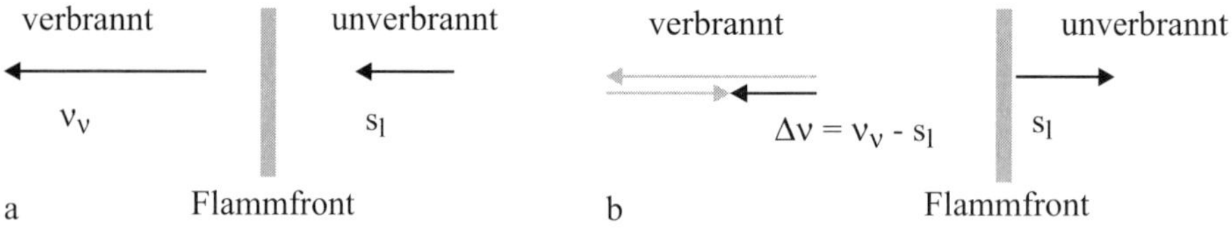

Abb. 9.27: Situation im Bezugssystem a) der Flammenfront und b) des unverbrannten Gases

In Abb. 9.27 b) ist die Situation im Bezugssystem des unverbrannten Gases wiedergegeben, d. h. es wurde einfach eine Geschwindigkeitstransformation durchgeführt. Man sieht, dass die Geschwindigkeit zwischen Unverbrannt und Verbrannt einen Sprung der Größe

$$\Delta v = v_v - s_l = \frac{\rho_u - \rho_v}{\rho_v} s_l \tag{9.197}$$

macht!

Im turbulenten Fall kommt es durch das Ensemblemittel zu einer Überlagerung von verbrannten und unverbrannten Zuständen, mit verschiedenen Geschwindigkeiten, Dichten, Temperaturen und Turbulenzniveaus. Es liegt eine Zweiphasenströmung vor! Leider wird in keinem der motorischen CFD-Codes Vormischverbrennung so behandelt, und damit ist das Hauptdefizit bei der Behandlung der Vormischverbrennung bereits aufgezeigt. Wesentliche Modellierungsfortschritte sind nur bei zweiphasiger Behandlung zu erwarten (aufgrund der eindeutigen "Sprungrelationen" wie (9.197) ist auch eine äquivalente einphasige Behandlung eines gemittelten Zustands denkbar, aus der sich beide Phasen "rückrechnen" lassen).

Die Nichtberücksichtigung der Zweiphasigkeit führt zu mannigfachen Problemen, eine davon ist die Produktion artifizieller Turbulenz in der Flammenzone. Dies ist leicht einzusehen. Der wichtigste Turbulenzproduktionsterm lautet (siehe (9.36))

$$P = \tau_{R,ij} \cdot S_{ij} = F\left(\frac{\partial v_k}{\partial x_l}\right) \quad \text{mit} \quad F(0) = 0 \ . \tag{9.198}$$

Im zweiphasigen Ansatz müsste dieser Term korrekterweise als Mittelung des Terms in der verbrannten und der unverbrannten Phase interpretiert werden (v_v und v_u beschreiben die Geschwindigkeiten der verbrannten und unverbrannten Phase)

$$P_{2Phasen} = cF\left(\frac{\partial v_{v,k}}{\partial x_l}\right) + (1-c)F\left(\frac{\partial v_{u,k}}{\partial x_l}\right) , \tag{9.199}$$

wobei c die *Fortschrittsvariable*, d.h. das statistische Gewicht des "Verbrannt"-Zustands, bezeichnet. Im Standard-einphasigen Ansatz wird nur mit einer mittleren Geschwindigkeit v gearbeitet, die eine Überlagerung aus den Geschwindigkeiten der verbrannten und der unverbrannten Phase darstellt

$$v_k = cv_{v,k} + (1-c)v_{u,k} \ . \tag{9.200}$$

Mit dieser wird der Term P berechnet. Bei Verschwinden der Geschwindigkeitsgradienten

$$\frac{\partial v_{v,k}}{\partial x_l} = \frac{\partial v_{u,k}}{\partial x_l} = 0 \tag{9.201}$$

wird im (korrekten) zweiphasigen Modell keine Turbulenz produziert, im einphasigen Standardansatz produziert aber bereits ein c-Gradient bei einem gleichzeitigen Phasensprung in der Geschwindigkeit (artifizielle) Turbulenz (bei verschwindenden Geschwindigkeitsgradienten)

$$P = F\left(\frac{\partial v_k}{\partial x_l}\right) = F\left((v_{v,k} - v_{u,k})\frac{\partial c}{\partial x_l}\right) . \tag{9.202}$$

Da F im Wesentlichen eine quadratische Funktion in den Geschwindigkeitsgradienten ist, wird die artifizielle Turbulenzproduktion umso stärker, je dünner die Flammenfront. Denn überschlägig gilt (l_F bezeichne die turbulente Flammendicke)

$$P \propto \left[\Delta v \frac{\partial c}{\partial x}\right]^2 \approx \left[\Delta v \frac{1-0}{l_F}\right]^2 = \left[\frac{\Delta v}{l_F}\right]^2 . \tag{9.203}$$

Die Turbulenzgesamtproduktion als Integral über die Flammenfront ergibt dann

$$P_{ges} \approx P l_F \propto \frac{(\Delta v)^2}{l_F}, \tag{9.204}$$

d. h. sie divergiert für $l_F \to 0$.

Der Fehler kann dramatische Dimensionen annehmen, wenn kein Modell verwendet wird, das die Flammenfrontdicke stabilisiert. In diesem Fall produziert die Flammenfront Turbulenz, die daher an der Rückseite der Flammenfront die höchsten Werte annimmt. Diese Turbulenz beschleunigt die Flammenfront (siehe z. B. die Damköhler-Relation (4.5)), und die Rückseite mehr als die Vorderfront. Die Flammenfront wird damit schneller und dünner. Eine dünnere Flammenfront aber erzeugt vermehrt artifizielle Turbulenz, womit der Kreis sich schließt.

Zur Lösung dieses Problems bietet es sich z. B. an, den Turbulenzproduktionsterm in der Flammenfront zu unterdrücken. Insbesondere für dünne Flammenfronten ist der dadurch verursachte Fehler tolerierbar. Aber auf Dauer führt kein Weg an einer zweiphasigen Formulierung vorbei.

- **Magnussen-Modell**

Das einfachste Verbrennungsmodell für Vormischflammen ist das Magnussen-Modell, es besteht aus einer Transport-Gleichung für die Fortschrittsvariable c ($c = 0$: kein Stoffumsatz, $c = 1$: Stoffumsatz vollständig abgeschlossen). In Analogie zum Breakup-Modell für Diffusionsflammen ist die Reaktionsrate proportional zur inversen turbulenten Zeitskala ε/k, wodurch deutlich wird, dass es sich um eine turbulente Vormischverbrennung handelt. Zudem muss die Reaktionsrate Null sein für $c = 0$ und $c = 1$, im Verbrannten wie im Unverbrannten. Das Magnussen-Modell lautet somit

$$\rho\left(\frac{\partial}{\partial t} + v_i \frac{\partial}{\partial x_i}\right)c - \frac{\partial}{\partial x_i}\left(D_t \rho \frac{\partial}{\partial x_i} c\right) = \alpha \rho_u \frac{\varepsilon}{k} c(1-c) , \tag{9.205}$$

wobei α einen Modellparameter beschreibt. Dieses Modell wird heute kaum noch verwendet, da es schwere Defizite aufweist; aufgrund seiner Einfachheit ist es aber dennoch gut geeignet, wesentliche Eigenschaften einer ganzen Klasse von Verbrennungsmodellen zu studieren.

Gleichung (9.205) bildet nach einer Anlaufzeit ein stabiles, von den exakten Anfangsbedingungen unabhängiges Flammenfrontprofil aus, das wie eine dispersionsfreie Welle mit einer definierten Ausbreitungsgeschwindigkeit durch den Brennraum läuft, siehe Abb. 9.28. Dies ist eine Konsequenz des nichtlinearen Quellterms. Derartige nichtlineare Wellen sind aus den verschiedensten Teilgebieten der Physik bekannt und werden auch *solitäre Wellen* oder *Solitonen* genannt. Im Unterschied dazu ist bei linearen Wellen das Profil nicht vorbestimmt, sondern über die Anfangsbedingungen gegeben. Zudem unterliegen lineare Wellen meist der Dispersion.

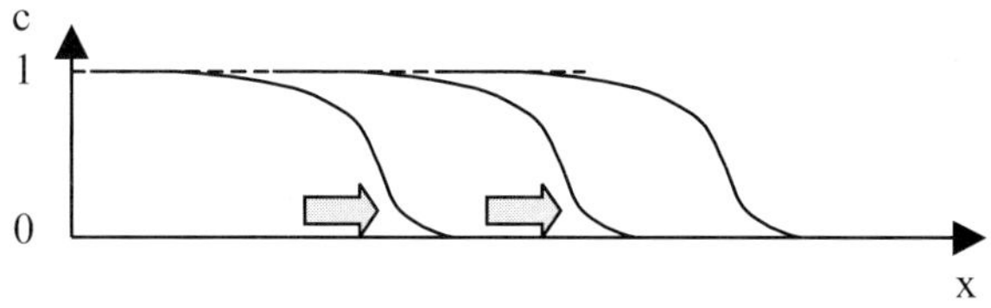

Abb. 9.28: Stabiles turbulentes Flammenfrontprofil

Aus dieser Solitoneigenschaft ergeben sich allerdings zugleich Probleme: Die Profilbestimmung erfolgt an allen Flammenfrontorten numerisch, d. h. unter Lösung einer nichtlinearen Differentialgleichung, bei teils sehr schlechter Netzauflösung! Denn turbulente Flammendicken liegen in der Größenordnung der turbulenten Längenskala, und diese betragen unter motorischen Bedingungen häufig nur 1-2 mm. Bei einer Netzkantenlänge von 0,5mm bedeutet das vier Netzzellen pro Flammenfront, und dass dies nicht unbedingt für die Diskretisierung einer nichtlinearen Differentialgleichung ausreicht, dürfte klar sein!

Die Frage nach der Ausbreitungsgeschwindigkeit wird im KPP-Theorem (Kolmogorov, Pichunov, Petrovski), beantwortet, siehe auch Kolmogorov et al. (1937). Die Grundidee besteht dabei darin, dass die Ausbreitungsgeschwindigkeit der Flammenfront anhand der Ausbreitungsgeschwindigkeit ihrer "Bugwelle", d. h. ihrer Vorderfront, analysiert werden kann (siehe Abb. 9.29). In diesem Bereich gilt nämlich $c \approx 0$, und daher kann (9.205) in c linear genähert werden. Zudem gilt $\rho \approx \rho_u$.

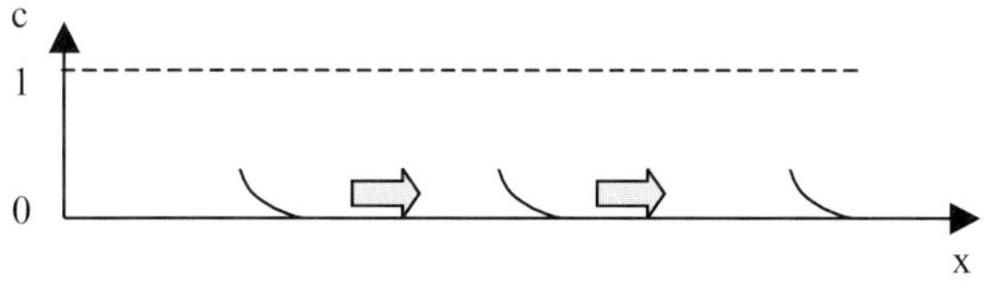

Abb. 9.29: Ausbreitung der Flammenfrontvorderseite

Arbeiten wir in einer Raumdimension und gehen von konstanten Turbulenzwerten aus, dann erhalten wir die Gleichung

$$\rho_u \frac{\partial c}{\partial t} + \rho_u v \frac{\partial c}{\partial x} - \rho_u D_t \frac{\partial^2 c}{\partial x^2} = \alpha \rho_u \frac{\varepsilon}{k} c \ . \tag{9.206}$$

Eine stationäre Wellenlösung lautet

$$c(x,t) = \gamma\left(x - (v + s_t)t\right) = \gamma(\xi) \ . \tag{9.207}$$

Einsetzen in (9.206) liefert

$$-s_t \frac{d\gamma}{d\xi} - D_t \frac{d^2\gamma}{d\xi^2} = \alpha \frac{\varepsilon}{k} \gamma \ . \tag{9.208}$$

Diese Gleichung hat Exponentialfunktionen als Lösung. Im Sinne von Abb. 9.29 ist eine Lösung vom Typ

$$\gamma = \exp(-\omega\xi) \qquad \omega \geq 0 \tag{9.209}$$

zu suchen. Damit erhält man

$$\omega = \frac{s_t \pm \sqrt{s_t^2 - 4\alpha \frac{\varepsilon}{k} D_t}}{2D_t} \ . \tag{9.210}$$

Diese Gleichung hat nur dann eine reelle Lösung, wenn

$$s_t \geq 2\sqrt{\alpha \frac{\varepsilon}{k} D_t} \ .$$

Das KPP-Theorem sagt nun aus, dass der minimale Geschwindigkeitswert

$$s_{t,\min} = 2\sqrt{\alpha \frac{\varepsilon}{k} D_t} \tag{9.211}$$

gerade derjenige ist, der sich einstellt, wenn die Flammenfront sich von einem begrenzten Ort aus in ein Gebiet mit $c = 0$ hinein ausbreitet. Um dies zu verstehen, betrachtet man wieder die linearisierte Gleichung (diesmal der Einfachheit wegen ohne v-Term)

$$\frac{\partial c}{\partial t} - D_t \frac{\partial^2 c}{\partial x^2} = \alpha \frac{\varepsilon}{k} c \, , \tag{9.212}$$

deren Greensfunktion

$$c_G(x;t) = \frac{N}{\sqrt{t}} \exp\left(-\frac{x^2}{4D_t t} + \alpha \frac{\varepsilon}{k} t \right) \tag{9.213}$$

lautet. Dieses Ergebnis kann unschwer aus dem Fall $\alpha = 0$ der reinen Diffusionsgleichung abgeleitet werden. Die Greensfunktion beschreibt das asymptotische Ausbreitungsverhalten (nur der Flammenfrontvorderseite!), das von einer Punktquelle ausgeht, der konstante Vorfaktor N ist ohne Relevanz. Um die Ausbreitungsgeschwindigkeit zu finden, müssen wir die Funktion $x(t)$ berechnen, für die c_G stationär ist, d. h.

$$-\frac{x^2}{4D_t t} + \alpha \frac{\varepsilon}{k} t - \frac{1}{2} \ln(D_t t) = \text{const.} \tag{9.214}$$

Für große t sind der logarithmische und der konstante Term vernachlässigbar und man erhält näherungsweise

$$\left(\frac{x}{t} \right)^2 = 4\alpha \frac{\varepsilon}{k} D_t = s_{t,\min}^2 \, , \tag{9.215}$$

d. h. wir haben wieder unsere Minimalgeschwindigkeit (siehe (9.211)) als Geschwindigkeit einer von einer Punktquelle ausgehenden Flamme gefunden! Setzen wir

$$D_t = c_\mu \frac{k^2}{\varepsilon} ,$$

so ergibt sich

$$s_t = 2\sqrt{c_\mu \alpha}\, u' . \tag{9.216}$$

Dies entspricht der Damköhler-Relation (4.5) im Grenzfall $s_t >> s_l$.

Anhand der Greensfunktion (9.213) kann man auch einsehen, dass bei geeigneter räumlicher Vorinitialisierung (d. h. keine Punktquelle) auch höhere Brenngeschwindigkeiten erreicht werden können. Man wähle beispielsweise die Initialisierung

$$c(x;t=0) = \exp(-\beta|x|) \text{ mit } \beta < \frac{s_{t,\min}}{2D_t} . \tag{9.217}$$

Dies führt für $t \geq 0$ auf

$$c(x;t) = \int_{-\infty}^{\infty} \mathrm{d}y \exp(-\beta|y|) \frac{N}{\sqrt{t}} \exp\left(-\frac{(x-y)^2}{4D_t t} + \alpha \frac{\varepsilon}{k} t \right) . \tag{9.218}$$

Zur Berechnung der Flammenausbreitung für x > 0 kann dieser Ausdruck ersetzt werden durch

$$\begin{aligned} c(x;t) &\approx \int_{-\infty}^{\infty} dy \frac{N}{\sqrt{t}} \exp\left(-\frac{(x-y)^2}{4D_t t} - \beta y + \alpha \frac{\varepsilon}{k} t \right) \\ &= 2\sqrt{\pi D_t}\, N \exp\left(-\beta x + \left(D_t \beta^2 + \alpha \frac{\varepsilon}{k} \right) t \right) , \end{aligned} \tag{9.219}$$

denn der Integrand von (9.219) ist eine Gauss-Funktion, deren Maximum bei

$$y_{\max} = x - 2 D_t t \beta$$

liegt. Die Halbwertsbreite ist skaliert mit $\sqrt{t}$. Es soll nun die Flammenfrontausbreitung bei großen Zeiten beschrieben werden, d. h. $x \cong s_t t$. Daraus folgt für $y_{\max}$ (siehe die Einschränkung an β in (9.217))

$$\frac{y_{\max}}{t} = s_t - 2 D_t \beta > s_t - s_{t,\min} > 0 .$$

Letzteres Ungleichheitszeichen gilt, sofern $s_t > s_{t,\min}$, was nach (9.220) und (9.221) sichergestellt ist. Zusammen mit der mit $\sqrt{t}$-skalierten Halbwertsbreite ergibt sich, dass der von Null wesentlich verschiedene Bereich des Integranden von (9.219) zumindest für große t bei positiven y-Werten liegt. Die Gleichungen (9.219) und (9.218) liefern somit ein identisches Ausbreitungsverhalten.

Die Forderung eines stationären Exponenten führt für (9.219), untere Zeile, auf die Beziehung

$$s_t(\beta) = \frac{x}{t} = D_t\beta + \frac{\alpha}{\beta}\frac{\varepsilon}{k} \ . \tag{9.220}$$

Das Minimum dieser Funktion (gegeben durch $\mathrm{d}s_t / \mathrm{d}\beta = 0$) lautet wiederum

$$s_{t,\min} = 2\sqrt{a\frac{\varepsilon}{k}D_t} \quad \text{für} \quad \beta = \sqrt{\frac{\alpha\varepsilon}{D_t k}} \ . \tag{9.221}$$

Dies bedeutet aber auch, dass für kleinere β-Werte höhere Flammenausbreitungsgeschwindigkeiten vorliegen!

Daraus folgt ein weiteres sehr ernstes Problem des Magnussen-Modells: es ist sehr instabil gegen inkorrekte Initialisierungen, ja überhaupt gegen geringfügig von Null verschiedene c-Werte vor der Flammenfront (eine Initialisierung wie in (9.217) weicht ja in der Tat nur wenig von Null ab). Anschaulich gesprochen rührt dies daher, dass die Ausbreitungsgeschwindigkeit über die Vorderfront der Flamme (d. h. kleine c-Werte) bestimmt wird, während die größeren c-Werte innerhalb der Flammenfront für das richtige Profil "sorgen".

Diese numerische Sensitivität tritt insbesondere in Wandnähe unmittelbar zutage. Prinzipiell sollte die KPP-Analyse für das Magnussen-Modell auch an der Wand Gültigkeit haben, d. h. die Brenngeschwindigkeit (Gleichung (9.216)) müsste eher sinken, da an der Wand die Turbulenz abnimmt (die Dissipation nimmt stark zu). Typischerweise liefern 3-D-Simulationen das genau gegenteilige Verhalten, es kommt zu extremen, völlig unphysikalischen Beschleunigungen der Flamme in Wandnähe. Zum Verständnis diesen Phänomens analysiert man die Flammengeschwindigkeit nach (9.211). An der Wand gilt

$$\varepsilon \propto \frac{1}{y} \xrightarrow[y\to 0]{} \infty \ , \tag{9.222}$$

folglich strebt auch der Quellterm von Gleichung (9.206) gegen Unendlich, während der Diffusionsterm gegen Null streben sollte, bei endlichem Produkt. Aufgrund numerischer Unschärfen fällt die Diffusion aber nicht auf Null ab, es bleibt immer eine gewisse numerische Diffusion D_{num} bestehen, die von Netzauflösung und Numerikschema anhängt. Konsequenterweise kann der Term (9.211) in Wandnähe über alle Grenzen wachsen

$$s_{t,Wand} = 2\sqrt{\alpha\frac{\varepsilon}{k}D_{num}} \propto \frac{1}{\sqrt{y}} \xrightarrow[y\to 0]{} \infty \ . \tag{9.223}$$

Zusammenfassend lässt sich sagen, dass das Magnussen-Modell eine solitäre Welle erzeugt, deren Profil und Ausbreitungsgeschwindigkeit über eine komplexe Interaktion von Quellterm und Diffusion generiert wird. Bei dünnen turbulenten Flammenfronten bzw. in Wandnähe leidet es unter ernsten numerischen Problemen.

- **Flammenflächenmodelle**

Eine verbesserte physikalische Beschreibung liefern die Flammenflächenmodelle (engl. Coherent Flame Models). In diesen beschleunigt die Turbulenz nicht direkt die Flamme (wie nach (9.205)), sondern faltet diese stärker auf, eine stärker gefaltete Flamme aber brennt schneller.

Zu diesem Zwecke wird eine zusätzliche Transportgleichung für die Flammenfrontdichte Σ (Flammenfläche pro Volumeneinheit) bzw. stattdessen für die spezifische Flammenfront $\sigma = \Sigma/\rho$ gelöst. Diese Gleichung existiert in den verschiedensten Versionen, siehe Poinsot und Veynante (2001). Eine typische Variante lautet

$$\rho\left(\frac{\partial}{\partial t} + v_i \frac{\partial}{\partial x_i}\right)\sigma - \frac{\partial}{\partial x_i}\left[\rho D_t \frac{\partial \sigma}{\partial x}\right] = \alpha_F \frac{\varepsilon}{k}\rho\sigma - \beta_F \frac{s_l}{c(1-c)}(\rho\sigma)^2 , \qquad (9.224)$$

wobei α_F und β_F je nach Ansatz neben Modellkonstanten noch funktionale Abhängigkeiten von den turbulenten und chemischen Zeit- und Längenskalen beinhalten (können). Der erste Term auf der rechten Seite beschreibt die Flammenflächenproduktion durch Turbulenz, der zweite Term stellt eine Senke bedingt durch Ausbrand dar. Zusätzlich muss noch eine Transportgleichung für die Fortschrittsvariable gelöst werden

$$\rho\left(\frac{\partial}{\partial t} + v_i \frac{\partial}{\partial x_i}\right)c - \frac{\partial}{\partial x_i}\left(\rho D_t \frac{\partial}{\partial x_i} c\right) = \rho_u s_l \rho\sigma \ . \qquad (9.225)$$

Die laminare Brenngeschwindigkeit wird z.B. gemäß (4.1) berechnet. Besteht in (9.224) ein Gleichgewicht zwischen Flammenflächenquelle und -senke, so gilt

$$(\rho\sigma)_{eq} s_l = \frac{\alpha_F}{\beta_F}\frac{\varepsilon}{k}c(1-c) \ . \qquad (9.226)$$

Damit erhält man aus (9.225) das Magnussen-Modell! Diese Näherung ist allerdings nur für große Werte von α_F und β_F erfüllt.

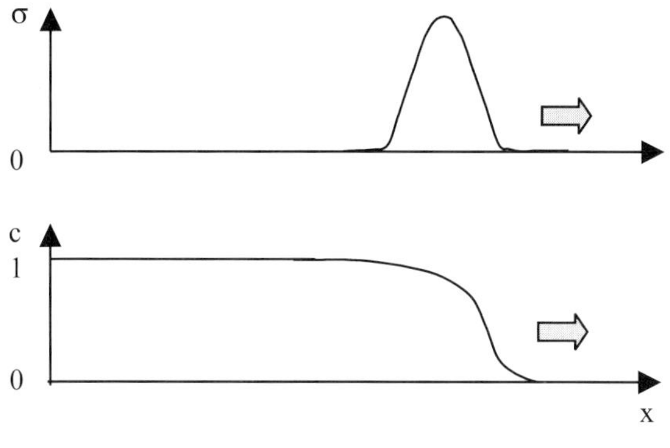

Abb. 9.30: Flammenfrontprofile in c und σ

Auch bei Flammenflächenmodellen wird die Flammenfront wieder durch eine solitäre Welle abgebildet (diesmal im σ - und im c-Feld), mit definierter Ausbreitungsgeschwindigkeit und definierten c-und σ -Profilen. Dabei läuft das c-Feld von 0 (vor der Flamme) auf 1 (hinter der Flamme, während σ vor der Flamme bei Null startet, auf einen Maximalwert in der Flamme hochläuft, um dann bis zur Flammenrückfront wieder auf Null abzufallen (siehe Abb. 9.30).Zur Berechnung der Ausbreitungsgeschwindigkeit einer ebenen Flammenfront geht man ähnlich vor wie beim Magnussen-Modell und bestimmt die Ausbreitungsgeschwindigkeit der Flammenfrontvorderseite; dazu müssen (9.224) und (9.225) in σ und c linearisiert werden, es gilt $\rho = \rho_u$. Die so erhaltenen Gleichungen lauten

$$\begin{aligned} \rho_u\left(\frac{\partial}{\partial t}+v\frac{\partial}{\partial x}\right)\sigma - \rho_u D_t \frac{\partial^2 \sigma}{\partial x^2} &= \alpha_F \frac{\varepsilon}{k}\rho_u \sigma - \beta_F\, s_l (\rho_u)^2 \left(\frac{\sigma}{c}\right)\sigma \;, \\ \rho_u\left(\frac{\partial}{\partial t}+v\frac{\partial}{\partial x}\right)c - \rho_u D_t \frac{\partial^2 c}{\partial x} &= (\rho_u)^2 s_l \left(\frac{\sigma}{c}\right)c \;. \end{aligned} \qquad (9.227)$$

Man erkennt, dass eine stationäre Lösung mit $\sigma/c = \text{const.}$ existiert

$$\begin{aligned} c(x,t) &= c_0 \exp\left(-\omega\left(x-(v+s_t)t\right)\right), \\ \sigma(x,t) &= \sigma_0 \exp\left(-\omega\left(x-(v+s_t)t\right)\right). \end{aligned} \qquad (9.228)$$

Einsetzen in (9.227) liefert

$$\begin{aligned} \omega s_t - D_t \omega^2 &= \alpha_F \frac{\varepsilon}{k} - \beta_F\, s_l\, \rho_u \frac{\sigma_0}{c_0}, \\ \omega s_t - D_t \omega^2 &= s_l\, \rho_u \frac{\sigma_0}{c_0}, \end{aligned} \qquad (9.229)$$

was schließlich auf

$$\omega = \frac{s_t \pm \sqrt{s_t^2 - 4D_t \dfrac{\alpha_F}{\beta_F+1}\dfrac{\varepsilon}{k}}}{2D_t} \qquad (9.230)$$

führt. Nach dem KPP-Theorem folgt die Ausbreitungsgeschwindigkeit

$$s_t = 2\sqrt{D_t \frac{\alpha_F}{\beta_F+1}\frac{\varepsilon}{k}} \;. \qquad (9.231)$$

(Je nach konkreter Gestalt der Ausgangsvariante von (9.224) fällt diese Berechnung natürlich etwas anders aus, man sollte das Ergebnis (9.231) nur exemplarisch verstehen!)

Damit ist klar, dass die Flammenflächenmodelle ein vergleichbares mathematisches Verhalten wie das Magnussen-Modell aufweisen, Ausbreitungsgeschwindigkeit und Flammenfrontprofil sind wiederum Ergebnis der Wechselwirkung von Diffusion und Quelltermen in den relevanten Transportgleichungen. Und eine gute numerische Auflösung der Flammenfront ist unabdingbar. Somit liegt aber auf der Hand, das die Flammenfrontmodelle das größte Defizit des Magnussen-Modells, das schlechte numerische Verhalten, gerade nicht beheben!

Auch das Verhalten in Wandnähe ist weiterhin kritisch. Allerdings gibt es Modellierungsansätze, in denen die Wandproblematik nicht mehr vorhanden bzw. deutlich entschärft ist. So enthält bei Poinsot und Menevaux die Funktion α_F die ITNFS-Funktion Γ (Γ = Intermittent Turbulent Net Flame Stretch, siehe Poinsot und Veynante (2001)),

$$\alpha_F = \alpha_0 \frac{\varepsilon}{k} \Gamma\left(\frac{l_t}{\delta_0}, \frac{\sqrt{k}}{s_l}\right), \tag{9.232}$$

wobei δ_0 die laminare Flammendicke bezeichnet.

Die Funktion Γ aber strebt bei abnehmender turbulenter Längenskala gegen Null. D. h. an der Wand ($l_t \to 0$) wird auch das Produkt $\varepsilon/k\,\Gamma$ gleich Null, es tritt keine numerisch bedingte Divergenz mehr auf! Allerdings würde diese Formulierung auch dem Magnussen-Modell deutlich weiterhelfen.[15]

Aufgrund der Auflösungsprobleme sind Flammenflächenmodelle für motorische Rechnungen eher schlecht geeignet, die verfügbaren Rechennetze sind typischerweise zu grob, insbesondere bei später Direkteinspritzung (hohe Turbulenz). Als Ergänzung hochaufgelöster 2-D-Strahlmodelle wie in Kap. 9.2.4 könnten Flammenflächenmodelle sinnvoll sein, allerdings sind derartige Berechnungen rotationsinvariant, und ringförmige Zündkerzen sind bislang leider unüblich.

Eine andere, hin und wieder sogar praktizierte Option ist die flammenfrontadaptive Netzverfeinerung. Dies ist allerdings gar nicht "zeitgemäß", der Trend läuft leider in die entgegengesetzte Richtung (siehe Kap. 9.1.4). Heutzutage darf man sich schon glücklich preisen, für die Verbrennungssimulation ein eigenes (bei Vormischverbrennung möglichst homogen strukturiertes) Netz zur Verfügung zu haben, das nicht mehr die Ventilstrukturen enthält.

Häufig wird behauptet, turbulente Flammenfronten seien gar nicht so dünn, sondern wiesen eine beträchtliche Flammendicke auf, was gerade das Experiment zeige, wenn man die Flammen mehrerer Zyklen überlagere. Hierbei werden einmal wieder Ensemble-Mittelung und Zyklenmittelung verwechselt. Wie bereits dargestellt (siehe Kap. 9.1.2), beinhaltet die Ensemble-Mittelung nur die Mittelung über turbulente ("kohärente") Fluktuationen, die bei gleichen Randbedingungen in der Strömung durch das chaotische Verhalten der zugrundeliegenden Strömungsdynamik hervorgerufen werden. Zyklenschwankungen aber enthalten zusätzliche Schwankungen, die durch Fluktuationen der Rand- und Anfangsbedingungen (Drosselklappe, Einspritzung, Restgas, Zündung,...) erzeugt werden. Ein turbulentes Verbrennungsmodell schließt nur die turbulenten, kohärenten Fluktuationen ein (daher auch der Name "Coherent Flame Model"); lediglich diese tragen zur Ausbildung der turbulenten Modell-Flammenfront bei.

Dass man nicht frei ist in der Wahl des betrachteten Ensembles, ist leicht einzusehen. Typische inkohärente Fluktuationen sind beispielsweise Schwankungen im (effektiven) Zündzeitpunkt. Es seien

$$\langle\sigma\rangle_\varphi \text{ und } \langle c\rangle_\varphi$$

die bezüglich kohärenter Fluktuationen ensemblegemittelten Größen σ und c, bei festem Zündzeitpunkt (-winkel) φ. Dann ergeben sich die Gesamtmittelwerte bezüglich kohärenter und inkohärenter Fluktuationen als

[15] Es muss an dieser Stelle darauf hingewiesen werden, dass die ITNFS-Funktion eine physikalische Bedeutung hat. Aber auch im numerischen Sinne wirkt sie eben äußerst vorteilhaft.

$$\begin{aligned} \langle\sigma\rangle_{ges} &= \int d\varphi\, f(\varphi)\langle\sigma\rangle_{\varphi} \\ \langle c\rangle_{ges} &= \int d\varphi\, f(\varphi)\langle c\rangle_{\varphi} \end{aligned} \tag{9.233}$$

bei einer Zündwinkelverteilungsfunktion $f(\varphi)$. Aufgrund ihrer Nichtlinearität sind aber die Transportgleichungen (9.224) und (9.225) unter einer solchen Transformation nicht invariant! D.h. wenn $\langle\sigma\rangle_{\varphi}$ und $\langle c\rangle_{\varphi}$ die Gleichungen (9.224) und (9.225) erfüllen, dann gilt dies nicht für

$$\langle\sigma\rangle_{ges} \text{ und } \langle c\rangle_{ges} \,.$$

Somit steht es uns nicht frei, den Ereignisraum der Mittelung "geeignet" zu wählen, die Flammenflächenmodelle (wie auch das Magnussen-Modell) korrespondieren bereits einer fixen Wahl, nämlich der des "minimalen" Ensembles, das nur die kohärenten, intrinsischen, strömungsmechanischen Fluktuationen enthält.

- **G-Gleichung**

Um den numerischen Problemen der Flammenfront- und Magnussen-Modelle zu entkommen, wird ein Verbrennungsmodell mit einer Formulierung benötigt, in der die turbulente Brenngeschwindigkeit explizit auftaucht. Zudem sollte die Sensitivität bezüglich der Auflösung der turbulenten Flammenfront möglichst gering sein. Ein derartiges Modell ist die G-Gleichung

$$\frac{\partial G}{\partial t} + v_i \frac{\partial G}{\partial x_i} = s_t |\nabla G| \tag{9.234}$$

bzw.

$$\frac{\partial G}{\partial t} + (v_i + s_t \hat{n}_i)\frac{\partial G}{\partial x_i} = 0 \text{ mit } \hat{n} = -\frac{\nabla G}{|\nabla G|} \,. \tag{9.235}$$

Diese Gleichung beschreibt die Ausbreitung einer Fläche, indem sich jedes Flächenelement mit einer zu ihm normalen Ausbreitungsgeschwindigkeit vom Betrag s_t relativ zum Fluid ausbreitet. Die Fläche ist durch die Punktmenge charakterisiert, für die $G(x) = 0$ gilt. Außerhalb der Flammenfläche ist die Variable G beliebig wählbar, sie sollte nur von Null verschieden sein. Die Flamme wird daher in diesem Bild zunächst als unendlich dünne Fläche beschrieben. Natürlich kann es dabei nicht bleiben, abgesehen von den physikalischen Realitäten dürfen wir in einen CFD-Code keine "Sprungstelle" in Dichte und Temperatur zulassen. Somit muss eine endliche Flammendicke l_F eingeführt werden. Als Bestimmungsgleichung für l_F wird für eine stationäre Flamme beispielsweise die Relation

$$l_F = b\, l_t \tag{9.236}$$

verwendet, wobei $b \approx 2$. Dies gilt jedoch nicht in Wandnähe, da dort die Strömung laminarisiert. Es existieren auch Modellvarianten mit eigener Transportgleichung für die Flammendicke, siehe Peters (2000).

$G=0$ beschreibt somit die Mittelposition der Flammenfront. Als Profil für ∇c bietet sich eine Gauß-Funktion an, c ist dann definiert als[16]:

$$c(x) = erf\left(\frac{2\,\mathrm{d}(x)}{l_F}\right), \tag{9.237}$$

wenn d(x) den (je nach Position positiven oder negativen) Abstand eines gegebenen Punktes zur Flammenfront beschreibt. Allerdings ist noch festzulegen, wie rein operativ der Abstand eines Raumpunktes von der Flammenfront zu berechnen ist.

Bezeichnet s_t wie üblich die turbulente Brenngeschwindigkeit relativ zum Unverbrannten, so gilt (9.234) nur für die Flammenvorderfront, entsprechend den Gleichungen (9.227), d. h. bei $\rho = \rho_u$. Bei einem endlichen Reaktionsfortschritt mit zugeordneter Dichte $\rho < \rho_u$ muss noch eine zusätzliche Rückströmung (siehe (9.197)) überwunden werden, die Differenzgeschwindigkeit zur Flammenfront (deren Geschwindigkeit relativ zum Unverbrannten s_t beträgt) ist

$$v_\rho = s_t \frac{\rho_u - \rho}{\rho} \ . \tag{9.238}$$

Insgesamt lässt sich daher allgemeiner schreiben

$$\rho \frac{\partial G}{\partial t} + \left(\rho v_i + \rho_u s_t \hat{n}_i\right) \frac{\partial G}{\partial x_i} = 0 \ . \tag{9.239}$$

Die G-Gleichung ist eine hyperbolische Gleichung mit einer von $\vec{v}$ verschiedenen Transportgeschwindigkeit

$$\vec{v} + \frac{\rho_u}{\rho} s_t \hat{n} \ ;$$

sie benötigt daher prinzipiell einen eigenen Lösungsalgorithmus, der in den Standard-CFD-Codes nicht vorgesehen ist. Selbst bei Verfügbarkeit eines Lösungsverfahrens kann sich (9.239) außerhalb der Flammenfront problematisch verhalten, da dort kein spezielles Verhalten vorgeschrieben wird. Ein empfehlenswerter Ansatz ist daher, die Forderung

$$|\nabla G| = 1 \, , \tag{9.240}$$

zu stellen, d. h. bei dieser Vorgabe ("Eichung" des G-Felds) entsprechen die G-Werte außerhalb der Flammenfront den Abständen zur Flammenfront (negativ vor und positiv hinter der Flammenfront). Mit dieser Wahl ist auch die lokale Definition der Fortschrittsvariablen gegeben, nach (9.237) gilt

$$c(x) = erf\left(\frac{2G(x)}{l_F}\right) . \tag{9.241}$$

---

[16] $erf(x) = \frac{1}{\sqrt{\pi}} \int_{-\infty}^{x} \exp(-x^2)\mathrm{d}x$

Allerdings ist die Eigenschaft (9.240) nicht zeitlich erhalten, die Gleichung (9.239) muss reinitialisiert werden! Dies bedeutet, dass nach jedem Zeitschritt (bzw. nach einer Anzahl von Zeitschritten) die Differentialgleichung

$$\frac{\partial G(x,t,\tau)}{\partial \tau} = sign(G(x,t))\left(1 - \left|\nabla G(x,t,\tau)\right|\right), \qquad G(x,t,0) = G(x,t), \; . \tag{9.242}$$

für $\tau \to \infty$ gelöst werden muss, sie konvergiert dann gegen $|\nabla G| = 1$. Dies bedeutet freilich einen nicht unerheblichen rechnerischen Zusatzaufwand.

Der große Vorteil der G-Gleichung besteht aber darin, dass es sich zumindest beim ebenen Problem um eine lineare Welle handelt, Flammenprofil und Ausbreitungsgeschwindigkeit sind unkorreliert. Eine geringe Auflösung des Profils ist somit eher unkritisch.

Verschiedene Formeln für s_t können verwendet werden, natürlich auch die Brenngeschwindigkeiten der Flammenflächenmodelle (z.B. (9.231)). Häufig werden phänomenologische Relationen ähnlich der Damköhler-Beziehung (4.5) verwendet, wie z.B.

$$s_t = s_l \left(1 + A \cdot \left(\frac{u'}{s_l}\right)^n\right) . \tag{9.243}$$

Die laminare Brenngeschwindigkeit s_l kann z.B. nach Gleichung (4.1) berechnet werden; über diese Relation ist dann auch die AGR-Abhängigkeit der Brenngeschwindigkeit gegeben.

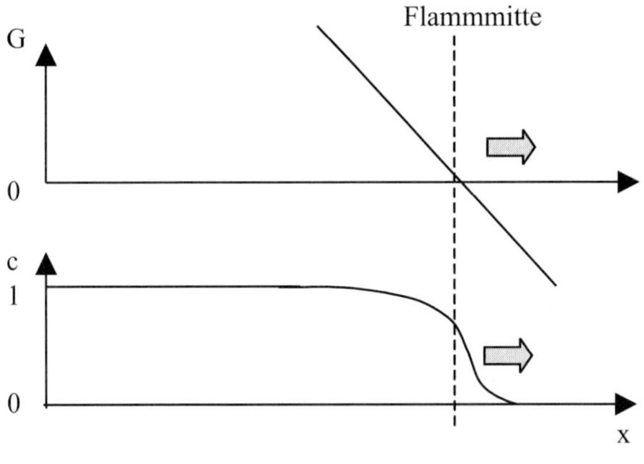

Abb. 9.31: Schematische Darstellung der Simulation der Flammenfrontausbreitung mit G-Gleichung mit Reinitialisierung

Ein weiteres Problem ist die Wandbehandlung der G-Gleichung. Die Verwendung von (9.236) an der Wand bereitet Probleme, da die Flammenfront sehr dünn würde (laminarisiert). Man kann die Flammenfrontdicke einfach numerisch nach unten begrenzen oder auch eine zusätzliche Transportgleichung für die turbulente Flammendicke l_F einführen (denn dann kommt l_F normalerweise nicht ins Gleichgewicht).

Bisweilen werden neben der l_F -Gleichung noch weitere Transportgleichungen für Flammeneigenschaften formuliert, beispielsweise für die Flammenflächendichte Σ (siehe dazu auch Peters (2000)). Bei der Formulierung dieser Transportgleichungen ist aber Vorsicht geboten, damit es zu keiner Kausalitätsverletzung kommt, die Ausbreitung von Flammeneigenschaften muss zur Flammenausbreitung selbst kompatibel sein. Nur die Flammenvariablen am Flammenort ($G = 0$) sind physikalisch und dürfen auf spätere (physikalische) Flammenvariable Einfluss nehmen. Eine zulässige Transportgleichung für eine Flammeneigenschaft l_F lautet beispielsweise[17]

$$\rho \frac{\partial l_F}{\partial t} + (\rho v_i + \rho_u s_t \hat{n}_i) \frac{\partial l_F}{\partial x_i} - \frac{\partial}{\partial x_{\|}} \left(\rho D_t \frac{\partial}{\partial x_{\|}} l_F \right) = 2\rho D_t - c_s \rho \frac{\varepsilon}{k} l_F^2 \ , \tag{9.244}$$

wobei

$$\hat{n} = -\frac{\nabla G}{|\nabla G|},$$
$$\frac{\partial}{\partial x_{\|}} \left(\rho D_t \frac{\partial}{\partial x_{\|}} l_F \right) := \frac{\partial}{\partial x_i} \left(\rho D_t \frac{\partial}{\partial x_i} l_F \right) - \hat{n}_i \frac{\partial}{\partial x_i} \left(\rho D_t \hat{n}_j \frac{\partial}{\partial x_j} l_F \right). \tag{9.245}$$

- **Diffusive G-Gleichung**

In den motorischen CFD-Codes existiert bisher leider keine vollständige korrekte G-Gleichungs-Implementation mit eigener Konvektion und Reinitialisierung, STAR CD aber enthält eine diffusive G-Gleichung für die Fortschrittsvariable (unter der Bezeichnung Eingleichungs-Weller-Modell[18])

$$\rho \left(\frac{\partial c}{\partial t} + v_i \frac{\partial G}{\partial x_i} \right) - \frac{\partial}{\partial x_i} \left(\rho D_t \frac{\partial G}{\partial x_i} \right) = \rho_u s_t |\nabla c| \ . \tag{9.246}$$

Im Unterschied zu (9.239) enthält diese Gleichung einen turbulenten Diffusionsterm, zudem wird sie direkt zur Berechnung der Fortschrittsvariablen c verwendet (d. h. eine Relation wie (9.241) fällt nun weg, könnte aber auch gar nicht appliziert werden, da nun ja eine Abstandsvariable zur Flammenfront fehlt). Der zu s_t proportionale Term wird als Quellterm behandelt.

Die Vorteile der Formulierung (9.246) liegen auf der Hand: es handelt sich um eine "konventionelle" Skalartransportgleichung, die im Standardverfahren behandelt werden kann. Besondere Aufwände für eine spezielle Konvektion bzw. eine Reinitialisierung sind nicht notwendig.

---

[17] Die phys. Information einer Konfiguration sollte unter einer Eichtransformation $l_F(x) \to l_F(x) + G(x)\Phi(x)$ für beliebige $\Phi(x)$ invariant sein. Diese Forderung kann dazu dienen, geeignete Formen der Transportgleichungen (9.244) zu evaluieren. Siehe dazu auch Kraus (2006).

[18] Das eigentliche Weller-Modell aber ist ein Zweigleichungsmodell, das die Flammenfront detailliert auflöst und den Flammenflächenmodellen ähnelt (siehe Weller (1993)).

Auf der anderen Seite sinkt mit der Quelltermbehandlung des s_t-Terms die Lösungsqualität deutlich. Und die Reinitialisierung war zur Generierung einer Abstandsvariablen erforderlich, die wiederum der Berechnung der Flammendicke diente. An dieser Stelle weist die diffusive G-Gleichung ihr größtes Defizit auf: sie berechnet deutlich zu dicke Flammen, die unter Diffusionseinfluss zerfließen ($l_{F,Diff-G} \propto 2\sqrt{D_t t}$). Dies charakterisiert aber ganz und gar nicht das Verhalten einer Flammenfront, die ja eine solitäre Welle mit stationärem Profil ausbildet, wie wir oben gelernt haben. Die Ausbreitungsgeschwindigkeit bleibt jedoch durch den Diffusionsterm unberührt, gleiches gilt für den globalen Umsatz. Daher sind effektiv gesehen zu dicke Flammenfronten harmloser, als vielleicht zunächst angenommen. Zumindest im ebenen, eindimensionalen Falle ist die G-Gleichung gegenüber der Transformation (9.233) forminvariant, d.h. bei Verwendung einer G-Gleichungsformulierung hat man in der Tat ein gewisses Recht, auch inkohärente, flammenaufdickende Schwankungen zuzulassen.

Schließlich soll ein großer praktischer Vorteil zu dicker Flammen nicht unerwähnt bleiben: die artifizielle Turbulenzproduktion gemäß S. 374ff fällt nur sehr gering aus! Solange das Turbulenzproduktionsproblem nicht gelöst ist, kommt man eigentlich gar nicht umhin, mit unphysikalisch dicken Flammen zu rechnen.

Allerdings bedeutet dies, dass in der CFD-Rechnung eine räumlich falsche Flammenverteilung vorliegt, insbesondere gegen Ende der Verbrennung. Gerade wenn auch andere, zur Verbrennung parallel ablaufende physikalische Phänomene mituntersucht werden sollen (z. B. Klopfen oder Gemischbildung bei Schichtladungsverbrennung), bereitet eine falsche Flammenverteilung Schwierigkeiten.

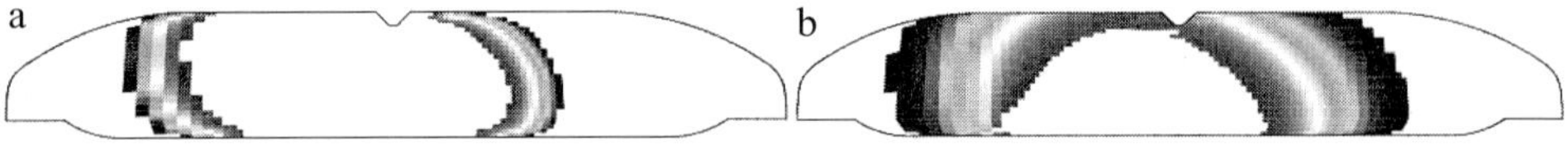

Abb. 9.32: Simulation der Vormischverbrennung mit a) G-Gleichung, bzw. b) mit diffusiver G-Gleichung

- **Zündung**

Bei der Beschreibung der Fremdzündung und frühen Flammenkernbildung wird heute noch meist mit recht phänomenologischen Ansätzen gearbeitet. Man sollte zumindest auf ein numerisch korrektes Vorgehen achten, und keine Inkontinuitäten in den Randbedingungen erzeugen. So sollte beispielsweise die Fortschrittsvariable in der oder den "Zündzellen" nicht schlagartig von 0 auf 1 gesetzt, sondern vielmehr kontinuierlich "hochgefahren" werden.

- **Klopfen**

In der Literatur existieren schon erste Ansätze von Klopfberechnungen mit CFD; aufgrund der Limitationen der verfügbaren Verbrennungs- und Wandwärmeübergangsmodelle sind diese Versuche aber noch mit Vorsicht zu genießen.

Zur Beschreibung der Selbstzündreaktionen muss eine Klopfkinetik (etwa das Shell-Modell nach Halstead et al. (1977), siehe Kap. (4.2.3)) im CFD-Code gelöst werden. Es ist dafür Sorge zu tragen, dass diese Kinetik nur auf die reine, unverbrannte Phase angewendet wird.

Jede kleine Temperaturerhöhung aufgrund einer näherkommenden Hauptverbrennung (gerade auch, wenn es sich nur um "numerische Vorboten" handelt) führt unweigerlich auf viel zu hohe Klopfraten. Dies ist aber bei dicken, diffusiven Flammenfronten ein ernstes Problem.

Die Berücksichtigung des Turbulenzeinflusses ist ein weiteres, noch ungelöstes Problem. In einem ersten Ansatz können Fluktuationen in der Temperatur oder in der Gemischzusammensetzung durch Verwendung von Varianztransportgleichungen (9.55) erfasst werden.

- **Wertung und Ausblick**

Zuverlässige Verbrennungsmodelle in den motorischen CFD-Codes sollten unbedingt bald verfügbar gemacht werden. Der unter typischen motorischen Bedingungen am meisten zielführende Kandidat dafür scheint die G-Gleichung zu sein, in Verbindung mit einem zweiphasigen Ansatz zur besseren Trennung von verbrannter und unverbrannter Phase. Für eine erste Umsetzung am realmotorischen Fall siehe Kraus (2006).

Transported-pdf-Ansätze sind weniger geeignet zur Beschreibung von scharfen Flammenfronten. Aber zur Behandlung der Turbulenzeinflüsse auf das Klopfen könnten sie geeignet sein, sodass mittel- oder längerfristig sich hier eines ihrer ersten Applikationsgebiete entwickeln könnte.

9.3.4 Benzinmotor mit Ladungsschichtung (Teilweise vorgemischte Flammen)

Bei einer Schichtladungsverbrennung liegen zum Zeitpunkt der Flammenfrontausbreitung zugleich fette ($\lambda < 1$) und magere ($\lambda > 1$) Gemische im Brennraum vor, hinter der Flammenfront existieren somit weiterhin fette Zonen mit Reduktionsmittel (im Wesentlichen wohl CO) und magere mit Sauerstoff. Daher verbleibt an der ($\lambda = 1$)-Grenze eine Diffusionsflamme. Diese gekoppelte Struktur von Vormisch- und Diffusionsflamme wird auch Tripelflamme genannt (siehe auch Abb. 9.33).

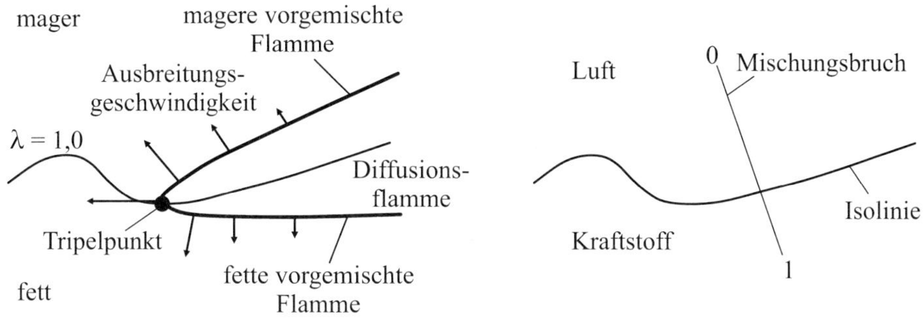

Abb. 9.33: Struktur einer Tripelflamme

Bei der Berechnung der Schichtladungsverbrennung wird häufig mit sehr unzureichenden Mitteln gearbeitet. Entweder werden reine Dieselverbrennungsmodelle appliziert, oder die Modellierung stammt vom vorgemischten Ottomotor, dann bleiben Diffusionsflammeneffekte in der Regel unberücksichtigt. Das ist aber eigentlich unnötig; es ist nicht schwer, aus den schon vorhandenen Modellierungselementen von turbulenten Vormisch- und Diffusionsflammen einen geeigneten Ansatz für die Schichtladungssimulation zu entwickeln. Erstaunlicherweise verhalten sich Schichtladungsverbrennungsmodelle in vielen Fällen "gutmütiger" als reine Vormischverbrennungsmodelle, eben weil keine Flammenfronten mit derart scharfen Temperatur- und Dichtegradienten auftreten.

Wie beim Dieselmodell sollte man zunächst die zur Beschreibung der lokalen Gaszustände verwendeten Basisspezies festlegen, die sieben Spezies von Kap. 9.2.3 (Kraftstoff, N_2, O_2, H_2O, CO_2, CO, H_2) sind auch hier sinnvoll (in einem ersten Schritt kann man zunächst auch mit drei Spezies – Luft, Kraftstoff und Produkt – arbeiten). Verwendet man zur Beschreibung der Vormischverbrennung eine G-Gleichung, zur Modellierung der Diffusionsverbrennung einen einfachen Flameletansatz, d. h. man transportiert Mischungsbruch (auch aus den Spezies berechenbar) und Mischungsbruchvarianz, dann lassen sich die momentanen Speziesmassenbrüche folgendermaßen bestimmen

$$c_{(i)} = c_{(i),um} + c_{progr}\left(c_{(i),m} - c_{(i),um}\right) \tag{9.247}$$

wobei

$$c_{(i),m} = \int_0^1 c_{(i)}(Z)\, p_\beta\left(Z; \langle Z\rangle, Z''^2\right) \mathrm{d}Z \tag{9.248}$$

den Gleichgewichtswert beim aktuellen Mischungszustand bezeichnet und

$$c_{(i),um} = \int_0^1 c_{(i)}(Z)\, p_\beta\left(Z; \langle Z\rangle, Z''^2 = \langle Z\rangle(1-\langle Z\rangle)\right) \mathrm{d}Z \tag{9.249}$$

den korrespondierenden ungemischten Zustand mit maximaler Varianz beschreibt. Eine Reaktion wird beschrieben durch

$$\mathrm{d}c_{(i)} = \underbrace{(c_{(i),m} - c_{(i),um})\, \mathrm{d}c_{progr}}_{\text{Vormischverbrennung}} + \underbrace{c_{progr}\, \mathrm{d}c_{i,m}}_{\text{Diffusionsverbrennung}}, \tag{9.250}$$

d. h. sie zerfällt natürlicherweise in Vormisch- und Diffusionsverbrennung. Entsprechend lautet der Quellterm in der Transportgleichung der inneren Energie

$$q\mathrm{d}t = \sum_k h_{(k)} \rho\, \mathrm{d}c_{(k)} \tag{9.251}$$

mit den spezifischen Speziesbildungsenthalpien $h_{(i)}$. Als Alternativvariante zu (9.250) kann man aus Z, Z''^2 und c den momentanen Zielgehalt an Spezies berechnen und ihn mit dem nur (mit Konvektion und Diffusion) transportierten vergleichen. Die Differenz beider Größen liefert die Reaktion im aktuellen Zeitschritt. Anschließend werden die nur transportierten Spezies mit den neuen Gesamtzielwerten überschrieben. Die turbulente Brenngeschwindigkeit der Vormischflamme kann durch flamelet-basierte Mittelung im Mischungsbruchraum gewonnen werden

$$\langle s_t \rangle = \int_0^1 s_t(s_l(Z), Z)\, p_\beta\left(Z; \langle Z \rangle, Z''^2\right) \mathrm{d}Z \ . \tag{9.252}$$

Zu Formulierungen für $s_l(Z)$ siehe z. B. Gleichung (4.1). Schadstoffbildungsmodelle können von der Modellierung der Dieselverbrennung übernommen werden.

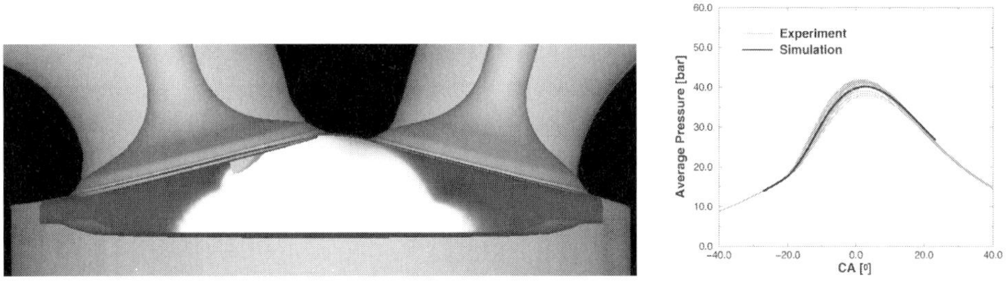

Abb. 9.34: a) Simulation der Schichtladungsverbrennung bei einem DE-Ottomotor mit strahlgeführtem Brennverfahren bei 2.000 U/min und 3 bar Mitteldruck, **b)**zugehörige Druckverläufe aus Simulation vs. Versuch (verschiedene Zyklen)

Ein Beispiel für eine derartige 3-D-Simulation einer Schichtladungsverbrennung ist in Abb. 9.34 dargestellt. Für nähere Details siehe Hermann (2006).

Literatur

Abdel Hamid, S., Hagelstein, D., Rautenberg, H., und Seume, J. (2002): TC-Gesamtkennfeldbestimmung. FVV Forschungsvorhaben

Abramovich, G. N. (1963): The Theory of Turbulent Jets. MIT Press

Amsden, A. A., O'Rourke, P. O., Buttler, and T. D. (1989): KIVA-II: A Computer Program for Chemically Reactive Flows. Los Alamos National Laboratory Report, LA-11560-MS

Baehr, H. D. (2000): Thermodynamik, 10. überarb. Aufl., Springer-Verlag, Berlin, Heidelberg, New York

Baehr, H. D., und Stephan, K. (2004): Wärme- und Stoffübertragung. 4. Aufl., Springer-Verlag, Berlin, Heidelberg, New York

Baulch, D. L., Drysdale, D. D., Horne, D. G., und Lloyd, A. C. (1969): High Temperature Reaction Rate Data. Report No.4, University of Leeds

Baulch, D. L., Cobos, C. J., Cox, A. M., Frank, P., Haymann, G., Just, T., Kerr, J.A., Murrels, T., Pilling, M. J., Twe, J., Walker, R. W., and Warnatz, J. (1991): Compilation of rate data for combustion modelling. Supplement I. J. Phys. Chem. Ref. Data 22, 847

Barba, C., Burckhardt, C., Boulouchos, K., und Bargende, M. (1999): Empirisches Modell zur Vorausberechnung des Brennverlaufes bei Common-Rail-Dieselmotoren. Motortechnische Zeitschrift MTZ 4, 262-270, Franckh-Kosmos Verlags-GmbH, Stuttgart

Bargende, M. (1990): Ein Gleichungsansatz zur Berechnung der instationären Wandwärmeverluste im Hochdruckteil von Ottomotoren. Dissertation, TH Darmstadt

Bargende, M., Weining, H.-K., Lautenschütz, P., und Altenschmidt, F. (1997): Thermodynamik der neuen Mercedes-Benz 3 Ventil-Doppelzünder V-Motoren. In: Essers, U. (Hrsg.), Kraftfahrwesen und Verbrennungsmotoren, 2. Stuttgarter Symposium, Expert-Verlag

Baumgarten, C. (2003): Modellierung des Kavitationseinflusses auf den primären Strahlzerfall bei der Hochdruck-Dieseleinspritzung. Dissertation, Universität Hannover

Beitz, W., und Grote, K.-H. (1997): Dubbel Taschenbuch für den Maschinenbau. 19. Auflage SpringerVerlag

Belardini, P., Bertori, C., Cameretti, M. C., and Del Giacomo, N. (1994): A Coupled Diesel Combustion and Soot Formation Model for KIVA II Code: Characteristics and Experimental Validation. Int. Symp. COMODIA 94, 315-323

Bilger, R. W. (1993): Conditional Moment Closure for Turbulent Reacting Flow. Phys Fluids A 5 (2), 436-444

Blizard, N. S., and Keck, J. C. (1976): Experimental and Theoretical Investigation of a Turbulent Burning Model for Internal Combustion Engines, SAE-Paper 740191

Bockhorn, H. (1994): A Short Introduction to the Problem - Structure of the Following Parts. In: Bockhorn (Ed.) Soot Formation in Combustion, Springer-Verlag Berlin Heidelberg New York

Bockhorn, H. (1997): Private Mitteilung

Bockhorn, H., Hentschel, J., Peters, N., Weber, J., und Pittermann, R. (2003): Simulation der Partikelemission aus Dieselmotoren. 5. Dresdner Motorenkolloquium, 152-160

Borrmeister, J., und Hübner, W. (1997): Einfluß der Brennraumform auf die HC-Emission und den Verbrennungsablauf. Motortechnische Zeitschrift MTZ 58, 408-414, Franckh-Kosmos Verlags-GmbH, Stuttgart

Bronstein, I. N., und Semendjagew, K. A. (1997): Taschenbuch der Mathematik, 3. überarb. und erweiterte Auflage, Verlag Harri Deutsch, Thun und Frankfurt am Main

Bühler, U. (1995): Prüfstandsuntersuchungen zur Dioxin-Emission von Verbrennungsmotoren. Dissertation, Universität Stuttgart

Bühler, U., Essers, U., und Greiner, R. (1997): Dioxin-Emission des Straßenverkehrs. Motortechnische Zeitschrift MTZ 58, 422-425, Franckh-Kosmos Verlags-GmbH, Stuttgart

Cebeci, T. (2002): Convective Heat Transfer. Second Revised Ed. Springer-Verlag, Berlin, Heidelber, New York

Chaimowitsch, J. M. (1965): Ölhydraulik. VEB Verlag Technik, 6. Aufl., Berlin

Chmela, F., Orthaber, G., und Schuster, W. (1998): Die Vorausberechnung des Brennverlaufs von Dieselmotoren mit direkter Einspritzung auf der Basis des Einspritzverlaufs. Motortechnische Zeitschrift MTZ 59, Heft 7/8, 484-492, Franckh-Kosmos Verlags-GmbH, Stuttgart

Chmela, F., Dimitrov, D., Pirker, G. und Wimmer, A. (2006): Konsistente Methodik zur Vorausrechnung der Verbrennung in Kolbenkraftmaschinen. Motortechnische Zeitschrift MTZ 67, 468-474, Franckh-Kosmos Verlags-GmbH, Stuttgart

Constien, M. (1991): Bestimmung von Einspritz- und Brennverlauf eines direkteinspritzenden Dieselmotors. Dissertation, TU München

Csallner, P. (1981): Eine Methode zur Vorausberechnung der Änderung des Brennverlaufes von Ottomotoren bei geänderten Betriebsbedingungen. Dissertation, TU München

Damköhler, G. (1940): Der Einfluss der Turbulenz auf die Flammgeschwindigkeit in Gasgemischen. Z. Elektrochem., 46, 601-626

Dederichs, A. S., Balthasar, M., and Mauß, F (1999): Modeling of NOx and Soot Formation in Diesel Combustion, Oil & Science and Technology 54, 246-249

de Neef, A. T. (1987): Untersuchung der Voreinspritzung am schnellaufenden direkteinspritzenden Dieselmotor. Dissertation, ETH Zürich

Dent, J. C. (1971): Basis for the Comparison of Various Experimental Methods for Studying Spray Penetration. SAE Paper 710571

Doll, M. (1989): Beitrag zur Berechnung des stationären und transienten Betriebsverhaltens kleiner, schnellaufender Dieselmotoren mit unterteilten Brennräumen. Dissertation, TU München

Dorsch, H. (1982): Ladeluftkühlung bei aufgeladenen Personenwagen-Ottomotoren. Motortechnische Zeitschrift MTZ 43, 201-205, Franckh-Kosmos Verlags-GmbH, Stuttgart

Edelbauer, W., Suzzi, D., Sampl, P., Tatschl, R., Krüger, Ch., Weigand, B. (2006): New Concept for On-Line Coupling of 3D Eulerian and Lagrangian Spray Approaches in Engine Simulations. IC-LASS06-234, Kyoto

Eilts, P. (1993): Modell zur Vorausberechnung des Brenngesetzes mittelschnellaufender Dieselmotoren. Motortechnische Zeitschrift MTZ 54, Heft 3, 134-140, Franckh-Kosmos Verlags-GmbH, Stuttgart

Ferziger, J. H., and Perić, M. (1996): Computational Methods for Fluid Dynamics. Springer-Verlag, Berlin, Heidelberg, New York

Fenimore, C. P. (1979): Studies of fuel-nitrogen in rich-flame gases. 17th symp. Comb., 661 , The Combustion Institute, Pittsburgh

Fieweger, K., und Ciezki, H. (1991): Untersuchung der Selbstzündungs- und Rußbildungsvorgänge von Kraftstoff/Luft-Gemischen im Hochdruckstoßwellenrohr. SFB 224 – Forschungsbericht

Findeisen, D., und Findeisen, F. (1994): Ölhydraulik. Springer-Verlag, 4. Aufl., Berlin, Heidelberg

Franzke, D. E. (1981): Beitrag zur Ermittlung eines Klopfkriteriums der ottomotorischen Verbrennung und zur Vorausberechnung der Klopfgrenze. Dissertation, Technische Universität München

Frenklach, M., and Wang, H. (1994): Detailed Mechanism and Modeling of Soot Particle Formation. In: Bockhorn, H. (ed) Soot Formation in Combustion. 165-192, Springer-Verlag, Berlin

Fröhlich, K., Borgmann, K., und Liebl, J. (2003): Potenziale zukünftiger Verbrauchstechnologien. 24. Internationales Wiener Motorensymposium, Fortschritts-Berichte VDI, Reihe 12, 539, 220-235

Fuchs, H., Pitcher, G., Tatschl, R., und Winklhofer, E. (1996): Verbrennungsmodell - Simulationsmodell ottomotorische Verbrennung, FVV, Heft 614, Vorhaben Nr. 516

Fusco, A., Knox-Kelecy, A. L., and Foster, D. E. (1994): Application of a Phenomenological Soot Model to Diesel Engine Combustion. Int. Symp. COMODIA 94, 571-576

Gerstle, M. (1999): Simulation des instationären Betriebsverhaltens hochaufgeladener Vier- und Zweitakt-Dieselmotoren. Dissertation, Universität Hannover

Görg, K. A. (1982): Berechnung instationärer Strömungsvorgänge in Rohrleitungen an Verbrennungsmotoren unter besonderer Berücksichtigung der Mehrfachverzweigung. Dissertation, Ruhr Universität Bochum

Golloch, R. (2005): Downsizing bei Verbrennungsmotoren. Springer Verlag, Berlin, Heidelberg, New York

GRI-MECH 3.0 (2000): www.me.berkeley.edu/gri_mech

Große, L. (1962): Arbeitsmappe für Mineralölingenieure. VDI Verlag, 2. Aufl., Düsseldorf

Hahne, E. W. P. (2000): Technische Thermodynamik, 3., überarb. Auflage, Oldenbourg Wissenschaftsverlag GmbH; München, Wien

Halstead, M. P., Kirsch, L. J., Prothero, A., and Quinn, C. P. (1975): A Mathematical Model for Hydrocarbon Autoignition at High Pressures. Proceedings of the Royal Society, A346, 515-538, London

Halstead, M. P., Kirsch, L. J., and Quinn, C. P. (1977): The Autoignition of Hydrocarbon Fuels at High Temperatures and Pressures – Fitting of a Mathematical Model. Combustion and Flame 30, 45-60

Han, Z., and Reitz, R. D. (1995): A Temperature Wall Function Formulation for Variable-Density Turbulent Flows with Application to Engine Convective Heat Transfer Modeling. Int. J. Heat Mass Transfer Vol.40, 613-625

Hausen, H. (1976): Wärmeübergang im Gegenstrom, Gleichstrom und Kreuzstrom. Springer Verlag, 2. Aufl., Berlin, Heidelberg, New York

Heider, G. (1996): Rechenmodell zur Vorausberechnung der NO-Emission von Dieselmotoren. Dissertation, TU München

Hermann, A. (2006): Modellbildung für die 3D-Simulation der Gemischbildung und Verbrennung für Ottomotoren mit Benzin-Direkteinspritzung, Dissertation, in Vorbereitung, Universität Karlsruhe

Heywood, J. B. (1988): Internal Combustion Engine Fundamentals. McGraw-Hill Book Company, New York

Hiroyasu, H., Kadota, T., and Arai, M. (1983a): Development and Use of a Spray Combustion Modeling to Predict Diesel Engine Efficiency and Pollutant Emission. Part 1: Combustion Modeling. Bulletin of the JSME, Vol. 26, 569-575

Hiroyasu, H., Kadota, T., and Arai, M. (1983b): Development and Use of a Spray Combustion Modeling to Predict Diesel Engine Efficiency and Pollutant Emission. Part 2: Computational Procedure and Parametric Study. Bulletin of the JSME, Vol. 26, 576-583

Hohenberg, G. (1980): Experimentelle Erfassung der Wandwärme von Kolbenmotoren. Habilitation, TU Graz

Hohlbaum, B. (1992): Beitrag zur rechnerischen Untersuchung der Stickstoffoxid-Bildung schnellaufender Hochleistungsmotoren, Dissertation, Universität Fridericiana, Karlsruhe

Huber, K. (1990): Der Wärmeübergang schnellaufender, direkteinspritzender Dieselmotoren. Dissertation, TU München

Jenni, E. (1993): Der BBC-Turbolader, Geschichte eines Schweizer Erfolgs. ABB Turbo Systems AG, Baden

Jischa, M. (1993): Herausforderung Zukunft: Technischer Fortschritt und ökologische Perspektiven, Spektrum Akad. Verlag, Heidelberg

Justi, E. (1938): Spezifische Wärme, Enthalpie, Entropie und Dissoziation technischer Gase. Springer Verlag, Berlin

Kaufmann, W. J., und Smarr, L. L. (1994): Simulierte Welten, Spektrum-Verlag, Heidelberg

Klaiß, Th. (2003): Selbstzündung und Wärmeübergang an der Klopfgrenze von Ottomotoren. Dissertation, Universität Hannover

Kleinschmidt, W. (1993): Der Wärmeübergang in aufgeladenen Dieselmotoren aus neuerer Sicht. 5. Aufladetechnische Konferenz, Augsburg

Kleinschmidt, W. (2000): Zur Simulation des Betriebes von Ottomotoren an der Klopfgrenze. Fortschritt-Berichte VDI, Reihe 12, Nr. 422. VDI-Verlag, Düsseldorf

Klimenko, A. Y., and Bilger, R. W. (1999): Conditional Moment Closure for Turbulent Combustion. Prog. Energy Comb. Sci. 25, 595-687

König, G., Blessing, M., Krüger, C., Michels, U., and Schwarz, V. (2002): Analysis of Flow and Cavitation Phenomena in Diesel Injection Nozzles and its Effects on Spray and Mixture Formation, 5th Internationales Symposium für Verbrennungsdiagnostik der AVL Deutschland, Baden-Baden

Kolesa, K. (1987): Einfluß hoher Wandtemperaturen auf das Betriebsverhalten und insbesondere auf den Wärmeübergang direkteinspritzender Dieselmotoren. Dissertation, TU München

Kolmogorov, A. N., Petrovsky, I. G., and Piskunov, N. S. (1937): Study of the diffusion equation with growth of the quantity of matter and its application to a biology problem. Bull. Univ. Moscou, Ser. Int., Sec. A 1, 1-25, translated in: P. Pelcé, Dynamics of Curved Fronts, Perspectives in Physics, Academic Press, New York, 1988

Kraus, E. (2006): Simulation der vorgemischten Verbrennung in einem realen Motor mit dem Level-Set-Ansatz, Dissertation, Universität Tübingen

Krüger, Ch. (2001): Validierung eines 1D-Spraymodells zur Simulation der Gemischbildung in direkteinspritzenden Dieselmotoren. Dissertation, RWTH Aachen

Küntscher, V. (1987): Kraftfahrzeugmotoren, Auslegung und Konstruktion. VEB Verlag Technik, 1. Aufl., Berlin

Kuchling, H. (1988): Taschenbuch der Physik. Verlag H. Deutsch, 11. Aufl., Frankfurt a. Main

Kuder, J., und Kruse, Th. (2000): Parameteroptimierung an Ottomotoren mit Direkteinspritzung. Motortechnische Zeitschrift MTZ 61, 378-384, Franckh-Kosmos Verlags-GmbH, Stuttgart

Lange, J. (1996): Bestimmung der Carbonylverbindungen im Abgas von schwerölbetriebenen Dieselmotoren. Fortschritt-Berichte VDI, Reihe 15, Nr. 161, VDI Verlag, Düsseldorf

Lebas R., Blokkeel G., Beau P.-A., Demoulin F. (2005): Coupling Vaporization Model with the Eulerian-Lagrangian Spray Atomization (ELSA) Model in Diesel Engine Conditions. SAE 2005-01-0213, Detroit

Lehtiniemi, H., Amnéus, P., Mauss, F. , Balthasar, M., Karlsson, A:, Magnusson, I. (2005): Modeling Diesel Spray Ignition Using Detailed Chemistry with a Flamelet Progress Variable Approach, Towards Clean Diesel Engines, Lund

Li, H., Miller, D. L., and Cernansky, N. P. (1992): A Study on the Application of a Reduced Chemical Reaction Model to Motored Engines for Heat Release Prediction. SAE Technical Paper 922328, San Francisco

Li, H., Prabhu, S. K., Miller, D. L., and Cernansky, N. P. (1994): Autoignition Chemistry Studies on Primary Reference Fuels in a Motored Engine. SAE Technical Paper 942062, Baltimore

Li, H., Miller, D. L., and Cernansky, N. P. (1996): Development of a Reduced Chemical Kinetic Model for Prediction of Preignition Reactivity and Autoignition of Primary Reference Fuels. SAE Technical Paper 960498, Detroit

Lippert, A. M., Stanton, D. W., Reitz, R. D., Rutland, Ch. J., and Hallet W. L. H. (2000): Investigating the Effect of Spray Targeting and Impingement on Diesel Engine Cold Start, SAE Paper 2000-01-0269

Lucas, K. (2001): Thermodynamik. Die Grundgesetze der Energie- und Stoffumwandlungen. 3., korr. u. aktualisierte Aufl., Springer-Verlag, Berlin, Heidelberg

Maas, H. (1979): Gestaltung und Hauptabmessungen der Verbrennungskraftmaschine. Die Verbrennungskraftmaschine, Neue Folge, Band 1, Springer Verlag, Heidelberg

Maas, H., und Klier, H. (1981): Kräfte, Momente und deren Ausgleich in der Verbrennungskraftmaschine. Die Verbrennungskraftmaschine, Band 2, Springer Verlag, Heidelberg

Manceau, R., Hanjalic, K. (2000): A new form of the elliptic relaxation equation to account for wall effects in RANS modeling. Phys. Fluids 12, 2345-2351

Merker, G. P., und Baumgarten, C. (2000): Wärme- und Fluidtransport – Strömungslehre. B. G. Teubner-Verlag, Stuttgart

Merker, G. P., Hohlbaum, B., and Rauscher, M. (1993): Two-Zone Model for Calculation of Nitrogen-oxide Formation in Direct-Injection Diesel Engines, SAE-Paper 932454

Merker, G. P., und Gerstle, M. (1997): Evaluation on Two Stroke Engines Scavenging Models, SAE-Paper 970358

Merker, G. P., und Eiglmeier, C. (1999): Wärme- und Fluidtransport – Wärmeübertragung. Teubner-Verlag, Stuttgart

Merker, G. P., und Kessen, U. (1999): Technische Verbrennung: Verbrennungsmotoren. B. G. Teubner-Verlag, Stuttgart, Leipzig

Merker, G. P., und Schwarz, C. (2001): Technische Verbrennung – Simulation verbrennungsmotorischer Prozesse. Teubner-Verlag, Stuttgart

Merker, G. P., und Stiesch, G. (1999): Technische Verbrennung – Motorische Verbrennung. B. G. Teubner-Verlag, Stuttgart, Leipzig

Metghalchi, M., and Keck, J. C. (1980): Laminar Burning Velocity of Propane-Air Mixtures at High Temperature and Pressure. Combustion and Flame, 38, 143-154

Metghalchi, M., and Keck, J. C. (1982): Burning Velocities of Mixtures of Air with Methanol, Isooctane, and Indolene at High Pressure and Temperature. Combustion & Flame, 48, 191-210

Meyer, S., Krause, A., Krome, D., und Merker, G. P. (2002): Piezo-Common-Rail-System mit direkt gesteuerter Düsennadel. Motortechnische Zeitschrift MTZ 63, 86-93, Franckh-Kosmos Verlags-GmbH, Stuttgart

Miersch, J. (2003): Transiente Simulation zur Bewertung von ottomotorischen Konzepten. Dissertation, Universität Hannover

Moran, M. J., and Shapiro, H. N. (1992): Fundamentals of Engineering Thermodynamics. 2nd Ed., Wiley, New York

Münzberg, H. G., und Kurzke, J. (1977): Gasturbinen - Betriebsverhalten und Optimierung. Berlin, Heidelberg, New York

Nagle, J., and Strickland-Constable, R. F. (1962): Oxidation of Carbon between 1000-2000°C. Proc 5th Conf on Carbon, 1, 154-164, Pergamon Press, London, UK

Niemann, G. (1981): Maschinenelemente. Springer Verlag, 2. Aufl., Berlin, Heidelberg, New York

Nishida, K., and Hiroyasu, H. (1989): Simplified Three-Dimensional Modeling of Mixture Formation and Combustion in a D.I. Diesel Engine. SAE Technical Paper 890269

NIST JANAF (1993): Thermochemical Tables Database, Version 1.0

Oberg, H. J. (1976): Die Darstellung des Brennverlaufes eines schnellaufenden Dieselmotors durch zwei überlagerte Vibe-Funktionen. Dissertation, Braunschweig

Östreicher, W. F. (1995): Neue Regelungsstrategien für Antriebsanlagen mit hochaufgeladenen, schnellaufenden Viertakt-Dieselmotoren. VDI-Fortschrittsberichte, Reihe 12, Nr. 252, VDI-Verlag, Düsseldorf

O'Rourke, P. J. (1989): Statistical Properties and Numerical Implementation of a Model for Droplet Dispersion in a Turbulent Gas. Journal of Computational Physics, 83(2):345 - 360

Otto, F., Krüger, Ch., Wirbeleit, F., und Willand, J. (1999): Probleme und Lösungsansätze bei der Simulation der dieselmotorischen Einspritzung. Mess- und Versuchstechnik für die Entwicklung von Verbrennungsmotoren, Haus der Technik, Essen

Pagel, S. (2003): Verdampfungs- und Selbstzündungsmodelle für Mehrkomponentengemische. Dissertation, Universität Hannover

Patankar, S. V.(1980) : Numerical Heat Transfer and Fluid Flow, Hemisphere Publishing Corp., McGraw Hill Comp.

Pattas, K. (1973): Stickoxidbildung bei der ottomotorischen Verbrennung. Motortechnische Zeitschrift MTZ 34, Heft 12, 397-404, Franckh-Kosmos Verlags-GmbH, Stuttgart

Patterson, M. A. (1997): Modeling the Effects of Fuel Injection characteristics on Diesel Combustion and Emission, PH D Thesis, University of Wisconsin-Madison

Patterson, M. A., and Reitz, R. D. (1998): Modelling the Effects of Fuel Spray Characteristics on Diesel Engine Combustion and Emissions, SAE-Paper 980131

Peters, N. (2000): Turbulent Combustion. Cambridge University Press

Pflaum, W., und Mollenhauer, K. (1977): Wärmeübergang in der Verbrennungskraftmaschine. Springer Verlag, Berlin, Heidelberg, New York

Pilch, M., and Erdman, C. A. (1987): Use of Breakup Time Data and Velocity History Data to Predict the Maximum Size of Stable Fragments for Acceleration-Induced Breakup of a Liquid Drop. International Journal of Multiphase Flow, 13, 741-757

Pischinger, R., Kraßnig, G., Taučar, G., and Sams, Th. (1989): Thermodynamik der Verbrennungskraftmaschine. Neue Folge, Band 5, Springer-Verlag, Wien

Pischinger, R., Klell, und Sams, Th. (2002): Thermodynamik der Verbrennungskraftmaschine. 2te, überarbeitete Auflage, Springer-Verlag, Wien, New York

Poinsot, Th., and Veynante, D. (2001): Theoretical and Numerical Combustion. R.T. Edwards, Inc.

Pope, S. B. (1978): An explanation of the turbulent round-jet/plane-jet anomaly. American Institute of Aeronautics and Astronautics Journal, 16, 279-281

Pope, S. B. (1985): PDF methods for turbulent reactive flows. Prog. in Energy Comb. Sci. 19, 119-197

Ramos, J. I. (1989): Internal Combustion Engine Modelling, Hemisphere Publishing Corporation, New York

Ra, Y., and Reitz, R. D. (2002): A Model for Droplet Vaporization for Use in Gasoline and HCCI Engine Applications, ILASS Americas, 15 th Annual Conference on Liquid Atomization and Spray Systems, Madison, WI

Rao, S., Rutland, and C. J. (2002): "A Flamelet Timescale Combustion Model for Turbulent Combustion in KIVA", 12th Int. Multidim. Engine Modeling User`s Group Meeting at the SAE Congress

Reitz, R. D. (1987): Modeling Atomization Processes in High-Pressure Vaporizing Sprays. Atomization and Spray Technology, 3, 309-337

Reulein, C. (1998): Simulation des instationären Warmlaufverhaltens von Verbrennungsmotoren. Dissertation, TU München

Reulein, C., Schwarz, C., und Witt, A. (2000): Methodeneinsatz bei der Ermittlung des Potentials von Downsizing-Motoren. Tagung "Downsizing von Motoren", Haus der Technik, München

Scheele, M. (1999): Potentialabschätzung zur Verbesserung des indizierten Wirkungsgrades kleinvolumiger Ottomotoren, Diss., Universität Hannover

Schlösser, W. E. (1961): Ein mathematisches Modell für Verdrängerpumpen und -motore. Ölhydraulik und Pneumatik 5, 122 ff., Krausskopf, Mainz

Schmidt, Ch., Hohenberg, G., und Bargende, M. (1996): Arbeitsspiel bezogenes Luftverhältnis. Motortechnische Zeitschrift MTZ 57, 572-578, Franckh-Kosmos Verlags-GmbH, Stuttgart

Schreiber, M., Sasat Sakak, A., Lingens, A., and Griffiths, J. F. (1994): A Reduced Thermokinetic Model for the Autoignition of Fuels with Variable Octane Ratings. 25th Symposium (Int.) on Combustion, 933-940, Irvine California

Schreiner, K. (1993): Untersuchungen zum Ersatzbrennverlauf und Wärmeübergang bei Hochleistungsdieselmotoren. Motortechnische Zeitschrift MTZ 54, 554-563, Franckh-Kosmos Verlags-GmbH, Stuttgart

Schwarz, C., Woschni, G., und Zeilinger, K. (1992): Anfahrverhalten. FVV-Forschungsberichte, Heft 454, Forschungsvereinigung Verbrennungskraftmaschinen e. V., Frankfurt/Main

Schwarz, C. (1993): Simulation des transienten Betriebsverhaltens von aufgeladenen Dieselmotoren. Dissertation, TU München

Schwarzmeier, M. (1992): Der Einfluß des Arbeitsprozeßverlaufs auf den Reibmitteldruck von Dieselmotoren. Dissertation, TU München

Seifert, H. (1962): Instationäre Strömungsvorgänge in Rohrleitungen an Verbrennungskraftmaschinen. Springer Verlag, Berlin-Göttingen-Heidelberg

Semenov, N. N. (1935): Chemical Kinetics and Chain Reactions. Oxford University Press, London, UK

Siebers, D. L. (1998): Liquid-Phase Fuel Penetration in Diesel Sprays. SAE Paper 980809

Sitkei, G. (1963): Über den dieselmotorischen Zündverzug. Motortechnische Zeitschrift MTZ 26, 190-194, Franckh-Kosmos Verlags-GmbH, Stuttgart

Spalart, P.R. (2000): Strategies for turbulence modelling and simulations, Int. J. Heat Fluid Flow 21, 252-263

Spalding, D. B. (1961): A single formula for the "law of the wall". ASME J. Appl. Mech., 28, 455-457

Spicher, U., und Worret, R. (2002): Entwicklung eines Kriteriums zur Vorausberechnung der Klopfgrenze. FVV Forschungsvorhaben Heft 741, Frankfurt/Main

Stegemann, J., Seebode, J., Baumgarten, C., and Merker, G. P. (2002): Influence of Throttle Effects at the Needle Seat on the Spray Characteristics of a Multihole Injection Nozzle. Proc. 18th ILASS-Europe Conf, 31-36, Zaragoza, Spain

Stegemann J. (2003): Dieselmotorische Einspritzverlaufsformung mit piezoaktuierten Einspritzsystemen. Dissertation, Universität Hannover

Stegemann, J., Meyer, S., Rölle, T., und Merker, G. P. (2004): Einspritzsystem für eine vollvariable Verlaufsformung. Motortechnische Zeitschrift MTZ 65, 114-121, Franckh-Kosmos Verlags-GmbH, Stuttgart

Steiner, R., Bauer, C., Krüger, Ch., Otto, F., and Maas, U. (2004): 3D-Simulation of DI-Diesel Combustion applying a Progress Variable Approach Accounting for Complex Chemistry , to be published at SAE 03/04

Stephan, K., und Mayinger, F. (1999): Thermodynamik, 14. Aufl., Bd. 2, Mehrstoffsysteme und chemische Reaktionen, Springer-Verlag, Berlin, Heidelberg, New York

Stephan, K., und Mayinger, F. (1998): Thermodynamik, 15. Aufl., Bd. 1: Einstoffsysteme. Grundlagen und technische Anwendungen. Springer-Verlag, Berlin, Heidelberg, New York

Stiesch, G. (1999): Phänomenologisches Multizonen-Modell der Verbrennung und Schadstoffbildung im Dieselmotor, Dissertation, Universität Hannover

Stiesch, G. (2003): Modeling Engine Spray and Combustion Processes. Springer-Verlag, Berlin, Heidelberg

Streit, E. E., and Borman, G. L. (1971): Mathematical simulation of large turbocharged two-stroke diesel engines. SAE-Paper 710176, International Congress & Exposition

Stromberg, H.-J. (1977): Ein Programmsystem zur Berechnung von Verbrennungsmotorkreisprozessen mit Berücksichtigung der instationären Strömungsvorgänge in den realen Rohrleitungssystemen von Mehrzylinder-Verbrennungsmotoren. Dissertation, Ruhr-Universität Bochum

Tabaczynski, R. J. (1980): Further Refinement and Validation of a Turbulent Flame Propagation Model for Spark Ignition Engines, Combustion and Flame 39, 111-121

Tatschl, R., v. Künsberg Sarre, C., Alajbegovic, A., and Winklhofer, E. (2000): Diesel Spray Break-up Modelling including Multidimensional Cavitation Nozzle Flow Effects. 16th ILASS-Europe 2000, Sep. 11-13, Valencia, Spain

Teigeler, M., Schmitt, F., Enderle, Ch., Wirbeleit, F. und Bockhorn, H. (1997): Mechanismen der NO_X-Bildung und –Reduktion. Ansätze zur innermotorischen NO_X-Absenkung unter dieselmotorischen Bedingungen. 2. Dresdener Motorenkolloquium, HTW-Dresden (FH), 15/16 Mai 1997

Thoma, M., Stiesch, G., und Merker, G. P. (2002): Phänomenologisches Gemischbildungs- und Verbrennungsmodell zur Berechnung von Dieselmotoren mit Voreinspritzung. 5. Int Symp für Verbrennungsdiagnostik, 91–101, Baden-Baden

Truckenbrodt, E. (1980): Fluidmechanik. 2. Aufl., Band 1, Springer Verlag, Berlin, Heidelberg, New York

Urlaub, A. (1994): Verbrennungsmotoren, 2. Auflage, Springer-Verlag, Berlin, Heidelberg

van Basshuysen, R., und Schäfer, F., Hrsg., (2003): Handbuch Verbrennungsmotor – Grundlagen, Komponenten Systeme, Perspektiven, 2te Auflage, Verlag Friedrich Vieweg & Sohn, Braunschweig, Wiesbaden

Verein Deutscher Ingenieure, Hrsg., (1991): VDI-Wärmeatlas. 6. Aufl., VDI-Verlag, Düsseldorf

Vibe, I. I. (1970): Brennverlauf und Kreisprozeß von Verbrennungsmotoren. VEB Verlag Technik, Berlin

Vogel, C. (1995): Einfluß von Wandablagerungen auf den Wärmeübergang im Verbrennungsmotor. Dissertation, TU München

Vogt, R. (1975): Beitrag zur rechnerischen Erfassung der Stickoxidbildung im Dieselmotor. Dissertation, Universität Stuttgart

Warnatz, J., Maas, U., und Dibble, R. W. (1997): Verbrennung, 2. Auflage, Springer-Verlag, Berlin, Heidelberg

Warnatz, J., Maas, U., und Dibble, R. W. (2001): Verbrennung: Physikalisch-Chemische Grundlagen, Modellierung und Simulation, Experimente, Schadstoffentstehung. 3. Aufl., Springer-Verlag, Berlin, Heidelberg

Weisser, G., und Boulouchos, K. (1995): NOEMI – Ein Werkzeug zur Vorabschätzung der Stickoxidemissionen direkteinspritzender Dieselmotoren. 5. Tagung „Der Arbeitsprozeß des Verbrennungsmotors, TU Graz, 23-50

Weller, H. G. (1993): The Development of a New Flame Area Combustion Model Using Conditional Averaging. Thermo-Fluids Section Report TF/9307, Imperial College of Science, Technology and Medicine, London

Westbrook, C. K., and Dryer, F. L. (1981): Simplified Reaction Mechanism for the Oxidation of Hydrocarbon Fuels in Flames. Combust Sci Tech, 27, 31-43

White, F. M. (1991): Viscous Fluid Flow. Second Edit., McGraw-Hill, Inc. New York

Winkelhofer, E., Wiesler, B., Bachler, G., und Fuchs, H. (1991): Detailanalyse der Gemischbildung und Verbrennung von Dieselstrahlen. 3. Tagung "Der Arbeitsprozeß des Verbrennungsmotors", Graz

Witt, A. (1999): Analyse der thermodynamischen Verluste eines Ottomotors unter den Randbedingungen variabler Steuerzeiten. Dissertation, TU Graz

Witt, A., Siersch, W., und Schwarz, C. (1999): Weiterentwicklung der Druckverlaufsanalyse für moderne Ottomotoren. 7. Tagung "Der Arbeitsprozeß des Verbrennungsmotors", Graz, 53-67

Wolfer, H. H. (1938): Der Zündverzug beim Dieselmotor. VDI Forschungsheft 392

Wolters, P., Salber, W., Krüger, M., Körfer, T., und Dilthey, J. (2003): Variable Ventilsteuerung – Schlüsseltechnologie für Homogene Selbstzündung. 5. Dresdner Motorenkolloquium, S 118-129, Dresden, 2003

Woschni, G. (1970): Die Berechnung der Wandwärmeverluste und der thermischen Belastung der Bauteile von Dieselmotoren. Motortechnische Zeitschrift MTZ 31, 491-499, Franckh-Kosmos Verlags-GmbH, Stuttgart

Woschni, G., und Anisits, F. (1973): Eine Methode zur Vorausberechnung der Änderung des Brennverlaufs mittelschnellaufender Dieselmotoren bei geänderten Betriebsbedingungen. Motortechnische Zeitschrift MTZ 34, 106 ff, Franckh-Kosmos Verlags-GmbH, Stuttgart

Zacharias, F. (1966): Analytische Darstellung der thermischen Eigenschaften von Verbrennungsgasen. Dissertation, TU Berlin

Zapf, H. (1969): Beitrag zur Untersuchung des Wärmeübergangs während des Ladungswechsels im Viertakt-Dieselmotor. Motortechnische Zeitschrift MTZ 30, 461ff, Franck-Kosmos Verlags-GmbH, Stuttgart

Zeldovich, Y. B. (1946): The oxidation of nitrogen in combustion and explosions. Acta Physiochimica 21, 577-628, USSR

Zellbeck, H. (1997): Neue Methoden zur Vorausberechnung und Onlineoptimierung des Betriebsverhaltens aufgeladener Dieselmotoren. 133, in: Aufladetechnische Konferenz, Dresden

Zima, S. (1987): Entwicklung schnelllaufender Hochleistungsmotoren in Friedrichshafen. Technikgeschichte in Einzeldarstellungen, Bd. 44/1987, VDI-Verlag

Zima, S. (2005): Ungewöhnliche Motoren. Vogel Buchverlag

Zinner, K. (1985): Aufladung von Verbrennungsmotoren. Springer-Verlag, Berlin

Stichwortverzeichnis

W